普通高等教育电气工程/自动化系列教材

电机与电力拖动控制系统

主　编　张红莲
副主编　王立玲　刘崇伦　张军伟
参　编　袁兴华　周颖昌　马红艳
主　审　范孝良

机械工业出版社

本书主要讲述电机、电力拖动及其控制系统的基本理论，包含直流和交流两大部分。直流电机及拖动控制部分有：直流电机的原理、结构及运行特性；直流电动机的电力拖动，包括直流电动机的起动、制动、调速原理及各种运行方式分析；直流电动机调速控制系统，包括转速单闭环调速控制系统和转速电流双闭环调速控制系统的分析和设计；直流调速系统的建模与仿真。交流电机及拖动控制部分有：三相异步电动机的原理、结构及运行特性；三相异步电动机的电力拖动，包括三相异步电动机的起动、制动、调速的原理及各种运行方式分析；交流电动机调速控制系统，包括基于稳态模型的异步电动机的变频调速系统，基于动态模型的异步电动机的调速系统；交流调速系统的建模与仿真。最后介绍了电力拖动系统电动机的选择方法及应用。

本书可作为高等院校的自动化、电气工程及其自动化、机械工程及其自动化等专业，以及高等职业技术学院、高等专科学校、继续教育学院等专科学校的电气技术、工业自动化、机电应用技术等专业的教材，也可作为有关工程技术人员的参考用书。

图书在版编目（CIP）数据

电机与电力拖动控制系统 / 张红莲主编．—北京：机械工业出版社，2013.9（2023.1 重印）

普通高等教育电气工程 自动化系列教材

ISBN 978-7-111-42908-1

Ⅰ.①电… Ⅱ.①张… Ⅲ.①电力传动—自动控制系统—高等学校—教材②电机—高等学校—教材 Ⅳ.①TM3②TM921.5

中国版本图书馆 CIP 数据核字（2013）第 131270 号

机械工业出版社（北京市百万庄大街 22 号 邮政编码 100037）
策划编辑：于苏华 责任编辑：于苏华 聂文君
版式设计：霍永明 责任校对：张晓蓉
封面设计：张 静 责任印制：张 博
北京雁林吉兆印刷有限公司印刷
2023 年 1 月第 1 版第 6 次印刷
184mm × 260mm · 20.5 印张 · 505 千字
标准书号：ISBN 978-7-111-42908-1
定价：55.00 元

电话服务	网络服务
客服电话：010-88361066	机 工 官 网：www.cmpbook.com
010-88379833	机 工 官 博：weibo.com/cmp1952
010-68326294	金 书 网：www.golden-book.com
封底无防伪标均为盗版	机工教育服务网：www.cmpedu.com

前　言

电机与电力拖动、调速控制在国民经济各部门起着重要的作用，电气传动技术飞速发展。为了适应学科发展的需要，增强学生面向工程实际的适应能力，我们通过总结教师的教学经验及学生的反馈情况，参考多种版本教材并整合完善了相应内容和结构，将“电机学”、“电力拖动”和“运动控制系统”三门课程系统地、有机地融为一体，编写了这本《电机与电力拖动控制系统》教材，以满足教学改革、科技进步和人才培养的需要。

本书重点介绍直流电机和三相异步电动机的原理、结构及运行特性，直流电动机和异步电动机的拖动基础，以及直流电动机和异步电动机的调速控制系统的基本原理和典型应用，遵循理论和实际相结合的原则，使学生既掌握电力拖动和各种调速控制系统的基本原理，又掌握这类系统的分析方法及应用。本教材内容选材合理，理论联系实际，注重工程应用。

本书具有以下的特点：

1）总体结构上体现了本领域知识的先进性和完整性。

2）做到理论联系实际，从实际应用提出问题，进而解决问题。

3）内容集中系统，重点突出，主次分明。

4）每章最后都有小结，并结合实际情况给出相关的实例分析和习题，利于学生理解掌握所学内容，做到学以致用。

5）利用 **MATLAB/SIMULINK** 软件对调速系统进行仿真实验，并给出仿真结果，使学生能够加深理解所学理论知识。

6）使用面较宽，可作为电气、自动化、机械等相关专业的本科生的专业基础课教材。

全书共分7章，第1章介绍直流电机；第2章介绍直流电动机的电力拖动；第3章介绍直流电动机调速控制系统；第4章介绍三相异步电动机；第5章介绍三相异步电动机的电力拖动基础；第6章介绍异步电动机调速控制系统，包括基于稳态模型和基于动态模型的异步电动机调速控制系统；第7章介绍电力拖动系统电动机的选择。

本教材由张红莲任主编，由王立玲、刘崇伦、张军伟任副主编，参加本教材编写的还有袁兴华、周颖昌、马红艳，全书由张红莲统稿、定稿。华北电力大学范孝良教授对全书进行了认真的审阅，并提出了许多宝贵意见。在教材的编写过程中参阅和选用了许多相关教材和文献，在此向这些文献资料的作者表示衷心的感谢。

本书可作为高等院校的自动化、电气工程及其自动化、机械工程及其自动化等专业，以及高等职业技术学院、高等专科学校的电气技术、工业自动化、机电应用技术等专业的教材，也可作为从事电力拖动和运动控制系统研究设计的工程技术人员的参考用书。

由于编者的水平有限和编写时间仓促，书中存在的错误和不妥之处，敬请读者批评指正。

编　者

目 录

绪　论

0.1　电机及电力拖动系统概述

1. 电机的发展及应用

电能作为一种能量形式，由于其易于传输、变换、分配和控制，已成为使用最为广泛的现代能源，电能也是人们生产和生活中使用动力的主要来源。在电能的生产、传输、变换、分配、控制和管理中，电机是主要的机电能量转换装置。电机是利用电磁感应定律实现电能的转换或传递的一种电磁装置，从能量转换的角度看，电机可分为发电机、电动机和变压器三大类。在电能的生产过程中，发电机将机械能转换成电能；在电能的传输过程中，变压器是主要的传输设备；在电能的使用中，电动机将电能转换成机械能。

在现代工业和日常生活中，到处都有电机的存在。从以煤、天然气等为燃料的火力发电厂以及以核反应堆中核裂变所释放的热能进行发电的核能发电厂中的发电机，以水利资源为动力的水轮发电机，以风力为动力的风力发电机，到输配电系统中的变压器，从工厂的自动化生产线、车间的机床、机器人到家用电器甚至电动玩具等，电机几乎无处不在。

目前，电机的发展主要有三种趋势：

1）大型化。单机容量越来越大，如60万kW及以上的汽轮发电机。

2）微型化。为适应设备小型化的要求，电机的体积越来越小，重量越来越轻。

3）新原理、新工艺、新材料的电机不断出现，如无刷直流电机、直线电机、超声波电机等。

2. 电力拖动系统的组成

电力拖动又称为电气传动，电力拖动系统用电动机作为原动机，拖动各种生产机械的工作机构运动，以满足各种生产工艺的要求，完成一定的生产任务。电力拖动系统从最初的成组拖动，经过单电机拖动，已发展到现代拖动的基本形式——多电机拖动。现代的电力拖动都是采用多电机拖动。

电机拖动系统主要包括：电动机、传动机构、生产机械、控制设备和电源5个部分。它们之间的关系如图0-1所示。

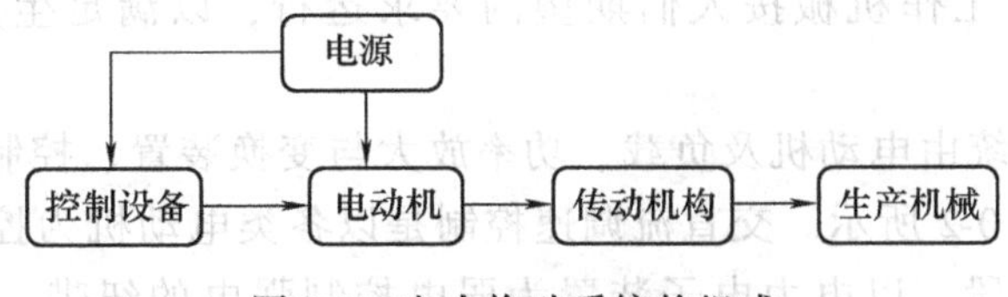

图0-1　电力拖动系统的组成

由于电动机具有性能优良、高效可靠、控制方便等优点，因此现代化生产中，大多数生产机械都采用电力拖动。例如，在工农业生产和交通运输中，机床、轧钢机、起重机、卷扬机、鼓风机、抽水机、纺织机、印染机、印刷机、电动工具和电动车辆等都采用电力拖动；在人们的日常生活中，各种家用电器大都使用微特电机作为驱动装置；在自动控制系统、计算机系统和机器人等高新技术中，大量使用控制电机作为检测、放大和执行元件。

电动机是电力拖动系统的核心，分直流和交流两大类，分别组成直流拖动系统和交流拖动系统。直流电动机具有良好的起动、制动性能，宜于在宽范围内平滑调速，在需要高性能可控的电力拖动领域中得到广泛应用；交流电动机，特别是异步电动机，结构简单、性能可靠，广泛应用于工农业生产及居民生活中。

因此，可以说电机与电力拖动系统已广泛应用到现代社会生产和人们生活的方方面面，如果没有发电机也就没有大量的电能产生，如果没有电动机也就没有用电力驱动的运动装置和设备。

3. 电力拖动的现状与发展趋势

电力拖动的现状可以概括为两点：

1）电力拖动现已取代了其他拖动形式，成为主要的拖动形式。这是因为电动机与其他原动机相比有许多优点，如电能的获得和转换比较经济、传输和分配比较便利、操作和控制容易等，特别是易于实现自动与远程控制。因此，目前绝大多数的生产机械都采用电力拖动。而且，目前电力拖动的方式也几乎全部是单机或多机拖动。

2）当代科学和技术的新成果广泛地应用于电力拖动系统之中，如电力电子学的发展使半导体变流装置广泛地用作电力拖动的电源、微电子学的发展使电子控制器件和微处理机成为电力拖动的主要控制手段、自动控制理论应用于电力拖动自动控制系统大大提高了系统的性能等。

随着现代电力电子技术、自动化技术和计算机技术的发展，电力拖动的发展趋势如下：

1）用交流电力拖动取代直流电力拖动。

2）从节能的角度改造电力拖动系统，如用交流调速系统拖动电动水泵。

3）继续采用新技术不断提高电力拖动系统的性能和完善系统功能。

4）通过系统集成和技术融合，组成综合自动化系统，以进一步提高生产效率。

0.2 交直流调速控制系统概述

1. 交直流调速控制系统组成

调速控制系统是通过对电动机的控制，使工作机械按照给定的运动规律运行的装置，其任务是通过对电动机电压、电流、频率等输入电量的控制，来改变工作机械的转矩、速度、位移等机械量，使各种工作机械按人们期望的要求运行，以满足生产工艺及其他应用的需要。

交直流调速控制系统由电动机及负载、功率放大与变换装置、控制器、传感器及相应的信号处理等组成，如图 0-2 所示。交直流调速控制是以各类电动机为控制对象，以计算机和其他电子装置为控制手段，以电力电子装置为弱电控制强电的纽带，以控制理论为理论依据，以计算机数字仿真和计算机辅助设计为研究和开发工具的控制技术，因此它已成为电机学、电力电子技术、微电子技术、计算机控制技术、控制理论、信号检测与处理技术等多门学科相互交叉的综合性学科。下面简要介绍交直流调速系统各部分的作用：

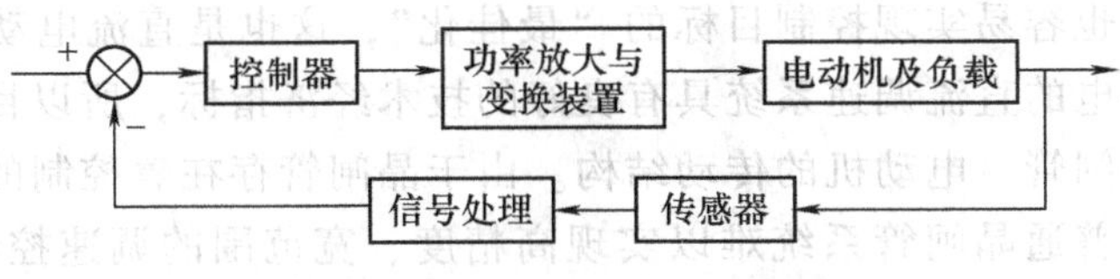

图 0-2　交直流调速系统及其组成

1）电动机及负载。交直流调速系统的控制对象为电动机。电动机从类型上可分为直流电动机、交流异步电动机和交流同步电动机，从用途上可分为用于调速系统的驱动电动机和用于伺服系统的伺服电动机。电动机是调速控制系统的执行机构，电动机的结构和原理决定了运动控制系统的设计方法和运行性能，新型电动机的发明会带出新的运动控制系统。

2）功率放大与变换装置。功率放大与变换装置有电机型、电磁型、电力电子型等，现在多采用电力电子型。电力电子器件经历了由半控型向全控型、由低频开关向高频开关、由分立元器件向具有复合功能的功率模块发展的过程。以电力电子器件为基础的功率放大与变换装置是弱电控制强电的媒介，在运动控制系统中作为电动机的可控电源，其输出电源质量直接影响运动控制系统的运行状态和性能。

3）控制器。控制器分模拟控制器和数字控制器两类，也有模数混合的控制器，现在已越来越多地采用全数字控制器。计算机控制可以实现不同于一般线性调节的控制规律，达到模拟控制系统难以实现的控制功能和效果。计算机控制技术的应用使对象参数辨识、控制系统的参数自整定和自学习、智能控制、故障诊断等成为可能，大大提高了运动控制系统的智能化程度。各种高性能的大规模或超大规模的集成电路，方便和简化了调速控制系统的硬件电路设计及调试工作，提高了运动控制系统的可靠性。高速、大内存容量、多功能的微处理器或单片微机的问世，使各种复杂的控制算法在运动控制系统中的应用成为可能，并大大提高了控制精度。

控制理论是运动控制系统的理论基础，是指导系统分析和设计的依据。控制系统实际问题的解决常常能推动理论的发展，而新的控制理论的诞生，又为研究和设计各种新型的运动控制系统提供了理论依据。

4）传感器与信号处理。运动控制系统中常用的反馈信号是电压、电流、转速和位置，为了真实可靠地得到这些信号，并实现功率电路（强电）和控制器（弱电）之间的电气隔离，需要相应的传感器。电压、电流传感器的输出信号多为连续的模拟量，而转速和位置传感器的输出信号因传感器的类型而异，可以是连续的模拟量，也可以是离散的数字量。

运动控制系统的本质是反馈控制，即根据给定与输出之间的偏差实施控制，最终缩小或消除偏差。运动控制系统需通过传感器实时检测系统的运行状态，构成反馈控制，并进行故障分析和故障保护。

2. 直流调速控制技术概况

用直流电动机作为原动机的传动方式称为直流拖动。由于直流调速系统具有良好的起制动、正反转及调速等性能，目前在传动领域中仍占有主要地位。虽然近年来交流电动机的调速控制技术发展很快，但就闭环控制的工作原理而言，直流电动机的调速控制理论和实现都是交流电动机调速控制的基础。从根本上说，由于电枢和磁场能独立进行激励控制，而且转速和输出转矩的描述是对可控电压（或电流）激励的线性函数，因此，对直流电动机容易实现各种调速控制，也容易实现控制目标的“最佳化”，这也是直流电动机长期主导调速领域的原因。晶闸管供电的直流调速系统具有良好的技术经济指标，所以目前国内多数大容量调速系统还是沿用晶闸管－电动机的传动结构。由于晶闸管存在着控制的非线性及较低功率因数等缺点，因此，普通晶闸管系统难以实现高精度、宽范围的调速控制。随着 GTO 晶闸管、GTR、P－MOSFET、IGBT 和 MCT 等全控型功率器件的出现，利用这些有关断能力的器件，新型的电力电子变流装置取消了原来普通晶闸管系统必需的换相电路，简化了电路的结构，提高了效率和工作频率，降低了电路噪声，也缩小了装置的体积和重量。谐波成分大、功率因数差的相控变流器已逐步由斩波器或脉冲宽度调制型（PWM）变流器所代替，明显地扩大了电动机传动系统的调速范围，提高了工作效率和调速精度，改善了快速性、效率和功率因数。可以预见，PWM 变流器终将取代晶闸管相控式可控功率电源，成为可控直流电源的主流，一种称为软性的 PWM 变流器将主宰传动控制领域，成为理想化的功率电源。

3. 交流调速技术概况

直流电动机存在机械换向问题，最大供电电源受到限制，机械强度也限制了其转速的进一步提高，另外，结构的影响也使直流电动机不适合腐蚀性、易爆性和含尘气体的特殊场合。交流电动机以其众多的优点一直以来受到人们的重视，它体积小、重量轻、没有电刷和换向器、转动惯量小、制造简单、结构牢固、工作可靠、易于维修，只是长期以来一直没有理想的调速方案，只能应用于恒速拖动领域。晶闸管等功率器件的出现，使交流电动机调速的发展产生了飞跃，并使得采用半导体变流技术的交流调速得以实现，但这个阶段的交流电动机调速系统的控制比较复杂，调速性能差，装置价格高，效率低，使交流调速未能广泛应用。自从微处理器出现，在绕线转子异步电动机串级调速、无换向器电动机调速、PWM 技术、笼型异步电动机的矢量控制、直接转矩控制等方面都获得重大突破与发展之后，交流电动机调速才真正进入应用阶段，并广泛应用于工业生产和交通运输部门。目前，由于大功率半导体器件、大规模集成电路的发展，交流电动机调速系统已具备了较宽的调速范围、较高的调速精度、较快的动态响应、较高的工作效率以及可以四象限运行等优异性能，其动静态特性均可以与直流电动机调速系统相媲美。可以说，交流调速逐步取代直流调速已成为明显的发展趋势。例如，在“节能型”交流调速技术方面，在大量应用的风机、水泵等拖动系统中（这类负载约占工业电力拖动总量的一半，其中有些并不是真的不需要变速，只是由于过去的交流电动机不能调速，因而不得不依赖挡板和阀门来调节流量，同时也消耗掉大量的电能），如果采用交流电动机调速来改变风量或流量，效率将会大大提高。从各方面看，改造恒速电动机为交流调速电动机，每台节能约 20% 以上，总体的节能效益是很可观的。因此，在这个领域，目前交流调速系统已占据了主导地位。

4. 电力拖动控制系统的发展趋势

随着电力电子技术的进步，微机控制技术、传感器技术、微电子技术的发展应用，以及新型控制策略的出现，电动机控制、电气传动发展到了新的阶段。电机运动控制系统的发展趋势如下：

1）高频化。在功率驱动装置中，低频的半控器件在中小功率范围将被高频的全控型电力电子器件取代，变换技术由相位控制转变成脉宽调制，这样既可以提高系统性能，又可以改善电网的功率因数。

2）交流化。由于交流电动机本身的优势，随着交流调速技术的提高和成本的降低，不仅现有的直流调速将被交流调速取代，而且大量的原来恒速运行的交流传动系统将改为交流调速系统，原来直流调速所不能达到的高转速、大功率领域也将采用交流调速。

3）数字化网络化。微处理器的发展，使数字控制器简单又灵活，模拟电子控制基本上让位于计算机数字控制，计算机仿真与辅助设计逐步融入运动控制系统的性能分析与设计中。随着系统规模的扩大和系统复杂性的提高，单机的控制系统越来越少，取而代之的是大规模的多机协同工作的高度自动化的复杂系统。在复杂系统中，传动设备和控制器作为节点连到现场总线或工业控制网上，可以实现集中的或分散的生产过程的实时监控。这些都需要计算机网络的支持。

4）智能化。借助于数字和网络技术，智能控制已经深入到电动机运动控制系统的各个方面，如模糊控制、神经网络控制、解耦控制等，各种观测器和辨识技术应用于运动控制系统中，大大改善了控制系统的性能，为其走向复杂的多层的网络控制提供了可能。运动控制正由简单的单机控制系统走向多机多种控制过程协调的系统集成控制。

0.3 本课程的任务

本课程把“电机学”、“电力拖动”和“运动控制系统”三门课程的主要内容系统地有机地融为一体，内容结构完整，是应用性、实践性较强的专业基础课。

本课程的任务是使学生掌握电机的基本结构、工作原理和性能参数，电力拖动系统的各种运行方式、动静态性能分析，电机的选择和实验方法，以及直流电动机和交流异步电动机的调速控制系统的基本原理和典型应用的分析和设计，为进一步学习相关专业课及今后工作做必要的知识和技能准备，使学生能够从工程实用的角度提出问题、分析问题和解决问题，通过本课程的学习，能胜任对电气传动控制系统的使用、维护和管理工作。

第1章 直流电机

电机是电动机和发电机的统称，是一种实现机电能量变换的电磁装置。电动机是将电能变换为机械能，而发电机是将机械能变换为电能。这种能量变换是可逆的，即从工作原理说，任何一台旋转电机既可以作电动机又可以作发电机。

由于电流分直流和交流，所以电机就分为直流电机和交流电机两大类。直流电动机有良好的起动性能和调速性能，广泛地应用于电力牵引、轧钢机、起重设备及要求调速广泛的切削机床中。在自动控制系统中，小容量直流电动机的应用也很广泛。直流发电机则作为各种直流电源使用。

本章主要讨论直流电机的基本结构和工作原理，讨论直流电机的磁场分布、感应电动势、电磁转矩、电枢反应及影响、换向及改善换向方法，从应用角度分析直流发电机的运行特性和直流电动机的工作特性。

1.1 直流电机的工作原理和结构

1.1.1 直流电机的工作原理

1. 直流发电机的工作原理

图 1-1 所示为一台最简单的两极直流电机的模型。N、S 为定子磁极，由 A 和 X 两根导体连成的一个电枢线圈是放置在可旋转导磁圆柱体上（称为电枢铁心），线圈连同导磁圆柱体称为电机的转子或电枢。线圈的首端和末端分别连接到两个相互绝缘并可随线圈一同旋转的换向片 1 和 2 上。电枢线圈与外电路的连接是通过放置在换向片上固定不动的电刷 B_1 和 B_2进行的。

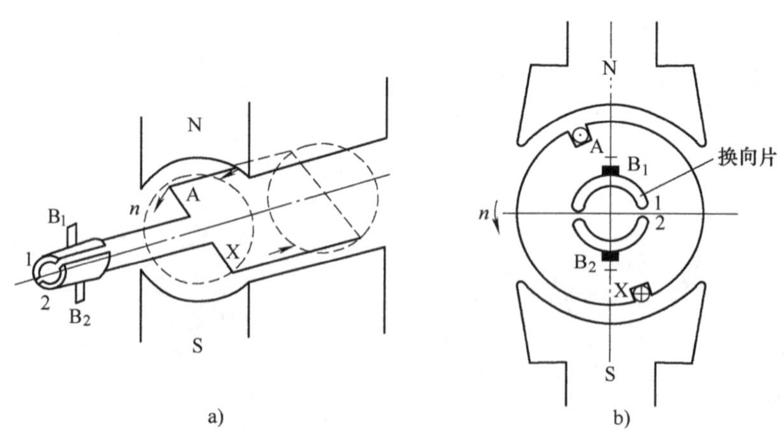

图 1-1 两极直流电机的模型

当原动机驱动电机转子以恒定的转速 n 逆时针方向转动时，设在图 1-1 所示瞬间，根据右手定则，可以判定导体 A 的电动势方向为穿出纸面，用⊙表示；导体 X 的电动势方向为进入纸面，用⊗表示。

根据电磁感应定律，导体的感应电动势为

$$e = B_x lv \tag{1-1}$$

式中，B_x为导体所处位置的径向磁通密度；l 为导体切割磁力线部分的长度，称为有效长度；v 为导体切割磁力线部分的速度，即电枢旋转的线速度。

那么，整个线圈从 X→A 的感应电动势为 $e_{XA} = 2B_x lv$。由于转速 n 是恒定的，故 v 为一定值；对于已制成的电机，l 也是一定的，所以电动势 e_{XA}与磁通密度 B_x成正比，这说明线圈电动势的变化规律与气隙磁场沿圆周的分布规律相同。知道了 B_x的分布曲线，也就可以知道线圈电动势的变化规律。为此可以假想把电枢从外圆上某点切开，把圆周拉成一直线作为横坐标，并以磁通密度 B_x为纵坐标，绘出 B_x的分布曲线，如图 1-2 所示。一般以 N 极下的磁通密度为负值，S 极下的磁通密度为正值。

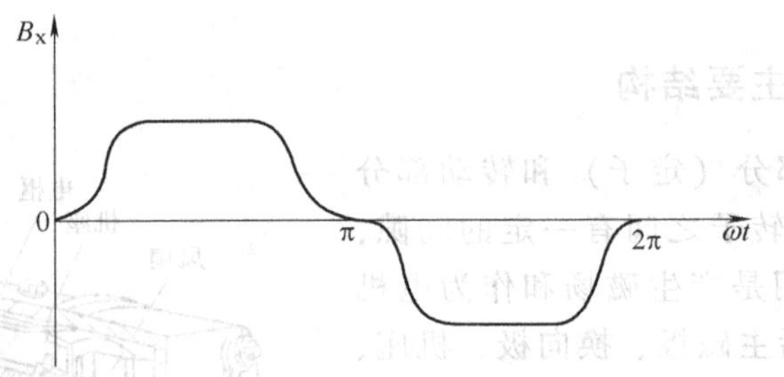

图 1-2 B_x的分布曲线

有了 B_x的分布曲线以后，因为 $e_{XA} \propto B_x$，所以只要改变坐标刻度，曲线就可以表示为线圈电动势随时间的变化规律。可以看出，线圈电动势是交变的。

当电枢转过 180°后，导体 X 到了原来导体 A 的位置，导体 A 则到了原来导体 X 的位置。根据右手定则，此时导体 X 的电动势方向为⊙，导体 A 的电动势方向为⊗。由于电刷在空间是固定不动的，这时电刷 B_1与换向片 2 相接触，电刷 B_2与换向片 1 相接触，所以电刷 B_1的极性仍为“+”，电刷 B_2的极性仍为“-”，这样就在电刷 B_1与 B_2之间得到一个方向不变的电动势。若在 B_1、B_2之间接上一个负载，负载上就会流过一个方向不变的电流，这就是直流发电机的工作原理。

显然在一个线圈的情况下，电刷 B_1与 B_2之间的电动势的方向虽然不变，但在数值上却是变化的，因此在实际电机中，电枢绕组是由许多线圈按照一定规律连接起来而构成的，这就使电刷间电动势的脉动程度大大降低，实用时可以认为产生的是一个恒定直流。

如果电刷 B_1、B_2不是固定在空间，而是随着电枢一起转动，即电刷 B_1始终和换向片 1 接触，电刷 B_2始终和换向片 2 接触，那么电刷间的电动势就不可能是直流，而是成为交流了。这说明，直流电机电枢绕组所感应的电动势是交流的，通过换向器配合电刷的作用，才把交流电动势“换向”为直流电动势，所以人们常把这类电机称为直流换向器电机。

2. 直流电动机的工作原理

假如不用原动机去带动电枢旋转，而是由外电源从电刷 B_1、B_2 输入直流电流，使电流从正电刷 B_1 流入，从负电刷 B_2 流出，则此时 N 极下的线圈电流总是由首端流向末端，S 极下的线圈电流总是由末端流向首端。利用左手定则，可知 N 极下导体受到的电磁力的方向向左，S 极下导体受到的电磁力的方向向右，那么产生的电磁转矩就使得线圈逆时针旋转。由此可见，N 极下和 S 极下的线圈受到的电磁力的方向是始终不变的，它们产生转矩的方向也就不变。这个转矩使电枢始终沿一个方向旋转，就把电能变换成机械能，使之成为一台直流电动机而带动生产机械工作。

3. 直流电机的可逆性

从上述直流电机的工作原理来看，一台直流电机若在电刷两端加上直流电压，输入电能，即可拖动生产机械，将电能变为机械能而成为电动机；反之，若用原动机带动电枢旋转，输入机械能，就可在电刷两端得到一个直流电动势作为电源，将机械能变为电能而成为发电机。这种一台电机既能作电动机又能作发电机运行的原理，在电机理论中称为电机的可逆原理。

1.1.2 直流电机的主要结构

直流电机由静止部分（定子）和转动部分（转子）组成。定子和转子之间有一定的间隙，称为气隙。定子的作用是产生磁场和作为电机的机械支撑，定子包括主磁极、换向极、机座、端盖、轴承、电刷装置等。转子上用来感应电动势而实现能量转换的部分称为电枢，它包括电枢铁心和电枢绕组，此外转子上还有换向器、转轴、风扇等。图 1-3 所示为一直流电机的结构。

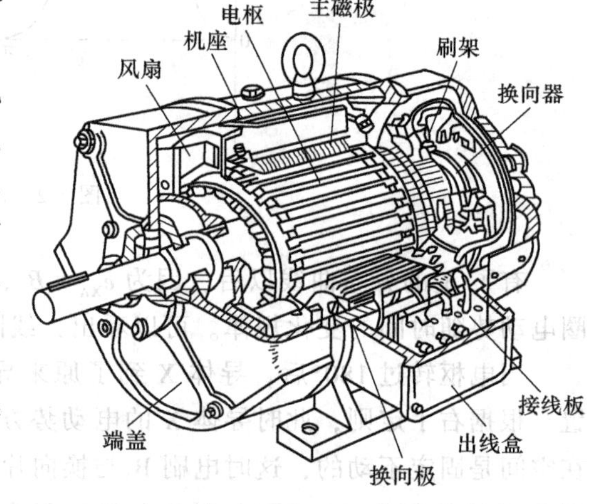

图 1-3 直流电机的结构

下面简要介绍直流电机的主要零部件的基本结构、作用和材料。

(1) 定子部分

定子由机座、主磁极、换向极、电刷装置等组成，其剖面结构如图 1-4 所示。它的主要作用是产生主磁场和作为电机的机械支撑。

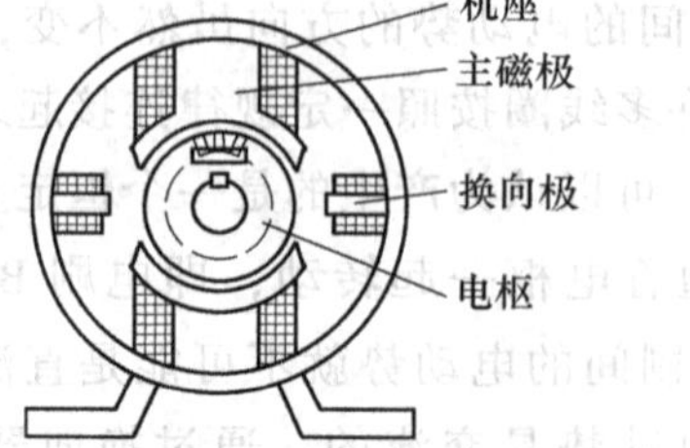

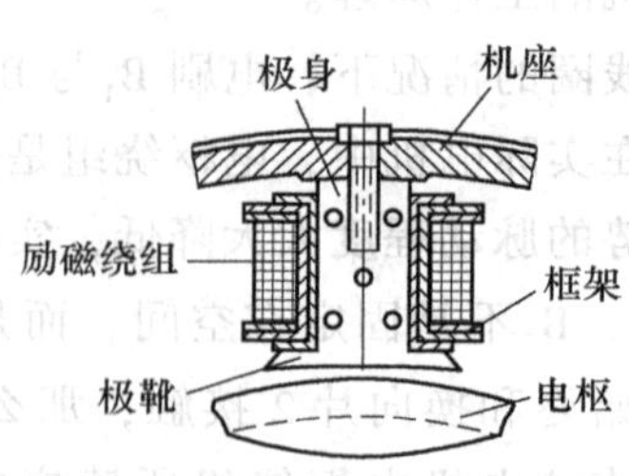

图 1-4 直流电机定子的剖面结构

1）主磁极。简称主极，用来产生主磁极恒定的气隙磁通，由铁心和励磁绕组构成。在主极铁心上固定励磁绕组，产生磁场并使电枢表面的气隙磁通密度按一定形状在空间分布。为了减少电枢旋转时极靴表面的涡流损耗，主磁极铁心是由1～1.5mm的低碳钢板叠成，主磁极上的励磁绕组是用圆截面或矩形截面的绝缘导线绕制成的集中绕组，与铁心绝缘。

主磁极总是成对的，相邻磁极的极性按N极和S极交替排列。

2）换向极。又称附加极，它的作用是用来改善换向，也是由铁心和套在上面的换向极绕组构成的。大容量直流电机和换向要求高的电机，其换向极铁心用相互绝缘的钢片叠装而成，中小容量直流电机的换向极铁心则用整块钢制成。换向绕组一般由粗的扁铜线绕成，且与电枢绕组相串联，因此通过的电流较大，一般用截面较大的矩形导线绕成，而且匝数较少。

换向极的位置在两主磁极之间，用螺杆固定在机座上。换向极数目一般等于主磁极数目，帮助电枢换向并消除或减弱电枢反应。在功率很小的电机中，换向极数目有时只有主磁极数目的一半，也有不装换向极的。

3）机座。直流电机的机座有两个作用，一是用来固定主磁极、换向极、端盖，并借助底脚将电机固定在基础上；二是作为电机磁路的一部分。所以，机座都是由导磁性能好的材料制成，一般用铸钢件或用钢板卷焊而成，且有一定的导磁截面积，在机械强度和刚度上大有富余。

4）电刷装置。电刷的作用是把转动的电枢与外电路相连接，使电流经电刷输入电枢或从电枢输出，并且通过电枢和换向器的配合，在电刷两端得到直流电压。为了使电刷与旋转的换向器有良好的滑动接触，需要有一套电刷装置。电刷装置由电刷（由石墨做成的导电块）、刷握、刷杆、刷杆座、刷辫（将电动势或电流引出或引入电机，由细铜丝编成）等组成，如图1-5所示。根据电流的大小，每一刷杆上可以有由一个或几个电刷组成的电刷组。电刷组的数目（也就是刷杆数）一般等于主磁极数目，并沿圆周均匀分布。电刷放在刷握的刷盒内，用弹簧把它压紧在换向器的圆周表面上；刷握固定在刷杆上，刷握与刷杆之间应有良好的绝缘；同极性的各刷杆上的电刷用汇流条连接在一起。刷杆座应该能够移动，用来调整电刷位置。

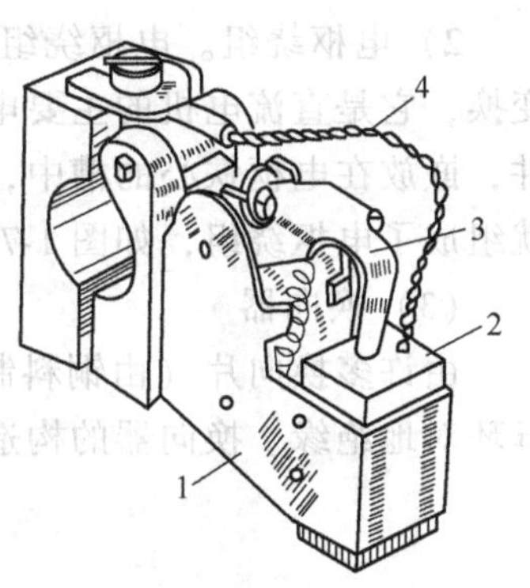

图1-5 刷握与电刷
1—刷握 2—电刷
3—压紧弹簧 4—铜丝辫

（2）转子部分

转子（又称电枢）由电枢铁心、电枢绕组、换向器、转轴和风扇等组成，如图1-6所示。它的作用是产生电磁转矩或感应电动势，实现机电能量的转换。

1）电枢铁心。电枢铁心有两个作用：一是作为磁的通路；二是用来嵌放电枢绕组。电枢铁心通常用0.5mm厚的低碳硅钢片或冷轧硅钢片叠成，片间涂有绝缘漆以减少损耗（涡流和磁滞损耗），每片冲片冲有嵌放电枢绕组的槽，有的还冲有轴向通风孔。对于大容量的电机，为了加强冷却，把电枢铁心沿轴向分成数段，段与段之间留有宽10mm的通风道，整个铁心固定在转子支架或转轴上。电枢铁心冲片和装配好的电枢铁心如图1-7所示。

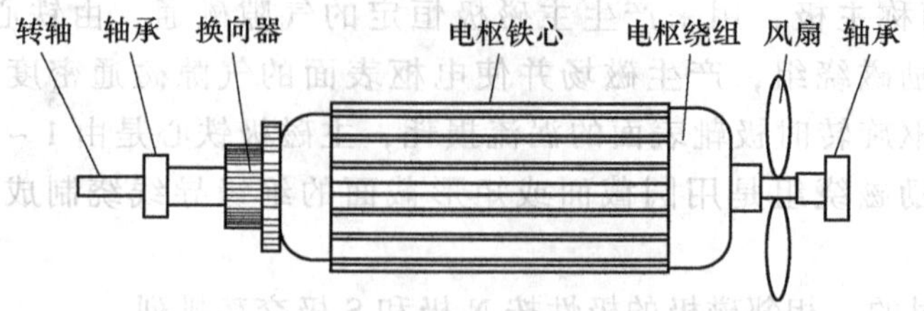

图 1-6　直流电机的电枢

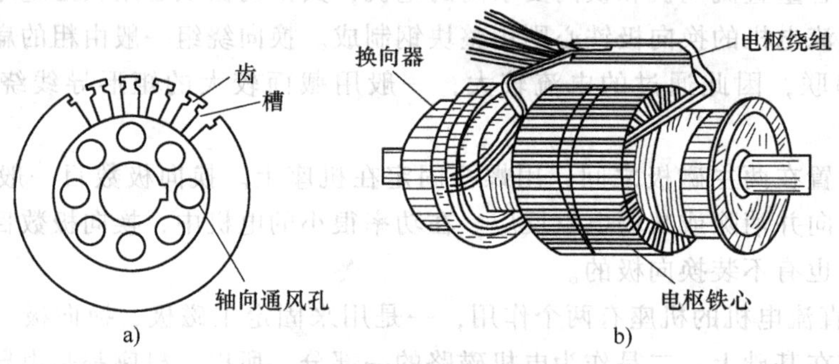

图 1-7　电枢铁心冲片和铁心

a）电枢铁心冲片　b）电枢铁心

2）电枢绕组。电枢绕组的作用，是用来感应电动势和流过电流，使电机实现机电能量变换，它是直流电机的主要电路部分。电枢绕组是用带绝缘的铜导线绕成一个一个的线圈元件，嵌放在电枢铁心的槽中，各元件按一定的规律连接到相应的换向片上的。全部这些元件就组成了电枢绕组，如图 1-7b 所示。

（3）换向器

由许多换向片（由铜料制成）组成，换向片之间彼此以云母片相互绝缘，全部又以云母环对地绝缘。换向器的构造如图 1-8 所示。

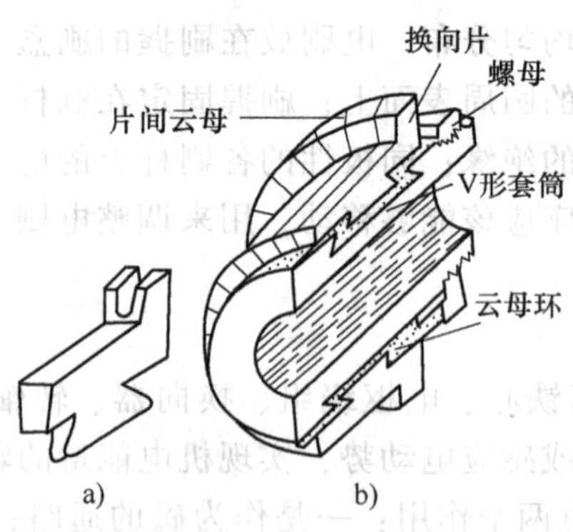

图 1-8　换向器的构造

a）换向片　b）换向器

1.2 直流电机的铭牌数据及主要系列

1.2.1 直流电机的铭牌数据

电机制造厂按照国家标准，根据电机的设计和试验数据，规定了电机的正常运行状态和条件，通常称之为额定运行情况。凡表征电机额定运行情况的数据，称为额定值。额定值一般都标注在电机的铭牌上，所以也称为铭牌数据，它是正确合理使用电机的依据。直流电机的额定值主要有下列4项：

1）额定容量（额定功率）P_N。指电机在铭牌规定的额定状态下运行时，电机的输出功率，一般以“kW”为量纲单位。

对于直流发电机，P_N是指输出的电功率，它等于额定电压和额定电流的乘积。即

$$P_N = U_N I_N \tag{1-2}$$

对于直流电动机，P_N是指输出的机械功率，η_N为额定效率。即

$$P_N = U_N I_N \eta_N \tag{1-3}$$

电动机轴上输出的额定转矩用T_{2N}表示，其大小是额定功率除以转子角速度的额定值。即

$$T_{2N} = \frac{P_N}{\Omega_N} = \frac{P_N}{2\pi n_N/60} = 9.55\frac{P_N}{n_N} \tag{1-4}$$

式中，P_N单位为W；n_N单位为r/min；T_{2N}单位为N·m。式（1-4）中，如果P_N单位为kW，那么系数9.55就要变为9550。式（1-4）同样适用于交流电动机。

2）额定电压U_N。指额定状态下电枢出线端的电压，单位为V。

3）额定电流I_N。指电机在额定电压、额定功率时的电枢电流值，单位为A。

对于发电机：$I_N = \frac{P_N \times 10^3}{U_N}$；对于电动机：$I_N = \frac{P_N \times 10^3}{U_N \eta_N}$。

4）额定转速n_N。指额定状态下运行时转子的转速，单位为r/min。

例1-1 一台直流发电机，其铭牌数据如下：$P_N = 145\text{kW}$，$U_N = 230\text{V}$，$n_N = 1450\text{r/min}$，$\eta_N = 90\%$。求该发电机的输入功率及额定电流各为多少？

解：额定输入功率为 $P_1 = \frac{P_N}{\eta_N} = \frac{145}{0.9}\text{kW} = 161\text{kW}$

额定电流为 $I_N = \frac{P_N}{U_N} = \frac{145 \times 10^3}{230}\text{A} = 630.4\text{A}$

例1-2 一台直流电动机，其铭牌数据如下：$P_N = 160\text{kW}$，$U_N = 220\text{V}$，$n_N = 1500\text{r/min}$，$\eta_N = 90\%$。求该电动机的输入功率、额定电流及额定输出转矩各是多少？

解：额定输入功率为 $P_1 = \frac{P_N}{\eta_N} = \frac{160}{0.9}\text{kW} = 177.9\text{kW}$

额定电流为 $I_N = \frac{P_1}{U_N} = \frac{P_N}{\eta_N U_N} = \frac{160 \times 10^3}{0.9 \times 220}\text{A} = 808.1\text{A}$

额定输出转矩为 $T_{2N} = 9.55\frac{P_N}{n_N} = 9.55 \times \frac{160 \times 10^3}{1500}\text{N·m} = 1018.7\text{N·m}$

1.2.2 直流电机系列

所谓电机系列就是在应用范围、结构形式、性能水平和生产工艺等方面有共同性，功率按一定比例递增，并成批生产的一系列电机，我国目前生产的直流电机的主要系列有：

Z2 系列："Z" 表示直流，"2" 表示第二次改型设计。它是适用于一般调速场合的基本系列直流电动机，具有调速范围大，控制简单，可靠等优点。Z2 系列是 B 级绝缘结构，电机防护等级为 IP21，基本结构及安装型式为 IMB3，根据用户要求还可制成 IMB35 和 IMB5 结构及安装型式，也可制成带测速发电机的派生系列电机。Z2 系列直流电动机广泛用于矿山、交通运输、纺织印染、造纸印刷以及化工和机床等工业中需调速的动力拖动场合。

Z3 系列为一般用途的小型直流电机系列，是一种基本系列。系列容量为 0.4～200kW，电动机的电压为 110V、220V；发电机的容量为 115V、230V。

Z4 系列广泛用作各类机械的传动源，诸如冶金工业轧机传动，金属切削机床，造纸、印刷、纺织、印染、水泥、塑料挤出机械等。本系列电机采用多角形结构，空间利用率高，定子磁轭为叠片式，适用整流器供电，能承受脉动电流与电流急剧变化（负载变化）的工况。磁极安装有精确定位，因而换向良好。

ZF 和 ZD 系列为一般用途的中型直流电机系列。"F" 表示发电机，"D" 表示电动机。系列容量从 55kW（320r/min）到 1450kW（1000r/min）。发电机的通风形式为开启式和管道通风防护式；电动机为强迫通风式。

ZZJ 系列为起重、冶金用直流电动机系列。电压有 220V、440V 两种，励磁方式有串励、并励、复励 3 种，工作方式有连续、短时和断续 3 种，基本型式为全封闭自冷式。

ZZJ－800 系列轧机辅传动用直流电动机是参照国际电工委员会 IEC－34－13《轧机辅传动电动机技术条件》标准制造的，是钢铁工业的重要动力设备。该系列电机在工作环境恶劣的场合下，能经受频繁地起动、制动、频繁地可逆转向、重复出现大的过载转矩等，主要使用于工作辊道、压下装置、活套张力辊、剪切机、起重机等设备上，是 ZZ/ZZK、ZZY、ZZJO、ZZJ2 等系列电机的更新替代产品。

此外，还有 ZQ 直流牵引电动机系列及 Z-H 和 ZF-H 船用电动机和发电机系列等。

1.3 直流电机的电枢绕组

1.3.1 直流电机电枢绕组的一般介绍

电枢绕组是直流电机的一个重要部分，电机中能量的变换就是通过电枢绕组实现的。电枢绕组的结构对电机基本参数和性能都有影响，因此对电枢绕组提出了一定的要求，这就是在允许通过规定的电流和产生足够的电动势的前提下，尽可能地节省材料并且要结构简单、运行可靠。

1. 元件

电枢绕组是由结构、形状相同的线圈组成，线圈有单匝、多匝之分，分别如图 1-9a、b 所示。组成电枢绕组的基本单元称为"元件"，一个元件由两条元件边和端接线组成。绕组元件可以是一匝或多匝，匝数的多少也就等于每一元件边所包含的串联导体数。

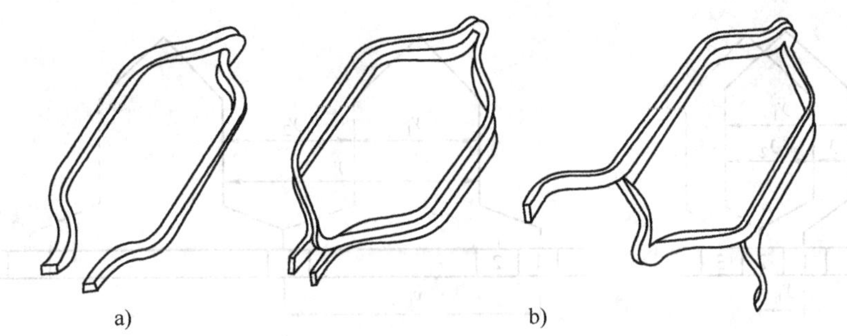

图 1-9 单匝和多匝线圈
a）单匝线圈 b）多匝线圈

不论单匝或多匝线圈，它的两个边分别安放在不同的槽中，如图 1-10 所示，用来产生电动势和电磁转矩，故称为线圈的有效边。而处于槽外的部分，仅起连接作用，称为端接部分。线圈的两个端头称为始端和末端。

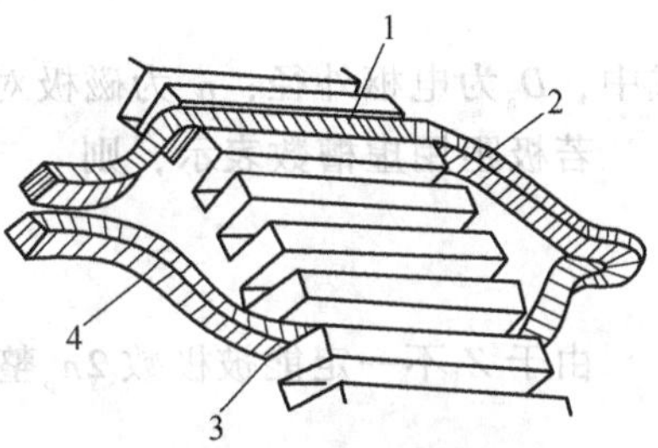

图 1-10 绕组元件在槽中的位置
1—上层边 2—后端接线
3—下层边 4—前端接线

电枢绕组大多做成双层绕组，将线圈的一个有效边放在槽的上层，称做上层边（也称上元件边，在绕组画法中画成实线）；另一个有效边放在有一定距离的另一槽的下层，称做下层边（也称下元件边，在绕组画法中画成虚线），如图 1-10 所示。

2. 虚槽

为了确切地说明每个元件边所处的具体位置，引入“虚槽”的概念。

设槽内每层有 u 个元件边，则把每个实际槽看做包含有 u 个“虚槽”，每个虚槽的上、下层各有一个元件边。图 1-11 表示的是当 $u=3$ 时元件边的布置情况。若实槽数为 Z，虚槽数为 Z_i，则 $Z_i=uZ$。因为每一个元件有两个元件边，而每一换向片连接一个元件的始端和另一个元件的末端；又因为每一个虚槽包含着两个元件边，所以绕组的元件数 S、换向片数 K 和虚槽数 Z_i 三者应相等，即

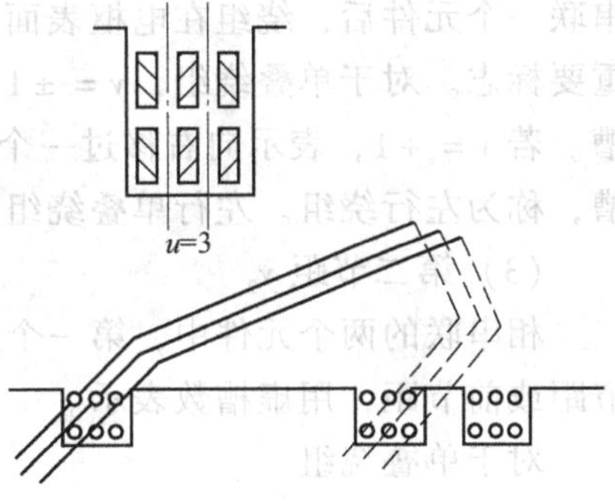

图 1-11 实槽与虚槽

$$S=K=Z_i=uZ \tag{1-5}$$

3. 节距

图 1-12 所示为单叠绕组和单波绕组的画法和节距。

（1）第一节距 y_1

一个元件的两个有效边之间的距离称为第一节距或后节距，用虚槽数表示。

在电机中，若沿电枢圆周表面相邻两磁极的距离称为极距，则为了获得较大的线圈电动势，第一节距 y_1 应等于或接近于一个极距 τ。极距按下式计算：

$$\tau=\frac{\pi D_a}{2n_p} \tag{1-6a}$$

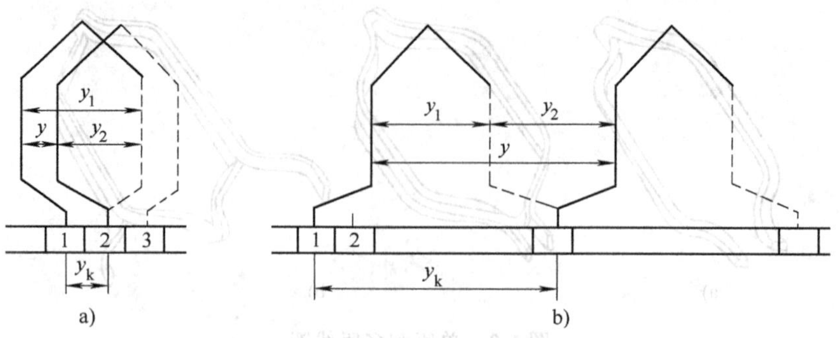

图 1-12 绕组画法和节距

a）单叠绕组 b）单波绕组

式中，D_a为电枢外径；n_p为磁极对数。

若极距用虚槽数表示，则

$$\tau = \frac{Z_i}{2n_p} \tag{1-6b}$$

由于 Z_i不一定能被极数 $2n_p$整除，而 y_1又必须为整数，所以应使

$$y_1 = \frac{Z_i}{2n_p} \mp \varepsilon = \text{整数} \tag{1-7}$$

若 $\varepsilon = 0$，则 $y_1 = \tau$，称为整距绕组；若 $\varepsilon \neq 0$，则 $y_1 > \tau$时，称为长距绕组，$y_1 < \tau$时，称为短距绕组。

（2）合成节距 y

相串联的两个元件的对应边之间的距离称为合成节距，用虚槽数表示。合成节距表示每串联一个元件后，绕组在电枢表面前进或后退了多少个虚槽，它是反映不同形式绕组的一个重要标志。对于单叠绕组，$y = \pm 1$，这表示每连接一个元件，在电枢表面上就要移过一个虚槽。若 $y = +1$，表示向右移过一个虚槽，称为右行绕组；若 $y = -1$，表示向左移过一个虚槽，称为左行绕组。左行单叠绕组由于元件出线端交叉，用铜也多，一般不采用。

（3）第二节距 y_2

相串联的两个元件中，第一个元件的下层边与第二个元件的上层边之间的距离称为第二节距或前节距，用虚槽数表示。

对于单叠绕组

$$y = y_1 - y_2 \tag{1-8}$$

对于单波绕组

$$y = y_1 + y_2 \tag{1-9}$$

（4）换向器节距 y_k

一个元件的两个出线端所连接的换向片之间的距离称为换向器节距，以换向片数表示。由于元件数等于换向片数，因此元件边在电枢表面前进（或后退）多少个虚槽，其出线端在换向器上也必然前进（或后退）多少个换向片，所以换向器节距必然等于合成节距，即

$$y_k = y \tag{1-10}$$

1.3.2 直流电机电枢绕组的基本形式

直流电机电枢绕组的基本形式有单叠绕组、单波绕组、复叠绕组、复波绕组。这里只讨论单叠绕组、单波绕组。

1. 单叠绕组

单叠绕组的特点是相邻元件（线圈）相互叠压，合成节距与换向器节距均为1，即 $y = y_k = 1$。下面通过例子说明单叠绕组的连接方法和特点。

设 $2n_p = 4$，$S = K = Z_i = 16$，单叠右行绕组。

（1）计算节距

$y_1 = \dfrac{Z_i}{2n_p} \mp \varepsilon = \dfrac{16}{4} = 4$，采用整距绕组，因为单叠右行，则 $y = y_k = 1$，所以 $y_2 = y_1 - y = 4 - 1 = 3$。

（2）画出展开图

单叠绕组的展开图如图1-13所示。

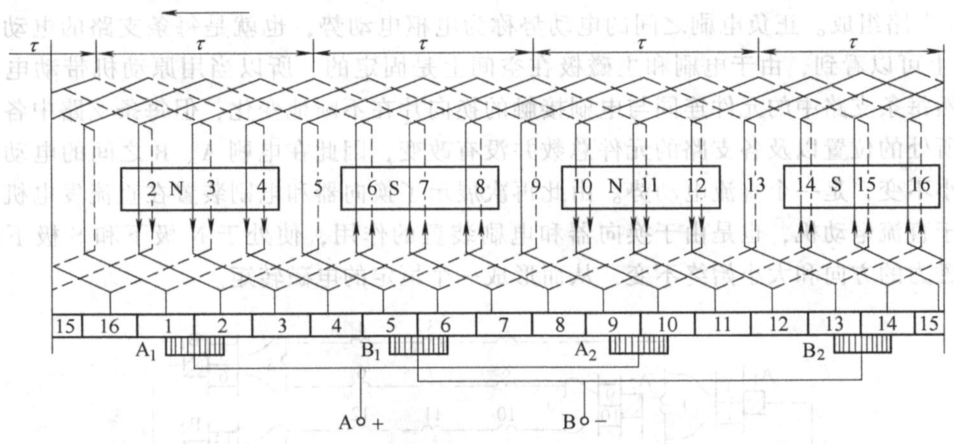

图1-13 单叠绕组的展开图

作图步骤如下：先画16个槽和16个换向片，并将元件、槽和换向片按顺序编号。编号时把元件号码、元件上层边所在槽的号码以及与元件上层边相连接的换向片号码编得一致，即1号元件的上层边放在1号槽内并与1号换向片相连接。因为 $y_1 = 4$，则1号元件的下层边应放在第5号槽（$1 + y_1 = 5$）的下层，下层边用虚线表示，编号为5。因 $y = y_k = 1$，故1号元件的末端应连接在2号换向片上（$1 + y_k = 2$）一般应使元件左右对称，这样1号换向片与2号换向片的分界线正好与元件的中心线相重合。将2号元件的上层边放入2号槽的上层（$1 + y = 2$），下层边放在6号槽的下层（$2 + y_1 = 6$），2号元件的上层边连在2号换向片上，下层边连在3号换向片上……，依次类推，最后第16号元件的下层边与1号换向片相连，整个绕组形成一个闭合回路，绕组连接完毕。绕组元件的连接顺序如图1-14。

（3）放置磁极和电刷

在绕组展开图上均匀放置4个磁极（$2n_p = 4$）。设N极的磁通是进入纸面，S极的磁通是从纸面穿出，电枢自右向左运动，根据右手定则就可判定各元件边的感应电动势的方向。

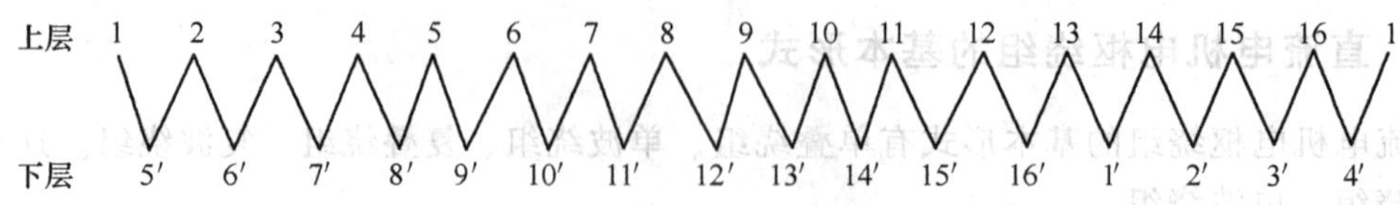

图 1-14　单叠绕组元件的连接顺序

在图 1-13 所示这一瞬间，1、5、9、13 四个元件正处于磁极几何中性线上，感应电动势为零，这 4 个元件把整个绕组分成四段，每段有 3 个电动势方向相同的元件相串联。由于每段电路中对应元件所处的磁场位置相同，所以每段电路的电动势大小相等，但方向两两相反，因此在整个闭合回路内互相抵消，总电动势为零，不会产生环流。

为了引出最大电动势，必须在换向片 1 和 2，5 和 6，9 和 10，13 和 14 之间，也就是在磁极轴线位置，放置四组电刷 A_1、B_1、A_2、B_2。因为这时 A、B 电刷之间所包含的元件，其电动势的方向都是相同的。为了清楚起见，将图 1-13 所示瞬间各元件的连接与电刷的关系整理、排列，可得到如图 1-15 所示的并联支路图。这时电刷 A_1、A_2的极性为“+”，B_1、B_2的极性为“-”，而且 A_1与 A_2，B_1与 B_2电位相等，可以把它们连接起来，整个绕组就由 4 条并联支路组成。正负电刷之间的电动势称为电枢电动势，也就是每条支路的电动势。从图 1-15 上可以看到，由于电刷和主磁极在空间上是固定的，所以当用原动机带动电枢旋转时，虽然每条支路中的元件连同与电刷接触的换向片在不断地变化，但每条支路中各元件在磁场中所处的位置以及各支路的元件总数并没有改变，因此在电刷 A、B 之间的电动势其方向和大小不变，是一个直流电动势。由此再次展示了换向器和电刷装置在直流发电机中的作用。对于直流电动机，也是由于换向器和电刷装置的作用，使处于 N 极下和 S 极下的元件受到电磁力的方向和大小始终不变，从而形成一个恒定的电磁转矩。

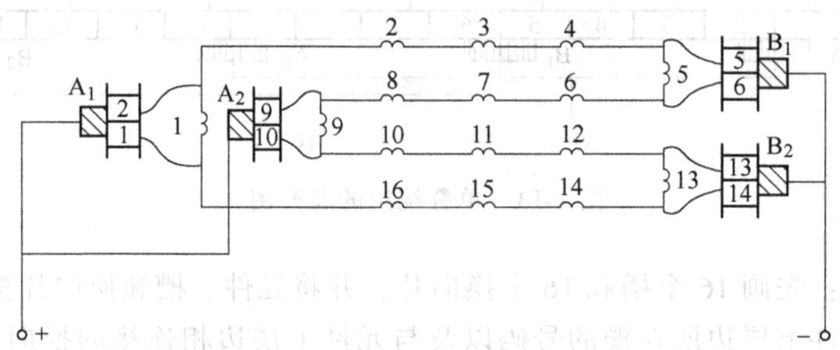

图 1-15　单叠绕组并联支路图

因为每条支路的元件都是处于同一磁极下，因此每条支路就对应于一个磁极，本例 $2n_p=4$，所以支路数也等于 4。由此可得出结论：

1）同一主磁极下的元件串联在一起组成一个支路，有几个主磁极就有几条支路，即 $2a=2n_p$。其中，a 表示支路对数。

2）电刷数等于主磁极数，电刷位置应使支路感应电动势最大，电刷间电动势等于支路电动势。

3）电枢电流等于各并联支路电流之和。

综上所述，要使电刷间的电动势为最大，电刷必须和位于几何中性线（磁极之间的平分线）的元件相连接，在电机中把这种情况称为“电刷在几何中性线”。

2. 单波绕组

在单叠绕组中，每个元件都是和相邻的元件相连接，而单波绕组的每个元件都是与相距约两个极距的元件相连接，即是与相邻的一对磁极下所处磁场位置相近的元件连接，如图 1-16 所示。单波绕组的特点是合成节距与换向节距相等。

因为单波绕组每连接一个元件就约前进了一对极距的距离，若电机有 n_p 对磁极，则连接了 n_p 个元件就沿电枢前进了一周，根据换向器节距的定义，元件将跨过 $n_p y_k$ 个换向片，但不能回到起始的换向片上，否则绕了一周后，就自行闭合，无法连接其他元件。所谓单波绕组就是指当连接了 n_p 个元件后，第 n_p 个元件的末端应落在与起始换向片相邻的换向片上，即

$$n_p y_k = K \pm 1 \tag{1-11}$$

若取 $n_p y_k = K + 1$，表示绕完一周后，落在起始换向片右边的换向片上，称为单波右行，这时端接部分交叉，一般不采用。反之，若取 $n_p y_k = K - 1$，表示绕完一周后，落在起始换向片左边的换向片上，称为单波左行，如图 1-16 所示。因此

$$y_k = y = \frac{K \pm 1}{n_p} = 整数 \tag{1-12}$$

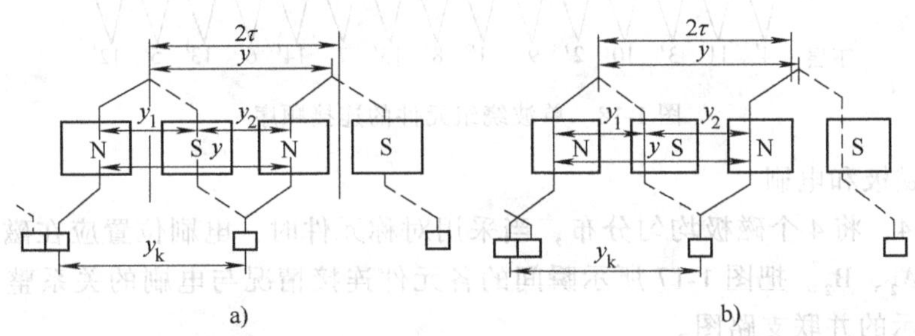

图 1-16 单波绕组元件

a）左行绕组 b）右行绕组

下面通过例子说明单波绕组的连接方法和特点。

设 $2n_p = 4$，$Z_i = S = K = 15$，单波左行绕组。

（1）计算绕组节距

$$y_1 = \frac{Z_i}{2n_p} \pm \varepsilon = \frac{15}{4} - \frac{3}{4} = 3(为一短距绕组)$$

$$y = y_k = \frac{K-1}{n_p} = \frac{15-1}{2} = 7$$

$$y_2 = y - y_1 = 7 - 3 = 4$$

（2）绕组展开图

作图的过程与单叠绕组相仿，画出 15 个槽和换向片，并进行编号。将 1 号元件的上层边放在 1 号槽内（实线）并与 1 号换向片相连，1 号元件的下层边放在第 4($1 + y_1 = 4$) 号槽内（虚线）并与第 8 号（$1 + y_k = 8$）换向片相连，作图时同样应使元件左右对称。与 1 号元件相连的元件的上层边应在第 8 号（$1 + y = 8$）槽内，与 8 号换向片相连，下层边在第 11 号（$8 + y_1 = 11$）槽内，并与第 15 号（$8 + y = 15$）换向片相连，因为 $p = 2$，所以绕了两个元件后就沿电枢前进了约一周，回到起始换向片左边的换向片上。依次类推，最后连接成一

闭路，如图 1-17 所示。

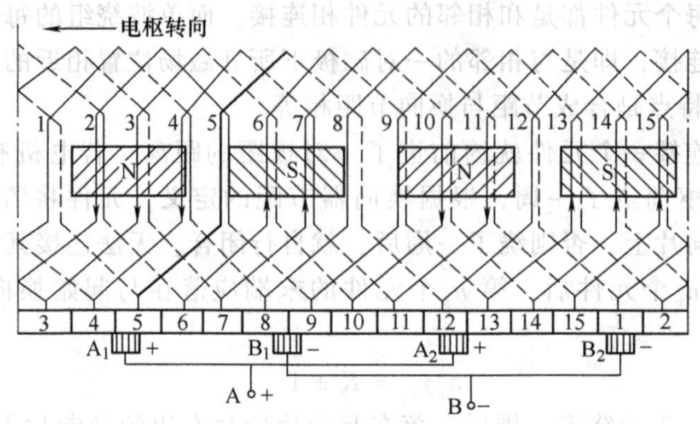

图 1-17　单波绕组的展开图

绕组元件的连接顺序如图 1-18 所示。

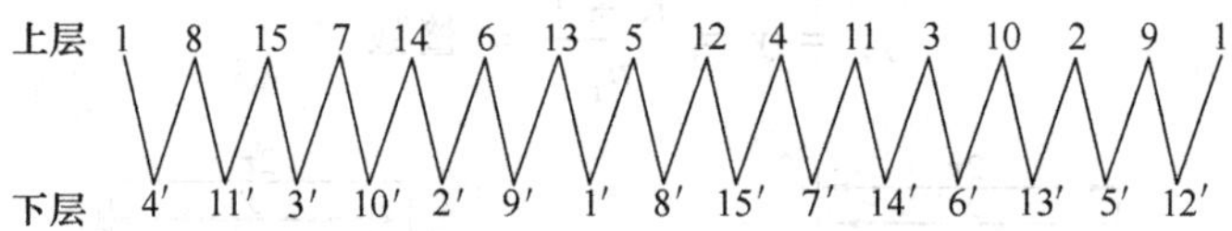

图 1-18　单波绕组元件的连接顺序

（3）放置磁极和电刷

因为 $2n_p=4$，将 4 个磁极均匀分布，当采用对称元件时，电刷位置应在磁极轴线上，依次为 A_1、B_1、A_2、B_2。把图 1-17 所示瞬间的各元件连接情况与电刷的关系整理、排列，可画出图 1-19 所示的并联支路图。

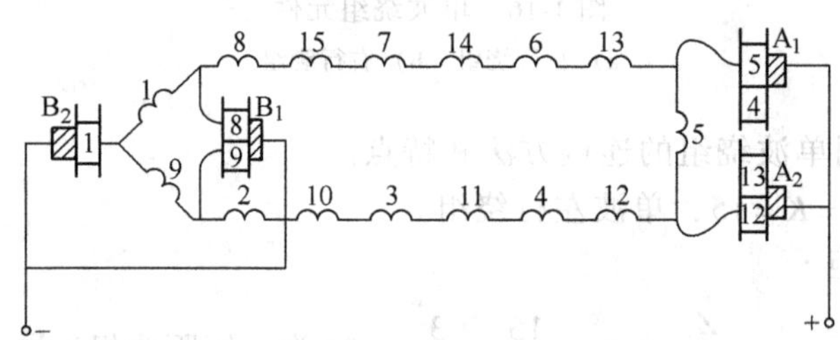

图 1-19　单波绕组并联支路图

单波绕组的特点总结如下：

1）同极下各元件串联起来组成一条支路，支路对数为 1，即 $a=1$，与磁极对数 n_p 无关。

2）当元件的几何形状对称时，电刷在换向器表面上的位置对准主磁极中心线，支路电动势最大。

3）电刷数等于磁极数（采用全额电刷）。

4）电枢电动势等于支路感应电动势。

5）电枢电流等于两条支路电流之和。

单叠绕组和单波绕组的区别如下：

1）单叠绕组。先串联所有上层边在同一极下的元件，形成一条支路。每增加一对主极就增加一对支路，$2a = 2n_p$。单叠绕组并联的支路数多，每条支路中串联的元件数少，适应于较大电流、较低电压的电机。

2）单波绕组。把全部上层边在相同极性下的元件相连，形成一条支路。整个绕组只有一对支路，极数的增减与支路数无关，支路数 $2a = 2$。波绕组并联的支路数少，每条支路中串联元件数多，适用于较高电压、较小电流的电机。

1.4 直流电机的磁场

直流电机的磁场是由主磁极产生的励磁磁场和电枢绕组电流产生的电枢磁场合成的一个合成磁场，它对直流电机产生的电动势和电磁转矩都有直接的影响，而且直流电机的运行特性在很大程度上也取决于磁场特性。因此，研究直流电机的磁场十分必要。

绝大多数直流电机的主磁场都是由励磁绕组通以直流励磁电流产生。实际上，直流电机在负载运行时，磁场是由电机中各个绕组，即励磁绕组、电枢绕组、换向极绕组等共同产生的。其中，励磁绕组起着主要作用。

1.4.1 直流电机的空载磁场

直流电机空载（发电机与外电路断开，没有电流输出；电动机轴上不带机械负载）运行时，其电枢电流等于零或近似等于零。因而空载磁场可以认为仅仅是励磁电流通过励磁绕组产生的励磁磁动势所建立的。

图 1-20 所示为一台 4 极直流电机空载时的磁路和磁通分布。

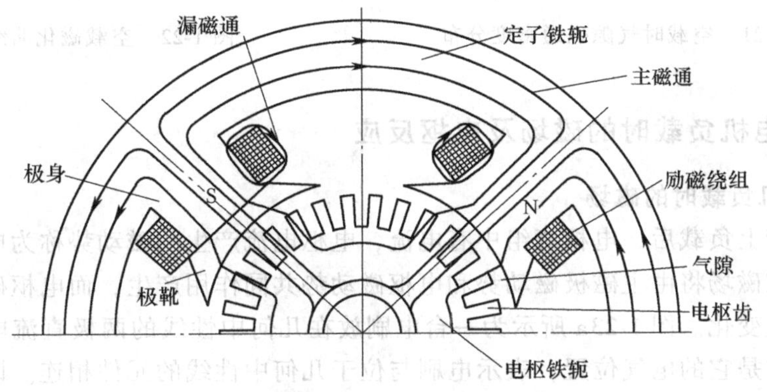

图 1-20 直流电机空载时的磁路和磁通分布

当励磁绕组的串联匝数为 N_f、流过电流为 I_f 时，每极的励磁磁动势为

$$F_f = I_f N_f \tag{1-13}$$

1）主磁通。主磁通是同时链着励磁绕组和电枢绕组的磁通。直流电机的主磁路：磁力线由 N 极出来，经气隙、电枢齿、电枢铁轭、电枢齿、气隙进入 S 极，再经定子铁轭回到 N 极。

2）主磁极漏磁通。主磁极漏磁通是只链着励磁绕组本身的磁通，磁力线不进入电枢铁心，直接经过气隙、相邻磁极或定子铁轭形成闭合回路。

直流电机中，主磁通是主要的，它能在电枢绕组中感应电动势或产生电磁转矩，而漏磁通没有这个作用，它只是增加主磁极磁路的饱和程度。在数量上，漏磁通比主磁通小得多，大约是主磁通的20%。

空载时励磁磁动势主要消耗在气隙上。当忽略铁磁材料的磁阻时，主磁极下气隙磁通密度的分布就取决于气隙的大小和形状。磁极中心及附近的气隙小且均匀，磁通密度较大且基本为常数，靠近极尖处，气隙逐渐变大，磁通密度减小；极尖以外，气隙明显增大，磁通密度显著减少，在磁极之间的几何中性线处，气隙磁通密度为零。空载时的气隙磁通密度为一平顶波，如图1-21所示。

为了感应电动势或产生电磁转矩，直流电机气隙中需要有一定量的每极磁通Φ_0，空载时，气隙磁通Φ_0与空载磁动势F_{0f}或空载励磁电流I_{0f}的关系，称为直流电机的空载磁化特性，如图1-22所示。为了经济、合理地利用材料，一般直流电机额定运行时，额定磁通Φ_N设定在图中a点，即在磁化特性曲线开始进入饱和区的位置，对应的励磁磁动势为F_{fN}。

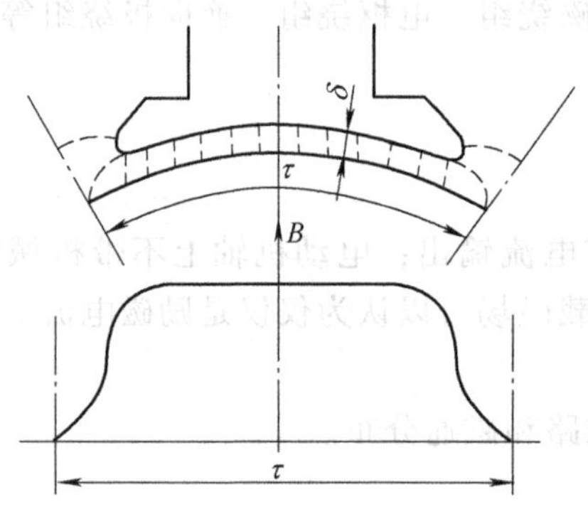

图1-21 空载时气隙磁通密度分布

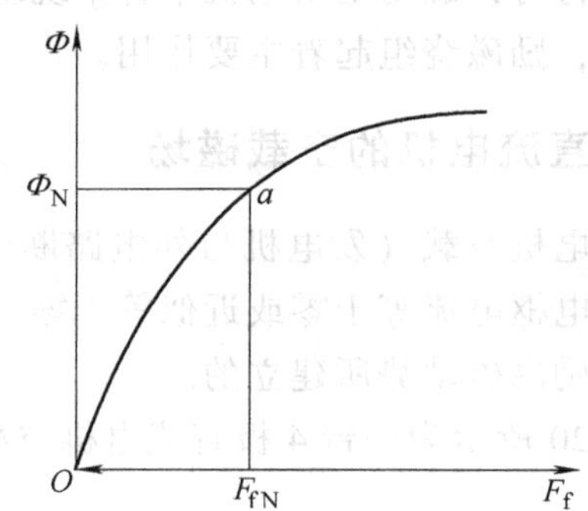

图1-22 空载磁化曲线

1.4.2 直流电机负载时的磁场及电枢反应

1. 直流电机负载时的磁场

直流电机带上负载后，电枢绕组中有电流，电枢电流产生的磁动势称为电枢磁动势。因此负载时的气隙磁场将由主磁极磁动势和电枢磁动势共同作用产生，而电枢磁动势的出现使电机的磁场发生变化。图1-23a所示为一台电刷放在几何中性线的两极直流电机，电刷在几何中性线，指的是它的电气位置，表示电刷与位于几何中性线的元件相连。因为电刷是电枢表面导体中电流方向的分界线，那么电枢电流的情况就如图1-23a所示。假设励磁电流为零，只有电枢电流，由图可见电枢磁动势产生的气隙磁场在空间的分布情况，电枢磁场的轴线与电刷轴线重合，并与主磁极轴线垂直，这时电枢磁动势为交轴磁动势。

如果认为直流电机电枢上有无穷多整距元件分布，则电枢磁动势在气隙圆周方向空间分布呈三角波，如图1-23b中F_{ax}所示。由于主磁极下气隙长度基本不变，而两个主磁极之间，气隙长度增加得很快，致使电枢磁动势产生的气隙磁通密度为对称的马鞍形，如图中B_{ax}所示。

2. 电刷在几何中性线上时的电枢反应

当励磁绕组中有励磁电流、电机带上负载时，气隙中的磁场是励磁磁动势与电枢磁动势共同作用的结果。电枢磁场对气隙磁场的影响称为电枢反应，电枢反应与电刷的位置有关。

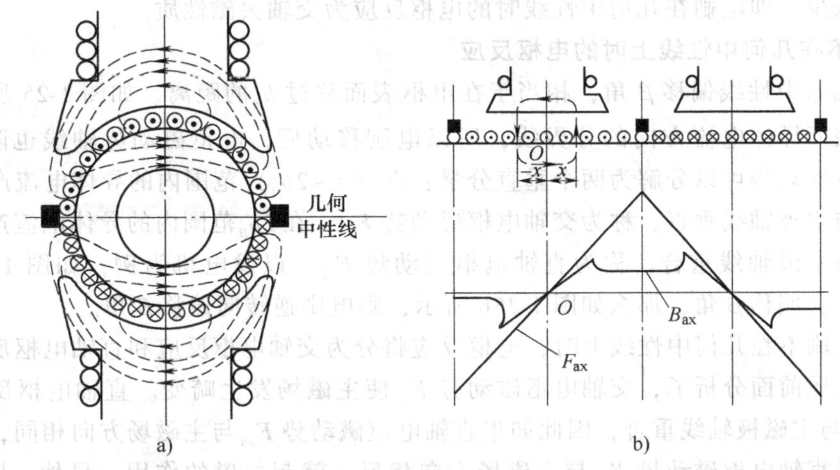

图 1-23 电刷在几何中性线上的电枢磁动势和磁场

a）电枢磁场 b）电枢磁动势和磁场的分布

当电刷在几何中性线上时，将主磁场分布和电枢磁场分布叠加，可得到负载后电机的磁场分布情况，如图 1-24 所示。

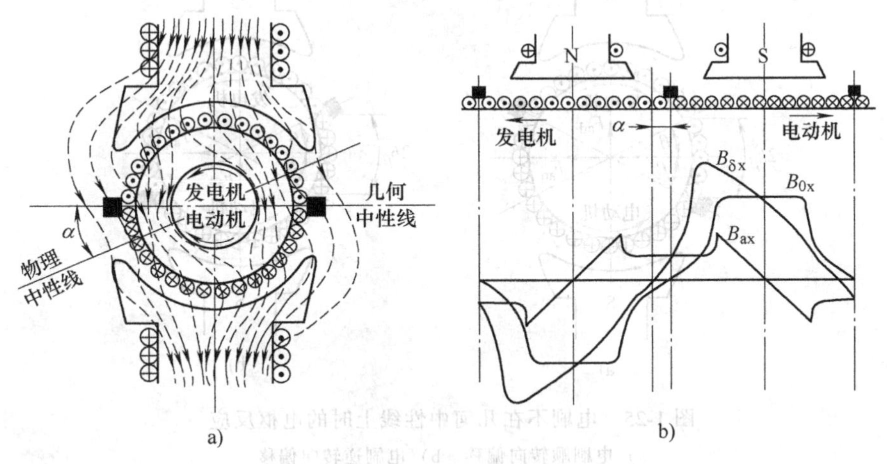

图 1-24 交轴电枢反应

a）负载时的电枢磁动势 b）负载时气隙磁场

图 1-24 中，B_{0x}为主磁场的磁通密度分布曲线，B_{ax}为电枢磁场磁通密度分布曲线，$B_{\delta x}$为两条曲线逐点叠加后得到的负载时气隙磁场的磁通密度分布曲线。由图可知，电刷在几何中性线时的电枢反应的特点如下：

1）使气隙磁场发生畸变。空载时电机的物理中性线与几何中性线重合。负载后由于电枢反应的影响，每一个磁极下，一半磁场被增强，一半被削弱，物理中性线偏离几何中性线 α 角，磁通密度的曲线与空载时不同。

2）对主磁场起去磁作用。磁路不饱和时，主磁场被削弱的数量等于加强的数量，因此每极下的磁通量与空载时相同。电机正常运行于磁化曲线的膝部，主磁极增磁部分因磁通密度增加使饱和程度提高，铁心磁阻增大，增加的磁通少些，因此负载时每极磁通比空载时每极磁通略为减少。即电刷在几何中性线时的电枢反应为交轴去磁性质。

3. 电刷不在几何中性线上时的电枢反应

电刷从几何中性线偏移 β 角，相当于在电枢表面移过 b_β 的距离，如图 1-25 所示。因为电刷是电枢表面导体电流方向的分界线，所以电刷移动后，电枢磁动势轴线也随之移动 β 角。这时电枢磁动势可以分解为两个垂直分量：在（$\tau-2b_\beta$）范围内的导体电流产生的磁动势，其轴线与主极轴线垂直，称为交轴电枢磁动势 F_{aq}；在 $2b_\beta$ 范围内的导体电流产生的磁动势，其轴线与主极轴线重合，称为直轴电枢磁动势 F_{ad}。以发电机为例，如图 1-25a 所示，如果电刷顺转向偏移 β 角，那么如图 1-25b 所示，则电刷逆转向偏移 β 角。

因此，电刷不在几何中性线上时，电枢反应将分为交轴电枢反应和直轴电枢反应。交轴电枢反应的性质前面分析了，交轴电枢磁动势 F_{aq} 使主磁场发生畸变。直轴电枢反应由于直轴磁动势 F_{ad} 与主磁极轴线重合，因此如果直轴电枢磁动势 F_{ad} 与主磁场方向相同，就起增磁的作用；如果直轴电枢磁动势 F_{ad} 与主磁场方向相反，就起去磁的作用。显然，图 1-25a 中 F_{ad} 起去磁作用，而图 1-25b 中 F_{ad} 起增磁作用。对于电动机而言，若保持主磁场的极性且电枢电流方向不变，则电动机的转向与作发电机运行时相反，因此，当电刷顺转向偏移时（见图 1-25b），F_{ad} 起增磁作用；当电刷逆转向偏移时（见图 1-25a），F_{ad} 起去磁作用。

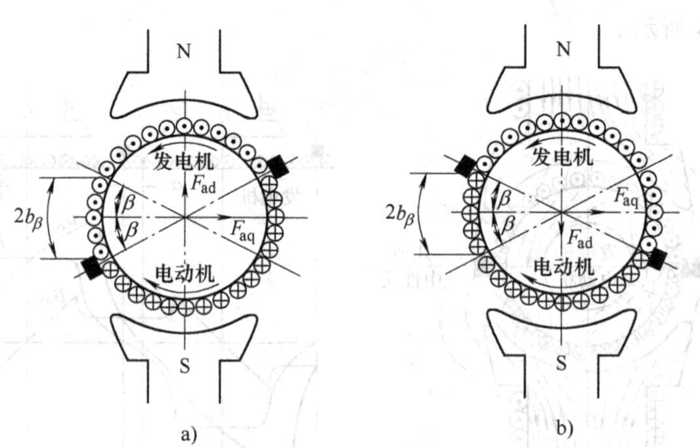

图 1-25 电刷不在几何中性线上时的电枢反应

a）电刷顺转向偏移 b）电刷逆转向偏移

1.5 直流电机的电磁转矩和电枢电动势

在直流电机运行时，电枢绕组在磁场中切割磁力线，产生感应电动势，同时电枢绕组中有电流便会受电磁力的作用。下面讨论感应电动势和电磁转矩的计算公式。

1.5.1 直流电机的电枢电动势

电枢绕组感应电动势是指直流电机电枢上正、负电刷之间产生的感应电动势，即电枢绕组中每个支路里的感应电动势。

一根导体的电动势为 $e_{av}=B_{av}l_iv$。

设一个磁极极距范围内，平均磁通密度为 B_{av}，极距为 τ，电枢的轴向有效长度为 l_i，每

极磁通为 Φ，则 $B_{av}=\dfrac{\Phi}{\tau l_i}$。而 $v=\Omega r=\dfrac{n}{60}\times 2\pi r=\dfrac{n}{60}\times 2n_p\tau$，那么一根导体的电动势为

$$e_{av}=B_{av}l_i v=\frac{\Phi}{\tau l_i}l_i\frac{n}{60}\times 2n_p\tau=2n_p\Phi\frac{n}{60}$$

若总导体数为 $N=S\times 2W_y$，那么一条支路的导体数为 $\dfrac{N}{2a}$，所以电枢绕组感应电动势为

$$E_a=\frac{N}{2a}e_{av}=\frac{N}{2a}\times 2n_p\Phi\frac{n}{60}=\frac{n_pN}{60a}\Phi n \tag{1-14}$$

令

$$K_e=\frac{n_pN}{60a} \tag{1-15}$$

式中，K_e为电动势常数。

那么直流电机的电枢电动势计算公式为

$$E_a=K_e\Phi n \tag{1-16}$$

1.5.2 直流电机的电磁转矩

根据电磁力定律，计算直流电机电枢绕组元件边在磁场中的受力，可以推导出电磁转矩方程。

一根导体在磁场中所受的平均电磁力为 $F_{av}=B_{av}li_{cl}$，其中导体电流 $i_{cl}=I_a/(2a)$，由电磁力与电磁转矩的关系，可得一根导体的电磁转矩为

$$T_{el}=F_{av}\frac{D}{2}$$

现假定电机的总有效导体数为 N，则直流电机总的电磁转矩为

$$T_e=NT_{el}=NF_{av}\frac{D}{2}=\frac{NDl}{4a}B_{av}I_a$$

其中，$B_{av}=\dfrac{2n_p}{\pi Dl}\Phi$，则

$$T_e=\frac{NDl}{4a}\frac{2n_p}{\pi Dl}\Phi I_a=\frac{n_pN}{2\pi a}\Phi I_a \tag{1-17}$$

令

$$K_m=\frac{n_pN}{2\pi a} \tag{1-18}$$

式中，K_m为转矩常数。

可得直流电机电磁转矩计算公式

$$T_e=K_m\Phi I_a \tag{1-19}$$

由式（1-15）和式（1-18）得关系式

$$K_m=(30/\pi)K_e=9.55K_e \tag{1-20}$$

1.6 直流电机的换向

1.6.1 换向概述

直流电机的某一个元件经过电刷，从一条支路换到另一条支路时，元件里的电流方向改

变，即换向。为了分析方便，假定换向片的宽度等于电刷的宽度。电刷与换向片 1 接触时，元件 1 中的电流方向如图 1-26a 所示，大小为 $i=i_a$。电枢移到电刷与换向片 2 接触时，元件 1 的被短路，电流被分流，如图 1-26b 所示。电刷仅与换向片 2 接触时，元件 1 中的电流方向如图 1-26c 所示，大小为 $i=-i_a$。

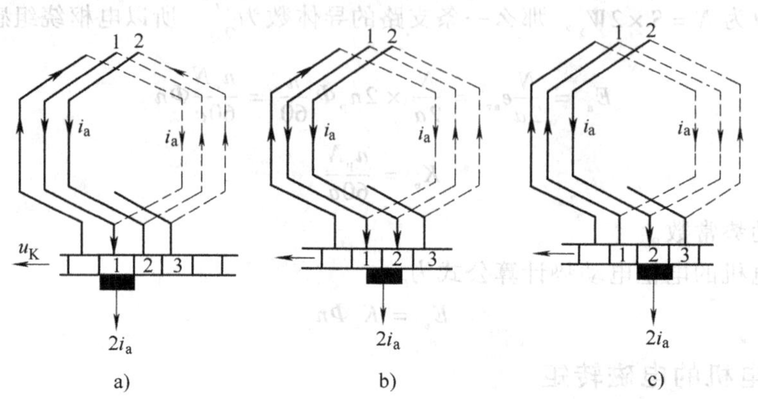

图 1-26 元件 1 的换向过程

元件从开始换向到换向终了所经历的时间，称为换向周期。换向周期通常只有千分之几秒。直流电机在运行中，电枢绕组每个元件在经过电刷时都要经历换向过程。换向问题很复杂，换向不良会在电刷与换向片之间产生火花。当火花大到一定程度时，就可能损坏电刷和换向器表面，使电机不能正常工作。产生火花的原因很多，除了电磁原因外，还有机械的原因。此外，换向过程还伴随着电化学和电热学等现象。

1.6.2 换向的电磁理论

1. 电抗电动势 e_x

自感电动势 e_L和互感电动势 e_m是换向元件（线圈）在换向过程中电流改变而产生的，它们合成称为电抗电动势。

$$e_x = -L_r \frac{di_a}{dt} \tag{1-21}$$

式中，L_r为换向元件的等效合成漏电感。

根据楞次定律，电抗电动势的作用是阻止电流变化的，因此 e_x的方向与换向前的电流方向相同。

2. 旋转电动势 e_r

旋转电动势 e_r是由于换向元件切割换向区域内的磁场而感应的电动势。换向区域内的磁场可由下列 3 种磁动势的作用而建立，即主磁极磁动势、电枢交轴磁动势和换向极磁动势。当电刷放在几何中性线上时，该处的主磁场为零，换向区域的磁场仅由电枢交轴磁动势和换向极磁动势所建立。

根据楞次定律，换向元件切割电枢交轴磁场而产生的感应电动势方向总是与元件换向前的电流方向相同。而换向元件切割换向极磁场而产生的电动势方向取决于换向极磁场的极性，为了改善换向，换向极磁动势总是与极下电枢电动势的方向相反。换向元件中的总电势为$\sum e=e_x+e_r$，假定$\sum e$的方向与元件换向前的电流同向时为正、反向时为负，则在换向元件中可能出现3种情况，$\sum e=0$、$\sum e<0$、$\sum e>0$。下面分别进行讨论。

3. 换向元件的电流变化规律

为了清楚起见，将图1-26中的换向元件1单独画出，如图1-27所示。图中，i表示换向电流，i_1、i_2表示元件出线端1和2中的电流，R_{s1}和R_{s2}表示电刷与换向片1和2的接触电阻，元件电阻略去不计，于是以图所示的电流和电动势的正方向为参考方向，可以列出元件1回路的电动势平衡方程式

$$i_1R_{s1}-i_2R_{s2}=\sum e \tag{1-22}$$

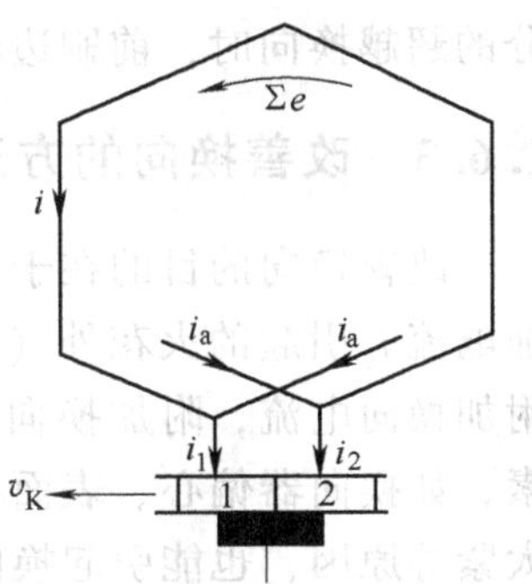

图1-27 换向元件

接触电阻R_{s1}和R_{s2}与许多因素有关，其变化规律不能用一个简单的数学公式表示。其次，电抗电动势e_x与电流的变化规律有关，而使$\sum e$的值随时间的变化而变化。为便于分析，假定：①每一换向片与电刷接触表面上的电流分布是均匀的；②电刷与换向片每单位面积上的接触电阻为一常数，即接触电阻与接触面积成反比；③换向元件中的合成电动势$\sum e$在换向过程中保持不变，即取$\sum e$的平均值。令S、R_s为换向片与电刷完全接触时的接触面积和接触电阻，以换向开始时的瞬间作为时间的起点，$t=0$；S_1、S_2分别表示时间为t时，换向片1和2与电刷的接触面积，R_{s1}和R_{s2}表示相应的接触电阻，则

$$i=i_a\left(1-\frac{2t}{T_K}\right)+\frac{\sum e}{R_{s1}+R_{s2}}=i_L+i_K \tag{1-23}$$

式中，i_L称为换向电流，$i_L=i_a\left(1-\frac{2t}{T_K}\right)$；$i_K$称为附加电流，$i_K=\frac{\sum e}{R_{s1}+R_{s2}}$。

1）直线换向。当$\sum e=0$时，换向元件电流随时间线性变化，如图1-28曲线1所示。直线换向时，换向电流的变化规律仅由换向片和电刷间的接触电阻的变化所决定，故也称为电阻换向。

由于$\sum e=0$，电动势方程为$i_1R_{s1}-i_2R_{s2}=0$，从数值来看

$$\frac{i_1}{i_2}=\frac{R_{s2}}{R_{s1}}=\frac{S_1}{S_2}\text{即}\frac{i_1}{S_1}=\frac{i_2}{S_2} \tag{1-24}$$

电刷与换向片1接触部分的电流密度始终等于电刷与换向片2接触部分的电流密度，当换向结束时S_1为零，i_1也为零，电刷下不会产生火花，所以直线换向是一种最理想的换向情况。

2）延迟换向。当$\sum e>0$时，换向元件电流随时间不再是线性变化，出现电流延迟现象，如图1-28曲线2所示。i_K不为零，而且i_K为正，与换向前的电流同方向，它阻止电流的变化，使$i=0$所需时间大于$T_K/2$，比直线换向延迟了一段时间，所以称为延迟换向。由于i_K的存在，使电刷滑出换向片的一边（后刷边）的电流密度大于电刷进入换向片的一边（前刷边）的电流密度，它使后刷边的发热加剧，并且当电刷离开换向片1的瞬间，因$i_1=i_K\neq0$，在后刷边产生火花，这将对换向产生不良影响。

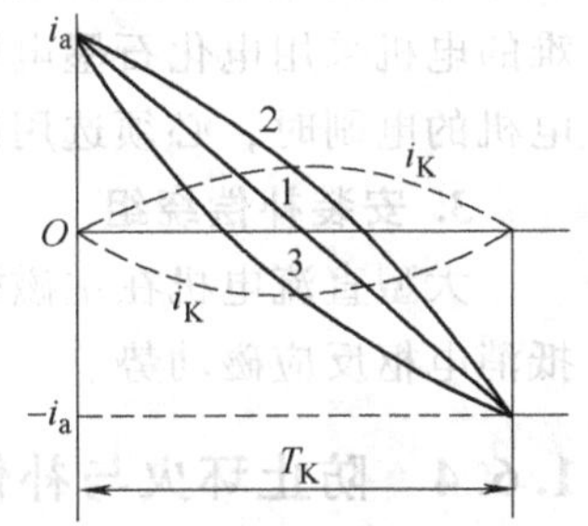

图1-28 换向电流变化情况

3）超越换向。当$\sum e<0$时，情况与$\sum e>0$时相反，i_K不是阻止而是加速电流的变化，使$i=0$所需时间小于$T_K/2$，比直线换向超前了一段时间，出现电流超前现象，所以称为超越换向，如图1-28曲线3所示。电刷前刷边的电流密度大于后刷边的电流密度，当发生过分的超越换向时，前刷边因发热过甚，也会发生火花。通常希望电机在换向时能略微超越。

1.6.3　改善换向的方法

改善换向的目的在于消除电刷下的火花，而产生火花的原因是多方面的，除了上述的附加电流i_K引起的火花外（即延迟换向和超越换向时的合成电动势不为零，换向元件中产生附加换向电流，附加换向电流足够大时会在电刷下产生火花），还有机械和化学方面的因素，如换向器偏心、表面不圆整不清洁、片间绝缘突出，电刷压力不适当、在刷握内太松或太紧等原因，也能引起换向不良，产生火花。这里主要从消除产生火花的电磁性原因考虑，介绍一些常用的改善换向的方法。

1. 装置换向极

在位于几何中性线处装置换向极，将换向绕组与电枢绕组串联，使在换向元件处产生换向磁动势，抵消电枢反应磁动势。要使$\sum e=0$，就要求换向极磁场的极性与元件换向前所处的主磁极磁场的极性相反。对于发电机，顺电枢转向，换向极极性应与下一个主磁极极性相同，其排列顺序为N、S_K、S、N_K（N_K、S_K为换向极极性）；对于电动机，顺电枢转向，换向极极性应与下一个主磁极极性相反，其排列顺序为N、N_K、S、S_K，如图1-29所示。

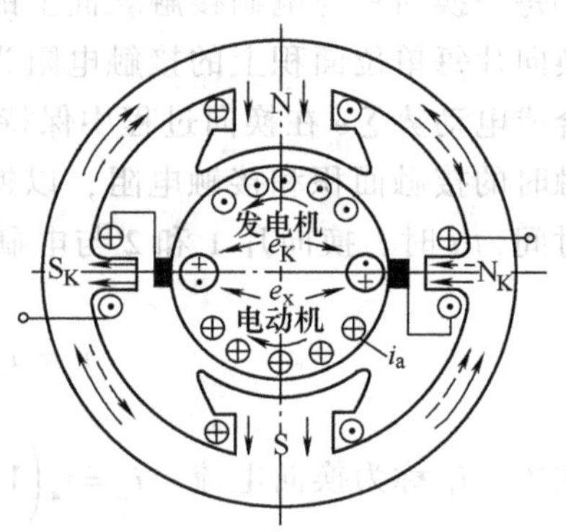

图1-29　换向极的极性布置和换向极绕组的连接示意图

为了使负载变化时换向极磁动势也能作相应变动，使在任何负载时换向元件中的$\sum e$始终为零，就要求换向极绕组必须和电枢串联，并保证换向极磁路不饱和。

2. 正确使用电刷

增加电刷接触电阻可以减少附加电流i_K。电刷的接触电阻主要与电刷材料有关，目前常用的电刷有石墨电刷、电化石墨电刷和金属石墨电刷等。石墨电刷的接触电阻较大，金属石墨电刷的接触电阻最小。从改善换向的角度来看似乎应该采用接触电阻大的电刷，但接触电阻大，则接触压降也增大，使能量损耗和换向器发热加剧，对换向也不利。

合理选用电刷是一个重要的问题。根据长期运行经验，负载均匀，电压在80～120V的中小型电机通常采用石墨电刷；一般正常使用的中小型电机和电压在220V以上或换向较困难的电机采用电化石墨电刷；而对于低压大电流的电机则采用金属石墨电刷。注意，在更换电机的电刷时，必须选用同一品牌或特性尽量接近的电刷，以免造成换向不良。

3. 安装补偿绕组

大型直流电机在主磁极极靴内安装补偿绕组，补偿绕组与电枢绕组串联，产生的磁动势抵消电枢反应磁动势。

1.6.4　防止环火与补偿绕组

因为某些换向片的片间电压过高会发生所谓电位差火花，电位差火花连成一片，在换向

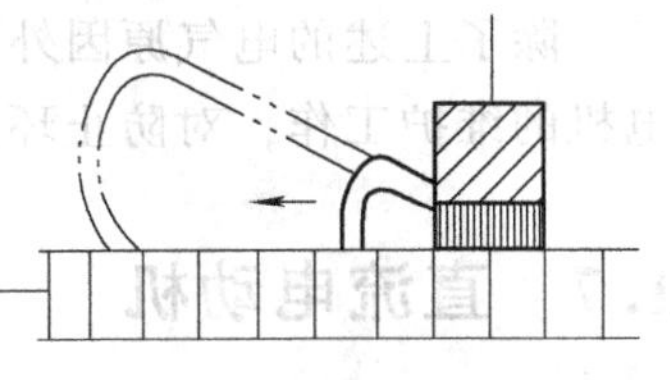
图 1-30　环火

器上形成一条长电弧，将正、负电刷连通，这种现象称为“环火”，如图 1-30 所示。环火不仅会烧坏电刷和换向器，而且将使电枢绕组受到严重损害。

下面以单叠绕组为例说明电位差火花的形成。任意相邻两换向片间的电压 U_{Kx} 等于连接到该两换向片的元件内的感应电动势，在一定的电枢转速下，U_{Kx} 与元件边所处位置的 $B_{\delta x}$ 成正比。空载时由于气隙磁场分布较均匀，因此片间电压的分布也较均匀，如图 1-31 所示。

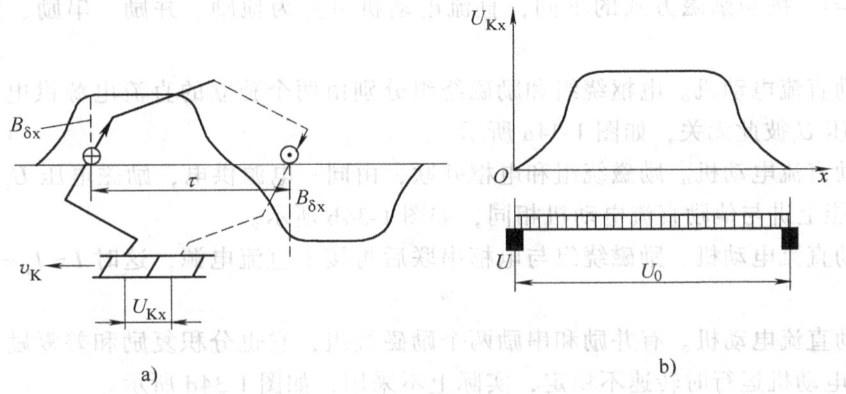

图 1-31　片间电压及其分布曲线

a）片间电压　b）空载时片间电压分布曲线

负载时，由于交轴电枢反应，使气隙磁场发生畸变，从而使片间分布不均匀而出现一个最大值 U_{Kmax}，如图 1-32 所示。当 U_{Kmax} 超过一定限度时，就会使换向片间的空气隙游离击穿，产生火花，这就称为电位差火花。因此，要消除环火，就必须消除电位差火花，也就是要消除交轴电枢反应的影响，为此可采用装置补偿绕组的办法。

补偿绕组嵌放在主磁极极靴上专门冲出的槽内，如图 1-33 所示。补偿绕组应与电枢绕组串联，并使补偿绕组磁动势与电枢磁动势相反，这就保证在任何负载下，电枢磁动势都能被抵消，从而减少了因电枢反应而引起的气隙磁场的畸变，也就减少了产生电位差火花和环火的可能性。装置补偿绕组使电机结构变得复杂，成本增加，因此只在负载变动大的大、中型电机中采用。

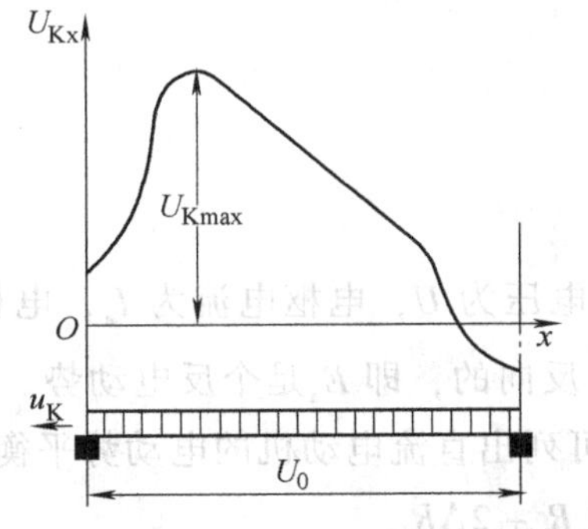

图 1-32　电机负载时换向器上片间电压分布曲线

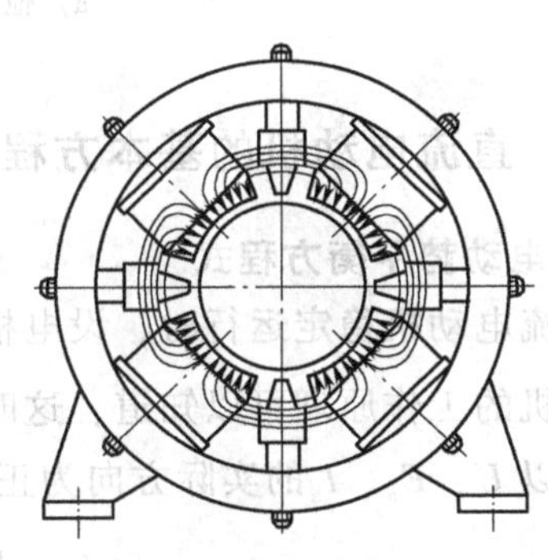
图 1-33　补偿绕组

除了上述的电气原因外，因换向器外圆不圆、表面不干净也可能形成环火，因此加强对电机的维护工作，对防止环火的发生有着重要作用。

1.7 直流电动机

1.7.1 直流电动机按励磁方式分类

直流电动机的励磁电流都是由外电源供给的，励磁方式不同会使直流电动机的运行性能产生很大差异。按照励磁方式的不同，直流电动机可分为他励、并励、串励、复励直流电动机。

1）他励直流电动机。电枢绕组和励磁绕组分别由两个独立的直流电源供电，电枢电压 U 与励磁电压 U_f 彼此无关，如图 1-34a 所示。

2）并励直流电动机。励磁绕组和电枢并联，由同一电源供电，励磁电压 U_f 等于电枢电压 U，从性能上讲与他励直流电动机相同，如图 1-34b 所示。

3）串励直流电动机。励磁绕组与电枢串联后再接于直流电源，这时 $I = I_a = I_f$，如图 1-34c 所示。

4）复励直流电动机。有并励和串励两个励磁绕组，它也分积复励和差复励两类，因为差复励直流电动机运行时转速不稳定，实际上不采用，如图 1-34d 所示。

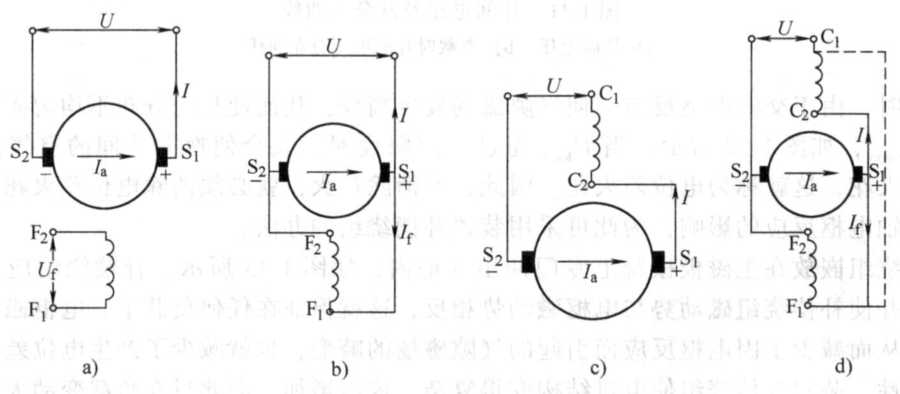

图 1-34 直流电动机的励磁方式

a）他励 b）并励 c）串励 d）复励

1.7.2 直流电动机的基本方程式

1. 电动势平衡方程式

直流电动机稳定运行时，设电枢两端外加电压为 U，电枢电流为 I_a，电枢电动势为 E_a，从电动机的工作原理可以知道，这时 E_a 与 I_a 是反向的，即 E_a 是个反电动势。

若以 U、E_a、I_a 的实际方向为正方向，则可列出直流电动机的电动势平衡方程式

$$U = E_a + I_aR + 2\Delta R_b \tag{1-25}$$

式中，R 是电枢电路总电阻，包括电枢电阻 R_a 和与电枢串联的附加电阻 R_{pa}，$R = R_a + R_{pa}$。

2. 转矩平衡方程式

电动机的电磁转矩是个驱动转矩。当电动机以恒定的转速稳定运行时，电磁转矩 T_e 与负载转矩 T_L 及空载转矩 T_0 相平衡，即

$$T_e = T_L + T_0 \tag{1-26}$$

可见，电动机轴上的输出转矩 T_d 只是电磁转矩的一部分，它与负载转矩相平衡，即

$$T_d = T_e - T_0 = T_L \tag{1-27}$$

当电动机转速发生变化时，因为电机转子和被它拖动的生产机械都具有转动惯量，就会产生一个惯性转矩 $T_j = J\dfrac{d\Omega}{dt}$。根据力学知识，在一个机械系统中，任何瞬间都必须保持转矩平衡，于是电动机的转矩方程式如下（拖动中也称运动方程式）：

$$T_e = T_L + T_0 + T_j = T_L + T_0 + J\frac{d\Omega}{dt} \tag{1-28}$$

3. 功率平衡方程式

直流电动机工作时，从电网吸取电功率 P_1，除去电枢回路的铜损耗 p_{Cua}，电刷接触损耗 p_{Cub} 及励磁回路铜损耗 p_{Cuf}，其余部分便是转变为机械功率的电磁功率 P_{em}，所以直流电动机的电磁功率 P_{em} 也就是电枢所发出的全部机械功率 $T_e\Omega$。

从电的观点来看，由于电动机的电枢电动势是个反电动势，它与 I_a 反向，所以 E_aI_a 表示电枢所吸收的电功率。电动机的电磁功率可以写为

$$P_{em} = T_e\Omega = E_aI_a \tag{1-29}$$

电磁功率并不能全部用来输出，它必须补偿机械损耗 p_m、铁损耗 p_{Fe} 和附加损耗 p_s，最后剩下的部分才是对外输出的机械功率 P_2。即

$$P_{em} = p_m + p_{Fe} + p_s + P_2 = p_0 + P_2 \tag{1-30}$$

式中，$p_0 = p_m + p_{Fe} + p_s$。

直流电动机的功率平衡方程式为

$$P_1 = p_{Cua} + p_{Cub} + p_{Cuf} + P_{em} = p_{Cua} + p_{Cub} + p_{Cuf} + p_m + p_{Fe} + p_s + P_2 = \sum p + P_2 \tag{1-31}$$

功率关系如图1-35所示。

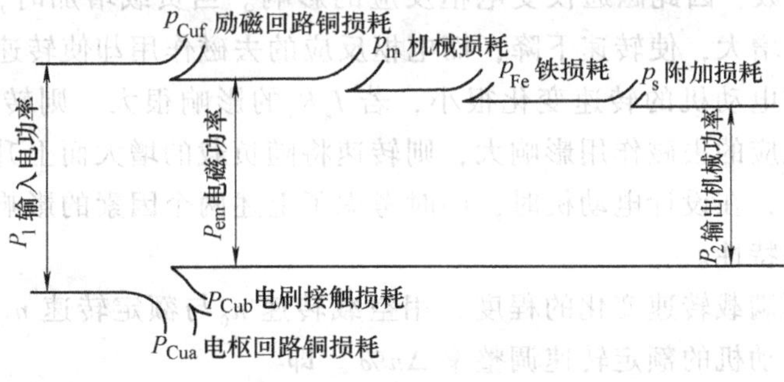

图1-35 直流电动机的功率图

1.7.3 他励（并励）直流电动机的工作特性

他励（并励）直流电动机的工作特性是指，在 $U = U_N$、电枢回路的附加电阻 $R_{pa} = 0$、

励磁电流 $I_f = I_{fN}$时，电动机的转速 n、电磁转矩 T_e和效率 η 三者与输出功率 P_2之间的关系，即 n、T、$\eta = f\ (P_2)$。实际应用中，电枢电流 I_a容易测量，且 I_a随 P_2的增大而增大，因此也将工作特性表示为 n、T、$\eta = f\ (I_a)$ 的关系。

可以通过图 1-36 所示的试验方法求取工作特性曲线。图中，R_{st}为起动电阻，R_{pf}为磁场调节电阻。在 $U = U_N$时，调节电动机的负载和励磁电流，使输出功率为额定功率 P_N，转速为额定转速 n_N，此时的励磁电流即为 I_{fN}。保持 $U = U_N$、$I_f = I_{fN}$不变，改变电动机的负载，测得相应的转速 n、负载转矩 T_L和输出功率 P_2，就可画出其工作特性曲线，如图 1-37 所示。

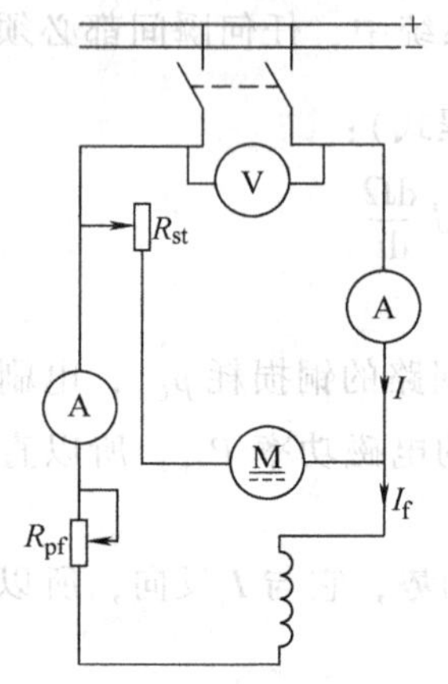

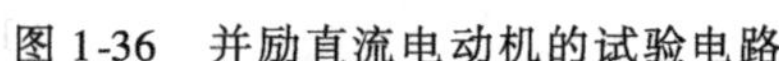
图 1-36　并励直流电动机的试验电路

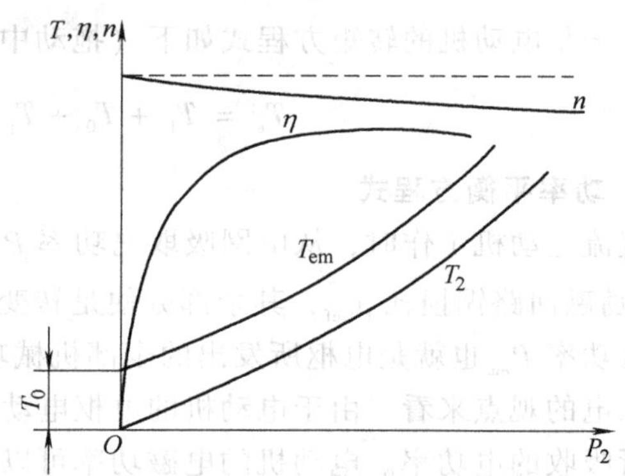

图 1-37　并励直流电动机的工作特性曲线

1. 转速调整特性

以 $E_a = K_e \Phi n$ 代入电动势平衡方程式 $U = E_a + I_a R_a$，得到转速公式，对各种励磁方式的电动机都适用

$$n = \frac{U_N - I_a R_a}{K_e \Phi} \tag{1-32}$$

对于一定的电动机，K_e为一常数，则当 $U = U_N$时，影响转速的因素有两个：①电枢回路的电阻压降 $I_a R_a$；②磁通 Φ。

因为 $I_f = I_{fN}$ = 常数，因此磁通仅受电枢反应的影响。当负载增加时，电枢电流 I_a增大，电枢压降 $I_a R_a$也随之增大，使转速下降；而电枢反应的去磁作用却使转速上升，这两个因素的相反作用，结果使电动机的转速变化很小，若 $I_a R_a$的影响很大，则转速随负载增大而下降；反之，若电枢反应的去磁作用影响大，则转速将随负载的增大而上升，这是一种不稳定的运行情况。实际上，在设计电动机时，同时考虑了上述两个因素的影响，而使电动机具有略为下降的转速调整特性。

电动机从空载到满载转速变化的程度，用空载转速 n_0与额定转速 n_N之差与额定转速的百分比表示，称为电动机的额定转速调整率 $\Delta n\%$。即

$$\Delta n\% = \frac{n_0 - n_N}{n_N} \times 100\% \tag{1-33}$$

并励直流电动机的转速调整率很小，只有 2% ~8%，基本上可以认为是一种恒速电动机。

2. 转矩特性

输出功率 $P_2=T_L\Omega$，所以 $T_L=\dfrac{P_2}{\Omega}=\dfrac{P_2}{2\pi n/60}$。可见，当转速不变时，$T_L=f(P_2)$ 为一通过原点的直线。实际上，当 P_2 增加时转速 n 有所下降，因此 $T_L=f(P_2)$ 的关系曲线将稍向上弯曲。而电磁转矩 $T_e=T_L+T_0$，因此只要在 $T_L=f(P_2)$ 的曲线上加上空载转矩 T_0，便可得到 $T_e=f(P_2)$ 的关系曲线，当 $P_2=0$ 时，$T_L=0$，这时 $T_e=T_0$。

3. 效率特性

根据直流电动机的功率平衡方程式和能量图，可得

$$\eta=\frac{P_2}{P_1}\times 100\%=\left(1-\frac{\sum p}{P_1}\times 100\%\right)=\left[1-\frac{p_{Fe}+p_m+p_s+p_{Cuf}+p_{Cua}+p_{Cub}}{U(I_a+I_f)}\right]\times 100\% \tag{1-34}$$

式中，$\sum p$ 为全部损耗，其中有一部分是不随负载变化的，称为不变损耗，如 p_{Fe}、p_m、p_s 中有一部分是不变损耗；有一部分是随负载变化而变化的，称为可变损耗，如 p_{Cua}、p_{Cub} 和一部分附加损耗，一般与负载电流的二次方成正比。

当负载较小时，由于可变损耗小，总损耗中以不变损耗为主，此时增加负载，总损耗增加不多，输出功率 P_2 与电流成正比增加，所以效率随负载增加而上升很快。继续增加负载，当可变损耗与不变损耗相等时，效率达到最大值。若再继续增加负载，则因可变损耗在总损耗中占主要地位，且与 I_a 的二次方成正比，而输出功率仅与 I 成正比，因此效率反而下降。

1.7.4 串励直流电动机的工作特性

串励直流电动机励磁绕组与电枢绕组串联，故励磁电流 $I_f=I_a$ 与负载有关。因此，串励直流电动机的气隙磁通 Φ 将随负载的变化而变化，这是串励直流电动机的特点。他励或并励直流电动机，若不计电枢反应，可认为 Φ 与负载无关。正是由于这一特点，就使得串励直流电动机的工作特性与他励直流电动机有很大差别，如图 1-38 所示。

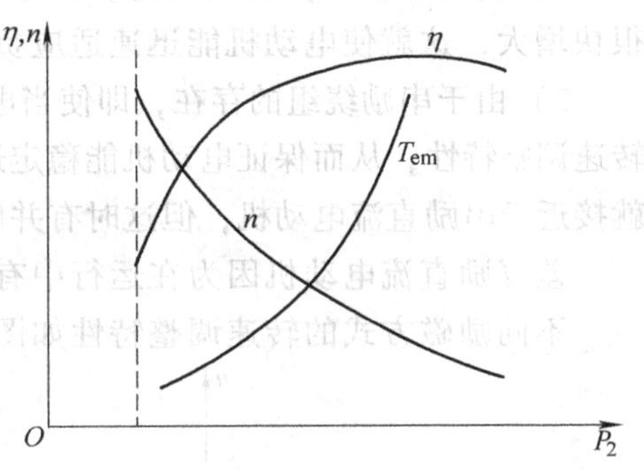

图 1-38 串励直流电动机的工作特性

1. 转速调整特性

串励直流电动机当输出功率 P_2 增加时，电枢电流 I_a 随之增大，电枢回路的电阻压降也增大，同时因为 $I_a=I_f$，所以气隙磁通也必然增大。从转速公式可知，这两个因素均使转速下降。因此转速 n 随输出功率的增加而迅速下降。当负载很轻时，因为 I_a 很小，磁通 Φ 也很小，电枢需以很高的转速旋转，才能产生足够的电动势 E_a 与电网电压相平衡。所以串励直流电动机绝对不允许在空载或负载很小的情况下起动或运行。

2. 转矩特性

由于串励直流电动机的转速 n 随 P_2 的增加而迅速下降，所以轴上的输出转矩 T_L 将随 P_2 的增加而迅速增加。也就是说，$T_e=f(P_2)$ 的曲线将随 P_2 的增加而很快地向上弯曲，这也可以从串励直流电动机 $I_f=I_a$ 这一点来说明。

因为 $T_e = K_m \Phi I_a$，当磁路未饱和时 $\Phi \propto I_a$，所以 $T_e \propto I_a^2$。当负载较大时，因磁路饱和，Φ 近似于不变，$T_e \propto I_a$。这就是说，随着 P_2、I_a的增大，电磁转矩 T_e将以高于电流一次方的比例增加，这种转矩特性使串励电动机在同样大小的起动电流下产生的起动转矩较他励直流电动机大。而当负载增大时，电动机转速会自动下降，这对于某些生产机械是十分适宜的。因此串励直流电动机常作为牵引电机应用在电力机车上。

3. 效率特性

串励直流电动机的效率特性与他励直流电动机相仿，需要指出的是，串励直流电动机的铁损耗不是不变的，而是随 I_a增大而增大。此外因负载增加时转速降低很多，所以机械损耗随负载增加而减小。因此，若不计附加损耗，$p_0 = p_{Fe} + p_m$基本上仍保持不变。而串励直流电动机的励磁损耗 $p_{Cuf} = I_a^2 R_f$将与 I_a的二次方成正比，是可变损耗，那么当 $p_0 = p_{Fe} + p_m = I_a^2(R_a + R_f)$ 时，串励电动机的效率最高。

通常在设计电机时，需要将各种损耗作适当的分配，使最大效率出现在（3/4 ~1）P_N范围内，这样电机在实际使用时，能够处在较高的效率下运行，比较经济。这种要求同样适用于其他各种类型电机（包括交流电机和变压器）。

1.7.5 复励直流电动机的工作特性

复励直流电动机的工作特性介于他励与串励直流电动机之间。如果并励绕组的磁动势起主要作用，工作特性就接近于他励（或并励）直流电动机。但和他励直流电动机相比，复励直流电动机有以下优点：

1）当负载转矩突然增大时，由于串励绕组中的电流加大，磁通 Φ 增大，促使电磁转矩很快增大，这就使电动机能迅速适应负载的变化。

2）由于串励绕组的存在，即使当电枢反应的去磁作用较强时，仍能使电动机具有下降的转速调整特性，从而保证电动机能稳定运行。如果是串励绕组磁动势起主要作用，其工作特性就接近于串励直流电动机，但这时有并励磁动势存在，电动机空载时不会有发生高速的危险。

差复励直流电动机因为在运行中有可能发生运行不稳定的现象，极少采用。

不同励磁方式的转速调整特性如图 1-39 所示。

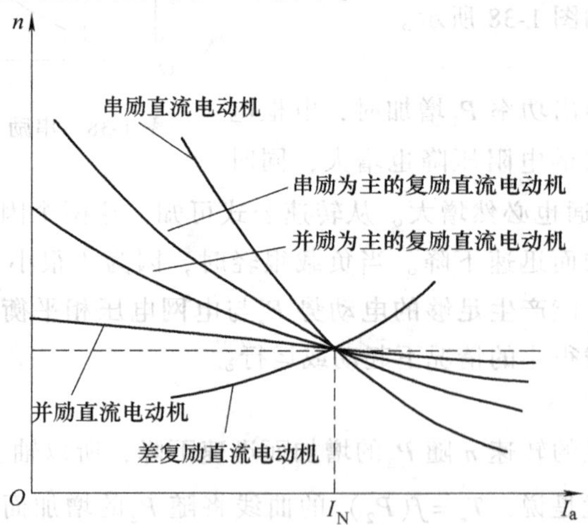

图 1-39 不同励磁方式的转速调整特性

1.7.6 直流电动机的适用范围

根据不同励磁方式，直流电动机的工作特性不同：一般他励或并励直流电动机适用于起动转矩稍大的恒定负载和要求调速的传动系统，如离心泵、金属切削机床；复励直流电动机则用于要求起动转矩较大、转速变化不大的负载，如空气压缩机等；串励直流电动机用于要求很大的起动转矩、转速允许有较大变化的负载，如各种类型的电车、起锚机等。

1.8 直流发电机

1.8.1 直流发电机的励磁方式

直流发电机的励磁方式是指电机励磁电流的供给方式，分为他励和自励两大类。

他励——励磁电流由另外的电源供给，励磁电路与电枢无电的联系。

自励——励磁电流由发电机本身供给，自励电动按励磁绕组与电枢的连接方式不同，又可分为并励、串励和复励3种。各种励磁方式的接线如图1-40所示。

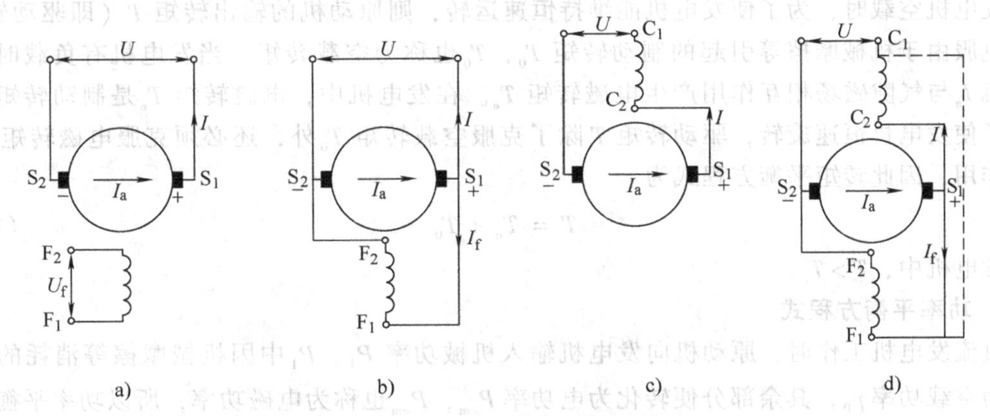

图1-40 直流发电机励磁方式的接线

a）他励 b）并励 c）串励 d）复励

1）他励。电枢电流和负载电流相同，$I_a = I$。

2）并励。励磁绕组与电枢绕组并联，电枢电流等于负载电流与励磁电流之和，满足$I_a = I + I_f$。通常I_f仅为电枢额定电流I_N的1%～5%。

3）串励。励磁绕组与电枢绕组串联，满足$I_a = I = I_f$。

4）复励。既有并励绕组又有串励绕组，它们套在同一主磁极铁心上。串励绕组磁动势可以与并励绕组磁动势方向相同（称为积复励），也可以相反（称为差复励）。并励绕组与电枢并联，流过的电流小，故并励绕组匝数多、导线细；串励绕组与电枢绕组串联，流过的电流大，故串励绕组匝数少、导线粗。

不同的励磁方式，将使电机的运行性能产生很大的差异，所以在分析电机的运行特性时，将按励磁方式对电机分类、讨论。

1.8.2　直流发电机的基本方程式

直流发电机的基本方程式包括电动势平衡方程式、功率平衡方程式和转矩平衡方程式。

1. 电动势平衡方程式

直流发电机空载时，电枢电流I_a很小（对他励直流发电机，$I_a=0$），电枢电动势E_a等于端电压U。负载时，在E_a作用下，电枢有电流I_a流过，若以E_a、U、I_a的实际方向为正方向，则电动势平衡方程式为

$$E_a = U + I_aR_a + 2\Delta U_b \tag{1-35}$$

式（1-35）中，R_a为电枢的总电阻，包括电枢绕组本身的电阻和串励绕组、换向极绕组和补偿绕组的电阻。$2\Delta U_b$为一对电刷的接触压降，不同牌号的电刷其值也不同，一般为0.6～1.2V。在一般定性的分析讨论中，也可把电刷接触压降归并到电枢回路的压降中去，电动势平衡方程式可写成$E_a=U+I_aR_a$，但这时R_a中应包括电刷接触电阻。

对直流发电机来说，$E_a>U$。

2. 转矩平衡方程式

直流发电机轴上有3个转矩：原动机输入给发电机的驱动转矩T、电磁转矩T_e和机械摩擦及铁损耗引起的空载转矩T_0。

发电机空载时，为了使发电机能维持恒速运转，则原动机的输出转矩T（即驱动转矩）必须克服由于机械摩擦等引起的制动转矩T_0，T_0也称为空载转矩。当发电机有负载时，电枢电流I_a与气隙磁场相互作用产生电磁转矩T_e。在发电机中，电磁转矩T_e是制动转矩，所以为了使发电机恒速旋转，驱动转矩T除了克服空载转矩T_0外，还必须克服电磁转矩T_e的制动作用，因此转矩平衡方程式为

$$T = T_e + T_0 \tag{1-36}$$

发电机中，$T>T_e$。

3. 功率平衡方程式

直流发电机工作时，原动机向发电机输入机械功率P_1。P_1中因机械摩擦等消耗的一部分称为空载功率p_0，其余部分便转化为电功率P_{em}，P_{em}也称为电磁功率，所以功率平衡方程式为

$$P_1 = P_{em} + p_0 \tag{1-37}$$

下面对电磁功率P_{em}和空载功率p_0作进一步分析。

1）电磁功率P_{em}。负载时电枢有电动势E_a，在E_a作用下产生电流I_a，显然发电机中的电磁功率为

$$P_{em} = E_aI_a \tag{1-38}$$

应用式（1-14）和式（1-17）得

$$P_{em} = E_aI_a = \frac{n_pN}{60a}\Phi nI_a = \frac{n_p}{2\pi}\frac{N}{a}\Phi I_a\frac{2\pi n}{60} = T_e\Omega \tag{1-39}$$

式中，Ω为电枢旋转的机械角速度，$\Omega=\dfrac{2\pi n}{60}$。

式（1-39）的物理意义是，$T_e\Omega$是原动机为克服电磁转矩所需输入的机械功率，E_aI_a则

为电枢发出的电磁功率，两者相等，所以电磁功率就是机械功率转换为电功率的部分，它是从机械量计算电磁量的一个桥梁。

电磁功率 P_{em} 除去电枢回路电阻上的损耗 $p_{Cua}=I_a^2R_a$ 和电刷接触损耗 $p_{Cub}=2\Delta U_bI_a$ 外，其余的便是对负载输出的功率 P_2 和励磁回路的损耗 p_{Cuf}（对他励直流发电机，p_{Cuf} 不包括在电磁功率中）。

因为 $P_2=UI_a$、$p_{Cuf}=UI_f$，所以

$$E_aI_a = UI_a + UI_f + I_a^2R_a + 2I_a\Delta U_b = U(I_a + I_f) + I_a^2R_a + 2I_a\Delta U_b \quad (1\text{-}40)$$

2）空载功率 p_0。p_0 主要包括机械损耗功率 p_m 和铁损耗功率 p_{Fe}，空载功率也称作空载损耗。

机械损耗 p_m 包括轴承摩擦损耗、电刷摩擦损耗、定子与转子和空气的摩擦损耗（也称为通风损耗）等部分。

铁损耗 p_{Fe} 是由于电枢转动时，主磁通在电枢铁心内交变而引起的。

机械损耗和铁耗与负载大小无关，电机空载时即存在，而且在运行过程中数值几乎不变，所以空载损耗也称作不变损耗。

空载功率也可表示为 $p_0=T_0\Omega$，T_0 为空载转矩。

3）附加损耗 p_s。附加损耗又称做杂散损耗，主要包括：结构部件在磁场内旋转而产生的损耗；因电枢齿槽影响，当电枢旋转时，气隙磁通发生脉动而在主磁极铁心中和电枢铁心中产生的脉动损耗；因电枢反应使磁场畸变而在电枢铁心中产生的损耗；由于电流分布不均匀而增加的电刷接触损耗；换向电流所产生的损耗。它们产生的原因很复杂，也很难精确计算，通常采用估算的办法确定。国家标准规定直流电机的附加损耗为额定功率的 0.5% ~1%。

综上所述，功率平衡方程式可写为

$$P_1 = P_{em} + p_0 = (P_2 + p_{Cua} + p_{Cub} + p_{Cuf}) + (p_m + p_{Fe}) + p_s \quad (1\text{-}41)$$

根据式（1-41）可以画出图 1-41 所示的直流发电机的功率图。若是他励直流发电机，则励磁回路功率由外电源供给，而不包括在输入的机械功率之中。

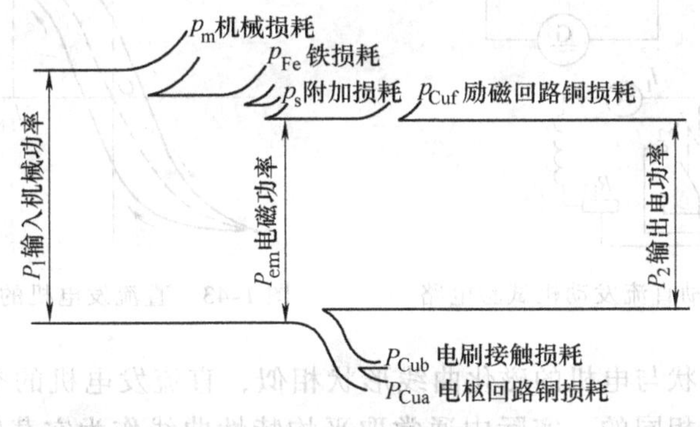

图 1-41 直流发电机的功率图

1.8.3 他励直流发电机的特性

直流发电机运行时，可以测得的物理量有发电机的端电压 U、负载电流 I、励磁电流 I_f

和转速 n。一般发电机都应在额定转速 n_N 下运行，则其他 3 个物理量之间的关系就用来表征发电机的特性。具体讨论时，保持其中的一个物理量不变，另外两个量的关系就构成发电机的某一特性。于是就得到以下的几种特性：

1）负载特性。I 为常数的条件下，$U=f(I_f)$。其中 $I=0$ 时称为空载特性，这是一条很重要的特性。

2）外特性。I_f 为常数的条件下，$U=f(I)$。一般只讨论 $I_f=I_{fN}$ 时的一条特性曲线，此时当 $U=U_N$ 时，$I=I_N$。

3）调节特性。U 为常数的条件下，$I_f=f(I)$。一般只讨论 $U=U_N$ 的一条特性曲线。

4）效率特性。即 $\eta=f(P_2)$。

下面对他励直流发电机的各种特性进行分析。

1. 空载特性

空载特性是当 $n=n_N$、$I=0$ 时，$U=f(I_f)$ 的关系曲线，此性曲线可用试验方法求得，试验方法及电路如图 1-42 所示。

发电机由原动机拖动，保持转速 $n=n_N$，开关 S_1 断开，励磁回路外加电压 U_f，合上开关 S_2 并调节励磁回路中的磁场调节电阻 R_{pf}，使励磁电流 I_f 从零开始逐渐增大，直到 $U_0=(1.1\sim1.3)U_N$ 为止；再逐步减小 I_f，则 U_0 也随之减小，当 $I_f=0$ 时，U_0 并不等于零，此电压称为剩磁电压，其值约为 U_N 的 2%～5%；然后改变励磁电流的方向，并逐渐增大，则空载电压由剩磁电压减小到零后，又逐渐升高，但极性相反，直到负的 U_0 为额定电压的 1.1～1.3 倍为止。接着又把 I_f 减小到零。这样就可以测得一系列 I_f 值和对应的 U_0 值，绘出 $U_0=f(I_f)$ 的曲线。曲线成一磁滞回线，如图 1-43 所示。

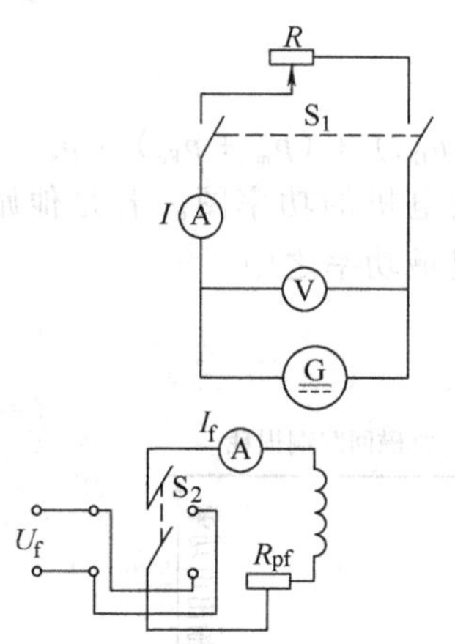

图 1-42 他励直流发动机试验电路

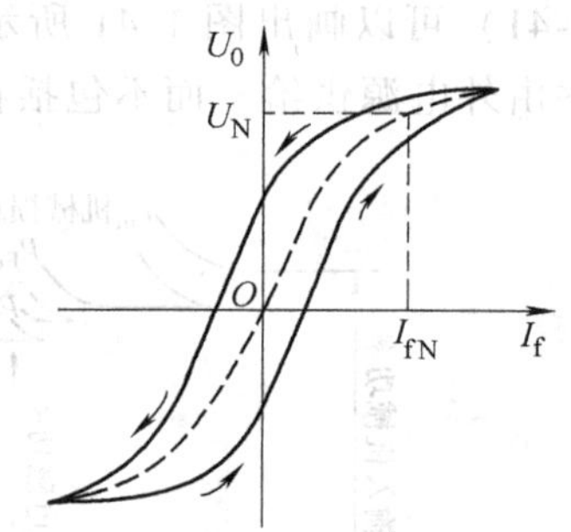

图 1-43 直流发电机的磁滞回线

空载特性曲线的形状与电机的磁化曲线形状相似，直流发电机的空载特性是非线性的，上升与下降的过程是不相同的，实际中通常取平均特性曲线作为空载特性曲线（见图 1-43 中虚线）。

2. 外特性

外特性是指当 $n=n_N$、$I_f=I_{fN}$ 时 $U=f(I)$ 的关系曲线。外特性曲线可用试验方法求得。仍然用图 1-42 的电路，并将开关 S_1 合上，保持 $n=n_N$，调节负载电阻 R 和磁场调节电阻

R_{pf}，使 $U=U_N$ 时 $I=I_N$，此时的励磁电流即为额定励磁电流 I_{fN}。在试验过程中，保持 $I_f=I_{fN}$ 值不变，此后逐步增大负载电阻 R，负载电流 I 就逐步减小，电枢电压则逐步增加，直到 $I=0$，测得一系列 I 和对应的 U 值，即得到发电机的外特性曲线，如图1-44所示。

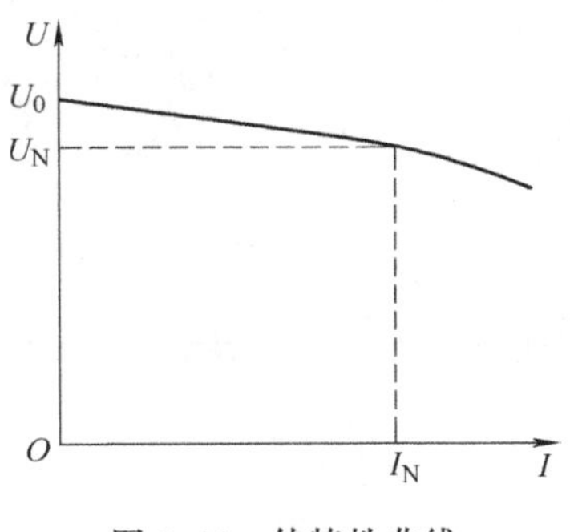

图1-44 外特性曲线

他励直流发电机的外特性是一条略微下垂的曲线，即随着负载的增加，发电机的端电压将有所下降。引起端电压下降的因素有两个：

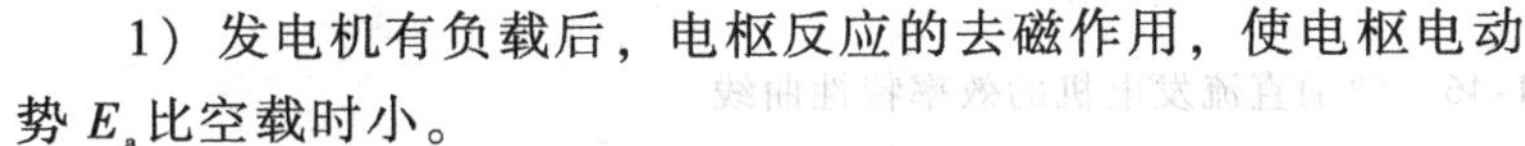

1）发电机有负载后，电枢反应的去磁作用，使电枢电动势 E_a 比空载时小。

2）电枢回路的压降 I_aR_a。

这两个因素都随负载的增加而增大，由电动势方程 $U=E_a-I_aR_a$ 可知，端电压就随负载的增大而减小。当负载电阻 $R=0$，即发电机短路时，短路电流很大 $I_k=E_a/R_a$，其值可达额定电流的数十倍，这样大的电流将使电机损坏。

发电机随负载变化而变化的程度，用电压调整率 ΔU 来衡量。国家标准规定，他励直流发电机的额定电压调整率是指在 $n=n_N$、$I_f=I_{fN}$ 时，发电机从额定负载过渡到空载时，端电压升高的数值与额定电压的百分比。即

$$\Delta U_N=\frac{U_0-U_N}{U_N}\times 100\%$$

一般他励直流发电机的 ΔU 为5%～10%，可认为它是一个恒压电源。

3. 调节特性

调节特性是指在 $n=n_N$、$U=U_N$ 时 $I_f=f(I)$ 的关系曲线。

从外特性可知，当负载增大时，端电压下降，若要维持 $U=U_N$ 不变，则随着负载的增大，必须增大励磁电流，所以他励直流发电机的调节特性是一条上升的曲线，如图1-45所示。

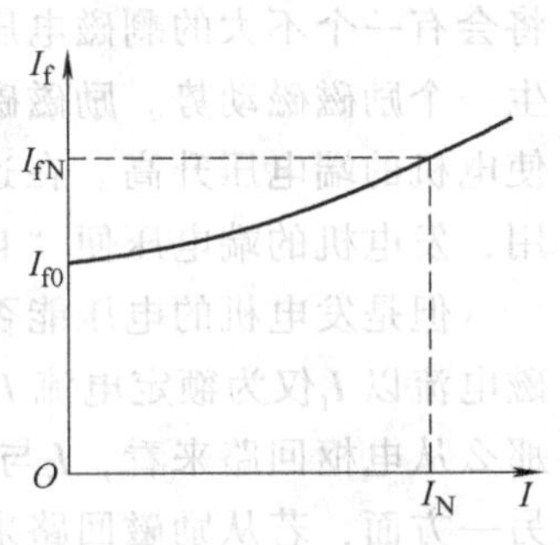

图1-45 调节特性曲线

4. 效率特性

效率特性是在 $n=n_N$、$U=U_N$ 时发电机的效率与负载的关系曲线（实际上电压 U 将随负载变化而变化，因变化不大，可近似认为 $U=U_N$）。

效率是指输出功率与输入功率之比，即

$$\eta=\frac{P_2}{P_1}\times 100\% \tag{1-42}$$

根据他励直流发电机的功率关系，可得

$$\eta=\frac{P_2}{P_1}=\frac{P_2}{P_2+\sum p}=\frac{P_2}{P_2+p_{Fe}+p_m+p_{Cua}+p_{Cub}+p_s}$$

$$=\frac{P_2}{UI+p_{Fe}+p_m+p_{Cua}+p_{Cub}+p_s} \tag{1-43}$$

与电动机的分析方法相似，效率特性曲线如图1-46所示。

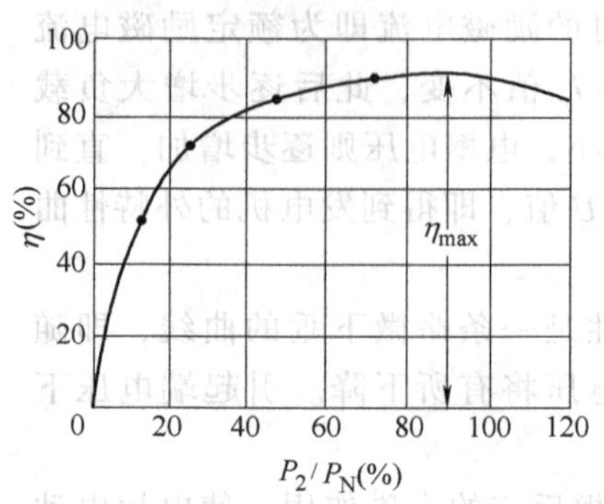

图 1-46 他励直流发电机的效率特性曲线

1.8.4 并励直流发电机

并励直流发电机是一种自励发电机，它的励磁电流不需要由外电源供给，而是取自发电机本身，所以称“自励”。

并励直流发电机的励磁绕组是与电枢绕组并联的，要产生励磁电流 I_f，电枢两端必须要有电压，而在电压建立起来之前，$I_f=0$，没有励磁电流，电枢两端又不可能建立起电压，因此有必要在分析并励直流发电机的运行特性前，先讨论一下它的电压建立过程，也称为“自励过程”。

1. 自励过程

设发电机已由原动机拖动至额定转速，由于电机磁路中有一定的剩磁，在发电机的端点将会有一个不大的剩磁电压。这时把并励绕组并接到电枢上去，便有电流流过励磁绕组，产生一个励磁磁动势。励磁磁动势产生的磁场与剩磁同方向，使电机内的磁场得到加强，从而使电机的端电压升高。在这一较高端电压的作用下，励磁电流又进一步升高，如此反复作用，发电机的端电压便“自励”起来。

但是发电机的电压能否稳定在某一数值，需作进一步的分析。由于并励直流发电机的励磁电流以 I_f仅为额定电流 I_N的 1% ~5%，因此发电机空载时的电压 U_0可近似看作等于 E_a，那么从电枢回路来看，I_f与 U_0的关系也可以用空载特性表示，如图 1-47 中的直线 1 所示。另一方面，若从励磁回路来看，I_f与 U_0的关系又必须满足欧姆定律，即

$$I_f = \frac{U_0}{R_f} \tag{1-44}$$

式中，R_f为励磁回路总电阻。

当 R_f一定时，I_f与 U_0呈线性关系，如图 1-47 中的直线 2 所示，该直线的斜率为 $a=\frac{U_0}{I_f}=R_f$，故称直线 2 为磁场电阻线，简称场阻线。可见，I_f与 U_0的关系既要满足空载特性，又要满足场阻线，则最后稳定点必然是场阻线与空载特性的交点 A，A 点所对应的电压即是空载时建立的稳定电压。

从物理过程来看，在自励过程中励磁电流是变化的，这时励磁回路的电动势方程为

$$U_f = i_f R_f + L_f \frac{di_f}{dt} \tag{1-45}$$

式中，L_f为励磁绕组的电感。

图1-47中的空载特性与场阻线之间的阴影部分表示$L_f\dfrac{di_f}{dt}$的值，当电机进入空载稳定状态时，励磁电流不再变化，$di_f=0$，$L_f\dfrac{di_f}{dt}=0$，即最后的稳定点必定是空载特性与场阻线的交点。

综上所述，并励直流发电机的空载稳定电压U_0的大小决定于空载特性与场阻线的交点。因此调节励磁回路中的电阻，也就是改变的场阻线斜率，即可调节空载电压的稳定点。如果逐步增大电阻R_f（即增大磁场调节电阻R_{pf}），场阻线斜率增大，空载电压稳定点就沿空载特性向原点移动，空载电压减小；当场阻线与空载特性的直线部分相切时，两线无固定的交点或交点很低，空载电压为不稳定，如图1-47中的直线3，这时对应的励磁回路的总电阻称为临界电阻。

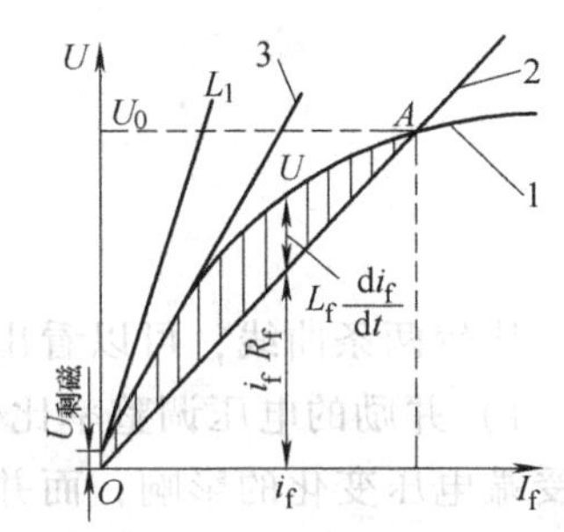

图1-47 并励直流发电机的自励
1—空载特性 2—场阻线
3—临界场阻线

因此，从并励直流发电机的自励过程可以看出，要使发电机能够自励，必须满足下述3个条件，称为自励条件：

1）发电机的主磁极必须要有一定的剩磁。这是电机自励的必要条件。

2）励磁绕组与电枢的连接要正确，使励磁电流产生的磁场与剩磁同方向。

必须注意，若在某一转向下，励磁绕组与电枢的连接能使电机自励，则改变转向后，电机便不能自励。这是因为发电机的转向改变后，剩磁电压的方向也随之改变，由此产生的励磁电流对剩磁起去磁作用。所以，所谓励磁绕组与电枢绕组的连接正确是对某一旋转方向而言的。发电机应按制造厂规定的旋转方向运行。

3）励磁回路的总电阻要小于临界电阻。

由于对应于不同的转速，发电机的空载特性位置也不同，因此对应于不同的转速便有不同的临界电阻。如果保持励磁回路的总电阻不变，发电机在高速时能自励，而在低转速时也许就不能自励。一般发电机应保持在额定转速n_N下运行。

2. 运行特性

由于并励直流发电机$I_a=I+I_f$，因此在同样负载电流下，并励直流发电机的电枢电流要比他励直流发电机的电枢电流大，由此产生的电枢电阻压降和电枢反应的去磁作用也比他励直流发电机大。但是一般并励直流发电机的励磁电流较小，不会引起端电压的显著变化，由此并励直流发电机的空载特性和调节特性与他励直流发电机无多大差别。这里只分析并励直流发电机的外特性。

并励直流发电机的运行特性是指，在$n=n_N$、$R_f=R_{fN}=$常数（注意，不是$I_f=$常数）时，$U=f(I)$的关系曲线。

特性曲线可用试验方法求得。方法是，先将发电机拖到额定转速$n=n_N$，使电机自励建立电压，然后调节励磁电流和负载电流，使电机达到额定运行状态，即$U=U_N$、$I=I_N$，此时励磁回路的总电阻即为R_{fN}。保持R_{fN}不变，求取不同负载时的端电压，就可得到图1-48中曲线1所示的外特性曲线。图中，曲线2表示接成他励时的外特性。

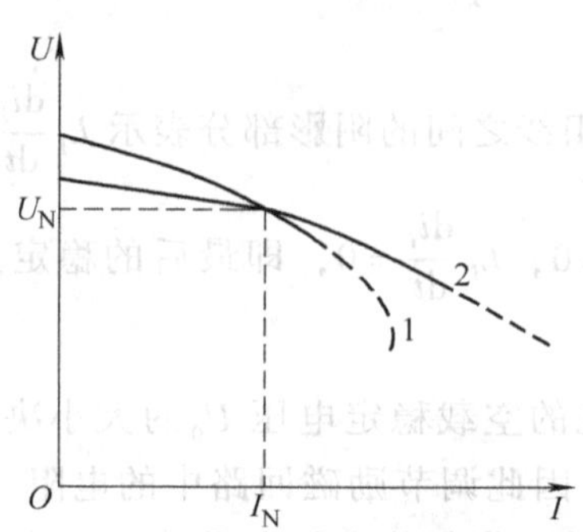

图 1-48 并励直流发电机的外特性

比较两条曲线，可以看出并励直流发电机的外特性有两个特点：

1）并励的电压调整率比他励时大。因为他励直流发电机的励磁电流 $I_f = I_{fN}$ = 常数，它不受端电压变化的影响；而并励直流发电机的励磁电流却随电枢端电压的降低而减小，这就使电枢电动势进一步下降，因此并励直流发电机的外特性比他励时要下降得快一些。并励直流发电机的电压调整一般在 20% 左右。

2）稳态短路电流小。当负载电阻短路时（$R=0$），电枢端电压 $U=0$，励磁电流 I_f 也为零。这时电枢绕组中的电流由剩磁电动势所产生。由于剩磁电动势不大，所以稳态短路电流也不大。

1.8.5 复励直流发电机

复励直流发电机分积复励和差复励两类。在积复励直流发电机中，并励绕组起主要作用，它使发电机空载时产生额定电压。串励绕组的作用只是用来补偿负载时电枢电阻压降和电枢反应的去磁作用，使发电机在一定的负载范围内保持端电压的恒定，这就克服了他励和并励直流发电机的电压随负载增加而下降的缺点。

根据串励绕组的补偿程度，积复励直流发电机又可分为平复励、过复励和欠复励 3 种。若发电机在额定负载时的端电压等于空载电压，就称为平复励，说明这时串励绕组磁动势恰好能补偿电枢反应的去磁作用和电枢的电阻压降。若补偿有余，则额定负载时的端电压将高于空载电压，称为过复励。反之，补偿不足就称为欠复励。复励直流发电机的外特性如图 1-49 所示。

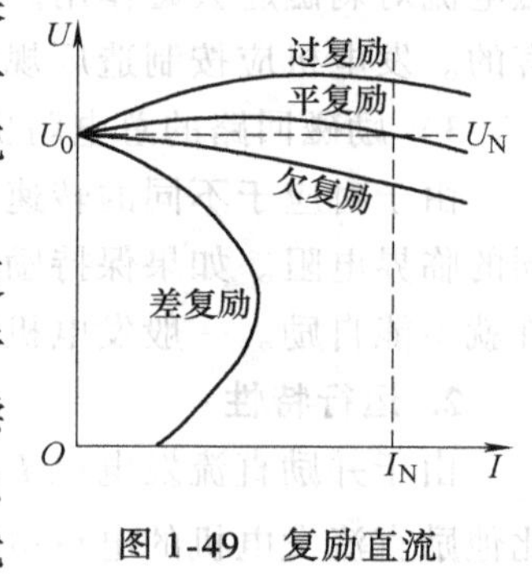

图 1-49 复励直流发电机的外特性

本 章 小 结

1）作为直流电能与机械能互相转换的运动装置，直流电机在结构上保证了直流电动机和直流发电机工作状态的可逆性。

2）直流电机定子绕组的励磁方式有他励、并励、串励和复励。直流电机的电枢绕组是实现能量转换的主要部件，基本形式是单叠绕组和单波绕组。

3）直流电机的空载磁场由定子绕组的励磁磁动势建立，当电机带负载时，气隙中的磁场则是励磁磁动势与电枢磁动势共同作用的结果。电枢磁场对气隙磁场的影响称为电枢反应，它会影响电机的工作状态，与电刷的位置有关。换向是直流电机的专门问题，要采取措施改善换向。

4）直流电机在运行时电枢会产生感应电动势和电磁转矩，注意对于发动机和电动机，它们的作用是有区别的。

5）直流电动机的基本方程包括电压平衡方程、转矩平衡方程和功率平衡方程。利用这些方程可分析电机的运行特性，进而可以获得不同励磁方式直流电动机的工作特性。

习　题

1-1　直流电机由哪些主要部件构成？各部分的主要作用是什么？

1-2　简述直流发电机的工作原理。简述直流电动机的工作原理。

1-3　在直流电机中，为什么要用电刷和换向器？它们起什么作用？

1-4　单叠绕组的特点有哪些？单波绕组的特点有哪些？

1-5　什么是直流电机的电枢反应？直流电机的电枢反应对气隙磁场有什么影响？

1-6　在直流发电机中是否有电磁转矩？如果有，电磁转矩的方向与电枢旋转方向相同还是相反？

1-7　直流电动机工作时电枢回路是否有感应电动势产生？如果有，电动势的方向与电枢电流的方向相同还是相反？

1-8　直流电机的换向极应安装在电机的什么位置？直流电机的换向极绕组如何接线？

1-9　什么是换向？直流电机改善换向的方法有哪几种？

1-10　表示直流电机的励磁方式有哪几种？在各种不同励磁方式的电机里，电机的输入、输出电流与电枢电流和励磁电流有什么关系？

1-11　如何判断直流电机是发电机运行还是电动机运行？它们的电磁转矩、电枢电动势、电枢电流、端电压的方向有何不同？

1-12　并励直流发电机的自励条件是什么？如发电机正转时能自励，反转时能否自励？

1-13　画图表示他励直流电动机的功率图。

1-14　为什么并励直流发电机的外特性比他励直流发电机的外特性向下倾斜严重？

1-15　一台直流电动机，$P_N=13\text{kW}$，$U_N=220\text{V}$，$n_N=1500\text{r/min}$，$\eta=0.85$，求该电动机额定电流I_N及额定负载时的输入功率P_1。

1-16　一台直流发电机，$P_N=90\text{kW}$，$U_N=230\text{V}$，$n_N=1450\text{r/min}$，$\eta=0.89$，求该发电机额定电流I_N及额定负载时的输入功率P_1。

1-17　计算下列各绕组的节距y_1、y_2和y，并绘出绕组展开图，安放主磁极和电刷，求出并联支路数。

（1）单叠绕组$2n_p=4$，$S=K=18$；

（2）单波绕组$2n_p=4$，$S=K=19$。

1-18　一台直流电机，$2n_p=6$，单叠绕组，电枢绕组的总导体数$N=398$，气隙每极磁通$\Phi=2.1\times10^{-2}\text{Wb}$。

（1）当转速分别为$n=1500\text{r/min}$和$n=500\text{r/min}$时，求电枢绕组的感应电动势；

（2）电枢电流 $I_a=10A$，求电磁转矩分别为多大？

1-19　一台直流电机，$P_N=17kW$，$U_N=230V$，$2n_p=4$，单波绕组，电枢绕组的总导体数 $N=468$，气隙每极磁通 $\Phi=1.03\times10^{-2}Wb$，$n=1500r/min$，求：

（1）额定电流；

（2）电枢绕组的感应电动势。

1-20　某他励直流电动机的额定数据为：$P_N=6kW$，$U_N=220V$，$n_N=1000r/min$，$p_{Cua}=500W$，$p_0=395W$。计算额定运行时电动机：

（1）输出转矩 T_{2N}；

（2）空载转矩 T_0；

（3）电磁转矩 T_N；

（4）电磁功率 P_{em}；

（5）额定效率 η_N；

（6）电枢电阻 R_a。

1-21　一台并励直流电动机的额定数据如下：$P_N=96kW$，$U_N=440V$，$I_N=255A$，$I_{fN}=5A$，$n_N=1550r/min$，已知 $R_a=0.078\Omega$。试求：

（1）电动机的额定输出转矩；

（2）额定负载时的电磁转矩；

（3）额定负载时的效率；

（4）电动机的理想空载转速。

第 2 章　直流电动机的电力拖动

2.1　电力拖动系统的动力学基础

电力拖动系统是由电动机拖动，并通过传动机构带动生产机械运转的一个动力学整体。虽然电动机可以有不同的种类和特性，生产机械的负载特性也可以是各种各样的，但是从动力学角度来看，它们都服从统一的动力学规律，所以研究电力拖动系统时，要首先分析电力拖动系统的动力学问题。

2.1.1　电力拖动系统的组成

电力拖动系统一般由电动机、生产机械的传动机构、工作机构、控制设备和电源组成，通常又把传动机构和工作机构称为电动机的机械负载，如图 2-1 所示。

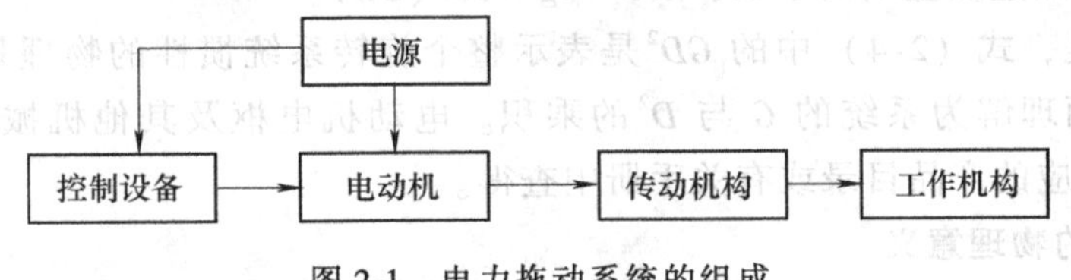

图 2-1　电力拖动系统的组成

2.1.2　电力拖动系统的运动方程式

1. 运动方程式

为了推导电力拖动系统运动方程式，首先分析单轴拖动系统的运动特点。所谓单轴电力拖动系统，就是指只包含一根轴的系统，如图 2-2a 所示。电力拖动系统经过化简，都可转化为电动机转轴与生产机械的工作机构直接相连的单轴电力拖动系统，各物理量的方向标示如图 2-2b 所示。

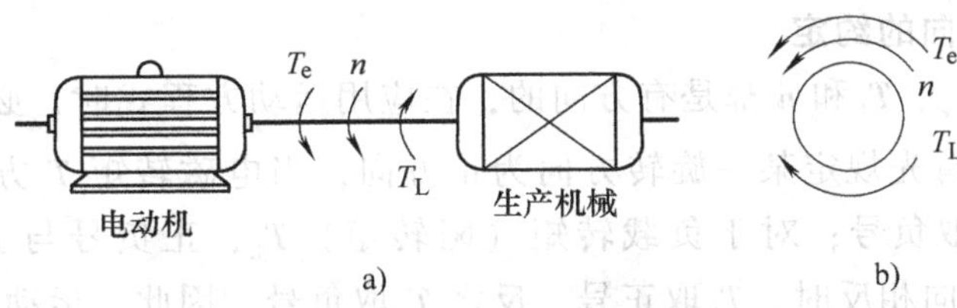

图 2-2　单轴电力拖动系统

a）单轴电力拖动系统　b）系统各物理量的方向标示

在 1.7.2 小节中，已经引出了运动方程式（1-28），将它变换为 $T_e-(T_L+T_0)=J\dfrac{d\Omega}{dt}$，由于 $T_L>>T_0$，因此可以忽略 T_0，那么电机拖动系统运动方程式写为

$$T_e - T_L = J\frac{d\Omega}{dt} \tag{2-1}$$

式中，J为转动惯量；Ω为角速度。

由于参数J和Ω在计算和使用中不太方便，因此，在电机拖动的工程应用和实验计算中，通常用转速n(r/min) 代替角速度Ω(rad/s)，用飞轮惯量或称飞轮转矩GD^2(N · m^2)代替转动惯量J。n与Ω的关系为

$$\Omega = 2\pi n/60 \tag{2-2}$$

J与GD^2的关系为

$$J = mr^2 = \frac{GD^2}{4g} \tag{2-3}$$

式中，g是重力加速度，可取$g = 9.81\text{m/s}^2$；m是整个系统旋转部分的质量（kg）；G是整个系统旋转部分的重量（N）；r是系统转动部分质量对其旋转轴的回转半径（m）；D是系统转动部分质量对其旋转轴的回转直径（m）。

将式（2-2）和式（2-3）代入式（2-1），可得电力拖动运动方程式的实用形式

$$T_e - T_L = \frac{GD^2}{375}\frac{dn}{dt} \tag{2-4}$$

式中，375 是具有加速度量纲的系数，$375 = 4g \times 60/(2\pi)$。

需要注意的是，式（2-4）中的GD^2是表示整个旋转系统惯性的物理量，是一个符号，不可把它割裂开而理解为系统的G与D^2的乘积。电动机电枢及其他机械部件的飞轮转矩GD^2的数值可从相应的产品目录或有关手册中查得。

2. 运动方程的物理意义

式（2-4）表征了电机拖动系统机械运动的普遍规律，是研究电机拖动系统各种运转状态的基础，也是生产实践中设计计算的依据。它表明电力拖动系统的转速变化dn/dt（即加速度）由电动机的电磁转矩T_e与生产机械的负载转矩T_L的关系决定。

1）当$T_e = T_L$时，$dn/dt = 0$，表示电动机以恒定转速旋转或静止不动，这种运动状态被称为稳态或静态。

2）若$T_e > T_L$时，$dn/dt > 0$，系统处于加速状态。

3）若$T_e < T_L$时，$dn/dt < 0$，系统处于减速状态。

也就是一旦$dn/dt \neq 0$，则转速将发生变化，把这种运动状态称为动态或过渡状态。

3. 运动方程中方向的约定

式（2-4）中的T_e、T_L和n都是有方向的，在应用运动方程式时，必须注意转矩的正负号。一般规定如下：首先规定某一旋转方向为正方向，当电磁转矩T_e方向与旋转方向相同时，T_e取正号，反之取负号；对于负载转矩（阻转矩）T_L，正负号与上述规定正好相反，即当T_L方向与旋转方向相反时，T_L取正号，反之T_L取负号。因此，运动方程式可以写为

$$\pm T_e - (\pm T_L) = \frac{GD^2}{375}\frac{dn}{dt} \tag{2-5}$$

2.1.3 多轴拖动系统的折算

在拖动系统中，如果电动机和工作机构直接相连，这时工作机构的转速等于电动机的转

速，工作机构的转矩等于作用在电动机轴上的阻转矩，这种系统称为单轴系统。

前面已经讨论了单轴电力拖动系统问题，但是，实际的电力拖动系统往往是复杂的，有的生产机械需要通过一套传动机构进行转速匹配，因此增加了很多齿轮和传动轴，使电动机的角速度 Ω 传递到工作机构时，变成符合工作机构需要的角速度 Ω_L；有的生产机械需要通过传动机构把旋转运动变成直线运动，如刨床、起货机等。图 2-3a 所示的就是一个 3 轴系统。对这样一些复杂的电力拖动系统，如何来研究其动力学问题呢？一般有两种解决办法：

1）对拖动系统的每根轴分别列出其运动方程式和各轴之间的相互联系的方程式，用列方程组的办法来消除中间变量，这种解法计算量大而繁杂。就电力拖动系统而言，主要是把电动机作为研究对象，并不需要详细讨论每根轴的问题。

2）用折算的方法把复杂的多轴拖动系统等效为一个简单的单轴拖动系统，然后通过对等效系统建立运动方程，实现问题求解。

第二种方法较为简单，下面讨论这种方法。

1. 系统等效的原则和方法

在电力拖动系统的分析中，对于一个复杂的多轴电力拖动系统，比较简单而且实用的方法是用折算的方法把它等效成一个简单的单轴拖动系统来处理，并使两者的动力学性能保持不变。等效过程如图 2-3 所示。

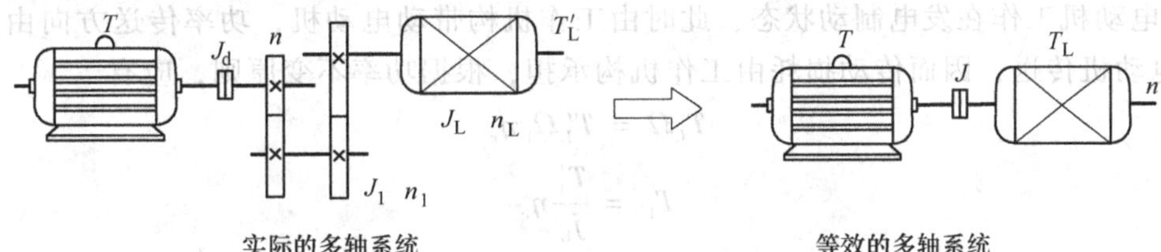

图 2-3　电力拖动系统的等效过程

电力拖动系统中折算，一般是把负载轴上的转矩、转动惯量或者是力和质量折算到电动机轴上，而中间传动机构的传动比在折算中就相当于变压器的匝数比。系统等效的原则是：保持两个系统传递的功率及储存的动能相同。例如，若以电动机轴为研究对象，需要折算的量有工作机构的负载转矩、系统中各轴（除电动机轴之外）的转动惯量 J_1、J_2、…、J_L；对于某些直线运动的机构，则必须将直线运动的质量 m_L 及运动所需克服的阻力 F_L 折算到电动机轴上。

2. 多轴旋转系统等效为单轴旋转系统的方法

（1）静态转矩的折算

先考虑一个简单的两轴系统。如图 2-4 所示，假如要把工作机构的转矩 T_L' 折算到电动机轴上，其静态转矩的等效原则是：系统的传送功率不变。

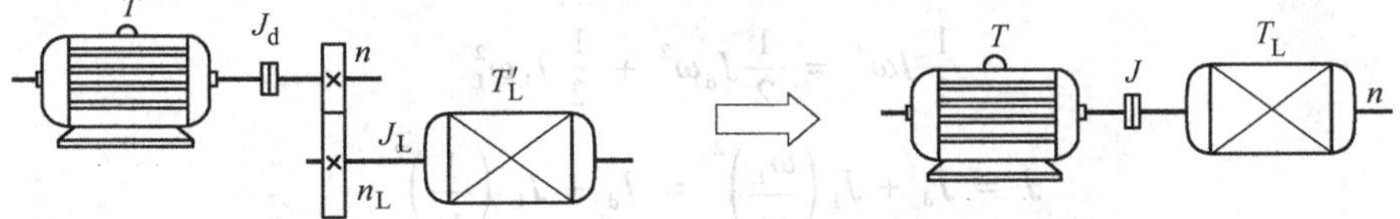

图 2-4　两轴拖动系统的等效

如果不考虑传动机构的损耗，工作机构折算前的机械功率为 $T'_{L}\Omega_{L}$，折算后电动机轴上的机械功率为 $T_{L}\Omega$，根据功率不变原则，折算前后工作机构的传递功率相等，即

$$T'_{L}\Omega_{L}=T_{L}\Omega \tag{2-6}$$

式中，Ω、Ω_{L}分别是电动机的角速度和生产机械的负载角速度。

因此，折算后的负载转矩为

$$T_{L}=\frac{T'_{L}}{\Omega/\Omega_{L}}=\frac{T'_{L}}{j_{L}} \tag{2-7}$$

式中，j_{L}是电动机轴与工作机械轴间的转速比，$j_{L}=\Omega/\Omega_{L}=n/n_{L}$。

如果要考虑传动机构的损耗，可以在折算公式中引入传动效率 η_{c}。由于功率传送是有方向的，必须注意，效率 η_{c}因功率传送方向的不同而不同。现分两种情况讨论：

1）电动机工作在电动状态，此时由电动机带动工作机构，功率由电动机向工作机构传送，传动损耗由电动机构承担，即电动机发出的功率比生产机械消耗的功率大。根据功率不变原则，应有

$$T_{L}\Omega\eta_{c}=T'_{L}\Omega_{L} \tag{2-8}$$

$$T_{L}=\frac{T'_{L}}{\eta_{c}\Omega/\Omega_{L}}=\frac{T'_{L}}{j_{L}\eta_{c}} \tag{2-9}$$

2）电动机工作在发电制动状态，此时由工作机构带动电动机，功率传送方向由工作机构和向电动机传送，因而传动损耗由工作机构承担，根据功率不变原则，应有

$$T_{L}\Omega=T'_{L}\Omega_{L}\eta_{c} \tag{2-10}$$

$$T_{L}=\frac{T'_{L}}{j_{L}}\eta_{c} \tag{2-11}$$

对于系统有多级齿轮或带轮变速的情况，设已知各级速比为 j_{1}，j_{2}，…，j_{n}，则总的速比为各级速比之积，即

$$j=j_{1}j_{2}\cdots j_{n}=\prod_{i=1}^{n}j_{i} \tag{2-12}$$

在多级传动时，如果已知各级的传递效率为 η_{c1}，η_{c2}，…，η_{cn}，则总效率 η_{c}应为各级效率之积，即

$$\eta_{c}=\prod_{i=1}^{n}\eta_{ci} \tag{2-13}$$

（2）转动惯量和飞轮转矩的折算

图 2-4 所示的两轴拖动系统中，电动机轴上转动惯量为 J_{d}，工作机构轴上转动惯量为 J_{L}，折算到电动机轴后等效系统总的转动惯量为 J。由于各轴的转动惯量对运动过程的影响直接反映在各轴所储存的动能上，因此折算时，实际系统与等效系统储存的动能应相等，这就是折算转动惯量和飞轮转矩的等效原则。则

$$\frac{1}{2}J\omega^{2}=\frac{1}{2}J_{d}\omega^{2}+\frac{1}{2}J_{L}\omega_{L}^{2} \tag{2-14}$$

$$J=J_{d}+J_{L}\left(\frac{\omega_{L}}{\omega}\right)^{2}=J_{d}+J_{L}\left(\frac{1}{j_{L}}\right)^{2} \tag{2-15}$$

由于 $GD^{2}=4gJ$，可以相应得到折算到电动机轴上的等效飞轮转矩

$$GD^2 = GD_d^2 + GD_L^2 \frac{1}{j_L^2} \tag{2-16}$$

式（2-15）和式（2－16）的结果可以推广到多轴电力拖动系统中。设多轴电力拖动系统有多根中间传动轴，则折算到电动机轴上的等效转动惯量 J 和飞轮矩 GD^2 分别为

$$J = J_d + J_1 \frac{1}{j_1^2} + J_2 \frac{1}{j_1^2 j_2^2} + \cdots + J_L \frac{1}{j_1^2 j_2^2 \cdots j_L^2} \tag{2-17}$$

$$GD^2 = GD_d^2 + GD_1^2 \frac{1}{j_1^2} + GD_2^2 \frac{1}{j_1^2 j_2^2} + \cdots + GD_L^2 \frac{1}{j_1^2 j_2^2 \cdots j_L^2} \tag{2-18}$$

可见，折算到单轴拖动系统的等效飞轮矩 GD^2 等于折算前拖动系统每一根轴的飞轮转矩除以该轴对电动机轴传动比的二次方之和。当传动比较大时，对应轴的飞轮转矩折算到电动机轴上后，其数值占整个系统转动惯量的比重就很小。

一般情况下，在总的飞轮转矩 GD^2 中，电动机轴上的飞轮转矩 $GD_d{}^2$ 占的比重最大，其次是工作机构轴上的飞轮转矩的折算值，所以实际工作中为了计算简便，往往适当加大电动机轴上的飞轮转矩来计算总的飞轮转矩，于是总的飞轮转矩的计算可以简化为

$$GD^2 = (1 + \delta) GD_d^2 \tag{2-19}$$

总的转动惯量简化为

$$J = (1 + \delta) J_d^2 \tag{2-20}$$

式中，δ 为小于 1 的系数，一般取 $\delta = 0.2 \sim 0.3$。

3. 直线运动系统等效为旋转运动系统的方法

有些生产机械不仅有旋转运动部件，还兼有直线运动部件，分析时要将这样的拖动系统等效为简单的单轴拖动系统，如图 2-5 所示。等效时需要分别对旋转运动和直线运动两种物理量进行折算，前面已讨论过旋转运动系统的折算，这里仅讨论直线运动系统的折算。

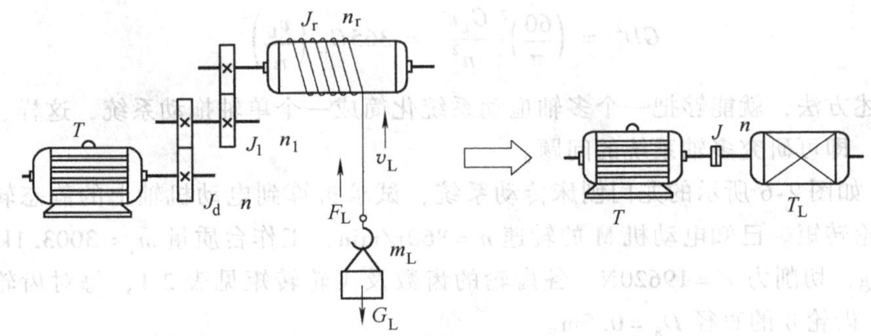

图 2-5　混合拖动系统的等效

（1）静态力 F_L（或称负载重力）的折算

工作机构作直线运动时，其质量 m_L 中储存有动能，为了把速度为 v_L 的质量 m_L 折算到电动机轴上，需用电动机轴上一个转动惯量为 J 的转动体与之等效，把直线运动的静态力 F_L 折算到电动机轴上等效静转矩 T_L，其原则仍是保持折算前后的静态功率不变。如果考虑功率的传递方向，同样分两种情况讨论：

1）电动机工作在电动状态，此时由电动机带动工作机构，使重物提升。图 2-5 中，折算前直线运动部件的静态功率为 $P_L{}' = F_L v_L$，折算后等效拖动系统的静态功率为 $P_L = T_L \Omega$，

由于功率是由电动机传向负载的，因此按功率平衡原则有 $P_L' = P_L\eta_c$，即

$$T_L\Omega = \frac{F_L v_L}{\eta_c} \tag{2-21}$$

代入关系式 $\Omega = 2\pi n/60$，经整理，得到如下折算公式：

$$T_L = 9.55\frac{F_L v_L}{n\eta_c} \tag{2-22}$$

2）电动机工作在发电制动状态，此时工作机构带动电动机，使重物下放。根据功率平衡关系，有

$$T_L\Omega = F_L v_L \eta_c' \tag{2-23}$$

由此得

$$T_L = 9.55\frac{F_L v_L}{n}\eta_c' \tag{2-24}$$

式中，η_c'是物体下放时的传动效率。

可以证明，在提升与下放时的传动损耗相等的条件下，下放传动效率与提升传动效率之间有下列关系：

$$\eta_c' = 2 - \frac{1}{\eta_c} \tag{2-25}$$

（2）直线运动系统质量的折算

图 2-5 中，将直线运动系统的质量 m_L 折算到电动机轴上，用等效的转动惯量 J 来表示。折算前后两者储存的动能相等，即

$$\frac{1}{2}J_L\Omega^2 = \frac{1}{2}m_L v_L^2 \tag{2-26}$$

将 $J_L = GD_L^2/(4g)$，$\Omega = 2\pi n/60$，$m_L = G_L/g$ 代入式（2-26），则

$$GD_L^2 = \left(\frac{60}{\pi}\right)^2\frac{G_L v_L^2}{n^2} = 365G_L\left(\frac{v_L}{n}\right)^2 \tag{2-27}$$

应用上述方法，就能够把一个多轴拖动系统化简成一个单轴拖动系统，这样，只需一个运动方程式，即可研究多轴系统的问题。

例 2-1 如图 2-6 所示的龙门刨床传动系统，试求折算到电动机轴上的静态转矩和传动系统的总飞轮转矩。已知电动机 M 的转速 $n = 860\text{r/min}$，工作台质量 $m_1 = 3003.1\text{kg}$，工件质量 $m_2 = 600\text{kg}$，切削力 $F = 19620\text{N}$。各齿轮的齿数及飞轮转矩见表 2-1，每对齿轮的传动效率 $\eta_c = 0.8$，齿轮 8 的直径 $D_8 = 0.5\text{m}$。

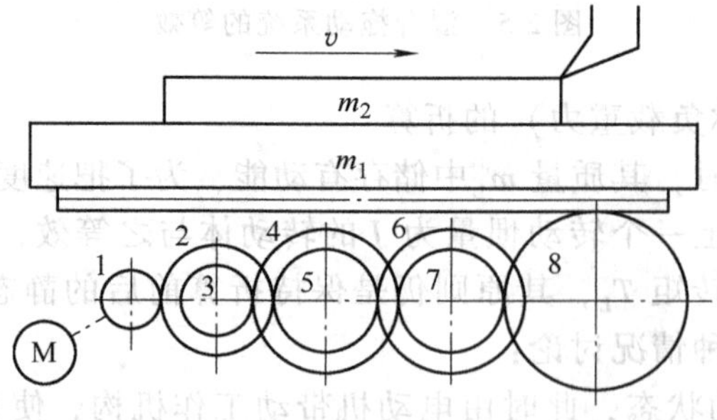

图 2-6 刨床传动系统图

表 2-1　例 2-1 用表

齿轮号	1	2	3	4	5	6	7	8
齿数 z	15	47	22	58	18	58	14	46
$GD^2/(\mathrm{N \cdot m^2})$	3.04	15.91	7.85	23.6	13.7	37.3	25.5	41.2

解：把刨床运动分为旋转与直线运动两部分。

（1）旋转部分（不包括电动机电枢）的飞轮转矩 GD_a^2。因相互啮合的齿轮转速与齿数比成反比，所以由式（2-18）得

$$GD_a^2 = GD_1^2 + (GD_2^2 + GD_3^2)\left(\frac{z_1}{z_2}\right)^2 + (GD_4^2 + GD_5^2)\left(\frac{z_1}{z_2}\right)^2\left(\frac{z_3}{z_4}\right)^2 + (GD_6^2 + GD_7^2)\left(\frac{z_1}{z_2}\right)^2\left(\frac{z_3}{z_4}\right)^2\left(\frac{z_5}{z_6}\right)^2 + GD_8^2\left(\frac{z_1}{z_2}\right)^2\left(\frac{z_3}{z_4}\right)^2\left(\frac{z_5}{z_6}\right)^2\left(\frac{z_7}{z_8}\right)^2$$

$$GD_a^2 = \Bigg[3.04 + (14.91 + 7.85)\left(\frac{15}{47}\right)^2 + (23.6 + 13.7)\left(\frac{15}{47}\right)^2\left(\frac{22}{58}\right)^2 + (37.3 + 25.5)\left(\frac{15}{47}\right)^2\left(\frac{22}{58}\right)^2\left(\frac{18}{58}\right)^2 + 41.2\left(\frac{15}{47}\right)^2\left(\frac{22}{58}\right)^2\left(\frac{18}{58}\right)^2\left(\frac{14}{46}\right)^2\Bigg]\mathrm{N \cdot m^2} = 6.01\mathrm{N \cdot m^2}$$

（2）直线运动部分的等效飞轮转矩 GD_b^2。齿轮 8 的转速为

$$n_8 = n\frac{z_1}{z_2}\frac{z_3}{z_4}\frac{z_5}{z_6}\frac{z_7}{z_8} = 860 \times \frac{15}{47} \times \frac{22}{58} \times \frac{18}{58} \times \frac{14}{46}\mathrm{r/min} = 9.8\mathrm{r/min}$$

工作台的直线运动速度 v（即切削速度）为

$$v = \pi D_8 n_8 = \pi \times 0.5 \times 9.8\mathrm{m/min} = 15.4\mathrm{m/min} = 0.257\mathrm{m/s}$$

$$GD_b^2 = \frac{365(G_1 + G_2)v^2}{n^2} = 365 \times 9.81 \times (3003.1 + 600) \times \left(\frac{0.257}{860}\right)^2\mathrm{N \cdot m^2} = 1.15\mathrm{N \cdot m^2}$$

（3）折算到电动机轴上的传动系统的总飞轮转矩 GD^2（不包括电动机电枢）为

$$GD^2 = GD_a{}^2 + GD_b{}^2 = (6.01 + 1.15)\mathrm{N \cdot m^2} = 7.16\mathrm{N \cdot m^2}$$

（4）折算到电动机轴上的静态转矩 T_L

$$T_L = 9.55\frac{F_L v_L}{n\eta_c} = 9.55 \times \frac{19620 \times 0.257}{860 \times (0.8)^4}\mathrm{N \cdot m} = 136.7\mathrm{N \cdot m}$$

因为传动系统中电动机电磁转矩传送到工作台经过了 4 对齿轮的啮合，所以应取

$$\eta_c = (0.8)^4$$

2.2　负载的转矩特性

生产机械的负载转矩 T_L的大小与很多因素有关。以车床主轴为例，当车床切削工件时，主轴转矩与切削速度、切削量大小、工件直径、工件材料及刀具类型等都有密切关系。通常把负载转矩 T_L与转速 n 的关系 $T_L = f(n)$ 称为生产机械的负载转矩特性，简称负载特性。生产机械的负载转矩特性可归纳为 3 种类型。

1. 恒转矩负载特性

所谓恒转矩负载特性，就是指负载转矩 T_L与转速 n 无关的特性，即当转速变化时，负

载转矩 T_L保持常值。根据负载转矩的方向是否与电动机转向有关，恒转矩负载特性又分为反抗性负载特性和位能性负载特性。

1）反抗性恒转矩负载特性。反抗性恒转矩负载特性的特点是，恒值转矩 T_L总是反对运动的方向，转矩作用方向随转动方向的改变而改变。摩擦性负载转矩就具有这样的性质，负载转矩的方向总是和运动方向相反，属于这类的生产机械有提升机的走行机构、带式运输机、轧钢机以及某些金属切削机床的平移机构等。显然，反抗性恒转矩负载特性曲线应画在平面坐标系的第一与第三象限内，如图 2-7 所示。

2）位能性恒转矩负载特性。其特点是负载转矩 T_L具有固定的方向，不随转速方向改变而改变。不论重物提升（n 为正）或下放（n 为负），负载转矩方向始终不变，特性曲线应在第一与第四象限内，如图 2-8 所示。属于这一类的生产机械有起重机的提升机构、高炉料车卷扬机构、矿井提升机构等。提升时，转矩 T_L反对提升；下放时，T_L帮助下放，这是位能性负载的特点。

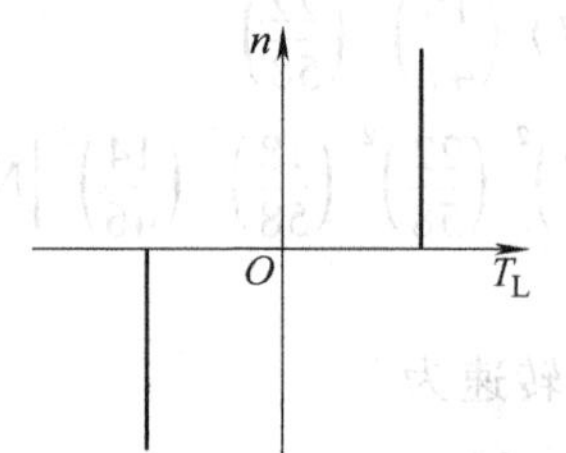

图 2-7 反抗性恒转矩负载特性

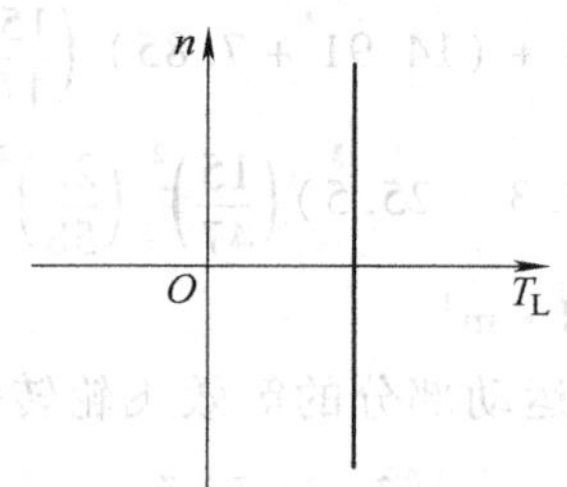

图 2-8 位能性恒转矩负载特性

2. 通风机负载特性

凡是按离心力原理而工作的机械，如离心式鼓风机、水泵、液压泵等，其负载转矩随着转速的增加而增大。通风机负载的转矩与转速大小有关，基本上与转速的二次方成正比，即 $T_L = kn^2$。通风机负载特性如图 2-9 所示，图中只在第一象限画出了转速正向时的特性，鉴于通风机负载是反抗性的，当转速反向（n 为负）时，T_L是负值，因此第三象限中应有与第一象限特性对称的曲线。

3. 恒功率负载特性

在机械加工工业中，有些生产机械，比如车床，在粗加工时，切削量比较大，切削阻力比较大，此时开低速；在精加工时，切削量比较小，切削阻力比较小，往往开高速。因此，在不同转速下，负载转矩的数值基本上与转速成反比，即 $T_L = \frac{k}{n}$，因此负载转矩 T_L与 n 的特性曲线呈现恒功率的性质，如图 2-10 所示。

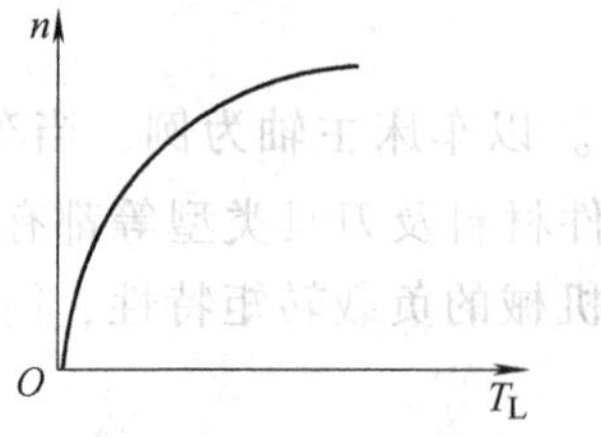

图 2-9 通风机负载特性

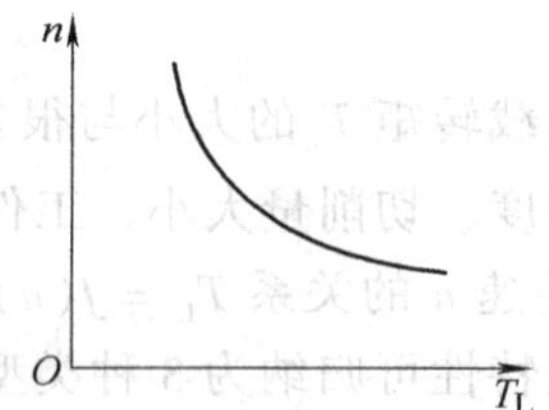

图 2-10 恒功率负载特性

实际生产机械的负载转矩特性可能是以上几种典型特性的综合。例如，实际通风机除了主要是通风机负载特性外，由于其轴承上还有一定的摩擦转矩 T_f，因而实际通风机负载特性应为 $T_L = T_f + kn^2$，其特性曲线如图 2-11 所示。而实际的起重机的负载特性如图 2-12 所示，除了位能负载特性外，还应考虑起重机传动机构等部件的摩擦转矩。

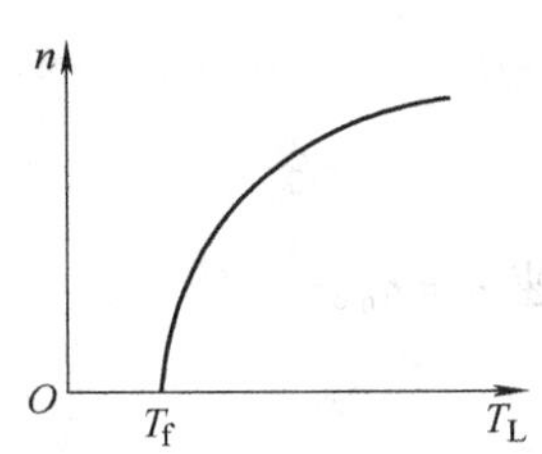

图 2-11　实际的通风机负载特性

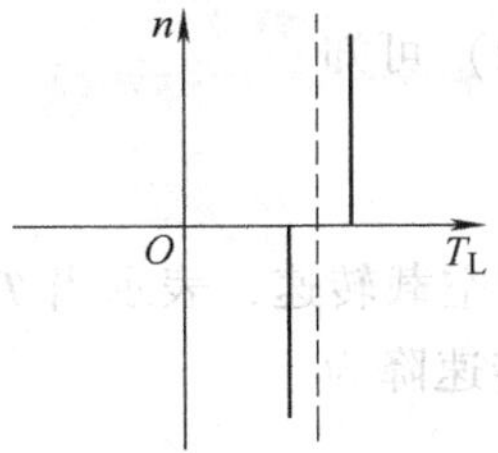

图 2-12　实际的起重机负载特性

2.3　他励直流电动机的机械特性

他励直流电动机的机械特性是指电动机在电枢电压、励磁电流、电枢总电阻为恒值的条件下，电动机转速 n 与电磁转矩 T_e 的关系曲线 $n = f(T_e)$ 或电动机转速 n 与电枢电流 I_a 的关系曲线 $n = f(I_a)$，后者也就是转速调整特性。

2.3.1　他励直流电动机的机械特性方程

将实际运行的直流电动机用一等效电路来表示，如图 2-13 所示。

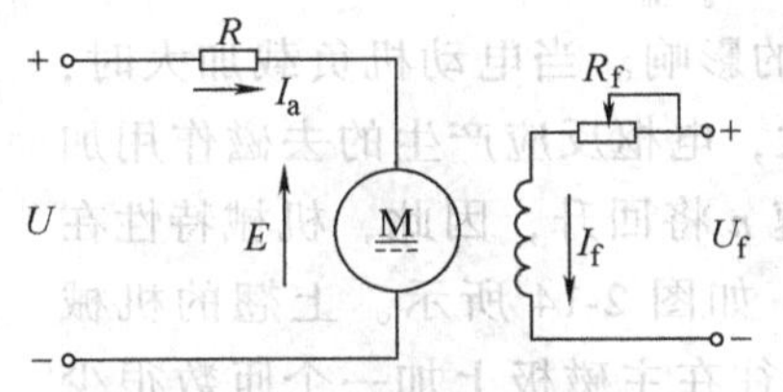

图 2-13　直流他励电动机的等效电路

电枢回路的电压平衡方程式为

$$U = E + I_a R \tag{2-28}$$

式中，U 为电源电压；E 为电动机的反电动势；I_a 为电枢电流；R 为电枢回路总电阻。

直流电动机电枢回路反电动势 E 为

$$E = K_e \Phi n \tag{2-29}$$

将式（2-29）代入式（2-28），可得转速表达式

$$n = \frac{U}{K_e \Phi} - \frac{R}{K_e \Phi} I_a \tag{2-30}$$

电动机的电磁转矩为

$$T_e = K_m \Phi I_a \tag{2-31}$$

式中，K_m是与电机结构有关的常数，$K_m=\frac{30}{\pi}K_e=9.55K_e$。

利用电磁转矩 T_e表示的机械特性方程式为

$$n=\frac{U}{K_e\Phi}-\frac{R}{K_eK_m\Phi^2}T_e=n_0-\beta T_e=n_0-\Delta n \tag{2-32}$$

从式（2-32）可知

$$n_0=\frac{U}{K_e\Phi} \tag{2-33}$$

n_0称为理想空载转速，表示当 $T_e=0$ 时电动机的转速 $n=n_0$。

电动机的转速降为

$$\Delta n=\frac{R}{K_eK_m\Phi^2}T_e=\beta T_e \tag{2-34}$$

Δn 的本质是，电动机有载运行时，电枢回路电阻上的损耗以速度这一参量表示出来的结果。

机械特性曲线斜率为

$$\beta=\frac{R}{K_eK_m\Phi^2} \tag{2-35}$$

β 越大，Δn 越大，机械特性就越软。通常称 β 小的机械特性为硬特性，β 大的机械特性为软特性。

在分析机械特性时需要注意：

1）实际空载转速 n_0'和理想空载转速 n_0的区别。n_0指 $T_e=0$（或 $I_a=0$）时的转速，n_0'是电动机空载时的转速，这时电动机必须克服空载转矩 T_0，因此电动机实际空载转速为

$$n_0'=\frac{U}{K_e\Phi}-\frac{R}{K_eK_m\Phi^2}T_0 \tag{2-36}$$

2）电枢反应对机械特性的影响。当电动机负载加大时，电磁转矩 T_e和电枢电流 I_a加大，电枢反应产生的去磁作用加大，使每极磁通 Φ 减小，转速 n 将回升，因此，机械特性在转矩加大时会出现上翘现象，如图 2-14 所示。上翘的机械特性会使系统不稳定，因此往往在主磁极上加一个匝数很少的串励绕组，其磁动势可以抵消电枢反应的去磁作用，但又不改变他励直流电动机的机械特性。

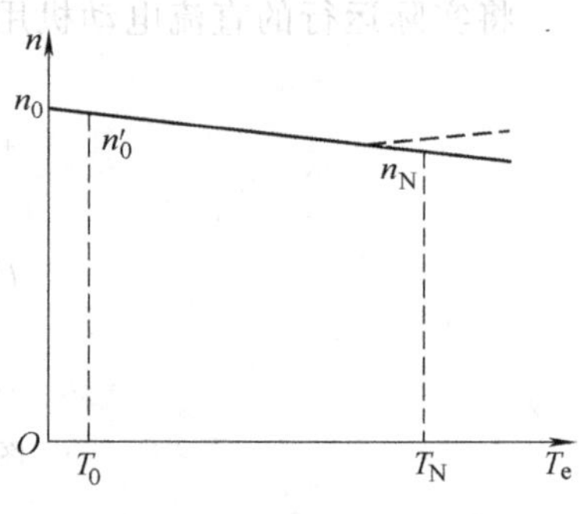

图 2-14　他励直流电动机的机械特性

2.3.2　他励直流电动机的机械特性曲线

1. 固有机械特性

固有机械特性是指电动机的工作在额定电压 U_N、额定磁通 Φ_N且电枢回路不串接任何电阻时的机械特性（R_a是电枢电阻），即电动机的自然机械特性。用电磁转矩表示的方程式为

$$n=\frac{U_N}{K_e\Phi_N}-\frac{R_a}{K_eK_m\Phi_N^2}T_e \tag{2-37a}$$

或用电流表示的机械特性方程式为

$$n=\frac{U_N}{K_e\Phi_N}-\frac{R_a}{K_e\Phi_N}I_a \tag{2-37b}$$

所得到的电动机的机械特性就是固有机械特性，是一条稍下倾的直线。该机械特性为硬特性，如图 2-15 所示。

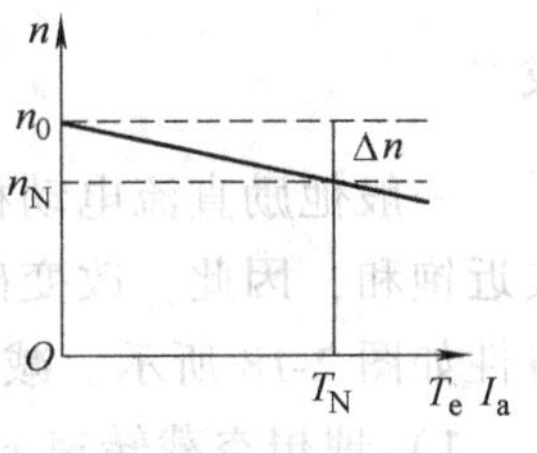

图 2-15　他励直流电动机的机械特性

2. 人为机械特性

人为机械特性是人为地改变他励直流电动机参数或电枢电压而得到的机械特性。当人为地改变电压 U、改变串接电枢回路中的电阻、改变磁通 Φ 时，可以得到 3 种人为机械特性。

(1) 电枢回路串接电阻的人为机械特性

此时 $U=U_N$，$\Phi=\Phi_N$，电枢回路串电阻 R_{ad} 时，人为机械特性方程式为

$$n=\frac{U_N}{K_e\Phi_N}-\frac{R_a+R_{ad}}{K_eK_m\Phi_N^2}T_e \tag{2-38a}$$

或

$$n=\frac{U_N}{K_e\Phi_N}-\frac{R_a+R_{ad}}{K_e\Phi_N}I_a \tag{2-38b}$$

改变电枢回路附加电阻时的人为机械特性是一组通过理想空载点（$n=n_0$，$I_a=0$）的具有不同斜率的直线，如图 2-16 所示。电枢串接电阻时，人为机械特性的特点如下：

1）理想空载转速 n_0 不变，与电枢回路电阻无关。

2）转速降 Δn（或 β）则随 R_a+R_{ad} 成正比地增大。在相同转矩下，R_{ad} 越大，Δn 越大，特性越软。

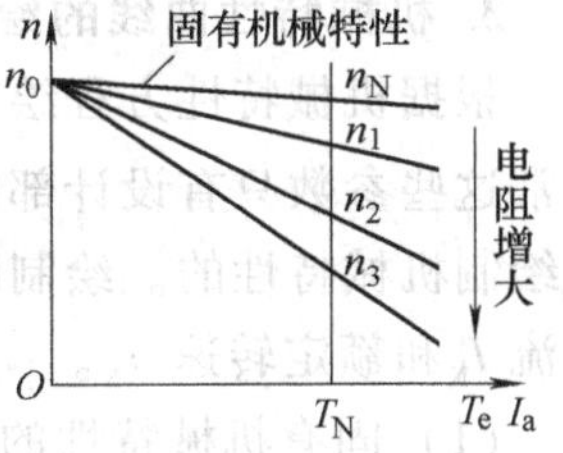

电枢串电阻时的人为机械特性可用于直流电动机的起动及调速。

图 2-16　电枢回路串接电阻时的人为机械特性

(2) 改变电动机供电电压时的人为机械特性

此时 $\Phi=\Phi_N$，电枢回路不串电阻，改变电枢外加电压 U 时，机械特性方程为

$$n=\frac{U}{K_e\Phi_N}-\frac{R_a}{K_eK_m\Phi_N^2}T_e \tag{2-39a}$$

或

$$n=\frac{U}{K_e\Phi_N}-\frac{R_a}{K_e\Phi_N}I_a \tag{2-39b}$$

由于电动机的工作电压以额定电压为上限，因此电压改变时，只能在低于额定电压的范围内变化，如图 2-17 所示。改变电源电压时，人为机械特性的特点如下：

1）理想空载转速 n_0 与 U 成正比变化。

2）转速降 Δn 不变，此时 Δn 等于额定转速降 Δn_N，或者说 β 不变，因此机械特性曲线是从固有机械特性曲线往下移且与其平行的一簇直线。

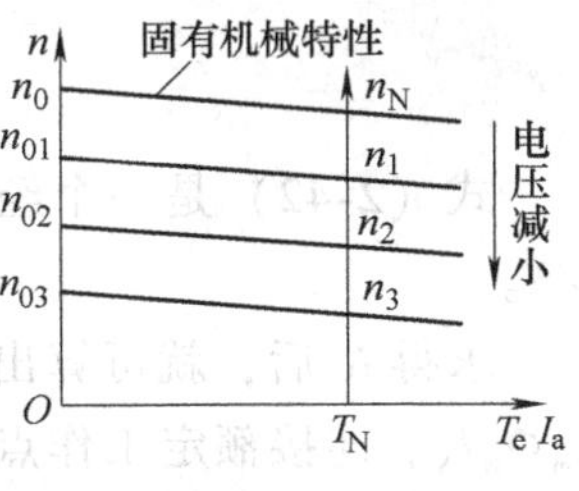

图 2-17　改变供电电压时电动机的人为机械特性

改变电枢电压的人为机械特性常用于需要平滑调速的情况。

(3) 改变电动机主磁通时的人为机械特性

此时 $U=U_N$，电枢回路不串电阻，减弱电动机主磁通 Φ 时的人为机械特性方程为

$$n=\frac{U_N}{K_e\Phi}-\frac{R_a}{K_eK_m\Phi^2}T_e \tag{2-40a}$$

或
$$n = \frac{U_N}{K_e\Phi} - \frac{R_a}{K_e\Phi}I_a \tag{2-40b}$$

一般他励直流电动机在额定磁通下运行时，电机磁路已经接近饱和，因此，改变磁通实际上只能是减弱磁通，人为机械特性如图 2-18 所示。减弱磁通时，人为机械特性的特点如下：

1）理想空载转速 n_0与 Φ 成反比变化，因此减弱磁通会使 n_0升高。

2）转矩表示的特性曲线的斜率 β（或 Δn）与 Φ^2成反比，因此减弱磁通会使斜率 β（或 Δn）加大，特性变软。

3）特性曲线是一簇直线，既不平行，又非放射。减弱磁通时，特性上移而且变软。

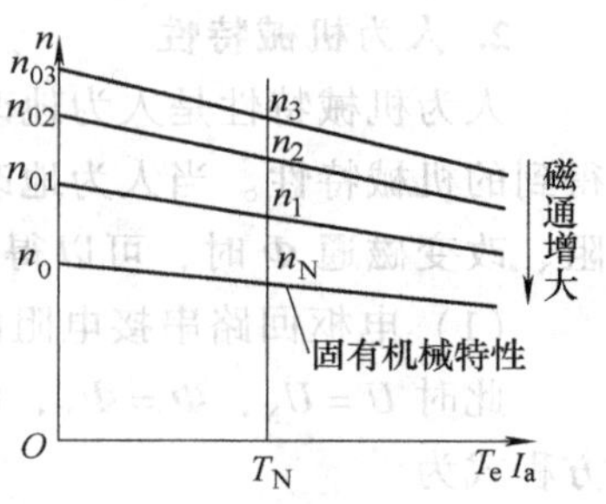

图 2-18 减弱磁通时的人为机械特性

减弱磁通可用于平滑调速。由于磁通只能减弱，所以只能从额定转速向上调速。受到电动机换向能力和机械强度的限制，向上调速的范围是不大的。

3. 机械特性曲线的绘制

根据机械特性方程绘制或计算机械特性时，需要知道电动机内部结构参数（K_e，K_m）。通常这些参数只有设计部门掌握，因此一般情况下，都是利用电动机的铭牌数据或实测数据来绘制机械特性的。绘制时需要知道的数据包括电动机的额定功率 P_N、额定电压 U_N、额定电流 I_N和额定转速 n_N。

（1）固有机械特性的绘制

他励直流电动机的固有机械特性为一直线，所以只要求出直线上任意两点的数据就可以画出这条曲线。一般选择理想空载点（$I_a=0$，$n=n_0$）和额定运行点（$I_a=I_N$，$n=n_N$）。

对于理想空载点，已知 $n_0=U_N/(K_e\Phi_N)$，根据固有机械特性方程式，系统工作在额定状态时，额定转速 $n_N=(U_N-I_NR_a)/(K_e\Phi_N)$。所以电动势系数 $K_e\Phi_N$为

$$K_e\Phi_N = \frac{U_N - R_aI_N}{n_N} \tag{2-41}$$

式（2-41）中，U_N、I_{aN}、n_N均由铭牌数据求得，R_a可以实测，也可以用下式估算，其值为

$$R_a = \left(\frac{1}{2} \sim \frac{2}{3}\right)\frac{U_NI_N - P_N}{I_N^2} \tag{2-42}$$

式（2-42）是一个经验公式，在额定工作条件下，电枢铜损耗占电动机总损耗的 1/2 ~ 2/3。

求得 R_a后，就可算出 $K_e\Phi_N$，求得理想空载转速；对于额定工作点，求得额定转矩 $T_N=K_m\Phi_NI_N$。连接额定工作点（T_N，n_N）和理想空载点（0，n_0），即为所求的固有特性曲线。

（2）人为机械特性的绘制

人为机械特性的绘制有两种情况：①已知参数求特性；②已知特性求参数。人为机械特性的计算方法和固有机械特性相似，只要把相应的参数值代入相应的人为机械特性方程即可。

下面用一实例来说明各种机械特性的绘制方法。

例 2-2 有一台他励直流电动机，其铭牌数据如下：$P_N=40\text{kW}$，$U_N=220\text{V}$，$I_N=210\text{A}$，

$n_N=750\text{r/min}$，$R_a=0.07\Omega$。求：

（1）固有机械特性方程和曲线，求额定工作条件下电动机输出的额定电磁转矩；

（2）$R_{ad}=0.4\Omega$ 的人为机械特性方程和曲线；

（3）$U=110\text{V}$ 的人为机械特性方程和曲线；

（4）$\Phi=0.8\Phi_N$时的人为机械特性（其中 Φ_N为电动机的额定磁通）方程和曲线。

解：由于他励直流电动机的机械特性是一条直线，所以只要根据机械特性方程式求出两点即可画出特性曲线。因为

$$n=\frac{U}{K_e\Phi}-\frac{R}{K_e\Phi}I_a$$

先求出电动机的 $K_e\Phi$、$K_m\Phi$ 的值。即

$$K_e\Phi_N=\frac{U_N-I_NR_a}{n_N}=\frac{220-210\times0.07}{750}\text{V}\cdot\text{min/r}=0.2737\text{V}\cdot\text{min/r}$$

$$K_m\Phi_N=9.55K_e\Phi_N=2.6136\text{N}\cdot\text{m/A}$$

（1）绘制固有机械特性。在电压、磁通均为额定值，电枢不串接电阻时，理想空载转速为

$$n_0=\frac{U_N}{K_e\Phi_N}=\frac{220}{0.2737}\text{r/min}=804\text{r/min}$$

转速降为

$$\Delta n=\frac{R_a}{K_e\Phi_N}I_a=\frac{0.07}{0.2737}I_a=0.2557I_a$$

因此，固有机械特性方程为　　$n=n_0-\Delta n=805-0.2557I_a$

式中，n 的单位为 r/min。

额定工作条件下，电动机输出额定电磁转矩为

$$T_N=K_m\Phi_NI_N=2.6136\times210\text{N}\cdot\text{m}=548.86\text{N}\cdot\text{m}$$

这样，就得到了理想空载转速点（$n_0=804\text{r/min}$，$I_0=0$）和额定工作点（$n_N=750\text{r/min}$，$I_N=210\text{A}$），过这两点画出直线即得固有机械特性曲线，如图 2-19 中曲线①所示。

（2）绘制 $R_{ad}=0.4\Omega$ 的人为机械特性。当电压、磁通为额定值，电枢电路的电阻为（$R+R_{ad}$）时，人为机械特性方程为

$$n=\frac{U_N}{K_e\Phi_N}-\frac{R_a+R_{ad}}{K_e\Phi_N}I_a=804-\frac{(0.07+0.4)}{0.2737}I_a=804-1.7172I_a$$

由以上特性方程可知，理想空载转速点：$I_a=0\text{A}$，$n_0=804\text{r/min}$；额定负载点：$I_N=210\text{A}$，$n=(805-1.7172\times210)\text{ r/min}=443\text{r/min}$。过这两点画直线即得 $R_{ad}=0.4\Omega$ 的人工机械特性曲线，如图 2-19 中曲线②所示。

（3）绘制 $U=110\text{V}$ 的人为机械特性。当磁通为额定值，电枢回路没有附加电阻，外加电压为 110V 时，人为机械特性方程为

$$n=\frac{U}{K_e\Phi_N}-\frac{R_a}{K_e\Phi_N}I_a=\frac{110}{0.2737}-\frac{0.07}{0.2737}I_a=402-0.2557I_a$$

由此可知，理想空载转速点（$I_a=0\text{A}$，$n_0=402\text{r/min}$），额定负载点（$I_N=210\text{A}$，$n=402\text{r/min}-0.2557\times210\text{r/min}=348\text{r/min}$），过这两点画直线即可得 $U=110\text{V}$ 时的人为机械

特性曲线，如图 2-19 中曲线③所示。

（4）$\Phi=0.8\Phi_N$的人为机械特性。当电压为额定值，电枢回路没有附加电阻，磁通 $\Phi=0.8\Phi_N$时，人为机械特性方程为

$$n=\frac{U_N}{K_e\Phi}-\frac{R_a}{K_e\Phi}I_a=\frac{220}{0.8\times0.2737}-\frac{0.07}{0.8\times0.2737}I_a=1005-0.3197I_a$$

由此可知，理想空载转速点（$I_a=0$，$n_0=1005\text{r/min}$），额定负载点（$I_N=210\text{A}$，$n=1005\text{r/min}-0.3197\times210\text{r/min}=938\text{r/min}$）。过这两点画直线即得 $\Phi=0.8\Phi_N$时的人为机械特性曲线，如图 2-19 中曲线④所示。

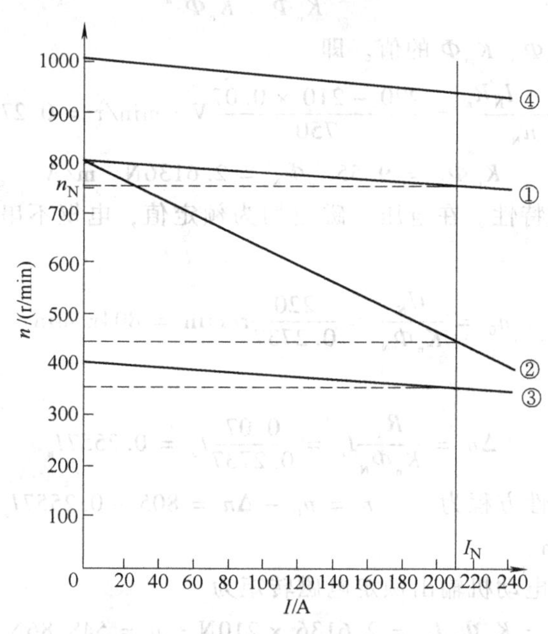

图 2-19　例 2-2 用图

2.3.3　电力拖动系统稳定运行条件

下面从电动机的机械特性与生产机械的负载特性的相互关系着手，分析电力拖动系统稳定运行问题。

设有一电力拖动系统，原来运行于某一转速，由于受到外界某种短时扰动，如负载突然变化或电网电压波动等，而使电动机转速发生变化，离开原来的平衡状态。如果系统在新的运行条件下仍能够达到新的平衡状态，或者当外界扰动消失之后，系统能够回到原有的平衡状态，就称该系统能稳定运行。否则，系统是不稳定的，这时即使外界的扰动已经消失，系统速度也会无限制地上升或者一直下降直到停止转动。因此，生产机械负载转矩特性与电动机的机械特性必须配合得当，电力拖动系统才能稳定运行。

如图 2-20a 所示，根据运动方程式，电动机稳定运行时，电动机的电磁转矩 T_e等于负载转矩 T_L，转速 n 为一恒定值，$T_e-T_L=0$，则 $\mathrm{d}n/\mathrm{d}t=0$，转速稳定在 A 点，称 A 点为运行工作点。由于外界扰动，如电网电压波动，使机械特性偏高，由曲线 1 转为曲线 2。扰动作用使平衡状态受到破坏，但瞬间转速还来不及升高，电动机的转矩将增大到 B 点对应的值，

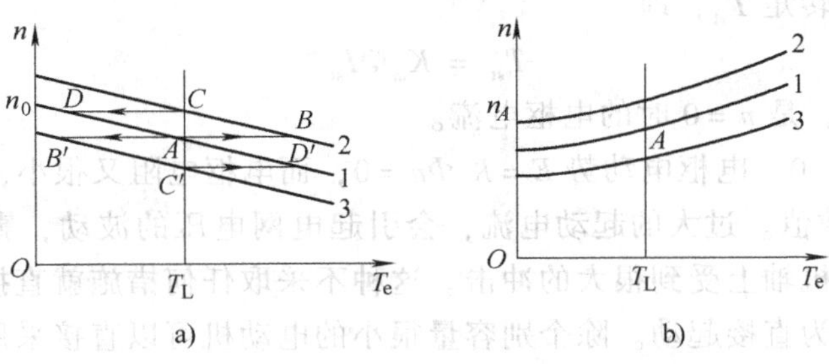

图 2-20　电力拖动系统稳定运行的条件

a）稳定运行　b）不稳定运行

这时 $T_e - T_L > 0$，所以转速将沿着机械特性 2 由 B 增加到 C。随着转速的升高，电动机的转矩将重新变小，最后到 C 点达到新的平衡。当扰动消失时，机械特性由曲线 2 恢复到原机械特性曲线 1，这时电动机的转速由 C 点过渡到 D 点，由于电磁转矩 $T_e - T_L < 0$，故转速下降，最后又恢复到原工作点 A，重新达到平衡。

反之，如果电网电压波动使机械特性偏低，由曲线 1 转为曲线 3，则瞬间工作点将突变到 B'点，$T_e - T_L < 0$，转速将由 B'降低到 C'点，在 C'点达到新的平衡；当扰动消失时，工作点将又恢复到原工作点 A。这种情况称为系统能在 A 点稳定运行。

是否在所有的电动机机械特性与负载转矩特性交点上运行的情况都能够稳定运行呢？如图 2-20b 所示，同样假设系统工作于 A 点，系统受到扰动使机械特性由曲线 1 过渡到曲线 2，造成 $T_e - T_L < 0$，转速下降，不会到达曲线 2 与负载 T_L的交点，实现新的平衡，所以这是不稳定运行的情况。

由以上分析，可以得出电力拖动系统稳定运行的条件是：在工作点上，满足

$$\frac{dT_e}{dn} < \frac{dT_L}{dn} \tag{2-43}$$

则系统能稳定运行。显然在图 2-20b 中的 A 点，$dT_e/dn > dT_L/dn$，系统不能稳定运行。

由于大多数负载转矩都是随着转速升高而增大或者保持恒值，因此只要电动机具有下降的机械特性，就能满足稳定运行的条件。一般来说，电动机如果具有上升的机械特性，运行是不稳定的，但如果拖动某种特殊负载，如通风机负载，那么只要能满足式（2-43）的条件，系统就能稳定运行。这一条件，不论对直流电动机还是交流电动机都是适用的，因而具有普遍意义。

2.4　他励直流电动机的起动

直流电动机从接入电源开始，一直达到稳定运行速度的整个过程称为直流电动机的起动过程或起动。

2.4.1　对起动的要求

要使电动机的转速从零逐步加速到稳定的运行速度，在起动时，电动机要克服负载转矩才能完成起动过程，电动机必须要产生足够大的电磁转矩。电动机在起动瞬间（$n=0$）的

电磁转矩，称为起动转矩 T_{st}，即

$$T_{st} = K_m \Phi I_{st} \tag{2-44}$$

式中，I_{st}为起动电流，是 $n=0$ 时的电枢电流。

由于起动瞬间 $n=0$，电枢电动势 $E=K_e\Phi n=0$，而电枢电阻又很小，所以起动电流 $I_{st}=U_N/R$ 将达到很大的数值。过大的起动电流，会引起电网电压的波动，影响其他用户的正常用电，并且会使电动机轴上受到很大的冲击。这种不采取任何措施就直接把电动机加上额定电压的起动办法，称为直接起动。除个别容量很小的电动机可以直接采用外，一般直流电动机不允许直接起动。

对直流电动机的起动，一般提出以下基本要求：①要有足够大的起动转矩 T_{st}；②起动电流 I_{st}不能超过允许值；③起动设备要简单可靠。最根本的原则是确保有足够大的起动转矩和限制起动电流。

直流电动机常用的起动方法有电枢串电阻起动和减压起动两种，不论采用哪种起动方法，起动时都应保证电动机的磁通达到最大值，因为 $T_e=K_m\Phi I_a$，所以同样电流下，Φ 大则 T_e也会增大。

2.4.2　电枢回路串电阻起动

1. 起动特性

电枢回路串电阻可以有效降低起动电流，起动机械特性曲线如图 2-21 所示。

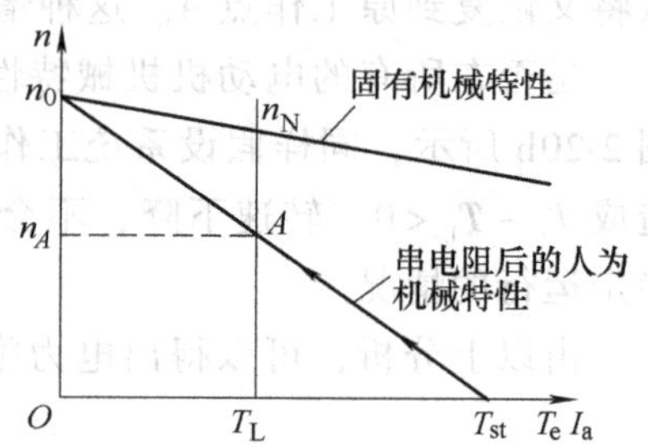

图 2-21　他励直流电动机串电阻起动机械特性

电动机起动时，励磁电路的调节电阻 $R_f=0$，使励磁电流 i_f达到最大。电动机上加额定电压 U_N，起动电流$I_{st}=U_N/(R_a+R_{st})$，R_{st}应使 I_{st}不大于容许值。由起动电流产生的起动转矩使电动机开始转动并逐渐加速，随着转速的升高，电枢反电动势 E 也逐渐增大，使电枢电流逐渐减小，电磁转矩也逐渐减小，这样，转速上升的加速度就逐渐降低下来了。为了缩短起动时间，保证电动机在起动过程中的加速度不变，要求在起动过程中维持电枢电流不变，因此，随着电动机转速的增加，应该将起动电阻平滑地切除，最后调节电动机转速达到运行值。

一般将起动电阻 R_{st}分若干段，逐段加以切除。通常是利用接触器来切除起动电阻，由于每一段电阻的切除都需要一个接触器控制，因此起动级数不宜过多，一般分为 2～5 级。图 2-22a 所示电动机就是采用 3 级起动。起动开始瞬间，电枢回路串接全部起动电阻，这时电枢回路总电阻为 $R_3=R_a+R_{st1}+R_{st2}+R_{st3}$，起动电流 $I_{st}=U_N/R_3$，达到最大值。图 2-22b 中，I_{st1}称为尖峰电流，一般电动机容量 $P_N<150\text{kW}$ 时，$I_{st1}\leqslant 2.5I_N$；$P_N>150\text{kW}$ 时，$I_{st1}\leqslant 2I_N$。接入全部起动电阻时的人为机械特性如图 2-22b 中的曲线 1 所示。随着电动机开始加速，电枢电流和电磁转矩将逐渐减小，将沿着曲线 1 的箭头指向变化。

当转速升高至 n_1，电流降至 I_{st2}（图 2-22b 中 b 点）时，接触器 KM_3 触点闭合，将 R_{st3}从电枢回路切除，I_{st2}称为切换电流，一般取 $I_{st2}=(1.1\sim1.2)I_N$。此时电枢回路电阻将减小为 $R_2=R_a+R_{st2}+R_{st1}$，与之对应的人为机械特性如图 2-22b 中曲线 2 所示。在切除电阻的瞬间，由于机械惯性，转速不能突变，仍为 n_1，但电动机的工作点将由 b 点水平跃变至曲线

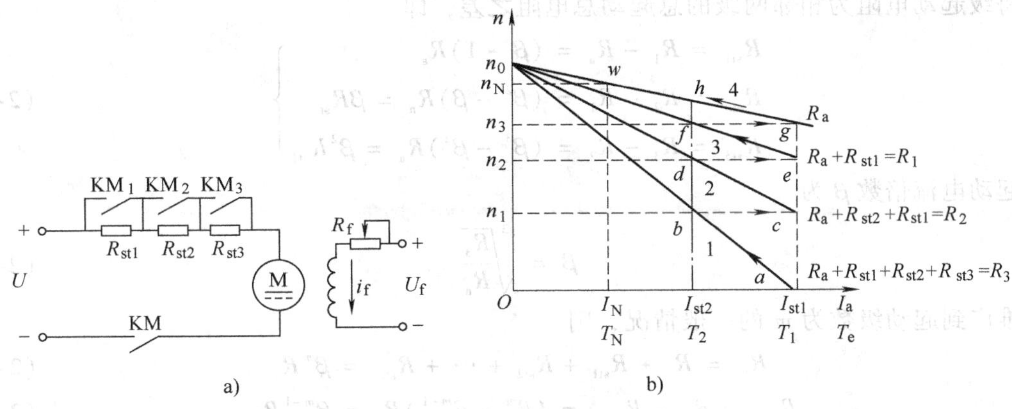

图 2-22 电枢串电阻起动电路和起动过程

a）起动电路 b）起动过程

2 上的 c 点，选择恰当的 R_{st3} 值，可使 c 点的电流值恰好为尖峰电流 I_{st1}。这样，电动机又进一步加速，电流和转速便沿着曲线 2 的箭头指向变化。当变化到 d 点、电流又降到 I_{st2} 时，接触器 KM_2 的触点闭合，将 R_{st2} 切除，电动机工作点由 d 点水平移到曲线 3 上的 e 点。曲线 3 是电枢总电阻为 $R_1=R_a+R_{st1}$ 时的人为机械特性，e 点电流仍为尖峰电流 I_{st1}，电流和转速就沿曲线 3 变化。当变化到 f 点、电流又降到 I_{st2} 时，接触器 KM_1 的触点闭合，最后一级电阻 R_{st1} 切除，电动机将过渡到固有机械特性曲线 4 上，并沿固有机械特性加速。当到达 w 点时，电磁转矩与负载转矩相等，电动机便在 w 点所对应的转速上稳定运行，起动过程结束。

2. 起动电阻的计算

电动机在起动过程中，当切除第一级电阻时，运行点将由 b 移至 c，因为 b、c 两点转速相等，则 $E_b=E_c$。这样：

在 b 点有 $$I_{st2}=\frac{U-E_b}{R_3}$$

在 c 点有 $$I_{st1}=\frac{U-E_c}{R_2}$$

上两式相除得 $$\frac{I_{st1}}{I_{st2}}=\frac{R_3}{R_2}$$

同样，当运行点由 d 点移至 e 点时，有 $$\frac{I_{st1}}{I_{st2}}=\frac{R_2}{R_1}$$

而从 f 点移至 g 点时有 $$\frac{I_{st1}}{I_{st2}}=\frac{R_1}{R_a}$$

这样，3 级起动时就有 $$\frac{I_{st1}}{I_{st2}}=\frac{R_3}{R_2}=\frac{R_2}{R_1}=\frac{R_1}{R_a}=\beta$$

设 $\beta=I_{st1}/I_{st2}$，称为起动电流比（或起动转矩比），则各级起动总电阻为

$$\left.\begin{aligned}R_1&=R_a+R_{st1}=\beta R_a\\R_2&=R_a+R_{st2}+R_{st1}=\beta^2R_a\\R_3&=R_a+R_{st1}+R_{st2}+R_{st3}=\beta^3R_a\end{aligned}\right\}\tag{2-45}$$

每级起动电阻为相邻两级的总起动总电阻之差，即

$$\left.\begin{aligned} R_{st1} &= R_1 - R_a = (\beta - 1)R_a \\ R_{st2} &= R_2 - R_1 = (\beta^2 - \beta)R_a = \beta R_{st1} \\ R_{st3} &= R_3 - R_2 = (\beta^3 - \beta^2)R_a = \beta^2 R_{st1} \end{aligned}\right\} \tag{2-46}$$

起动电流倍数 β 为

$$\beta = \sqrt[3]{\frac{R_3}{R_a}} \tag{2-47}$$

推广到起动级数为 m 的一般情况，则

$$R_m = R_a + R_{st1} + R_{st2} + \cdots + R_{stm} = \beta^m R_a \tag{2-48}$$

$$R_{stm} = R_m - R_{m-1} = (\beta^m - \beta^{m-1})R_a = \beta^{m-1}R_{st1} \tag{2-49}$$

$$\beta = \sqrt[m]{\frac{R_m}{R_a}} \tag{2-50}$$

$$m = \frac{\lg \frac{R_m}{R_a}}{\lg \beta} \tag{2-51}$$

在具体计算时，可能有下述两种情况：

1）起动级数 m 未知。此时可按尖峰电流 I_{st1}、切换电流 I_{st2} 的规定范围，初选电 I_{st1}、I_{st2} 及初选 β 值，并用式（2-51）求出 m，式中 $R_m = U/I_{st1}$，若求得 m 为分数，则将其加大至相近的整数值，然后将 m 的整数值代入式（2-50），求新的 β 值，用新的 β 值代入式（2-46）求各部分起动电阻。

2）起动级数 m 已知。先选定尖峰电流 I_{st1}，算出 $R_m = U/I_{st1}$，将 m 及 R_m 代入式（2-50），算出 β 值，然后由式（2-46）求各级起动电阻。

例 2-3　一台他励直流电动机的铭牌数据为：$P_N = 29\text{kW}$，$U_N = 440\text{V}$，$I_N = 76\text{A}$，$n_N = 1000\text{r/min}$，$R_a = 0.377\Omega$。试计算 4 级起动时的起动电阻值。

解：$m = 4$，得尖峰电流　$I_{st1} = 2I_N = 2 \times 76\text{A} = 152\text{A}$

由
$$R_m = R_4 = \frac{U_N}{I_{st1}} = \frac{440}{152}\Omega = 2.895\Omega$$

得
$$\beta = \sqrt[4]{\frac{R_4}{R_a}} = \sqrt[4]{\frac{2.895}{0.377}} = 1.664$$

各级起动总电阻值为

$$\begin{aligned} R_1 &= \beta R_a = 1.664 \times 0.377\Omega = 0.627\Omega \\ R_2 &= \beta R_1 = 1.664 \times 0.627\Omega = 1.043\Omega \\ R_3 &= \beta R_2 = 1.664 \times 1.043\Omega = 1.736\Omega \\ R_4 &= \beta R_3 = 1.664 \times 1.736\Omega = 2.889\Omega \end{aligned}$$

则各级起动电阻值为

$$\begin{aligned} R_{st1} &= R_1 - R_a = 0.627\Omega - 0.377\Omega = 0.250\Omega \\ R_{st2} &= R_2 - R_1 = 1.043\Omega - 0.627\Omega = 0.416\Omega \\ R_{st3} &= R_3 - R_2 = 1.736\Omega - 1.043\Omega = 0.693\Omega \end{aligned}$$

$$R_{st4} = R_4 - R_3 = 2.889\Omega - 1.736\Omega = 1.153\Omega$$

2.4.3　减压起动

减压起动只能在电动机有专用电源时才能采用。起动时，降低电源电压，起动电流便随电压的降低而成正比地减小，电动机起动后，再逐步提高电源电压，使电磁转矩维持一定数值，保证电动机按需要的加速度升速。减压起动虽然需要专用电源，但是起动电流小，升速平稳，并且起动过程消耗能量也小（参见第 3 章），因而得到广泛应用。目前较多采用可变电源供电，如图 2-23 所示。

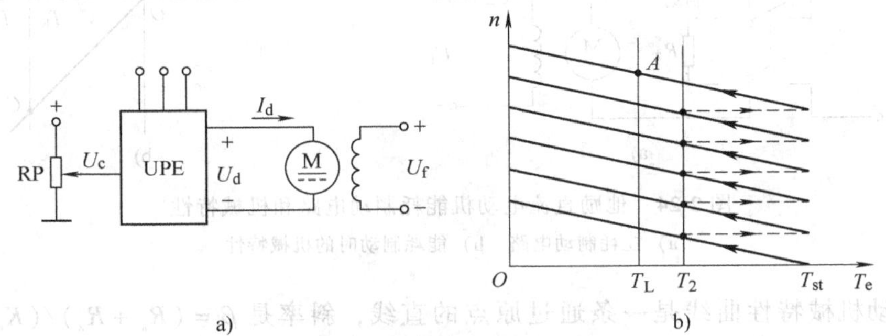

图 2-23　他励直流电动机的减压起动

a）晶闸管供电系统　b）减压起动的机械特性

2.5　他励直流电动机的制动

电动机的制动状态和电动状态的区别在于：电动状态时，电动机电磁转矩的方向与转动的方向相同；制动状态时，电磁转矩的方向与转动的方向相反。在电力拖动系统中，为了满足生产上的技术经济和安全的要求，往往需要使电动机尽快的停止或由高速运行转为低速运行，为此，需要对电动机进行制动；对于位能负载的工作机构，利用制动也可以获得稳定的下降速度。因此，制动是电动机一个很重要的运行状态。

制动可以采用机械方法进行，称为机械制动，可使用电磁制动器，俗称“抱闸”；也可采用电气制动，当电动机的电磁转矩方向与转动方向相反时，电动机就处于制动状态。

电气制动方法主要有 3 种：能耗制动、反接制动、回馈制动（也称再生制动）。

2.5.1　能耗制动

能耗制动电路如图 2-24a 所示。电动机先是处于电动工作状态，制动时，保持励磁电流不变，电枢回路不只是断电，而且将电枢立即接到制动电阻 R_z上（为限制电流过大）。这一瞬间，由于磁通和转速都没变，因此电动机电枢电动势 E 也没变，因为 $U=0$，显然电枢回路 $U = E + I_a(R_a + R_z) = 0$，这时电枢电流为 $I_a = -E/(R_a+R_z)$，负号说明电流方向与转速方向相反。电磁转矩 $T_e = K_m \Phi I_a$，方向也与转速 n 相反，对电动机起制动作用。此时系统在机械惯性的作用下，仍朝着原来的运转方向 n 运转，因而，系统在负载转矩和电动机转矩的共同作用下减速。由于在制动过程中，轴上输入的机械能（即系统放出的动能）被转换成电能，消耗在电枢回路的电阻 R_a+R_z 上，系统的动能消耗完了，电动机也就停止不动了，因此把这种运转状态称为能耗制动。耗制动时的机械特性方程式为

$$n=-\frac{R_a+R_z}{K_e\Phi}I_a=-\frac{R_a+R_z}{K_eK_m\Phi^2}T_e \tag{2-52}$$

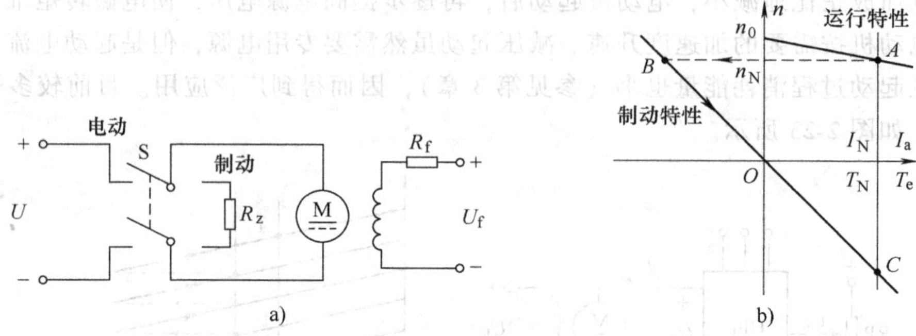

图 2-24　他励直流电动机能耗制动电路和机械特性

a）能耗制动电路　b）能耗制动时的机械特性

能耗制动机械特性曲线是一条通过原点的直线，斜率是 $\beta=(R_a+R_z)/(K_e\Phi)$，如图 2-24b 所示。实际上，能耗制动机械特性可以看作电枢电压等于零、电枢串电阻的人为机械特性。

在图 2-24b 中，如果制动前电动机工作在固有机械特性曲线上的 A 点，则开始制动时，因为转速不变，工作点将沿水平方向跃变到能耗制动特性曲线上的 B 点。在制动转矩作用下，电动机减速，工作点将沿特性曲线下降，制动转矩也将减小，当 $T_e=0$ 时，$n=0$，电动机停转。改变制动电阻 R_z 的大小可以得到不同斜率的特性曲线，R_z 越小，曲线就越平，制动转矩就越大，制动作用也越强。但是为了避免过大的制动转矩和制动电流对系统带来的不良影响，通常限制最大制动电流不超过 2～2.5 倍的额定电流。因此，在选择 R_z 时，应使

$$R_a+R_z\geqslant\frac{E}{(2\sim2.5)I_N}\approx\frac{U_N}{(2\sim2.5)I_N} \tag{2-53}$$

如果电动机拖动的是位能性负载，当转速制动达到零时，在位能负载的作用下，电动机将反方向加速。此时 n、E 的方向与电动状态时相反，而电枢电流 I_a 与 T_e 方向相同，因 T_e 与 n 反向，仍对电动机起制动作用，机械特性曲线位于第四象限。随着反向转速的增加，制动转矩也不断增大，当制动转矩与负载转矩平衡时，电动机便在某一转速下稳定运行，如图 2-24b 中的 C 点。制动电阻越大，稳定转速就越高。这种能耗制动属于稳定的制动运行状态。例如电力机车下坡时，可采取能耗制动来实现等速运行。

能耗制动操作简单，但制动转矩在转速降到较低时变得很小。若为了使电动机更快的停转，可以在转速降到较低时，在加上机械制动。

例 2-4　一台他励直流电动机的铭牌数据为：$P_N=22\text{kW}$，$U_N=220\text{V}$，$I_N=116\text{A}$，$n_N=1500\text{r/min}$，电枢电阻 $R_a=0.175\Omega$。计算：

（1）该电动机在额定工作状态时，进行能耗制动，取最大制动电流为 $2I_N$，试求电枢回路中串入多大的电阻 R_{z1}；

（2）用该电动机拖动起重机，当轴上负载转矩为额定转矩的 2/3（或电流为额定电流的

2/3）时，要求电动机在能耗制动状态下，以 800r/min 的速度下放重物，试求电枢电路中串入多大的电阻 R_{z2}。

解：（1）先求出电动机的 $K_e\Phi$

$$K_e\Phi = \frac{U_N - I_N R_a}{n_N} = \frac{220 - 116 \times 0.175}{1500}\text{V} \cdot \text{min/r} = 0.133\text{V} \cdot \text{min/r}$$

$$E = K_e\Phi n_N = U_N - I_N R_a = 220\text{V} - 116 \times 0.175\text{V} = 199.7\text{V}$$

则电枢回路总电阻为

$$R_a + R_{z1} \geqslant \frac{E}{2I_N} = \frac{199.7}{2 \times 116}\Omega = 0.86\Omega$$

电枢回路中应串入的电阻为

$$R_{z1} \geqslant (0.86 - 0.175)\Omega = 0.685\Omega$$

（2）能耗制动时的机械特性方程式为

$$n = -\frac{R_a + R_{z2}}{K_e\Phi_N} I_a$$

将已知数据代入。因为是放下重物，n 为负值，解得

$$R_{z2} = 1.20\Omega$$

2.5.2　反接制动

反接制动可以用两种方法来实现，即电枢反接与倒拉反接。

1. 电枢反接制动

图 2-25a 所示电路中，电动机先是处于电动工作状态，以稳定转速 n 运行，维持励磁电流不变，若突然改变电枢两端外加电压的极性，由原来的正值变为负值，即电压由原来与 E 反向变为与 E 同向，则此时电枢电流为

$$I_a = \frac{-U - E}{R} = -\frac{E + U}{R} \tag{2-54}$$

若 I_a 为负值，则电磁转矩也为负值，与旋转方向相反，起制动作用，这就称为电枢反接制动。

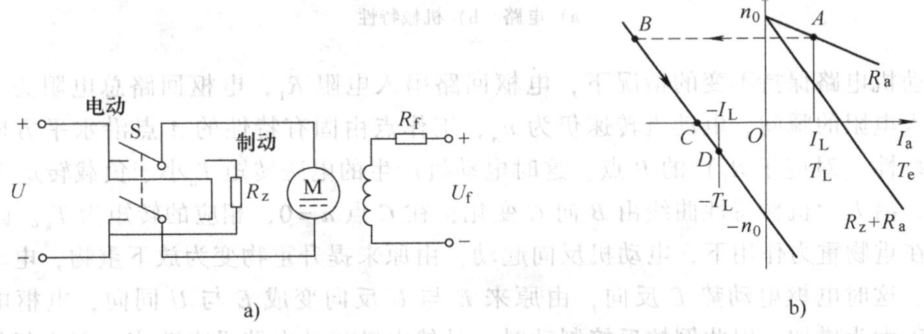

图 2-25　他励直流电动机反接制动电路和机械特性

a）反接制动电路　b）反接制动时的机械特性

电动状态时，$I_a = (U_N - E)/R_a$，电流大小决定于 U_N 和 E 之差；而反接制动时，

$I_a = -(U_N + E)/R_a$，电流大小决定于 U_N 与 E 之和。电枢电流非常大，产生强烈的制动作用，使电枢迅速停转。但是过大的电枢电流，会引起电网电压波动，使整个机械系统受到强烈的机械冲击。因此反接制动时，必须在电枢回路中串入附加电阻 R_z，其大小应使反接制动时电枢电流 $I_a \leq 2.5I_N$。

电动机反接制动时，U 为负值，所以机械特性方程式为

$$n = -\frac{U_N}{K_e\Phi} - \frac{R_a + R_z}{K_e\Phi}I_a = -n_0 - \frac{R_a + R_z}{K_eK_m\Phi^2}T_e \tag{2-55}$$

机械特性曲线如图 2-25b 曲线 BC 所示。曲线通过 $-n_0$ 点，斜率 $\beta = (R_a + R_z)/(K_e\Phi)$，与串入电阻 R_z 时的人为机械特性相平行。反接制动时，电动机由原来的工作点 A 沿水平方向跃变到反接制动机械特性上的 B 点，并且随着转速的下降，而沿直线 BC 下降。若制动的目的是为了停车，那么当电动机转速 n 接近于 0 时，必须立即断开电源。因为当 $n=0$ 时（对应 C 点），$|T_e| > |T_L|$，这时电动机将反向起动，并沿特性曲线加速到 D 点，电动机稳定运行在反向运转的状态。

电动机反接制动时，电网供给的能量和生产机械的动能都消耗在电阻（$R_a + R_z$）上。

2. 倒拉反接制动

倒拉反接制动可以用起重机提升重物为例来说明。设起重机提升重物 G 时，负载转矩为 T_L，转速为 n，电动机处于电动运转状态，工作在固有机械特性的 A 点，如图 2-26 所示。

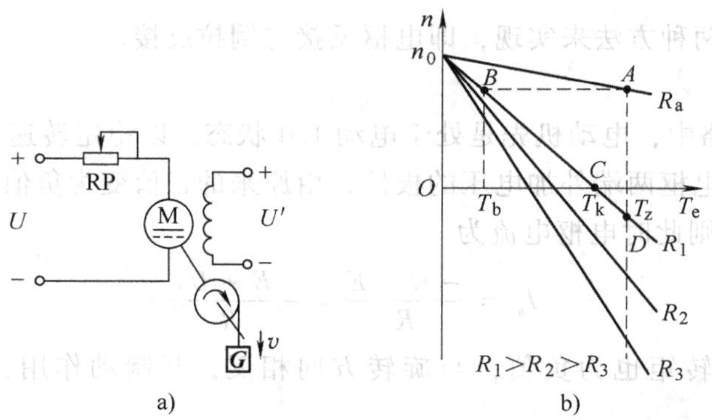

图 2-26　他励直流电动机倒拉反接制动时的机械特性

a）电路　b）机械特性

在电动机电路保持不变的情况下，电枢回路串入电阻 R_1，电枢回路总电阻为 $R = R_a + R_1$。在串入电阻的瞬间，电动机转速仍为 n_A，工作点由固有特性的 A 点沿水平方向转移到人为机械特性（对应于 R_1）的 B 点。这时电动机产生的电磁转矩 T_b 小于负载转矩 T_L，电动机将减速，沿人为机械特性曲线由 B 向 C 变化，在 C 点 $n=0$，相应的转矩为 T_k。因为 $T_k < T_L$，所以在重物重力作用下，电动机反向起动，由原来提升重物变为放下重物，电动机进入制动状态。这时电枢电动势 E 反向，由原来 E 与 U 反向变成 E 与 U 同向，电枢电流 $I_a = (U+E)/R_1$ 大为增加。因此倒拉反接制动时，虽然电动机的电路没有改变，但也仍然属于反接制动状态。

随着电动机反向转速的增加，E 增大，电枢电流和电磁制动转矩也相应增大，当达到 D 点时，电磁转矩与负载转矩平衡，电动机便以 $-n_D$ 的转速稳定下放重物。电动机串入的电阻

越大，最后稳定的转速也越高。

倒拉反接制动时的机械特性方程式和电动运转状态时相同，仍为

$$n = n_0 - \frac{R_a + R_1}{K_e \Phi_N} I_a = n_0 - \frac{R_a + R_1}{K_e K_m \Phi_N^2} T_e \tag{2-56}$$

倒拉反接制动时，电枢需要串入较大电阻，使 $RI_a/(K_e \Phi_N) > n_0$，所以 n 为负值，因此倒拉反接制动的机械特性是电动状态时机械特性在第四象限的延伸部分。

注意，在实际运行中，都是直接从堵转点开始的，即串入电阻后再加电枢电压。

倒拉反接制动时，电网仍向电动机输入功率，同时随着重物的下放，重物的位势能也向电动机输入机械功率，这两部分功率全部消耗在电阻（$R_a + R_1$）上。

例 2-5　某他励直流电动机的数据为：$P_N = 22\text{kW}$，$U_N = 220\text{V}$，$I_N = 116\text{A}$，$n_N = 1500\text{r/min}$，$R_a = 0.175\Omega$，$K_e \Phi_N = 0.133$。电动机运行在倒拉反接制动状态，以 800r/min 的速度放下重物，轴上仍为额定负载。试求电枢电路中应串入的电阻 R_z、从电网输入的功率 P_1、从轴上输入的功率 P_2 及电枢电路电阻上消耗的功率。

解：倒拉反接制动的机械特性方程式为

$$n = n_0 - \frac{R_a + R_z}{K_e \Phi_N} I_a$$

将有关数据代入，解得 $R_z = 2.64\Omega$。

电网输入功率为

$$P_1 = U_N I_N = 220 \times 116\text{W} = 25520\text{W} = 25.52\text{kW}$$

轴上输入的功率即为电动机的电磁功率，所以

$$P_2 = EI_a = K_e \Phi_N n I_a = 0.133 \times 800 \times 116\text{W} = 12342\text{W} = 12.342\text{kW}$$

电阻消耗的功率为

$$P_{cu} = I_a^2 (R_a + R_z) = 116^2 \times (0.175 + 2.64)\text{W} = 37.879\text{kW}$$

可见

$$P_1 + P_2 = P_{Cu}$$

2.5.3　回馈制动（再生制动）

假设电动机在电动运行的状态中，由于某种因素，使电动机的转速高于理想空载转速，则电动机处于回馈制动状态，比如电动机拖动的机车下坡。因为当 $n > n_0$ 时 $E > U$，电枢电流 $I_a = (U - E)/R = -(E - U)/R < 0$，与原来 $n < n_0$ 时的方向相反，所以电磁转矩也反向，对电动机起制动作用。电动状态时，电枢电流由电网流向电动机，而在回馈制动时，电流由电枢流向电网的正端，这时电动机将机车下坡失去的位能转变为电能反馈回电网，因而称为回馈制动。

回馈制动的机械特性方程式与电动状态完全一样，由于回馈制动时，$n > n_0$，I_a、T_e 均为负值，所以机械特性是电动状态延伸到第二象限的一条直线，如图 2-27 所示。电枢回路串入电阻后，将使机械特性曲线的斜率增大。

回馈制动有以下两种运行状态：

1）稳定的回馈制动运转状态。如上所述，位能性负载的负载转矩对电动机的加速作用，使电动机处于回馈制动状态。随着转速的升高，电动机的电磁转矩也不断增大，当电动机产生的电磁转矩和位能负载的加速转矩平衡时，电动机便以稳定的转速运转，如图 2-27

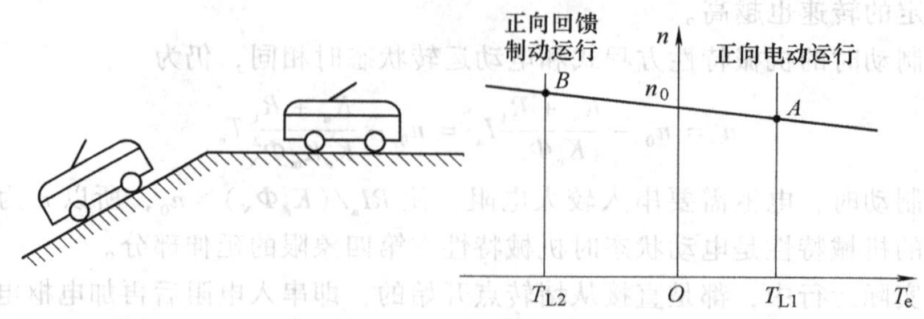

图 2-27　他励直流电动机回馈制动状态的机械特性

中 B 点所示。

2）过渡的回馈制动运转状态。若电动机原来工作在电动运转状态，拖动的负载转矩为 T_L，转速为 n。这时如果突然降低电枢电压，如图 2-28 所示，电压由 U_1 降低到 U_2，可能会出现电动势 E 大于 U_2 的情况，进入回馈制动状态。这时人为机械特性将平行下移，理想空载转速 n_{01} 相应地减小到 n_{02}，电动机的工作点由 A 点跃变到 B 点，这时电枢电动势 $E_B = E_A = K_e\Phi n_1$，而 $U_2 = K_e\Phi n_{02}$，因为 $n_1 > n_{02}$，所以 $E_B > U_2$，使电枢电流反向，电磁转矩也随之反向，对电动机起制动作用，使电动机迅速减速。当减速到 $n = n_{02}$ 时，制动过程结束，继续从 n_{02} 降低到稳定运行的 n_2，属于电动运转状态的减速过程。

当他励直流电动机磁通由 Φ_1 增加到 Φ_2 时，也同样会出现过渡的回馈制动，如图 2-29 所示。回馈制动时，由于有功率回馈到电网，因此与能耗制动及反接制动相比，从能量观点来看，回馈制动比较经济。

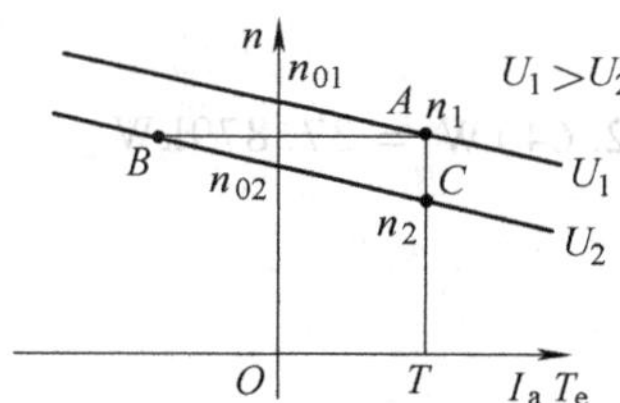

图 2-28　降低电源电压减速的回馈制动过程

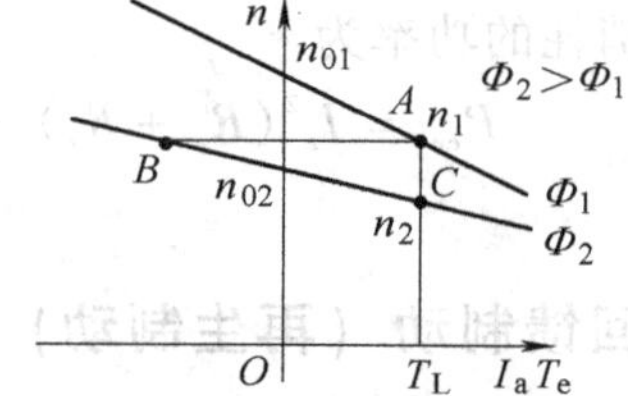

图 2-29　增大磁通减速的回馈制动过程

例 2-6　某他励直流电动机的铭牌数据为：$P_N = 22\text{kW}$，$U_N = 220\text{V}$，$I_N = 116\text{A}$，$n_N = 1500\text{r/min}$，$R_a = 0.175\Omega$，$K_e\Phi_N = 0.133\text{V}\cdot\text{min/r}$。如果电动机在固有机械特性上做回馈制动下放重物，当 $I_a = 100\text{A}$ 时，试求稳定下放重物时电动机的转速。

解：设电动机提升重物时，转向为正，则下放重物时，转向为负，电动机属于回馈制动运行状态，反转回馈制动时的机械特性为

$$-n = -n_0 - \frac{R_a}{K_e\Phi_N}I_a$$

将有关数据代入，得

$$-n = \left(-1654 - \frac{0.175}{0.133}\times 100\right)\text{r/min} = -1785.6\text{r/min}$$

所以，下放重物时电动机的转速为 1785.6r/min。

2.5.4　他励直流电动机的四象限运行

现将直流电动机四个象限运行的机械特性画在一起，如图2-30所示。可见，电动机运行状态分成两大类，T_e与n同方向时为电动运行状态，T_e与n反方向时为制动运行状态。

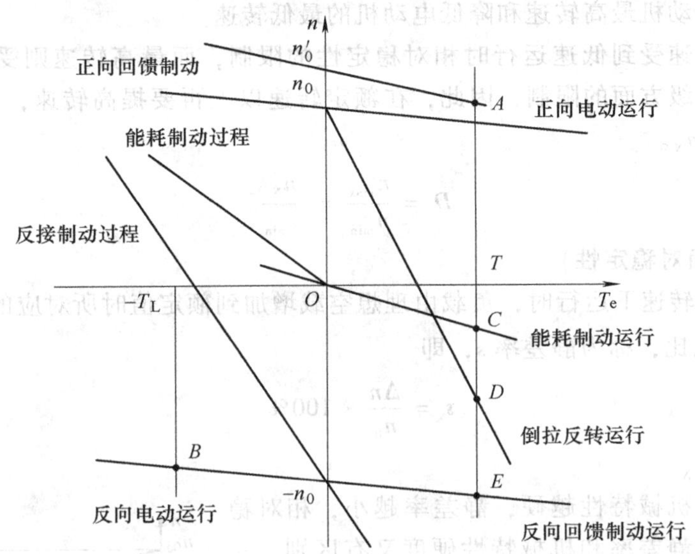

图2-30　他励直流电动机的四象限运行

2.6　他励直流电动机的调速

为了提高生产率和满足生产工艺的要求，生产机械往往需要在不同速度下运行。例如，车床切削工件时，精加工用高速，粗加工用低速；轧钢机在轧制不同钢种和不同规格的钢材时，需用不同的轧制速度。这些事例说明，生产机械的工作速度需要根据工艺要求加以调节。所以，调速就是根据生产机械工艺要求人为地改变速度。但必须注意：这和由于负载变化，引起的速度变化是截然不同的概念。

调速可用机械调速（改变传动机构速比进行调速的方法）、电气调速（改变电动机参数进行调速的方法）或二者配合起来调速。本节只讨论他励直流电动机的调速性能和几种常用的电气调速方法。

2.6.1　调速指标

在生产实践中，为不同的生产机械选择调速方法时，必须在技术方面与经济方面进行比较。通常用下述主要技术经济指标来评价所选用的调速方法是否合理。

1. 调速范围

调速范围是指电动机在额定负载时可能达到的最高转速n_{max}与最低转速n_{min}之比，用系数D表示

$$D=\frac{n_{max}}{n_{min}} \tag{2-57}$$

不同的生产机械要求调速范围的大小不同。例如，热连轧机一般要求 $D=3\sim10$，车床主轴要求 $D=20\sim50$，而精密镗床的进给机构要求 $D>1000$，有的精密机床甚至要求其调速范围达到10000以上。由于近代机械设备制造的趋向是尽量简化机械结构，并首先是简化各种减速机构，因此，这就要求电机拖动系统具有较大的调速范围。显然要扩大调速范围，必须尽可能地提高电动机最高转速和降低电动机的最低转速。

电动机最低转速受到低速运行时相对稳定性的限制，而最高转速则受到电动机机械强度、换向、电压等级方面的限制，因此，在额定转速以上再要提高转速，其提高范围不大，所以一般取 $n_{max}=n_N$。

$$D=\frac{n_{max}}{n_{min}}=\frac{n_N}{n_{min}} \tag{2-58}$$

2. 静差率（相对稳定性）

当系统在某一转速下运行时，负载由理想空载增加到额定值时所对应的转速降落 Δn_N 与理想空载转速 n_0 之比，称为静差率 s，即

$$s=\frac{\Delta n}{n_0}\times100\% \tag{2-59}$$

式中，$\Delta n_N=n_0-n_N$。

显然电动机的机械特性越硬，静差率越小，相对稳定性也越高。然而静差率和机械特性硬度又有区别，一般调压调速系统在不同转速下的机械特性是互相平行的，对于同样硬度的特性，理想空载转速越低时，静差率越大，转速的相对稳定度也就越差。如图2-31所示，其特性曲线a和b平行，$\Delta n_{Na}=\Delta n_{Nb}$，硬度相等，但因为 $n_{0a}>n_{0b}$，所以 $s_a<s_b$，这就是说，硬度相等的两条机械特性，理想空载转速越高，静差率越小。

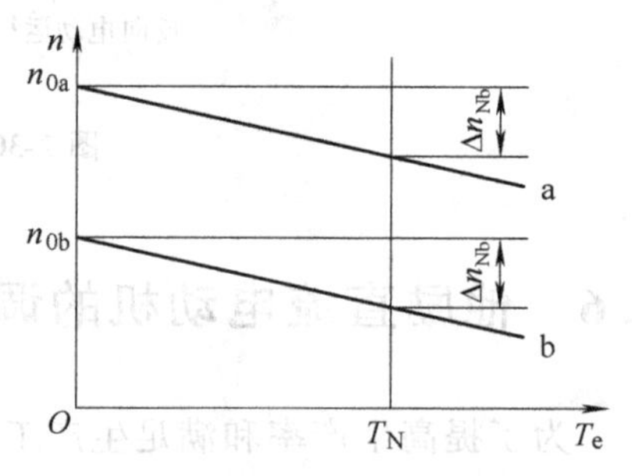

图2-31　静差率与机械特性的关系

静差率是根据电动机的最低转速来定义的。不同的生产机械，对静差率的要求也不同，一般设备 $s<30\%\sim50\%$，而精度高的造纸机则要求 $s\leq0.1\%$。

需要注意，调速范围和静差率这两项指标并不是彼此孤立的，必须同时提高才有意义。调速系统的静差率指标应以最低速时所能达到的数值为准。设电机额定转速 n_N 为最高转速，转速降落为 Δn_N，该系统的静差率应为

$$s=\frac{\Delta n_N}{n_{0min}}=\frac{\Delta n_N}{n_{min}+\Delta n_N}$$

于是，最低转速为　$n_{min}=\frac{\Delta n_N}{s}-\Delta n_N=\frac{(1-s)\Delta n_N}{s}$

代入式（2-58），得

$$D=\frac{n_N s}{\Delta n_N(1-s)} \tag{2-60}$$

式（2-60）表示调压调速系统的调速范围、静差率和额定速降之间所应满足的关系。对于同一个调速系统，Δn_N 值一定，如果对静差率要求越严，即 s 值越小时，系统能够允许

的调速范围也越小。一个调速系统的调速范围，是指在最低速时还能满足所需静差率的转速可调范围。

3. 调速的平滑性

在一定调速范围内，调速的级数越多就认为调速越平滑，两个相邻转速 n_i 与 n_{i-1} 之比称为平滑系数 K 来衡量，即

$$K = \frac{n_i}{n_{i-1}} \tag{2-61}$$

K 值越接近 1，调速的平滑性越好。在一定的调速范围内，可能得到的调节转速的级数越多，则调速的平滑性越好。$K=1$ 时，称为无级调速，即转速是连续可调的。

4. 调速的经济性

经济性包含两个方面的内容：一方面是指所需的设备投资和调速过程中的能量损耗；另一方面则是指电动机在调速时能否得到充分利用。当采用不同的调速方法时，电动机容许输出的功率和转矩随转速变化的规律是不同的，而电动机实际输出的功率和转矩是由负载需要所决定的，不同的负载，它所需要的功率和转矩随转速变化的规律也是不同的，因此在选择调速方法时，既要满足负载要求，又要尽可能使电动机得到充分利用。经分析可知，电枢回路串电阻调速以及降低电枢电压调速适用于恒转矩负载的调速，而弱磁调速适用于恒功率负载的调速。

例 2-7　某直流调速系统，电动机额定转速为 $n_N=1430\text{r/min}$，额定转速降 $\Delta n_N=115\text{r/min}$，若要求静差率为 30%，允许多大的调速范围？如果要求静差率为 20%，则调速范围是多少？如果希望调速范围达到 10，所能满足的静差率是多少？

解：要求静差率为 30% 时，调速范围 D 为

$$D = \frac{n_N s}{\Delta n_N(1-s)} = \frac{1430 \times 0.3}{115 \times (1-0.3)} = 5.3$$

若要求静差率为 20%，则调速范围 D 只有

$$D = \frac{n_N s}{\Delta n_N(1-s)} = \frac{1430 \times 0.2}{115 \times (1-0.2)} = 3.1$$

由此可以看出，要求的静差率变小，相应的电动机调速范围就变小了。

若调速范围达到 10，则静差率 s 是

$$s = \frac{D\Delta n_N}{n_N + D\Delta n_N} = \frac{10 \times 115}{1430 + 10 \times 115} = 0.446 = 44.6\%$$

2.6.2　他励直流电动机的调速方法

根据直流电动机机械特性方程式 $n=\dfrac{U-I_aR}{K_e\Phi}$ 可知，在电流 I_a 不变时，即在一定负载下，只要改变电枢电压 U、串入电枢回路的电阻 R、主磁通 Φ 这三个量中的任一个，都会引起转速的变化，因此，他励直流电动机有 3 种调速方法：串电阻调速、调压调速、弱磁调速。

1. 串电阻调速

他励直流电动机拖动生产机械运行时，保持电枢电压额定，励磁电流（磁通）额定，在电枢回路串入不同的电阻时，电动机可运行于不同的速度。他励直流电动机电枢回路串电

阻调速的电路如图 2-32a 所示，其机械特性如图 2-32b 所示，是一组过理想空载点 n_0 的直线，串入的电阻越大，其斜率 β 越大。

假定电动机原来工作点在固有机械特性上的 A 点，转速为 n_1，当电枢串入电阻后，工作点将转移到相应的人为机械特性曲线上，从而得到较低的运转速度。调速过程为：调速开始时，在电枢电路中串入电阻 R_1，电枢总电阻为 R_a+R_1，这时因转速还未变，电枢电动势 E 也没变，电动机的工作点由 A 点沿水平方向跃变到对应于电枢电阻为 R_a+R_1 的人为机械特性上的 A' 点，电磁转矩由原来的 $T_A=T_L$ 减小到 $T_A'<T_L$，所以电动机减速。随着 n 的下降，E 减小，电枢电流 I_a 和电磁转矩逐渐回升，直到 $n=n_2$（人为机械特性上的 B 点）时，电磁转矩 $T_e=T_L$，电动机以较低的速度 n_2 稳定运行，调速过程结束。电枢回路中串入的电阻阻值不同，可以得到不同的稳定转速，串入的阻值越大，最后稳定运行的转速就越低。调速过程中电流和转速的变化如图 2-32c 所示。

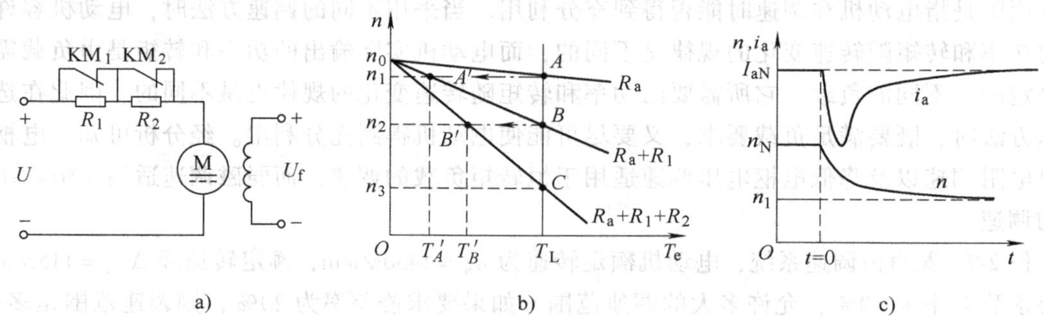

图 2-32　他励电动机电枢串电阻调速

a）电路　b）机械特性　c）串电阻的调速过程

电枢回路串电阻调速的特点如下：

1）实现简单，操作方便。

2）低速时机械特性变软，静差率增大，相对稳定性变差。

3）只能在基速以下调速，因而调速范围较小，一般 $D\leqslant 2$。

4）由于电阻是分级切除的，所以只能实现有级调速，平滑性差。

5）由于串接电阻上要消耗电功率，因而经济性较差，而且转速越低，能耗越大。

因此，电枢串电阻调速的方法多用于对调速性能要求不高的场合，如过去的起重机、电车等，现在已不多见。

2. 调压调速

直流电动机的工作电压不能大于额定电压，因此电枢电压只能向小于额定电压的方向改变。降低电压后的人为机械特性与固有机械特性平行，硬度不变，但在容许的静差率的范围内，n_{min} 可以较小，最高转速 n_{max} 则等于额定转速 n_N。

降压调速需要有专用的可调直流电源，如图 2-33a 所示。图中，UPE 为电力电子变换器。目前，组成 UPE 的器件的选择方案为：对于中、小容量系统，多采用由 IGBT 或 P-MOSFET 组成的 PWM 变换器；对于较大容量的系统，可采用其他电力电子开关器件，如 GTO、IGCT 等；对于特大容量的系统，则常用晶闸管触发与整流装置。

调速过程中电流和电磁转矩的变化如图 2-33b 所示。假定电动机原来工作点在固有机械

特性曲线上的 a 点，转速为 n_N，电枢电压为 U_N。当电枢电压降低为 U_1后，工作点将跃变到相应的人为机械特性曲线上的 b 点，这时因转速还未变，电枢电动势 E 也没变，所以电枢电流变小，电磁转矩由原来的 $T_a = T_L$下降为 $T_b = T'_L$，因此电动机减速。随着 n 的下降，E 减小，电枢电流 I_a和电磁转矩逐渐回升，直到 $n = n_1$（人为机械特性上的 c 点）时，电磁转矩 $T_c = T_L$，电动机以较低的速度 n_1稳定运行，调速过程结束。电动机的供电电压不同，可以得到不同的稳定转速，电枢电压越低，最后稳定运行的转速就越低。若要电动机加速，只需升高电枢电压，这时工作点将会跃变到较高电压的机械特性曲线上，由于转速 n 不能突变，E 将维持较低水平，电枢电流增加，导致电磁转矩 T_e增加，从而使电动机加速，直到达到新稳定转速。

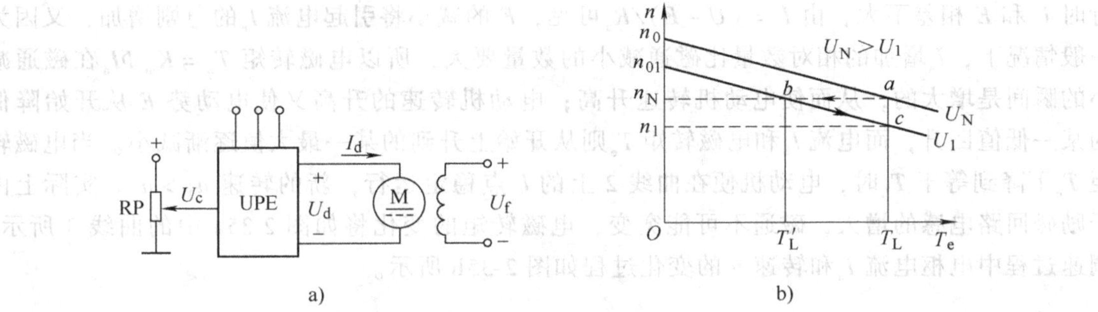

图 2-33 他励电动机改变电枢电压调速

a）调压电源 b）机械特性

调压调速的特点如下：

1）由于调压电源可连续平滑调节，所以拖动系统可实现无级调速。

2）调速前后机械特性硬度不变，因而相对稳定性较好。

3）在基速以下调速，调速范围较宽，D 可达 10～20。

4）调速过程中能量损耗较少，因此调速经济性较好。

5）需要一套可控的直流电源。

调压调速多用在对调速性能要求较高的生产机械上，如机床、轧钢机、造纸机等，自动控制的直流调速系统往往以调压调速为主，由于采用了负反馈控制，使调速范围大为扩大，调速性能大大提高，这方面的内容将在第 3 章详细讨论。

3. 弱磁调速

弱磁调速是一种用改变电动机磁通的大小进行调速的方法。因为电动机通常都是在电压为恒定值的情况下工作的，而额定电压时电动机的磁通 Φ 已使电动机磁路接近饱和，改变磁通只能从额定磁通往下调，故称弱磁调速。减弱磁通可以在励磁回路中接入磁场调节电阻，以减小励磁电流，如图 2-34a 所示；对于较大容量的电动机，也可用专用的可调电源向励磁绕组供电，如图 2-34b 所示。

弱磁调速的特性如图 2-35 所示，曲线 1 为电动机固有机械特性，曲线 2 为减弱磁通的人为机械特性。调速前，电动机工作在固有机械特性上的 a 点，这时电动机磁通为 Φ_1，转速为 n_1，转矩为 T_L，相应的电流为 I_a。减弱磁通时，考虑到电磁惯性远小于机械特性，因此当磁通由 Φ_1减小到 Φ_2时，转速还来不及变化，电动机的工作点由 a 沿水平方向转移到曲

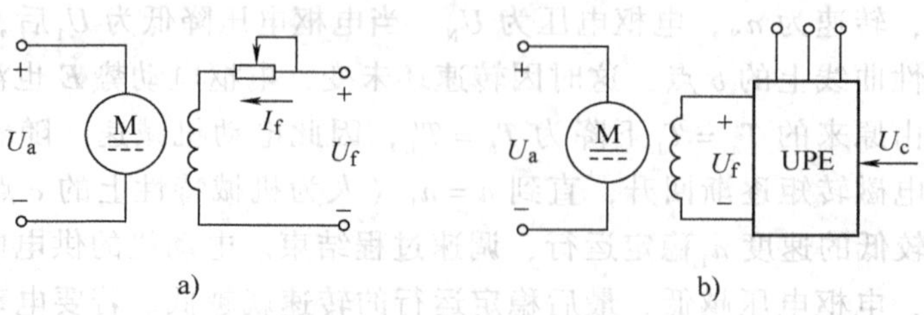

图 2-34 他励电动机弱磁调速原理

a）小容量系统 b）大容量系统

线 2 的 c 点，这时电动机的电动势 E 将随 Φ_1 减小而减小。因为电枢电阻很小，而且稳定运行时 U 和 E 相差不大，由 $I_a=(U-E)/R_a$ 可见，E 的减小将引起电流 I_a 的急剧增加，又因为一般情况下，I_a 增加的相对数量比磁通减小的数量要大，所以电磁转矩 $T_e=K_m\Phi I_a$ 在磁通减小的瞬间是增大的，从而使电动机转速升高；电动机转速的升高又使电动势 E 从开始降低的某一低值回升，而电流 I_a 和电磁转矩 T_e 则从开始上升到的某一最大值逐渐减小。当电磁转矩 T_e 下降到等于 T_L 时，电动机便在曲线 2 上的 b 点稳定运行，新的转速 $n_2>n_1$。实际上由于励磁回路电感的增大，磁通不可能突变，电磁转矩的变化将如图 2-35a 中的曲线 3 所示。调速过程中电枢电流 I_a 和转速 n 的变化过程如图 2-35b 所示。

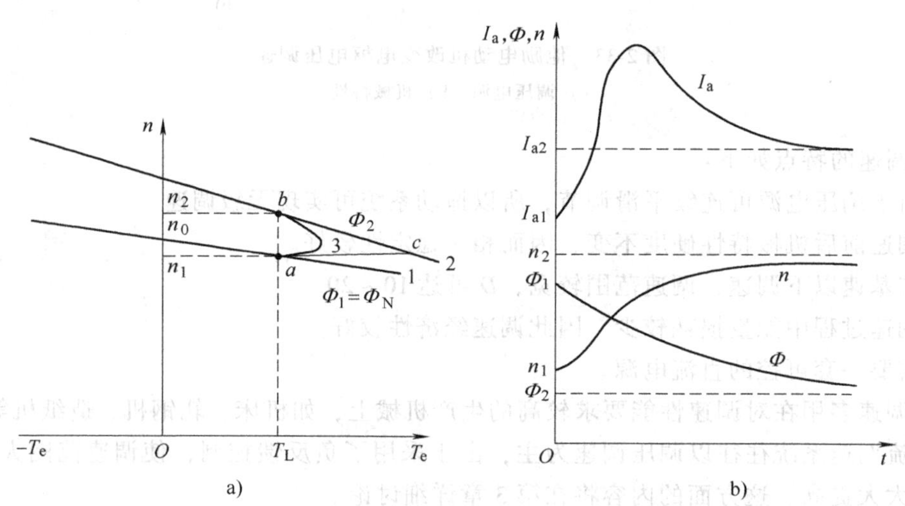

图 2-35 他励电动机的弱磁调速

a）弱磁调速的机械特性 b）弱磁调速时电流和转速的变化过程

弱磁调速的特点如下：

1）由于励磁电流 $I_f \ll I_a$，因而控制方便，能量损耗小。

2）可连续调节电阻值，以实现无级调速。

3）在基速以上调速，由于受电机机械强度和换向火花的限制，转速不能太高，一般为 $(1.2\sim1.5)n_N$，特殊设计的弱磁调速电动机，最高转速为 $(3\sim4)n_N$，因而调速范围窄。

弱磁调速的调速范围小，所以很少单独使用，一般都与调压调速配合，以获得很宽范围的、高效、平滑而又经济的调速。

应该指出，如果他励直流电动机在运行过程中励磁回路突然断线，磁通只剩下很小的剩磁，则不仅使电枢电流大大增加，而且使转速上升到危险的飞逸转速（俗称飞车），可能会导致电枢的破坏，因此，必须有相应的保护措施。

例 2-8　一台他励直流电动机，铭牌数据为：$P_N=22\text{kW}$，$U_N=220\text{V}$，$I_N=115\text{A}$，$n_N=1500\text{r/min}$，电枢电阻 $R_a=0.1\Omega$。该电动机拖动额定负载运行，要求把转速降低到 1000 r/min，不计电动机的空载转矩 T_0，试计算：

（1）用电枢串电阻调速时需串入的电阻值，这时的静差率是多少？

（2）用降压调速时需把电源电压降低到多少伏？此时的静差率是多少？

（3）上述两种情况下拖动系统输入的电功率和输出的机械功率各是多少？

解： 先计算 $K_e\Phi_N$，n_0 及 Δn_N

$$K_e\Phi_N = \frac{U_N - I_N R_a}{n_N} = \frac{220 - 115 \times 0.1}{1500} = 0.139$$

$$n_0 = \frac{U_N}{K_e\Phi_N} = \frac{220}{0.139}\text{r/min} = 1583\text{r/min}$$

$$\Delta n_N = n_0 - n_N = (1583 - 1500)\text{r/min} = 83\text{r/min}$$

（1）电枢串电阻调速。拖动额定负载运行时 $T_e=T_L=T_N$，$n_{min}=1000\text{r/min}$，由电压平衡方程式 $n=\dfrac{U_N-(R_a+R_n)I_N}{K_e\Phi_N}$，可知，串入的电阻

$$R_n = \frac{U_N - K_e\Phi_N n_{min}}{I_N} - R_a = \left(\frac{220 - 0.139 \times 1000}{115} - 0.1\right)\Omega = 0.604\Omega$$

静差率

$$s = \frac{n_{0min} - n_{min}}{n_{0min}} \times 100\% = \frac{1583 - 1000}{1583} \times 100\% = 36.8\%$$

（2）降压调速。降压时最低转速 $n_{min}=1000\text{r/min}$，$I_a=I_N$，则电源电压最低为

$$U = K_e\Phi_N n_{min} + R_a I_N = (0.139 \times 1000 + 0.1 \times 115)\text{V} = 150.5\text{V}$$

此时，理想空载转速为

$$n_{01} = \frac{U_1}{K_e\Phi_N} = \frac{150.5}{0.139}\text{r/min} = 1083\text{r/min}$$

转速降为 $\Delta n=\Delta n_N$，则静差率为

$$s = \frac{\Delta n}{n_{0min}}100\% = \frac{83}{1000 + 83} \times 100\% = 7.7\%$$

（3）输入、输出功率的计算。串电阻调速时系统输入的电功率为

$$P_1 = U_N I_N = 220 \times 115\text{W} = 25300\text{W} = 25.3\text{kW}$$

输出转矩为

$$T_2 = T_N = 9550\frac{P_N}{n_N} = 9550 \times \frac{22}{1500}\text{N·m} = 140.1\text{N·m}$$

电枢串电阻调速与降低电压调速时系统输出的机械功率相同，即

$$P_2 = \frac{T_2 n}{9500} = \frac{140.1 \times 1000}{9550}\text{kW} = 14.67\text{kW}$$

降压调速时系统输入的电功率为

$$P_1 = U_1 I_N = 150.5 \times 115\text{W} = 17380\text{W} = 17.38\text{kW}$$

2.7 直流调速方式与负载的配合

2.7.1 电动机的容许输出与充分利用

电动机的容许输出，是指电动机在某一转速下长期可靠工作时所能输出的最大功率和转矩。容许输出的大小主要取决于电动机的发热，而发热又主要决定于电枢电流。因此，在一定转速下，对应额定电流时的输出功率和转矩便是电动机的容许输出功率和转矩。

要使电动机得到充分利用，应在一定转速下让电动机的实际输出达到容许值，即电枢电流达到额定值。显然，在大于额定电流下工作的电动机，其实际输出将超过它的容许值，这时电动机会因过热而损坏；而在小于额定电流下工作的电动机，其实际输出会小于它的允许值，这时电动机便会因得不到充分利用而造成浪费。因此，最充分使用电动机，就是让它工作在 $I_a = I_N$ 情况下。

2.7.2 他励直流电动机的调速方式

当电动机调速时，在不同的转速下，电枢电流能否总保持为额定值，即电动机能否在不同转速下都得到充分利用，这个问题与调速方式和负载类型的配合有关。电动机运行时，电枢电流 I_a 的实际大小取决于所拖动的负载。电力拖动系统中，负载有不同的类型，电动机有不同的调速方法，具体分析电动机采用不同调速方法拖动不同类型负载时电枢电流 I_a 的情况，对于充分利用电动机是十分必要的。

对于他励直流电动机的 3 种调速方法，可以将其归为恒转矩调速和恒功率调速两种方式。①恒转矩调速方式，指在整个调速过程中保持电动机电磁转矩 T_e 不变；②恒功率调速方式，指在整个调速过程中保持电动机电磁功率 P_{em} 不变。他励直流电动机容许输出的转矩 T 和功率 P 与转速 n 的关系如图 2-36 所示。

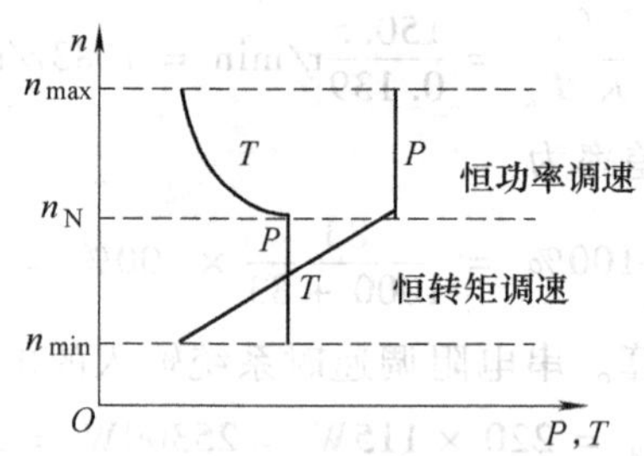

图 2-36　容许输出转矩和功率与转速的关系

1）他励直流电动机电枢串电阻调速和降压调速时，磁通 $\Phi = \Phi_N$ 保持不变，若在不同转速下保持电流 $I = I_N$ 不变，即电动机得到充分利用，容许输出转矩和功率分别为

$$T \approx T_e = K_m \Phi_N I_N = \text{常数} \tag{2-62}$$

$$P = \frac{Tn}{9550} = C_1 n \tag{2-63}$$

电动机的容许输出功率与转速成正比，而容许输出转矩为恒值，即恒转矩调速。

2）他励直流电动机减弱磁通调速时，磁通 Φ 是变化的，在不同转速下若保持电流 $I=I_N$ 不变，即电动机得到充分利用，容许输出转矩和功率别为

$$T \approx T_e = K_m \Phi I_N = K_m \frac{U_N - I_N R_a}{K_e n} I_N = \frac{C_2}{n} \tag{2-64}$$

$$P = \frac{Tn}{9550} = \frac{C_2}{n}\frac{n}{9550} = \frac{C_2}{9550} \tag{2-65}$$

电动机的容许输出转矩与转速成反比，而容许输出功率为恒值，即恒功率调速。

2.7.3 负载类型与电动机调速方式的匹配

不同的负载类型需要采用不同的调速方式与之配合，才能使电动机既满足负载的要求，又使电动机得到充分利用。根据生产过程中出现的一般负载类型，下面分几种情况对负载类型与电动机调速方式的匹配问题进行讨论。

1. 恒转矩负载配恒转矩调速方式

如图 2-37 所示，电动机采用恒转矩调速方式时，如果拖动恒转矩负载运行，并且使电动机电磁转矩 T_e 与负载转矩 T_L 均为常数，只要选择 $T_e=T_L$，那么不论运行在什么转速上，电动机的电枢电流 $I_a=I_N$ 不变，输出功率 $P=P_L$，电动机得到了充分利用。这种恒转矩调速方式与恒转矩负载性质的配合关系称为匹配。这是一种理想的配合，转速是从额定转速向下调，所以额定转速为系统的最高转速。

2. 恒功率负载配恒功率调速方式

如图 2-38 所示，电动机采用恒功率调速方式时，如果拖动恒功率负载运行，只要使电动机电磁功率 $P=T_e\Omega$ 不变，那么不论运行在什么转速上，电枢电流 $I_a=I_N$ 也不变，电动机被充分利用。恒功率调速方式与恒功率负载相配合，电动机既满足了负载要求，又得到了充分利用，也可以做到匹配。这也是一种理想的配合，转速是从额定转速向上调，所以额定转速为系统的最低转速。

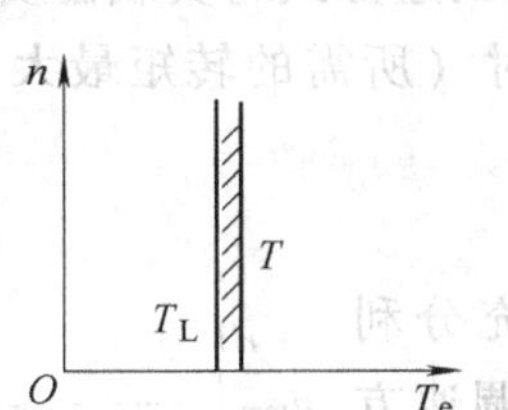

图 2-37　恒转矩负载配恒转矩调速方式

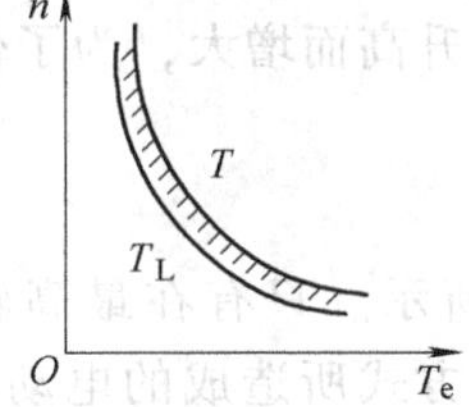

图 2-38　恒功率负载配恒功率调速方式

3. 恒转矩负载配恒功率调速方式

恒功率调速方式的电动机，若拖动恒转矩负载运行，情况怎样呢？如图 2-39 所示。可以使系统在高速运行，负载转矩等于电动机容许转矩，电动机电枢电流等于额定电流 I_N，这时电动机得到了充分利用。当系统运行到较低速时（说明一下，弱磁升速的调速方式下，所谓低速，对带额定负载转矩的电动机来讲，转速也高于 n_N），因为负载是恒转矩性质的，所以电动机的电磁转矩也是恒定的。但是，低速时的磁通 Φ 比高速时数值要大，由 $T=K_m\Phi I_a$ 可知，电枢电流 I_a 将变小，即 $I_a<I_N$，因此电动机没能得到充分利用。这是一种调速方

式与负载性质不匹配的情况。从图 2-39 可以看出，拖动恒转矩负载的电动机，若采用恒功率调速方式，只能按高速运行转速选配合适的电动机，而低速时电动机容量则有所浪费。

最低转速时，电动机的实际输出功率（负载功率）只是电动机额定功率的 $1/D$（D 为调速范围）

$$P_N = P_{Lmax} = \frac{T_L n_{max}}{9550} = \frac{n_{max}}{n_{min}} \frac{T_L n_{min}}{9550} = DP_{Lmin} \tag{2-66}$$

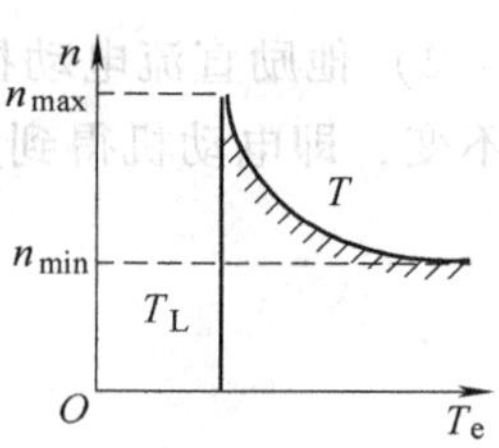

图 2-39　恒转矩负载配恒功率调速方式

显然，这种配合将造成电动机容量的浪费。

4. 恒功率负载配恒转矩调速方式

如图 2-40 所示，电动机采用恒转矩调速方式。如果拖动恒功率负载运行，可以使电动机低速运行，负载转矩等于电动机额定转矩，电动机的电流等于额定电流，这时电动机利用是充分的。但是当系统运行在高速时，由于负载是恒功率的，高速时转矩小，低于额定转矩，因此电动机电磁转矩也低于额定转矩，而恒转矩调速方式时磁通为 Φ_N 不变，$T_e = K_m \Phi_N I_a$，T_e 减小，I_a 也必然减小，结果 $I_a < I_N$，电动机的利用就不充分了。这种情况下，电动机调速方式与所拖动的负载不匹配。从分析看出，拖动恒功率负载时，恒转矩调速方式的电动机，只能按低速运行转速选配合适的电动机，做到 $T = T_N$，而高速时电动机容量则有所浪费。

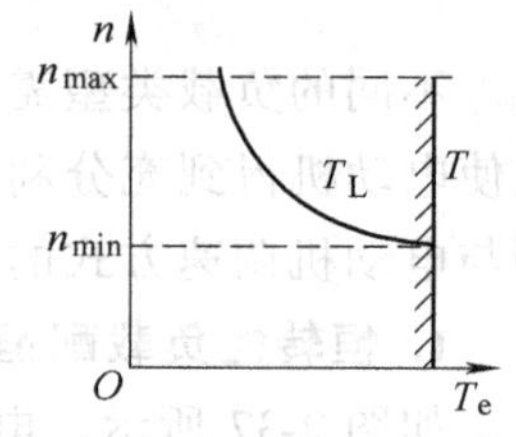

图 2-40　恒功率负载配恒转矩调速方式

这种配合，电动机的实际输出功率（恒定的负载功率）只是电动机额定功率的 $1/D$（D 为调速范围）

$$P_N = \frac{T_N n_N}{9550} = \frac{T_{Lmax} n_{max}}{9550} = \frac{n_{max}}{n_{min}} \frac{T_{Lmax} n_{min}}{9550} = DP_L \tag{2-67}$$

5. 风机泵类负载与两种调速方式的配合

对于风机类负载，既非恒转矩类型，也非恒功率类型，无论采用恒转矩调速方式或恒功率调速方式的电动机，拖动风机泵类负载时，都不能做到调速方式与负载性质匹配。由于负载转矩随转速的升高而增大，为了使电动机在最高转速时（所需的转矩最大）能满足负载的需要，应使

$$T_{(n=n_{max})} = T_{L(n=n_{max})} \tag{2-68}$$

如图 2-41 所示。只有在最高转速时，电动机才被充分利用，恒转矩调速方式所造成的电动机容量浪费比恒功率调速方式小一些。

以上关于调速方式问题的讨论，归纳起来主要有以下几点：

1）恒转矩调速方式与恒功率调速方式都是用来表征电动机采用某种调速方法时的负载能力，不是指电动机的实际负载。

2）应使电动机的调速方式与其实际负载匹配，电动机才可以得到充分利用。从理论上讲，匹配时，可以让电动机的额定转矩或额定功率与负载实际转矩与功率相等，但实际上，即使电动机电枢电流尽量接近额定值，由于电动机容量分成若干等级，有时只能尽量接近而不能相等。

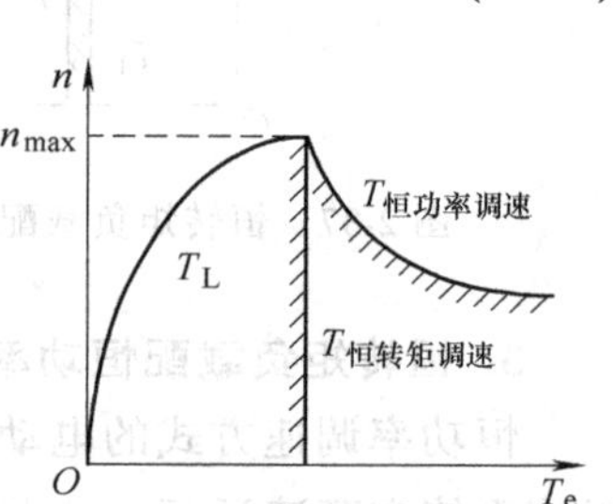

图 2-41　风机类负载与两种调速方式的配合

3）对于泵与风机类负载，三种调速方法都不十分合适，但采用电枢串电阻和降压调速比弱磁调速合适一些。

例2-9　某他励直流电动机，额定功率 $P_N=17kW$，额定电压 $U_N=220V$，额定电流 $I_N=90A$，额定转速 $n_N=1500r/min$，额定励磁电压 $U_f=110V$，该电动机在额定电压、额定磁通时拖动某负载运行的转速为 $n=1550r/min$。现在，负载要求向下调速，最低转速 $n_{min}=600r/min$，若采用降压调速方法，请计算下面两种情况下调速时电枢电流的变化范围。

（1）该负载为恒转矩负载；

（2）该负载为恒功率负载。

解：额定电枢感应电动势取为 $E_N=0.94U_N$进行计算。

电枢电阻为　$$R_a=\frac{U_N-E_N}{I_N}=\frac{220\times(1-0.94)}{90}\Omega=0.14667\Omega$$

额定电压运行时电枢的感应电动势为

$$E=\frac{n}{n_N}E_{aN}=\frac{1550}{1500}\times0.94\times220V=213.69V$$

额定电压运行时的电枢电流为

$$I_a=\frac{U_N-E}{R_a}=\frac{220-213.69}{0.14667}A=43.02A$$

（1）当负载为恒转矩时。降压调速时 $\Phi=\Phi_N$，$T=T_L=K_m\Phi I_a=$常数，因此

$$I_a=43.02A$$

（2）当负载为恒功率时。负载的功率为　$P=T_L\Omega=T_L\dfrac{2\pi n}{60}$

式中，T_L为额定电压转速为 n 时负载转矩的值，降低电源电压降速后的负载功率为

$$P=T_L'\Omega_{min}=T_L'\frac{2\pi n_{min}}{60}=T_L\frac{2\pi n}{60}$$

式中，T_L'为降压调速转速为 n_{min}时负载转矩的值。

比较上面两式，得到　$$T_L'=\frac{n}{n_{min}}T_L$$

降压调速时 $\Phi=\Phi_N$，$T=T_L=K_m\Phi_N I_a$，因此低速时电枢电流加大，对应 n_{min}的电枢电流 I_{amax}为

$$I_{amax}=\frac{n}{n_{min}}I_a=\frac{1550}{600}\times43.02A=111.14A$$

因此，电流变化范围是 43.024～111.14A，但是低速时已经超过了 $I_N=90A$，不能在 n_{min}长期运行，说明降低电源电压调速的方法不适合带恒功率负载。

2.8　串励和复励直流电动机的电力拖动

2.8.1　串励直流电动机的电力拖动

1. 串励直流电动机的机械特性

串励直流电动机的电路如图 2-42a 所示，其特点是电枢电流等于励磁电流，即 $I_a=I_f$，

电压方程式为 $U=E+I_a(R_a+R_f+R_\Omega)$。若磁通未饱和，每极磁通应与电枢电流成正比，即

$$\Phi=K_fI_f=K_fI_a \tag{2-69}$$

当电动机带负载运行时，电枢电流是变化的，这将引起串励直流电动机磁通 Φ 的变化，此时的转速公式为

$$n=\frac{U-I_a(R_a+R_f+R_\Omega)}{K_e\Phi}=\frac{U}{K_{es}I_a}-\frac{R_a+R_f+R_\Omega}{K_{es}} \tag{2-70}$$

式中，K_{es}为串励直流电动机电动势系数，$K_{es}=K_eK_f$。

电磁转矩公式为

$$T_e=K_m\Phi I_a=K_mK_fI_fI_a=K_{ms}I_a^2 \tag{2-71}$$

式中，K_{ms}为串励直流电动机电磁转矩系数，$K_{ms}=K_mK_f$。

将式（2-71）代入式（2-70），则机械特性公式为

$$n=\frac{\sqrt{K_{ms}}}{K_{es}}\frac{U}{\sqrt{T_e}}-\frac{R_{as}}{K_{es}} \tag{2-72}$$

上述公式用曲线表示如图 2-42b①所示。由于转速与转矩的开方成反比，转矩增大，转速迅速减小；而转矩减小，则转速很高。理想状态下，$T_e=0$，$n_0\to\infty$，特性曲线是一条非线性的软特性。串励直流电动机实际运行时，当电动机电流趋于零时，电动机尚存剩磁，理想空载转速不会无穷大，但转速还是很高的，所以一般串励直流电动机不允许空载运行。

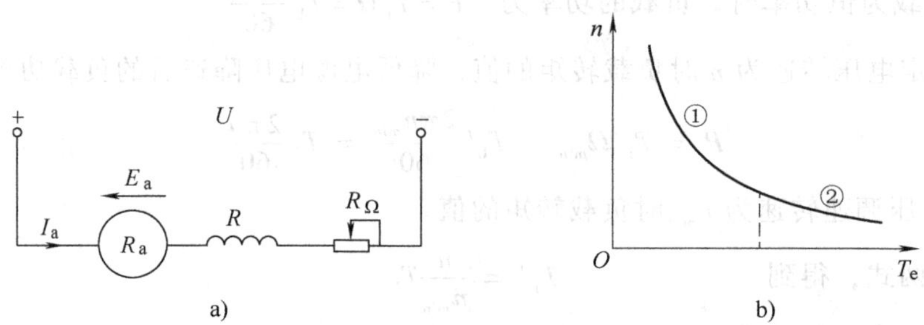

图 2-42　串励直流电动机的电路和机械特性

a）电路　b）机械特性

若电动机磁通处于饱和状态，其磁通 Φ 为额定值常数，则电磁转矩为

$$T_e=K_m\Phi_NI_a\propto I_a \tag{2-73}$$

对应这段的机械特性和他励直流电动机一样，是一条直线，如图 2-42b②所示。

可见，串励直流电动机轻载时，磁动势较小，磁通处于不饱和状态，电磁转矩与电动机电流的二次方成正比；随着负载的增加，磁动势增大，磁通呈饱和状态，电磁转矩仅与电流成正比，且电动机能拖动大负载低速运行。串励直流电动机具有起动转矩大，过载能力强的特点。

2. 串励直流电动机的起动与调速

由式（2-70）可知，串励直流电动机起动时也会出现起动电流过大的问题，应采用电枢串电阻或降低电源电压的方法限制起动电流。

串励直流电动机的调速方法也分为电枢串电阻、降压、弱磁 3 种。调速原理如图 2-43 所示，当接触器触点 KM_1、KM_2 断开时，改变电枢串联电阻 R_{vs} 的大小可改变电动机的转速，其人为机械特性如图 2-44a 中曲线 2 所示。这种串电阻调速方法常用在电车上。当接触器触点 KM_1 断开，触点 KM_2 闭合，励磁绕组并联电阻 R_{fp} 时，在相同的电枢电流下，励磁电流减小，即可弱磁升速，其人为机械特性如图 2-44b 中曲线 3 所示；当接触器触点 KM_2 断开，触点 KM_1 闭合，电枢绕组并联电阻 R_{ap} 时，串励绕组电流增大，其人为机械特性如图 2-44b 中曲线 4 所示。

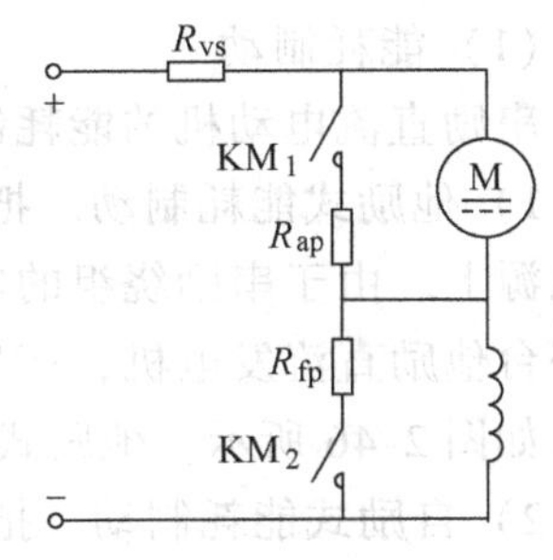

图 2-43　串励直流电动机调速原理

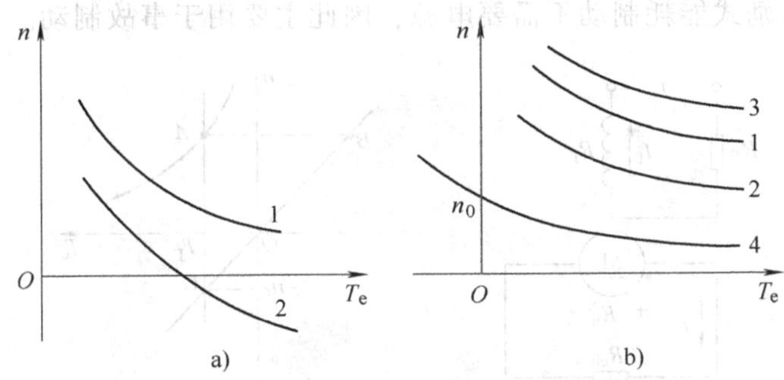

图 2-44　串励直流电动机的人为机械特性曲线

a）电枢回路串电阻　b）降低电源电压和并联分路电阻

改变电压调速是指电枢回路不串电阻，只降低电枢回路的外加电压 U，其人为机械特性如图 2-44b 中曲线 2 所示。改变电压调速时，一般选用两台容量较小的电动机来代替一台大容量电动机，两台电动机可以串联接到电源上，也可以并联在电源上，如图 2-45 所示。

当串联时，每台电动机所承受的电压只有并联时的一半，转速也就降低一半，这就得到了两级调速，如果要得到更多的调速级，可以在电枢中串入调节电阻，改变电阻值，就可以获得较多的调速级。这种调速方法，广泛应用在电力牵引车中。

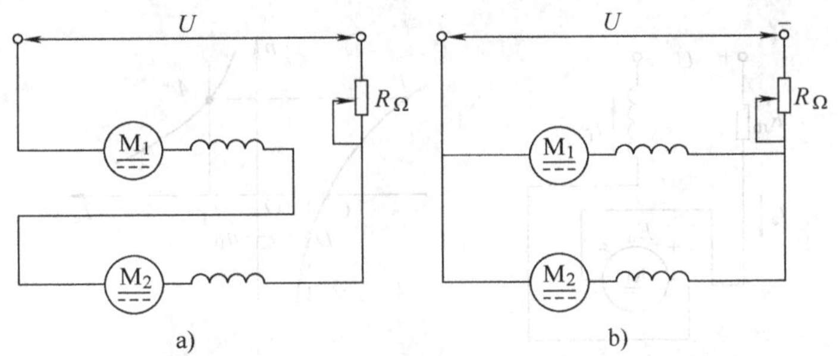

图 2-45　两台电动机串并联的调速电路

a）串联　b）并联

3. 串励电动机的制动

串励直流电动机的理想空载转速为无穷大，所以它不可能有回馈制动运转状态，只能进行能耗制动和反接制动。

（1）能耗制动

串励直流电动机的能耗制动可采用两种方式：自励式和他励式。

1）他励式能耗制动。把电枢脱离电源并通过外接制动电阻形成闭路，而把串励绕组接到电源上。由于串励绕组的电阻很小，因此必须在励磁回路中接入限流电阻。这时电动机成为一台他励直流发电机，产生制动转矩，其特性及制动过程与他励直流电动机的能耗制动一样，如图 2-46 所示。他励式能耗制动效果好，应用较广泛。

2）自励式能耗制动。把电枢和串励绕组在脱离电源后，一起接到制动电阻上，依靠电动机内剩磁自励，建立电动势成为串励直流发电机，因而产生制动转矩，使电动机停转。在进行自励式能耗制动接线时，必须注意要保持励磁电流的方向和制动前相同，否则将不能产生制动转矩。由于自励式能耗制动不需要电源，因此主要用于事故制动。

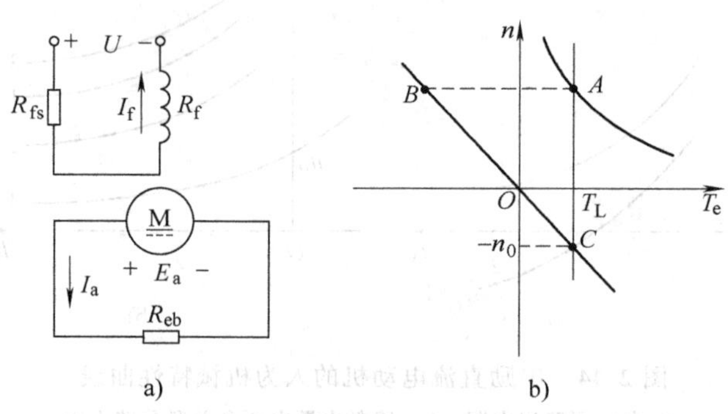

图 2-46 串励直流电动机的能耗制动

a）电路 b）机械特性

（2）反接制动

串励直流电动机的反接制动也有电枢反接和倒拉反接两种。

1）电枢反接。串励直流电动机进行反接制动时，并不是将电源电压反接，因为这样会使 I_a 和 I_f 同时改变方向，电磁转矩方向不变，起不到制动作用，而是将电枢两端反接，励磁绕组接法不变，如图 2-47 所示。

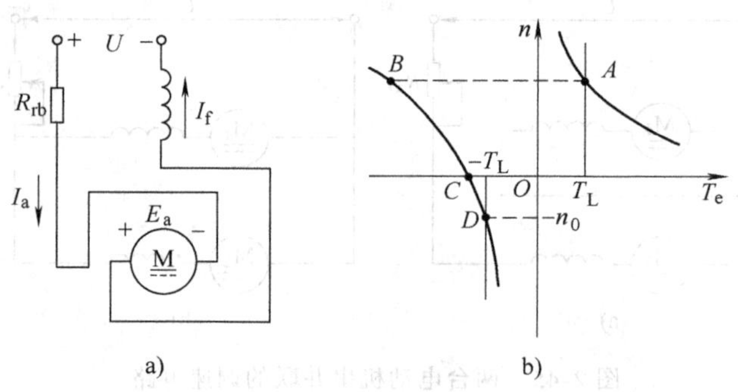

图 2-47 串励直流电动机的反接制动

a）接线 b）机械特性

2）倒拉反接。当串励直流电动机拖动位能性负载，电枢回路串入大电阻 R_{rb} 时，电动机将运行于倒拉反转状态，其电路和机械特性如图 2-48 所示。

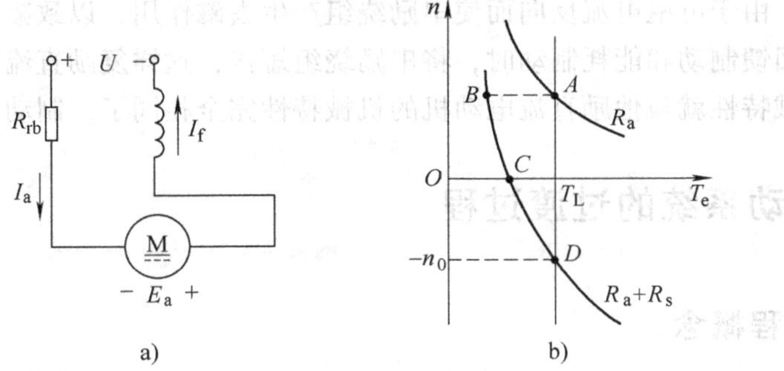

图2-48　串励直流电动机的倒拉反接制动

a）电路　b）机械特性

串励直流电动机的接线简单，工作可靠，因而适用于要求有较大起动转矩，较大过载能力，工作可靠的起重运输机械上。注意，串励直流电动机不允许空载或轻载运行。

2.8.2　复励直流电动机的电力拖动

复励直流电动机的电路如图2-49a所示。当两绕组的励磁磁动势方向相同时，为积复励直流电动机；当两绕组的励磁磁动势方向相反时，为差复励直流电动机。由于差复励的串励磁动势起去磁作用，其机械特性可能上翘，运行不易稳定，故一般都是采用积复励直流电动机。

积复励直流电动机的机械特性介于并励（他励）和串励直流电动机特性之间。若以并励磁动势为主，则机械特性曲线接近并励直流电动机；若以串励磁动势为主，则机械特性曲线接近串励直流电动机，如图2-49b所示。可见，复励机械电动机既具有串励机械电动机的起动转矩大，过载能力强等优点，又因为有并励绕组，使得理想空载转速不至于太高，因而避免了“飞车”的危险。这种电机的用途也很广泛，例如无轨电车就是由积复励直流电动机拖动的。

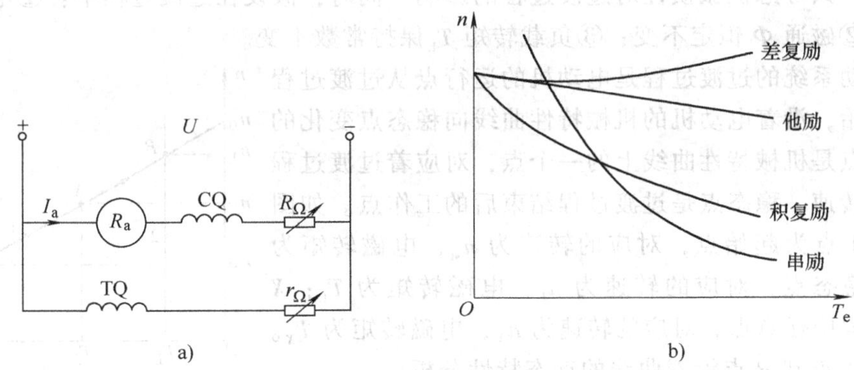

图2-49　复励直流电动机的电路与机械特性

a）电路　b）机械特性

注意，复励直流电动机在反向电动状态和电压反接制动状态时，为了保持串励绕组磁动势与并励绕组磁动势方向一致，一般只改变电枢两端的接线，使电枢进行反接；保持串励绕组的接线不变，使串励绕组中的电流方向不变。

复励直流电动机有反接制动、能耗制动、回馈制动三种制动方式。为了避免在回馈制动和能耗制动状态下，由于电枢电流反向而使串励绕组产生去磁作用，以致减弱磁通，影响制动效果，一般在进行回馈制动和能耗制动时，将串励绕组短接，这样复励直流电动机的回馈制动和能耗制动时的机械特性就与他励直流电动机的机械特性完全相同了，制动的物理过程也相同。

2.9　电力拖动系统的过渡过程

2.9.1　过渡过程概念

在电力拖动系统中，由于某种原因，系统由一种平衡状态向另一种平衡状态过渡的过程，称为电力拖动系统的过渡过程。在过渡过程中，电动机的转速 n、转矩 T_e以及与之对应的电枢电动势 E 和电枢电流 I_a都将发生变化，由于系统存在着机械惯性和电磁惯性，故上述各量不能突变，它们都是时间的函数。研究这些问题，对经常处于起动、制动运行的生产机械如何缩短过渡过程时间，减少过渡过程中能量损耗，提高劳动生产率等，都有实际意义。

在电力拖动系统稳态分析的基础上，本节将分析和讨论系统的动态过程。所谓动态过程，是指系统从一个稳定工作点向另一个稳定工作点过渡的中间过程，这个过程也被称为过渡过程，系统在过渡过程的变化规律和性能被称为系统的动态特性。

电力拖动系统的过渡过程分为两种：

1）机械的过渡过程，它只考虑系统的机械惯性对各参量变化过程的影响，而对影响较小的电磁惯性忽略不计。

2）电气–机械的过渡过程，它同时考虑机械特性和电磁惯性的影响。

2.9.2　电力拖动系统动态分析

由于多数情况下，机械惯性的影响远大于电磁惯性的影响，因此，为简化分析略去电磁惯性的影响，只考虑机械惯性对过渡过程的影响。同时，假设在过渡过程中：①电源电压 U 恒定不变；②磁通 Φ 恒定不变；③负载转矩 T_L保持常数不变。

电力拖动系统的过渡过程是电动机的运行点从过渡过程的起始点开始，沿着电动机的机械特性曲线向稳态点变化的过程。起始点是机械特性曲线上的一个点，对应着过渡过程开始瞬间的转速，稳态点是过渡过程结束后的工作点。如图 2-50 所示，A 点为起始点，对应的转速为 n_{st}，电磁转矩为 T_{st}；B 点为稳态点，对应的转速为 n_L，电磁转矩为 T_L；X 点为过渡过程中任意点，对应的转速为 n_X，电磁转矩为 T_X。下面进行从 A 点到 B 点沿着曲线的动态特性分析。

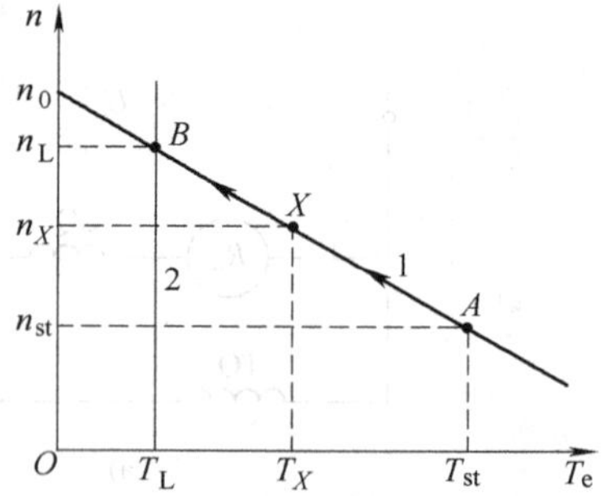

图 2-50　机械特性曲线上 $A \to B$ 的过渡过程

1. 电枢电流的变化规律 $I_a = f(t)$

设一他励直流电动机在全电压的条件下，电枢串入固定电阻进行起动，根据电动势平衡方程式和转矩平衡方程式，可写出

$$U_N = E + I_a R = K_e \Phi n + I_a R \tag{2-74}$$

$$T_e = T_L + \frac{GD^2 \mathrm{d}n}{375 \mathrm{d}t} = K_m \Phi I_a \tag{2-75}$$

由式（2-74），得
$$n = \frac{U_N - I_a R}{K_e \Phi}$$

所以$\frac{dn}{dt} = -\frac{R}{K_e \Phi}\frac{dI_a}{dt}$，代入式（2-75），得

$$I_a = \frac{T_L}{K_m \Phi} - \frac{GD^2 R}{K_e K_m \Phi^2 \times 375}\frac{dI_a}{dt} = I_L - T_m \frac{dI_a}{dt} \tag{2-76}$$

式中，I_L是对应于负载转矩T_L时的稳态电枢电流（负载电流）；T_m是机电时间常数

$$T_m = \frac{GD^2 R}{375 K_e K_m \Phi^2} \tag{2-77}$$

解微分方程式（2-76）得
$$I_a = I_L + K e^{-\frac{t}{T_m}} \tag{2-78}$$

式中，K由起始条件决定，在起动瞬间，即$t=0$时，$I_a = I_{st}$，于是可求得$K = I_{st} - I_L$，代入式（2-78）

求得
$$I_a = I_L + (I_{st} - I_L) e^{-\frac{t}{T_m}} \tag{2-79}$$

式（2-79）表示起动过程中电枢电流随时间的变化规律$I_a = f(t)$，它按指数规律变化，如图2-51a所示。

2. 转矩的变化规律 $T_e = f(t)$

因为Φ为常数，所以由式（2-79）便可直接推出电磁转矩在起动过程中的变化规律

$$T_e = T_L + (T_{st} - T_L) e^{-\frac{t}{T_m}} \tag{2-80}$$

它也按指数规律变化，如图2-51b所示。

3. 转速的变化规律 $n = f(t)$

要求得转速的变化规律，可将式（2-79）代入式（2-74），并考虑到稳态电流与稳定转速的对应关系，即$n_L = \frac{U_N - I_L R}{K_e \Phi}$，$n_{st} = \frac{U_N - I_{st} R}{K_e \Phi}$，便可得

$$n = n_L + (n_{st} - n_L) e^{-\frac{t}{T_m}} \tag{2-81}$$

它也按指数规律变化，如图2-51c所示。因为起动瞬间$t=0$，$n_{st}=0$，所以，起动过程中转速随时间的变化关系$n=f(t)$为

$$n = n_L (1 - e^{-\frac{t}{T_m}}) \tag{2-82}$$

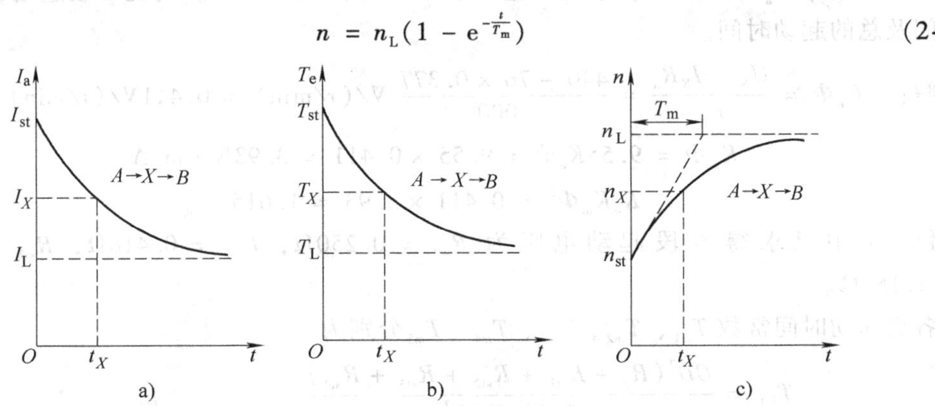

图2-51　过渡过程曲线

a）$n=f(t)$　b）$T_e=f(t)$　c）$I_a=f(t)$

4. 过渡过程时间

从起始值到稳态值，理论上讲需要时间 $t=\infty$，但实际上当 $t=(3\sim4)T_m$ 时，各量就达到 95% ~98% 的稳态值，这时就可以认为动态过程已经结束。

在工程设计中，有时需要计算过渡过程中各量达到某一数值时所经历的时间。例如，要求电流或转速达到某一数值 I_X、T_X 或 n_X 所需的时间 t_X，则只需将 I_X、T_X 或 n_X 值代入式 (2-79)、(2-80) 或式 (2-81) 求解即可，求得

$$t_X = T_m \ln\frac{I_{st}-I_L}{I_X-I_L} = T_m \ln\frac{T_{st}-T_L}{T_X-T_L} = T_m \ln\frac{n_{st}-n_L}{n_X-n_L} \tag{2-83}$$

需要指出的是，式 (2-79) ~式 (2-81) 是电流、电磁转矩和转速变化规律的一般形式，它们不仅适用于起动过程，也适用于制动、调速及负载突然变化等各种过程。在具体应用时，必须注意起始值和稳定值的不同特点以及机电时间常数的变化。例如，在实行多级起动时，不同的加速级的机电时间常数是不同的，电枢回路的电阻越大，则 T_m 越大，同时不同加速级的起始转速和稳定转速也是不同的。再如，电动机在转速为 n_1 的稳定运转状态下进行能耗制动，电枢串入制动电阻 R_z，电动机在机械特性上工作点的变化如图 2-52 所示，此时的机电时间常数将由 R_a+R_z 所决定，过渡过程的起始值（对转速而言）为 n_1，稳定转速为 $-n_L$。

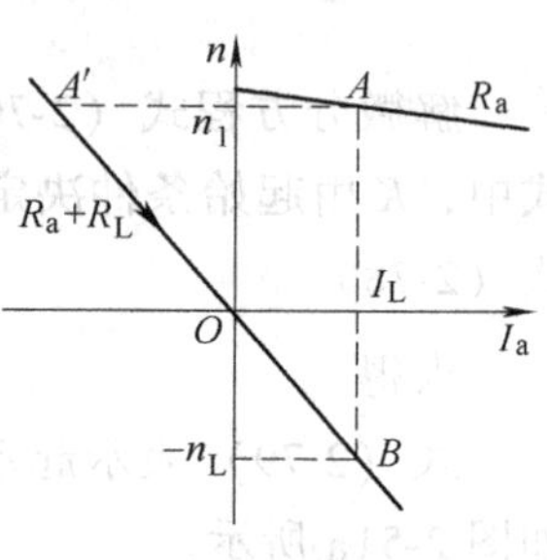

图 2-52　能耗制动时的过渡过程

5. 缩短过渡过程的方法

缩短过渡过程的方法从以下两方面考虑：

1) 减小机电时间常数 T_m。减小 T_m 的主要方法是减小系统总飞轮转矩 GD^2：①选用专门设计制造的小惯量电动机，其特点是电枢细长，GD^2 小；②采用双电动机拖动，即用两台容量为系统所需总容量的 1/2 的电动机，同轴硬连接后共同拖动负载，可减小飞轮转矩。

2) 改善起动电流的波形。如果能保持 $I_a=$ 常数，即保持 $dn/dt=$ 常数的理想情况，则起动过程时间就由 $4T_m$ 减小为 T_m，这一点将在下一章详细分析。

例 2-10　例 2-3 中，他励直流电动机的铭牌数据为：$P_N=29\text{kW}$，$U_N=440\text{V}$，$I_N=76\text{A}$，$n_N=1000\text{r/min}$，$R_a=0.377\Omega$，系统飞轮转矩 $GD^2=49.05\text{N}\cdot\text{m}^2$。实现 4 级起动，求各级起动时间及总的起动时间。

解：

$$K_e\Phi = \frac{U_N - I_N R_a}{n_N} = \frac{440-76\times0.377}{1000}\text{V/(r/min)} = 0.411\text{V/(r/min)}$$

$$K_m\Phi = 9.55K_e\Phi = 9.55\times0.411 = 3.93\text{N}\cdot\text{m/A}$$

$$K_eK_m\Phi^2 = 0.411\times3.93 = 1.615$$

例 2-3 中已求得 4 段起动电阻为 $R_{st1}=0.250\Omega$，$R_{st2}=0.416\Omega$，$R_{st3}=0.693\Omega$，$R_{st4}=1.153\Omega$。

各级起动时间常数 T_{m1}、T_{m2}、T_{m3}、T_{m4}、T_{m5} 分别为

$$T_{m1} = \frac{GD^2(R_a+R_{st1}+R_{st2}+R_{st3}+R_{st4})}{375K_eK_m\Phi^2}$$

$$= \frac{49.05(0.377+0.250+0.416+0.693+1.153)}{375\times1.615}\text{s} = 0.234\text{s}$$

$$T_{m2}=\frac{GD^2(R_a+R_{st1}+R_{st2}+R_{st3})}{375K_eK_m\Phi^2}=\frac{49.05(0.377+0.250+0.416+0.693)}{375\times1.615}s=0.141s$$

$$T_{m3}=\frac{GD^2(R_a+R_{st1}+R_{st2})}{375K_eK_m\Phi^2}=\frac{49.05(0.377+0.250+0.416)}{375\times1.615}s=0.084s$$

$$T_{m4}=\frac{GD^2(R_a+R_{st1})}{375K_eK_m\Phi^2}=\frac{49.05(0.377+0.250)}{375\times1.615}s=0.051s$$

$$T_{m5}=\frac{GD^2R_a}{375K_eK_m\Phi^2}=\frac{49.05\times0.377}{375\times1.615}s=0.031s$$

设 $I_{st1}=I_1=2I_N=2\times76A=152A$，$I_X=I_{st2}=1.2I_N=1.2\times76A=91.2A$，$I_L=I_N=76A$，则

$$\ln\left(\frac{I_{st1}-I_L}{I_{st2}-I_L}\right)=\ln\left(\frac{152-76}{91.2-76}\right)=\ln5=1.61$$

各级起动时间如下：

第一级起动时间为　$t_1=T_{m1}\ln\left(\frac{I_{st1}-I_L}{I_{st2}-I_L}\right)=0.234\times1.61s=0.3767s$

第二级起动时间为　$t_2=T_{m2}\ln\left(\frac{I_{st1}-I_L}{I_{st2}-I_L}\right)=0.141\times1.61s=0.227s$

第三级起动时间为　$t_3=T_{m3}\ln\left(\frac{I_{st1}-I_L}{I_{st2}-I_L}\right)=0.084\times1.61s=0.1352s$

第四级起动时间为　$t_4=T_{m4}\ln\left(\frac{I_{st1}-I_L}{I_{st2}-I_L}\right)=0.051\times1.61s=0.0821s$

电阻全部切除后电动机达到稳定的时间为　$t_5=4T_{m5}=4\times0.031s=0.124s$

总起动时间为　$t=t_1+t_2+t_3+t_4+t_5=(0.3767+0.227+0.1352+0.0821+0.124)s$
$=0.945s$

本章小结

1）讨论了电力拖动系统的动力学基础及运动方程式，多轴系统等效为单轴系统，等效原则是保持传递的功率和储存的动能不变。

2）讨论了直流电动机的机械特性和负载的转矩特性，拖动系统稳定运行的必要条件。

3）电力拖动系统运行的主要方式包括电动机的起动、调速及制动。

直流电动机本身的电枢电阻很小，直接起动会产生很大的起动电流，通常采用电枢回路串电阻或降低电枢电压的方法来限制过大的起动电流，实现直流电动机的起动。

直流电动机的调速方法有电枢串电阻调速、降压调速和弱磁调速，其中前两种方法属于恒转矩调速方式，弱磁调速属于恒功率调速方式，应用时注意调速方式和负载特性的配合问题。其中调压调速性能优良，应用广泛，在调速系统中，通常调压调速和弱磁调速配合使用，来扩大调速范围。

直流电动机的制动方法有能耗制动、反接制动（包括倒拉反转运行）和回馈制动。

4）讨论了电力拖动系统的过渡过程，得出的结论适用于电动机的各种运行状态。

习　题

2-1　写出电力拖动系统的运动方程式，并说明该方程式中转矩正、负号的确定方法。如何判定系统是处于加速、减速、稳定还是静止的各种运行状态？

2-2　生产机械的负载特性有哪几种基本类型？

2-3　什么叫电动机稳定运行？电力拖动系统稳定运行的充分和必要条件是什么？

2-4　研究电力拖动系统时为什么要把一个多轴系统简化成一个单轴系统？简化过程要进行哪些量的折算？折算时各需遵循什么原则？

2-5　什么叫电动机的固有机械特性和人为机械特性？人为机械特性有哪几种？

2-6　直流电动机为什么不能直接起动？如果直接起动，会有什么后果？

2-7　采用能耗制动和反接制动使系统停车时，为什么在电枢回路中串入电阻？哪种制动方式接入的电阻更大？

2-8　比较3种制动方法的优缺点及应用场合。

2-9　什么是恒转矩负载？对于恒转矩负载应采用何种调速方法与之配合？为什么？

2-10　什么是恒功率负载？对于恒功率负载应采用何种调速方法与之配合？为什么？

2-11　直流电动机有哪几种调速方法？各有什么特点？它们各属于哪种调速方式？

2-12　说明电动状态、能耗制动状态、反接制动状态和回馈制动状态下的能量关系。

2-13　电动机的调速与转速变化有什么区别？在同一条机械特性上，为什么转矩越大，转速越低？

2-14　一台他励直流电动机，$P_N=10\text{kW}$，$U_N=220\text{V}$，$I_N=53.4\text{A}$，$n=1500\text{r/min}$，$R_a=0.4\Omega$。试求下列几种情况下的机械特性方程式，并在同一坐标上画出机械特性曲线。

（1）固有特性；

（2）电枢回路串入1.6Ω电阻；

（3）电源电压降至原来的一半；

（4）磁通减少30%。

2-15　一台他励直流电动机，$P_N=40\text{kW}$，$U_N=220\text{V}$，$I_N=207.5\text{A}$，$R_a=0.067\Omega$。求：

（1）电枢回路不串电阻起动，则起动电流为额定电流的多少倍？

（2）如果要求起动电流不超过额定电流的1.5倍，则电枢回路至少要串入多大的电阻？

2-16　一台他励直流电动机，$P_N=1.75\text{kW}$，$U_N=110\text{V}$，$I_N=20.1\text{A}$，$n=1450\text{r/min}$，$R_a=0.067\Omega$。若采用3级起动，起动电流最大不超过$2I_N$。试求各段的起动电阻值，并计算各段电阻切除时的瞬时转速。

2-17　一台他励直流电动机，铭牌数据如下：$P_N=13\text{kW}$，$U_N=220\text{V}$，$I_N=68.6\text{A}$，$n_N=1500\text{r/min}$。该电动机作起重机电动机用，在额定负载时，试问：

（1）要求电动机以800r/min的速度下放重物，应该采取什么措施？

（2）要求电动机以1800r/min的速度下放重物，应该采取什么措施？

2-18　根据上题中的电动机数据，起吊重物，在负载转矩$T_L=0.5T_N$时，运行在固有机械特性曲线上，现用电枢反接法进行制动，问：

（1）若制动开始时的瞬时电流不大于$2I_N$，在电枢回路应串入多大电阻？

（2）当转速制动到零时，如不切断电源，电动机将如何运转？

2-19　一台他励直流电动机，$P_N = 12kW$，$U_N = 220V$，$I_N = 64A$，$n = 685r/min$，$R_a = 0.25\Omega$，拖动系统总飞轮转矩 $GD^2 = 49N \cdot m^2$。在额定负载时进行能耗制动停车。问：

（1）要使最大电流为 $2I_N$，在电枢回路应串入多大电阻？

（2）计算能耗制动停车时间；

（3）计算能耗制动过程的关系曲线 $i_a = (t)$，$n = f(t)$。

2-20　一台他励直流电动机，铭牌数据如下：$P_N = 7.5kW$，$U_N = 220V$，$I_N = 40.8A$，$n_N = 1500r/min$，$R_a = 0.36\Omega$。如果轴上的负载转矩 $T_L = 0.8T_N$ 时，求：

（1）在固有机械特性曲线上工作时的电动机转速 n；

（2）若其他条件不变，当磁通减弱到 $0.5\Phi_N$ 时的电动机转速 n。

2-21　一台电动机的铭牌数据如下：$P_N = 10kW$，$U_N = 220V$，$I_N = 52.6A$，$n_N = 1500r/min$，若负载转矩 $T_L = 0.8T_N$，串电阻起动，级数 $m = 3$，拖动系统总飞轮转矩 $GD^2 = 10N \cdot m^2$。求：

（1）各级起动总电阻值；

（2）起动总时间 t；

（3）起动过程中关系式 $i_a = f(t)$，$n = f(t)$。

第3章　直流电动机调速控制系统

3.1　直流调速系统的组成及数学模型

3.1.1　直流调速系统的组成

直流调速系统最常用的控制方式是调节电枢直流电压，系统的组成如图3-1所示。最简单的直流调速系统由直流电动机和可控直流电源组成，称为开环调速系统。控制电压用来控制可控直流电源的输出直流电压，从而调节电动机转速。开环调速系统往往不能满足生产机械的性能要求，为了提高系统的各项调速性能指标，需要引入反馈控制。最常用的反馈变量是转速和电枢电流，反馈信号分别由转速检测装置和电流检测装置取得并作用到反馈控制器，自动调节控制电压，使输出转速的性能满足要求。

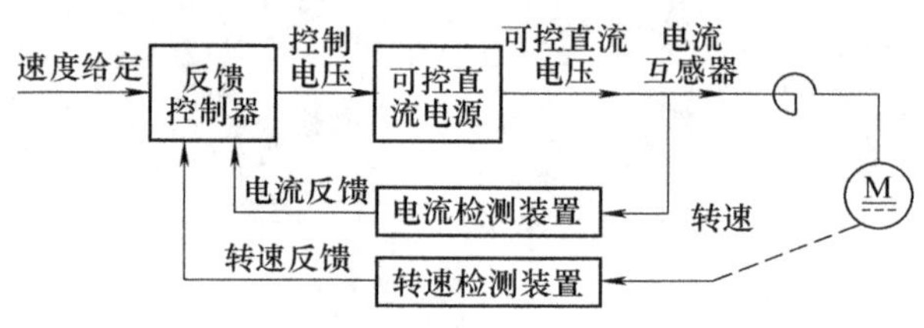

图3-1　直流调速系统的组成

3.1.2　可控直流电源

20世纪中期之前，可控直流电源主要是由一台交流电动机驱动一台直流发电机的旋转变流机组来实现，通过改变直流发电机的励磁电流来控制直流发电机的输出电压。从20世纪60年代开始，晶闸管控制的相控整流电源逐渐取代了旋转变流机组。目前，随着全控型电力电子开关器件的进步，直流脉宽调制PWM变换电源发展很快，虽然在大功率及超大功率（兆瓦以上）直流调速范围内，相控整流电源是不可替代的，但在要求快速响应的直流调速场合，特别是在中、小容量的系统中，PWM变换电源已取代相控整流－电动机（V－M）系统成为主要的直流调速方式。

下面主要介绍相控整流电源和PWM变换电源这两种可控直流电源。

1. 相控整流电源

相控整流电源的原理框图如图3-2所示，触发装置GT将控制电压u_c转换为移相触发脉冲，在触发脉冲的控制下，晶闸管装置VT对交流电源进行整流，输出与u_c成正比的直流电压u_d。

相控整流电源的电路有多种形式，在全控型相控整流电源中，最常用的是单相桥式和三相桥式电路。

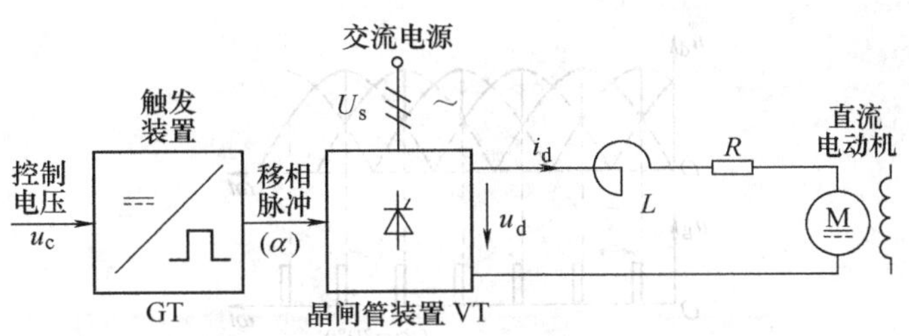

图 3-2 相控整流电源的原理框图

(1) 单相桥式全控整流电路

在中小容量、负载要求较高的晶闸管的可控整流装置中，较常用的是单相桥式全控整流电路，如图 3-3 所示为单相桥式全控整流电路带电阻性负载时的电路及工作波形。

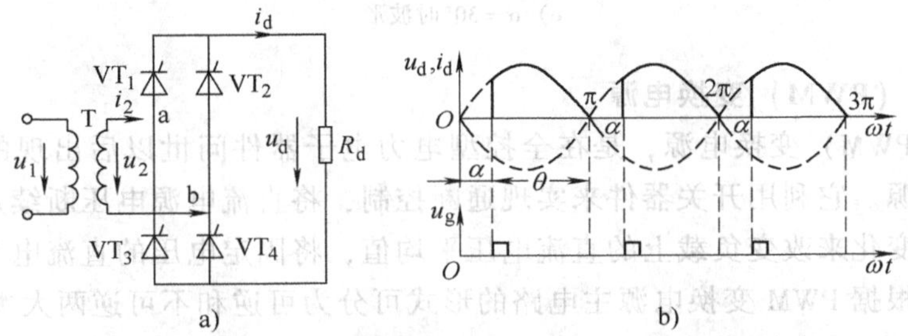

图 3-3 单相桥式全控整流电阻性负载

a) 电路图 b) 波形图

(2) 三相桥式全控整流电路

三相桥式全控整流电路如图 3-4a 所示，习惯上将晶闸管按照其导通顺序编号，共阴极的一组为 VT_1、VT_3和 VT_5，共阳极的一组为 VT_2、VT_4和 VT_6。

对于图 3-4a 所示全控桥式整流电路，要求触发电路在三相电源相电压正半周给晶闸管 VT_1、VT_3和 VT_5送出触发脉冲，而在三相电源相电压负半周给晶闸管 VT_2、VT_4和 VT_6送出触发脉冲，且在任意时刻共阴极组和共阳极组的晶闸管中都各有一只晶闸管导通，这样在负载中才能有电流通过，负载上得到的电压是某一线电压。将一个周期分成六个区间，每个区间60°。图 3-4b、c 所示分别为 α=0°、30°时的波形。

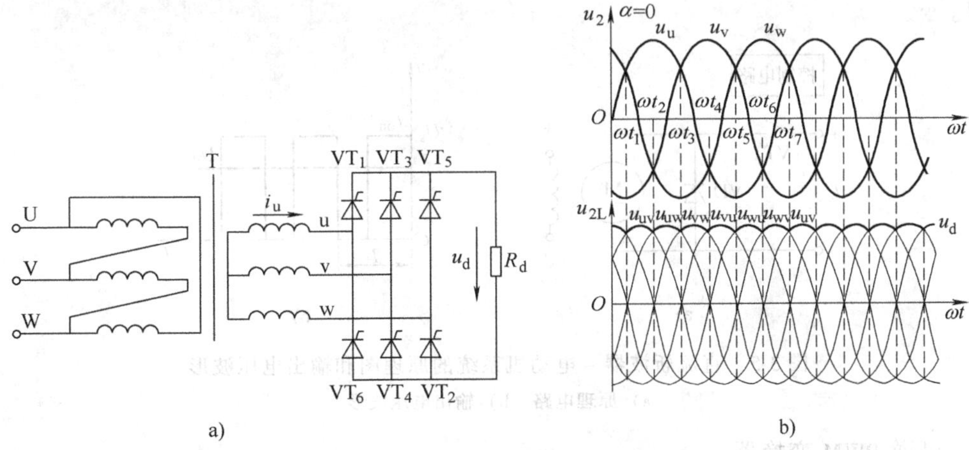

图 3-4 三相桥式全控整流电路

a) 电路 b) α=0°时波形

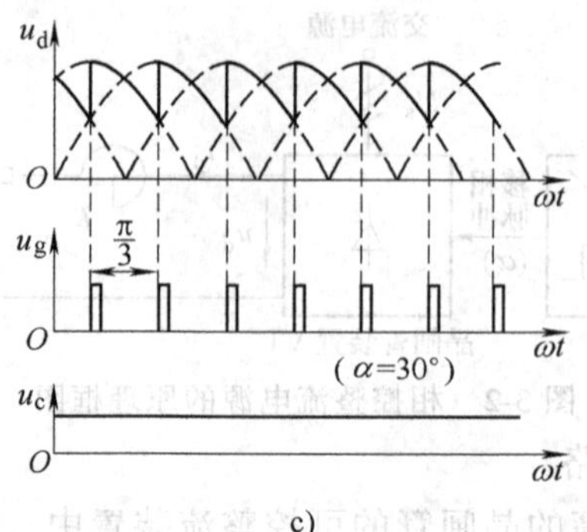

图 3-4 三相桥式全控整流电路（续）

c）α = 30°时波形

2. 脉宽调制（PWM）变换电源

直流脉宽（PWM）变换电源，是在全控型电力电子器件问世以后出现的能取代相控整流电源的直流电源。它利用开关器件来实现通断控制，将直流电源电压断续加到负载上，通过通、断时间的变化来改变负载上的直流电压平均值，将固定电压的直流电源变成平均值可调的直流电源。根据 PWM 变换电源主电路的形式可分为可逆和不可逆两大类。

（1）不可逆 PWM 变换电源

图 3-5 所示为不可逆 PWM 变换电源的原理电路和输出电压波形。图 3-5a 中，VT 代表电力电子开关器件，VD 表示续流二极管。当开关 VT 接通时，电源电压 U_s 直接加到电动机电枢上；当 VT 断开时，直流电源与电动机断开，电动机电枢经 VD 续流，电动机电枢端电压为零。如此反复，得电枢端电压波形 $u = f(t)$ 如图 3-5b 所示。其工作过程好像电源电压 U_s 在时间 t_{on} 内被接上，又在（$T - t_{on}$）时间内被斩断，故称“斩波”。电动机得到的平均电压 U_d 为

$$U_d = \frac{t_{on}}{T} U_s = \rho U_s \tag{3-1}$$

式中，T 为开关器件的通断周期（s）；t_{on} 为开关器件的导通时间（s）；ρ 为占空比，$\rho = t_{on}/T$。

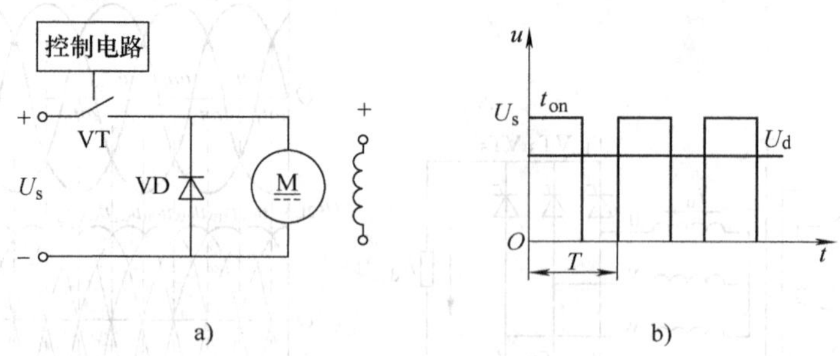

图 3-5 直流斩波器 – 电动机系统的原理图和输出电压波形

a）原理电路 b）输出电压波形

（2）可逆 PWM 变换器

图 3-6a 所示为一种可逆脉宽调速系统的电路原理，其中省略了续流二极管，由 VT_1 ~

VT_4共4个电力电子开关器件构成桥式（或称为H形）可逆脉冲宽度调制变换器。VT_1和VT_4同时导通或关断，VT_2和VT_3同时导通或关断，VT_1和VT_4与VT_2和VT_3交替导通（关断），使电动机M两端承受电压$+U_s$或$-U_s$，改变两端开关器件导通的时间，也就改变了电压脉冲的宽度。得到的电动机两端的电压波形如图3-6b所示。

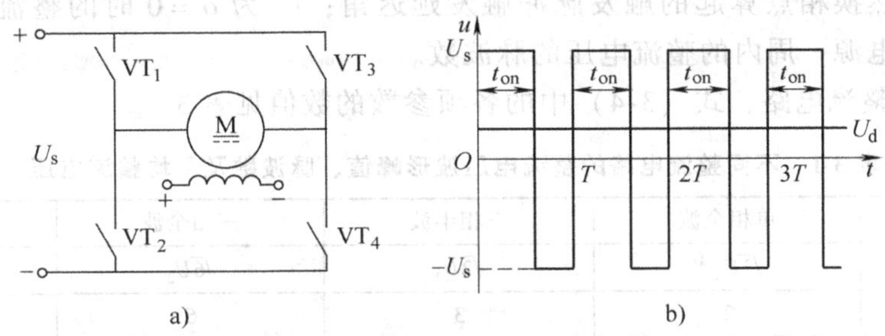

图3-6　桥式可逆脉宽调速系统基本原理图和输出电压波形

a）电路原理　b）输出电压波形

用t_{on}代表VT_1和VT_4导通的时间，开关周期T和占空比ρ的定义与上面相同，则电动机电枢两端电压的平均值U_d为

$$U_d = \frac{t_{on}}{T}U_s - \frac{T-t_{on}}{T}U_s = \left(\frac{2t_{on}}{T}-1\right)U_s = (2\rho-1)U_s \tag{3-2}$$

由式（3-2）可见，占空比ρ在0～1范围内变化时，U_d的变化范围是从$-U_s \sim U_s$，从而可以使电动机正反向运行。由式（3-1）和式（3-2）可知，直流斩波器的输出电压平均值U_d可以通过改变占空比，即通过改变开关器件导通或关断时间来调节。

3.1.3　直流调速系统及数学模型

1. 相控整流－电动机（V－M）系统

（1）主电路的等效电路图

在V－M系统中，调节控制电压U_c，从而移动触发装置GT输出脉冲的相位，即可改变可控整流器VT输出的瞬时电压u_d的波形，以及输出平均电压U_d的数值。若把整流装置内阻R_{rec}移到装置外边，看成是其负载电路电阻的一部分，那么，整流电压便可以用其理想空载瞬时值u_{d0}和平均值U_{d0}来表示，相当于用图3-7所示的等效电路代替实际的电路。

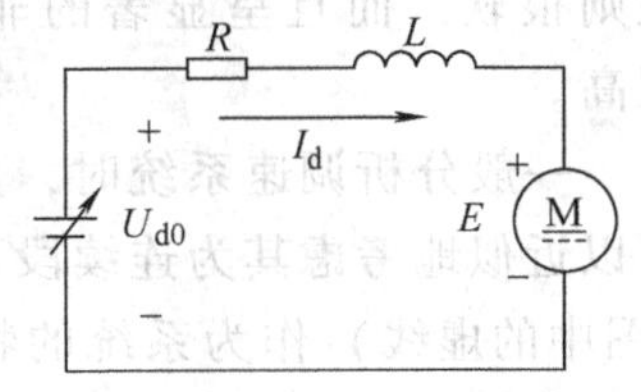

图3-7　V－M系统主电路的等效电路

这时，瞬时电压平衡方程式为

$$u_{d0} = E + i_dR + L\frac{di_d}{dt} \tag{3-3}$$

式中，E为电动机反电动势（V）；i_d为整流电流瞬时值（A）；L为主电路总电感（H）；R为主电路等效电阻（Ω），$R=R_{rec}+R_a+R_L$，R_{rec}为整流装置内阻（Ω），包括整流器内部的电阻、整流器件正向压降所对应的电阻、整流变压器漏抗换相压降相应的内阻，R_a为电动机电枢电阻（Ω），R_L为平波电抗器电阻（Ω）。

对u_{d0}进行积分，并求一个周期内的平均值，即得理想空载整流电压平均值U_{d0}，用触发

脉冲的触发延迟角 α 控制晶闸管整流器的整流电压平均值。对于一般的全控整流电路，当电流波形连续时，$U_{d0}=f(\alpha)$ 可用下式表示：

$$U_{d0} = \frac{m}{\pi} U_m \sin \frac{\pi}{m} \cos\alpha \tag{3-4}$$

式中，α 为从自然换相点算起的触发脉冲触发延迟角；U_m 为 $\alpha=0$ 时的整流电压波形峰值（V）；m 为交流电源一周内的整流电压的脉波数。

对于不同的整流电路，式（3-4）中的各项参数的数值见表 3-1。

表 3-1　不同整流电路的整流电压波形峰值、脉波数及平均整流电压

整流电路	单相全波	三相半波	三相全波	六相半波
U_m	$\sqrt{2}U_2$①	$\sqrt{2}U_2$	$\sqrt{6}U_2$	$\sqrt{2}U_2$
m	2	3	6	6
U_{d0}	$0.9U_2\cos\alpha$	$1.17U_2\cos\alpha$	$2.34U_2\cos\alpha$	$1.35U_2\cos\alpha$

①U_2 是整流变压器二次侧额定相电压的有效值。

由式（3-4）可知，当 $0<\alpha<\pi/2$ 时，$U_{d0}>0$，晶闸管装置处于整流状态，电功率从交流侧输送到直流侧；当 $\pi/2<\alpha<\alpha_{max}$ 时，$U_{d0}<0$，装置处于有源逆变状态，电功率反向传送。

（2）V－M 系统的机械特性

当电流连续时，V－M 系统的机械特性方程式为

$$n = \frac{1}{C_e}(U_{d0} - I_d R) = \frac{1}{C_e}\left(\frac{m}{\pi} U_m \sin\frac{\pi}{m}\cos\alpha - I_d R\right) \tag{3-5}$$

式中，C_e 为电机在额定磁通下的电动势系数，$C_e=K_e\Phi_N$。

图 3-8 绘出了完整的 V－M 系统机械特性，分为电流连续区和电流断续区。其中包含了整流状态（$\alpha<90°$）和逆变状态（$\alpha>90°$），电流连续区和电流断续区。由图可见，当电流连续时，特性比较硬；断续段特性则很软，而且呈显著的非线性，理想空载转速翘得很高。

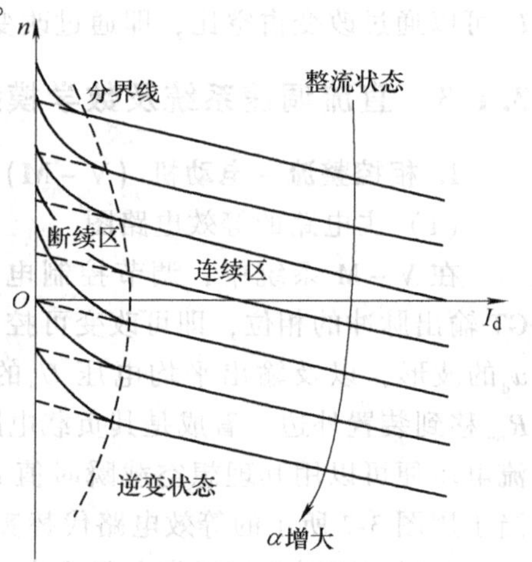

图 3-8　完整的 V－M 系统机械特性

一般分析调速系统时，只要主电路电感足够大，就可以近似地考虑其为连续段，即用连续特性及其延长线（图中的虚线）作为系统的特性。主电路总电感量的计算公式如下：

对于单相桥式全控整流电路

$$L = 2.87\frac{U_2}{I_{dmin}} \tag{3-6a}$$

对于三相半波整流电路

$$L = 1.46\frac{U_2}{I_{dmin}} \tag{3-6b}$$

对于三相桥式整流电路

$$L = 0.693\frac{U_2}{I_{dmin}} \tag{3-6c}$$

一般取 I_{dmin} 为电动机额定电流的 5%～10%。

（3）电力电子变换装置的数学模型

在V-M系统中，通常把晶闸管触发器和整流器看成一个环节，当进行闭环调速系统分析和设计时，需要求出这个环节的放大系数和传递函数。

实际的触发电路和整流电路都是非线性的，只能在一定的工作范围内近似看成线性环节。可以用实验方法测出该环节的输入-输出特性，如图3-9所示。设计时，希望整个调速范围的工作点都落在特性的近似线性范围之中，并有一定的调节裕量。这时晶闸管触发和整流装置的放大系数K_s可由工作范围内的特性斜率决定，计算方法是

$$K_s = \Delta U_d / \Delta U_c \tag{3-7}$$

如果不能实测特性，可以根据装置的参数估算。例如，设触发电路控制电压的调节范围为$U_c = 0 \sim 10V$；相对应的整流电压的变化范围是$U_d = 0 \sim 220V$，可取$K_s = 220/10 = 22$。

在动态过程中，可把晶闸管触发与整流装置看成是一个纯滞后环节，其滞后效应是由晶闸管的失控时间T_s引起的。由于晶闸管一旦导通后，控制电压的变化在该器件关断以前就不再起作用，直到下一相触发脉冲来到时才能使输出整流电压发生变化，这就造成整流电压滞后于控制电压的状况。滞后时间为失控时间T_s，如图3-10所示。

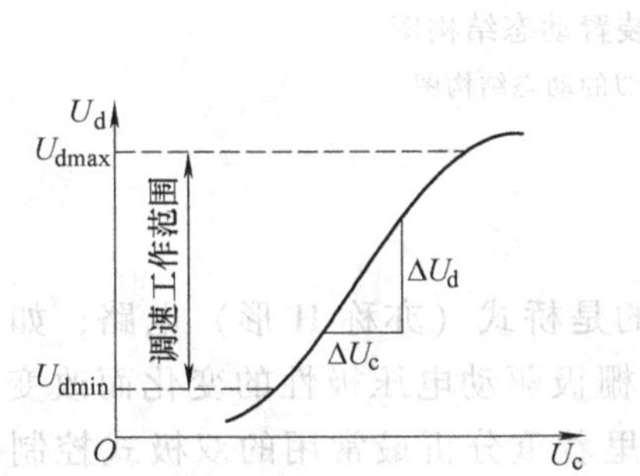

图3-9　晶闸管触发与整流装置的输入-输出特性

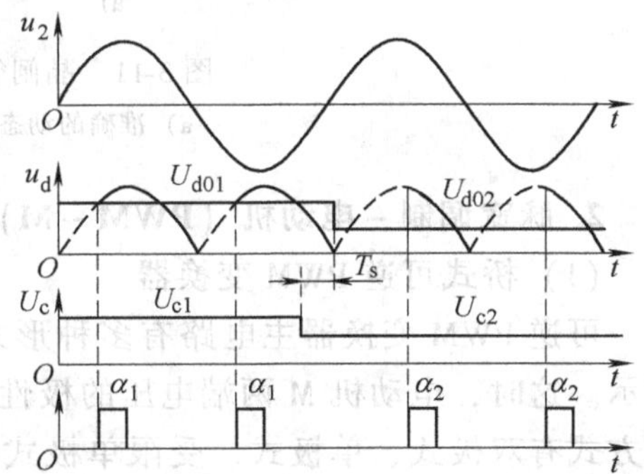

图3-10　晶闸管触发与整流装置的失控时间

显然，失控时间是随机的，其大小随U_c发生变化的时刻而改变，最大可能的失控时间就是两个相邻自然换相点之间的时间，其与交流电源频率和整流电路形式有关，由下式确定：

$$T_{smax} = \frac{1}{mf} \tag{3-8}$$

式中，f为交流电流频率；m为交流电源一周内整流电压的脉波数。

相对于整个系统的响应时间来说，T_s是不大的，在一般情况下，可取其统计平均值$T_s = T_{smax}/2$，并认为是常数。或按最严重的情况考虑，取$T_s = T_{smax}$。表3-2列出了各种整流电路的失控时间。

表3-2　各种整流电路的失控时间（$f = 50Hz$）

整流电路形式	最大失控时间T_{smax}/ms	平均失控时间T_s/ms
单相半波	20	10
单相桥式(全波)	10	5
三相半波	6.67	3.33
三相桥式、六相半波	3.33	1.67

若用单位阶跃函数表示滞后，则晶闸管触发与整流装置的输入-输出关系为

$$U_{d0} = K_s U_c \cdot 1(t - T_s) \tag{3-9}$$

晶闸管装置的传递函数为

$$W_s(s) = \frac{U_{d0}(s)}{U_c(s)} = K_s e^{-T_s s} \tag{3-10}$$

式（3-10）包含指数函数，它使系统成为非最小相位系统，分析和设计都比较麻烦。为了简化，将该指数函数按泰勒级数展开，考虑到 T_s 很小，可忽略高次项，则传递函数便近似成一阶惯性环节，如下式：

$$W_s(s) = K_s e^{-T_s s} = \frac{K_s}{e^{T_s s}} = \frac{K_s}{1 + T_s s + \frac{1}{2!}T_s^2 s^2 + \frac{1}{3!}T_s^3 s^3 + \cdots} \approx \frac{K_s}{1 + T_s s} \tag{3-11}$$

其动态结构图如图 3-11 所示。

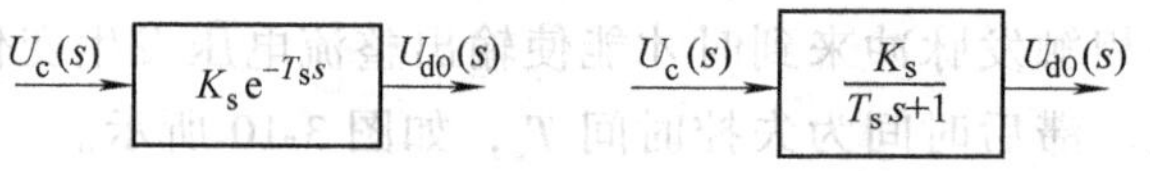

$U_c(s)$ → $K_s e^{-T_s s}$ → $U_{d0}(s)$　　　$U_c(s)$ → $\frac{K_s}{T_s s+1}$ → $U_{d0}(s)$

a)　　　b)

图 3-11　晶闸管触发与整流装置动态结构图

a）准确的动态结构图　b）近似的动态结构图

2. 脉宽调制－电动机（PWM－M）系统

（1）桥式可逆 PWM 变换器

可逆 PWM 变换器主电路有多种形式，最常用的是桥式（亦称 H 形）电路，如图 3-12 所示。这时，电动机 M 两端电压的极性随开关器件栅极驱动电压极性的变化而改变，其控制方式有双极式、单极式、受限单极式等多种，这里着重分析最常用的双极式控制的可逆 PWM 变换器。四个功率器件中，VT_1 和 VT_4 为一组，VT_2 和 VT_3 为另一组，4 个功率器件的驱动信号的关系是：$U_{g1} = U_{g4} = -U_{g2} = -U_{g3}$。桥式可逆 PWM 变换器是双极式控制方式，可以正向运行，也可以反向运行。

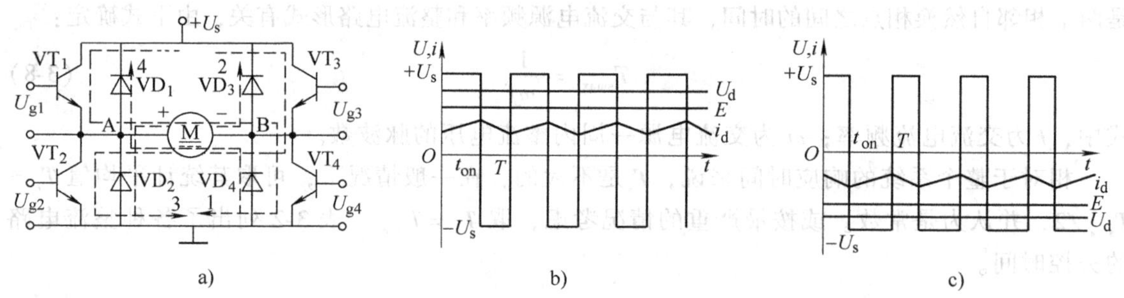

a)　　　b)　　　c)

图 3-12　桥式可逆 PWM 变换器

a）电路原理　b）正向运行时的电压、电流波形　c）反向运行时的电压、电流波形

正向运行分两个阶段：第 1 阶段，在 $0 \leqslant t < t_{on}$ 期间，U_{g1}、U_{g4} 为正，VT_1、VT_4 导通，U_{g2}、U_{g3} 为负，VT_2、VT_3 截止，电流 i_d 沿回路 1 流通，电动机 M 两端电压 $U_{AB} = +U_s$；第 2 阶段，在 $t_{on} \leqslant t < T$ 期间，U_{g1}、U_{g4} 为负，VT_1、VT_4 截止，VD_2、VD_3 续流，并钳位使 VT_2、VT_3 保持截止，电流 i_d 沿回路 2 流通，电动机 M 两端电压 $U_{AB} = -U_s$。

反向运行也分两个阶段：第1阶段，在 $0 \leqslant t < t_{on}$ 期间，U_{g2}、U_{g3} 为负，VT_2、VT_3 截止，VD_1、VD_4 续流，并钳位使 VT_1、VT_4 截止，电流 $-i_d$ 沿回路4流通，电动机M两端电压 $U_{AB}=+U_s$；第2阶段，在 $t_{on} \leqslant t < T$ 期间，U_{g2}、U_{g3} 为正，VT_2、VT_3 导通，U_{g1}、U_{g4} 为负，使 VT_1、VT_4 保持截止，电流 $-i_d$ 沿回路3流通，电动机M两端电压 $U_{AB}=-U_s$。

双极式控制可逆PWM变换器的输出平均电压为

$$U_d = \frac{t_{on}}{T}U_s - \frac{T-t_{on}}{T}U_s = \left(\frac{2t_{on}}{T}-1\right)U_s \tag{3-12}$$

若定义占空比 $\rho=\frac{t_{on}}{T}$，电压系数 $\gamma=\frac{U_d}{U_s}$，则在双极式控制的可逆PWM变换器中

$$\gamma = 2\rho - 1 \tag{3-13}$$

调速时，ρ 的可调范围为 $0\sim1$，$-1<\gamma<+1$。当 $\rho>0.5$ 时，γ 为正，电动机正转；当 $\rho<0.5$ 时，γ 为负，电动机反转；当 $\rho=0.5$ 时，$\gamma=0$，电动机停止。当电动机停止时电枢电压并不等于零，而是正负脉宽相等的交变脉冲电压，因而电流也是交变的。这个交变电流的平均值为零，不产生平均转矩，增大电动机的损耗，这是双极式控制的缺点。但是，在电动机停止时仍有高频微振电流，从而消除了正、反向时的静摩擦死区，起着所谓“动力润滑”的作用。

双极式控制的桥式可逆PWM变换器有以下的优点：①电流一定连续；②可使电动机在四象限运行；③电动机停止时有微振电流，能消除静摩擦死区；④低速平稳性好，系统的调速范围可达1:20000左右；⑤低速时，每个开关器件的驱动脉冲仍较宽，有利于保证器件的可靠导通。

双极式控制方式的不足之处是：在工作过程中，4个开关器件可能都处于开关状态，开关损耗大，而且在切换时可能发生上、下桥臂直通的事故，为了防止直通，在上、下桥臂的驱动脉冲之间，应设置逻辑延时。

（2）PWM调速系统的机械特性

严格地说，即使在稳态情况下，脉宽调速系统的转矩和转速也都是脉动的，稳态是指电动机的平均电磁转矩与负载转矩相平衡的状态，机械特性是平均转速与平均转矩（电流）的关系。目前，在中、小容量的脉宽调速系统中，由于IGBT已经得到普遍的应用，其开关频率一般在10kHz左右，这时，最大电流脉动量在额定电流的5%以下，转速脉动量不到额定空载转速的万分之一，可以忽略不计。

对于双极式控制的可逆电路，电压方程为

$$U_s = Ri_d + L\mathrm{d}i_d/\mathrm{d}t + E \quad (0 \leqslant t < t_{on}) \tag{3-14}$$

$$-U_s = Ri_d + L\mathrm{d}i_d/\mathrm{d}t + E \quad (t_{on} \leqslant t < T) \tag{3-15}$$

按电压方程求一个周期内的平均值，即可导出机械特性方程式。电枢两端在一个周期内的平均电压 $U_d=\gamma U_s$。平均电流和转矩分别用 I_d 和 T_e 表示，平均转速 $n=E/C_e$，而电枢电感压降的平均值 $L\mathrm{d}i_d/\mathrm{d}t$ 在稳态时应为零。于是，上述的电压方程，其平均值方程都写成

$$\gamma U_s = RI_d + E = RI_d + K_e n \tag{3-16}$$

$$n = \frac{\gamma U_s}{C_e} - \frac{R}{C_e}I_d = n_0 - \frac{R}{C_e}I_d \tag{3-17}$$

或用转矩表示
$$n = \frac{\gamma U_s}{C_e} - \frac{R}{C_e C_m}T_e = n_0 - \frac{R}{C_e C_m}T_e$$
式中，C_e为电动机在额定磁通下的电动势系数，$C_e = K_e\Phi_N$；C_m为电动机在额定磁通下的转矩系数 $C_m = K_m\Phi_N$；n_0为理想空载转速，与电压系数 γ 成正比，$n_0 = \gamma U_s/C_e$。

图 3-13 所示是电流连续时脉宽调速系统的稳态特性曲线（仅绘出了第一、二象限的机械特性），它适用于带制动作用的不可逆电路，双极式控制可逆电路的机械特性与此相仿，只是扩展了到第三、四象限。对于电动机在同一方向旋转时电流不能反向的电路，轻载时会出现电流断续现象，把平均电压抬高，在理想空载时，$I_d = 0$，理想空载转速会翘到 $n_{0s} = U_s/C_e$。

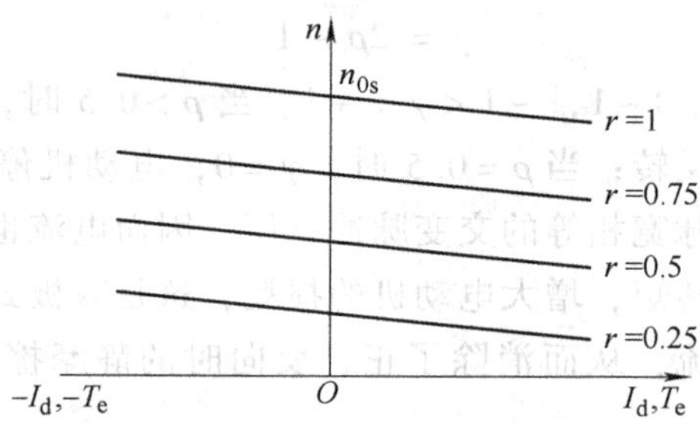

图 3-13　脉宽调速系统的稳态特性曲线（电流连续）

（3）PWM 控制与变换器的数学模型

图 3-14 所示为 PWM 控制器与变换器的框图，PWM 控制器与变换器的动态数学模型和晶闸管触发与整流装置基本一致。当控制电压改变时，PWM 变换器输出平均电压按线性规律变化，但其响应会有延迟，最大的时延是一个开关周期 T。因此 PWM 装置也可以看成是一个滞后环节，其传递函数可以写成

$$W_s(s) = \frac{U_d(s)}{U_c(s)} = K_s e^{-T_s s} \tag{3-18}$$

式中，K_s为 PWM 装置的放大系数；T_s为 PWM 装置的延迟时间，$T_s \leqslant T$。

当开关频率为 10kHz 时，$T = 0.1\text{ms}$，在一般的电力拖动自动控制系统中，时间常数这么小的滞后环节可以近似看成是一阶惯性环节，与晶闸管装置传递函数完全一致。

$$W_s(s) \approx \frac{K_s}{T_s s + 1} \tag{3-19}$$

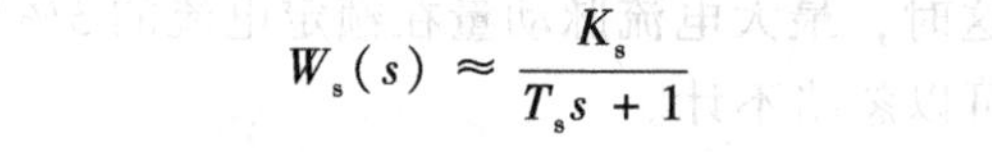

图 3-14　PWM 控制器与变换器框图

（4）电能回馈与泵升电压的限制

PWM 变换器的直流电源通常由交流电网经不可控的二极管整流器产生，并采用大电容 C 滤波，以获得恒定的直流电压，电容 C 同时对感性负载的无功功率起储能缓冲作用，如图 3-15 所示。对于 PWM 变换器中的滤波电容，其作用除滤波外，还有当电动机制动时吸收运行系统动能的作用。由于直流电源靠二极管整流器供电，不可能回馈电能，电动机制动时只

好对滤波电容充电，这将使电容两端电压升高，称作“泵升电压”。

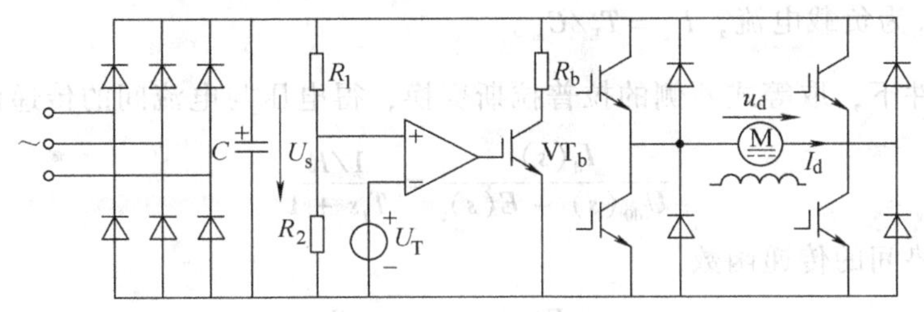

图 3-15　常用的 PWM – M 系统主电路

电力电子器件的耐压限制着最高泵升电压，因此电容量就不可能很小，一般几千瓦的调速系统所需的电容量达到数千微法。在大容量或负载有较大惯量的系统中，不可能只靠电容器来限制泵升电压，这时，可以采用镇流电阻 R_b 来消耗掉部分动能。R_b 的分流电路靠开关器件 VT_b 在泵升电压达到允许数值时接通。

对于更大容量的系统，为了提高效率，可以在二极管整流器输出端并接逆变器，把多余的能量逆变后回馈电网，这样系统就更复杂了。

3. 他励直流电动机

（1）他励直流电动机等效电路

他励直流电动机在额定电流下的等效电路如图 3-16 所示。图中，电枢回路总电阻 R 和电感 L 包含电力电子变换器内阻 R_{rec}、电枢电阻 R_a 和电感以及可能在主电路中接入的其他电阻和电感。规定正方向如图 3-16 所示。

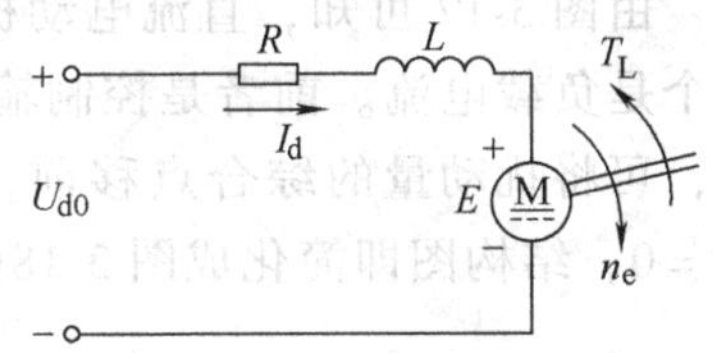

图 3-16　他励直流电动机等效电路

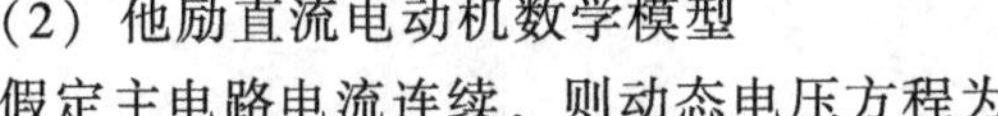

（2）他励直流电动机数学模型

假定主电路电流连续，则动态电压方程为

$$U_{d0} = RI_d + L\frac{dI_d}{dt} + E \tag{3-20}$$

忽略粘性摩擦及弹性转矩，电机轴上的动力学方程为

$$T_e - T_L = \frac{GD^2}{375}\frac{dn}{dt} \tag{3-21}$$

额定励磁下的感应电动势和电磁转矩分别为

$$T_e = C_m I_d \tag{3-22}$$

$$E = C_e n \tag{3-23}$$

综合式（3-20）和式（3-21），并考虑式（3-22）和式（3-23），整理后得

$$U_{d0} - E = R\left(I_d + T_l\frac{dI_d}{dt}\right) \tag{3-24}$$

$$I_d - I_{dL} = \frac{T_m}{R}\frac{dE}{dt} \tag{3-25}$$

式中，T_L 为包括电机空载转矩在内的负载转矩（N · m）；GD^2 为电力拖动系统折算到电机轴上的飞轮转矩（N · m²）；C_m 为电机额定励磁下的转矩系数（N · m/A），$C_m = (30/\pi)C_e =$

$9.55C_e$。T_l为电枢回路电磁时间常数（s），$T_l=L/R$；T_m为电力拖动系统机电时间常数（s），$T_m=\dfrac{GD^2R}{375C_eC_m}$；$I_{dL}$为负载电流，$I_{dL}=T_L/C_m$。

在零初始条件下，取等式两侧的拉普拉斯变换，得电压与电流间的传递函数

$$\frac{I_d(s)}{U_{d0}(s)-E(s)}=\frac{1/R}{T_ls+1} \tag{3-26}$$

电流与电动势间的传递函数

$$\frac{E(s)}{I_d(s)-I_{dL}(s)}=\frac{R}{T_ms} \tag{3-27}$$

由于 $n=E/C_e$，得到额定励磁下直流电动机的动态结构图，如图 3-17 所示。

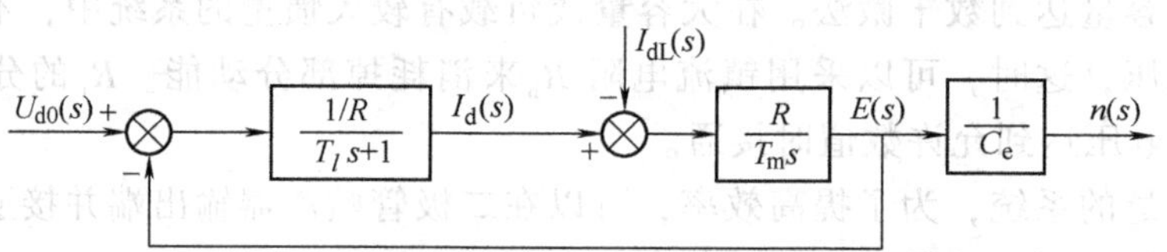

图 3-17　额定励磁下的直流电动机的动态结构图

由图 3-17 可知，直流电动机有两个输入量：一个是施加在电枢上的理想空载电压；另一个是负载电流。前者是控制输入量，后者是扰动输入量。如果不需要在结构图中显现出电流，可将扰动量的综合点移前，再进行等效变换，如图 3-18a 所示。如果是理想空载，则 $I_{dL}=0$，结构图即简化成图 3-18b。

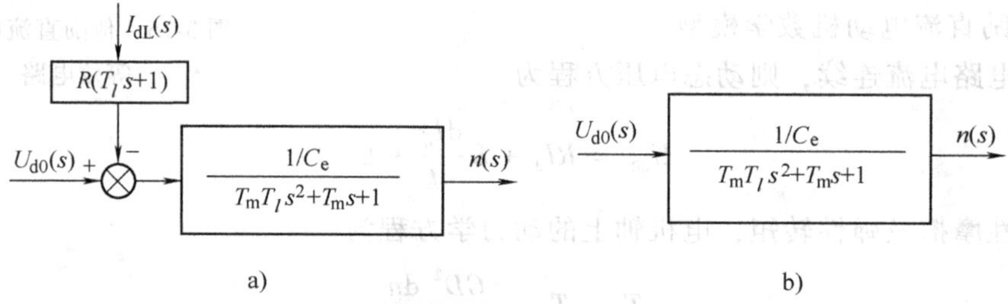

图 3-18　直流电动机动态结构图的变换和简化

a）$I_{dL}\neq0$　b）$I_{dL}=0$

可以看出，额定励磁下的直流电动机是一个二阶线性环节，T_m和 T_l两个时间常数分别表示机电惯性和电磁惯性。若 $T_m>4T_l$，则 U_{d0}、n 间的传递函数可以分解成两个惯性环节，突加给定时，转速呈现单调变化；若 $T_m<4T_l$，则直流电动机是一个二阶振荡环节，机械和电磁能量互相转换，使电动机的运动过程带有振荡的性质。

4. 直流电动机调压调速系统

由可控直流电源供电的他励直流电动机调压调速系统如图 3-19a 所示，控制电压 u_c控制直流电源的输出电压，从而调节电动机的转速，实现调压调速。系统的动态模型如图 3-19b 所示。

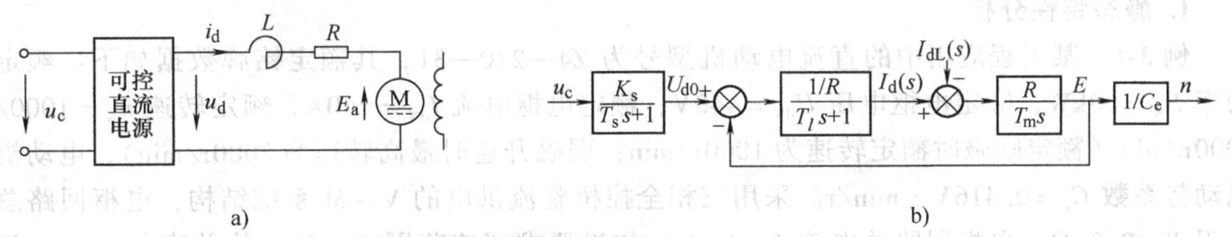

图 3-19　直流电动机调压调速系统及动态模型
a）调压调速系统　b）动态模型

3.2　调速系统的控制要求和开环直流调速系统

3.2.1　调速系统的控制要求

任何一台需要控制转速的设备，其生产工艺对调速性能都有一定的要求。例如，最高转速与最低转速之间的范围，是有级调速还是无级调速，在稳定运行时允许转速波动的大小，从正转运行变到反转运行的时间间隔，突加或突减负载时允许的转速波动，运行停止时要求的定位精度等。归纳起来，对于调速系统的转速控制要求有以下 3 个方面：

1）调速——在一定的最高转速和最低转速范围内，分挡地（有级）或平滑地（无级）调节转速。

2）稳速——以一定的精度在所需转速上稳定运行，在各种干扰下不允许有过大的转速波动，以确保产品质量。

3）加、减速——频繁起、制动的设备要求加、减速尽量快，以提高生产率；不宜经受剧烈速度变化的机械则要求起、制动尽量平稳。

对调速系统进行定量分析，针对前两项要求定义，可以利用调速系统的稳态性能指标，即调速范围 D 和静差率 s 进行分析。在设计调速方案时，可以根据生产要求提出的 D 和 s，算出允许的转速降 Δn_N，然后决定采用何种调速方法。反之，也可以选定某种调速方法，低速特性一定，在一定的 Δn_N 下，算出调速范围，以校验能否满足生产需要。

3.2.2　开环直流调速系统的特性及存在的问题

由可调直流电源驱动的直流电动机调压调速系统，是开环调速系统。如果负载的生产工艺对运行时的静差率要求不高，这样的开环调速系统能实现一定范围内的无级调速，适于某些用途。但是，许多需要调速的生产机械常常对静差率有一定的要求。例如龙门刨床，由于毛坯表面粗糙不平，加工时负载大小常有波动，但是为了保证工件表面的加工精度和加工后的表面光洁度，就要求加工过程中的速度基本稳定，也就是说静差率不能太大，一般要求，调速范围 $D=20\sim40$，静差率 $s\leqslant5\%$。又如热连轧机，各机架轧辊分别由单独的电动机拖动，钢材在几个机架内连续轧制，要求各机架出口线速度保持严格的比例关系，使被轧金属的每秒流量相等，才不至造成钢材的拱起或拉断，根据工艺要求，需使调速范围 $D=3\sim10$，静差率 $s\leqslant0.2\%\sim0.5\%$。在这些情况下，开环调速系统往往不能满足要求。

下面通过实例来研究开环调速系统的静态和动态特性。

1. 静态特性分析

例 3-1　某工程应用中的直流电动机型号为 Z4—220—31，其额定铭牌数据如下：额定功率 $P_N=60kW$，额定电枢电压 $U_{dN}=440V$，额定电枢电流 $I_{dN}=140A$，额定转速 $n_N=1000/2000r/min$（额定励磁时额定转速为 1000r/min；弱磁升速时最高转速为 2000r/min），电动机电动势系数 $C_e=0.416V\cdot min/r$。采用三相全控桥整流供电的 V－M 系统结构，电枢回路总电阻 $R=0.25\Omega$，电枢回路总电感 $L=5mH$。如果要求调速范围 $D=20$，静差率 $s\leqslant5\%$，问该系统能否满足要求？若要满足要求，系统的额定速降 Δn_N应不大于多少？

解：当电流连续时，该 V－M 系统的开环额定转速降为

$$\Delta n_N=\frac{I_{dN}R}{C_e}=\frac{140\times0.25}{0.416}r/min=84.13r/min$$

开环调速系统机械特性连续段在额定转速时的静差率为

$$s_N=\frac{\Delta n_N}{n_N+\Delta n_N}=\frac{84.13}{1000+84.13}=0.078=7.8\%$$

这已经超过了 5% 的要求，显然最低速时的静差率会更大。因此采用开环调速系统不能满足要求。

为了满足要求 $D=20$，$s\leqslant5\%$，由公式 $D=\frac{n_Ns}{\Delta n_N\ (1-s)}$，可求得系统的额定速降 Δn_N是

$$\Delta n_N=\frac{n_Ns}{D(1-s)}\leqslant\frac{1000\times0.05}{20\times(1-0.05)}r/min=2.63r/min$$

由此可以看出，开环调速系统的额定转速降是 84.13r/min，而生产工艺的要求却只有 2.63r/min，相差很多。可见，开环调速已不能满足要求，需采用反馈控制的闭环调速系统来解决这个问题（在下一节讨论）。

2. 动态特性分析

例 3-2　上例的系统中，已知电源放大倍数 $K_s=44$，系统飞轮转矩 $GD^2=90N\cdot m^2$，所选电动机的允许过载倍数为 1.7，试求该系统的各种动态指标。

解：已知 $C_e=0.416V\cdot min/r$，$K_s=44$，$R=0.25\Omega$，$C_m=60C_e/2\pi=3.97N\cdot m/A$，可求得 $T_s=1.67ms$，$T_L=L/R=20ms$，$T_m=GD^2R/\ (375C_eC_m)\ =36.3ms$。

将上述参数代入图 3-19b 所示的直流调速系统动态模型，下面通过对该系统进行建模与仿真来分析其开环时域特性。仿真结果如图 3-20 所示。

图 3-20a 所示为开环调速系统的跟随性能，由图可知，$t=0.05s$ 时满载起动，转速稳态值为 1000r/min，最大值为 1060r/min，所以超调量为 $\sigma\%=(1060-1000)/1000=6\%$，上升时间 $t_r=87ms$，若误差带取为 $\Delta=\pm5\%$，可得调节时间 $t_s=134ms$。要注意的是，起动过程中电枢电流的峰值可达到约 1200A，为额定电流的 8 倍以上。这是因为，u_c突然增大时，u_d会快速上升，但是电动机的电枢惯性都较大，表现为 T_m 较大，使得电动机转速和反电动势上升较慢，电枢电压几乎完全靠很小的电枢电阻限流，使得电枢电流非常大。由于电动机的过载能力只有 1.7 倍，因此在工程应用中是不允许的。

在直流调速系统中负载变化是其最主要的扰动源，图 3-20b 所示为负载电流发生阶跃变化时的抗负载扰动过渡过程。由图可知，$t=0.85s$ 时负载电流从 14A（额定电流的 10%）阶跃上升到额定 140A，动态最大速降为 $\Delta n_{max}=(1074-992)r/min=82r/min$，按定义扰动

静差 $\Delta n_{max}=(1000-1074)\mathrm{r/min}=-74\mathrm{r/min}$，如果误差带取稳态值 1000r/min 的 ±2%，扰动恢复时间为 $t_v=30\mathrm{ms}$。

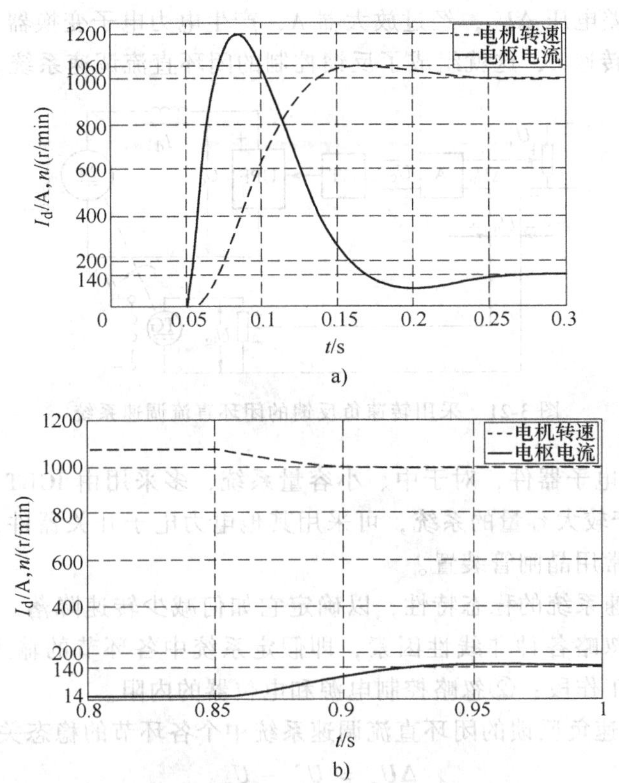

图 3-20 开环直流调速系统的动态特性

a）跟随性能 b）抗负载扰动性能

3. 开环直流调速系统的局限性

通过控制可调直流电源的输入信号 u_c，可以连续调节直流电动机的电枢电压 U_d，实现直流电动机的平滑无级调速，但是，存在以下问题：

1）在起动或大范围阶跃升速时，电枢电流可能远远超过电动机额定电流，可能会损坏电动机，也会使直流可调电源因过电流而烧毁。因此必须设法限制电枢动态电流的幅值。

2）开环系统的额定速降一般都比较大，使得开环系统的调速范围 D 都很小，对于大部分需要调速的生产机械都无法满足要求。因此必须采用闭环反馈控制的方法减小额定动态速降，以增大调速范围。

3）开环调速系统对于负载扰动是有静差的，必须采用闭环反馈控制消除扰动静差。

3.3 转速负反馈单闭环直流调速系统

3.3.1 单闭环直流调速系统的组成及静特性

1. 单闭环直流调速系统的组成

由于调速系统的转速降落是由负载引起的转速偏差，因此，引入转速闭环将使调速系统能够大大减少转速降落。反馈控制的闭环直流调速系统如图 3-21 所示。图中，与电动机同轴安装一台测速发电机 TG，引出与被调量转速成正比的负反馈电压 U_n，与给定电压 U_n^* 相比较后，得到转速偏差电压 ΔU_n，经过放大器 A，产生电力电子变换器（UPE）的控制电压 U_c，用以控制电动机转速 n，这就组成了反馈控制的闭环直流调速系统。

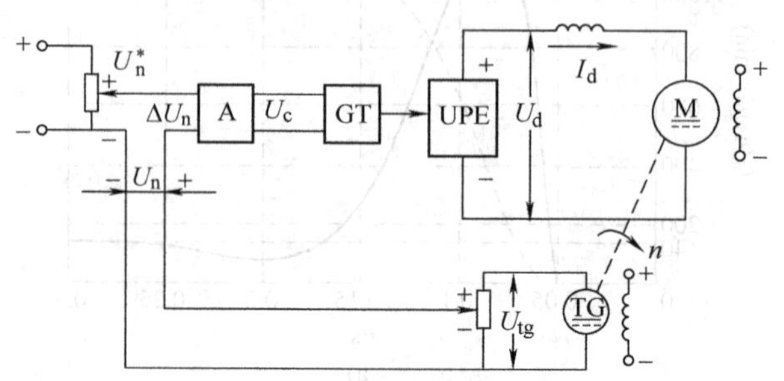

图 3-21 采用转速负反馈的闭环直流调速系统

组成 UPE 的电力电子器件，对于中、小容量系统，多采用由 IGBT 或 P－MOSFET 组成的 PWM 变换器；对于较大容量的系统，可采用其他电力电子开关器件，如 GTO、IGCT 等；特大容量的系统，则常用晶闸管装置。

下面分析闭环调速系统的稳态特性，以确定它如何减少转速降落。为了突出主要矛盾，先作如下的假定：①忽略各种非线性因素，即假定系统中各环节的输入输出关系都是线性的，或者只取其线性工作段；②忽略控制电源和电位器的内阻。

图 3-21 所示的转速负反馈的闭环直流调速系统中个各环节的稳态关系如下：

电压比较环节 $\Delta U_n = U_n^* - U_n$

放大器 $U_c = K_p \Delta U_n$

电力电子变换装置（UPE） $U_{d0} = K_s U_c$

调速系统开环机械特性 $n = \dfrac{U_{d0} - I_d R}{C_e}$

测速反馈环节 $U_n = \alpha n$

以上各关系式中，K_p 为放大器的电压放大系数；K_s 为电力电子变换器的电压放大系数；α 为转速反馈系数（V · min/r）；U_{d0} 为 UPE 的理想空载输出电压（V）；C_e 为电动势系数（V · min/r），$C_e = K_e \Phi$；R 为电枢回路总电阻（Ω）。

消去中间变量，整理后，即得转速负反馈闭环直流调速系统的特性方程式

$$n = \frac{K_p K_s U_n^* - I_d R}{C_e(1 + K_p K_s \alpha / C_e)} = \frac{K_p K_s U_n^*}{C_e(1 + K)} - \frac{R I_d}{C_e(1 + K)} \tag{3-28}$$

式中，K 称为闭环系统的开环放大系数，是各环节单独的放大系数的乘积，$K = K_p K_s \alpha / C_e$，注意，这里以 $n/E = 1/C_e$ 作为电动机环节放大系数。

闭环直流调速系统的静特性表示闭环系统电动机转速与负载电流（或转矩）间的稳态关系，如式（3-28），它在形式上与开环机械特性相似，但本质上却有很大不同，故称为“静特性”，以示区别。根据各环节的稳态关系式可以画出闭环系统的稳态结构图，如图 3-22 所示。图中，各方框内的文字符号代表该环节的放大系数。利用叠加定理，同样可以得到表达式（3-28）。

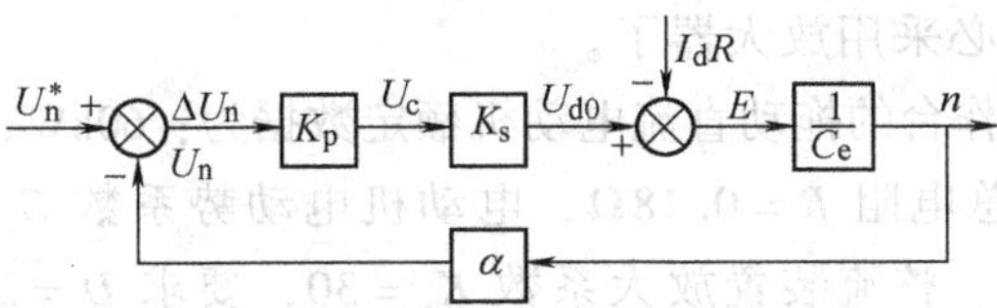

图 3-22　转速闭环调速系统的稳态结构图

2. 闭环静特性与开环机械特性的比较

通过比较开环系统的机械特性和闭环系统的静特性，可以清楚地看出反馈闭环控制的优越性。如果断开反馈回路，则上述系统的开环机械特性为

$$n = \frac{U_{d0} - I_dR}{C_e} = \frac{K_pK_sU_n^*}{C_e} - \frac{RI_d}{C_e} = n_{0op} - \Delta n_{op} \tag{3-29}$$

而闭环时的静特性可写成

$$n = \frac{K_pK_sU_n^*}{C_e(1+K)} - \frac{RI_d}{C_e(1+K)} = n_{0cl} - \Delta n_{cl} \tag{3-30}$$

式中，n_{0op}和n_{0cl}分别表示开环和闭环系统的理想空载转速；Δn_{op}和Δn_{cl}分别表示开环和闭环系统的稳态速降。

比较式（3-29）和式（3-30）可以看出：

1）闭环系统静特性比开环系统机械特性硬得多。在同样的负载扰动下，两者的转速降落分别为

$$\Delta n_{op} = \frac{RI_d}{C_e} \qquad \Delta n_{cl} = \frac{RI_d}{C_e(1+K)}$$

它们的关系是

$$\Delta n_{cl} = \frac{\Delta n_{op}}{1+K} \tag{3-31}$$

显然，当K值较大时，Δn_{cl}比Δn_{op}小得多，也就是说，闭环系统的特性要硬得多。

2）闭环系统的静差率要小得多。闭环系统和开环系统的静差率分别为

$$s_{op} = \frac{\Delta n_{op}}{n_{0op}} \qquad s_{cl} = \frac{\Delta n_{cl}}{n_{0cl}}$$

如果理想空载转速相同，即当$n_{0op} = n_{0cl}$时

$$s_{cl} = \frac{s_{op}}{1+K} \tag{3-32}$$

3）当要求的静差率一定时，闭环系统可以大大提高调速范围。如果电动机的最高转速都是n_N，而对最低速静差率的要求相同，那么

$$D_{op} = \frac{n_Ns}{\Delta n_{op}(1-s)} \qquad D_{cl} = \frac{n_Ns}{\Delta n_{cl}(1-s)}$$

则

$$D_{cl} = (1+K)D_{op} \tag{3-33}$$

4）要取得上述三项优势，闭环系统必须设置放大器。在闭环系统中，引入转速反馈电压U_n后，若转速偏差小，就会使得$\Delta U_n = U_n^* - U_n$很小，所以必须设置放大器，才能获得足够的控制电压U_c。而在开环系统中，由于U_n^*和U_n是属于同一数量等级的电压，可以把U_n^*

直接当做 U_c 来控制，就不必采用放大器了。

例 3-3 某龙门刨床工作台的拖动直流电动机额定数据为：60kW、220V、305A、1000r/min，采用 V－M 系统，主电路总电阻 $R=0.18\Omega$，电动机电动势系数 $C_e=0.2\text{V}\cdot\text{min/r}$，转速反馈系数 $\alpha=0.015\text{V}\cdot\text{min/r}$。整流装置放大系数 $K_s=30$，要求 $D=20$，$s<5\%$，如何采用闭环调速系统满足此要求？

解：当电流连续时，V－M 系统的额定转速降为

$$\Delta n_{op}=\frac{I_{dN}R}{C_e}=\frac{305\times0.18}{0.2}\text{r/min}=275\text{r/min}$$

但为了满足 $D=20$、$s\leqslant5\%$ 的调速要求，则要求

$$\Delta n_{cl}=\frac{n_N s}{D(1-s)}\leqslant\frac{1000\times0.05}{20\times(1-0.05)}\text{r/min}=2.63\text{r/min}$$

由式（3-31）可得

$$K=\frac{\Delta n_{op}}{\Delta n_{cl}}-1\geqslant\frac{275}{2.63}-1=103.6$$

代入已知参数，则得

$$K_p=\frac{K}{K_s\alpha/C_e}\geqslant\frac{103.6}{30\times0.015/0.2}=46$$

因此，闭环调速系统中，只要放大器的放大系数不小于 46，就能满足所需的稳态性能指标。

3. 闭环调速系统的静特性

开环调速系统和闭环调速系统相比较，C_e 和 R 并没有变化，为什么闭环调速系统的负载速降会显著减小？下面来分析原因。

假定某直流电动机工作在图 3-23 中的 A 点，开环系统中，当负载增大，即负载电流 I_d 增大，$I_d\uparrow\to E=C_e n=(U-I_dR)\downarrow$，则转速 n 下降，工作点从 $A\to A'$；但是闭环系统有转速反馈装置，转速 n 下降时，$n\downarrow\to U_n\downarrow\to\Delta U_n=(U_n^*-U_n)\uparrow\to U_c\uparrow\to U_{d0}\uparrow\to n\uparrow$，即系统可以通过反馈回路自动提升电力电子装置的输出电压 U_{d0}，使系统工作在新的机械特性曲线上，而转速得到回升，工作点从 $A\to B$，可见闭环转速降落比开环小得多，所以在闭环系统中，每增加（或减少）一点负载，就相应的提高（或降低）一点电枢电压 U_{d0}，也就是改换一条机械特性。闭环系统的静特性就是这样在许多开环机械特性曲线上各取一个相应的工作点，如图 3-23 所示的 A、B、C、D、…，再由这些工作点连接起来的。

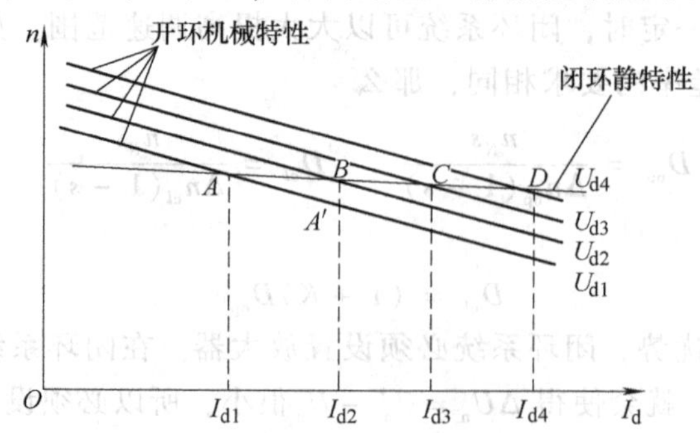

图 3-23 闭环系统静特性和开环机械特性的关系

因此，闭环调速系统能减少稳态转速降的实质在于它的自动调节作用，它能随着负载的变化而相应的改变电枢电压，以补偿电枢回路电阻压降的变化。

4. 单闭环调速系统的控制规律

转速反馈闭环调速系统是一种基本的反馈控制系统，它的控制规律如下：

1）采用比例放大器的反馈控制系统，被调量有静差。从静特性分析可知，采用比例放大器的转速闭环调速系统，其开环放大系数 K 值越大，系统的稳态性能越好。但是 K_p 为常数，稳态速差就只能减小，却不可能消除。因为闭环调速系统的稳态转速降为

$$\Delta n_{cl} = \frac{RI_d}{C_e(I+K)} \tag{3-34}$$

只有 $K=\infty$，才能使 $\Delta n_{cl}=0$，而这是不可能的。因此，系统是有静差调速系统。实际上，这种系统正是依靠被调量的偏差进行控制的。

2）反馈控制系统的作用是：抵抗扰动，服从给定。反馈控制系统具有良好的抗扰性能，它能有效地抑制被负反馈环所包围的前向通道上的扰动作用，但完全服从给定作用。

除给定信号外，作用在控制系统各环节上的所有会引起输出量变化的因素都称做“扰动作用”。扰动作用包括：负载变化的扰动（使 I_d 变化），交流电源电压波动的扰动（使 K_s 变化），电动机励磁变化的扰动（造成 C_e 变化），放大器输出电压漂移的扰动（使 K_p 变化），温升引起主电路电阻增大的扰动（使 R 变化），检测误差的扰动（使 α 变化）。如图3-24所示，各种扰动作用都表示在稳态结构图上，这些因素最终都要影响到转速。但是反馈控制系统对被反馈环包围的前向通道上的扰动都有抑制功能。例如交流电源电压波动时，若 K_s 下降，系统的调节过程是 $K_s\downarrow\rightarrow U_{d0}\downarrow\rightarrow n\downarrow\rightarrow U_n\downarrow\rightarrow \Delta U_n\uparrow\rightarrow U_c\uparrow\rightarrow U_{d0}\uparrow\rightarrow n\uparrow$。

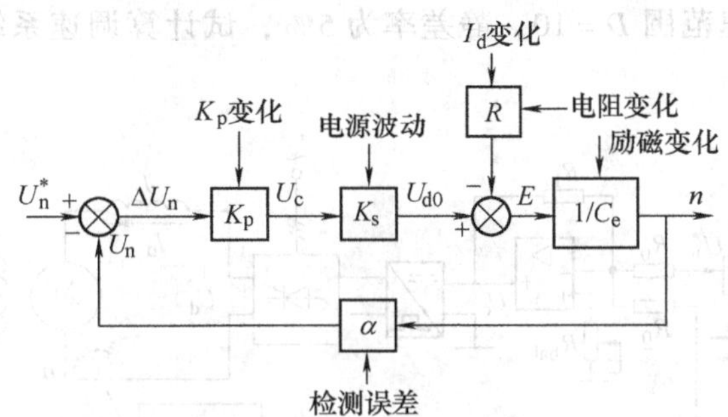

图3-24　闭环调速系统的给定作用和扰动作用

可是，如果扰动发生在反馈回路，比如测速反馈系数受到某种影响而发生变化，它非但不能得到反馈控制系统的抑制，反而会增大被调量的误差。若转速反馈系数 α 增大，系统的调节过程：$\alpha\uparrow\rightarrow U_n\uparrow\rightarrow\Delta U_n\downarrow\rightarrow U_c\downarrow\rightarrow U_{d0}\downarrow\rightarrow n\downarrow$。

可见，反馈控制系统所能抑制的只是被反馈环包围的前向通道上的扰动。但是对于反馈环外的给定作用，如图3-24中的转速给定信号，它的微小变化都会使被调量随之变化，丝毫不受反馈作用的抑制。因此反馈控制系统的规律是：一方面能够有效地抑制所有被包在负反馈环内前向通道上的扰动作用；另一方面，又紧紧地跟随着给定作用，服从给定信号 U_n^* 的任何变化。

3）系统的精度依赖于给定和反馈检测精度。由于给定信号 U_n^* 决定系统输出，输出精

度自然取决于给定精度。如果产生给定电压的电源发生波动，反馈控制系统无法鉴别是对给定电压的正常调节还是不应有的电压波动，因此，高精度的调速系统必须有更高精度的给定稳压电源。

反馈检测装置的误差也是反馈控制系统无法克服的，因此检测精度决定了系统输出精度。对于上述系统来说，反馈检测装置就是测速发电机，如果测速发电机的励磁发生变化，会使反馈电压失真，从而使闭环系统的转速偏离应有的数值。而测速发电机电压中的换向纹波、制造或安装不良造成转子偏心等，都会给系统带来周期性的干扰，因此调速系统常采用高精度的速度传感器，来提高调速系统的精度。

3.3.2　单闭环直流调速系统稳态参数的计算

稳态参数计算是自动控制系统设计的第一步，它决定了控制系统的基本构成环节，有了基本环节组成系统之后，再通过动态参数设计，就可使系统完善。近代自动控制系统的控制器主要是模拟电子控制和数字电子控制，由于数字控制的明显优点，在实际应用中数字控制系统已占主要地位，但从物理概念和设计方法上看，模拟控制仍是基础。

例 3-4　用线性集成电路运算放大器作为电压放大器的转速负反馈闭环直流调速系统如图 3-25 所示，主电路是晶闸管可控整流器供电的 V－M 系统。已知数据如下：电动机额定数据为 10kW、220V、55A、1000r/min，电枢电阻 $R_a=0.5\Omega$；晶闸管触发整流装置为三相桥式可控整流电路，整流变压器 Y/y 联结，二次线电压 $U_{21}=230\text{V}$，电压放大系数 $K_s=44$；V－M 系统电枢回路总电阻 $R=1.0\Omega$；测速发电机为永磁式，额定数据为 23.1W、110V、0.21A、1900r/min；直流稳压电源为 ±15V。

若生产机械要求调速范围 $D=10$，静差率为 5%，试计算调速系统的稳态参数（暂不考虑电动机的起动问题）。

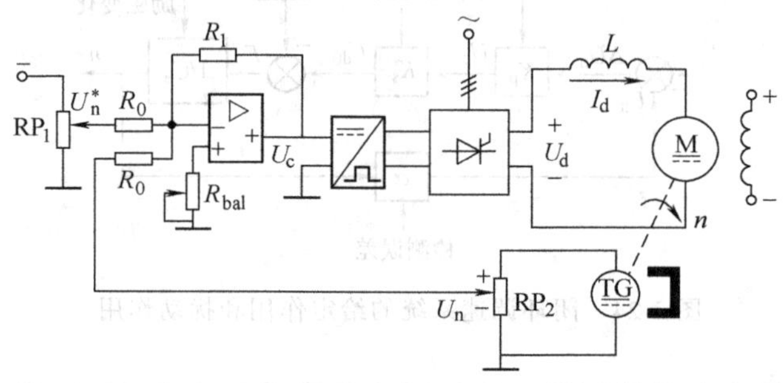

图 3-25　负反馈闭环控制有静差直流调速系统

解：(1) 为满足调速系统的稳态性能指标，额定负载时的稳态转速降应为

$$\Delta n_{cl}=\frac{n_N s}{D(1-s)}\leqslant\frac{1000\times0.05}{10\times(1-0.05)}\text{r/min}=5.26\text{r/min}$$

(2) 求闭环系统应有的开环放大系数。先计算电动机的电动势系数

$$C_e=\frac{U_N-I_N R_a}{n_N}=\frac{220-55\times0.5}{1000}\text{V}\cdot\text{min/r}=0.1925\text{V}\cdot\text{min/r}$$

则开环系统额定转速降为

$$\Delta n_{op} = \frac{I_N R}{C_e} = \frac{55 \times 1.0}{0.1925}\text{r/min} = 285.7\text{r/min}$$

闭环系统的开环放大系数应为

$$K = \frac{\Delta n_{op}}{\Delta n_{cl}} - 1 \geqslant \frac{285.7}{5.26} - 1 = 54.3 - 1 = 53.3$$

(3) 计算转速反馈环节的反馈系数和参数。转速反馈系数 α 包含测速发电机的电动势系数 C_{etg} 和其输出电位器 RP_2 的分压系数 α_2，即 $\alpha = \alpha_2 C_{etg}$，根据测速发电机的额定数据，有

$$C_{etg} = \frac{110}{1900} = 0.0579\text{V} \cdot \text{min/r}$$

先试取 $\alpha_2 = 0.2$，再检验是否合适。假定测速发电机与电动机直接联接，在电动机最高转速1000r/min 时，转速反馈电压为

$$U_n = \alpha_2 C_{etg} \times 1000 = 0.2 \times 0.0579 \times 1000\text{V} = 11.58\text{V}$$

稳态时 ΔU_n 很小，U_n^* 只要略大于 U_n 即可，现有直流稳压电源为 ±15V，完全能够满足给定电压的需要。因此，取 $\alpha_2 = 0.2$ 是正确的。于是，转速反馈系数是

$$\alpha = \alpha_2 C_{etg} = 0.2 \times 0.0579\text{V} \cdot \text{min/r} = 0.01158\text{V} \cdot \text{min/r}$$

电位器 RP_2 的选择：为了使测速发电机的电枢压降对转速检测信号的线性度没有显著影响，取测速发电机输出最高电压时，其电流约为额定值的 20%，则

$$R_{RP2} \approx \frac{C_{etg} n_N}{0.2 I_{Ntg}} = \frac{0.0579 \times 1000}{0.2 \times 0.21}\Omega = 1379\Omega$$

此时 RP_2 所消耗的功率为

$$W_{RP2} = C_{etg} n_N \times 0.2 I_{Ntg} = 0.0579 \times 1000 \times 0.2 \times 0.21\text{W} = 2.43\text{W}$$

为了使电位器温度不至很高，实选电位器的瓦数应为所消耗功率的一倍以上，故 RP_2 选用 10W、1.5kΩ 的可调电位器。

(4) 计算运算放大器的放大系数和参数。根据调速指标要求，已求得闭环系统的开环放大系数应为 $K \geqslant 53.3$，则运算放大器的放大系数 K_p 应为

$$K_p = \frac{K}{\alpha K_s / C_e} \geqslant \frac{53.3}{0.01158 \times 44 / 0.1925} = 20.14$$

实取 $K_p = 21$。图 3-25 中运算放大器的参数为 $R_0 = 40\text{k}\Omega$，$R_1 = K_p R_0 = 21 \times 40\text{k}\Omega = 840\text{k}\Omega$。

3.3.3 单闭环直流调速系统的动态分析

前面讨论了闭环调速系统的稳态性能及其分析与设计方法，引入转速负反馈，且放大系数足够大时就可以满足系统的稳态性能要求。但是放大系数太大又会引起系统不稳定，这就需要增加动态校正装置，才能保证系统正常工作，此外还需满足系统的各项动态性能指标的要求。因此，必须进一步分析系统的动态性能。

1. 转速负反馈调速系统的动态结构图

为了分析调速系统的稳定性和动态品质，必须首先建立系统的动态数学模型。前面已经讨论过电力电子变换器和直流电动机的动态数学模型，比例放大器和测速反馈环节的响应都可以认为是瞬时的，其传递函数就是放大系数，把各环节按照在系统中的相互关系组合起来，就画出了单闭环直流调速系统的动态结构图，如图 3-26 所示。

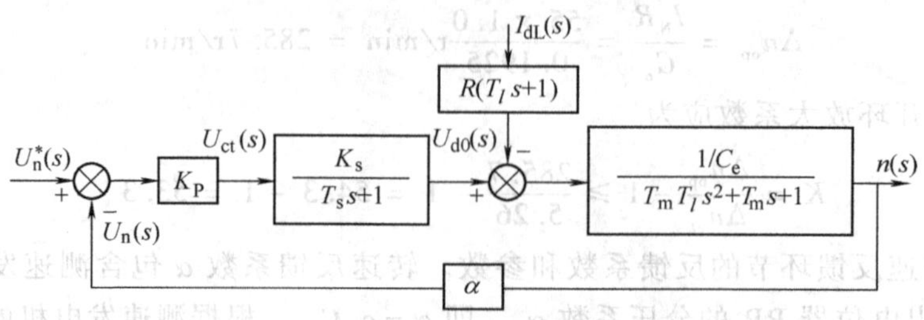

图 3-26 转速负反馈直流调速系统的动态结构图

转速负反馈直流调速系统的开环传递函数是

$$W(s) = \frac{K}{(T_s s + 1)(T_m T_l s^2 + T_m s + 1)} \tag{3-35}$$

式中，$K = K_p K_s \alpha / C_e$。

设 $I_{dL} = 0$，从给定输入作用上看，闭环直流调速系统的闭环传递函数是

$$W_{cl}(s) = \frac{\dfrac{K_p K_s / C_e}{(T_s s + 1)(T_m T_l s^2 + T_m s + 1)}}{1 + \dfrac{K_p K_s \alpha / C_e}{(T_s s + 1)(T_m T_l s^2 + T_m s + 1)}}$$

$$= \frac{\dfrac{K_p K_s}{C_e(1 + K)}}{\dfrac{T_m T_l T_s}{1 + K} s^3 + \dfrac{T_m (T_l + T_s)}{1 + K} s^2 + \dfrac{T_m + T_s}{1 + K} s + 1} \tag{3-36}$$

2. 转速负反馈调速系统的稳定条件

由式（3-36）可知，反馈控制闭环直流调速系统的特征方程为

$$\frac{T_m T_l T_s}{1 + K} s^3 + \frac{T_m (T_l + T_s)}{1 + K} s^2 + \frac{T_m + T_s}{1 + K} s + 1 = 0$$

根据劳斯－胡尔维茨判据，得系统稳定的充分必要条件是

$$\frac{T_m (T_l + T_s)}{1 + K} \frac{T_m + T_s}{1 + K} - \frac{T_m T_l T_s}{1 + K} > 0 \text{ 或} (T_l + T_s)(T_m + T_s) > (1 + K) T_l T_s$$

整理后得

$$K < \frac{T_m (T_l + T_s) + T_s^2}{T_l T_s} \tag{3-37}$$

式（3-37）右边称为系统的临界放大系数 K_{cr}，当 $K \geqslant K_{cr}$ 时，系统将不稳定。对于一个自动控制系统来说，稳定性是它能否正常工作的首要条件，是必须保证的。

例 3-5 在例 3-4 中，已知 $R = 1.0\ \Omega$，$K_s = 44$，$C_e = 0.1925\text{V} \cdot \text{min/r}$，系统运动部分的飞轮转矩 $GD^2 = 10\text{N} \cdot \text{m}^2$。根据稳态性能指标 $D = 10$，$s \leqslant 0.05$ 计算，系统的开环放大系数应有 $K \geqslant 53.3$，试判别这个系统的稳定性。

解：要计算电磁时间常数，就要先确定主电路的电感值。对于三相桥式可控整流电路的 V－M 系统，需设置电抗器，为了保证最小电流（$I_{d\min} = 10\% I_N$）时电流仍能连续，电枢回路总电感量应为

$$L = 0.693 \frac{U_2}{I_{d\min}} = 0.693 \frac{U_{2l}/\sqrt{3}}{I_{d\min}} = 0.693 \times \frac{230/\sqrt{3}}{55 \times 10\%} = 16.73\text{mH}$$

取 $L = 17\text{mH} = 0.017\text{H}$。

计算系统中各环节的时间常数：

电磁时间常数 $T_l = \dfrac{L}{R} = \dfrac{0.017}{1.0}\text{s} = 0.017\text{s}$，整流装置的失控时间 $T_s = 16.7\text{ms} = 0.00167\text{s}$，

机电时间常数

$$T_m = \frac{GD^2R}{375C_eC_m} = \frac{10\times1.0}{375\times0.1925\times9.55\times0.1925}\text{s} = 0.075\text{s}$$

为保证系统稳定，开环放大系数应满足式（3-37）的稳定条件，即

$$K < \frac{T_m(T_l + T_s) + T_s^2}{T_lT_s} = \frac{0.075\times(0.017+0.00167)+0.00167^2}{0.017\times0.00167} = 49.4$$

然而，按稳态调速性能指标要求 $K \geqslant 53.3$，因此，闭环系统是不稳定的。

这说明，在设计闭环调速系统时，常常会遇到动态稳定性与稳态性能指标发生矛盾，这时，必须设计合适的动态校正装置，用来改造系统，使它同时满足动态稳定和稳态指标两方面的要求。在电力拖动自动控制系统中，最常用的是串联校正和反馈校正，串联校正比较简单，也容易实现。对于带电力电子变换器的直流闭环调速系统，由于其传递函数的阶次较低，一般采用 PID 调节器的串联校正方案就能完成动态校正的任务，关于这方面将在 3.7 节进行讨论。

例 3-6 在例 3-5 的闭环直流调速系统中，如果改用 IGBT 脉宽调速系统，电动机不变，电枢回路参数为：$R = 0.6\Omega$，$L = 5\text{mH}$，$K_s = 44$，$T_s = 0.1\text{ms}$（开关频率为 10kHz）。按同样的稳态性能指标 $D = 10$，$s \leqslant 5\%$，该系统能否稳定？

解：采用脉宽调速系统时，各环节时间常数为

$$T_l = \frac{L}{R} = \frac{0.005}{0.6}\text{s} = 0.00833\text{s},\ T_m = \frac{GD^2R}{375C_eC_m} = \frac{10\times0.6}{375\times0.1925\times9.55\times0.1925}\text{s} = 0.045\text{s}$$

按照式（3-37）的稳定条件，应有

$$K < \frac{T_m(T_l + T_s) + T_s^2}{T_lT_s} = \frac{0.045\times(0.00833+0.0001)+0.0001^2}{0.00833\times0.0001} = 455.4$$

按照稳态性能指标要求，闭环系统稳态转速降应为 $\Delta n_{cl} \leqslant 5.26\text{r/min}$，而脉宽调速系统的开环额定转速降为

$$\Delta n_{op} = \frac{I_NR}{C_e} = \frac{55\times0.6}{0.1925}\text{r/min} = 171.4\text{r/min}$$

为保持稳态性能指标，闭环系统的开环放大系数应满足

$$K = \frac{\Delta n_{op}}{\Delta n_{cl}} - 1 \geqslant \frac{171.4}{5.26} - 1 = 32.6 - 1 = 31.6$$

显然，系统完全能在满足稳态性能的条件下稳定运行。

例 3-7 例 3-6 中的闭环脉宽调速系统在临界稳定的条件下，如果静差率指标不变，最多能达到多大的调速范围？

解：根据上例计算结果，系统保证稳定的条件是 $K < 49.4$，临界稳定时 $K = 49.4$，系统开环额定转速降 $\Delta n_{op} = 171.4\text{r/min}$。此时闭环系统的稳态速降可达

$$\Delta n_{cl} = \frac{\Delta n_{op}}{1 + \text{K}} = \frac{171.4}{1+49.4}\text{r/min} = 0.376\text{r/min}$$

闭环系统的调速范围最多能够达到

$$D_{cl} = \frac{n_N s}{\Delta n_{cl}(1-s)} = \frac{1000 \times 0.05}{0.376 \times (1-0.05)} = 140$$

将比原来的调速范围 $D=10$ 高得多。

比较这三个例题，可以看出，由于 IGBT 的开关频率高，PWM 装置的滞后时间常数 T_s 非常小，同时主电路不需要串接平波电抗器，电磁时间常数 T_l 也不大，因此闭环的脉宽调速系统容易稳定。或者说，在保证稳定的条件下，脉宽调速系统的稳态性能指标可以大大提高。

3.4 无静差直流调速系统和积分控制规律

3.4.1 比例调节器的特性

已知，采用比例（P）放大器控制的有静差调速系统，K_p 越大，系统精度越高；但 K_p 过大，将降低系统稳定性，使系统不稳定。在比例调节器控制的调速系统中，调节器的输出是电力电子变换器的控制电压，即

$$U_c = K_p \Delta U_n = K_p(U_n^* - U_n)$$

若 $U_n^* \neq U_n$，即 $\Delta U_n \neq 0$，$U_c \neq 0$，电动机运行；若 $U_n^* = U_n$，$U_c = 0$，电动机停止。只要电动机运行，就必须有控制电压 U_c，因此必须有转速偏差电压 ΔU_n，这是比例调节器不能消除静差的原因。当负载转矩由 T_{L1} 突增到 T_{L2} 时，有静差系统的转速 n、偏差电压 ΔU_n 和控制电压 U_c 的动态过程如图 3-27 所示。

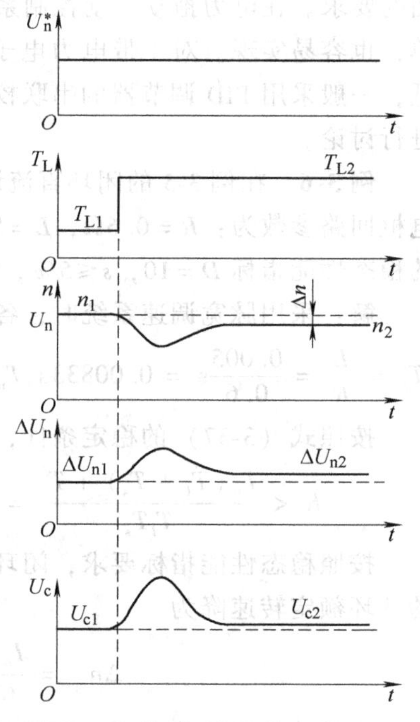

图 3-27　有静差系统突加负载时的动态过程

因此，在采用比例调节器控制的拖动系统中，输入偏差是维系系统运行的基础，必然要产生静差，因此是有静差系统。

3.4.2 比例积分调节器的特性

如果要消除系统误差，必须寻找其他控制方法，比如采用积分（I）调节器或比例积分（PI）调节器来代替比例放大器。

1. 积分（I）调节器

由运算放大器可构成一个积分电路，如图 3-28 所示，其电路方程为

$$\frac{dU_{ex}}{dt} = \frac{1}{R_0 C} U_{in}$$

方程两边取积分，得 $U_{ex} = \frac{1}{C}\int i dt = \frac{1}{R_0 C}\int U_{in} dt = \frac{1}{\tau}\int U_{in} dt$　　(3-38)

式中，τ 为积分时间常数，$\tau = R_0 C$。

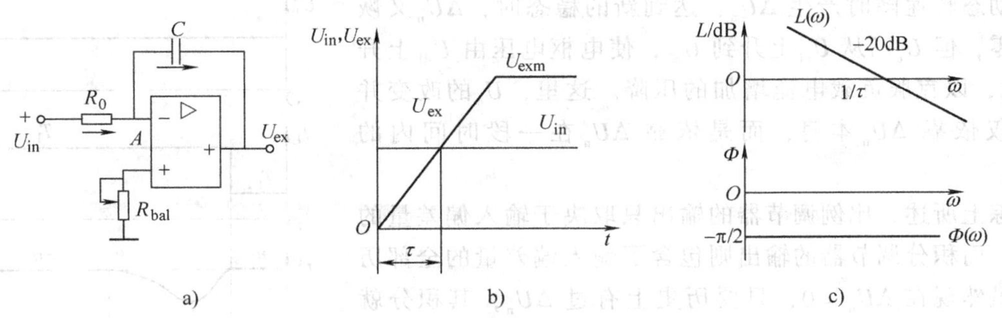

a)　　b)　　c)

图 3-28　积分调节器

a）积分电路　b）阶跃输入的输出特性　c）Bode 图

当初始值为零时，在阶跃输入作用下，积分调节器的输出为

$$U_{ex}=\frac{U_{in}}{\tau}t \tag{3-39}$$

积分调节器的传递函数为　　$W_i(s)=\dfrac{U_{ex}(s)}{U_{in}(s)}=\dfrac{1}{\tau s}$　　(3-40)

闭环直流调速系统如果采用积分调节器，则控制电压 U_c 是转速偏差电压 ΔU_n 的积分，有

$$U_c=\frac{1}{\tau}\int_0^t \Delta U_n \mathrm{d}t \tag{3-41}$$

如果 ΔU_n 是阶跃函数，则 U_c 按线性规律增长，如图 3-29a 所示。图 3-29b 所示是负载变化时的偏差电压 ΔU_n 的波形和相应的 U_c 曲线，若初值不是零，还应加上初始电压。

由图 3-29b 可见，在动态过程中，当 ΔU_n 变化时，只要极性不变，即 $U_n^* > U_n$，积分调节器的输出 U_c 便一直增长；只有达到 $U_n^* = U_n$，$\Delta U_n=0$ 时，U_c 才会停止上升；不到 ΔU_n 变负，U_c 不会下降。需要强调的是：当 $\Delta U_n=0$ 时，U_c 并不是 0，而是一个终值 U_{cf}；如果 ΔU_n 不再变化，这个终值将保持恒定，这是积分调节器的特点。因此，积分调节器的控制将会使系统在无静差的情况下保持恒速运行，实现无静差调速。

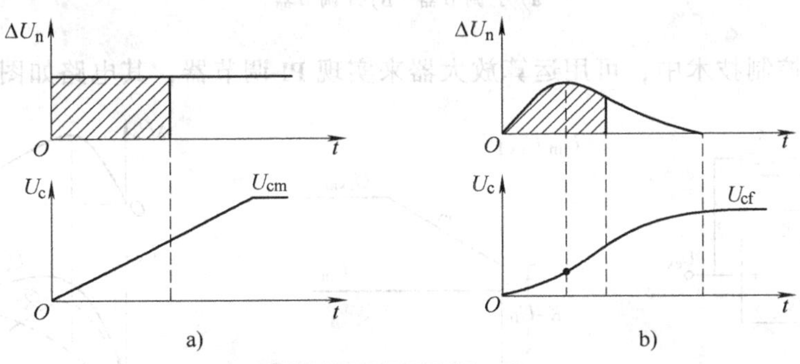

a)　　b)

图 3-29　积分调节器输入输出动态过程图

a）ΔU_n 为阶跃函数时　b）ΔU_n 为负载变化时

当负载突增时，积分控制的无静差调速系统的动态过程如图 3-30 所示。在稳态运行时，转速偏差电压 ΔU_n 必为零。如果 ΔU_n 不为零，则 U_c 继续变化，就不是稳态了。在突加负载

引起动态转速降时产生 ΔU_n，达到新的稳态时，ΔU_n 又恢复为零，但 U_c 已从 U_{c1} 上升到 U_{c2}，使电枢电压由 U_{d1} 上升到 U_{d2}，以克服负载电流增加的压降。这里，U_c 的改变并非仅仅依靠 ΔU_n 本身，而是依靠 ΔU_n 在一段时间内的积累。

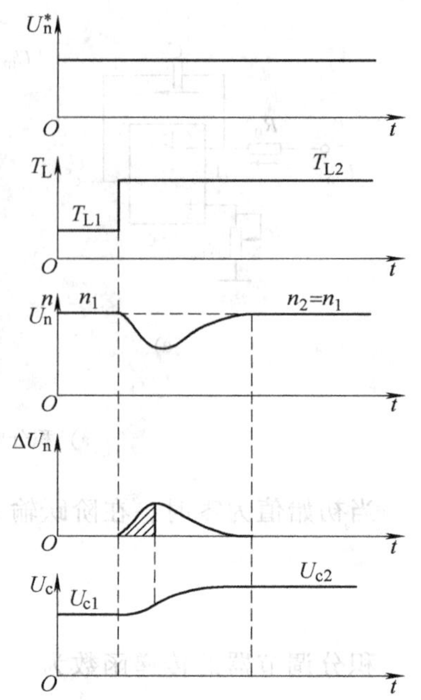

图 3-30 积分控制的无静差调速系统的动态过程

综上所述，比例调节器的输出只取决于输入偏差量的现状，而积分调节器的输出则包含了输入偏差量的全部历史。虽然现在 $\Delta U_n=0$，只要历史上有过 ΔU_n，其积分就有一定数值，足以产生稳态运行所需要的控制电压 U_c。这就是积分控制规律和比例控制规律的根本区别。

2. 比例积分（PI）控制规律

从无静差的角度，积分控制优于比例控制；但是，在控制的快速性上，积分控制却又不如比例控制。

如图 3-31 所示，在同样的阶跃输入作用之下，比例调节器的输出可以立即响应，而积分调节器的输出却只能逐渐地变化。那么，只要把比例和积分两种控制结合起来就可以达到稳态精度既高动态响应又快的目的，这便是比例积分（PI）控制。

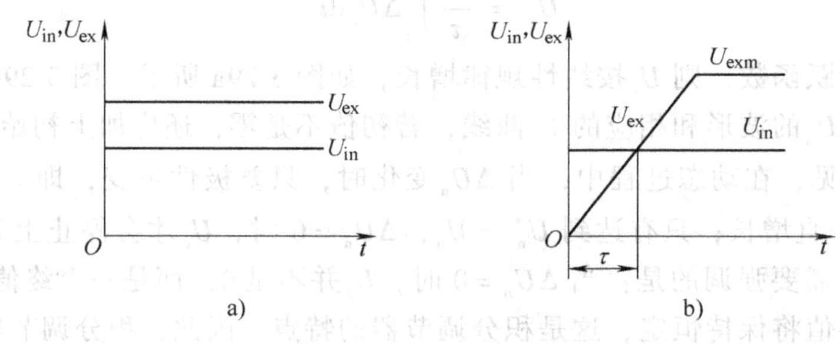

图 3-31 调节器输入输出特性曲线

a）P 调节器 b）I 调节器

在模拟电子控制技术中，可用运算放大器来实现 PI 调节器，其电路如图 3-32a 所示。

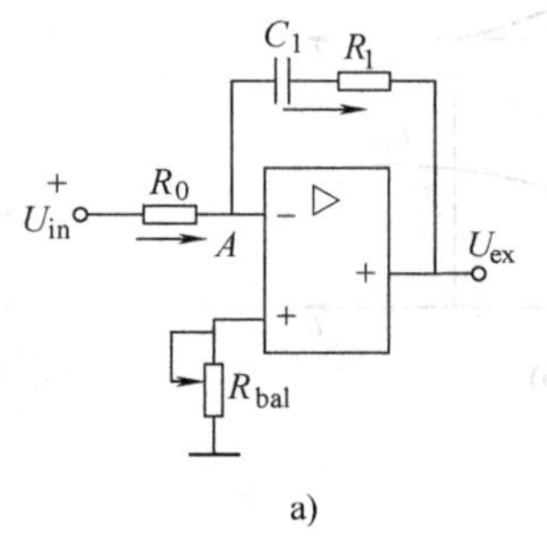

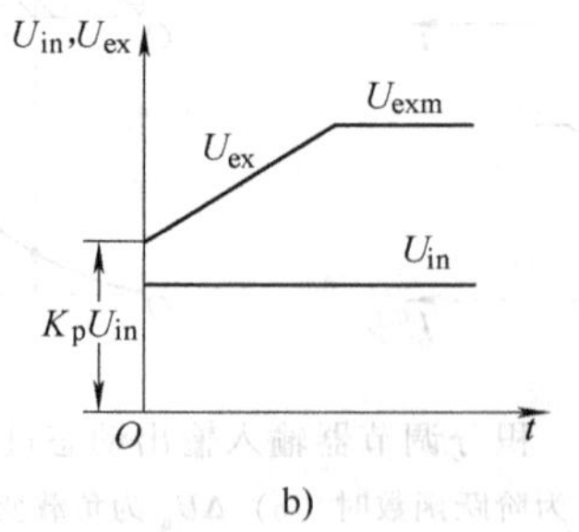

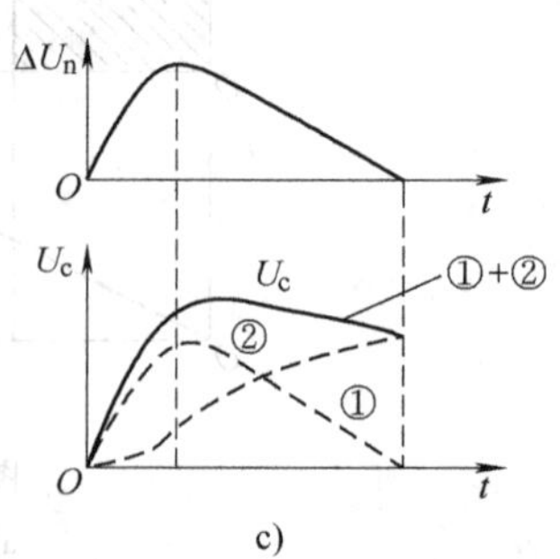

图 3-32 比例积分（PI）调节器

a）电路 b）阶跃输入输出特性曲线 c）输出动态过程

按照运算放大器的输入输出关系，可得

$$U_{ex} = \frac{R_1}{R_0}U_{in} + \frac{1}{R_0C_1}\int U_{in}dt = K_{pi}U_{in} + \frac{1}{\tau}\int U_{in}dt \tag{3-42}$$

式中，K_{pi}为PI调节器比例部分的放大系数，$K_{pi}=R_1/R_0$；τ为PI调节器的积分时间常数，$\tau=R_0C_1$。

由此可见，PI调节器的输出电压由比例和积分两部分相加而成。

当初始条件为零时，PI调节器的传递函数为

$$W_{pi}(s) = \frac{U_{ex}(s)}{U_{in}(s)} = K_{pi} + \frac{1}{\tau s} = \frac{K_{pi}\tau s+1}{\tau s} \tag{3-43}$$

令$\tau_1=K_{pi}\tau=R_1C_1$，则传递函数也可以写成

$$W_{pi}(s) = \frac{\tau_1 s+1}{\tau s} = K_{pi}\frac{\tau_1 s+1}{\tau_1 s} \tag{3-44}$$

式（3-44）表明，PI调节器也可以用一个积分环节和一个比例微分环节来表示，τ_1是微分项中的超前时间常数，它和积分时间常数τ的物理意义是不同的。

在零初始状态和阶跃输入下，PI调节器输出电压的特性如图3-32b所示，可以看出比例积分作用的物理意义。突加输入阶跃信号U_{in}时，由于电容C_1两端电压不能突变，相当于两端瞬间短路，在运算放大器反馈回路中只剩下电阻R_1，电路等效于一个放大系数为K_{pi}的比例调节器，在输出端立即呈现电压$K_{pi}U_{in}$，实现快速控制，发挥了比例控制的长处。此后，随着电容C_1被充电，输出电压U_{ex}开始积分，其数值不断增长，直到稳态。稳态时，C_1两端电压等于U_{ex}，R_1已不起作用，又和积分调节器一样了，这时又能发挥积分控制的优点，实现了稳态无静差。

对于一般输入情况，图3-32c绘出了比例积分调节器的输入和输出动态过程。假设输入偏差电压ΔU_n的波形如图所示，则输出波形中比例部分①和ΔU_n成正比，积分部分②是ΔU_n的积分曲线，而PI调节器的输出电压U_c是这两部分之和①+②。可见，U_c既具有快速响应性能，又足以消除调速系统的静差。除此以外，比例积分调节器还是提高系统稳定性的校正装置，因此，它在调速系统和其他控制系统中获得了广泛的应用。

3.4.3 无静差直流调速系统及其稳态参数计算

1. 无静差直流调速系统的组成

图3-33所示是采用PI调节器的无静差直流调速系统，利用电流截止负反馈来限制动态过程的冲击电流。TA为检测电流的交流互感器，经整流后得到电流反馈信号U_i。当电流超过截止电流I_{dcr}时，U_i高于稳压管VS的击穿电压，使晶体管VT导通，则PI调节器的输出电压接近于零，电力电子变换器的输出电压急剧下降，达到限制电流的目的。当电动机电流低于截止电流时，该系统的稳态结构图如图3-34所示。其中，代表PI调节器的方框中一般画出它的输出特性，以表明是比例积分作用。

无静差系统的理想静特性如图3-35所示。当$I_d \leqslant I_{dcr}$时，系统无静差，静特性是不同转速时的一族水平线；当$I_d > I_{dcr}$时，电流截止负反馈起作用，静特性急剧下垂，基本上是一条垂直线，整个静特性近似呈矩形。

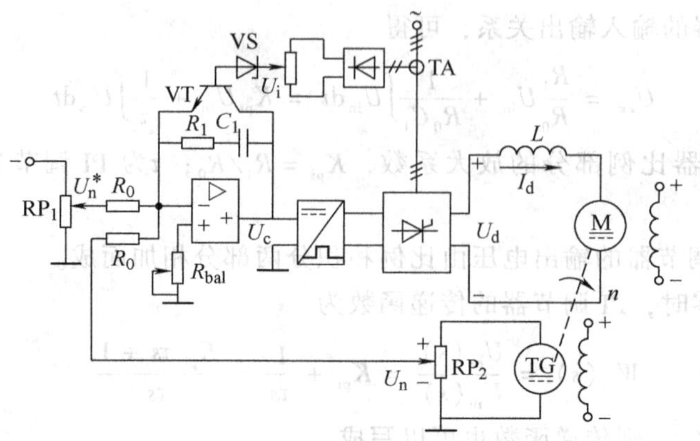

图 3-33　无静差直流调速系统

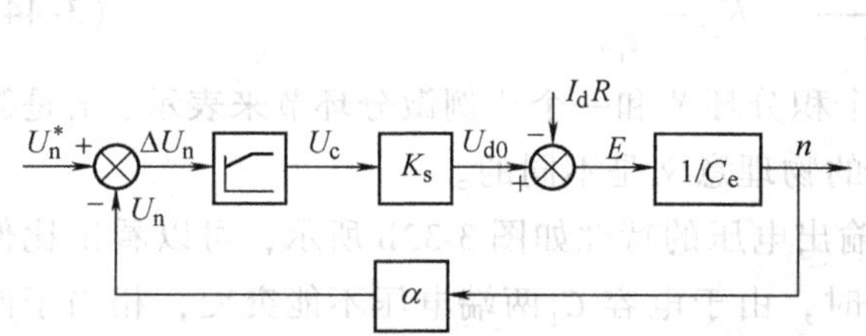

图 3-34　无静差直流调速系统稳态结构图（$I_d \leqslant I_{dcr}$）

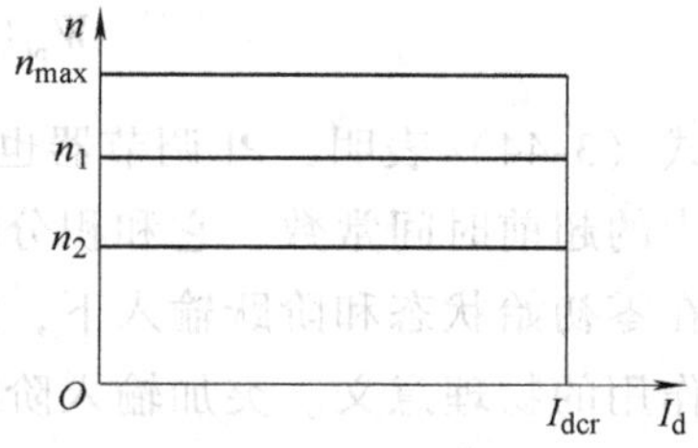

图 3-35　带电流截止的无静差直流调速系统的理想静特性

2. 稳态参数计算

无静差调速系统的稳态参数计算很简单，在理想情况下，稳态时 $\Delta U_n = 0$，因而 $U_n = U_n^*$，可以按下式直接计算转速反馈系数

$$\alpha = \frac{U_{nmax}^*}{n_{max}} \tag{3-45}$$

式中，n_{max} 为电动机调压时的最高转速；U_{nmax}^* 为相应的最高给定电压。

3.5　单闭环直流调速系统的限流保护

直流电动机全电压起动时，如果没有限流措施，会产生很大的冲击电流，这不仅对电动机换向不利，对过载能力低的电力电子器件来说，更是不能允许的。采用转速负反馈的闭环调速系统突然加上给定电压时，由于惯性，转速不可能立即建立起来，反馈电压仍为零，相当于偏差电压 $\Delta U_n = U_n^*$，差不多是其稳态工作值的 $1+K$ 倍。这时，由于放大器和变换器的惯性都很小，电枢电压一下子就达到它的最高值，对电动机来说，相当于全压起动，当然是不允许的。另外，有些生产机械的电动机可能会遇到堵转的情况。例如，由于故障，机械轴被卡住，或挖土机运行时碰到坚硬的石块等。由于闭环系统的静特性很硬，若无限流环节，硬干下去，电流将远远超过允许值。如果只依靠过电流继电器或熔断器保护，一过载就跳闸，也会给正常工作带来不便，因此必须引入自动限制电枢电流的环节。

3.5.1　电流截止负反馈

1. 电流负反馈的作用

为了解决转速负反馈调速系统的起动和堵转时电流过大的问题，引入了电流负反馈，能够保持电流基本不变，使它不超过允许值。电流负反馈引入方法很多：①电枢回路串检测电阻；②电枢回路接直流互感器；③交流电路接交流互感器；④采用霍尔传感器等。图 3-36 所示是电枢回路串检测电阻的电路，反馈电压 U_i 的大小反映电枢回路电流的大小。

如果调速系统只采用电流负反馈，不要转速负反馈，这种系统的静特性如图 3-37 中的 B 线，特性很陡。显然仅对起动有利，对稳态运行不利。

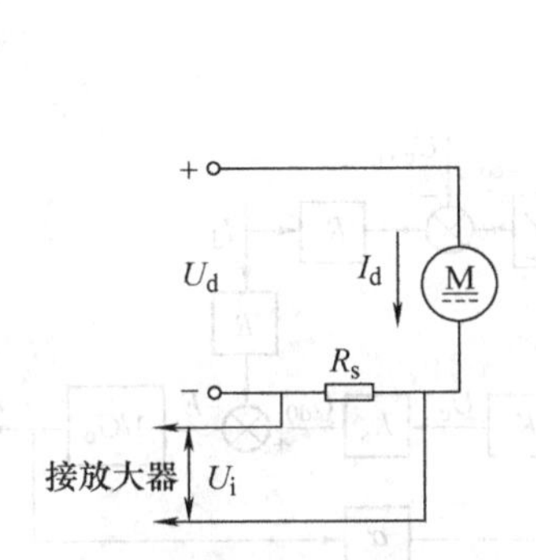

图 3-36　电流检测与反馈电路

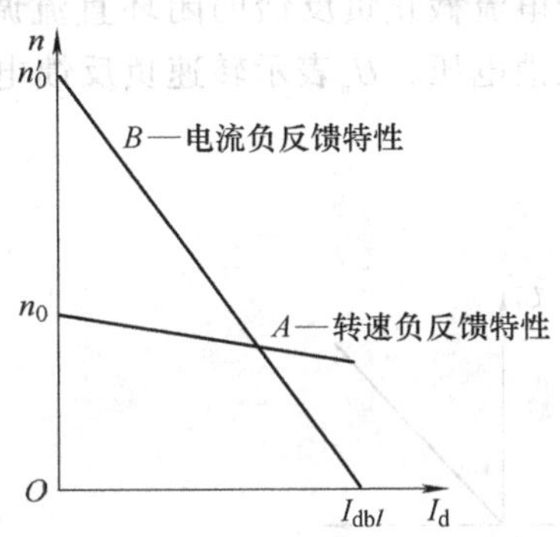

图 3-37　调速系统静特性

2. 电流截止负反馈

考虑到限流作用只需在起动和堵转时起作用，正常运行时应让电流自由地随着负载增减。可以采用某种方法，当电流大到一定程度时才接入电流负反馈来限制电流，而电流正常时只有转速负反馈起作用控制转速，这种方法叫做电流截止负反馈。

直流调速系统中的电流截止负反馈环节如图 3-38 所示，电流反馈信号取自串入电动机电枢回路中的小阻值电阻 R_s，I_dR_s 正比于电流，当电流大于 I_{dcr} 时，将电流负反馈信号加到放大器的输入端；当电流小于 I_{dcr} 时，将电流反馈切断。为了实现这一作用，须引入比较电压 U_{com}。图 3-38a 中用独立的直流电源作为比较电压，其大小可以用电位器调节，相当于调节截止电流。在 I_dR_s 与 U_{com} 之间串接一个二极管 VD，当 $I_dR_s > U_{com}$ 时，二极管导通，电流负反馈信号 U_i 即可加到放大器上去；当 $I_dR_s \leqslant U_{com}$ 时，二极管截止，U_i 消失，显然在这一电路中，截止电流 $I_{dcr} = U_{com}/R_s$。图 3-38b 是利用稳压管 VS 的击穿电压 U_{br} 作为比较电压，电路简单，但不能平滑调节截止电流值。

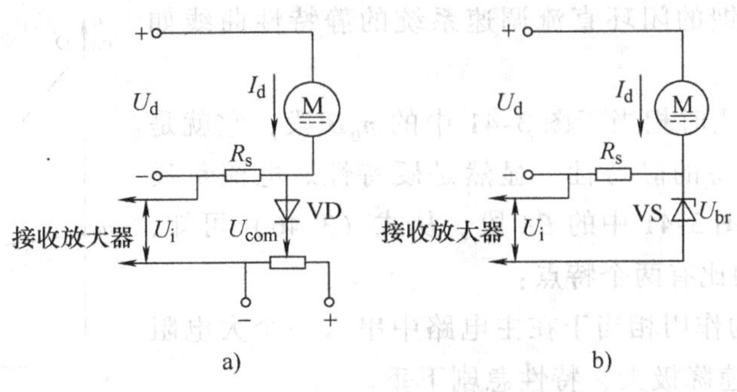

图 3-38　电流截止负反馈环节

a）独立电源作比较电压　b）稳压管产生比较电压

3.5.2 带电流截止负反馈的单闭环直流调速系统

1. 稳态结构图

电流截止负反馈环节的输入输出（I/O）特性如图 3-39 所示，它表明当输入信号（$I_dR_s-U_{com}$）为正值时，输出和输入相等；当（$I_dR_s-U_{com}$）为负值时，输出为零，这是一个两段线性环节。带电流截止负反馈的闭环直流调速系统的稳态结构图如图 3-40 所示。图中，U_i表示电流负反馈电压，U_n表示转速负反馈电压。

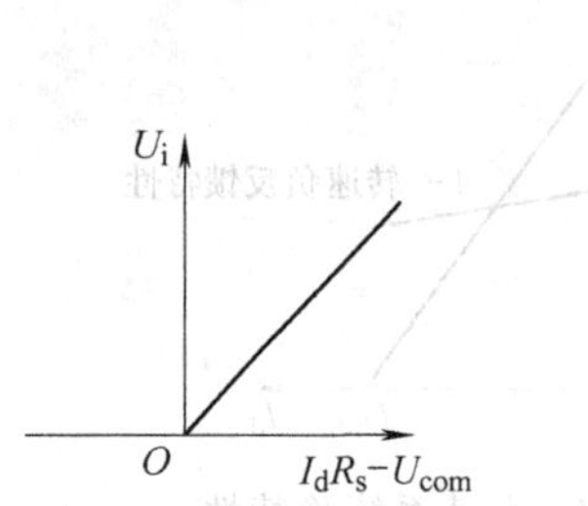

图 3-39　电流截止负反馈环节的 I/O 特性

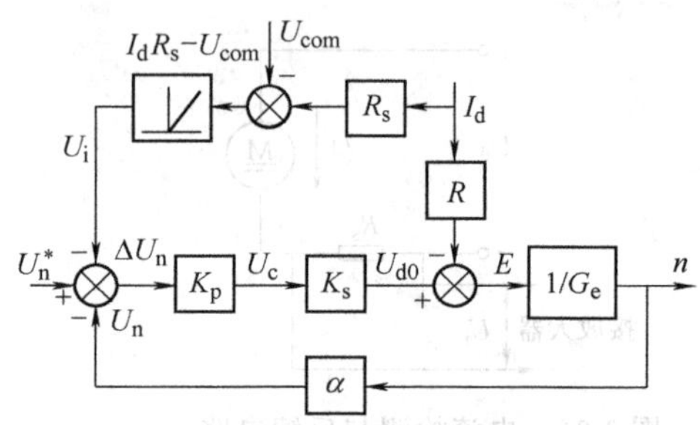

图 3-40　带电流截止负反馈的闭环直流调速系统的稳态结构图

2. 静特性方程与特性曲线

由图 3-40 写出该系统两段静特性的方程式。当 $I_d\leqslant I_{dcr}$时，电流负反馈被截止，静特性和只有转速负反馈调速系统的静特性相同，即

$$n=\frac{K_pK_sU_n^*}{C_e(1+K)}-\frac{RI_d}{C_e(1+K)}$$

当 $I_d>I_{dcr}$时，引入了电流负反馈，静特性变成

$$\begin{aligned}n&=\frac{K_pK_sU_n^*}{C_e(1+K)}-\frac{K_pK_s}{C_e(1+K)}(I_dR-U_{com})-\frac{RI_d}{C_e(1+K)}\\&=\frac{K_pK_s(U_n^*+U_{com})}{C_e(1+K)}-\frac{(R+K_pK_sR_s)I_d}{C_e(1+K)}\end{aligned}\tag{3-46}$$

带电流截止负反馈的闭环直流调速系统的静特性曲线如图 3-41 所示。

电流负反馈被截止时相当于图 3-41 中的 n_0B 段，它就是闭环直流调速系统本身的静特性，显然是硬特性。电流负反馈起作用后，相当于图 3-41 中的 BA 段。从式（3-46）可知，BA 段特性与 n_0B 段相比有两个特点：

1）电流负反馈的作用相当于在主电路中串入一个大电阻 $K_pK_sR_s$，因而稳态转速降极大，特性急剧下垂。

2）比较电压 U_{com}与给定电压 U_n^*的作用一致，好像把理想空载转速提高到图 3-41 中 D 点。

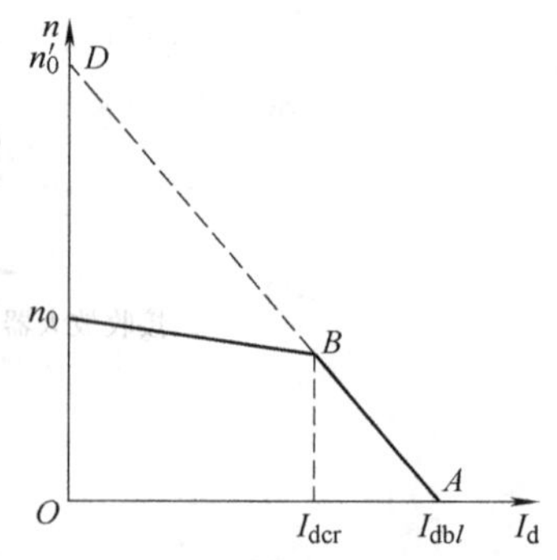

图 3-41　带电流截止负反馈的闭环直流调速系统的静特性

$$n_0' = \frac{K_p K_s(U_n^* + U_{com})}{C_e(1+K)} \tag{3-47}$$

这样的两段式静特性常称作下垂特性或挖土机特性。当挖土机遇到坚硬的石块而过载时，电动机停下，电流也不过是堵转电流 I_{dbl}，在式（3-46）中，令 $n=0$，得

$$I_{dbl} = \frac{K_p K_s(U_n^* + U_{com})}{R + K_p K_s R_s} \tag{3-48}$$

一般 $K_p K_s R_s \gg R$，因此

$$I_{dbl} \approx \frac{U_n^* + U_{com}}{R_s} \tag{3-49}$$

3. 电流截止负反馈环节参数设计

堵转电流 I_{dbl} 应小于电动机允许的最大电流，一般取

$$I_{dbl} = (1.5 \sim 2)I_N \tag{3-50}$$

从调速系统的稳态性能上看，希望稳态运行范围足够大，截止电流应大于电动机的额定电流，一般取

$$I_{dcr} \geqslant (1.1 \sim 1.2)I_N \tag{3-51}$$

这就是设计电流截止负反馈环节参数的依据。

3.6 转速电流双闭环直流调速系统

转速电流双闭环控制的直流调速系统是性能好、应用广的直流调速系统，本节讨论的其控制规律、性能特点和设计方法，是各种交直流电力拖动自动控制系统的重要基础。

3.6.1 双闭环直流调速系统的组成及静特性

1. 问题的提出

采用PI调节器的转速负反馈单闭环直流调速系统，既保证了动态稳定性又实现了转速无静差，解决了动、静态之间的矛盾。但是，如果对系统的动态性能要求较高，单闭环系统就难以满足需要。尽管采用电流截止负反馈来控制电流，但它只能在超过临界电流值 I_{dcr} 以后，靠强烈的负反馈作用限制电流的冲击，并不能充分按照理想要求来控制电流和转矩的动态过程，如图3-42a所示。因此，为了充分利用电动机的过载能力，加快起、制动过程，需要专门设置一个电流调节器，构成电流转速双闭环直流调速系统，实现在最大电枢电流约束下的转速过渡过程最快的最优控制。

控制思路是，在过渡过程中始终保持电流（转矩）为允许的最大值，使电力拖动系统以最大的加速度起动，到达稳定转速时，立即让电流降下来，使转矩与负载相平衡，从而转入稳态运行。理想起动过程波形如图3-42b所示，起动电流呈方形波，转速按线性增长。这是在最大电流（转矩）受限制时调速系统所能获得的最快的起动过程。因此，要求在起动过程中，只有电流负反馈，没有转速负反馈；稳态时，只有转速负反馈，电流负反馈不再发挥作用。

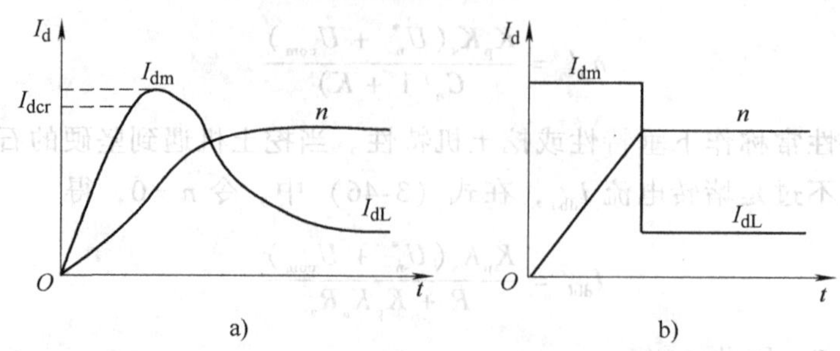

图 3-42　直流调速系统起动过程的电流和转速波形

a）带电流截止负反馈的单闭环直流调速系统　b）理想的快速起动过程

2. 转速电流双闭环直流调速系统的组成

为了实现转速和电流两种负反馈分别起作用，系统中需设置两个调节器，分别是转速调节器（ASR）和电流调节器（ACR），二者实行串级连接，如图 3-43 所示。把转速调节器的输出当做电流调节器的输入，再用电流调节器的输出去控制电力电子变换器（UPE）。从闭环结构上看，电流环在里面，称为内环；转速环在外边，称为外环。这样就形成了转速电流双闭环直流调速系统。

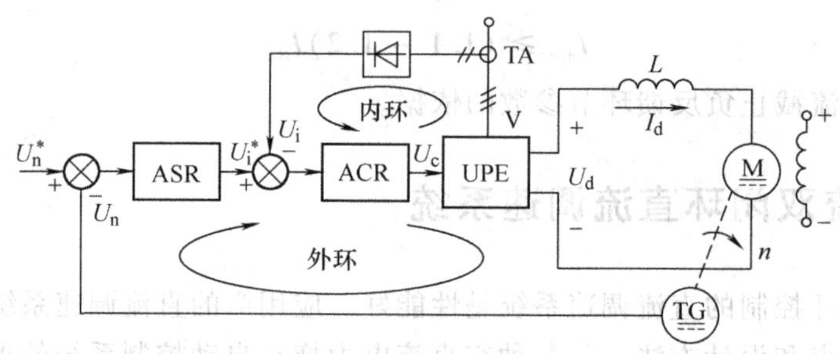

图 3-43　转速电流双闭环直流调速系统的结构

ASR—转速调节器　ACR—电流调节器　TG—测速发电机　TA—电流互感器　UPE—电力电子变换器

U_n^*—转速给定电压　U_n—转速反馈电压　U_i^*—电流给定电压　U_i—电流反馈电压

为了获得良好的静、动态性能，转速和电流两个调节器一般都采用 PI 调节器，这样构成的双闭环直流调速系统的电路原理如图 3-44 所示。图中，两个调节器输入输出电压的实际极性，是按照电力电子变换器的控制电压 U_c 为正电压的情况标出的，并考虑到运算放大器的倒相作用。图中两个调节器都是带限幅作用的：转速调节器（ASR）的输出限幅电压 U_{im}^* 决定了电流给定电压的最大值，电流调节器（ACR）的输出限幅电压 U_{cm} 限制了电力电子变换器的最大输出电压 U_{dm}。

3. 稳态结构图和静特性

（1）稳态结构图

根据调速系统电路原理绘出稳态结构图，如图 3-45 所示。注意，这里用带限幅的输出特性表示 PI 调节器。PI 调节器的稳态特征一般分为两种情况：

1）饱和——输出达到限幅值。当调节器饱和时，输出为恒值，输入量的变化不再影响输出，只有反向的输入信号才能使调节器退出饱和；就是说，饱和的调节器暂时隔断了输入和输出间的联系，相当于使该调节环开环。

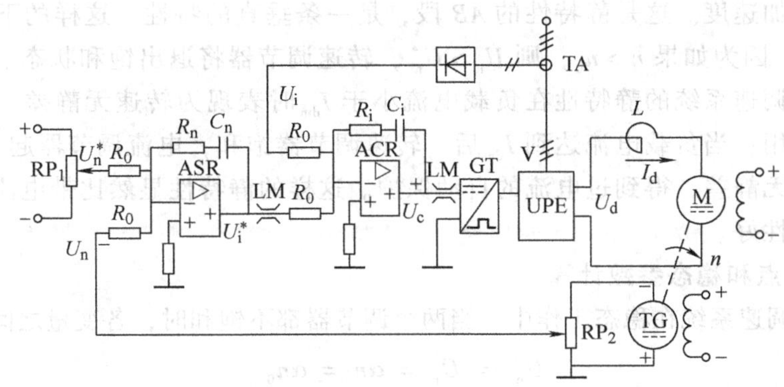

图 3-44 双闭环直流调速系统的电路原理

2）不饱和——输出未达到限幅值。当调节器不饱和时，PI 作用使输入偏差电压 ΔU 在稳态时总是零。

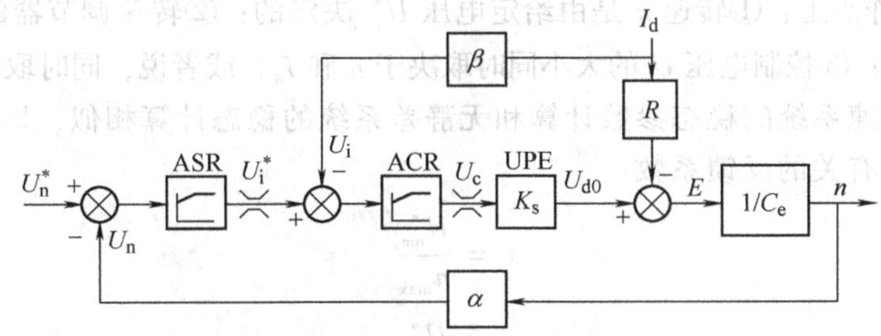

图 3-45 双闭环直流调速系统的稳态结构图

(2) 静特性

实际上，在正常运行时电流调节器不会达到饱和状态，因此，对于静特性来说，只有转速调节器饱和与不饱和两种情况，双闭环直流调速系统的静特性如图 3-46 所示。

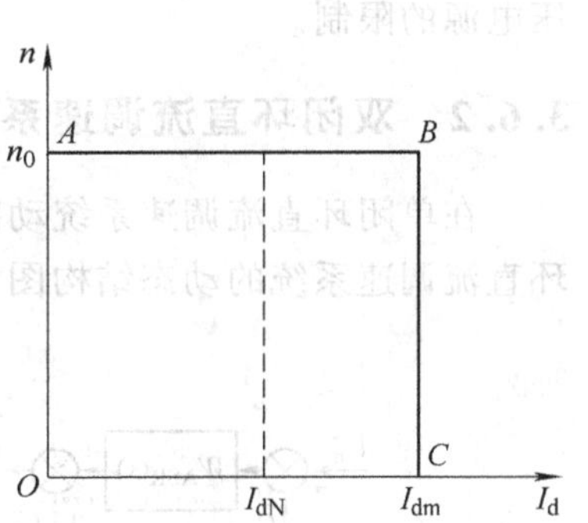

图 3-46 双闭环直流调速系统的静特性

1）转速调节器不饱和。$U_n^* = U_n = \alpha n$，$U_i^* = U_i = \beta I_d$，式中 α、β 分别为转速和电流反馈系数。因此

$$n = \frac{U_n^*}{\alpha} = n_0 \tag{3-52}$$

即图 3-46 中的 AB 段。由于转速调节器不饱和，$U_i^* < U_{im}^*$，因此 $I_d < I_{dm}$。就是说，AB 段特性从理性空载状态 $I_d = 0$ 一直延续到 $I_d = I_{dm}$，而 I_{dm} 一般都大于电动机的额定电流 I_{dN}。这是电动机的正常运行段，是一条水平的特性。

2）转速调节器饱和。这时，转速调节器输出达到限幅值 U_{im}^*，转速外环呈开环状态，对系统不再产生影响。双闭环系统变成一个电流无静差的电流单闭环调节系统，电流环的给定为 U_{im}^*。稳态时

$$I_d = \frac{U_{im}^*}{\beta} = I_{dm} \tag{3-53}$$

式（3-53）中，最大电流 I_{dm} 是由设计者选定的，取决于电动机的容许过载能力和拖动

系统允许的最大加速度。这是静特性的 AB 段，是一条垂直的特性。这样的下垂特性只适合于 $n<n_0$ 的情况，因为如果 $n>n_0$，则 $U_n>U_n^*$，转速调节器将退出饱和状态。

双闭环直流调速系统的静特性在负载电流小于 I_{dm} 时表现为转速无静差，这时转速负反馈起主要调节作用；当负载电流达到 I_{dm} 后，转速调节器饱和，电流调节器起主要调节作用，系统表现为电流无静差，得到过电流的自动保护。这样的静特性显然比带电流截止负反馈的单闭环系统静特性好。

4. 稳态工作点和稳态参数计算

双闭环直流调速系统在稳态工作中，当两个调节器都不饱和时，各变量之间有下列关系：

$$U_n^* = U_n = \alpha n = \alpha n_0$$

$$U_i^* = U_i = \beta I_d = \beta I_{dL}$$

$$U_c = \frac{U_{d0}}{K_s} = \frac{C_e n + I_d R}{K_s} = \frac{C_e U_n^*/\alpha + I_{dL} R}{K_s}$$

这表明，在稳态工作点上：①转速 n 是由给定电压 U_n^* 决定的；②转速调节器的输出量 U_i^* 是由负载电流 I_{dL} 决定的；③控制电压 U_c 的大小同时取决于 n 和 I_d，或者说，同时取决于 U_n^* 和 I_{dL}。

双闭环直流调速系统的稳态参数计算和无静差系统的稳态计算相似，即根据各调节器的给定与反馈值计算有关的反馈系数

转速反馈系数
$$\alpha = \frac{U_{nm}^*}{n_{max}} \tag{3-54}$$

电流反馈系数
$$\beta = \frac{U_{im}^*}{I_{dm}} \tag{3-55}$$

两个给定电压的最大值 U_{nm}^* 和 U_{im}^* 由设计者选定，它们受运算放大器允许输入电压和稳压电源的限制。

3.6.2 双闭环直流调速系统的数学模型

在单闭环直流调速系统动态数学模型的基础上，考虑双闭环控制的结构，即可绘出双闭环直流调速系统的动态结构图，如图 3-47 所示。

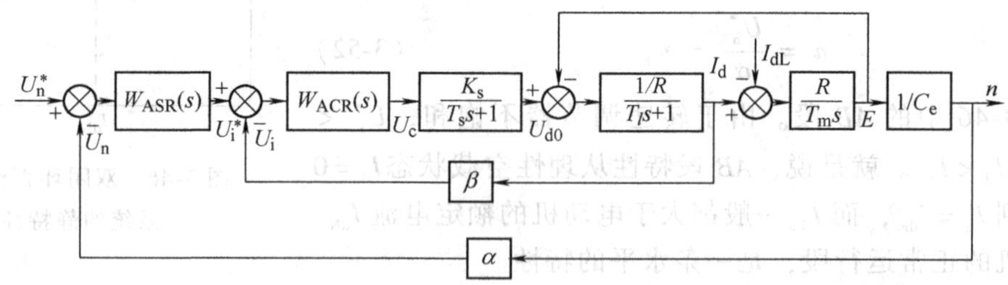

图 3-47 双闭环直流调速系统的动态结构图

图（3-47）中，$W_{ASR}(s)$ 和 $W_{ACR}(s)$ 分别表示转速调节器和电流调节器的传递函数，如果采用 PI 调节器，则

$$W_{ASR}(s) = K_n \frac{\tau_n s + 1}{\tau_n s}, \quad W_{ACR}(s) = K_i \frac{\tau_i s + 1}{\tau_i s}$$

3.6.3　双闭环直流调速系统的起动过程

双闭环直流调速系统突加给定电压 U_n^* 由静止状态起动时，转速和电流的动态过程如图3-48所示。由于在起动过程中转速调节器经历了不饱和、饱和、退饱和3种情况，整个动态过程分成图中标明的I、II、III三个阶段。

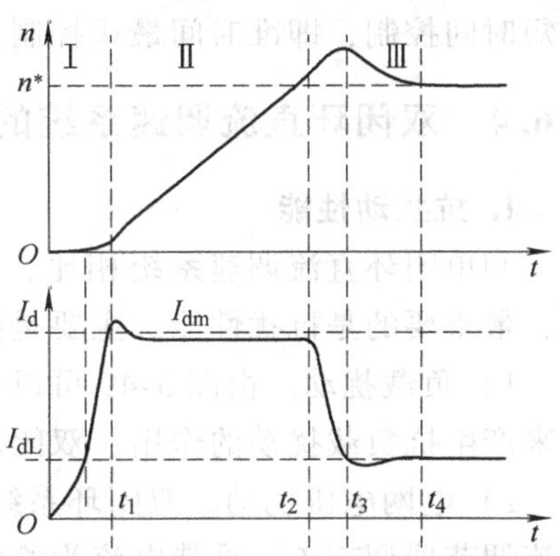

图3-48　双闭环直流调速系统起动时的转速和电流的动态过程

1）第I阶段：电流上升的阶段（$0\sim t_1$）。突加给定电压 U_n^* 后，I_d 上升，当 I_d 小于负载电流 I_{dL} 时，电动机还不能转动。当 $I_d \geqslant I_{dL}$ 后，电动机开始起动，由于机电惯性作用，转速不会很快增长，因而转速调节器的输入偏差电压的数值仍较大，其输出电压保持限幅值 U_{im}^*，强迫电流 I_d 迅速上升。直到，$I_d \approx I_{dm}$，$U_i \approx U_{im}^*$，电流调节器很快就压制了 I_d 的增长，标志着这一阶段的结束。在这一阶段中，转速调节器很快进入并保持饱和状态，而电流调节器一般不饱和。

2）第II阶段：恒流升速阶段（$t_1\sim t_2$）。这一阶段是起动过程的主要阶段。在这个阶段中，转速调节器始终是饱和的，转速环相当于开环，系统成为在恒值电流 U_{im}^* 给定下的电流调节系统，基本上保持电流 I_d 恒定，因而系统的加速度恒定，转速呈线性增长。与此同时，电动机的反电动势 E 也按线性增长，对电流调节系统来说，E 是一个线性渐增的扰动量，为了克服它的扰动，U_{d0} 和 U_c 也必须基本上按线性增长，才能保持 I_d 恒定。当电流调节器采用PI调节器时，要使其输出量按线性增长，其输入偏差电压必须维持一定的恒值，也就是说，I_d 应略低于 I_{dm}。为了保证电流环的主要调节作用，在起动过程中电流调节器是不应饱和的，电力电子装置的最大输出电压也需留有余地，在设计时必须注意。

3）第III阶段：转速调节阶段（t_2 以后）。当转速上升到给定值时，转速调节器的输入偏差减小到零，但其输出却由于积分作用还维持在限幅值 U_{im}^*，所以电动机仍在加速，使转速超调。转速超调后，转速调节器输入偏差电压变负，使它开始退出饱和状态，U_i^* 和 I_d 很快下降。但是，只要 $I_d > I_{dL}$，转速就继续上升。直到 $I_d = I_{dL}$ 时，转矩 $T_e = T_L$，$dn/dt = 0$，转速 n 才到达峰值（$t = t_3$ 时）。此后，电动机开始在负载的阻力下减速，与此相应，在一小段时间内（$t_3\sim t_4$），$I_d < I_{dL}$，直到稳定，如果调节器参数整定得不够好，也会有一些振荡过程。在这最后的转速调节阶段内，转速调节器和电流调节器都不饱和，转速调节器起主导的转速调节作用，而电流调节器则力图使 I_d 尽快地跟随其给定值 U_i^*，电流内环是一个电流随动子系统。

综上所述，双闭环直流调速系统的起动过程有以下特点：

1）饱和非线性控制。转速环出现饱和开环和退饱和闭环两种状态，当转速调节器饱和时，转速环开环，系统表现为恒值电流调节的单闭环系统；当转速调节器不饱和时，转速环闭环，系统是无静差调速系统，电流内环为电流随动系统。

2）转速超调。转速环从开环到闭环发挥调节作用，其转速一定出现超调，只有靠超调，才能使转速调节器退出饱和，才能进行线性调节。

3）准时间最优控制。起动过程中第 II 阶段的恒流升速，一般选择为电动机允许的最大电流，以便充分发挥电动机的过载能力，使起动过程尽可能最快，这阶段属于有限制条件的最短时间控制，即准时间最优控制。

3.6.4 双闭环直流调速系统的动态抗扰性能

1. 抗扰动性能

和单闭环直流调速系统相比，双闭环直流调速系统具有更好的动态性能。对于调速系统，最重要的是抗扰性能，主要是抗负载扰动和抗电网电压扰动的性能。

1）负载扰动。由图 3-49 可以看出，负载扰动作用在电流环之后，因此只能靠转速调节器来产生抗负载扰动的作用，双闭环系统和单闭环系统的动态过程是相似的。

2）电网电压扰动。双闭环系统中，由于电网电压扰动作用于电流环内，因此可以经过电流调节器调节 I_d，维持电流为给定值。由于电流环的惯性远小于转速环的惯性，调节速度快，因此发生电网电压扰动时，在电流 I_d 变化后即可调节，电流会较快地趋向于电流给定值，而不至引起较大的转速变化。双闭环系统对电网电压扰动调节及时，且所引起的动态速降也比单闭环系统小得多。

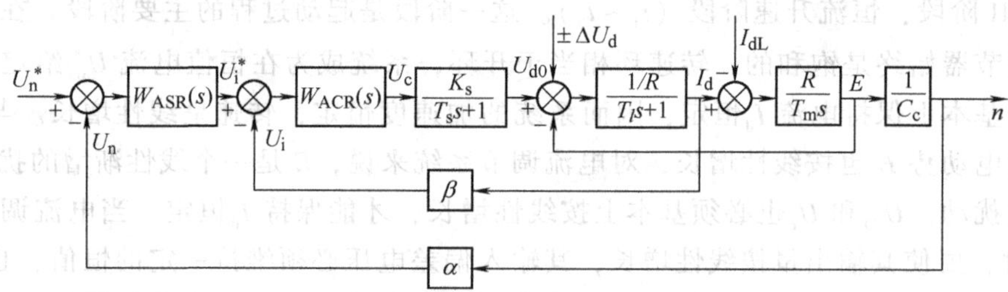

图 3-49　双闭环系统的动态抗扰作用

2. 转速调节器和电流调节器的作用

转速调节器和电流调节器在双闭环直流调速系统中的作用归纳如下：

1）转速调节器的作用：①转速调节器是调速系统的主导调节器，它使转速 n 很快地跟随给定电压变化，稳态时可减小转速误差，如果采用 PI 调节器，则可实现无静差；②对负载变化起抗扰作用；③其输出限幅值决定电动机允许的最大电流。

2）电流调节器的作用：①作为内环的调节器，在外环转速的调节过程中，它的作用是使电流紧紧跟随其给定电压（即外环调节器的输出量）变化；②对电网电压的波动起及时抗扰的作用；③在转速动态过程中，保证获得电动机允许的最大电流，从而加快动态过程；④当电动机过载甚至堵转时，限制电枢电流的最大值，起快速的自动保护作用；一旦故障消失，系统立即自动恢复正常。这个作用对系统的可靠运行来说是十分重要的。

例 3-8　在转速电流双闭环直流调速系统中，转速调节器和电流调节器都采用 PI 调节器，已知电动机的额定参数为 U_N、I_N、n_N、R_a、功率放大器放大倍数 K_s 和内阻 R_{rec}，电动机的允许过载倍数为 $\lambda=1.5$。

（1）若转速调节器和电流调节器的限幅输出分别为 U_{im}^* 和 U_{cm}，如何确定转速反馈系数 α 和电流反馈系数 β。

(2) 设系统在额定情况下正常运行时，转速反馈线突然断线，系统的运行情况如何？写出此时系统中 U_i^*、U_c、I_d、U_d和 n 的表达式。

(3) 设系统拖动恒转矩负载在额定情况下正常运行，若因为某种原因励磁电流减小使磁通 Φ 下降一半，系统工作情况如何变化？写出 U_i^*、U_c、I_d、U_d和 n 的表达式。

(4) 系统在某一转速下带额定负载正常运行，电流反馈线突然断线，系统的运行情况如何变化？则稳定后系统的 U_i^*、U_c、I_d、U_d和 n 比原来有何变化？

解：(1) 按最大给定电压 U_{nm}^*对应电动机额定转速 n_N来确定转速反馈系数，因转速调节器采用 PI 调节器，稳态时 $U_n^* = U_n = \alpha n$，因此有 $U_{nm}^* = \alpha n_N$，所以 $\alpha = U_{nm}^*/n_N$。

按电动机最大允许过载电流 I_{dm}对应于转速调节器输出限幅值 U_{im}^*来确定 β，而电流调节器又采用 PI 调节器，则有 $U_{im}^* = U_{im} = \beta I_{dm} = \beta \times 1.5 I_N$，所以有 $\beta = U_{im}^*/(1.5 I_N)$。

(2) 若系统在额定情况下正常运行，则有 $U_n^* = U_n$，$U_i^* = U_i$，且极性相反。若转速线断开，则 $U_n = 0$，转速调节器只有输入 U_n^*，使其很快进入饱和，输出为限幅值 U_{im}^*，由于 U_i尚未变化而使电流调节器输出 U_c上升达到限幅值 U_{cm}，功率放大器输出电压达到最大值 U_{dm}，I_d上升，使电动机电磁转矩 T_e大于负载转矩 T_L，电动机加速，n 上升，电动势 E 上升。最后，当系统稳定下来时，$I_d = I_{dL}$（负载电流），$U_i = U_{im}^*$，$U_c = U_{cm}$，$U_d = K_s U_{cm}$，$n = (K_s U_{cm} - I_{dL} R)/C_e$。

(3) 系统在额定情况下正常运行，$n = n_N$，$I_d = I_N$，若磁通 Φ 下降一半，则 $E = K_e \Phi n$ 下降，I_d和 U_i随之增加，但因为 U_i^* 未变，在电流环调节作用下使 U_d、U_c下降以维持 $I_d = I_N$暂时不变，从而使 $T_e = K_m \Phi I_N$下降为原来的一半。电动机拖动恒转矩负载，T_L不变，所以 $T_e < T_L$，电动机减速，n 下降，U_n随之下降，因为 U_n^* 未变，而使转速调节器饱和，输出为 U_{im}^*，在电流环调节作用下，电流上升达到 $I_{dm} = 1.5 I_N$并维持不变，T_e因电流变大而回升，但也只能为原来转矩的 $0.5 \times 1.5 = 0.75$，仍然小于负载转矩，电动机转速将继续下降，直至 $n = 0$。这时，$U_i^* = U_{im}^*$，$I_d = I_{dm} = 1.5 I_N$，$U_d = I_{dm} R = 1.5 I_N R$，$U_c = U_d/K_s = 1.5 I_N R/K_s$。

(4) 若电流反馈断线，则因 $U_i = 0$，U_i^* 未变而使电流调节器饱和，$U_c = U_{cm}$，U_d上升，I_d上升，n 上升，U_n上升。但 U_n^* 未变，因而 U_i^* 下降。由于转速环的自动调整作用，当系统最后稳定下来时，n 不变，I_d不变，因而 U_d、U_c都不会变，只有 U_i^* 下降为零，即 $U_i^* = 0$。

3.7 调速器的工程设计方法

3.7.1 工程设计方法的基本思路

用经典的动态校正方法设计调节器，需同时解决稳、准、快、抗干扰等相互有矛盾的静、动态性能要求，要求设计者有扎实的理论基础和丰富的实践经验，对于初学者不易掌握，因此有必要建立实用的设计方法。

作为工程设计方法，首先要使问题简化，突出主要矛盾。简化的基本思路是把调节器的设计过程分作两步：①选择调节器结构，使系统典型化并满足稳定和稳态精度；②设计调节器的参数，以满足动态性能指标的要求。在选择调节器结构时，只采用少量的典型系统，其参数与系统性能指标的关系已事先找到，具体选择参数时只需按照现成的公式和表格中的数据计算就可以了。这样就使得设计方法规范化，大大减少了设计工作量。

3.7.2 典型系统及其参数与性能指标的关系

1. 典型系统

一般来说，控制系统的开环传递函数可表示为

$$W(s)=\frac{K\prod_{j=1}^{m}(\tau_j s+1)}{s^r\prod_{i=1}^{n}(T_i s+1)} \tag{3-56}$$

式（3-56）中，分母中的 s^r 项表示该系统含有 r 个积分环节，根据 $r=0$，1，2，…不同，分别称为0型、I型、II型、…系统。0型系统稳态精度低，而III型和III型以上的系统很难稳定，因此，为了保证稳定性和较好的稳态精度，多选用I型和II型系统。

（1）典型I型系统

典型I型系统结构图与开环对数频率特性如图3-50所示。

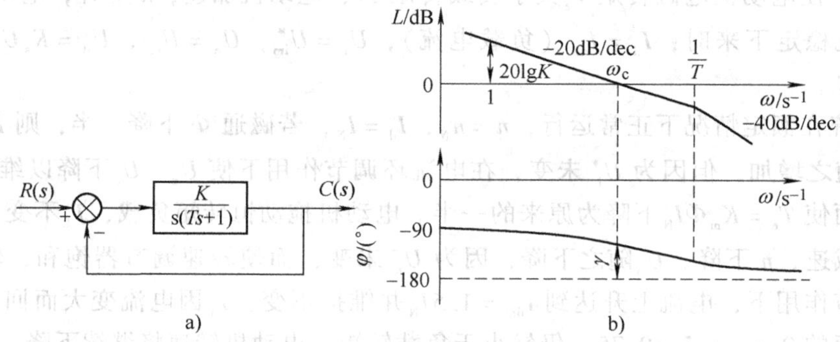

图3-50 典型I型系统

a）闭环系统结构图 b）开环对数频率特性

典型I型系统其开环传递函数

$$W(s)=\frac{K}{s(Ts+1)} \tag{3-57}$$

式中，T 为系统的惯性时间常数；K 为系统的开环增益。

典型I型系统结构简单，其闭环系统结构框图和对数幅频特性如图3-51所示，其中频段以 $-20\mathrm{dB/dec}$ 的斜率穿越0dB线，选择参数满足 $\omega_c<\frac{1}{T}$ 或 $\omega_c T<1$，保证系统稳定，且留有足够的裕量，那么相角稳定裕度为 $\gamma=180°-90°-\arctan\omega_c T=90°-\arctan\omega_c T>45°$。

（2）典型II型系统

在II型系统中，选择一种结构简单而且能保证稳定的结构作为典型的II型系统，其开环传递函数为

$$W(s)=\frac{K(\tau s+1)}{s^2(Ts+1)} \tag{3-58}$$

典型II型系统闭环结构图和开环对数频率特性如图3-51所示，它也是以 $-20\mathrm{dB/dec}$ 的

斜率穿越 0dB 线。为了保证系统稳定，应选择参数满足$\frac{1}{\tau}<\omega_c<\frac{1}{T}$或$\tau>T$，且$\tau$比 T 大得越多，系统的稳定裕度越大。

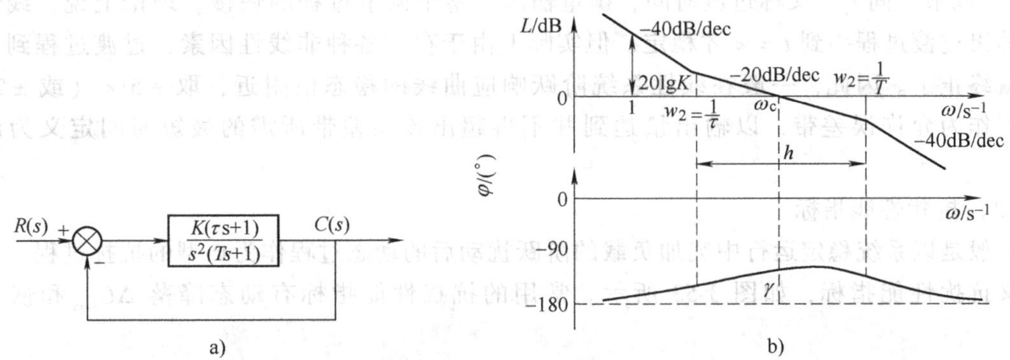

图 3-51　典型 II 型系统

a）闭环系统结构图　b）开环对数频率特性

2. 控制系统的动态性能指标

控制系统的动态性能指标包括对给定输入信号的跟随性能指标和对扰动输入信号的抗扰性能指标。

（1）跟随性能指标

在给定信号 $R(t)$ 的作用下，系统输出量 $C(t)$ 的变化情况可用跟随性能指标来描述。通常以输出量的初始值为零时给定信号阶跃变化下的过渡过程作为典型的跟随过程，这时的输出量动态响应又称为阶跃响应。一般希望在阶跃响应中输出量 $C(t)$ 与稳态值 C_∞ 的偏差越小越好，达到稳态值 C_∞ 的时间越快越好。常用的阶跃响应跟随性能指标有上升时间 t_r、超调量 σ 和调节时间 t_s。

1）上升时间 t_r。阶跃响应的跟随过程如图 3-52 所示。图中，C_∞ 是输出量 $C(t)$ 的稳态值。在跟随过程中，输出量从零起第一次达到 C_∞ 所经过的时间称为上升时间，它表示动态响应的快速性。

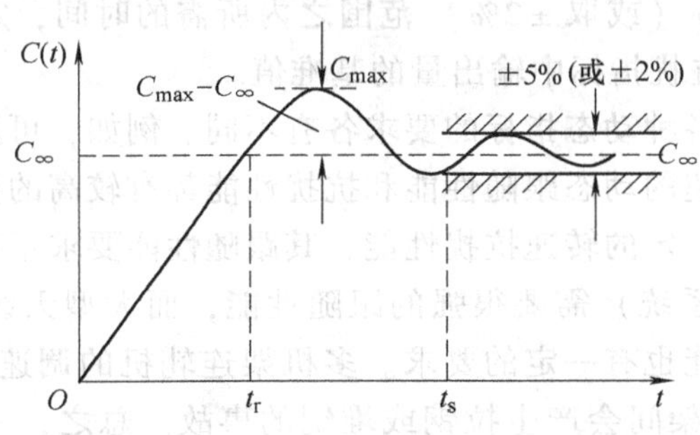

图 3-52　典型阶跃响应曲线和跟随过程

2）超调量 σ。在阶跃响应过程中，超过 t_r 后，输出量有可能继续升高，到峰值时间时达到最大值 C_{max}，然后回落。C_{max} 超过稳态值 C_∞ 的百分数叫做超调量，即

$$\sigma = \frac{C_{\max} - C_{\infty}}{C_{\infty}} \times 100\% \tag{3-59}$$

超调量反映系统的相对稳定性。超调量越小，相对稳定性越好。

3）调节时间 t_s。又称过渡时间，衡量输出量整个调节过程的快慢。理论上说，线性系统的输出过渡过程要到 $t=\infty$ 才稳定，但实际上由于存在各种非线性因素，过渡过程到一定时间就终止了。因此，一般在线性系统阶跃响应曲线的稳态值附近，取 ±5%（或 ±2%）的范围作为允许误差带，以输出量达到并不再超出该误差带所需的最短时间定义为调节时间。

（2）抗扰性能指标

一般是以系统稳定运行中突加负载的阶跃扰动后的动态过程作为典型的抗扰过程，并由此定义抗扰性能指标，如图 3-53 所示。常用的抗扰性能指标有动态降落 $\Delta C_{\max}$ 和恢复时间 t_v。

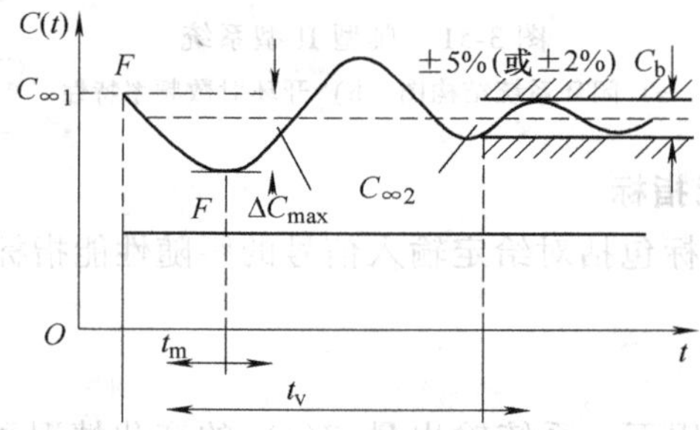

图 3-53　突加扰动的动态过程和抗扰性能指标

1）动态降落 $\Delta C_{\max}$。系统稳定运行时，突加一定数值的扰动后引起的输出量最大降落值 $\Delta C_{\max}$ 称为动态降落。一般用 $\Delta C_{\max}$ 占输出量 $C_{\infty 1}$ 的百分数，$\Delta C_{\max}/C_{\infty 1}\times 100\%$（或用某基准值 C_b 的百分数 $\Delta C_{\max}/C_b\times 100\%$）表示。输出量在动态降落后逐渐恢复，达到新的稳态值 $C_{\infty 2}$，（$C_{\infty 1}-C_{\infty 2}$）是系统在该扰动作用下的稳态误差，即静差。动态降落一般都大于稳态误差。调速系统突加额定负载扰动时转速的动态降落称为动态转速降 $\Delta n_{\max}$。

2）恢复时间 t_v。从阶跃扰动作用开始，到输出量基本上恢复稳态，距新稳态值 $C_{\infty 2}$ 之差进入某基准值 C_b 的 ±5%（或取 ±2%）范围之内所需的时间，定义为恢复时间 t_v，如图 5-37所示。其中，C_b 称为抗扰指标中输出量的基准值。

实际的控制系统对于各种动态指标的要求各有不同。例如，可逆轧钢机需要连续正反向轧制许多道次，因而对转速的动态跟随性能和抗扰性能都有较高的要求，而一般生产中的不可逆调速系统主要是要求一定的转速抗扰性能，其跟随性能要求不高。工业机器人和数控机床的位置随动系统（伺服系统）需要很强的跟随性能，而大型天线的随动系统除需要良好的跟随性能外，对抗扰性能也有一定的要求。多机架连轧机的调速系统要求抗扰性能很高，如果 $\Delta n_{\max}$ 和 t_v 较大，在机架间会产生拉钢或堆钢的事故。总之，一般来说，调速系统的动态指标以抗扰性能为主，而随动系统的动态指标则以跟随性能为主。

3. 典型 I 型系统性能指标和参数的关系

典型 I 型系统的开环传递函数中包含两个参数：开环增益 K 和时间常数 T，而时间常数 T 在实际系统中往往是控制对象本身固有的，只有开环增益 K 能够由调节器改变，所以 K 是唯一的待定参数。设计时，需要按照性能指标选择参数 K 的大小。

图3-54绘出了在不同 K 值时典型Ⅰ型系统的开环对数频率特性，箭头表示 K 值增大的方向。当 $\omega_c < 1/T$ 时，特性以 -20dB/dec 斜率穿越0dB线，系统有较好的稳定性。这时

$$K = \omega_c（当\ \omega_c < 1/T\ 时） \tag{3-60}$$

式（3-60）表明，K 值越大，截止频率 ω_c 也越大，系统响应越快，但相角稳定裕度 $\gamma = 90° - \arctan\omega_c T$ 越小，说明快速性与稳定性之间的矛盾。在具体选择参数 K 时，需在二者之间取折中。

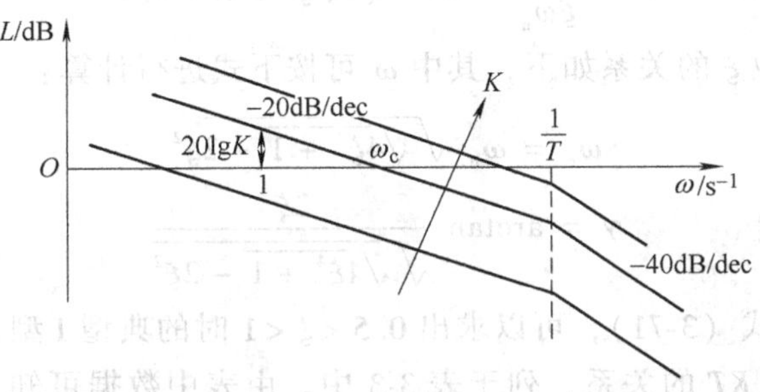

图3-54　不同 K 值时典型Ⅰ型系统的开环对数幅频特性

下面将定量分析开环增益 K 值与各项性能指标之间的关系。

（1）典型Ⅰ型系统跟随性能指标与参数的关系

1）稳态跟随性能指标。可用不同输入信号作用下的稳态误差来表示。Ⅰ型系统在阶跃输入下的稳态时是无差的；在斜坡输入下则有恒值稳态误差，且与 K 值成反比；在加速度输入下稳态误差为∞。因此，Ⅰ型系统不能用于具有加速度输入的随动系统。

2）动态跟随性能指标。典型Ⅰ型系统是二阶系统，其闭环传递函数的一般形式为

$$W_{cl}(s) = \frac{C(s)}{R(s)} = \frac{\omega_n^2}{s^2 + 2\xi\omega_n s + \omega_n^2} \tag{3-61}$$

式中，ω_n 为无阻尼时的自然振荡角频率，或称固有角频率；ξ 为阻尼比，或称衰减系数。

在典型Ⅰ型系统的闭环传递函数中，K、T 与标准形式中参数的关系如下：

$$\omega_n = \sqrt{\frac{K}{T}} \tag{3-62}$$

$$\xi = \frac{1}{2}\sqrt{\frac{1}{KT}} \tag{3-63}$$

且有
$$\xi\omega_n = \frac{1}{2T} \tag{3-64}$$

由二阶系统的性质可知，当 $\xi<1$ 时，系统动态响应是欠阻尼的振荡特性；当 $\xi>1$ 时，系统动态响应是过阻尼的单调特性；当 $\xi=1$ 时，系统动态响应是临界阻尼。由于过阻尼特性动态响应较慢，所以一般常把系统设计成欠阻尼状态，即 $0<\xi<1$。由于在典型Ⅰ型系统中 $KT<1$，代入式（3-63）得 $\xi>0.5$。因此在典型Ⅰ型系统中应取

$$0.5 < \xi < 1 \tag{3-65}$$

下面列出欠阻尼二阶系统在零初始条件下的阶跃响应动态指标计算公式：

超调量
$$\sigma\% = e^{-(\xi\pi/\sqrt{1-\xi^2})} \times 100\% \tag{3-66}$$

上升时间
$$t_r = \frac{2\xi T}{\sqrt{1-\xi^2}}(\pi - \arccos\xi) \tag{3-67}$$

峰值时间
$$t_p = \frac{\pi}{\omega_n\sqrt{1-\xi^2}} \tag{3-68}$$

调节时间 t_s 与 ξ 的关系比较复杂，如果不需要很精确、允许误差带为 ±5% 时，可用下式近似计算：

$$t_s \approx \frac{3}{\xi\omega_n} = 6T \quad (\text{当}\ \xi < 0.9\ \text{时}) \tag{3-69}$$

频域指标 ω_c 和 γ 与参数 ξ 的关系如下，其中 ω_c 可按下式进行计算：

截止频率
$$\omega_c = \omega_n\sqrt{\sqrt{4\xi^4+1}-2\xi^2} \tag{3-70}$$

相角稳定裕度
$$\gamma = \arctan\frac{2\xi}{\sqrt{\sqrt{4\xi^4+1}-2\xi^2}} \tag{3-71}$$

根据式（3-62）~式（3-71），可以求出 $0.5<\xi<1$ 时的典型 I 型系统各项动态跟随性能指标和频域指标与参数 KT 的关系，列于表 3-3 中。由表中数据可知，当系统的时间常数 T 为已知时，随着 K 的增大，系统的快速性增强，而稳定性变差。

表 3-3 典型 I 型系统跟随性能指标和频域指标与参数的关系

参数关系 KT	0.25	0.39	0.5	0.69	1.0
阻尼比 ξ	1.0	0.8	0.707	0.6	0.5
超调量 σ(%)	0	1.5	4.3	9.5	16.3
上升时间 t_r	∞	$6.6T$	$4.7T$	$3.3T$	$2.4T$
峰值时间 t_p	∞	$8.3T$	$6.2T$	$4.7T$	$3.6T$
相角稳定裕度 γ/(°)	76.3	69.9	65.5	59.2	51.8
截止频率 ω_c	$0.243/T$	$0.367/T$	$0.455/T$	$0.596/T$	$0.786/T$

应根据工艺要求选择参数以满足性能指标要求。如果要求动态响应快，可取 $\xi=0.5\sim0.6$，把 K 选大一点；如果要求超调小，可取 $\xi=0.8\sim1.0$，把 K 选小一点；如果要求无超调，则取 $\xi=1.0$，$K=0.25/T$；无特殊要求时，可取折中值，即 $\xi=0.707$，$K=0.5/T$，此时略有超调（$\sigma=4.3\%$），这种情况通常称为二阶“最优”模型。也可能出现无论怎样选择参数，总有一项性能指标无法满足的情况，这时典型 I 型系统就不适用了，需要采取别的控制类型。

（2）典型 I 型系统抗扰性能指标与参数的关系

图 3-55a 所示是在扰动 F 作用下的典型 I 型系统，$W_1(s)$ 是扰动作用点前面部分的传递函数，后面部分是 $W_2(s)$，于是

$$W_1(s)W_2(s) = W(s) = \frac{K}{s(Ts+1)} \tag{3-72}$$

在讨论抗扰性能时，令输入作用 $R=0$，得到图 3-55b 所示的等效结构图，图中点画线部分就是典型 I 型系统。

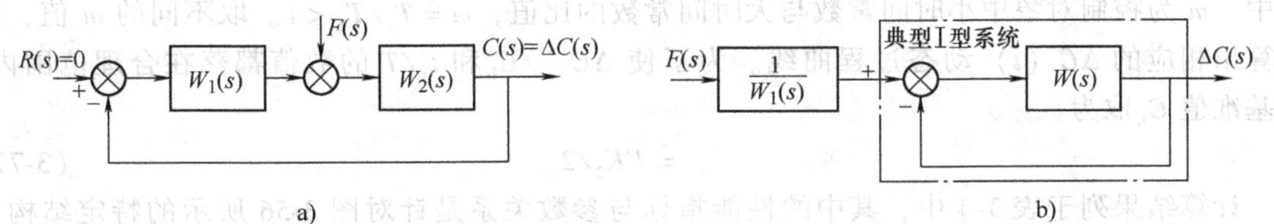

图 3-55　扰动作用下典型 I 型系统的动态结构图

a) 扰动 F 作用下的典型 I 型系统　b) 等效结构图

由图 3-55 可知，在扰动 F 作用下输出变化量 ΔC 的象函数为

$$\Delta C(s) = \frac{F(s)}{W_1(s)} \frac{W(s)}{1 + W(s)} \tag{3-73}$$

点画线框内环节的输出变化过程就是闭环系统的跟随过程，这说明抗扰性能与跟随性能有关，而扰动作用点前面的传递函数 $W_1(s)$ 对抗扰性能也有很大的影响。

这里只针对常用的调速系统选择如图 3-56 所示的一种结构，掌握了这种分析方法，对于其他结构也可仿此处理。控制对象在扰动作用点前后各选择一种特定的结构 $K_d/(T_1 s+1)$ 和 $K_2/(T_2 s+1)$，在控制对象前面的调节器采用 PI 调节器，其传递函数为 $W_{pi}(s) = K_{pi}\frac{\tau_1 s+1}{\tau_1 s}$。取 $K_1 = K_{pi}K_d/\tau_1$，$K_1 K_2 = K$，$\tau_1 = T_2 > T_1 = T$，则图 3-56a 等效为图 3-56b，即令调节器中的比例微分环节（$\tau_1 s+1$）抵消掉控制对象中较大时间常数的惯性环节（$T_2 s+1$），则

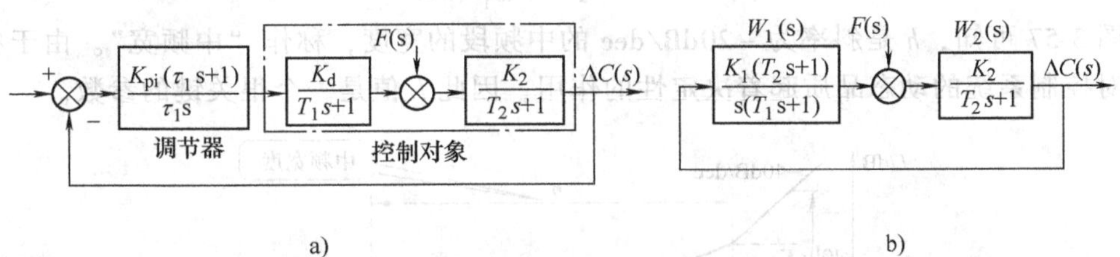

图 3-56　典型 I 型系统在扰动作用下的动态结构图

a) 一种扰动作用下的结构　b) 等效结构图

$$W_1(s) = \frac{K_1(T_2 s + 1)}{s(T_1 s + 1)} \qquad W_2(s) = \frac{K_2}{T_2 s + 1} \tag{3-74}$$

而且，$W_1(s)W_2(s) = W(s)$，属于典型 I 型系统。

在阶跃扰动下，$F(s) = F/s$，由图 3-56b 可知

$$\Delta C(s) = \frac{F}{s} \frac{W_2(s)}{1 + W_1(s)W_2(s)} = \frac{FK_2(Ts + 1)}{(T_2 s + 1)(Ts^2 + s + K)}$$

如果调节器参数已经按跟随性能指标选定为 $KT = 0.5$，即 $K = 1/2T$，则

$$\Delta C(s) = \frac{2FK_2 T(Ts + 1)}{(T_2 s + 1)(2T^2 s^2 + 2Ts + 1)} \tag{3-75}$$

阶跃扰动后输出变化量的动态过程函数为

$$\Delta C(t) = \frac{2FK_2 m}{2m^2 - 2m + 1}\left[(1 - m)e^{-\frac{t}{T_2}} - (1 - m)e^{-\frac{t}{2T}}\cos\frac{t}{2T} + me^{-\frac{t}{2T}}\sin\frac{t}{2T}\right] \tag{3-76}$$

式中，m 为控制对象中小时间常数与大时间常数的比值，$m=T_1/T_2<1$。取不同的 m 值，可计算出相应的 $\Delta C(t)$ 动态过程曲线。为了使 $\Delta C_{max}/C_b$ 和 t_v/T 的数值都落在合理范围内，将基准值 C_b 取为

$$C_b = FK_2/2 \tag{3-77}$$

计算结果列于表 3-4 中，其中的性能指标与参数关系是针对图 3-56 所示的特定结构和 $KT=0.5$ 这一特定选择的。

表 3-4　典型 I 型系统动态抗扰性能指标与参数的关系

$m=T_1/T_2=T/T_2$	1/5	1/10	1/20	1/30
$\Delta C_{max}/C_b$	55.5%	33.2%	18.5%	12.9%
t_m/T	2.8	3.4	3.8	4.0
t_v/T	14.7	21.7	28.7	30.4

由表 3-4 中的数据可以看出，当控制对象的两个时间常数相距较大时，动态降落减小，但恢复时间却拖得较长。

4. 典型 II 型系统性能指标和参数的关系

典型 II 型系统的开环传递函数中，时间常数 T 也是控制对象固有的，但是待定参数有两个：K 和 τ。为了分析方便，下面引入一个新的变量 h，令

$$h = \frac{\tau}{T} = \frac{\omega_2}{\omega_1} \tag{3-78}$$

由图 3-57 可知，h 是斜率为 -20dB/dec 的中频段的宽度，称作“中频宽”。由于中频段的状况对控制系统的动态品质起着决定性的作用，因此 h 值是一个很关键的参数。

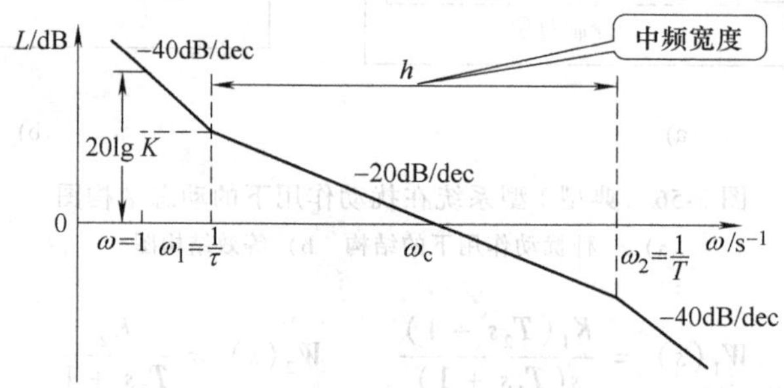

图 3-57　典型 II 型系统的开环对数幅频特性和中频宽

一般情况下，$\omega=1$ 点处在 -40dB/dec 特性段，$20\lg K = 40(\lg\omega_1-\lg 1)+20(\lg\omega_c-\lg\omega_1) = 20\lg\omega_1\omega_c$，因此

$$K = \omega_1\omega_c \tag{3-79}$$

由于 T 值一定，改变 τ 就相当于改变了中频宽 h；τ 值确定以后，再改变 K 相当于使特性上下平移，从而改变了截止频率 ω_c。因此在设计调节器时，选定了频域参数 h 和 ω_c，就相当于选定了参数 τ 和 K。在工程设计中，采用闭环谐振峰值为基准的“最小 M_r 准则”，找到 h 和 ω_c 两个参数之间的一种最佳配合。这时，ω_c 和 ω_1、ω_2 之间的关系是

$$\frac{\omega_2}{\omega_c} = \frac{2h}{h+1} \tag{3-80}$$

$$\frac{\omega_c}{\omega_1} = \frac{h+1}{2} \tag{3-81}$$

式（3-80）和式（3-81）称为最小 M_r 准则的“最佳频比”，因而有

$$\omega_c = \frac{1}{2}(\omega_1 + \omega_2) = \frac{1}{2}\left(\frac{1}{\tau} + \frac{1}{T}\right) \tag{3-82}$$

所对应的闭环最小谐振峰值是

$$M_{r\min} = \frac{h+1}{h-1} \tag{3-83}$$

表3-5给出了不同中频宽 h 值时，计算出的 $M_{r\min}$ 值和对应的最佳频比。

表3-5　不同 h 值时的 $M_{r\min}$ 值和对应的最佳频比

h	3	4	5	6	7	8	9	10
$M_{r\min}$	2	1.67	1.5	1.4	1.33	1.29	1.25	1.22
ω_2/ω_c	1.5	1.6	1.67	1.71	1.75	1.78	1.80	1.82
ω_c/ω_1	2.0	2.5	3.0	3.5	4.0	4.5	5.0	5.5

由表3-5可见，加大中频宽 h，可以减小 $M_{r\min}$，从而降低超调量 σ，但同时 ω_c 也将减小，使系统的快速性减弱。经验表明，$M_{r\min}$ 在1.2～1.5之间时，系统的动态性能较好，有时也允许达到1.8～2.0，所以 h 值可在3～10之间选择。h 更大时，降低 $M_{r\min}$ 的效果就不显著了。

h 和 ω_c 确定之后，很容易计算出 τ 和 K。由 h 的定义可知

$$\tau = hT \tag{3-84}$$

再由式（3-79）和式（3-81）得

$$K = \omega_1\omega_c = \omega_1^2\frac{h+1}{2} = \left(\frac{1}{hT}\right)^2\frac{h+1}{2} = \frac{h+1}{2h^2T^2} \tag{3-85}$$

式（3-84）、式（3-85）是工程设计方法中计算典型II型系统参数的公式，只要按照动态性能指标的要求确定 h 值，就可以代入这两个公式计算 K 和 τ，并由此计算调节器的参数。

（1）典型II型系统跟随性能指标和参数的关系

1）稳态跟随性能指标。已知，II型系统在阶跃和斜坡输入下，其稳态误差为零，加速度输入下稳态误差与开环增益 K 成反比。

2）动态跟随性能指标。将式（3-84）和式（3-85）代入典型II型系统的开环传递函数，得

$$W(s) = \frac{K(\tau s+1)}{s^2(Ts+1)} = \frac{h+1}{2h^2T^2}\frac{hTs+1}{s^2(Ts+1)}$$

则系统的闭环传递函数为

$$W_{cl}(s) = \frac{W(s)}{1+W(s)} = \frac{\dfrac{h+1}{2h^2T^2}(hTs+1)}{s^2(Ts+1)+\dfrac{h+1}{2h^2T^2}(hTs+1)} = \frac{hTs+1}{\dfrac{2h^2}{h+1}T^3s^3+\dfrac{2h^2}{h+1}T^2s^2+hTs+1}$$

因为 $W_{cl}(s)=C(s)/R(s)$，当 $R(t)$ 为单位阶跃函数时，$R(s)=1/s$，则

$$C(s) = \frac{hTs + 1}{s\left(\frac{2h^2}{h+1}T^3s^3 + \frac{2h^2}{h+1}T^2s^2 + hTs + 1\right)} \tag{3-86}$$

以 T 为时间基准，当 h 取不同值时，由式（3-86）求出对应的单位阶跃响应函数 $C(t/T)$，从而计算出 σ、t_r/T、t_s/T 和振荡次数 k，计算结果列于表 3-6 中。

表 3-6　典型 II 型系统阶跃输入跟随性能指标（按 $M_{r\,min}$ 准则）

h	3	4	5	6	7	8	9	10
σ	52.6%	43.6%	37.6%	33.2%	29.8%	27.2%	25.0%	23.3%
t_r/T	2.40	2.65	2.85	3.0	3.1	3.2	3.3	3.35
t_s/T	12.15	11.65	9.55	10.45	11.30	12.25	13.25	14.20
k	3	2	2	1	1	1	1	1

由于过渡过程的衰减振荡性质，调节时间随 h 的变化不是单调的，$h=5$ 时的调节时间最短。此外，h 减小时，上升时间快，h 增大时，超调量小。把各项指标综合起来看，$h=5$ 时动态跟随性能比较适中。比较表 3-6 和表 3-3 可知，典型 II 型系统的超调量一般比典型 I 型系统大，但快速性好。

（2）典型 II 型系统抗扰性能指标和参数的关系

控制系统的动态抗扰性能指标因系统结构和扰动作用点而异，针对典型 II 型系统，选择图 3-58a 所示的结构，控制对象在扰动作用点前后的传递函数为 $K_d/(Ts+1)$ 和 K_2/s，调节器仍用 PI 型。取 $K_1 = K_{pi}K_d/\tau_1$，$K_1K_2 = K$，$\tau_1 = hT$，则系统可等效为图 3-58b 所示的结构。有

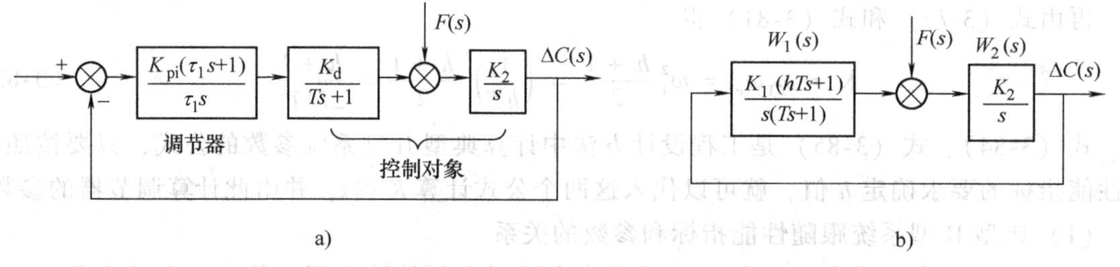

图 3-58　典型 II 型系统在扰动作用下的动态结构图

a）扰动作用下的动态结构图　b）等效结构图

$$W_1(s) = \frac{K_1(hTs+1)}{s(Ts+1)} \tag{3-87}$$

$$W_2(s) = \frac{K_2}{s} \tag{3-88}$$

而且，$W_1(s)W_2(s) = \frac{K(hTs+1)}{s^2(Ts+1)} = W(s)$，属于典型 II 型系统。

在阶跃扰动下，$F(s) = F/s$，那么

$$\Delta C(s) = \frac{F}{s}\frac{W_2(s)}{1 + W_1(s)W_2(s)} = \frac{FK_2(Ts+1)}{s^2(Ts+1) + K(hTs+1)}$$

按 M_{min} 准则确定了参数关系，即 $K=\dfrac{h+1}{2h^2T^2}$，则

$$\Delta C(s)=\frac{\dfrac{2h^2}{h+1}FK_2T^2(Ts+1)}{\dfrac{2h^2}{h+1}T^3s^3+\dfrac{2h^2}{h+1}T^2s^2+hTs+1} \tag{3-89}$$

由式（3-89）可以求出对应不同 h 值的各项动态抗扰性能指标，列于表3-7中。其中的性能指标与参数的关系是针对图3-58的特定结构且符合 M_{min} 准则。在计算中，为了使各项指标都落在合理的范围内，取输出量基准值为

$$C_b=2FK_2T \tag{3-90}$$

表3-7　典型II型系统动态抗扰性能指标与参数的关系

h	3	4	5	6	7	8	9	10
$\Delta C_{max}/C_b$	72.2%	77.5%	81.2%	84.0%	86.3%	88.1%	89.6%	90.8%
t_m/T	2.45	2.70	2.85	3.00	3.15	3.25	3.30	3.40
t_v/T	13.60	10.45	8.80	12.95	16.85	19.80	22.80	25.85

表3-7中数据表明，一般来说，h 值越小，C_{max}/C_b 也越小，t_m 和 t_v 都短，因而抗扰性能越好，这个趋势与跟随性能指标中超调量与 h 值的关系恰好相反，反映了快速性与稳定性的矛盾。但是，当 $h<5$ 时，由于振荡次数的增加，h 再小，恢复时间 t_v 反而拖长了。可见，$h=5$ 是较好的选择，这与跟随性能中调节时间最短的条件是一致的。因此，综合考虑典型II型系统的跟随性和抗扰性各项性能指标，应该选择 $h=5$ 为好。

通过以上的比较分析可以看出，典型I型系统和典型II型系统除了在稳态误差上的区别以外，在动态性能中，典型I型系统在跟随性能上可以做到超调量小，但抗扰性能稍差；典型II型系统的超调量相对较大，抗扰性能却比较好。这是设计时选择典型系统的重要依据。

3.7.3　工程设计中的近似处理

工程设计法的基本思路就是将控制对象校正成为典型系统。在电力拖动自动控制系统中，将控制对象配以适当的调节器，就可以校正成典型系统，但是有些实际系统不可能简单地校正成典型系统的形式，这就需要经过近似处理，才能使用上述的工程设计方法。

1. 传递函数近似处理

（1）高频段小惯性环节的近似处理

实际系统中往往有若干个小时间常数的惯性环节，这些小时间常数所对应的频率都处于频率特性的高频段，形成一组小惯性群。例如，系统的开环传递函数为

$$W(s)=\frac{K(\tau s+1)}{s(T_1s+1)(T_2s+1)(T_3s+1)}$$

其中，T_2 和 T_3 是小时间常数，即 $T_1\gg T_2$，$T_1\gg T_3$，且 $T_1>\tau$，这时可将小惯性环节合并。合并方法为：当系统有一组小惯性群时，在一定的条件下，可以将它们近似地看成是一个小惯性环节，其时间常数等于小惯性群中各时间常数之和。那么

$$\frac{1}{(T_2s+1)(T_3s+1)}\approx\frac{1}{(T_2+T_3)s+1}$$

近似条件为
$$\omega_c \leqslant \frac{1}{3\sqrt{T_2 T_3}} \tag{3-91}$$

(2) 高阶系统的降阶近似处理

上述小惯性群的近似处理实际上是高阶系统降阶处理的一种特例，它把多阶小惯性环节降为一阶小惯性环节。一般的情况，当系统特征方程高次项的系数小到一定程度时便可以忽略不计。现以三阶系统为例，设

$$W(s) = \frac{K}{as^3 + bs^2 + cs + 1}$$

其中，a、b、c 都是正系数，$c>>a$ 或 b，且 $bc>a$，即系统是稳定的。

若忽略高次项，可得近似的一阶系统的传递函数为

$$W(s) = \frac{K}{as^3 + bs^2 + cs + 1} \approx \frac{K}{cs + 1}$$

近似条件为
$$\omega_c \leqslant \frac{1}{3}\min\left(\sqrt{\frac{1}{b}}, \sqrt{\frac{c}{a}}\right) \tag{3-92}$$

(3) 低频段大惯性环节的近似处理

当系统中存在一个时间常数特别大的惯性环节时，可以近似地将它看成是积分环节，即

$$\frac{1}{Ts+1} \approx \frac{1}{Ts}$$

近似条件为
$$\omega_c \geqslant \frac{3}{T} \tag{3-93}$$

这种近似处理对系统的动态性能影响不大，但考虑稳态性能时，需采用系统原来的传递函数。

2. 调节器结构的选择

采用工程设计法设计调节器时，首先根据控制系统的要求，确定要校正成哪一类典型系统。若要求系统有良好的跟随性能，可按 I 型系统设计；若要求系统具有良好的抗扰性能，则选择典型 II 型系统。确定了要采用的典型系统之后，选择调节器的方法就是把控制对象与调节器的传递函数相乘，匹配成典型系统。如果配不成，则需要对控制对象的传递函数做近似处理，再与调节器的传递函数匹配成典型系统的形式。

几种校正成典型 I 型系统和典型 II 型系统的控制对象和相应的调节器传递函数列于表 3-8和表 3-9 中，表中还给出了参数配合关系。有时仅靠 P、I、PI、PD 及 PID 几种调节器都不能满足要求，就不得不作一些近似处理，或者采用更复杂的控制规律。

表 3-8 校正成典型 I 型系统的几种调节器选择和参数配合

控制对象	$\frac{K_2}{(T_1s+1)(T_2s+1)}$ $T_1>T_2$	$\frac{K_2}{Ts+1}$	$\frac{K_2}{s(Ts+1)}$	$\frac{K_2}{(T_1s+1)(T_2s+1)(T_3s+1)}$ $T_1、T_2>T_3$	$\frac{K_2}{(T_1s+1)(T_2s+1)(T_3s+1)}$ $T_1 \gg T_2、T_3$
调节器	$\frac{K_{pi}(\tau_1 s+1)}{\tau_1 s}$	$\frac{K_i}{s}$	K_p	$\frac{(\tau_1 s+1)(\tau_2+1)}{\tau s}$	$\frac{K_{pi}(\tau_1 s+1)}{\tau_1 s}$
参数配合	$\tau_1=T_1$			$\tau_1=T_1, \tau_2=T_2$	$\tau_1=T_1, T_\Sigma=T_2+T_3$

表 3-9　校正成典型 II 型系统的几种调节器选择和参数配合

控制对象	$\dfrac{K_2}{s(Ts+1)}$	$\dfrac{K_2}{(T_1s+1)(T_2s+1)}$ $T_1 \gg T_2$	$\dfrac{K_2}{s(T_1s+1)(T_2s+1)}$ $T_1 \approx T_2$	$\dfrac{K_2}{s(T_1s+1)(T_2s+1)}$ T_1、T_2都很小	$\dfrac{K_2}{(T_1s+1)(T_2s+1)(T_3s+1)}$ $T_1 \gg T_2$、T_3
调节器	$\dfrac{K_{pi}(\tau_1s+1)}{\tau_1s}$	$\dfrac{K_{pi}(\tau_1s+1)}{\tau_1s}$	$\dfrac{(\tau_1s+1)(\tau_2s+1)}{\tau s}$	$\dfrac{K_{pi}(\tau_1s+1)}{\tau_1s}$	$\dfrac{K_{pi}(\tau_1s+1)}{\tau_1s}$
参数配合	$\tau_1=hT$	$\tau_1=hT_2$ 认为$\dfrac{1}{Ts_1+1}\approx\dfrac{1}{T_1s}$	$\tau_1=hT_1$（或 hT_2） $\tau_2=T_2$（或 T_1）	$\tau_1=h(T_1+T_2)$	$\tau_1=h(T_2+T_3)$ 认为$\dfrac{1}{Ts_1+1}\approx\dfrac{1}{T_1s}$

例 3-9　设控制对象的开环传递函数为

$$W_{obj}(s)=\frac{K_1}{(T_1s+1)(T_2s+1)(T_3s+1)(T_4s+1)}$$

式中，$K_1=2$，$T_1=0.43\text{s}$，$T_2=0.06\text{s}$，$T_3=0.008\text{s}$，$T_4=0.002\text{s}$。要求阶跃输入时系统的超调量 $\sigma\leqslant5\%$。

(1) 分别用 P、I、PI、PID 调节器将系统校正成典型 I 型系统，设计各调节器的参数并计算调节时间 t_s；

(2) 能否用上述调节器将系统校正成典型 II 型系统？

解：(1) 校正成典型 I 型系统时调节器参数计算：

1) 控制对象为 0 型系统，用 P 调节器校正时，调节器传递函数为

$$W_p(s)=K_p$$

需作近似处理后才能校正成典型 I 型系统。令

$$\frac{1}{T_1s+1}\approx\frac{1}{T_1s}$$

则校正后系统开环传递函数为

$$W(s)=\frac{K_pK_1}{T_1s(T_2s+1)(T_3s+1)(T_4s+1)}=\frac{K}{s(Ts+1)}$$

式中，$K=K_pK_1/T_1$，$T=T_2+T_3+T_4=0.07\text{s}$。为使 $\sigma\leqslant5\%$，可取 $KT=0.5$，因此

$$K_p=\frac{0.5T_1}{K_1T}=\frac{0.5\times0.43}{2\times0.07}=1.54$$

调节时间 $t_s=6T=6\times0.07\text{s}=0.42\text{s}$。

下面需验证近似条件：

①是否满足近似条件 $\omega_c\geqslant3/T_1$。因为 $\omega_c=K=1/(2T)=1/(2\times0.07)\text{s}^{-1}=7.14\text{s}^{-1}$，而 $3/T_1=3/0.43\text{s}^{-1}=6.98\text{s}^{-1}$，故满足近似条件。

②是否满足近似条件 $\omega_c\leqslant\dfrac{1}{3}\sqrt{\dfrac{1}{T_2T_3}}$。因为

$$\frac{1}{3}\sqrt{\frac{1}{T_2T_3}}=\frac{1}{3}\sqrt{\frac{1}{0.06\times0.008}}\text{s}^{-1}=15.2\text{s}^{-1}$$

可知满足近似条件。

2) 用 I 调节器校正时，调节器传递函数为

$$W_i(s)=\frac{1}{\tau_is}$$

校正后系统开环传递函数为

$$W(s) = \frac{K_1}{\tau_i s(T_1 s+1)(T_2 s+1)(T_3 s+1)(T_4 s+1)} = \frac{K}{s(Ts+1)}$$

式中，$T = T_1 + T_2 + T_3 + T_4 = 0.5\text{s}$，$K = K_1/\tau_i$，取 $KT = 0.5$ 则 $\tau_i = K_1 T/0.5 = 2 \times 0.5/0.5\text{s} = 2\text{s}$。

调节时间 $t_s = 6T = 6 \times 0.5\text{s} = 3\text{s}$。

因为 $\omega_c = K = 1\text{s}^{-1}$，而 $\frac{1}{3}\sqrt{\frac{1}{T_1 T_2}} = \frac{1}{3}\sqrt{\frac{1}{0.43 \times 0.06}}\text{s}^{-1} = 2.08\text{s}^{-1}$，满足近似条件。

3）用 PI 调节器校正时，调节器传递函数为 $W_{pi}(s) = K_{pi}\frac{\tau_1 s+1}{\tau_1 s}$

取 $\tau_1 = T_1 = 0.43\text{s}$，且令 $T = T_2 + T_3 + T_4 = 0.07\text{s}$，校正后系统开环传递函数为

$$W(s) = \frac{K_{pi}K_1}{\tau_1 s(Ts+1)} = \frac{K}{s(Ts+1)}$$

同样，取 $KT = K_{pi}K_1 T/\tau_1 = 0.5$，则

$$K_{pi} = \frac{0.5\tau_1}{K_1 T} = \frac{0.5 \times 0.43}{2 \times 0.07} = 1.54$$

调节时间 $t_s = 6T = 6 \times 0.07\text{s} = 0.42\text{s}$。

4）用 PID 调节器校正时，调节器传递函数为

$$W_{pid(s)} = \frac{(\tau_1 s+1)(\tau_2 s+1)}{\tau s}$$

取 $\tau_1 = T_1 = 0.43\text{s}$，$\tau_2 = T_2 = 0.06\text{s}$，令 $T = T_3 + T_4 = (0.008 + 0.002)\text{s} = 0.01\text{s}$，则校正后的系统开环传递函数为

$$W(s) = \frac{K_1}{\tau s(Ts+1)} = \frac{K}{s(Ts+1)}$$

仍取 $KT = K_1 T/\tau = 0.5$，则

$$\tau = K_1 T/0.5 = 2 \times 0.01/0.5\text{s} = 0.04\text{s}$$

调节时间 $t_s = 6T = 0.06\text{s}$。

校验近似条件：$\omega_c = K = 50\text{s}^{-1}$，而 $\frac{1}{3}\sqrt{\frac{1}{T_3 T_4}} = \frac{1}{3}\sqrt{\frac{1}{0.008 \times 0.002}}\text{s}^{-1} = 83.3\text{s}^{-1}$，满足近似条件。

比较采用不同调节器时的 t_s，可知采用 PID 调节器条件时间最短，效果最好；采用 I 调节器调节时间最长，效果最差；采用 P 调节器和 PI 调节器虽然有相同的 t_s，但采用 P 调节器时系统是有静差的，因此两者的稳态性能截然不同。

（2）校正成典型 II 型系统时调节器参数计算：

1）由于控制对象传递函数中不含有领先环节，P 和 I 两种调节器也不含有领先环节，因此，采用 P 调节器和 I 调节器无法将控制对象校正成典型 II 型系统，采用 PI 调节器或 PID 调节器才有可能将控制对象校正成典型 II 型系统。又由于控制对象传递函数中不含有积分环节，因此需作近似处理后才能采用 PI 或 PID 调节器将系统校正成典型 II 型系统。令

$$\frac{1}{T_1 s+1} \approx \frac{1}{T_1 s}$$

将惯性环节近似为积分环节，近似条件为

$$\omega_c \geqslant \frac{3}{T_1} = \frac{3}{0.43}\mathrm{s}^{-1} = 6.98\mathrm{s}^{-1}$$

2）采用PI调节器校正后系统的开环传递函数为

$$W(s) = \frac{K_1 K_{pi}(\tau_1 s+1)}{\tau_1 T_1 s^2 (T_2 s+1)(T_3 s+1)(T_4 s+1)} = \frac{K(\tau_1 s+1)}{s^2(Ts+1)}$$

式中，$K = K_1 K_{pi}/(T_1 \tau_1)$，$T = T_2 + T_3 + T_4 = 0.07\mathrm{s}$。

如按M_{rmin}准则确定系数，此时，$\omega_2 = 1/T = 1/0.07\mathrm{s}^{-1} = 15.3\mathrm{s}^{-1}$，则

$$\omega_c = \frac{h+1}{2h}\omega_2$$

当$h=5$时，$\omega_c = 6\times 15.3/10 = 8.58\mathrm{s}^{-1}$；又

$$\frac{1}{3}\sqrt{\frac{1}{T_2 T_3}} = \frac{1}{3}\sqrt{\frac{1}{0.06\times 0.008}}\mathrm{s}^{-1} = 15.2\mathrm{s}^{-1}$$

因为$8.58>6.98$，$8.58<15.2$，满足近似条件，说明用PI调节器可以将系统校正成典型II型系统。

3）采用PID调节器时，可取$\tau_2 = T_2$，并令$T = T_3 + T_4 = 0.01\mathrm{s}$，则校正后系统的开环传递函数为

$$W(s) = \frac{K_1(\tau_1 s+1)}{\tau T_1 s^2 (Ts+1)} = \frac{K(\tau_1 s+1)}{s^2(Ts+1)}$$

式中，$K = K_1/\tau T_1$。此时，$\omega = 1/T = 1/0.01\mathrm{s}^{-1} = 100\mathrm{s}^{-1}$，则当$h=5$时，按$M_{rmin}$准则，有$\omega_c = 6\times 100/10\mathrm{s}^{-1} = 60\mathrm{s}^{-1}$，而

$$\frac{1}{3}\sqrt{\frac{1}{T_3 T_4}} = \frac{1}{3}\sqrt{\frac{1}{0.008\times 0.002}}\mathrm{s}^{-1} = 83.8\mathrm{s}^{-1}$$

可见，满足近似条件，采用PID调节器也可以将系统校正成典型II型系统。

3.8 转速电流双闭环直流调速系统的设计

图3-59所示是转速电流双闭环直流调速系统的动态结构图，系统设计的一般原则是“先内环后外环”，从内环开始，逐步向外扩展。首先设计电流调节器，然后把整个电流环看作是转速调节系统中的一个环节，再设计转速调节器。

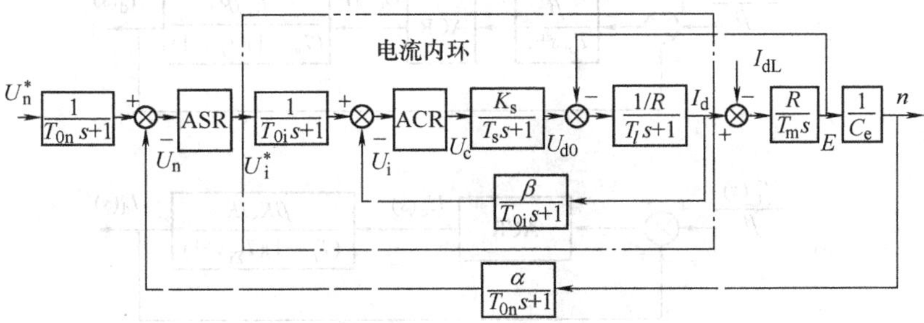

图3-59 双闭环直流调速系统的动态结构图

动态结构图中增加了滤波环节，包括电流滤波、转速滤波和两个给定信号的滤波环节。由于电流检测信号中间含有交流分量，为了不使它影响到调节器的输入，需加低通滤波。这样的滤波环节传递函数可用一阶惯性环节的来表示，其滤波时间常数 T_{0i} 的选择以滤平电流检测信号为准。但是在抑制交流分量的同时，滤波环节也延迟了反馈信号的作用，为了平衡这个延迟作用，在给定信号通道上加入一个同等时间常数的惯性环节，称为给定滤波环节，目的是让给定信号和反馈信号经过相同的延时，使二者在时间上得到恰当的配合，从而带来设计上的方便。由测速发电机得到的转速反馈电压含有换向纹波，也需要滤波，滤波时间常数用 T_{0n} 表示。同理，在转速给定通道上也加入时间常数为 T_{0n} 的给定滤波环节。

3.8.1　电流调节器的设计

1. 电流环结构图的简化

双闭环直流调速系统中电流调节过程比转速调节过程快得多，因此设计电流环时可以忽略电动机反电动势的影响，这样近似处理的条件是

$$\omega_{ci} \geqslant 3\sqrt{\frac{1}{T_m T_l}} \tag{3-94}$$

式中，ω_{ci} 为电流环截止频率。

去掉电动势作用后的电流环如图 3-60a 所示。如果把给定滤波和反馈滤波两个环节都等效地移到环内，同时把给定信号改成 $U_i^*(s)/\beta$，则电流环便等效成单位负反馈系统，如图 3-60b 所示。由于 T_s 和 T_{0i} 一般都比 T_l 小得多，因此可以当作小惯性群而近似地看做是一个惯性环节，其时间常数为

$$T_{\Sigma i} = T_s + T_{0i}$$

简化的近似条件为

$$\omega_{ci} \leqslant \frac{1}{3}\sqrt{\frac{1}{T_s T_{0i}}} \tag{3-95}$$

电流环结构图最终简化成图 3-60c 所示。

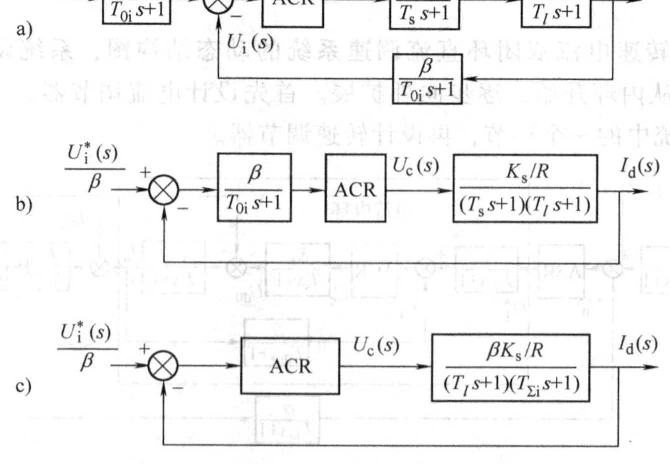

图 3-60　电流环的动态结构图及其化简

a）忽略反电动势的动态影响　b）等效成单位负反馈系统

c）小惯性环节近似处理

2. 电流调节器结构的选择

从稳态要求上看，希望电流无静差，以得到理想的堵转特性，由图3-60c可知，采用I型系统就够了。从动态要求上看，实际系统不允许电枢电流在突加控制作用时有太大的超调，以保证电流在动态过程中不超过允许值，而对电网电压波动的及时抗扰作用是次要的，为此，电流环应以跟随性能为主，应选用典型I型系统。显然应采用PI型的电流调节器，其传递函数可以写成

$$W_{ACR}(s) = \frac{K_i(\tau_i s + 1)}{\tau_i s} \tag{3-96}$$

式中，K_i为电流调节器的比例系数；τ_i为电流调节器的超前时间常数。

为了让调节器零点与控制对象的大时间常数极点对消，选择

$$\tau_i = T_l \tag{3-97}$$

则电流环的动态结构图便成为图3-61a所示的典型形式，其中

$$K_I = \frac{K_i K_s \beta}{\tau_i R} \tag{3-98}$$

图3-61b表示校正后电流环的开环对数幅频特性。

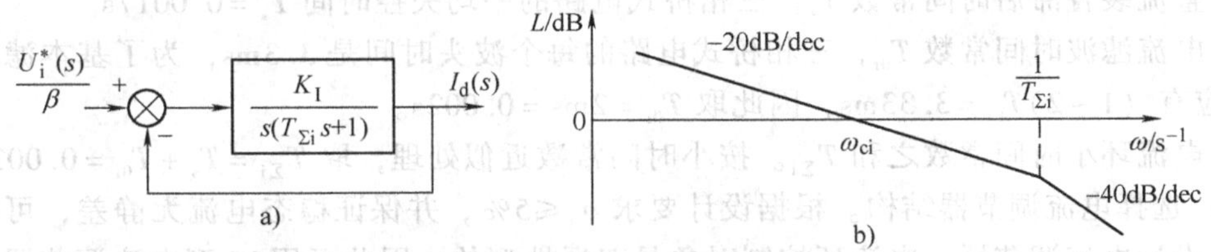

图3-61　校正成典型I型系统的电流环

a）动态结构图　b）开环对数幅频特性

3. 电流调节器的参数计算

电流调节器的参数有：K_i和τ_i，其中τ_i已选定，即$\tau_i = T_l$，剩下的只有比例系数K_i，可根据所需要的动态性能指标选取。在一般情况下，希望电流超调量$\sigma_i < 5\%$，由表3-3，可选$\xi = 0.707$，$K_I T_{\Sigma i} = 0.5$，则

$$K_I = \omega_{ci} = \frac{1}{2T_{\Sigma i}} \tag{3-99}$$

再利用式（3-97）和式（3-98）得到

$$K_i = \frac{T_l R}{2K_s \beta T_{\Sigma i}} = \frac{R}{2K_s \beta}\left(\frac{T_l}{T_{\Sigma i}}\right) \tag{3-100}$$

如果实际系统要求的跟随性能指标不同，式（3-99）和式（3-100）当然应作相应的改变。

4. 电流调节器的实现

含给定滤波和反馈滤波的PI型电流调节器电路原理如图3-62所示。图中，U_i^*为电流给定电压，$-\beta I_d$为电流负反馈电压，U_c为电力电子变换器的控制电压。根据运算放大器的电路原理，可得电流调节器电路参数的计算公式

$$K_i = \frac{R_i}{R_0}, \qquad \tau_i = R_i C_i, \qquad T_{0i} = \frac{1}{4}R_0 C_{0i}$$

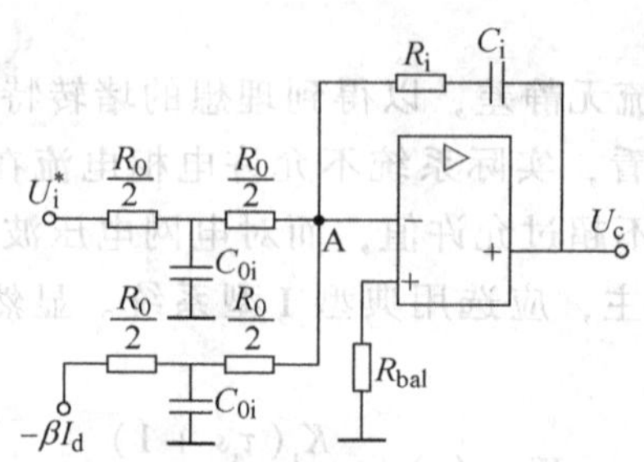

图 3-62　含给定滤波与反馈滤波的 PI 型电流调节器电路原理

例 3-10　某晶闸管供电的双闭环直流调速系统，整流装置采用三相桥式电路，基本数据如下：直流电动机参数为 220V、136A、1460r/min、$C_e=0.132\text{V}\cdot\text{min/r}$、允许过载倍数 $\lambda=1.5$；晶闸管整流装置放大系数 $K_s=40$；电枢回路总电阻 $R=0.5\Omega$；时间常数 $T_l=0.03\text{s}$、$T_m=0.18\text{s}$；电流反馈系数 $\beta=0.05\text{V/A}$（$\approx 10\text{V}/1.5I_N$）。要求：设计电流调节器，要求电流超调量 $\sigma_i\leqslant 5\%$。

解：(1) 确定时间常数。

1) 整流装置滞后时间常数 T_s。三相桥式电路的平均失控时间 $T_s=0.0017\text{s}$。

2) 电流滤波时间常数 T_{0i}，三相桥式电路的每个波头时间是 3.3ms，为了基本滤掉平波脉动，应有 $(1\sim2)T_{0i}=3.33\text{ms}$，因此取 $T_{0i}=2\text{ms}=0.002\text{s}$。

3) 电流环小时间常数之和 $T_{\Sigma i}$。按小时间常数近似处理，取 $T_{\Sigma i}=T_s+T_{0i}=0.0037\text{s}$。

(2) 选择电流调节器结构。根据设计要求 $\sigma_i\leqslant 5\%$，并保证稳态电流无静差，可按典型Ⅰ型系统设计电流调节器。电流环控制对象是双惯性型的，因此可用 PI 型电流调节器。其传递函数 $W_{ACR}(s)=K_i(\tau_i s+1)/\tau_i s$。

检查对电源电压的抗扰性能：$T_l/T_{\Sigma i}=0.03\text{s}/0.0037\text{s}=8.11$，参照表 3-4 的典型Ⅰ型系统动态抗扰性能，各项指标都是可以接受的。

(3) 计算电流调节器参数。

1) 电流调节器超前时间常数：$\tau_i=T_l=0.03\text{s}$。

2) 电流环开环增益：要求 $\sigma_i\leqslant 5\%$，按照表 3-3，应取 $K_I T_{\Sigma i}=0.5$，因此

$$K_I=\frac{0.5}{T_{\Sigma i}}=\frac{0.5}{0.0037\text{s}}=135.1\text{s}^{-1}$$

于是，电流调节器的比例系数为

$$K_i=\frac{K_I\tau_i R}{K_s\beta}=\frac{135.1\times0.03\times0.5}{40\times0.05}=1.013$$

(4) 校验近似条件。电流环截止频率：$\omega_{ci}=K_I=135.1\text{s}^{-1}$。

1) 晶闸管整流装置传递函数的近似条件

$$\frac{1}{3T_s}=\frac{1}{3\times0.0017\text{s}}=196.1\text{s}^{-1}>\omega_{ci}$$

满足近似条件。

2) 忽略反电动势变化对电流环动态影响的条件

$$3\sqrt{\frac{1}{T_m T_l}}=3\times\sqrt{\frac{1}{0.18\text{s}\times0.03\text{s}}}=40.82\text{s}^{-1}<\omega_{ci}$$

满足近似条件。

3）电流环小时间常数近似处理条件

$$\frac{1}{3}\sqrt{\frac{1}{T_s T_{0i}}} = \frac{1}{3} \times \sqrt{\frac{1}{0.0017s \times 0.002s}} = 180.8s^{-1} > \omega_{ci}$$

满足近似条件。

（5）计算调节器的电阻和电容。由图3-62，按所用运算放大器取 $R_0 = 40k\Omega$，各电阻和电容值为

$$R_i = K_i R_0 = 1.013 \times 40k\Omega = 40.52k\Omega, \text{取} 40k\Omega$$

$$C_i = \frac{\tau_i}{R_i} = \frac{0.03}{40 \times 10^3}F = 0.75 \times 10^{-6}F = 0.75\mu F, \text{取} 0.75\mu F$$

$$C_{0i} = \frac{4T_{0i}}{R_0} = \frac{4 \times 0.002}{40 \times 10^3}F = 0.2 \times 10^{-6}F = 0.2\mu F, \text{取} 0.2\mu F$$

按照上述参数，电流环可以达到的动态跟随性能指标为 $\sigma_i = 4.3\% < 5\%$，满足设计要求。

3.8.2　转速调节器的设计

1. 电流环的等效闭环传递函数

电流环经简化后可视作转速环中的一个环节，为此需求出它的闭环传递函数。由图3-63a可知

$$W_{cli}(s) = \frac{I_d(s)}{U_i^*(s)/\beta} = \frac{\dfrac{K_I}{s(T_{\Sigma i}s+1)}}{1+\dfrac{K_I}{s(T_{\Sigma i}s+1)}} = \frac{1}{\dfrac{T_{\Sigma i}}{K_I}s^2 + \dfrac{1}{K_I}s + 1} \tag{3-101}$$

忽略高次项，式（3-101）可降阶近似为

$$W_{cli}(s) \approx \frac{1}{\dfrac{1}{K_I}s + 1} \tag{3-102}$$

近似条件为

$$\omega_{cn} \leqslant \frac{1}{3}\sqrt{\frac{K_I}{T_{\Sigma i}}} \tag{3-103}$$

式中，ω_{cn}为转速环开环频率特性的截止频率。

接入转速环内，电流环等效环节的输入量应为 $U_i^*(s)$，因此电流环在转速环中应等效为

$$\frac{I_d(s)}{U_i^*(s)} = \frac{W_{cli}(s)}{\beta} \approx \frac{1/\beta}{\dfrac{1}{K_I}s + 1} \tag{3-104}$$

这样，原来是双惯性环节的电流环控制对象，经闭环控制后，可以近似地等效成只有较小时间常数的一阶惯性环节。这表明，电流的闭环控制改造了控制对象，加快了电流的跟随作用，这是局部闭环（内环）控制的一个重要功能。

2. 转速调节器结构的选择

用电流环的等效环节代替图 3-59 中的电流内环后，整个转速控制系统的动态结构图便如图 3-63a 所示。和电流环中一样，把转速给定滤波和反馈滤波环节移到环内，同时将给定信号改成 $U_n^*(s)/\alpha$，再把时间常数为 $1/K_I$ 和 T_{0n} 的两个小惯性环节合并起来，近似成一个时间常数为的惯性环节，其中

$$T_{\Sigma n}=\frac{1}{K_I}+T_{0n} \tag{3-105}$$

为了实现转速无静差，在负载扰动作用点前面必须有一个积分环节，它应该包含在转速调节器中，如图 3-63b 所示。现在在扰动作用点后面已经有了一个积分环节，因此转速环开环传递函数应共有两个积分环节，所以应该设计成典型 II 型系统，这样的系统同时也能满足动态抗扰性能好的要求。

因此，转速调节器也应该采用 PI 调节器，其传递函数为

$$W_{ASR}(s)=\frac{K_n(\tau_n s+1)}{\tau_n s}$$

式中，K_n 为转速调节器的比例系数；τ_n 为转速调节器的超前时间常数。

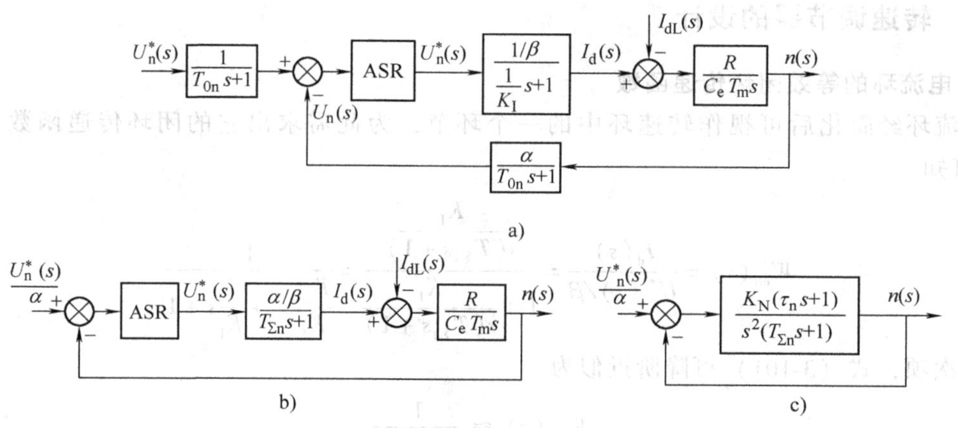

图 3-63 转速环的动态结构图及其简化

a）用等效环节代替电流环 b）等效成单位负反馈系统和小惯性的近似处理 c）校正后为典型 II 型系统

这样，调速系统的开环传递函数为

$$W_n(s)=\frac{K_n(\tau_n s+1)}{\tau_n s}\frac{\alpha R/\beta}{C_e T_m s(T_{\Sigma n}s+1)}=\frac{K_n\alpha R(\tau_n s+1)}{\tau_n\beta C_e T_m s^2(T_{\Sigma n}s+1)} \tag{3-106}$$

令转速环开环增益为

$$K_N=\frac{K_n\alpha R}{\tau_n\beta C_e T_m} \tag{3-107}$$

则调速系统的开环传递函数简化为

$$W_n(s)=\frac{K_N(\tau_n s+1)}{s^2(T_{\Sigma n}s+1)} \tag{3-108}$$

3. 转速调节器参数的选择

转速调节器的参数包括 K_n 和 τ_n。按照典型 II 型系统的参数关系，则有

$$\tau_n = hT_{\Sigma n} \tag{3-109}$$

$$K_N = \frac{h+1}{2h^2T_{\Sigma n}^2} \tag{3-110}$$

$$K_n = \frac{(h+1)\ \beta C_e T_m}{2h\alpha RT_{\Sigma n}} \tag{3-111}$$

中频宽 h 的选择由动态性能的要求决定。无特殊要求时，一般可选择 $h=5$。

4. 转速调节器的实现

含给定滤波与反馈滤波的 PI 型转速调节器电路原理图如图 3-64 所示。图中，U_n^* 为转速给定电压；$-\alpha n$为转速负反馈电压；调节器的输出是电流调节器的给定电压 U_i^*。

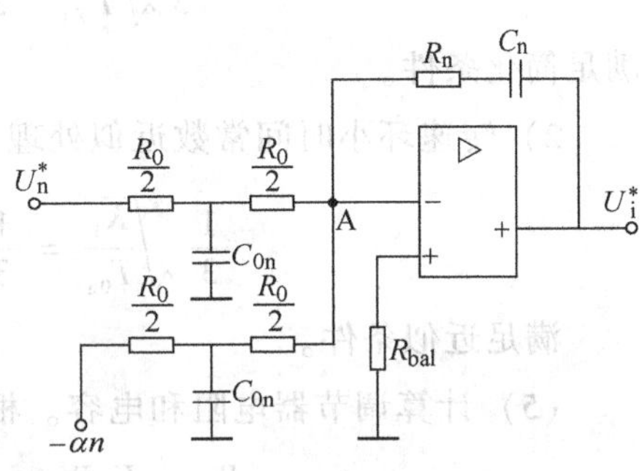

图 3-64　含给定滤波与反馈滤波的 PI 型转速调节器电路原理图

根据运算放大器的电路原理，可得转速调节器电路参数的计算公式为

$$K_n = R_n/R_0, \tau_n = R_nC_n, T_{0n} = \frac{1}{4}R_0C_{0n}$$

外环的响应比内环慢，这是按上述工程设计方法设计多环控制系统的特点。

例 3-11　在例 3-10 中，除已给数据外，已知转速反馈系数 $\alpha=0.007\text{V}\cdot\text{min/r}$ （$\approx 10\text{V}/n_N$），要求转速无静差，空载起动到额定转速时的转速超调量 $\sigma_n \leqslant 10\%$。试按照工程设计法设计转速调节器，并校验转速超调量的要求能否得到满足。

解：(1) 确定时间常数。

1) 电流环等效时间常数 $1/K_I$，由例 3-10，已取 $K_IT_{\Sigma n}=0.5$，则

$$\frac{1}{K_I} = 2T_{\Sigma i} = 2\times 0.0037\text{s} = 0.0074\text{s}$$

2) 转速滤波时间常数 T_{0n}。根据所用测速发电机纹波情况，$T_{0n}=0.01\text{s}$。

3) 转速环小时间常数 $T_{\Sigma n}$。按小时间常数近似处理，取

$$T_{\Sigma n} = \frac{1}{K_I} + T_{0n} = 0.0074\text{s} + 0.01\text{s} = 0.0174\text{s}$$

(2) 选择转速调节器结构。按照设计要求，选用 PI 调节器，其传递函数为

$$W_{ASR}(s) = \frac{K_n(\tau_n s+1)}{\tau_n s}$$

(3) 计算转速调节器参数。按跟随和抗扰性能都较好的原则，取 h = 5，则转速调节器的超前时间常数为

$$\tau_n = hT_{\Sigma n} = 5\times 0.0174\text{s} = 0.087\text{s}$$

由式（3-110）求得转速环开环增益

$$K_N = \frac{h+1}{2h^2T_{\Sigma n}^2} = \frac{6}{2\times 5^2\times 0.0174^2}\text{s}^{-2} = 396.4\text{s}^{-2}$$

则由式（3-111）得转速调节器的比例系数为

$$K_n = \frac{(h+1)\beta C_e T_m}{2h\alpha RT_{\Sigma n}} = \frac{6\times 0.05\times 0.132\times 0.18}{2\times 5\times 0.007\times 0.5\times 0.0174} = 11.7$$

(4) 检验近似条件。转速开环截止频率为

$$\omega_{cn}=\frac{K_N}{\omega_1}=K_N\tau_n=396.4\times0.087s^{-1}=34.5s^{-1}$$

1) 电流环传递函数简化条件为

$$\frac{1}{3}\sqrt{\frac{K_I}{T_{\Sigma i}}}=\frac{1}{3}\times\sqrt{\frac{135.1}{0.0037}}s^{-1}=63.7s^{-1}>\omega_{cn}$$

满足简化条件。

2) 转速环小时间常数近似处理

$$\frac{1}{3}\sqrt{\frac{K_I}{T_{0n}}}=\frac{1}{3}\times\sqrt{\frac{135.1}{0.01}}s^{-1}=38.7s^{-1}>\omega_{cn}$$

满足近似条件。

(5) 计算调节器电阻和电容。根据图 3-64，取 $R_0=40k\Omega$，则

$$R_n=K_nR_0=11.7\times40k\Omega=468k\Omega,\text{取 }470k\Omega$$

$$C_n=\frac{\tau_n}{R_n}=\frac{0.087}{470\times10^3}F=0.185\times10^{-6}F=0.185\mu F,\text{取 }0.2\mu F$$

$$C_{0n}=\frac{4T_{0n}}{R_0}=\frac{4\times0.01}{40\times10^3}F=1\times10^{-6}F=1\mu F,\text{取 }1\mu F$$

(6) 校核转速超调量。当 $h=5$ 时，由表 3-6 查得，$\sigma_n\%=37.6\%$，不能满足设计要求。实际上，由于表 3-6 是按线性系统计算的，而突加阶跃给定时，转速调节器饱和，不符合线性系统的前提，应该按转速调节器退饱和的情况重新计算超调量。

5. 转速调节器退饱和时转速超调量的计算

从 3.6.3 小节的分析起动过程的第三阶段知道，当转速超过给定值之后，转速调节器由饱和限幅状态进入线性调节状态，此时的转速环由开环进入闭环控制，迫使电流由最大值 I_{dm} 降到负载电流 I_{dL}。转速调节器开始退饱和时，由于电动机电流 I_d 仍大于负载电流 I_{dL}，电动机继续加速，直到 $I_d<I_{dL}$ 时，转速才降低。这不是按线性系统规律的超调，而是经历了饱和非线性区域之后的超调，称为“退饱和超调”。下面讨论退饱和超调量的计算。

首先将图 3-65 的坐标从 O 点移到 O' 点，也就是假定调速系统原来是在 I_{dm} 的条件下运行于转速 n^*，在点 O' 突然将负载由 I_{dm} 降到 I_{dL}，转速会在突减负载的情况下，产生一个速升与恢复的过程，突减负载的速升过程与退饱和超调过程是完全相同的，下面作一详细分析。图 3-66a 所示是以转速为输出量的调速系统的动态结构图，现在只考虑稳态转速 n^* 以上的超调部分，$\Delta n=n-n^*$，坐标原点移到 O' 点，相应的动态结构图变成图 3-66b，初始条件则转化为 $\Delta n(0)=0, I_d(0)=I_{dm}$。由于这时给定信号为零，可以略去，把 Δn 的负反馈作用反映到主通道第一个环节的输出量上来，得图 3-66c。图中，I_d 和 I_{dL} 的 +、- 号都作了相应的变化，以保证各量加减关系不变。图 3-66c 和讨论典型 II 型系统抗扰过程所用的图完全相同。因此可以利用表 3-7 给出的典型 II 型系统抗扰性能指标来计算退饱和超调量。

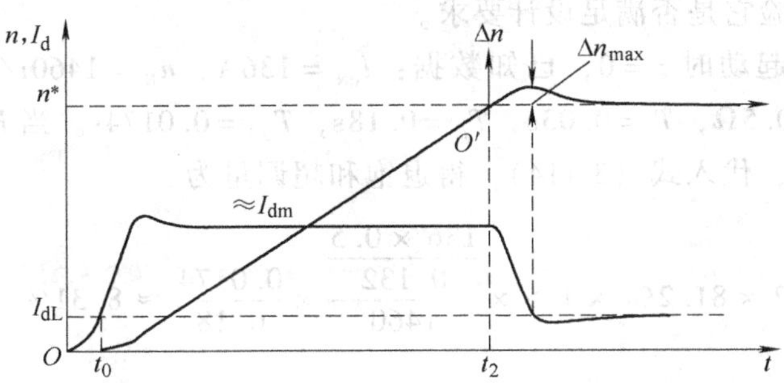

图 3-65 转速调节器饱和时转速环按典型II型系统设计的调速系统起动过程

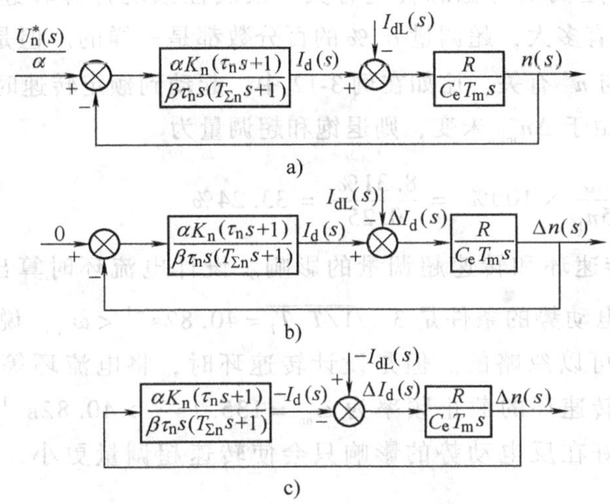

图 3-66 调速系统的等效动态结构图

a）以转速 n 为输出量 b）以转速超调值为输出量 c）图 b 的等效变换

在典型II型系统抗扰性能指标中，ΔC 的基准值是 $C_b = 2FK_2T$。

对比图 3-66b 和 c 可知，$K_2 = R/C_eT_m$，$T = T_{\Sigma n}$，而 $F = I_{dm} - I_{dL}$，所以 Δn 的基准值是

$$\Delta n_b = \frac{2RT_{\Sigma n}(I_{dm} - I_{dL})}{C_eT_m} \tag{3-112}$$

如果令 λ 为电动机允许的过载倍数，$I_{dm} = \lambda / I_{dN}$；$z$ 为负载系数，$I_{dL} = zI_{dN}$；开环额定转速降 Δn_N，$\Delta n_N = I_{dN}R/C_e$。那么式（3-112）可以写成

$$\Delta n_b = 2(\lambda - z)\Delta n_N \frac{T_{\Sigma n}}{T_m} \tag{3-113}$$

作为转速超调量 $\sigma_n\%$，其基准值应该是 n^*，退饱和超调量可以由表 3-7 列出的数据 $\Delta C_{max}/C_b$ 经基准值换算后求得，即

$$\sigma_n\% = \left(\frac{\Delta C_{max}}{C_b}\%\right)\frac{\Delta n_b}{n^*} = 2\left(\frac{\Delta C_{max}}{C_b}\%\right)(\lambda - z)\frac{\Delta n_N}{n^*}\frac{T_{\Sigma n}}{T_m} \tag{3-114}$$

例 3-12 试按退饱和超调量的计算方法计算例 3-11 中调速系统空载起动到额定转速时

的转速超调量，并校验它是否满足设计要求。

解：设理想空载起动时 $z=0$，已知数据：$I_{dN}=136\text{A}$，$n_N=1460\text{r/min}$，$C_e=0.132\text{V}\cdot\text{min/r}$，$\lambda=1.5$，$R=0.5\Omega$，$T_l=0.03\text{s}$，$T_m=0.18\text{s}$，$T_{\Sigma i}=0.0174\text{s}$。当 $h=5$ 时，由表 3-7 查得 $\Delta C_{max}/C_b=81.2\%$，代入式（3-114），得退饱和超调量为

$$\sigma_n\% = 2\times 81.2\%\times 1.5\times\frac{\frac{136\times 0.5}{0.132}}{1460}\times\frac{0.0174}{0.18}\approx 8.31\% < 10\%$$

能满足设计要求。

从以上双闭环调速系统的设计计算结果来看，有以下 3 个问题需要注意：

1）转速的退饱和超调量与稳态转速有关。按线性系统计算转速超调量时，当 h 选定后，不论稳态转速 n^* 有多大，超调量 $\sigma_n\%$ 的百分数都是一样的。但是按照退饱和过程计算超调量，其具体数值与 n^* 有关。比如在例 3-12 中，起动到额定转速时的 $\sigma_n\%=8.31\%$；如果只起动到 $0.25n_N$，由于 Δn_{max} 未变，则退饱和超调量为

$$\sigma_n\%\big|_{0.25n_N}=\frac{\Delta n_{max}}{0.25n_N}\times 100\% = \frac{8.31\%}{0.25}=33.24\%$$

2）反电动势对转速环和转速超调量的影响。设计电流环时算出其截止频率为 $\omega_{ci}=135.1\text{s}^{-1}$，而忽略反电动势的条件是 $3\sqrt{1/T_mT_l}=40.82\text{s}^{-1}<\omega_{ci}$，说明反电动势的动态影响对于电流环来说是可以忽略的。但是设计转速环时，将电流环等效为一惯性环节，未考虑反电动势，算得转速环的截止频率为 $\omega_{cn}=135.1\text{s}^{-1}>40.82\text{s}^{-1}$，因此忽略反电动势的条件就不成立了。好在反电动势的影响只会使转速超调量更小，不考虑它倒也没多大影响。

3）内、外环开环对数幅频特性的比较。电流环和转速环的开环对数幅频特性如图3-67所示。其中，各转折频率和截止频率由大到小依次为：$1/T_{\Sigma i}=1/0.0037\text{s}=270.3\text{s}^{-1}$，$\omega_{ci}=135.1\text{s}^{-1}$，$1/T_{\Sigma n}=1/0.0174\text{s}=57.5\text{s}^{-1}$，$\omega_{cn}=34.5\text{s}^{-1}$，$1/\tau_n=1/0.087\text{s}=11.5\text{s}^{-1}$。可以看出，这样设计的双闭环系统，外环一定比内环慢。在一般的模拟控制系统中，$\omega_{ci}=(100\sim150)\text{s}^{-1}$，$\omega_{cn}=(20\sim50)\text{s}^{-1}$。直流 PWM 调速系统可以大大降低各环节的时间常数，并缩短各控制环节的采样周期，使 ω_{cn} 达到 $100\sim200\text{s}^{-1}$。

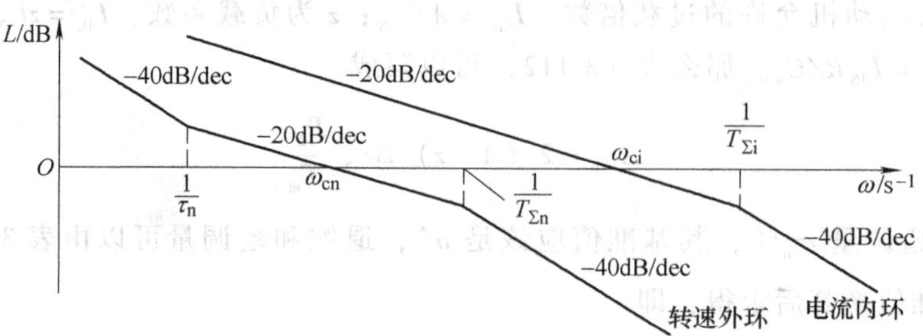

图 3-67　双闭环调速系统内环和外环的开环对数幅频特性

外环的响应比内环慢，这是按上述工程设计方法设计多环控制系统的特点。这样做虽不

利于快速性，但每个控制环节都是稳定的，对系统的组成和调试工作非常有利。

转速电流双闭环直流调速系统很好地兼顾了动态和静态性能指标，设计和调试都很方便，得到了广泛的应用。但是，转速调节器退饱和超调是其固有的不足之处。在某些不允许出现转速超调的场合，这种典型的转速电流双闭环系统结构是无法满足要求的。解决这个问题的方法很多，比如常用的两种简单有效的方法是：转速微分负反馈和积分分离的方法。转速微分负反馈是在转速的比例反馈通道中附加一个转速微分反馈分量；而积分分离是将 PI 调节器的比例部分和积分部分分离开来，在转速环运行的不同阶段，根据需要来决定是否启用积分作用。这些方法都能有效抑制转速超调，这里不作详细介绍。

3.9 弱磁控制的直流调速系统

3.9.1 变压与弱磁的配合控制

按照电力拖动原理，在不同转速下长期运行时，为了充分利用电机，都应使电枢电流达到其额定值 I_N。在调压调速范围内，由于励磁磁通不变，那么容许的电磁转矩也不变，称作“恒转矩调速方式”。而在弱磁调速范围内，转速越高，磁通越弱，容许的转矩不得不减少，转矩与转速的乘积则不变，即容许功率不变，为“恒功率调速方式”。可见，“恒转矩”和“恒功率”调速方式，是指在不同运行条件下，当电枢电流达到其额定值 I_N时，所容许的转矩或功率不变，是电机能长期承受的限度。实际的转矩和功率究竟有多少，还要由其具体的负载来决定。

恒转矩类型的负载适合于采用恒转矩调速方式，而恒功率类型的负载更适合于恒功率的调速方式。但是，直流电机允许的弱磁调速范围有限，一般电机不超过 2:1，专用的“调速电机”也不过是 3:1 或 4:1。当负载要求的调速范围更大时，就必须采用调压和弱磁配合控制的办法，即在基速以下保持磁通为额定值不变，只调节电枢电压，而在基速以上则电压保持为额定值，减弱磁通升速，这样的配合控制特性如图 3-68 所示。

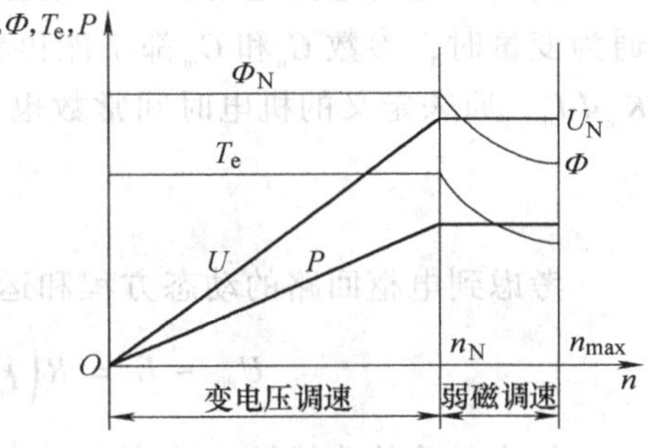

图 3-68 变压与弱磁配合控制特性

3.9.2 励磁电流的闭环控制

变压与弱磁的配合控制系统既要考虑从额定转速降速情况，又要考虑弱磁升速的情况，所以，在基速以下调压调速时，保持磁通为额定值不变；在基速以上弱磁升速时，保持电压为额定值不变；弱磁升速时，由于转速升高，使转速反馈电压 U_n也随着升高，因此必须同时提高转速给定电压 U_n^*，否则转速不能上升。

在调压调速系统的基础上进行弱磁控制，调压与调磁的给定装置不应完全独立，要互相关联。在基速以下，需在满磁的条件下调节电压，在基速以上，应在额定电压下调节励磁，因此存在恒转矩的调压调速和恒功率的弱磁调速两个不同的区段。带有励磁电流闭环的弱磁与调压的配合控制直流调速系统如图 3-69 所示。

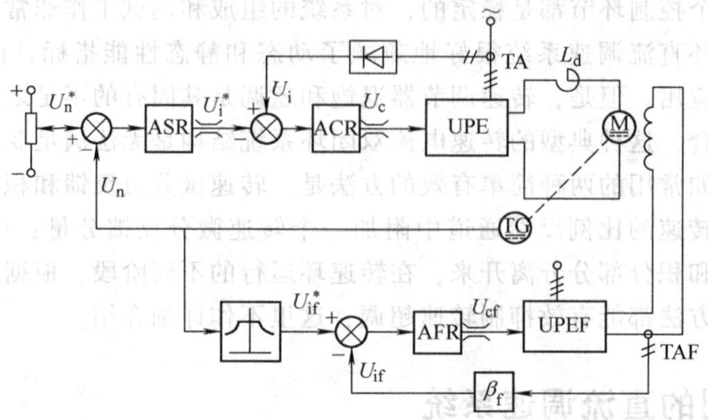

图 3-69　非独立控制励磁的直流调速系统

AFR—励磁电流调节器　UPEF—励磁电力电子变换器　TAF—励磁电流互感器

电枢电压控制系统仍采用常规的转速电枢电流双闭环控制。弱磁程度用励磁电流闭环控制，励磁电流调节器一般采用 PI 调节器。当电动机在额定转速以下变压调速时，励磁电流给定 $U_{if}^* = U_{ifN} = \beta_f I_{fN}$，励磁电流环将励磁电流稳定在额定值，使气隙磁通等于额定磁通，与常规的转速电流双闭环系统是完全一致的。当提高 U_n，转速升到额定转速 n_N 以上时，将根据感应电动势不变（$E = E_N$）的原则，逐步减小励磁电流给定 U_{if}^*，在励磁电流闭环控制作用下，励磁电流 $I_f < I_{fN}$，气隙磁通 Φ 小于额定磁通 Φ_N，电动机工作在弱磁状态，实现基速以上的调速。

前面讨论的直流电动机数学模型是在恒磁通条件下建立的，它不适用于弱磁过程。当磁通为变量时，参数 C_e 和 C_m 都不能再看做常数，而应被 $K_e\Phi$ 和 $K_m\Phi$ 所取代，$E = K_e\Phi n$，$T_e = K_m\Phi I_d$，原来定义的机电时间常数也不能再视作常数，应该是

$$T_m = \frac{GD^2 R}{375 K_e K_m \Phi^2}$$

考虑到电枢回路的动态方程和运动方程式

$$U_{d0} - E = R\left(I_d + T_l \frac{dI_d}{dt}\right),\quad T_e - T_L = \frac{GD^2}{375}\frac{dn}{dt}$$

忽略磁路的非线性，认为 $\Phi = K_f I_f$，进入弱磁过程的直流电动机的动态结构图如图 3-70 所示。

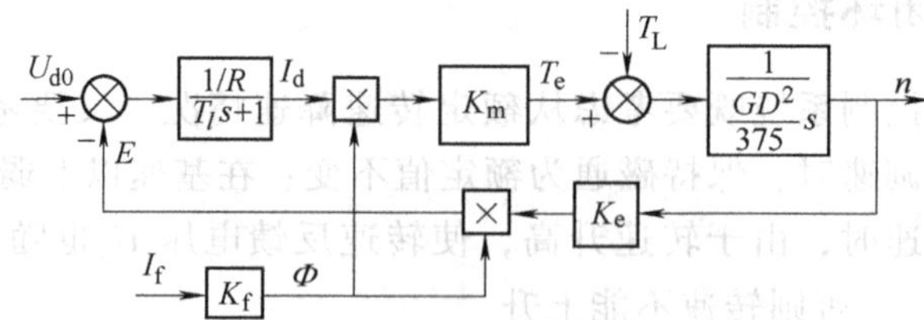

图 3-70　弱磁过程直流电动机的动态结构图

即使忽略磁路的非线性，在磁通变化的过程中直流电动机也是一个非线性对象，如果转速调节器仍采用线性的 PI 调节器，将无法保证在整个弱磁调速范围内都得到优良的控制性

能。为了解决这个问题，原则上应使转速调节器具有可变参数，以适应磁通的变化。采用微机数字控制系统，调节器的参数跟随磁通实时地变化，可以得到优良的控制性能。

3.10　可逆直流调速控制系统

有许多生产机械要求电动机既能正转，又能反转，而且常常还需要快速地起动和制动，这就需要电力拖动系统具有四象限运行的特性，也就是说，需要可逆的调速系统。改变电枢电压的极性，或者改变励磁磁通的方向，都能够改变直流电机的旋转方向。当电机采用电力电子装置供电时，由于电力电子器件的单向导电性，因此就需要专用的可逆电力电子装置和自动控制系统。

3.10.1　PWM 可逆直流调速控制系统

中、小功率的可逆直流调速系统大多采用由电力电子功率开关器件组成的桥式可逆PWM变换器，主电路中的功率开关器件可采用IGBT，在小容量系统中则可用将IGBT、续流二极管、驱动电路以及过电流、欠电压保护等封装在一起的智能功率模块IPM。

PWM可逆直流调速系统的电路原理如图3-71所示，其主电路与图3-12a相同，这里做了简化。控制系统一般采用转速电流双闭环控制，电流环为内环，转速环为外环，内环的采样周期小于外环的采样周期。无论是电流采样值还是转速采样值都有交流分量，常采用阻容电路滤波，但阻容值太大时会延缓动态响应，为此可采用硬件滤波与软件滤波相结合的办法。

当转速给定信号在 $-n_{max}^{*} \sim 0 \sim +n_{max}^{*}$ 之间变化并达到稳态时，由微机输出的PWM信号占空比 ρ 在 $0 \sim 1/2 \sim 1$ 的范围内变化，桥式可逆电力电子变换器（UPEM）的输出平均电压系数 $\gamma=2\rho-1$，即 $\gamma=-1 \sim 0 \sim +1$，实现双极式可逆控制。

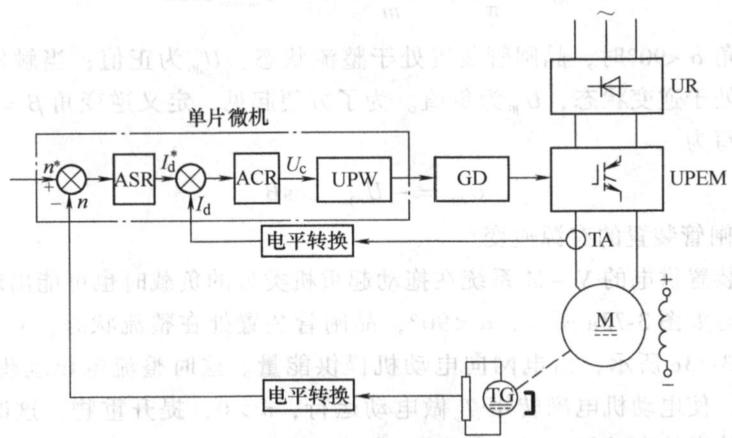

图3-71　PWM可逆直流调速系统的电路原理

UR—整流器　UPEM—桥式可逆电力电子变换器　GD—驱动电路模块

UPW—PWM波生成环节　TG—为测速发电机　TA—霍尔电流传感器

在变流过程中，为了避免同一桥臂上、下两个电力电子器件同时导通而引起直流电源短路，在由 VT_1、VT_4 导通切换到 VT_2、VT_3 导通或反向切换时，必须留有死区时间。对于功率晶体管，死区时间约需 30μs；对于 IGBT，死区时间约需 5μs 或更小些。

3.10.2　V－M 可逆直流调速控制系统

1. 两组晶闸管可控整流装置反并联

较大功率的可逆直流调速系统多采用 V－M 系统。由于晶闸管的单向导电性，需要可逆运行时经常采用两组晶闸管可控整流装置反并联的可逆电路，如图 3-72 所示。电动机正转时，由正组晶闸管装置 VF 供电；反转时，由反组晶闸管装置 VR 供电。两组晶闸管分别由两套触发装置控制，都能灵活地控制电动机的起、制动和升、降速。但一般情况不允许两组晶闸管同时处于整流状态，否则将造成电源短路，因此对控制电路有严格的要求。

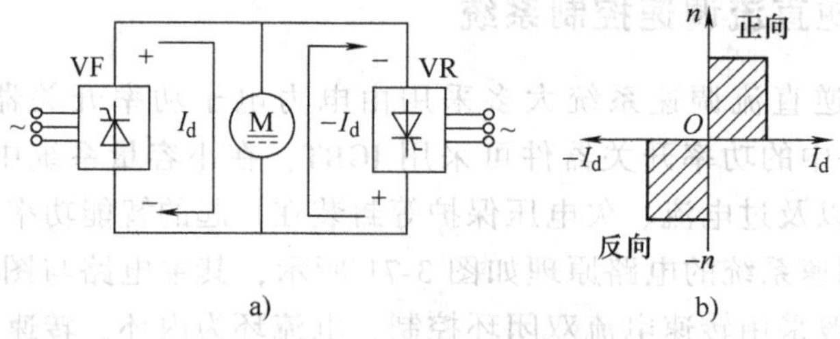

图 3-72　两组晶闸管可控整流装置反并联可逆电路

a) 电路结构　b) 运行范围

2. V－M 系统的回馈制动

在两组晶闸管反并联的 V－M 系统中，晶闸管装置可以工作在整流或有源逆变状态。在电流连续的条件下，晶闸管装置的平均理想空载输出电压为

$$U_{d0} = \frac{m}{\pi}U_m \sin\frac{\pi}{m}\cos\alpha = U_{d0max}\cos\alpha \tag{3-115}$$

当触发延迟角 $\alpha<90°$时，晶闸管装置处于整流状态，U_{d0}为正值；当触发延迟角 $\alpha>90°$时，晶闸管装置处于逆变状态，U_{d0}为负值。为了方便起见，定义逆变角 $\beta=180°-\alpha$，则逆变电压公式可改写为

$$U_{d0} = -U_{d0max}\cos\beta \tag{3-116}$$

(1) 单组晶闸管装置的有源逆变

单组晶闸管装置供电的 V－M 系统在拖动起重机类型的负载时也可能出现整流和有源逆变状态。整流状态如图 3-73a 所示，$\alpha<90°$，晶闸管装置处在整流状态，V－M 系统工作在第一象限，如图 3-73c 所示，由电网向电动机提供能量。这时整流电压理想空载值 $U_{d0}>E$，输出整流电流 I_d，使电动机电磁转矩 T_e 做电动运行，$n>0$，提升重物，这时电能从交流电网经晶闸管装置传送给电动机。逆变状态如图 3-73b 所示，$\alpha>90°$，晶闸管装置处在逆变状态，V－M 系统工作在第四象限（见图 3-73c）。这时整流电压平均值 $U_d<0$，电动机不能产生转矩提升重物，只有靠重物本身重量下降，迫使电动机反转，感应电动势反向为 $-E$，当 $|E|>|U_{d0}|$时，可以产生与图 3-73a 同方向的电流，因而产生提升重物方向的转矩，阻止重物下降的太快。在逆变状态，电动机反转制动，成为受重物拖动的发电机，将重物的位能转

化成电能，通过晶闸管装置回馈给电网，晶闸管装置则工作于有源逆变状态，V－M 系统运行于第四象限。

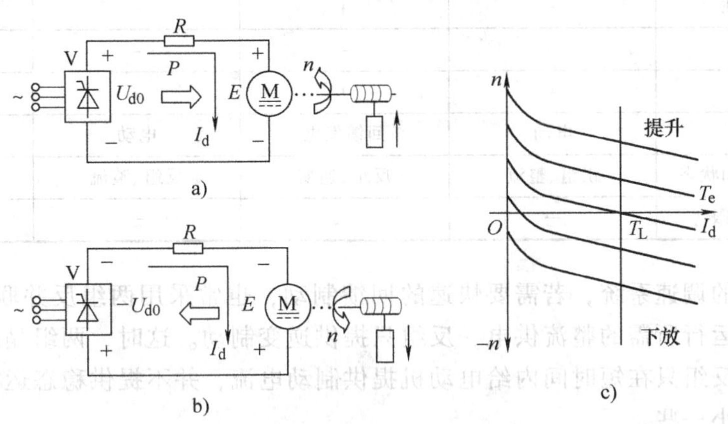

图 3-73　单组 V－M 系统带起重机类型负载时的整流和逆变状态

a）整流状态　b）逆变状态　c）机械特性

（2）两组晶闸管装置反并联的整流和逆变

两组晶闸管装置反并联可逆电路的整流和逆变状态原理与单组相同，只是出现逆变状态的具体条件不一样。现以正组晶闸管装置整流和反组晶闸管装置逆变为例，说明两组晶闸管装置反并联可逆电路的工作原理。

图 3-74a 表示正组晶闸管装置 VF 整流给电动机供电，VF 处于整流状态，输出理想空载整流电压 U_{d0f}，极性如图所示。电动机从电网输入能量作电动运行，V－M 系统工作在第一象限（见图 3-74c），此时，$\alpha_f<90°$，$U_{d0f}>E$，$n>0$。当电动机需要回馈制动时，由于电机反电动势的极性未变，要回馈电能必须产生反向电流，而反向电流是不可能通过 VF 流通的。这时，可以利用控制电路切换到反组晶闸管装置 VR，并使它工作在逆变状态，如图 3-74b 所示。此时，$\alpha_r>90°$，$E>|U_{d0r}|$，$n<0$，电能实现回馈制动，V－M 系统工作在第二象限，如图 3-74c 所示。

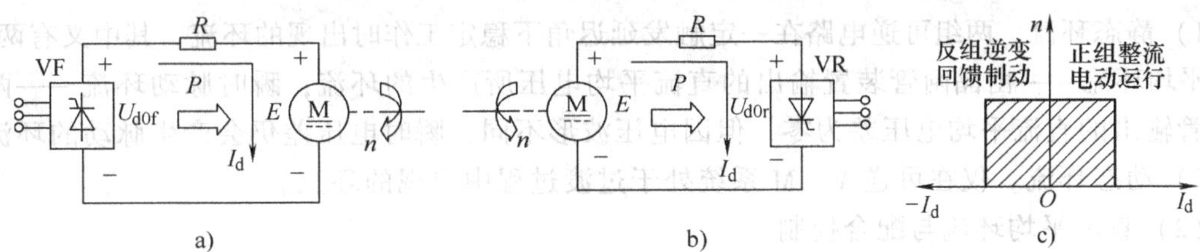

图 3-74　两组晶闸管反并联可逆 V－M 系统的正组整流和反组逆变状态

a）正组整流电动运行　b）反组逆变状态　c）机械特性运行范围

在可逆调速系统中，正转运行时可利用反组晶闸管实现回馈制动，反转运行时同样可以利用正组晶闸管实现回馈制动。这样，采用两组晶闸管装置的反并联，就可实现电动机的四象限运行。归纳起来，可将可逆电路正反转时晶闸管装置和电机的工作状态列于表 3-10 中。

表 3-10　V－M 系统反并联可逆电路的工作状态

V－M 系统的工作状态	正向运行	正向制动	反向运行	反向制动
电枢端电压极性	+	+	－	－
电枢电流极性	+	－	－	+
电机旋转方向	+	+	－	－
电机运行状态	电动	回馈发电	电动	回馈发电
晶闸管工作的组别和状态	正组、整流	反组、逆变	反组、整流	正组、逆变
机械特性所在象限	一	二	三	四

而在不可逆的调速系统，若需要快速的回馈制动，也常采用两组反并联的晶闸管装置，由正组提供电动运行所需的整流供电，反组只提供逆变制动。这时，两组晶闸管装置的容量大小可以不同，反组只在短时间内给电动机提供制动电流，并不提供稳态运行的电流，实际采用的容量可以小一些。

3. 可逆 V－M 系统中的环流问题

（1）环流及其种类

采用两组晶闸管整流装置反并联的可逆 V－M 系统解决了电动机的正反转运行和回馈制动问题，但是两组装置同时工作时，便会产生不流过负载而直接在两组晶闸管之间流通的短路电流，称为环流，如图 3-75 中的 I_c。一般来说，这样的环流对负载无益，只会加重晶闸管和变压器的负担，消耗功率，环流太大时会导致晶闸管损坏，因此应该予以抑制或消除。

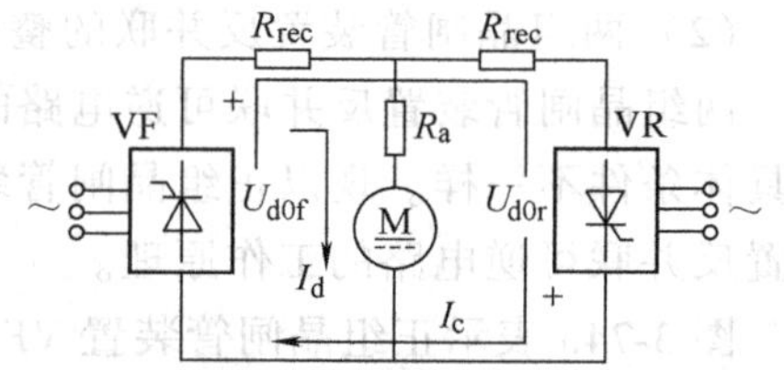

图 3-75　反并联可逆 V－M 系统中的环流
I_d—负载电流　I_c—环流
R_{rec}—整流装置内阻　R_a—电枢电阻

但是，如果合理地对环流进行控制，则可以利用环流作为流过晶闸管的基本负载电流，使电动机在空载或轻载时工作在晶闸管装置的电流连续区，以避免电流断续引起的非线性对系统性能的影响。

在不同情况下，会出现下列不同性质的环流：

1）静态环流。两组可逆电路在一定触发延迟角下稳定工作时出现的环流，其中又有两类：直流平均环流——由晶闸管装置输出的直流平均电压所产生的环流；瞬时脉动环流——两组晶闸管输出的直流平均电压差为零，但因电压波形不同，瞬时电压差仍会产生脉动的环流。

2）动态环流。仅在可逆 V－M 系统处于过渡过程中出现的环流。

（2）直流平均环流与配合控制

在两组晶闸管反并联的可逆 V－M 系统中，如果让正组 VF 和反组 VR 都处于整流状态，两组的直流平均电压正负相连，必然产生较大的直流平均环流。为了防止产生直流平均环流，应该在正组处于整流状态、U_{d0f} 为正时，强迫让反组处于逆变状态，使 U_{d0r} 为负，且控制其幅值与 U_{d0f} 相等，用逆变电压 U_{d0r} 把整流电压顶住 U_{d0f}，则直流平均环流为零。于是 $U_{d0r}=-U_{d0f}$。由式（3-115），有 $U_{d0f}=U_{d0max}\cos\alpha_f$，$U_{d0r}=U_{d0max}\cos\alpha_r$。其中，$\alpha_f$ 和 α_r 分别为 VF 和 VR 的触发延迟角。由于两组晶闸管装置相同，两组的最大输出电压 U_{d0max} 一样，因此，当直流平均环流为零时，应有

$$\cos\alpha_r = -\cos\alpha_f \text{ 或 } \alpha_r + \alpha_f = 180° \tag{3-117}$$

如果反组的控制用逆变角 β_r 表示，则

$$\alpha_f = \beta_r \tag{3-118}$$

由此可见，按照式（3-118）来控制就可以消除直流平均环流，这称为 $\alpha=\beta$ 配合控制。为了更可靠地消除直流平均环流，可采用

$$\alpha_f \geqslant \beta_r \tag{3-119}$$

为了实现 $\alpha=\beta$ 配合控制，可将两组晶闸管装置的触发脉冲零位都定在 90°，即当控制电压 $U_c=0$ 时，使 $\alpha_f=\alpha_r=90°$，此时 $U_{d0f}=U_{d0r}=0$，电机处于停止状态，增大控制电压 U_c 移相时，只要使两组触发装置的控制电压大小相等符号相反就可以了。触发控制电路如图 3-76所示。

图 3-76 中，用同一个控制电压去控制两组触发装置，正组触发装置 GTF 由 U_c 直接控制，而反组触发装置 GTR 由 $U_c'=-U_c$ 控制，U_c' 是经过反号器 AR 后获得的。采用同步信号为锯齿波的触发电路时，移相特性是线性的，两组触发装置的配合控制移相特性如图 3-77 所示。当控制电压 $U_c=0$ 时，$\alpha_f=\alpha_r=90°$。增大 U_c 时，α_f 减小而 α_r 增大（或 β_r 减小），使正组整流而反组逆变，在控制过程中始终保持 $\alpha_f=\beta_r$。反转时，则保持 $\alpha_r=\beta_f$。

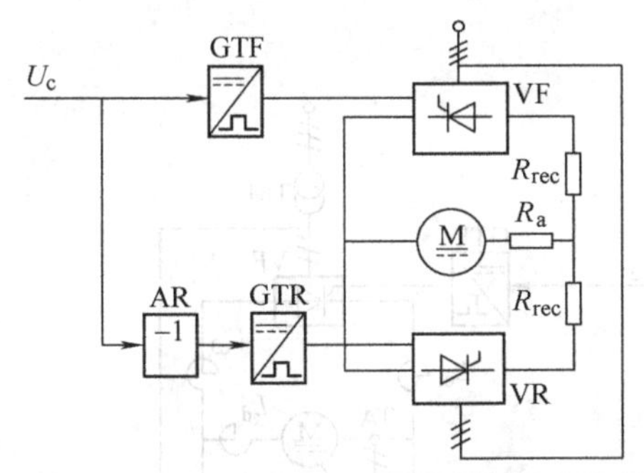

图 3-76　$\alpha=\beta$ 配合触发控制电路

GTF—正组触发装置　GTR—反组触发装置　AR—反号器

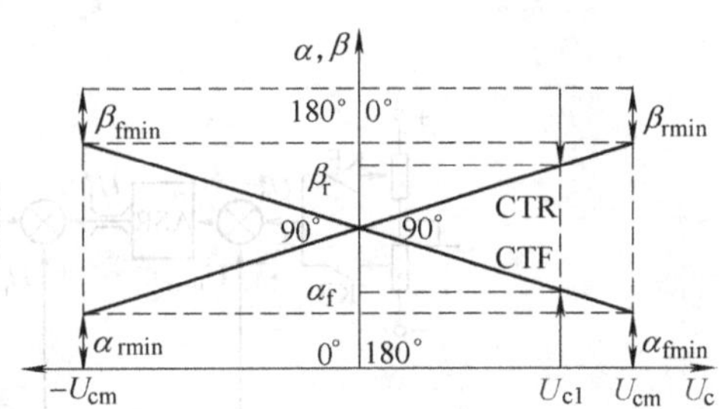

图 3-77　配合控制移相特性

为防止晶闸管装置在逆变状态工作中逆变角 β 太小而导致换流失败，出现“逆变颠覆”现象，必须在控制电路中进行限幅，形成最小逆变角 β_{min} 保护。与此同时，与 α 角也实施 α_{min} 保护，以免出现 $\alpha<\beta$ 而产生直流平均环流。通常取 $\alpha_{min}=\beta_{min}=30°$，其值也可视晶闸管器件的阻断时间而定。

（3）$\alpha=\beta$ 配合控制的有环流可逆 V－M 系统

在采用 $\alpha=\beta$ 配合控制以后，消除了直流平均环流，但这只是就电压的平均值而言的，由于整流与逆变电压波形上的差异，仍会出现瞬时电压 $u_{d0f}>u_{d0r}$ 的情况，从而仍能产生环流。这类因为瞬时的电压差而产生的环流被称为瞬时脉动环流。瞬时电压差和瞬时脉动环流的大小因触发延迟角的不同而有差异。

直流平均环流可以采用 $\alpha=\beta$ 配合控制消除，而瞬时脉动环流却是自然存在的。为了抑制瞬时脉动环流，可在环流回路中串入电抗器，叫做环流电抗器，或称均衡电抗器。环流电抗器的大小可以按照把瞬时脉动环流的直流分量限制在负载额定电流的 5%～10% 来设计。在三相桥式反并联可逆电路中，由于每一组桥又有两条并联的环流通道，因此总共要设置四

个环流电抗器，另外还需要一个平波电抗器。

采用 $\alpha=\beta$ 配合控制的有环流可逆 V－M 系统的电路原理如图 3-78 所示。主电路采用两组三相桥式晶闸管装置反并联的可逆电路，控制电路采用转速电流双闭环系统，转速调节器和电流调节器都设置了双向输出限幅，以限制最大起制动电流和最小触发延迟角 α_{min} 与最小逆变角 β_{min}。根据可逆系统正反向运行的需要，给定电压 U_n^*、转速反馈电压 U_n、电流反馈电压 U_i 都应该能够反映正和负的极性，电流互感器 TA 采用霍尔变换器以满足反映电流反馈极性的要求。

移相时，如果一组晶闸管装置处于整流状态，另一组便处于逆变状态，这是指触发延迟角的工作状态而言的。实际上，这时逆变组除环流外并未流过负载电流，它只是处于“待逆变状态”，表示该组晶闸管装置是在逆变角控制下等待工作。只有在制动时，当发出信号，改变触发延迟角，同时降低了 u_{d0f} 和 u_{d0r} 的幅值后，一旦电机反电动势 $E>|u_{d0f}|=|u_{d0r}|$，整流组电流将被截止，逆变组才真正投入逆变工作，使电机产生回馈制动，将电能通过逆变组回馈电网。当逆变组工作时，另一组也是在等待着整流，可称为处于“待整流状态”。所以，在 $\alpha=\beta$ 配合控制下，负载电流可以迅速地从正向到反向（或从反向到正向）平滑过渡，在任何时候，实际上只有一组晶闸管装置在工作，另一组则处于等待工作的状态。

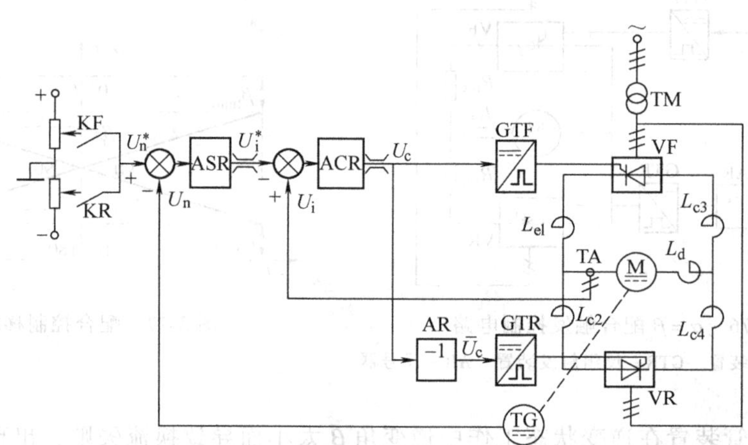

图 3-78　$\alpha=\beta$ 配合控制的有环流可逆 V－M 系统的电路原理

除了配合控制的有环流可逆直流调速系统外，还有可控环流系统、错位无环流系统和逻辑控制的无环流系统等。它们各有优缺点，适用的工程场合也有所不同，可参阅相关文献，这里不作详细介绍。

3.11　直流调速系统与仿真

基于电路原理图的仿真实现主要过程是，依据系统原理图，按具体实现的不同功能，将整个系统划分成若干子模块，通过 Matlab/Simulink 中 SimpowerSystems 工具箱电气元件及其他工具箱中的模块组合，实现子模块的建模，然后再依据电路原理图的电路连接实现各个子模块的连接，即实现了整个系统的建模与仿真。

3.11.1　开环直流调速系统的仿真

1. 模型建立与参数设置

系统的建模包括主电路的建模和控制电路的建模两部分，将主电路和控制电路的仿真模型按照开环直流调速系统电路原理图的关系进行连接，得到图 3-79 所示的开环直流调速系统的仿真模型。

1）主电路的建模和参数设置。开环直流调速系统的主电路由三相对称交流电压源、晶闸管整流桥、平波电抗器、直流电动机等部分组成。由于同步脉冲触发器与晶闸管整流桥是不可分割的两个环节，通常作为一个组合体来讨论，因此将触发器归到主电路进行建模。三相对称交流电压源中，A 相参数设置如下：幅值为 220V、频率为 50Hz、初相位为 0°，其他为默认值。B 和 C 两相参数设置，除了初相位分别为 120°、240°外，其他相同。平波电抗器电感为 0.1H，直流电压源模块电压参数设置为 220V。晶闸管整流桥的参数设置如下：Snubber resistance R_s为 1000Ω，R_{on}为 0.001Ω，其他参数为默认值。图 3-80 所示为脉冲触发器的子系统，触发器开关信号 Block 为“0”时，开放触发器；为“1”时，封闭触发器。直流电动机采用 SimPowerSystems \ Machine \ DC Machine，参数设置如下：电枢电阻 R_a和电感 L_a分别为 0.6Ω 和 0.0012H，励磁回路电阻 R_f和电感 L_f分别为 240Ω 和 120H；电枢与励磁回路互感 L_{af}为 1.7H，电机转动惯量 J 为 1kg · m²，粘滞摩擦系数 B_m为 0，静摩擦系数 T_f为 0。

直流电动机的励磁绕组“F + 和 F - ”接直流恒定励磁电源，即他励方式。电枢绕组“A + 和 A - ”经平波电抗器接晶闸管整流桥的输出，经 m 端口输出转速 n、电枢电流 I_a、励磁电流 I_f、电磁转矩 T_e。电动机经 TL 端口接负载转矩信号。本例中，2.5s 前负载转矩为 50N · m，2.5s 后负载转矩增大到 100N · m。

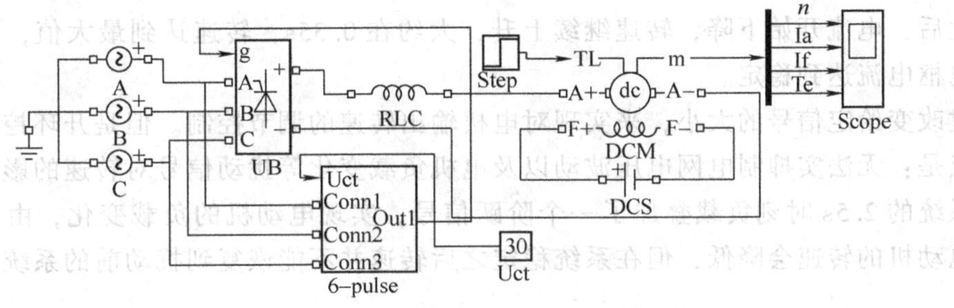

图 3-79　开环直流调速系统的仿真模型

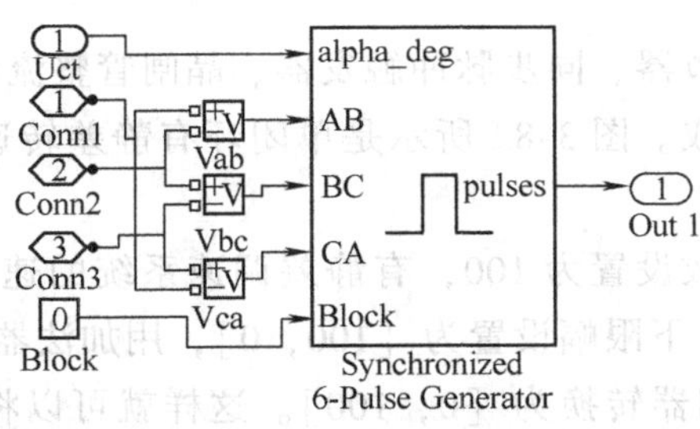

图 3-80　脉冲触发器的子系统

2）控制电路的建模和参数设置。开环直流调速系统的控制电路只有一个给定环节，即移相控制信号 U_{ct}，它可从 Sources 模块组中选取 “Constant” 模块，参数设为 30。

3）系统的仿真参数设置。在 MATLAB 的模型窗口打开“Simulation”菜单，进行“Simulation parameters”设置。

单击 “Configuration parameters...” 打开参数设置对话框。仿真中所选的算法为 ode23s，仿真 Start time 一般设为 0，Stop time 根据实际情况而定，一般只要能够仿真出完整的波形就可以了，此处设为 5。当建模和参数设置完成后，即可开始进行仿真，单击“Start” 命令后，系统开始进行仿真。

2. 仿真结果

开环直流调速系统的仿真结果如图 3-81 所示，分别是电流和转速曲线。

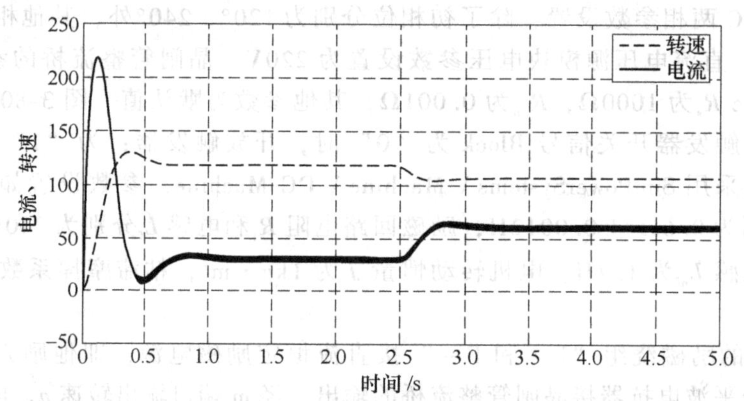

图 3-81　开环直流调速系统的电流曲线和转速曲线

由图 3-81 中可以看出，当直流电动机刚起动时，起动电流突然增加到 220A，转速很快上升，此后，电流开始下降，转速继续上升，大约在 0.35s，转速达到最大值，随后电动机转速和电枢电流达到稳定。

通过改变给定信号的大小，来实现对电机输出转速的调节控制。但是开环控制系统的最大的缺点是：无法实抑制电网电压波动以及电机负载变化等扰动信号对转速的影响。在上面的仿真系统的 2.5s 时刻负载叠加了一个阶跃信号，实现电动机的负载变化，由于负载的增加，使电动机的转速会降低，但在系统稳定之后转速并不能恢复到扰动前的系统输出值。

3.11.2　有静差转速负反馈直流调速系统的建模与仿真

1. 模型建立与参数设置

该系统由给定、速度调节器、同步脉冲触发器、晶闸管整流桥、平波电抗器、直流电动机、速度反馈环节等部分组成。图 3-82 所示是单闭环有静差转速负反馈直流调速系统的仿真模型。

转速给定信号模块的参数设置为 100，有静差调速系统的速度调节器采用比例调节器，比例系数选为 9。限幅器上、下限幅设置为［100，0］，用加法器加上偏置 “－100” 后调整为［0，－100］，在经过反相器转换为［0，100］。这样就可以将速度调节器的输出限制在使同步脉冲触发器能够正常工作的范围内。

负载转矩 2.5s 前为 50N · m，2.5s 后增大到 100N · m，仿真中所选的算法为 ode23s。系统的其他电路和仿真参数的设置方法与开环系统相同。

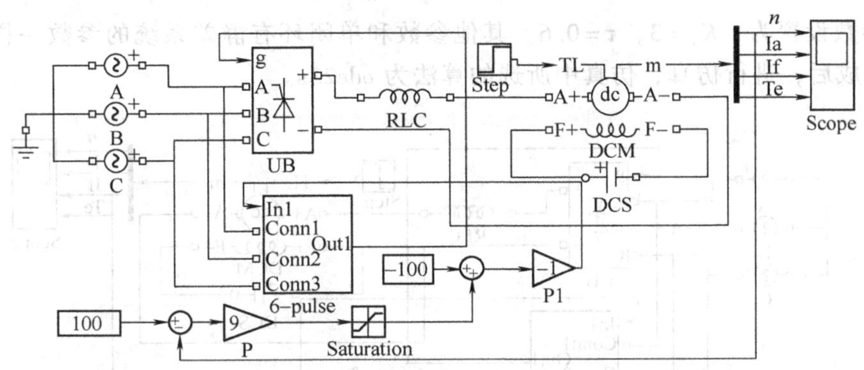

图 3-82　单闭环有静差转速负反馈直流调速系统的仿真模型

2. 仿真结果

图 3-83 所示是单闭环有静差转速负反馈直流调速系统的电流曲线和转速曲线。由仿真结果可以看出，电动机的转速达到稳定，但是存在静差，而且转矩增大后，静差也加大。

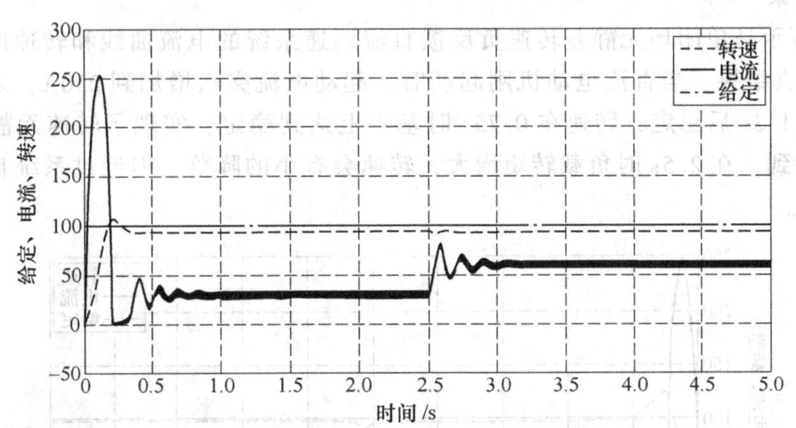

图 3-83　单闭环有静差转速负反馈直流调速系统的电流曲线和转速曲线

与开环控制系统的仿真结果相比较，单闭环有静差转速负反馈直流调速系统的电动机转速曲线比开环控制系统有了较明显的改善，过渡过程时间大为缩短。

3.11.3　单闭环无静差转速负反馈直流调速系统的建模与仿真

1. 模型建立与参数设置

该系统由给定、速度调节器、同步脉冲触发器、晶闸管整流桥、平波电抗器、直流电动机、速度反馈环节、限流环节等部分组成，图 3-84 所示是单闭环无静差转速负反馈直流调速系统的仿真模型。该系统与上述有静差转速负反馈直流调速系统基本相同，只是控制电路的速度调节器采用了 PI 调节器。PI 调节器选择 Simulink Extras \ Additional Linear \ PID Controller 模块。

PI 传递函数表达式为

$$G(s) = K_p \frac{\tau s + 1}{\tau s}$$

PI 的参数设置为，$K_p = 3$，$\tau = 0.6$。其他参数和单闭环有静差系统的参数一样。建模和参数设置完成后，进行仿真，仿真中所选的算法为 ode23s。

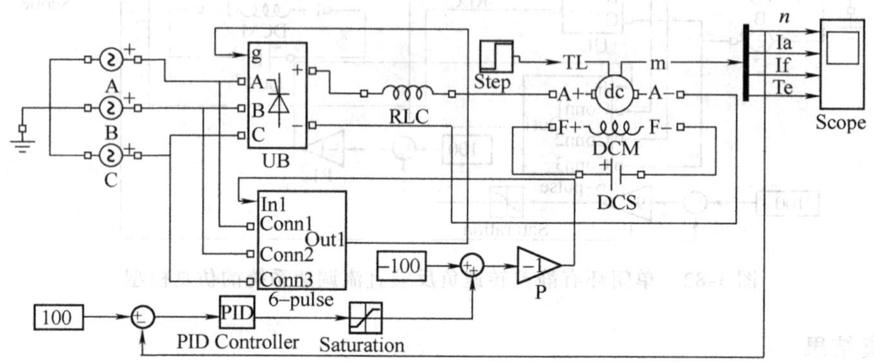

图 3-84　单闭环无静差转速负反馈直流调速系统的仿真模型

2. 仿真结果

图 3-85 所示是单闭环无静差转速负反馈直流调速系统的电流曲线和转速曲线。观察无静差系统的仿真结果，当直流电动机刚起动时，起动电流突然增加到 250A，之后电流开始下降，大约在 1.3s 后稳定，转速在 0.75s 时基本上达到稳定，实现了转速无静差。从图 3-85 中还可以看到，在 2.5s 时负载转矩增大，转速会有小的降落，但经过系统自身调节迅速恢复到原始值。

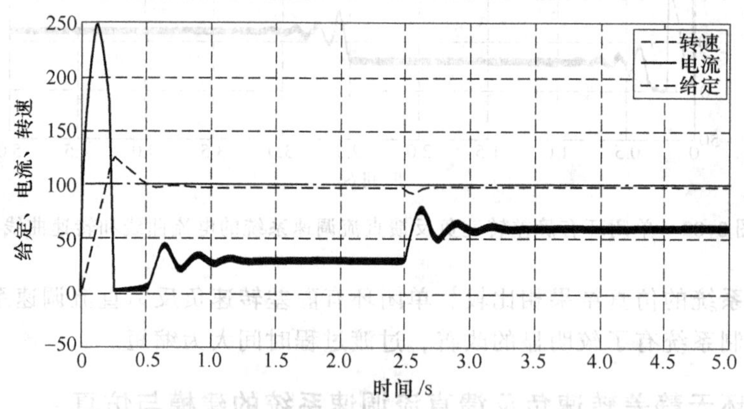

图 3-85　单闭环无静差转速负反馈直流调速系统的电流曲线和转速曲线

3.11.4　电流截止负反馈直流调速系统的建模与仿真

1. 模型建立与参数设置

带电流截止负反馈的无静差转速负反馈直流调速系统由给定、速度调节器、同步脉冲触发器、晶闸管整流桥、平波电抗器、直流电动机、速度反馈环节、限流环节等部分组成。图

3-86所示是该系统的仿真模型。与单闭环无静差转速负反馈直流调速系统比较，电流截止负反馈直流调速系统的主电路完全一样，只是在控制电路中多了电流截止反馈环节。

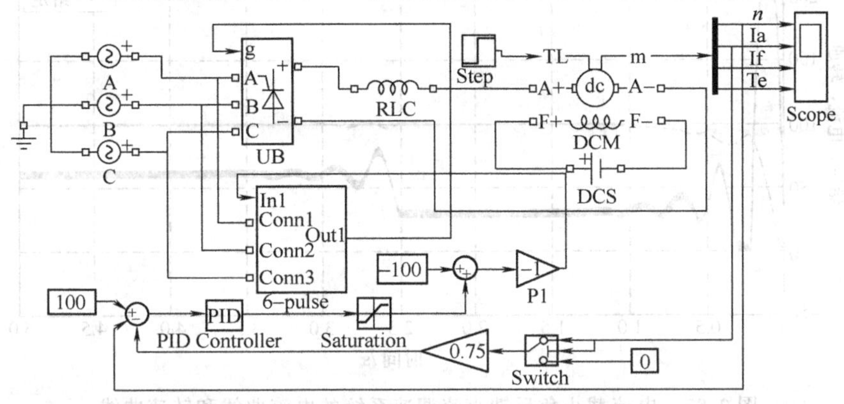

图3-86　电流截止负反馈直流调速系统的仿真模型

电流截止反馈环节是一个选择开关元件，在MATLAB环境下双击这个元件，可以看到一个可设参数的窗口，在这个设定窗口中将设定值设置为200。当电流小于设定值200时，电流截止环节不起作用；当电流大于这个设定值时，电流截止环节立刻起作用，参与对系统的调节。当设置不同值时，截止电流的值也不一样。

2. 仿真结果

建模和参数设置完成后，进行仿真。图3-87所示是带电流截止负反馈直流调速系统的电流曲线和转速曲线。从图中可以看出，刚起动时，电流值短时超过了截止电流一点，随着调节的进一步深入，电枢电流被控制在了200A左右。当系统电流值小于200A时，电流截止环节不参与调节，这时的系统就是一个转速负反馈系统了。

带电流截止负反馈和不带电流截止负反馈的无静差调速系统作比较：

1）转速的比较。加入电流截止负反馈以后，无静差转速单闭环直流调速系统的起动时间延长，系统的快速性降低了。

2）电流的比较。不带电流截止负反馈环节的无静差单闭环直流调速系统的电动机起动电流最高值为250A，加入电流截止负反馈限流环节后，无静差单闭环直流调速系统的起动电流最高值为210A，显然，电动机的最大起动电流值得到了有效的抑制。在电枢电流大于设定的临界电流200A时，电流截止负反馈环节起着限流作用；当电枢电流基本上稳定时，电枢电流小于临界电流，电流截止负反馈环节失去了限流作用，此时，系统中仅有转速反馈环节起恒速调节作用。

3.11.5　转速电流双闭环直流调速系统的建模与仿真

1. 建立模型

图3-88所示为转速电流双闭环直流调速系统的仿真模型，其主电路的建模和模型参数设置与单闭环直流调速系统大部分相同，平波电抗器的电感值修改为0.05H，电机输出的是角速度，将其转化成转速，在电机角速度输出端接增益为30/3.14的模块。两个调节器都采用PI调节器。

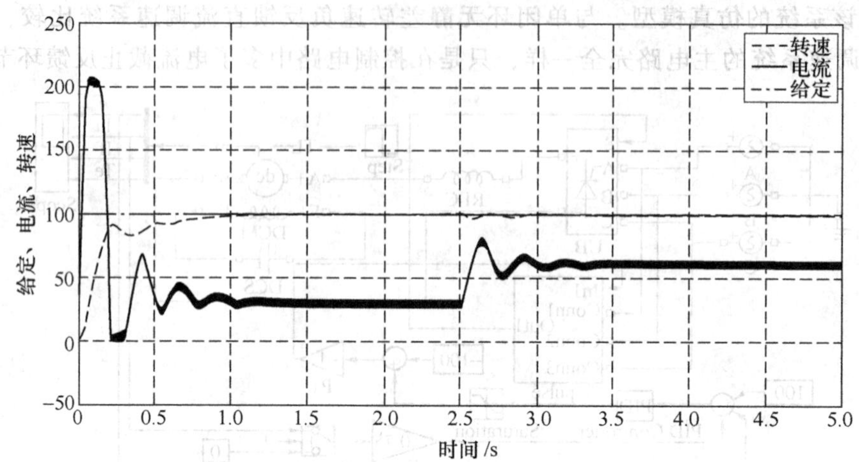

图 3-87　电流截止负反馈直流调速系统的电流曲线和转速曲线

电流调节器的参数设置为 $K_{pi}=0.43$、$\tau_i=0.0731$，上下限幅值为［10，－10］；转速调节器的参数设置为 $K_{pn}=6.02$、$\tau_n=0.5238$，上下限幅值为［10，－10］。仿真中所选的算法为 ode23s。

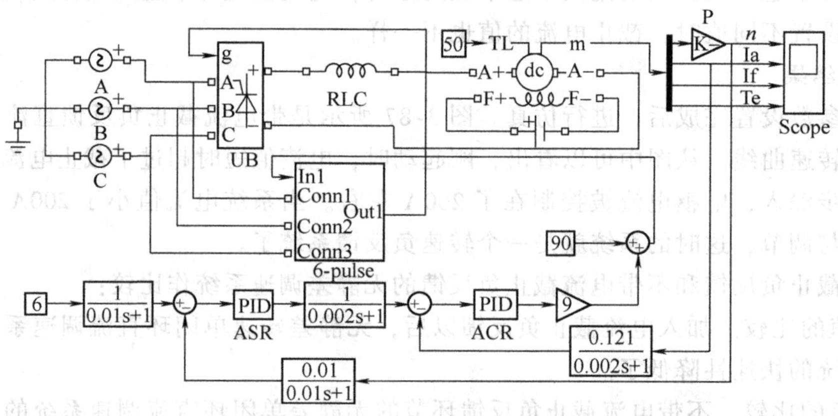

图 3-88　转速电流双闭环直流调速系统的仿真模型

2. 仿真结果

转速电流双闭环直流调速系统的电流曲线和转速曲线如图 3-89 所示。从仿真结果可以看出，它非常接近于理论分析的波形。

转速电流双闭环直流调速系统利用转速调节器的饱和非线性，使系统变成一个恒流调节系统，在容许的最大电流约束条件下，实现了所谓的“最短时间控制”或“时间最优控制”的基本思想，当转速超调时，转速调节器退饱和，系统变成转速无静差调节系统。利用 PI 调节器的饱和及不饱和的两种状态，使电流和转速调节器分别在起动和稳速等不同的阶段起作用，获得了良好的静、动态性能。

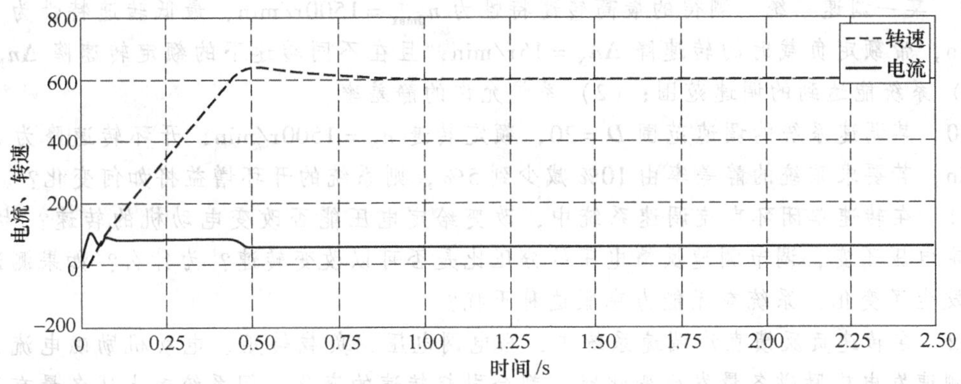

图3-89　转速电流双闭环直流调速系统的电流曲线和转速曲线

本章小结

1）介绍了直流调速系统的组成、控制方法。从开环调速系统存在的问题，引出转速负反馈的调速系统，分析了系统的静态和动态性能。

2）讨论了转速电流双闭环直流调速系统，它是经典的调速控制系统方案，具有广泛的应用。转速和电流调节器的控制作用，对于电力传动控制系统的构造和实现具有重要影响，也是学习本章的重点。

3）学会根据实际工程应用分析和设计直流调速系统，包括分析系统的静态和动态性能、完成调节器的设计、提高调速系统的性能。

4）直流电动机的电压和磁场配合控制扩大了调速范围，可逆调速系统实现了电动机的四象限运行，使生产机械能够正反转、快速起动和制动。

5）对直流调速控制系统进行了建模与仿真，实验结果验证了理论分析。

习　题

3-1　他励直流电动机的转速与哪些参数有关？有哪几种调速方法？各有什么特点？

3-2　相控整流电源和PWM变换电源各有什么优缺点，它们的应用领域有哪些不同？

3-3　什么是V-M系统，简述其工作原理。什么是PWM-M系统，简述其工作原理。

3-4　为什么PWM-M系统比V-M系统能够获得更好的动态性能？

3-5　在V-M开环调速系统中，为什么转速随负载增加而降低？它的实质是什么？

3-6　调速范围和静差率是如何定义的？调速范围、静态转速降和最小静差率之间的关系是什么？

3-7　闭环调速系统有哪些基本特征？它能减小或消除转速稳态误差的实质是什么？

3-8　某闭环调速系统的调速范围是150～1500r/min，要求系统的静差率$s \leqslant 2\%$，那么系统允许的静态转速降是多少？如果开环系统的静态转速降是100r/min，则闭环系统的开环放大倍数应该是多大？

3-9　某一调速系统，测得的最高转速特性为 $n_{0max}=1500r/min$，最低转速特性为 $n_{0min}=150r/min$，带额定负载时的转速降 $\Delta n_N=15r/min$，且在不同转速下的额定转速降 Δn_N 不变，求：（1）系统能达到的调速范围；（2）系统允许的静差率。

3-10　某调速系统的调速范围 $D=20$，额定转速 $n_N=1500r/min$，开环转速降为 $\Delta n_{op}=200r/min$，若要求系统的静差率由10%减少到5%，则系统的开环增益将如何变化？

3-11　在转速单闭环直流调速系统中，改变给定电压能否改变电动机的转速？为什么？如果给定电压不变，调节测速反馈电压的分压比是否可以改变转速？为什么？如果测速发电机励磁发生了变化，系统有无能力克服这种干扰？

3-12　在转速负反馈直流调速系统中，当电网电压、负载转矩、电动机励磁电流、电枢电阻、测速发电机励磁各量发生变化时，都会引起转速的变化，问系统对上述各量有无调节能力，为什么？

3-13　某 V－M 调速系统，电动机的参数为 $P_N=2.5kW$、$U_N=220V$、$I_N=15A$、$n_N=1500r/min$，电枢电阻 $R_a=2\Omega$，整流装置内阻 $R_{rec}=1\Omega$，触发整流环节的放大倍数 $K_s=30$，要求满足调速范围 $D=20$，静差率 $s\leqslant 10\%$。

（1）计算开环系统的静态转速降 Δn_{op} 和调速要求所允许的闭环静态转速降 Δn_{cl}；

（2）采用转速负反馈组成闭环系统，试画出系统的原理图和静态结构图；

（3）调整系统参数，使 $U_n^*=15V$ 时，$I_d=I_N$，$n=n_N$，则转速反馈系数 α 应该是多少？

（4）计算放大器所需的放大倍数；

（5）若主电路电感 $L=70mH$，其电阻 $R_1=0.5\Omega$ 系统运动部分的飞轮转矩 $GD^2=1.8N\cdot m^2$，整流装置采用三相半波整流电路，试判断系统能否稳定运行。如要保证系统的稳定运行，允许的最大开环放大系数 K 是多大？

3-14　某 V－M 调速系统，电动机的参数为 $P_N=2.2kW$、$U_N=220V$、$I_N=12.5A$、$n_N=1500r/min$，电枢电阻 $R_a=1.2\Omega$，整流装置内阻 $R_{rec}=1.5\Omega$，触发整流环节的放大倍数 $K_s=35$，要求满足调速范围 $D=20$，静差率 $s\leqslant 10\%$。在该转速负反馈系统中增设电流截止环节，要求堵转电流 $I_{dbl}\leqslant 2I_N$，临界截止电流 $I_{dcr}\geqslant 1.2I_N$，应该选取多大的比较电压和电流反馈采样电阻？要求电流反馈采样电阻不超过主电路总电阻的1/3，如果做不到，需要增加电流反馈放大器，试画出系统的原理图和静态结构图，并计算电流反馈放大系数。这时电流采样电阻和比较电压各为多少？

3-15　某 V－M 调速系统，电动机的参数为 $P_N=2.8kW$、$U_N=220V$、$I_N=15.6A$、$n_N=1500r/min$，电枢电阻 $R_a=1.5\Omega$，整流装置内阻 $R_{rec}=1\Omega$，触发整流环节的放大倍数 $K_s=35$。

（1）系统开环工作时，计算调速范围 $D=30$ 时的静差率 s 值；

（2）当 $D=30$，$s=10\%$ 时，计算系统允许的静态转速降；

（3）若组成转速负反馈有静差调速系统，要求 $D=30$，$s=10\%$，在 $U_n^*=10V$ 时，$I_d=I_N$，$n=n_N$，计算转速反馈系数 α 和放大器放大系数。

3-16　为什么用积分调节器控制的调速系统是无静差的？在转速单闭环直流调速系统中，当积分调节器的输入偏差电压 $\Delta U=0$ 时，调节器的输出电压是多大？它取决于哪些因素？

3-17　无静差转速单闭环直流调速系统中，转速的稳态精度是否还受给定电源和测速发电机精度的影响？试说明理由。

3-18　在转速电流双闭环直流调速系统中，若要改变电动机的转速应调节什么参数？分别改变转速调节器的放大倍数 K_p、电力电子变换器的放大倍数 K_s、测速反馈系数 α，这些参数的改变会影响转速吗？为什么？若要改变电动机堵转电流，应调节系统的什么参数？

3-19　转速电流双闭环直流调速系统稳态运行时，两个调节器的输入偏差电压和输出电压各是多少？为什么？如果调速系统的转速调节器不采用 PI 调节器，而采用 P 调节器，对系统的动静态性能将会产生什么影响？

3-20　试从以下五个方面来比较转速电流双闭环直流调速系统和带电流截止环节的转速单闭环直流调速系统：(1) 调速系统的稳态特性；(2) 动态限流性能；(3) 起动的快速性；(4) 抵抗负载扰动的性能；(5) 抗电源电压波动的性能。

3-21　在转速电流双闭环直流调速系统中，两个调节器均采用 PI 调节器。当系统带额定负载运行时，转速负反馈线突然断线，系统重新进入稳态后，电流调节器的输入偏差 ΔU_i 是否为零？为什么？

3-22　在转速电流双闭环直流调速系统中，转速给定信号 U_n^* 未改变，若增大转速反馈系数 α，系统稳定后转速反馈系数是增加还是减少？为什么？

3-23　在转速电流双闭环直流调速系统中，两个调节器（ASR、ACR）均采用 PI 调节器。已知参数：电动机为 $P_N=3.7\text{kW}$、$U_N=220\text{V}$、$I_N=20\text{A}$、$n_N=1000\text{r/min}$，电枢回路总电阻 $R=1\Omega$。设 $U_{nm}^*=U_{im}^*=U_{cm}=10\text{V}$，电枢回路最大电流 $I_{dm}=2I_N$，电力电子变换器的放大倍数 $K_s=40$。求：

(1) 电流反馈系数 β 和转速反馈系数 α；

(2) 当电动机在最高转速发生堵转时的 U_{d0}、U_i^*、U_i、U_c、I_d。

3-24　在转速电流双闭环直流调速系统中，两个调节器（ASR、ACR）均采用 PI 调节器。当转速调节器输出达到 $U_{im}^*=8\text{V}$ 时，主电路电流达到最大电流 80A。当负载电流由 40A 增加到 70A 时，试问：(1) U_i^* 如何应变化？(2) U_c 如何应变化？(3) U_c 值由哪些条件决定？

3-25　在转速电流双闭环直流调速系统中，电动机拖动恒转矩负载在额定工作点正常运行，现因某种原因使电动机励磁电压突降一半，系统工作情况将如何变化？写出 U_i^*、U_c、U_{d0}、I_d 及 n 在系统进入稳定后的表达式。

3-26　将具有下列开环传递函数 $W_{obj}(s)$ 的各单位负反馈系统校正成为阻尼比 $\xi=0.707$ 的典型 I 型系统，写出串联调节器的传递函数，并校验近似条件是否满足。

(1) $W_{obj}(s)=\dfrac{200}{0.5s(0.008s+1)}$

(2) $W_{obj}(s)=\dfrac{1}{0.16s+15}\dfrac{600}{0.007s+1}$

(3) $W_{obj}(s)=\dfrac{40}{0.096s+10}\dfrac{20}{0.096s+0.5}\dfrac{0.002}{0.004s+1}$

3-27　有一个系统，其控制对象的传递函数 $W_{obj}(s)=\dfrac{10}{0.01s+1}$，要求设计一个无静差系统，在阶跃输入下系统的超调量 $\sigma\leqslant5\%$（按线性系统考虑）。试对该系统进行动态校正，决定调节器结构，并选择其参数。

3-28 校正下列具有开环传递函数 $W_{obj}(s)$ 的各单位负反馈系统，使其成为中频宽 $h=5$ 的典型Ⅱ型系统，写出串联调节器的传递函数，并校验近似条件是否满足。

(1) $W_{obj}(s)=\dfrac{200}{0.5s(0.008s+1)}$

(2) $W_{obj}(s)=\dfrac{20}{8+0.88s}\dfrac{2.8}{0.04s+1}\dfrac{7}{0.002s+1}$

(3) $W_{obj}(s)=\dfrac{10}{s}\dfrac{0.1}{0.3s+1}\dfrac{0.2}{0.12s+1}\dfrac{50}{3+0.06s}$

3-29 有一个闭环系统，其控制对象的传递函数 $W_{obj}(s)=\dfrac{70}{0.55s}\dfrac{2}{0.01s+1}$，要求校正成中频宽 $h=5$ 的典型II型系统。试决定调节器结构，并选择其参数。

3-30 调节对象的传递函数为 $W_{obj}(s)=\dfrac{18}{(0.25s+1)(0.005s+1)}$，要求用调节器分别将其校正成典型I型和II型系统，求调节器的结构和参数。

3-31 在一个由三相桥式晶闸管整流装置供电的转速电流双闭环直流调速系统中，已知电动机额定数据为 $P_N=60\text{kW}$、$U_N=220\text{V}$、$I_N=308\text{A}$、$n_N=1000\text{r/min}$，电动势系数 $C_e=0.196\text{V}\cdot\text{min/r}$，电枢回路总电阻 $R=0.18\Omega$，触发整流环节的放大倍数 $K_s=35$。电磁时间常数为 $T_l=0.012\text{s}$，机电时间常数 $T_m=0.12\text{s}$，电流反馈滤波时间常数 $T_{0i}=0.0025\text{s}$，转速反馈滤波时间常数 $T_{0n}=0.015\text{s}$。额定转速时的给定电压 $(U_n^*)_N=10\text{V}$，调节器（ASR、ACR）饱和输出电压 $U_{im}^*=8\text{V}$，$U_{cm}=6.5\text{V}$。

系统动静态指标为：稳态无静差，调速范围 $D=10$，电流超调量 $\sigma_i\leqslant5\%$，空载起动到额定转速时的转速超调量 $\sigma_n\leqslant10\%$。试求：

(1) 确定电流反馈系数 β（假设起动电流限制在339A以内）和转速反馈系数 α；

(2) 设计电流调节器（ACR），计算其参数 R_i、C_i、C_{0i}。画出其电路图，调节器输入回路电阻 $R_0=40\text{k}\Omega$；

(3) 设计转速调节器（ASR），计算其参数 R_n、C_n、C_{0n}、($R_0=40\text{k}\Omega$)。

3-32 V－M系统需要快速回馈制动时，为什么必须采用可逆电路？

3-33 在配合控制的有环流可逆系统中，为什么要控制最小逆变角和最小触发延迟角？系统中如何实现？

第4章 三相异步电动机

三相异步电动机（又称感应电动机），是一种交流电动机，主要用来拖动各种生产机械。由于它结构简单，制造、使用和维护方便，运行可靠，成本低，运行效率高，得以广泛应用；但缺点是功率因数较差，运行时必须从电网里吸收滞后性的无功功率，它的功率因数总是小于1。由于电网的功率因数可以用其他方法进行补偿，所以这并不妨碍异步电动机的广泛使用。

4.1 三相异步电动机的工作原理和基本结构

4.1.1 三相异步电动机的工作原理

三相异步电动机的工作原理如图4-1所示。图中，N－S是一对磁极，在两个磁极相对的空间里装有一个能够转动的圆柱形铁心，在铁心外圆槽内嵌放导体，导体两端各用一圆环把它们接成一整体。如果在某种因素的作用下，使磁极以n_1的速度逆时针方向旋转，形成一个旋转磁场，转子导体就会切割磁力线而感应电动势e。用右手定则可以判定，在转子上半部分的导体中，感应电动势的方向为⊗，下半部分导体的感应电动势方向为⊙。在感应电动势的作用下，导体中就有电流i，若不计电动势与电流的相位差，则电流i与电动势e同方向。载流导体在磁场中将受到一电磁力的作用，由左手定则可以判定电磁力f的方向。由电磁力f所形成的电磁转矩T_e使转子以n的速度旋转，旋转方向与磁场的旋转方向相同。

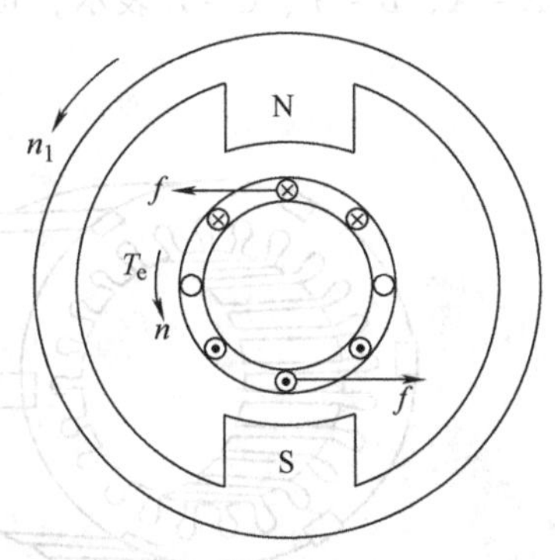

图4-1 三相异步电动机的工作原理

由于其转子速度n不可能等于磁场旋转的速度n_1，因此称为异步电动机，旋转磁场的旋转速度n_1称为同步转速。因为转子转动的方向与磁场的旋转方向是一致的，所以如果$n = n_1$，则磁场与转子之间就没有相对运动，它们之间就不存在电磁感应关系，就不能在转子导体中感应电动势、产生电流，也就不能产生电磁转矩。

旋转磁场转速n_1与转子转速n之差称为转差Δn，转差与磁场转速n_1之比，称为转差率s，即

$$s = \frac{n_1 - n}{n_1} \times 100\% \tag{4-1}$$

转差率s是决定异步电动机运行情况的一个基本数据，也是一个重要的参数。

实际上异步电动机的旋转磁场是由装在定子铁心上的三相绕组通入对称的三相电流而产生的。这点将在后边内容中介绍。

4.1.2　三相异步电动机的基本结构

异步电动机也是由定子和转子两大部分组成。定子、转子之间为气隙。异步电动机的气隙比其他类型的电机要小得多，一般为 0.2 ~1.5mm，气隙的大小对异步电动机的性能影响很大。

1. 定子部分

异步电动机的定子主要是由机座、定子铁心和定子绕组三个部分组成的。

1）机座。异步电动机的机座仅起固定和支撑定子铁心的作用，一般用铸铁铸造而成。根据电动机防护方式、冷却方式和安装方式的不同，机座的形式也不同。

2）定子铁心。定子铁心是异步电动机主磁通磁路的一部分，装在机座里。由于电机内部的磁场是交变的磁场，因此为了降低定子铁心里的铁损耗，定子铁心采用 0.35 ~0.5mm 厚的硅钢片叠压而成，在硅钢片的两面还应涂上绝缘漆，如图 4-2 所示。

3）定子绕组。三相异步电动机的定子绕组是一个三相对称绕组，它由三个完全相同的绕组组成，每个绕组即为一相，三个绕组在空间相差 120°电角度，每相绕组的两端分别用 A－X、B－Y、C－Z 表示，可以根据需要接成星形（Y）或三角形（△），如图 4-3 所示。

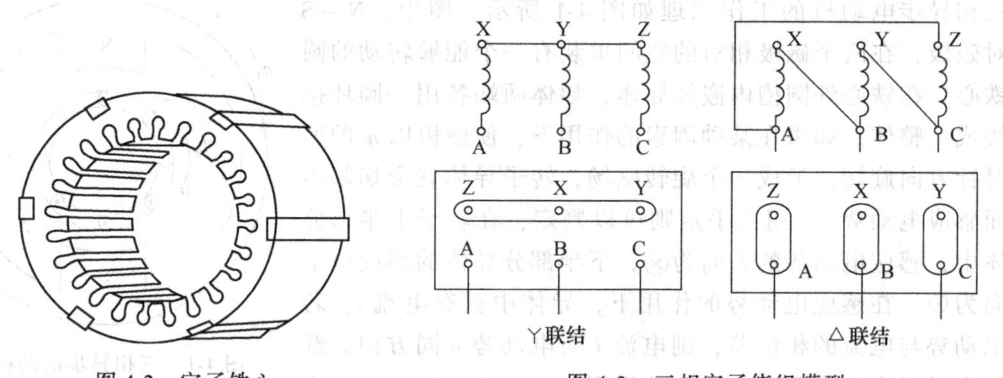

图 4-2　定子铁心　　图 4-3　三相定子绕组模型

2. 转子部分

异步电动机的转子主要是由转子铁心、转子绕组和转轴等其他部分组成的。

1）转子铁心。其作用和定子铁心相同，一方面作为电动机磁路一部分，另一方面用来安放转子绕组。转子铁心也是用厚 0.35 ~0.5mm 的硅钢片叠压而成，套在转轴上。

2）转子绕组。异步电动机的转子绕组分为绕线转子与笼型两种，根据转子绕组的不同，分为绕线转子异步电动机与笼型异步电动机。

①绕线转子绕组：它也是一个三相绕组，一般接成星形，三根引出线分别接到转轴上的三个与转轴绝缘的集电环上，通过电刷装置与外电路相连。这就有可能在转子电路中串接电阻以改善电动机的运行性能，如图 4-4 所示。

②笼型绕组：在转子铁心的每一个槽中插入一铜条（导条），在铜条两端各用一铜环（称为端环），把导条连接起来，这称为铜排转子。也可用铸铝的方法，把转子导条和端环、风扇叶片用铝液一次浇铸而成，称为铸铝转子。笼型绕组因结构简单、制造方便、运行可靠，所以应用广泛，如图 4-5 所示。

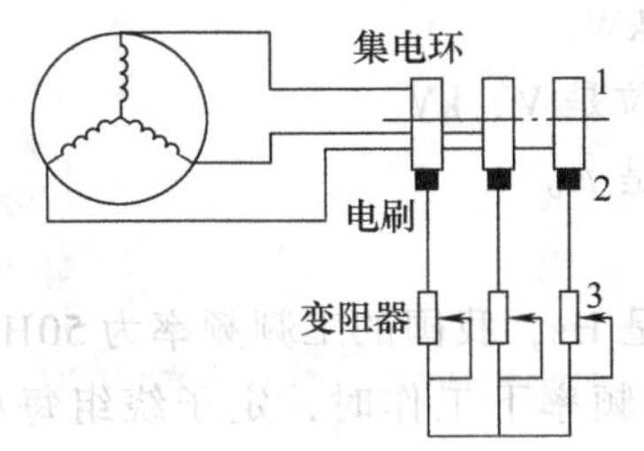

图4-4 绕线转子绕组与变阻器的连接

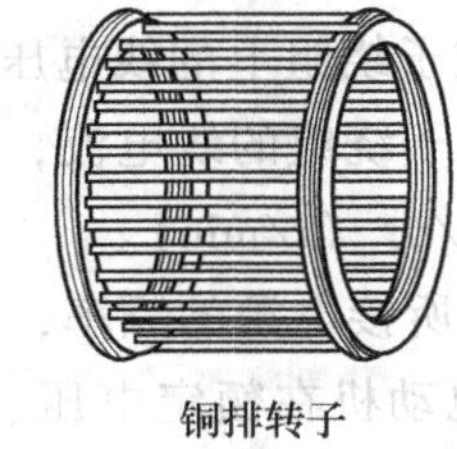

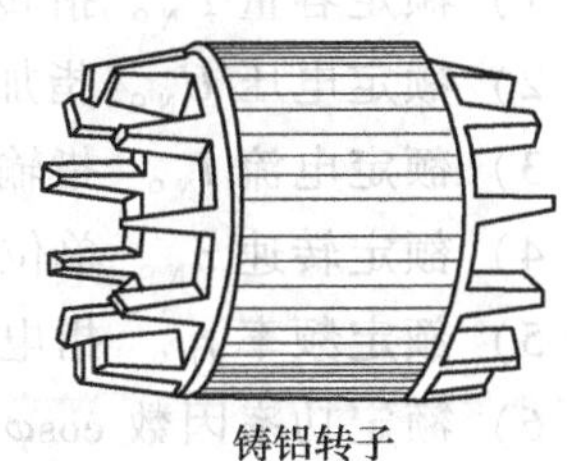

图4-5 笼型转子绕组

3. 其他部分

其他部分包括端盖、风扇等。端盖除了防护作用外，其上还装有轴承，用以支撑转子轴。风扇则用来通风冷却。

图4-6所示为绕线转子异步电动机的结构，图4-7所示为笼型异步电动机的结构。

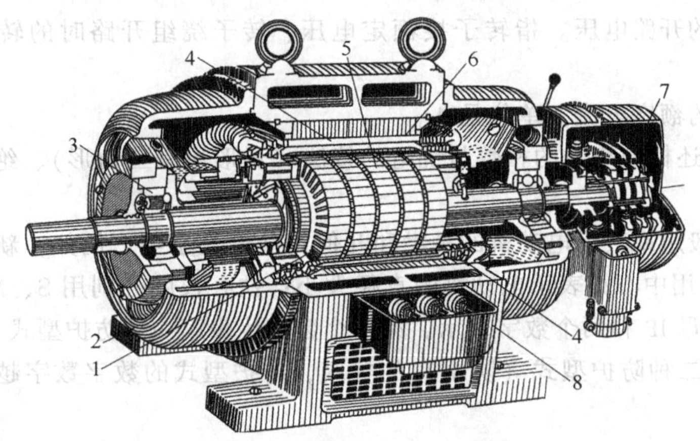

图4-6 绕线转子异步电动机的结构

1—转子绕组 2—端盖 3—轴承 4—定子绕组 5—转子 6—定子 7—集电环 8—接线盒

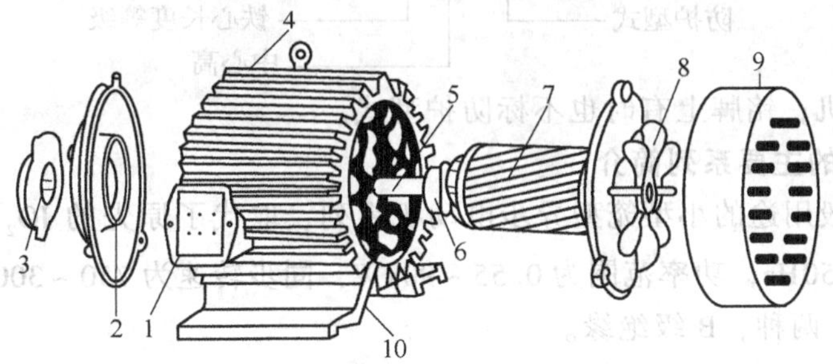

图4-7 笼型异步电动机的结构

1—接线盒 2—端盖 3—轴承盖 4—定子 5—转轴 6—轴承 7—转子 8—风扇 9—罩壳 10—机座

4.1.3 三相异步电动机的铭牌数据及主要系列

1. 异步电动机的铭牌数据

异步电动机在铭牌上表明的主要额定值如下：

1）额定容量 P_N。指转轴上输出机械功率，单位是 kW。

2）额定电压 U_N。指加在定子绕组上的线电压，单位是 V、kV。

3）额定电流 I_N。指输入定子绕组的线电流，单位是 A。

4）额定转速 n_N。单位是转/分（r/min）。

5）额定频率 f_N。指电动机所接电源的频率，单位是 Hz，我国的工频频率为 50Hz。

6）额定功率因数 $\cos\varphi_N$。电动机在额定电压、额定频率下工作时，定子绕组每相中相电压与相电流的功率因数。对于三相异步电动机，其额定功率的计算公式为

$$P_N = \sqrt{3}U_{1N}I_{1N}\eta_N\cos\varphi_N \tag{4-2}$$

式中，η_N 为额定效率，即额定工作时输出功率与输入功率的之比，铭牌上标出。

根据式（4-2），输入功率为

$$P_1 = \sqrt{3}U_{1N}I_{1N}\cos\varphi_N \tag{4-3}$$

若是绕线转子异步电动机，则还应有：

7）转子绕组的开路电压。指转子接额定电压、转子绕组开路时的转子线电压，单位是 V。

8）转子绕组的额定电流。单位是 A。

此外，铭牌上还标明绕组的相数与绕组的接法（星形还是三角形）、绝缘等级及允许温升等。

9）型号。一般用来表示电动机的种类和几何尺寸的大小等。例如，新系列的异步电动机用字母 Y 表示，用中心高表示电动机的直径大小；铁心长度分别用 S、M、L 表示；电动机的防护型式由字母 IP 和两个数字表示，第一个数字代表第一种防护型式（防尘）的等级，第二个数字代表第二种防护型式（防水）的等级，防护型式的数字数字越大，表示防护的能力越强。例如

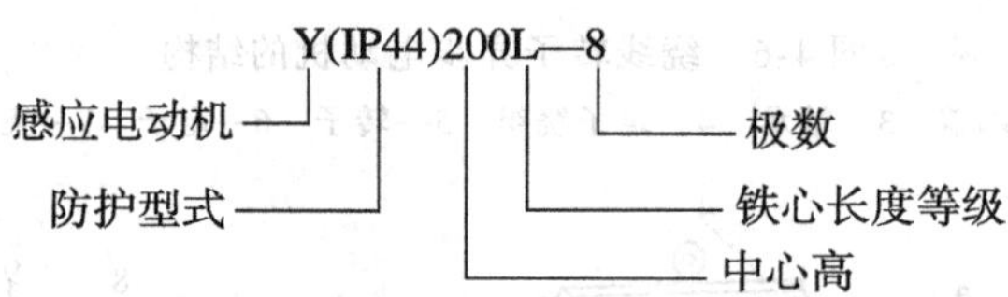

对于系列电动机，铭牌上有时也不标防护型式。

2. 异步电动机的主要系列简介

Y 系列：是一般用途的小型笼型异步电动机系列，取代了原先的 JO_2 系列。额定电压为 380V，额定频率为 50Hz，功率范围为 0.55～90kW，同步转速为 750～3000r/min，外壳防护型式为 IP44 和 IP23 两种，B 级绝缘。

JDO_2 系列：是小型三相多速异步电动机系列。它主要用于各式机床以及起重传动设备等需要多种速度的传动装置。

JR 系列：是中型防护式三相绕线转子异步电动机系列，容量为 45～410kW。

YR 系列：是一种大型三相绕线转子异步电动机系列，容量为 250～2500kW，主要用于冶金工业和矿山中。

YQ 系列：是高起动转矩异步电动机，用于起动静止负载或负载惯性较大的机械。

YZ、YZR 系列：是起重和冶金机械用的异步电动机，YZ 为笼型，YZR 为绕线转子。

YD 系列：是多速异步电动机，利用一套定子绕组，改变接线方法，获得双速或利用两套定子绕组获得 4 速，是一种有级的调速用笼型异步电动机。

4.2 三相交流电机的定子绕组

4.2.1 三相交流绕组的基本要求和分类

1. 对三相交流绕组的基本要求

1）每相绕组的阻抗要求相等，即每相绕组的匝数、形状都是相同的。

2）在一定数目的导体下，能获得较大的电动势和磁动势。

3）电动势和磁动势的波形力求接近正弦波，为此要求电动势和磁动势中的谐波分量应尽可能小。

4）对基波而言，三相电动势和磁动势必须对称。

5）用铜少，绝缘性能可靠，制造、维修方便。

2. 三相交流绕组的分类

三相交流绕组的分类如下：

- 交流绕组
  - 单层绕组
    - 等元件式整距叠绕组
    - 同心式绕组
    - 链式绕组
    - 交叉链式绕组
  - 双层绕组
    - 双层叠绕组
    - 双层波绕组

单层绕组与双层绕组相比，电气性能稍差，但槽利用率高，制造工时少，因此小容量的电动机中（$P_N \leqslant 10\text{kW}$），一般都采用单层绕组。

3. 交流绕组的基本知识

极距τ、线圈节距 y_1 的意义和直流电枢绕组是一样的。此外，在交流绕组中还有：

1）电角度。电动机圆周在几何上分成360°，这称为机械角度。从电磁观点来看，若电动机的极对数为 n_p，则经过一对磁极，磁场变化一周，相当于360°电角度。因此，电动机圆周按电角度计算就有 $n_p \times 360°$，即

$$\text{电角度} = n_p \times \text{机械角度} \tag{4-4}$$

2）槽距角 α。相邻两个槽之间的电角度称为槽距角 α。因为定子槽在定子内圆上是均匀分布的，所以若定子槽数为 Z_1，电机极对数为 p，则

$$\alpha = \frac{n_p \times 360°}{Z_1} \tag{4-5}$$

3）每极每相槽数 q。每一个极下每相所占有的槽数称为每极每相槽数 q，若绕组相数为 m_1，则

$$q = \frac{Z_1}{2m_1 n_p} \tag{4-6}$$

若 q 为整数，称为整数槽绕组；若 q 为分数，称为分数槽绕组。分数槽绕组一般用在大型、

低速的同步电机中。

4）相带。每相绕组在一对极下所连续占有的宽度（用电角度表示）称为相带。在异步电动机中，一般将每相所占有的槽数均匀地分布在每个磁极下，因为每个磁极占有的电角度是180°，对三相绕组而言，每相占有60°的电角度，称为60°相带。由于三相绕组在空间彼此要相距120°电角度，所以相带的划分沿定子内圆应依次为A、Z、B、X、C、Y，如图4-8所示。

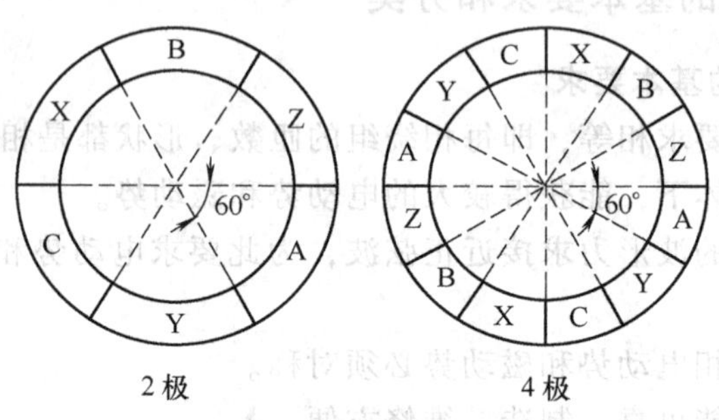

图4-8　60°相带三绕组

4.2.2　单层绕组

1. $2n_p=2$，$q=1$

这是最简单的情况，定子铁心内圆上共有 $Z_1=2m_1n_pq=6$ 个槽，每个相带中只有一个槽，其中A、X的线圈边构成一相绕组。B、Y和C、Z构成另外两组绕组。显然，它们在空间互差120°电角度，如图4-9a所示。图4－9b所示为绕组展开图。

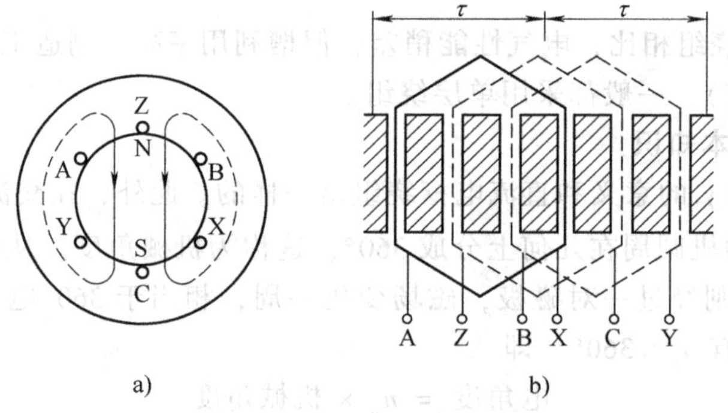

图4-9　$2n_p=2$，$q=1$单层绕组

可以看出，每个线圈的节距 y_1 都等于极距 τ，3个线圈的引出端A－X、B－Y、C－Z可以根据需要接成星形或三角形。

2. $2n_p=4$，$q=1$

定子槽数 $Z_1=12$，每对极下有6个槽，每对极下三相绕组的排列完全相同，这样每相绕组就有两个线圈，它们可以并联连接，也可以串联连接。串联连接的情况如图4-10所示。

$q=1$ 的绕组称为集中绕组，虽然结构简单，但电气性能较差（电动势和磁动势的波形不是正弦波），且定子铁心的内圆没有得到充分利用，散热也困难，因此实际上并不采用。

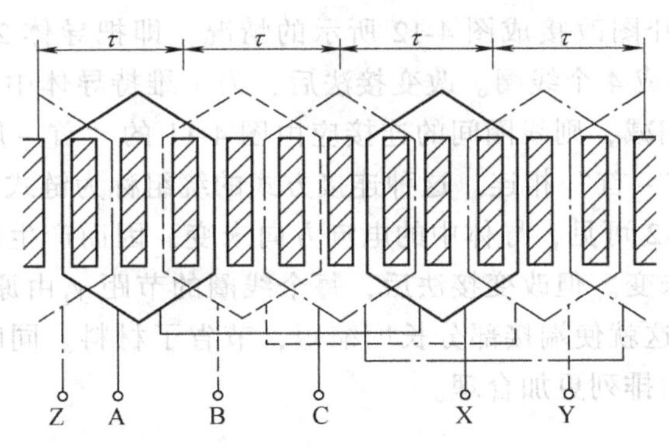

图 4-10　三相 4 极交流绕组展开图

3. $2n_p=4$，$q=2$

设有一台 4 极电动机，定子槽数 $Z_1=24$，则每极每相槽数 $q=\dfrac{Z_1}{2m_1n_p}=\dfrac{24}{2\times3\times2}=2$，槽距角 $\alpha=\dfrac{n_p\times360°}{Z_1}=\dfrac{2\times360°}{24}=30°$。若绕组采用 60°相带，则每个相带包含两个槽（即等于 q），列于表 4-1。

表 4-1　相带与槽号对应表（每个相带包含两个槽）

相带 / 槽号	A	Z	B	X	C	Y
第一对极	1，2	3，4	5，6	7，8	9，10	11，12
第二对极	13，14	15，16	17，18	19，20	21，22	23，24

以 A 相为例，槽 1 与 7，槽 2 与 8，它们相距 $\alpha\times60°=180°$电角度，与 $q=1$ 的情况相似，可以把槽 1 与 7 的线圈边构成一个线圈。同理，槽 2 与 8、槽 13 与 19、槽 14 与 20 中的线圈边也都分别构成线圈，这样 A 相绕组就有 4 个线圈，将它们依次串联起来，构成了一相绕组，其形状、大小是完全一样的，称为等元件绕组。其展开图如图 4-11 所示。又因为每个线圈的节距都等于极距，所以是一个整距绕组。

当电动机中有旋转磁场时，槽内导体将切割磁力线而感应电动势，A 相绕组的总电动势为导体 1、2、7、8、13、14、19、20 的电动势之和（相量和），由于导体相互串联，因此流过每个导体电流都是相等的。

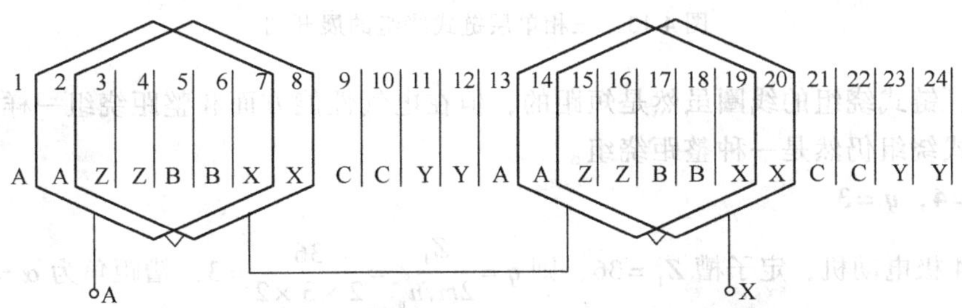

图 4-11　$2n_p=4$，$q=2$ 时的 A 相绕组展开图

把图 4-11 所示的展开图改接成图 4-12 所示的情况，即把导体 2－7、8－13、14－19、20－1 分别相连，同样构成 4 个线圈。改变接法后，为了维持导体中的电流方向不变，导体电动势仍是相加而不是相减，则线圈间的连接应由图 4-11 的“首－尾”相连改变成图 4-12 的“尾－尾”相连、“首－首”相连。这种连接方式的绕组称为链式绕组。

比较图 4-11 和图 4-12 可见，导体中的电流方向未变，因而产生的磁动势情况不变，每相绕组的电动势大小也未变。但改变接法后，每个线圈的节距 y_1 由原来的整矩（$y_1=6=\tau$）变为短距（$y_1=5<\tau$），这就使端接部分长度缩短，节省了材料。同时也减少了端接部分的重叠现象，使端接部分的排列更加合理。

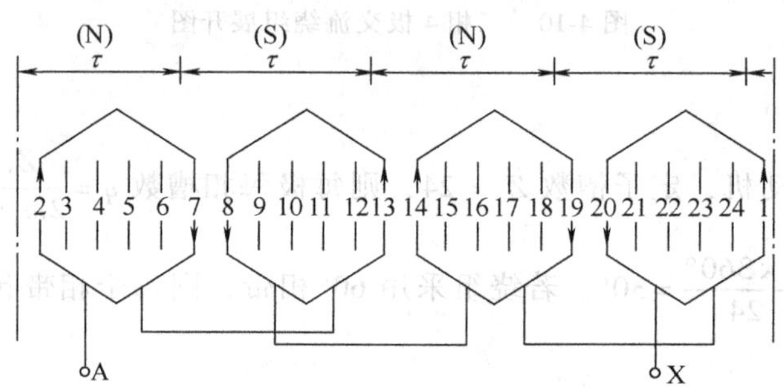

图 4-12　单层链式 A 相绕组展开图

用同样的方法，可以得到另外两相绕组的连接规律。一般当 $q=2$ 时，三相单层绕组都采用链式绕组。图 4-13 所示为三相单层链式绕组的展开图。

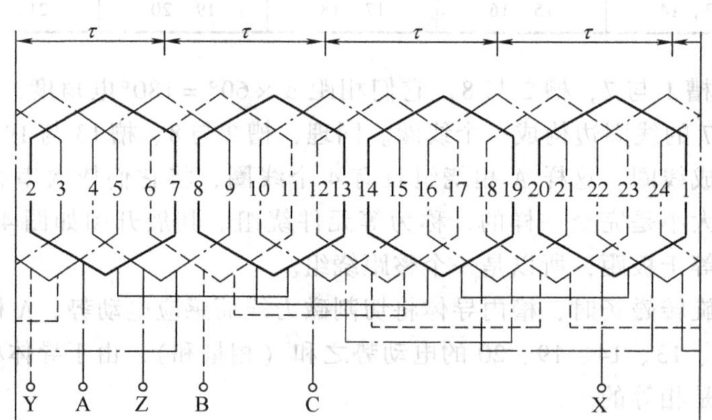

图 4-13　三相单层链式绕组的展开图

要注意，链式绕组的线圈虽然是短距的，但在电气性能方面和整距绕组一样。从电气性能来看，链式绕组仍然是一种整距绕组。

4. $2n_p=4$，$q=3$

设一台 4 极电动机，定子槽 $Z_1=36$，则 $q=\dfrac{Z_1}{2m_1n_p}=\dfrac{36}{2\times3\times2}=3$，槽距角为 $\alpha=\dfrac{n_p\times360°}{Z_1}=\dfrac{2\times360°}{36}=20°$，若采用 60°相带，每个相带包含 3 个槽，列于表 4-2 中。

表4-2 相带与槽号对应表（每个相带包含3个槽）

槽号 \ 相带	A	Z	B	X	C	Y
第一对极	1，2，3	4，5，6	7，8，9	10，11，12	13，14，15	16，17，18
第二对极	19，20，21	22，23，24	25，26，27	28，29，30	31，32，33	34，35，36

可以采用图4-11的连接方法，连成一个等元件的整距绕组，即由1－10、2－11、3－12、19－28、20－29、21－30，6个线圈相互串联构成A相绕组。图4-14所示是A相绕组展开图。

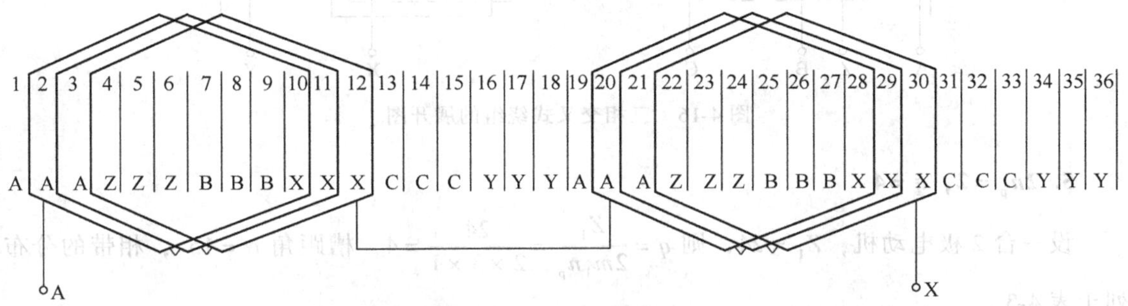

图4-14 $2n_p=4$，$q=3$ 时的A相绕组展开图

因为导体12与导体30处于相同的磁场位置，A相绕相也可改接如下：将2－10、3－11构成两个节距 $y_1=8$ 的大线圈；1－30构成一个 $y_1=7$ 的小线圈。同理，20－28、21－29构成两个大线圈，19－12构成一个小线圈，形成两对极下依次出现两大一小的交叉布置，如图4-15所示。

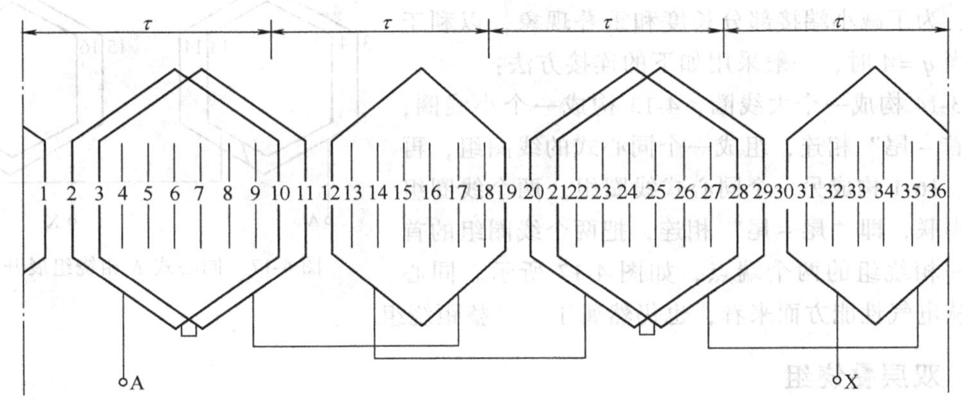

图4-15 单层交叉式A相绕组展开图

为了保持导体的电流方向不变、每相绕组的电动势不变，线圈之间的连接规律如下：

两个相邻的大线圈之间应按“首－尾”相连，大线圈和小线圈之间按“尾－尾”相连，小线圈与大线圈之间应按“首－首”相连。

这种连接方式的绕组称为交叉式绕组。交叉式绕组不是等元件绕组，线圈的平均节距 $y=\dfrac{2y_{大}+y_{小}}{3}$，小于极距，因此端接部分较等元件绕组短，所以当 $q=3$ 时，一般均采用交叉式绕组。从电气性能来看，交叉式绕组仍然属于整距绕组。

另外两相绕组也可按同样的方法连接。三相交叉式绕组的展开图如图 4-16 所示。

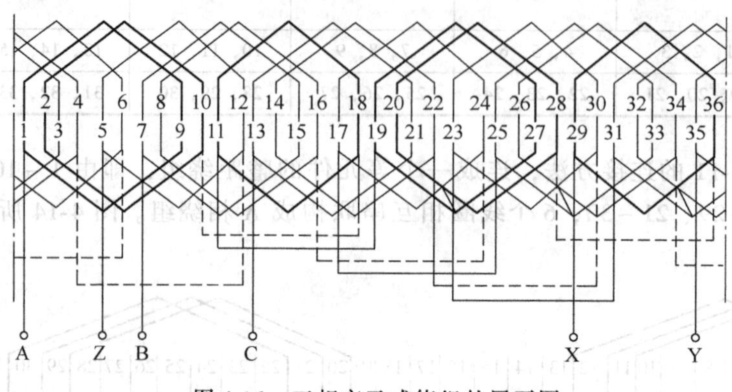

图 4-16 三相交叉式绕组的展开图

5. $2n_p=2$，$q=4$

设一台 2 极电动机，$Z_1=24$，则 $q=\dfrac{Z_1}{2m_1n_p}=\dfrac{24}{2\times3\times1}=4$，槽距角 $\alpha=15°$，相带的分布列于表 4-3。

表 4-3 相带与槽号对应表（$2n_p=2$，$q=4$）

相　带	A	Z	B	X	C	Y
槽　号	1,2,3,4	5,6,7,8	9,10,11,12	13,14,15,16	17,18,19,20	21,22,23,24

这时每相有 4 个槽，可以绘出等元件整距绕组的展开图，为了减小端接部分长度和重叠现象，以利于散热，当 $q=4$ 时，一般采用如下的连接方法：

将 3-14 构成一个大线圈，4-13 构成一个小线圈，它们“首 - 尾”相连，组成一个同心式的线圈组，再把 15-2、16-1 构成另一个同心式线圈组。两个线圈组之间反串联，即“尾 - 尾”相连，把两个线圈组的首端作为一相绕组的两个端点，如图 4-17 所示。同心式绕组从电气性能方面来看，也仍然属于一种整距绕组。

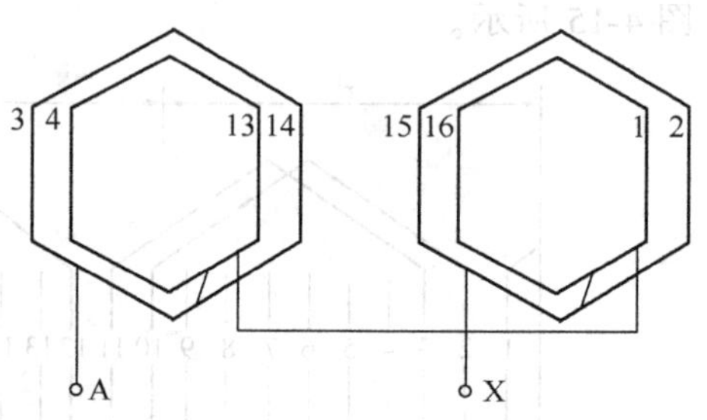

图 4-17 同心式 A 相绕组展开图

4.2.3 双层叠绕组

和直流电枢绕组相似，槽内导体分上、下两层，每个线圈的一个边在一个槽的上层，另一个边则在另一个槽的下层，因此总的线圈数等于槽数。双层线圈相带的划分与单层绕组相似，下面用一个具体例子来说明双层叠绕组的构成。

设一台 4 极电动机，定子槽数 $Z_1=24$，每极每相槽数 $q=\dfrac{Z_1}{2m_1n_p}=\dfrac{24}{12}=2$，槽距角 $\alpha=\dfrac{n_p\times360°}{Z_1}=30°$，采用 60°相带，则每一相带占有两个槽，列表见表 4-1。

以A－X相绕组为例：1号线圈的一个有效边放在1号槽的上层，另一个有效边则根据线圈节距y_1的大小，放置在另一槽的下层边。本例中，极距$\tau=\frac{Z_1}{2n_p}=\frac{24}{4}=6$，如果线圈是整距，那么1号线圈的下层边应在第7号槽内。2号线圈的一个有效边在2号槽的上层，另一有效边则应在8号槽的下层。

1号线圈和2号线圈按“首－尾”相连，串联成一“极相组”，同理，每个相带都有由q个线圈（本例$q=2$）串联组成的极相组。

因为X相带与A相带相差180°电角度，所以可以将X相看成是一个－A相。在组成三相绕组时，A相带的极相组与X相带的极相组应反向串联，即“尾－尾”相连。而X相带与下一个A相带极相组应“首－首”相连，如图4-18所示，构成了A－X相绕组。其他两相绕组按同样方法构成。一个三相双层短距叠绕组的展开图如图4-19所示。

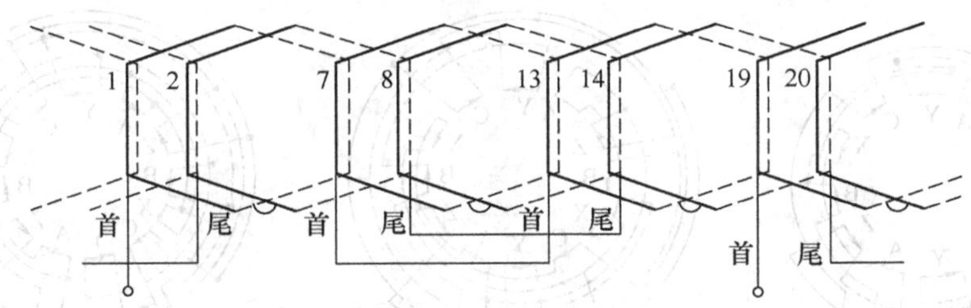

图4-18　三相双层短距叠绕组A相绕组

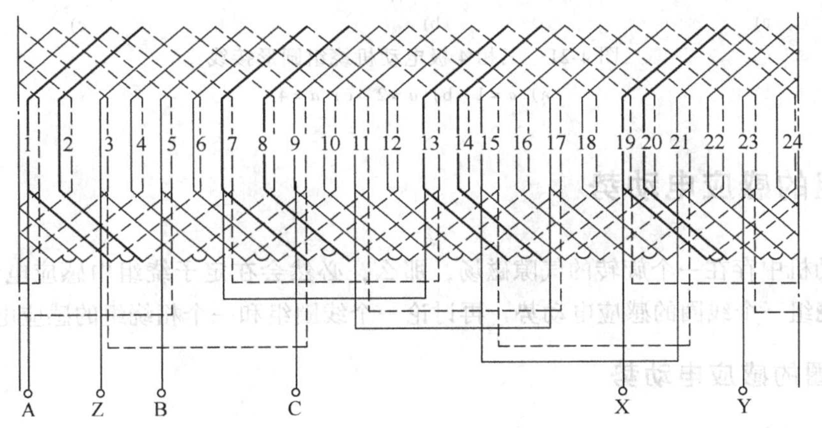

图4-19　三相双层短距叠绕组的展开图

三相双层叠绕组每相在不同极下的极相组可以串联连接，也可以串－并联连接或并联连接。在图4-20中分别表示出了A－B相绕组3种连接方式的示意图。

图4-21所示为三相4极电动机绕组圆形接线。显然，双层叠绕组的并联支路数a与极数$2n_p$应满足$2n_p/a=$整数，因此叠绕组的并联支路数最多等于极数$2n_p$。从展开图可以看出，三相双层叠绕组的每个线圈的形状是一样的，所以是一种等元件绕组。当线圈节距改变时，槽内上、下层导体的电流关系将发生变化。采用适当的短距可以使绕组电动势和磁动势的波形接近于正弦波，因此$P_N>10\text{kW}$的电动机都采用双层绕组。

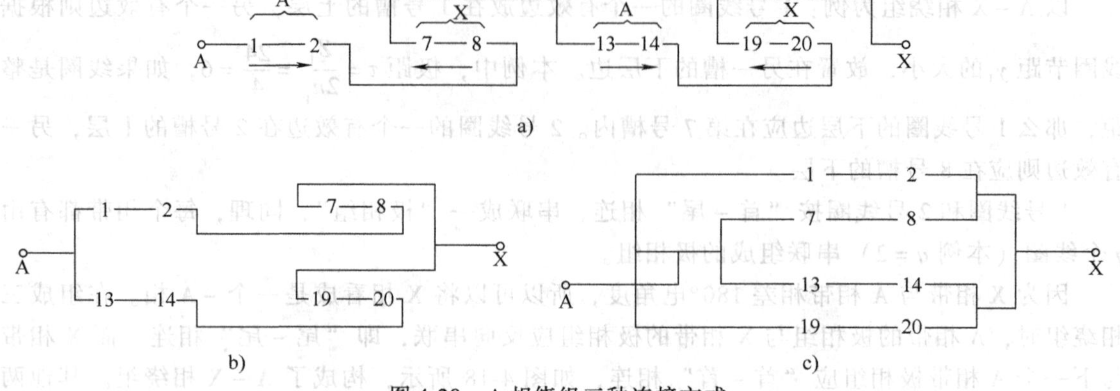

图 4-20　A 相绕组三种连接方式

a) 串联连接 $a=1$　b) 串-并联连接 $a=2$　c) 并联连接 $a=4$

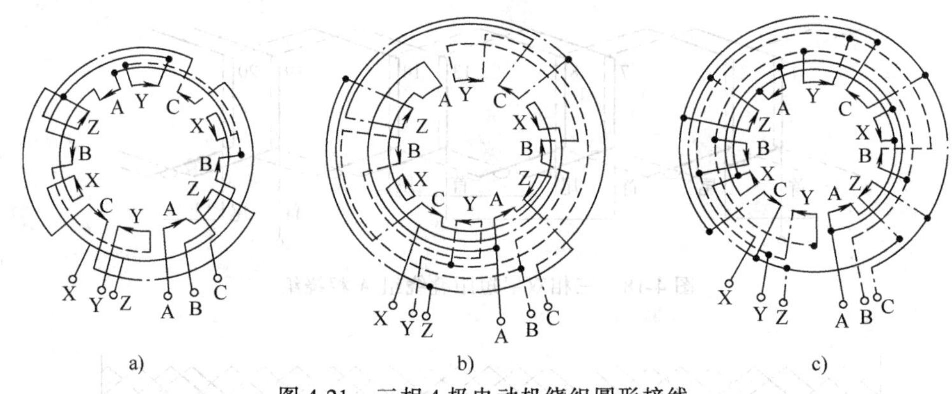

图 4-21　三相 4 极电动机绕组圆形接线

a) $a=1$　b) $a=2$　c) $a=4$

4.3　绕组的感应电动势

如果电动机中存在一个旋转的气隙磁场，那么，必然会在定子绕组中感应电动势。下面，先讨论定子绕组一个线圈的感应电动势，再讨论一个线圈组和一个相绕组的感应电动势。

4.3.1　线圈的感应电动势

1. 导体电动势

当磁场在空间作正弦分布，并以恒定的转速 n_1 旋转时，导体感应的电动势也为一正弦波，其最大值为

$$E_{c1m} = B_{m1} l v \tag{4-7}$$

式中，B_{m1} 为作正弦分布的气隙磁通密度的幅值。

导体电动势的有效值为

$$E_{c1} = \frac{E_{c1m}}{\sqrt{2}} = \frac{B_{m1} l v}{\sqrt{2}} = \frac{B_{m1} l}{\sqrt{2}} \frac{2 n_p \tau}{60} n_1 = \sqrt{2} f B_{m1} l \tau \tag{4-8}$$

式中，τ 为极距；f 为电动势频率。

因为磁通密度作正弦分布，所以每极磁通量为 $\Phi_1=\frac{2}{\pi}B_{m1}l\tau$，则

$$B_{m1}=\frac{\pi}{2}\Phi_1\frac{1}{l\tau} \tag{4-9}$$

代入式（4-8），得

$$E_{c1}=\frac{\pi}{\sqrt{2}}f\Phi_1=2.22f\Phi_1 \tag{4-10}$$

2. 整距线圈的电动势

设线圈的匝数为 N_c，每匝有两个有效边。对于整距线圈，如果一个有效边在 N 极的中心底下，则另一个有效边就刚好处在 S 极的中心底下，如图 4-22a 所示，可见两有效边内的电动势瞬时值大小相等而方向相反。但就一个线匝来说，两个电动势正好相加。若规定有效边的电动势正方向为从上向下，那么用相量表示两个有效边的电动势正好相反，即相位差为 180°，如图 4-22b 所示。于是每个线匝的电动势为

$$\dot{E}_{t1}=\dot{E}_{c1}-\dot{E}'_{c1}=2\dot{E}_{c1} \tag{4-11}$$

有效值

$$E_{t1}=2E_{c1}=4.44f\Phi_1 \tag{4-12}$$

在一个线圈内，每一匝电动势在大小和相位上都是相同的，所以整距线圈的电动势为

$$\dot{E}_{y1}=N_c\dot{E}_{t1} \tag{4-13}$$

有效值

$$E_{y1}=4.44fN_c\Phi_1 \tag{4-14}$$

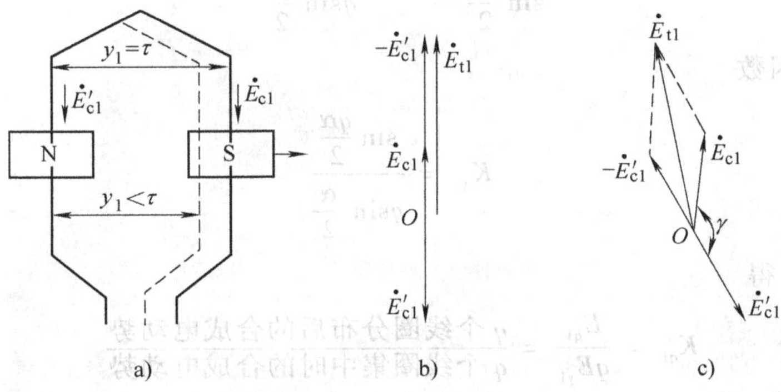

图 4-22　匝电动势计算

3. 短距线圈的电动势

如果线圈节距 $y_1<\tau$，如图 4-22a 中虚线，则两个有效边的电动势相位差不为 180°，而是相差 γ 角度。γ 是线圈节距 y_1 对应的电角度，如图 4-22c 所示。因此匝电动势为

$$\dot{E}_{t1(\gamma<\tau)}=\dot{E}_{c1}-\dot{E}'_{c1}=\dot{E}_{c1}+(-\dot{E}'_{c1}) \tag{4-15}$$

有效值

$$E_{t1(\gamma<\tau)}=2E_{c1}\cos\frac{180°-\gamma}{2}=2E_{c1}\sin\frac{\gamma}{2}=2E_{c1}K_{y1} \tag{4-16}$$

式中，K_{y1} 为短距因数，$K_{y1}=\sin\frac{\gamma}{2}$。

因此得到短距线圈的电动势为

$$E_{y1(\gamma<\tau)}=4.44fN_c\Phi_1K_{y1} \tag{4-17}$$

所以
$$K_{y1} = \frac{E_{y1(y<\tau)}}{4.44fN_c\Phi_1} = \frac{E_{y1(y<\tau)}}{E_{y1(y=\tau)}} \tag{4-18}$$

4.3.2 线圈组的电动势

无论是双层绕组还是单层绕组，每相绕组总是由若干个线圈组所组成，而每个线圈组又是由 q 个线圈串联而成，每个线圈电动势大小相等，但相位相差一个槽距角。电气性能上，每一个单层绕组都相当于一个等元件的整距绕组，所以线圈组的电动势 $\dot{E}_{q1}$ 应为 q 个线圈电动势的相量和，即 $\dot{E}_{q1} = E_{y1}\angle 0° + E_{y1}\angle\alpha + E_{y1}\angle 2\alpha + \cdots + E_{y1}\angle(q-1)\alpha$。由于这 q 个相量大小相等，又依次位移 α 角，所以它们依次相加便构成了一个正多边形的一部分，如图 4-23 所示（以 $q=3$ 为例）。图中 O 为正多边形外接圆的圆心，$\overline{OA}=\overline{OB}=R$ 为外接圆的半径，于是便求得线圈组的电动势 $E_{q1}=\overline{AB}=2R\sin\frac{q\alpha}{2}$，而 $R=\overline{OA}=\frac{E_{y1}}{2\sin\frac{\alpha}{2}}$，所以

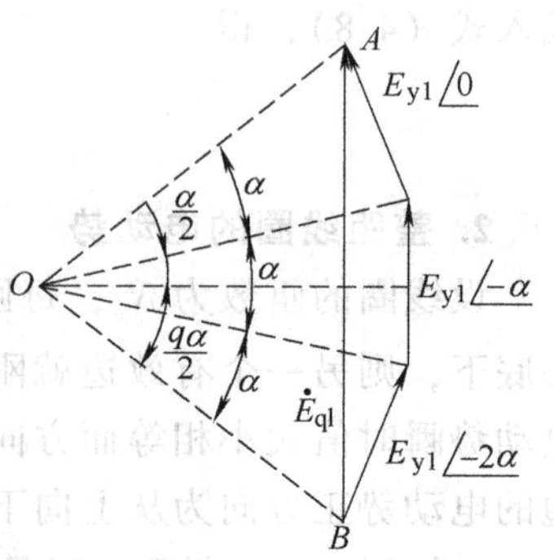

图 4-23 线圈组的电动势的计算

$$E_{q1} = E_{y1}\frac{\sin\frac{q\alpha}{2}}{\sin\frac{\alpha}{2}} = qE_{y1}\frac{\sin\frac{q\alpha}{2}}{q\sin\frac{\alpha}{2}} = qE_{y1}K_{q1} \tag{4-19}$$

式中，K_{q1} 为分布因数

$$K_{q1} = \frac{\sin\frac{q\alpha}{2}}{q\sin\frac{\alpha}{2}}$$

由式（4-19）得

$$K_{q1} = \frac{E_{q1}}{qE_{y1}} = \frac{q\text{ 个线圈分布后的合成电动势}}{q\text{ 个线圈集中时的合成电动势}}$$

将式（4-17）代入式（4-19），得

$$E_{q1} = 4.44qN_cK_{y1}K_{q1}f\Phi_1 = 4.44fqN_c\Phi_1K_{w1} \tag{4-20}$$

式中，K_{w1} 为绕组因数，$K_{w1}=K_{y1}K_{q1}$。

4.3.3 相电动势

每相绕组的电动势等于每一条并联支路的电动势。一般情况下，每条支路中所串联的几个线圈组的电动势都是大小相等、相位相同的，因此，可以直接相加。

对于双层绕组，每条支路由 $\frac{2n_p}{a}$ 个线圈组串联而成。对于单层绕组，每条支路由 $\frac{n_p}{a}$ 个线圈组串联而成。所以，每相绕组电动势如下：

双层绕组
$$E_{\phi1} = 4.44fqN_c\frac{2n_p}{a}\Phi_1K_{w1} \tag{4-21a}$$

单层绕组
$$E_{\phi1} = 4.44fqN_c\frac{n_p}{a}\Phi_1K_{w1} \tag{4-21b}$$

式中，$\frac{2n_p}{a}qN_c$ 和 $\frac{n_p}{a}qN_c$ 分别表示双层绕组和单层绕组每条支路的串联匝数 N，这样就可写出绕组相电动势的一般公式
$$E_{\phi1} = 4.44fN\Phi_1K_{w1} \tag{4-22}$$
式中，N 为每相绕组的串联匝数。

4.3.4　短距因数与分布因数

从前边分析已知，短距因数 K_{y1} 和分布因数 K_{q1} 都小于 1，因此短距分布绕组的电动势将小于整距集中绕组的电动势。绕组中除了感应基波电动势外，同时也感应高次谐波电动势。高次谐波电动势对相电动势大小的影响一般不是很大，主要是影响电动势的波形，而采用短距绕组可以消除一部分高次谐波电动势。图 4-24 所示为采用短距绕组消除 5 次谐波电动势，实线为整距情况。这时 5 次谐波磁场在线圈两个有效边中感应的电动势大小相等、方向相反，沿线圈回路，两个电动势正好相加。如果节距缩短 $\frac{1}{5}\tau$，如虚线所示，则两个有效边中感应的电动势大小相等、方向相同，沿线圈回路正好抵消，5 次谐波的合成电动势正好为零。

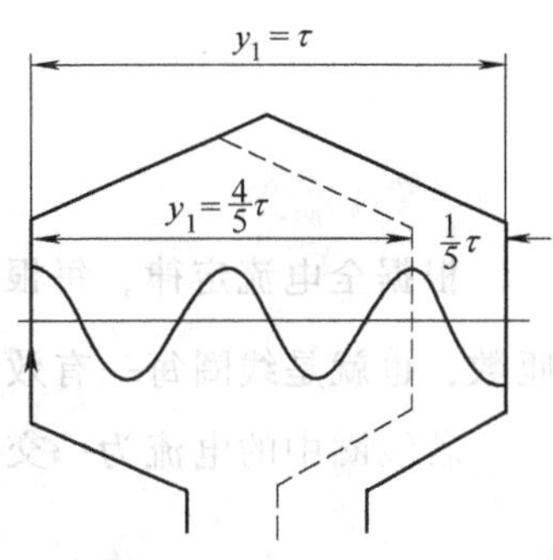

图 4-24　采用短距绕组消除 5 次谐波电动势

对三相绕组，不论采用星形联结还是采用三角形联结，线电压中都不存在 3 次或 3 的倍数次谐波。因此在选择线圈节距时，主要考虑削弱 5 次和 7 次谐波电动势，通常采用 $y_1=\frac{5}{6}\tau$ 左右，这时 5 次和 7 次谐波电动势约只有整距时的 1/4 左右。至于更高次谐波电动势，由于幅值很小，影响已不大。

采用分布绕组，同样可以起到削弱高次谐波的作用。q 增加时，基波的分布因数减小不多，而谐波的分布因数却显著减小。但是随着 q 的增大，电动机的槽数也增多，使电动机的成本提高。事实上，当 $q>6$ 时，高次谐波分布因数的下降已不太显著，因此，一般交流电动机的每极每相槽数 q 均在 2 ~ 6 之间，小型异步电动机的槽数 q 一般为 2 ~ 4。

4.4　绕组的磁动势

4.4.1　单相绕组的磁动势——脉振磁动势

相绕组是由线圈所组成的，为此在分析绕组磁动势前，先分析单个线圈所产生的磁动势。

1. 整距线圈的磁动势

一台 2 极异步电动机的示意图如图 4-25 所示。定子上有一个整距线圈，线圈中通以电流 I，瞬间电流建立的磁力线分布如图 4-25a 虚线所示，为一 2 极磁场。磁力线穿过转子铁

心、定子铁心和两个气隙，相对于气隙而言，由于铁心磁导率极大，气隙上消耗的磁动势降可以忽略不计。

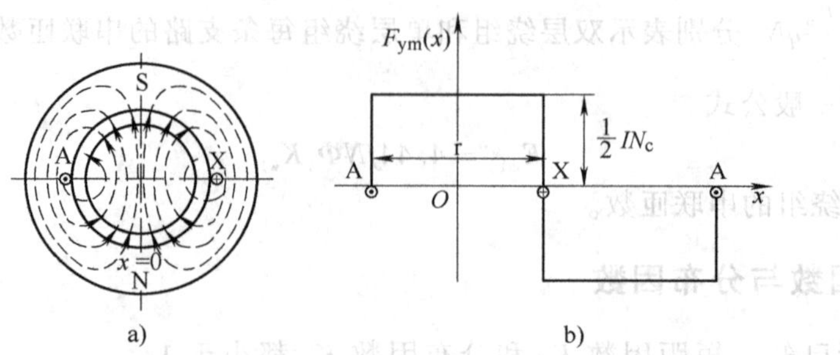

图 4-25 整距线圈的磁动势，$q=1$，$y_1=\tau$

a）整距绕组磁场分布 b）磁动势分布曲线

根据全电流定律，每根磁力线所包围的全电流均为 $\oint H \cdot dl = \sum I = IN_c$，其中 N_c 为线圈匝数，也就是线圈每一有效边的导体数。

若线圈中的电流为一交流电流，$i_c = \sqrt{2} I_c \cos\omega t$，则磁动势矩形波幅值的一般表达式为

$$f(x,t) = \frac{\sqrt{2}}{2} N_c I_c \cos\omega t \tag{4-23}$$

随时间的变化而作正弦变化，当电流为最大值时，矩形波的高度也为最大值 $F_{ym} = \frac{\sqrt{2}}{2} I_c N_c$，当电流改变方向时，磁动势也随之改变方向，如图 4-26 所示。

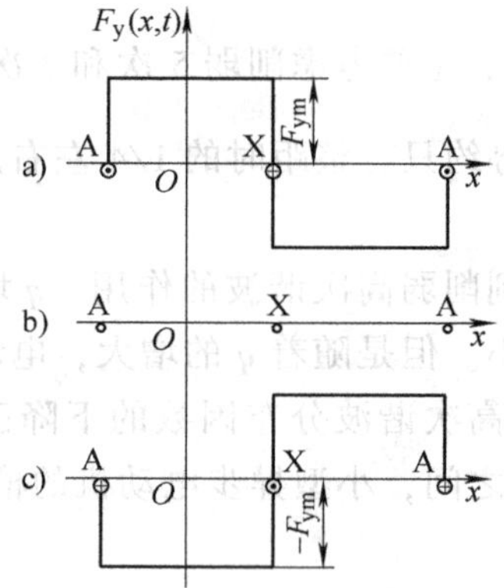

图 4-26 不同瞬间的脉振磁动势

a）$\omega t=0$，$i=I_m$ b）$\omega t=90°$，$i=0$ c）$\omega t=180°$，$i=-I_m$

对一个空间按矩形规律分布的磁动势用傅里叶级数进行分解，可得到如图 4-27 所示的一系列谐波。因为磁动势的分布既对横轴对称又对纵轴对称，所以谐波中无偶次项，也无正弦项，这样，按傅里叶级数展开的磁动势可写成

$$F_{y(x)} = F_{y1}\cos\frac{\pi}{\tau}x - F_{y3}\cos\frac{3\pi}{\tau}x + \cdots + F_{y\nu}\cos\frac{\nu\pi}{\tau}x\sin\frac{\nu\pi}{2} \tag{4-24a}$$

式（4-24a）中的 $\nu=1，3，5，\cdots$ 表示谐波次数，$\sin\nu\frac{\pi}{2}$ 用来表示该项前的符号。其中，

基波磁动势的幅值为矩形波幅值的 $4/\pi$，即 $F_{y1}=\frac{4}{\pi}F_{ym}$，而 ν 次谐波的幅值则为基波的 $1/\nu$，因此整距线圈所产生的脉振磁动势的方程式为

$$\begin{aligned} f_{y(x,y)} &= \frac{4}{\pi}\frac{\sqrt{2}}{2}N_c I_c\left[\cos\frac{\pi}{\tau}x - \frac{1}{3}\cos 3\frac{\pi}{\tau}x + \cdots + \frac{1}{\nu}\cos\nu\frac{\pi}{\tau}x\sin\nu\frac{\pi}{2}\right]\cos\omega t \\ &= 0.9N_c I_c\left[\cos\frac{\pi}{\tau}x - \frac{1}{3}\cos 3\frac{\pi}{\tau}x + \cdots + \frac{1}{\nu}\cos\nu\frac{\pi}{\tau}x\sin\nu\frac{\pi}{2}\right]\cos\omega t \end{aligned} \tag{4-24b}$$

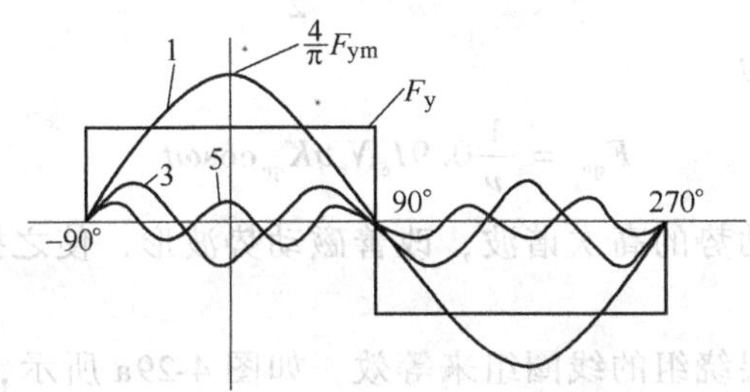

图 4-27　矩形波用傅里叶级数分解

2. 整距线圈组的磁动势

我们知道，每个线圈组都可以看成是由 q 个线圈构成的线圈组，线圈与线圈之间错开一个槽距角 α，如图 4-28 所示。线圈组基波合成磁动势的矢量可以用 q 个依次相差 α 电角度的

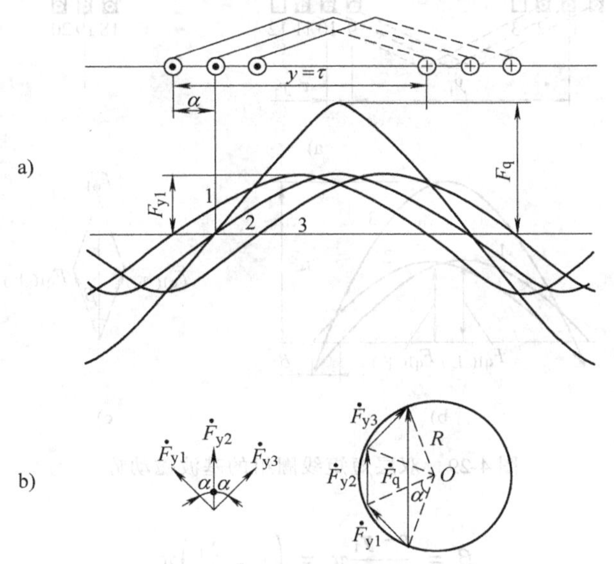

图 4-28　整距线圈组的磁动势

基波磁动势矢量相加求得

$$F_{q1} = F_{y1}\angle 0° + F_{y1}\angle\alpha + \cdots + F_{y1}\angle(q-1)\alpha \tag{4-25}$$

幅值为

$$F_{q1} = qF_{y1}K_{q1} = 0.9I_c N_c qK_{q1}\cos\omega t \tag{4-26}$$

式中，K_{q1} 为基波的分布因数，$K_{q1}=\dfrac{\sin\frac{q\alpha}{2}}{q\sin\frac{\alpha}{2}}$，其物理意义是

$$K_{q1}=\frac{q\text{ 个线圈分布时各线圈基波磁动势的矢量和}}{q\text{ 个线圈分布时各线圈基波磁动势的算术和}}$$

高次谐波磁动势，由于 ν 次谐波磁动势的极数是基波极数的 ν 倍，因此，对 ν 次谐波来说，槽距角应为 α 电角度，所以 ν 次谐波的分布因数为

$$K_{q\nu}=\frac{\sin\dfrac{\nu\alpha}{2}}{q\sin\dfrac{\nu\alpha}{2}} \tag{4-27}$$

而 ν 次谐波磁动势的幅值为

$$F_{q\nu}=\frac{1}{\nu}0.9I_cN_cqK_{q\nu}\cos\omega t \tag{4-28}$$

采用分布绕组可以削弱磁动势的高次谐波，改善磁动势波形，使之接近于正弦波。

3. 短距线圈的磁动势

线圈组可以用两个单层绕组的线圈组来等效，如图 4-29a 所示，这两个线圈组在空间相差 β 电角度。不难看出，β 角即节距缩短所对应的电角度

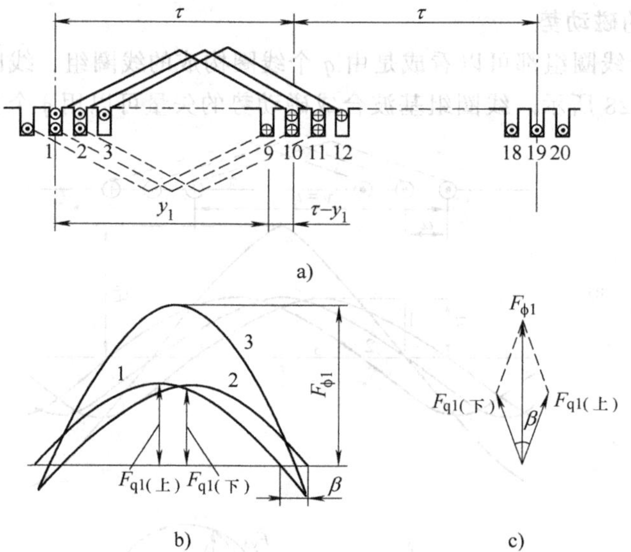

图 4-29　双层短矩线圈组的基波磁动势

$$\beta=\frac{\tau-y_1}{\tau}\pi=\left(1-\frac{y_1}{\tau}\right)\pi$$

用求整距分布线圈磁动势的方法，求得基波和高次谐波。显然这两个线圈组的基波磁动势 $F_{q1上}$ 和 $F_{q1下}$，彼此相差 β 电角度，如图 4-29b 所示。用矢量相加的方法，可求得两个线圈组的合成基波磁动势 $F_{\phi1}$

$$F_{\phi1}=2F_{q1}\cos\frac{\beta}{2}=0.9\times2qN_cI_cK_{y1}K_{q1}\cos\omega t \tag{4-29}$$

式中，K_{y1} 称为基波磁动势的短距因数，$K_{y1}=\cos\dfrac{\beta}{2}=\cos\dfrac{1}{2}\left(\pi-\dfrac{y_1}{\tau}\pi\right)=\sin\dfrac{y_1}{\tau}90°$，其物理意

义为

$$K_{y1}=\frac{\text{各整距线圈线圈组的基波磁动势的矢量知}}{\text{各整距线圈线圈组的基波磁动势的算术和}}$$

同理，对 ν 次谐波而言

$$F_{\phi\nu}=2F_{q\nu}K_{y\nu} \tag{4-30}$$

$$K_{y\nu}=\cos\frac{\nu\beta}{2}=\sin\nu\frac{\gamma_1}{\tau}90° \tag{4-31}$$

和采用短距绕组能改善电动势波形一样，采用短距绕组也可以改善磁动势波形。

采用分布短距绕组会使基波磁动势有所减小，但谐波磁动势却大大削弱，使总的磁动势波形更接近于正弦形，这也是在容量稍大的电动机中一般都采用双层分布短距绕组的原因。

4. 相绕组的磁动势

一个相绕组的磁动势并不是指整个相绕组的总安匝数，而是仅指消耗在一个气隙中的合成磁动势。一般在公式中用相电流 I 和每相串联匝数 N_1 来代替线圈电流 I_c 和线圈匝数 N_c。若绕组的并联支路数为 a，则 $I_c=\frac{I}{a}$。

对单层绕组　　$N_1=\frac{n_pqN_c}{a},\quad qN_c=\frac{a}{n_p}N_1$

对双层绕组　　$N_1=\frac{2n_pqN_c}{a},\quad 2qN_c=\frac{a}{n_p}N_1$

由此可得相绕组基波磁动势的幅值为

$$E_{\phi\nu}=0.9\frac{IN_1K_{w1}}{n_p}\cos\omega t \tag{4-32}$$

式中，K_{w1} 为绕组因数，$K_{w1}=K_{y1}K_{q1}$。

ν 次谐波磁动势的幅值为

$$E_{\phi\nu}=\frac{1}{\nu}0.9\frac{IN_1K_{w\nu}}{n_p}\cos\omega t \tag{4-33}$$

式中，$K_{w\nu}=K_{y\nu}K_{q\nu}$。

整个脉振磁动势的方程式为

$$f_{\phi(x,t)}=0.9\frac{IN_1}{n_p}\left[K_{w1}\cos\frac{\pi}{\tau}x-\frac{1}{3}K_{w3}\cos\frac{\pi}{\tau}x+\frac{1}{5}K_{w5}\cos5\frac{\pi}{\tau}x+\cdots+\frac{1}{\nu}K_{w\nu}\cos\nu\frac{\pi}{\tau}x\sin\nu\frac{\pi}{2}\right]\cos\omega t \tag{4-34}$$

4.4.2　三相绕组的磁动势——旋转磁动势

三相绕组是由 3 个单相绕组 A、B、C 所构成，这 3 个单相绕组结构完全相同，只是在空间互差 120°电角度。把 3 个单相绕组所产生的磁动势波逐点相加，就得到了三相绕组的合成磁动势。而单相绕组的磁动势是一个脉振磁动势，它可以分解为基波和一系列高次谐波，其中基波磁动势是主要分量，总的合成磁动势应是基波和高次谐波磁动势的叠加。

1. 三相绕组的基波合成磁动势

通过合理布置定子槽中的三相电枢绕组，在空间互差 120°，能够有效地减小气隙中的磁动势谐波。三相电枢绕组通以三相对称电流，可以认为每相电枢绕组产生的磁动势在空间是正弦分布的，并且三相磁动势在空间互差 120°电角度。三相电枢绕组的基波磁动势为

$$\begin{aligned} f_{A1} &= 0.9\frac{IN_1}{n_p}K_{w1}\cos\frac{\pi}{\tau}x\cos\omega t \\ f_{B1} &= 0.9\frac{IN_1}{n_p}K_{w1}\cos\left(\frac{\pi}{\tau}x-120°\right)\cos(\omega t-120°) \\ f_{C1} &= 0.9\frac{IN_1}{n_p}K_{w1}\cos\left(\frac{\pi}{\tau}x-240°\right)\cos(\omega t-240°) \end{aligned} \tag{4-35a}$$

利用三角学的积化和差公式，式（4-35a）改写为

$$\begin{aligned} f_{A1} &= 0.45\frac{IN_1}{n_p}K_{w1}\cos\left(\omega t-\frac{\pi}{\tau}x\right)+0.45\frac{IN_1}{n_p}K_{w1}\cos\left(\omega t+\frac{\pi}{\tau}x\right) \\ f_{B1} &= 0.45\frac{IN_1}{n_p}K_{w1}\cos\left(\omega t-\frac{\pi}{\tau}x\right)+0.45\frac{IN_1}{n_p}K_{w1}\cos\left(\omega t+\frac{\pi}{\tau}x-240°\right) \\ f_{C1} &= 0.45\frac{IN_1}{n_p}K_{w1}\cos\left(\omega t-\frac{\pi}{\tau}x\right)+0.45\frac{IN_1}{n_p}K_{w1}\cos\left(\omega t+\frac{\pi}{\tau}x-480°\right) \end{aligned} \tag{4-35b}$$

式（4-35b）中的 3 个等式右边第二项之和为零，于是三相基波合成磁动势为

$$f_1 = f_{A1}+f_{B1}+f_{C1} = 1.35\frac{IN_1}{n_p}K_{w1}\cos\left(\omega t-\frac{\pi}{\tau}x\right) = F_1\cos\left(\omega t-\frac{\pi}{\tau}x\right) \tag{4-36}$$

式中，F_1为三相合成基波磁动势的幅值，$F_1=1.35\frac{IN_1}{n_p}K_{w1}$。

下面对式（4-36）作进一步分析：

1）当 $\omega t=0$ 时，$f_1(x,0) = F_1\cos\times\left(-\frac{\pi}{\tau}x\right)$；当 $\omega t=\theta_0$时 $f_1(x,\theta_0)=F_1\cos\left(\theta_0-\frac{\pi}{\tau}x\right)$。图 4-30 画出了两个瞬时基波磁动势分布曲线，可以看出随着时间推移，磁动势也在移动。

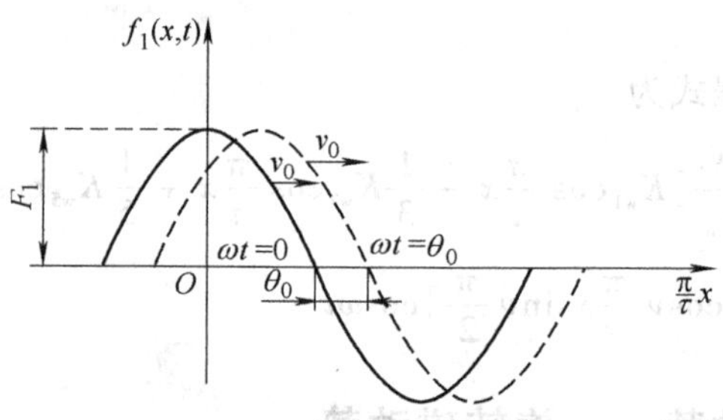

图 4-30 $\omega t=0$ 和 θ_0 两个瞬间磁动势的分布

2）旋转磁动势波的旋转速度可以由波上任意一点的推移速度确定。取波幅点进行考虑，其值恒为 F_1，由三相基波合成磁动势方程式可知，这时相当于 $\cos\left(\omega t-\frac{\pi}{\tau}x\right)=1$ 或 $\omega t-\frac{\pi}{\tau}x=0$，即

$$x = \frac{\tau}{\pi}\omega t \tag{4-37}$$

将 x 对时间 t 求导，就可以求出波幅点的移动速度 v

$$v = \frac{dx}{dt} = \frac{\tau}{\pi}\omega = 2\tau f \tag{4-38}$$

式（4-38）说明，每当电流变化一周，磁动势波就沿圆周移动了 2τ 的距离，也就相当于转过了 $1/n_p$ 圈。因此，旋转磁动势波的转速为

$$n_1 = \frac{f}{n_p} \text{或} n_1 = \frac{60f}{n_p} \tag{4-39}$$

n_1 称为同步转速，它仅与电流频率 f 和电动机的极对数 n_p 有关，其单位为转每秒（r/s）或转每分（r/min）。

对应已制成的电动机，极对数 n_p 是一定的，当电源频率不同时，电动机就有不同的同步转速。反之，若电源频率一定，则不同极数的电动机，其同步转速也不同。我国的工频频率为50Hz，2极电动机（$2n_p=2$）的同步转速为3000r/min；4极电动机（$2n_p=4$）的同步转速为1500r/min；6极电动机（$2n_p=6$）的同步转速为1000r/min等。

3）三相基波合成磁动势的振幅始终与电流达到最大值时的一相绕组的轴线重合。当 $\omega t=0$ 时A相电流达最大值，此时 $f_1(x,t)=F_1\cos\left(-\frac{\pi}{\tau}x\right)$，在 $x=0$ 处，$f_1(0,0)=F_1$，说明此时幅值在A相绕组轴线上。当 $\omega t=120°$ 时，B相电流达最大值，此时 $f_1(x,t)=F_1\cos\left(120°-\frac{\pi}{\tau}x\right)$，说明幅值 F_1 应在 $\frac{\pi}{\tau}x=120°$ 电角度处，即位于B相绕组的轴线上。同理，当 $\omega t=240°$ 时，C相电流达最大值，这时幅值 F_1 将位于C相绕组的轴线上。

4）上述结论说明，合成旋转动势的旋转方向决定于绕组中电流的相序，总是从电流超前相转向电流滞后相，如果改变绕组中电流的相序，就可以改变旋转磁动势的转向。因此，三相绕组中通过三相对称电流的情况下，旋转磁动势波的幅值恒定不变，波幅的轨迹为一个圆，称之为圆形旋转磁动势，相应的磁场就称为圆形旋转磁场。

以上4点结论也可推广到任何一个多相系统，也就是说，在一个 m 相绕组中，通以对称的 m 相电流，合成磁动势均为圆形旋转磁动势，转速仍为 $n_1=\frac{60f}{n_p}$，而幅值则为 $F_1=0.45m\frac{IN}{n_p}K_{w1}$。

2. 三相合成磁动势的图解法分析

一个三相对称绕组通入三相对称电流时，所产生的一定是个圆形的旋转磁场。这个概念不仅可以用上面的数学手段来证明，还可以进一步用图4-31来解释。为了分析旋转磁动势的旋转方向，设三相对称电流按余弦规律变化，A相电流最大时为计时点，电流取首进尾出为正，电流波形和各时刻旋转磁动势的位置如图4-32所示，分别取 $\omega t=0°$、120°、240°、360°时对应的情况。

三相电流表示为

$$i_A = I_m\cos\omega t,\quad i_B = I_m\cos\left(\omega t-\frac{2\pi}{3}\right),\quad i_C = I_m\cos\left(\omega t+\frac{2\pi}{3}\right)$$

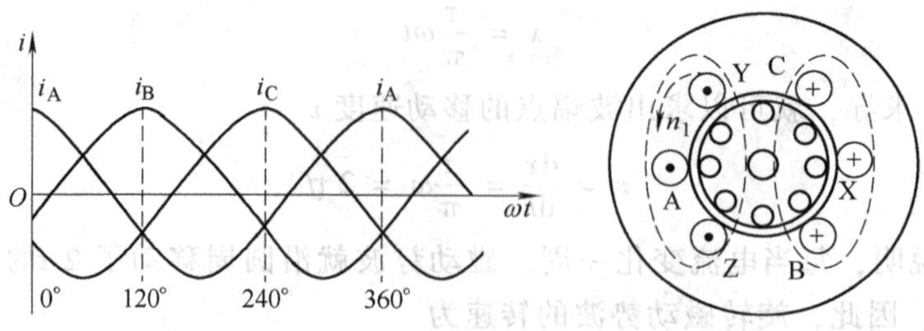

图 4-31　三相对称电流及绕组

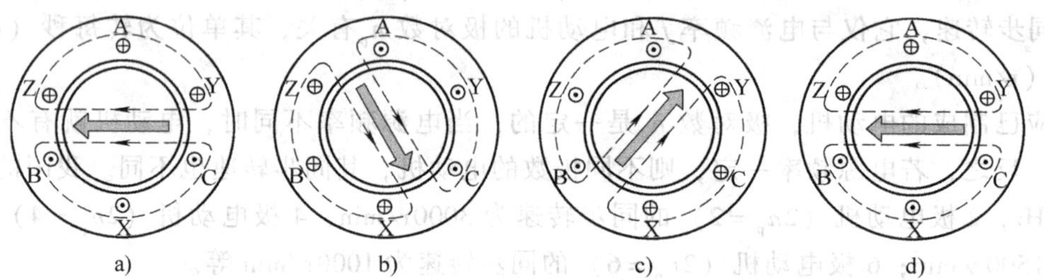

图 4-32　$\omega t=0°$、$\omega t=120°$、$\omega t=240°$、$\omega t=360°$时旋转磁动势的位置

a) $i_A=I_m$，$i_B=i_C=-\frac{I_m}{2}$　b) $i_B=I_m$，$i_A=i_C=-\frac{I_m}{2}$　c) $i_C=I_m$，$i_A=i_B=-\frac{I_m}{2}$　d) $i_A=I_m$，$i_B=i_C=-\frac{I_m}{2}$

从图 4-32 可知，合成磁动势的转向是从载有超前电流的相转到载有滞后电流的相。

小结如下：

三相对称绕组通入三相对称电流，产生的基波合成磁动势是一个幅值恒定不变的圆形旋转磁动势，它有以下主要性质：

1）幅值是单相脉动磁动势最大幅值的 3/2 倍。

2）转向由电流相序决定，从载有超前电流相转到载有滞后电流相。

3）转速决定于电流的频率和电机的磁极对数，$n_1=60f/n_p$。

4）当某相电流达最大值时，旋转磁动势的波幅位置刚好转到该相绕组的轴线位置上。产生圆形旋转磁动势的条件：一是三相或多相对称绕组；二是三相或多相对称电流。两个条件有一个不满足，即产生椭圆形旋转磁动势。

3. 三相绕组的谐波合成磁动势

采用分析基波合成磁动势的方法，可以分析各次谐波的合成磁动势。这里讨论的谐波是指空间谐波，即对 ν 次谐波而言，三相绕组的轴线互差 $\nu\times120°$电角度，而三相绕组中的电流，其相位差仍为 120°。

1）3 次谐波（$\nu=3$）。3 个单相绕组产生的 3 次谐波脉振磁动势分别为

$$
\begin{aligned}
f_{A3}&=F_{\phi3}\cos\omega t\cos3\frac{\pi}{\tau}x\\
f_{B3}&=F_{\phi3}\cos(\omega t-120°)\cos3\left(\frac{\pi}{\tau}x-120°\right)=F_{\phi3}\cos(\omega t-120°)\cos3\frac{\pi}{\tau}x\\
f_{C3}&=F_{\phi3}\cos(\omega t-240°)\cos3\left(\frac{\pi}{\tau}x-240°\right)=F_{\phi3}\cos(\omega t-240°)\cos3\frac{\pi}{\tau}x
\end{aligned}
\tag{4-40}
$$

式（4-40）说明，f_{A3}、f_{B3}、f_{C3}在空间是同相位的，而在时间相位上互差120°，所以三相绕组的3次谐波合成磁动势为零。同理可证，凡是3的奇数倍的谐波，其三相合成磁动势均为零。

2）5次谐波（$\nu=5$）。仿照基波合成磁动势的推导过程，可得5次谐波合成磁动势为

$$f_5(x,t) = \frac{3}{2}F_{\phi5}\cos\left(\omega t + 5\frac{\pi}{\tau}x\right) \tag{4-41}$$

式（4-41）说明，三相绕组的5次谐波的合成磁动势为一在空间作正弦分布、波幅恒定的旋转磁动势，振幅等于每相脉振磁动势5次谐波振幅的3/2倍，即

$$F_5 = \frac{3}{2}F_{\phi5} = 1.35\frac{IN_1}{5n_p}K_{w5} \tag{4-42}$$

其转速为基波转速的1/5，即$n_5=\frac{1}{5}n_1$，转向与基波转向相反。

3）其他次谐波。同样的方法对各次谐波的合成磁动势进行分析，可得出如下结论：对称三相绕组合成磁动势中，除基波外，还包含$\nu=6k\pm1(k=1，2，3，\cdots)$次谐波，它们都是一种在空间作正弦分布、幅值恒定的旋转磁动势。其振幅为$F_{6k\pm1}=1.35\frac{IN_1}{(6k\pm1)n_p}K_{w(6k\pm1)}$，转速为$n_{6k\pm1}=\frac{n_1}{6k\pm1}$。$(6k+1)$次谐波转向与基波相同，$(6k-1)$次谐波转向与基波相反。谐波磁动势一般对电动机运行将带来不利影响，电动机中采用短距和分布绕组可削弱磁动势中的高次谐波。

4.5 三相异步电动机的空载运行

三相异步电动机的定转子电路间没有直接电的联系，它们之间的联系是通过电磁感应关系而实现的。下面讨论三相异步电动机的空载运行。

4.5.1 空载运行时的电磁关系

1. 空载电流和空载磁动势

当电动机空载，定子三相绕组接到对称的三相电源时，在定子绕组中流过的电流称为空载电流。若不计谐波磁动势，三相空载电流所产生的合成磁动势的基波分量的幅值为$F_0=1.35\frac{I_0N_1}{n_p}K_{w1}$，它以同步转速$n_1$的速度旋转。

空载时的定子磁动势F_0即为励磁磁动势，空载时的定子电流$\dot{I}_0$即为励磁电流，可写成

$$\dot{I}_0 = \dot{I}_{0p} + \dot{I}_{0q} \tag{4-43}$$

式（4-43）中，空载电流的有功分量$\dot{I}_{0p}$用来供给空载损耗，包括空载时的定子铜损耗、定子铁损耗和机械损耗。无功分量$\dot{I}_{0q}$用来产生气隙磁场，也称为磁化电流。

2. 主、漏磁通的分布

为了便于分析，根据磁通路径和性质不同，异步电动机的磁通分为主磁通和漏磁通。励

磁磁动势产生的磁通绝大部分同时与定转子绕组相交链，这部分称为主磁通 Φ_m，其路径为：定子铁心→气隙→转子铁心→气隙→定子铁心。主磁通起传递能量的作用，在电动机中产生有用的电磁转矩，由于受饱和的影响，为非线性磁路。除了主磁通外，还有一小部分磁通仅与定子绕组相交链，称为定子漏磁通，它包括槽漏磁通、端漏磁通和高次谐波磁通。漏磁通只起电抗压降作用，不参与能量转换，并且主要通过空气闭合，受饱和的影响较小，在一定条件下可以看作线性磁路，如图 4-33 所示。

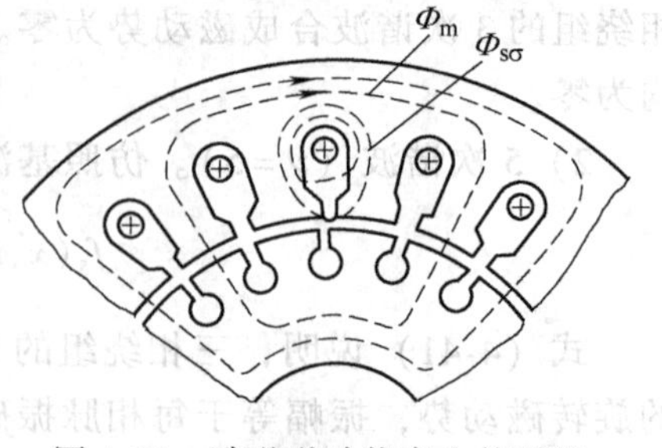

图 4-33　励磁磁动势产生的磁通

3. 电磁关系

$$\dot{U}_s \rightarrow \dot{I}_0 \rightarrow F_0 \begin{cases} \rightarrow \dot{I}_0 R_s \\ \dot{\Phi}_{s\sigma} \rightarrow \dot{E}_{s\sigma} \\ \dot{\Phi}_m \begin{cases} \dot{E}_s \\ \dot{E}_r \end{cases} \end{cases} \quad \dot{U}_s = -\dot{E}_s - \dot{E}_{s\sigma} + \dot{I}_0 R_s$$

4.5.2　空载运行时的定子电压平衡关系

设定子绕组上每相所加的端电压为 $\dot{U}_s$，相电流为 $\dot{I}_0$，主磁通 Φ_m 在定子绕组中感应的每相电动势为 $\dot{E}_s$，定子漏磁通在每相绕组中感应的电动势为 $\dot{E}_{s\sigma}$，定子绕组的每相电阻为 R_s。则电动机空载时每相定子电压平衡方程式为

$$\dot{U}_s = -\dot{E}_s - \dot{E}_{s\sigma} + \dot{I}_0 R_s \tag{4-44}$$

$$\dot{E}_s = -\dot{I}_0 (R_m + jX_m) \tag{4-45}$$

式（4-45）中，$R_m + jX_m = Z_m$，Z_m 为励磁阻抗，其中 R_m 为励磁电阻，是反映铁损耗的等效电阻，X_m 为励磁电抗，与主磁通 Φ_m 相对应。

$$\dot{E}_{s\sigma} = -j\dot{I}_0 X_s \tag{4-46}$$

式（4-46）中，X_s 为定子漏磁电抗，与漏磁通 $\Phi_{s\sigma}$ 相对应。因此，电压平衡方程式（4-44）可改写为

$$\dot{U}_s = -\dot{E}_s + \dot{I}_0 (R_s + jX_s) = -\dot{E}_s + \dot{I}_0 Z_s \tag{4-47}$$

式中，Z_s 为定子漏阻抗，$Z_s = R_s + jX_s$。

因为 $E_s \gg I_0 Z_s$，可近似地认为 $\dot{U}_s = -\dot{E}_s$ 或 $U_s = E_s = 4.44 f_1 N K_{w1} \Phi_m$，显然对于一定的电动机，当频率 f_1 一定时，$U_s \propto \Phi_m$。由此可见，在异步电动机中，若外施电压一定，主磁通 Φ_m 大体上也为一定值。

根据式（4-47），可以做出空载时的等效电路，如图 4-34 所示。

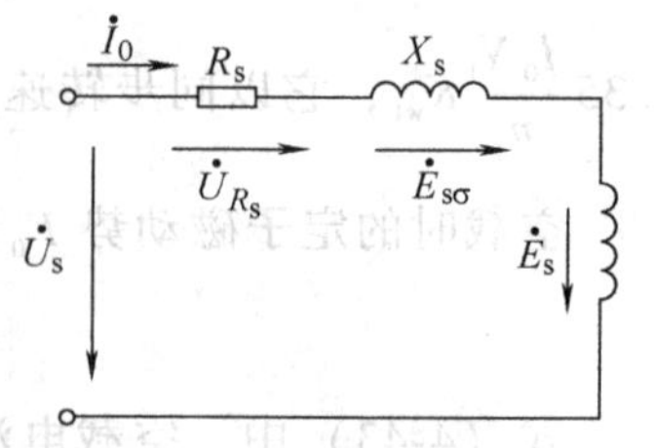

图 4-34　异步电动机空载时的等效电路

4.6　三相异步电动机的负载运行

4.6.1　负载运行时的物理情况

负载运行时，电动机将以低于同步转速 n_1 的速度 n 旋转，转向则仍与气隙旋转磁场的转向相同，因此，气隙磁场与转子的相对转速为 $\Delta n = n_1 - n = sn_1$，$\Delta n$ 也就是气隙旋转磁场切割转子绕组的速度，这样在转子绕组中就会感应出电动势，产生电流，其频率为

$$f_2 = \frac{n_p \Delta n}{60} = s\frac{n_p n_1}{60} = sf_1 \tag{4-48}$$

对于异步电动机，一般 $s = 0.02 \sim 0.06$，当 $f_1 = 50\text{Hz}$ 时，f_2 仅为 $1 \sim 3\text{Hz}$。除了定子电流 $\dot{I}_s$ 产生一个定子磁动势 F_s 外，转子电流 $\dot{I}_r$ 还产生一个转子磁动势 F_r，而总的气隙磁动势则是 F_s 和 F_r 的合成。

1. 转子磁动势的分析

对于异步电动机，无论是绕线转子还是笼型，其转子绕组都是一个对称的多相系统，而任何电机的定子和转子极数必须相等，这样才能产生恒定的平均电磁转矩。因此在异步电动机的转子绕组中的电流也是一个对称的多相电流，由此产生的转子合成磁动势 F_r 也必然是一个旋转磁动势。若不计谐波磁动势，则转子磁动势的幅值为

$$F_r = 0.9 \times \frac{m_2}{2}\frac{N_2 K_{w2}}{n_p} I_r \tag{4-49}$$

式中，m_2 为转子绕组的相数；N_2 为转子绕组的每相串联匝数；K_{w2} 为转子绕组的基波绕组因数。

由于转子电流的频率为 $f_2 = sf_1$，转子绕组的极对数 $n_{p2} = n_{p1}$，按照定子磁动势的分析方法，可知转子合成磁动势相对转子的旋转速度

$$n_2 = \frac{60f_2}{n_{p2}} = s\frac{60f_1}{n_{p1}} = sn_1 \tag{4-50}$$

如果定子磁场的转向为顺时针，而 $n < n_1$，那么感应的转子电动势或电流的相序也必然按顺时针方向排列。又由于合成磁动势的转向决定于绕组中电流的相序，因此转子合成磁动势 F_r 的转向与定子磁动势 F_s 的转向相同，也为顺时针方向。于是转子磁动势 F_r 在空间的（即相对于定子）的旋转速度为

$$n_2 + n = sn_1 + n = n_1 \tag{4-51}$$

即等于定子磁动势 F_s 在空间的旋转速度。

这就说明，无论异步电动机的转速 n 如何变化，定子磁动势 F_s 与转子磁动势 F_r 总是相对静止的，这也是一切旋转电机能够正常运行的必要条件。只有这样，才能产生恒定的平均转矩，从而实现机电能量的转换。

2. 负载时的电磁关系

负载时的电磁关系可以表示为

$$\dot{U}_s \rightarrow \dot{I}_s \begin{cases} \dot{I}_s R_s \\ \dot{F}_s \begin{cases} \dot{\Phi}_{s\sigma} \rightarrow \dot{E}_{s\sigma} \\ \dot{F}_m \rightarrow \dot{\Phi}_m \begin{cases} \dot{E}_s \\ \dot{E}_r \end{cases} \end{cases} \end{cases} \qquad \dot{I}_r \rightarrow \dot{F}_r \begin{cases} \dot{F}_m \\ \dot{\Phi}_{r\sigma} \rightarrow \dot{E}_{r\sigma} \end{cases}$$

$$\dot{U}_s = -\dot{E}_s + \dot{I}_s(R_s + X_s)$$

$$\dot{E}_r = \dot{I}_r(R_r + X_r)$$

3. 电动势平衡方程式

1）定子的电动势平衡方程式。负载时，定子电流为 $\dot{I}_s$，由式（4-47）可以写出定子的电动势平衡方程式

$$\dot{U}_s = -\dot{E}_s + \dot{I}_s(R_s + jX_s) = -\dot{E}_s + \dot{I}_s Z_s \tag{4-52}$$

$$E_s = 4.44 f_1 N_1 K_{w1} \Phi_m \tag{4-53}$$

注意：负载时主磁通 Φ_m 是由定子、转子磁动势共同作用所产生的。

2）转子的电动势平衡方程式。负载时转子电动势 $\dot{E}_r$ 的频率为 $f_2 = sf_1$，大小为

$$E_r = 4.44 f_2 N_2 K_{w2} \Phi_m \tag{4-54}$$

因为异步电动机的转子电路为闭环回路，端电压 $U_r = 0$，所以转子的电动势平衡方程式为

$$\begin{aligned} \dot{E}_r - \dot{I}_r(R_r + jX_r) &= 0 \\ \dot{E}_r - \dot{I}_r Z_r &= 0 \end{aligned} \tag{4-55}$$

式中，$\dot{I}_r$ 为转子每相电流；R_r 为转子每相电阻，对绕线转子还应包括外加电阻；X_r 为转子每相漏电抗，$X_r = 2\pi f_2 L_r$，其中 L_r 为转子每相漏电感；Z_r 为转子每相漏阻抗。

那么，转子电流的有效值为

$$I_r = \frac{E_r}{\sqrt{R_r^2 + X_r^2}} \tag{4-56}$$

4. 磁动势平衡

定子磁动势 F_s 和转子磁动势 F_r 在空间相对静止，可以合并为一个合成磁动势 F_m，F_m 为励磁磁动势，它用来产生气隙中的旋转磁场，即

$$F_s + F_r = F_m \tag{4-57}$$

异步电动机的磁动势平衡方程式为

$$F_s = -F_r + F_m \tag{4-58}$$

通过上述分析可知，对于一定的电动机，当频率一定时，电动势 E_s 与主磁通 Φ_m 成正比。当 E_s 值近似不变时，Φ_m 也近似不变，励磁磁动势也应不变。转子绕组中通过电流产生磁动势 F_r 的同时，定子绕组中就必然要增加一个电流分量，使这一电流分量产生磁动势 $-F_r$ 抵消转子电流产生的磁动势 F_r，从而保持总磁动势 F_m 近似不变。显然，F_m 等于空载时的定子磁动势 F_0。

4.6.2　异步电动机的等效电路及相量图

图 4-35 表示了异步电动机旋转时的电路关系，由图可以看出，异步电动机定、转子绕组之间没有电路上的连接，只有磁路的联系。为了分析问题方便，建立一个定、转子绕组相连的等效电路。等效的原则是：不改变定子绕组的物理量（定子的电动势、电流及功率因数等），而且转子对定子的影响不变。即将转子电路折算到定子侧，同时要保持折算前后 F_r不变，以保证磁动势平衡不变和折算前后各功率不变。为了得到异步电动机的等效电路，除了进行转子绕组的折合外，还需要进行转子频率的折算。

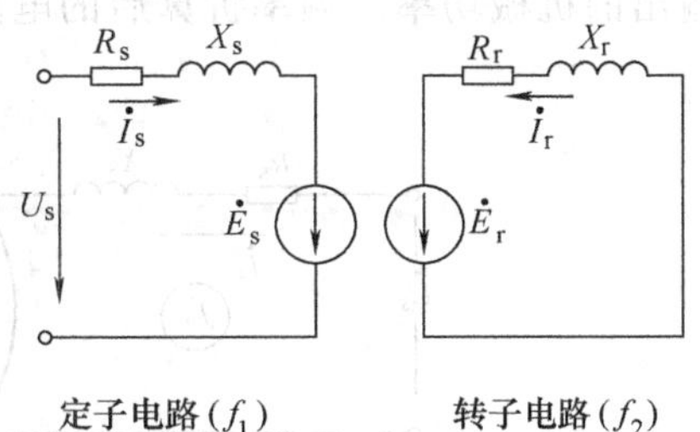

图 4-35　异步电动机一相等效电路

1. 频率折算

转子不动时，气隙磁场切割转子的速度为同步转速 n_1，在转子中感应的电动势 E_r的频率为f_1，大小为 $E_{r0}=4.44f_1N_2K_{w2}\Phi_m$，转子漏抗为 $X_{r0}=2\pi f_1L_r$。转子转动时的转子电动势为 $E_r=4.44f_2N_2K_{w2}\Phi_m$，转子漏抗为 $X_r=2\pi f_2L_r$。因为$f_2=sf_1$，所以

$$X_r = sX_{r0} \tag{4-59}$$

$$E_r = sE_{r0} \tag{4-60}$$

将频率为f_2的旋转转子电路折算为与定子频率f_1相同的等效静止转子电路，称为频率折算，转子静止不动时 $s=1$，$f_2=f_1$。因此，只要将实际转动的转子电路折算为静止不动的等效转子电路，便实现了频率折算，为此将实际运行的转子电流进行变换。即

$$\dot{I}_r = \frac{\dot{E}_r}{R_r + jX_r} = \frac{s\dot{E}_{r0}}{R_r + jsX_{r0}} \tag{4-61}$$

将式（4-61）分子分母同除以转差率 s，得

$$\dot{I}_r = \frac{\dot{E}_{r0}}{\frac{R_r}{s} + jX_{r0}} = \frac{\dot{E}_{r0}}{\left(R_r + \frac{1-s}{s}R_r\right) + jX_{r0}} \tag{4-62}$$

式（4-61）和式（4-62）的电流数值仍是相等的，但是两式的物理意义不同。式（4-61）是实际转子电流的频率为f_2，而式（4-62）是等效静止的转子电流，其频率为f_1。由于频率折算前后转子电流的数值未变，所以磁动势的大小不变，同时磁动势的转速是同步转速而与转子转速无关，所以频率折算保证了电磁效应不变。

频率折算前后转子的电磁效应不变，即转子电流的大小、相位不变，除了改变与频率有关的参数以外，只要用等效转子的电阻$\frac{R_r}{s}$代替实际转子中的电阻 R_r即可。转子电流滞后电动势的角度（即转子的功率因数角）为

$$\varphi_2 = \arctan\frac{X_{r0}}{R_r/s} = \arctan\frac{sX_{r0}}{R_r} \tag{4-63}$$

$\frac{R_r}{s}$可分解为$\frac{R_r}{s}=R_r+\frac{1-s}{s}R_r$，其中$\frac{1-s}{s}R_r$ 为异步电动机的等效负载电阻，等效负载电阻上消

耗的电功率为 $I_r^2 R_r\left(\frac{1-s}{s}\right)$，这部分损耗在实际电路中并不存在，实质上是表征了异步电动机输出的机械功率。频率折算后的电路如图 4-36 所示。

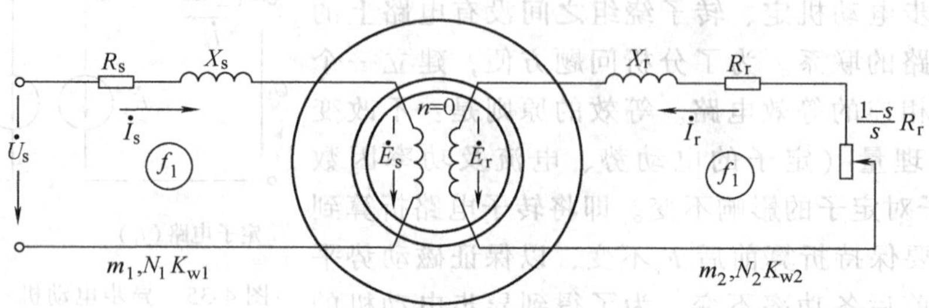

图 4-36　频率折算后的电路

2. 绕组折算

进行频率折算以后，虽然已将旋转的异步电动机转子电路转化为等效的静止电路，但还不能把定、转子电路连接起来，因为两个电路的电动势还不相等。异步电动机绕组折算就是人为地用一个相数、每相串联匝数以及绕组系数和定子绕组一样的绕组代替相数为 m_2，每相串联匝数为 N_2 以及绕组系数为 K_{w2} 而经过频率折算的转子绕组。但仍然要保证折算前后转子对定子的电磁效应不变，即转子的磁动势、转子总的视在功率、铜损耗及转子漏磁场储能均保持不变。转子折算值上均加“′”表示。

1）电流的折算。由保持转子磁动势 $F'_r = F_r$ 不变的原则，即 $0.9\frac{m_1}{2n_p}N_1K_{w1}I'_r = 0.9\frac{m_2}{2n_p}N_2K_{w2}\dot{I}'_r$，折算后的转子电流有效值为

$$\dot{I}'_r = \frac{m_2N_2K_{w2}}{m_1N_1K_{w1}}\dot{I}_r = \frac{1}{K_i}\dot{I}_r \tag{4-64}$$

式中，K_i 称电流比，$K_i = \frac{m_1N_1K_{w1}}{m_2N_2K_{w2}}$。

频率折算后，转子电流 $\dot{I}_r$ 和 $\dot{I}_s$ 具有相同的频率，于是磁动势平衡方程式也可用电流的形式表示，则得

$$\frac{m_1}{2}0.9\frac{N_1K_{w1}}{n_p}\dot{I}_s + \frac{m_2}{2}0.9\frac{N_2K_{w2}}{n_p}\dot{I}_r = \frac{m_1}{2}0.9\frac{N_1K_{w1}}{n_p}\dot{I}_m$$

化简得

$$\dot{I}_s + \frac{m_2N_2K_{w2}}{m_1N_1K_{w1}}\dot{I}_r = \dot{I}_m$$

即

$$\dot{I}_s + \frac{1}{K_i}\dot{I}_r = \dot{I}_s + \dot{I}'_r = \dot{I}_m \tag{4-65}$$

若令 $\dot{I}_{sL} = -\frac{m_2N_2K_{w2}}{m_1N_1K_{w1}}\dot{I}_r$，为定子电流的负载分量，则 $\dot{I}_{sL} = \frac{1}{K_i}\dot{I}_r = -\dot{I}'_r$，由式（4-65）得

$$\dot{I}_s = \dot{I}_m + \dot{I}_{sL} \tag{4-66}$$

空载时，$\dot{I}_r \approx 0$，所以 $\dot{I}_s \approx \dot{I}_m$；而负载时，随着 $\dot{I}_r$ 的增大，定子电流也随之增大。

2）电动势的折算。由于定子、转子磁动势在绕组折算前后都不变，故气隙中的主磁通

也不变，绕组折算前后的转子电动势分别为 $E_r=4.44f_1N_2K_{w2}\Phi_m$，$E'_r=4.44f_1N_1K_{w1}\Phi_m$，比较两式得

$$E'_r=\frac{N_1K_{w1}}{N_2K_{w2}}E_r=K_eE_r=E_s \tag{4-67}$$

式中，K_e 称电压比，$K_e=\dfrac{N_1K_{w1}}{N_2K_{w2}}$。

3）阻抗的折算。由折算前后转子铜损耗不变的原则，有 $m_1I'^2_rR'_r=m_2I^2_rR_r$，所以

$$R'_r=\frac{m_2}{m_1}\left(\frac{I_r}{I'_r}\right)^2R_r=\frac{m_2}{m_1}\left(\frac{m_1N_1K_{w1}}{m_2N_2K_{w2}}\right)^2R_r=K_eK_iR_r \tag{4-68}$$

同理，由绕组折算前后转子电路的无功功率不变可导出

$$X'_r=K_eK_iX_r \tag{4-69}$$

$$Z'_r=K_eK_iZ_r \tag{4-70}$$

综上所述，转子电路向定子电路进行绕组折算的规律是：电流（A）除以电流比 K_i，电压（V）乘以电压比 K_e，阻抗（Ω）乘以电压比 K_e与电流比 K_i的乘积。注意：折算只改变相关的值大小，而不改变其相位的大小。

3. 等效电路和相量图

1）基本方程式。经过频率折算和绕组折算后，异步电动机的基本方程式为

$$\begin{cases}\dot{U}_s=-\dot{E}_s+\dot{I}_s(R_s+jX_s)\\ \dot{E}_s=-\dot{I}_m(R_m+jX_m)\\ \dot{E}_s=\dot{E}'_{r0}\\ \dot{E}'_{r0}=\dot{I}'_r\left(\dfrac{R'_r}{s}+jX'_{r0}\right)\\ \dot{I}_s+\dot{I}'_r=\dot{I}_m\end{cases} \tag{4-71}$$

2）等效电路。根据折算前后各物理量的关系，可以做出折算后的 T 形等效电路，如图 4-37a 所示。把 T 形等效电路中的励磁支路移到电源端，以简化计算，得到 Γ 形简化等效电路，如图 4-37b 所示。

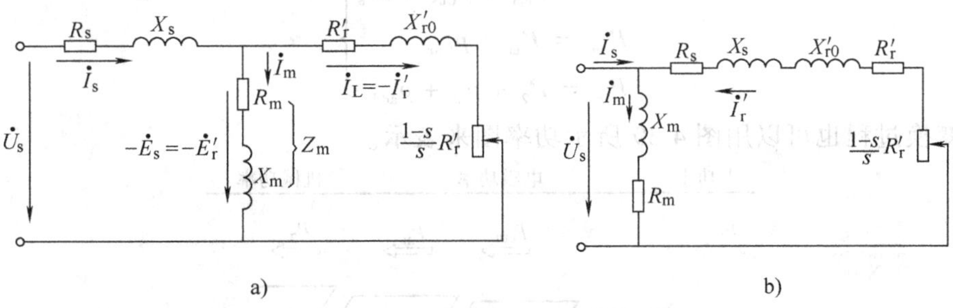

图 4-37 异步电动机的等效电路

a）T 形等效电路 b）Γ 形简化等效电路

经折算，转子 A 相相轴不再旋转，并与定子 A 相相轴重合，转子各量都用折算量表示，而且用电流关系代替了磁动势关系。异步电动机的相量图如图 4-38 所示。

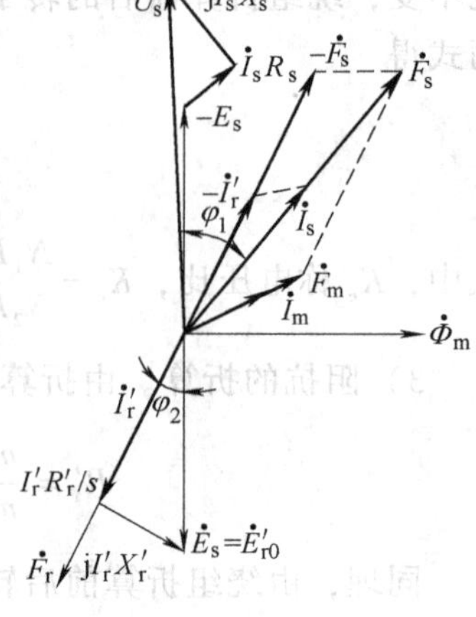

图 4-38　异步电动机的相量图

例 4-1　一台三相 4 极绕线转子异步电动机，定子接在 50Hz 的三相电源上，转子不转时，每相感应电动势 $E_r = 220V$，$R_r = 0.08\Omega$，$X_r = 0.45\Omega$。忽略定子漏阻抗影响，求在额定运行 $n_N = 1470r/min$ 时的下列各量：

（1）转子电流频率；（2）转子相电动势；（3）转子相电流。

解：（1）额定转差率为

$$s = (n_1 - n_N)/n_1 = (1500 - 1470)/1500 = 0.02$$

转子电流频率为　$f_2 = sf_1 = 1Hz$

（2）转子相电动势为　$E_r = sE_{r0} = 0.02 \times 220V = 4.4V$

（3）转子相电流为　$I_r = \dfrac{E_r}{Z_r} = \dfrac{E_r}{\sqrt{R_r^2 + X_r^2}} = \dfrac{4.4}{\sqrt{0.08^2 + (0.02 \times 0.45)^2}}A = 54.66A$

4.7　三相异步电动机的功率和电磁转矩

4.7.1　功率转换过程和功率平衡方程式

异步电动机运行时损耗的种类和性质都与直流电动机相似。

1）电磁功率 P_{em}。输入的电功率 P_1 扣除了定子绕组的铜损耗 p_{Cus} 和定子铁损耗 p_{Fe} 后，余下的功率就是电磁功率 P_{em}。即

$$P_{em} = P_1 - p_{Fe} - p_{Cus} \tag{4-72}$$

2）总机械功率 P_m。电磁功率减去转子绕组的铜损耗 p_{Cur}，就是总机械功率 P_m。即

$$P_m = P_{em} - p_{Cur} \tag{4-73}$$

3）转子轴端输出的机械功率 P_2。总机械功率减去机械损耗 p_m 和附加损耗 p_{add}，就是转子轴端输出的机械功率 P_2。即

$$P_2 = P_m - (p_m + p_{add}) \tag{4-74}$$

总结式（4-72）～式（4-74），得到异步电动机的功率平衡方程式为

$$\left.\begin{aligned} P_1 &= P_{em} + p_{Cus} + p_{Fe} \\ P_{em} &= P_m + p_{Cur} \\ P_m &= P_2 + p_m + p_{add} \end{aligned}\right\} \tag{4-75}$$

功率变换过程也可以用图 4-39 所示功率图来表示。

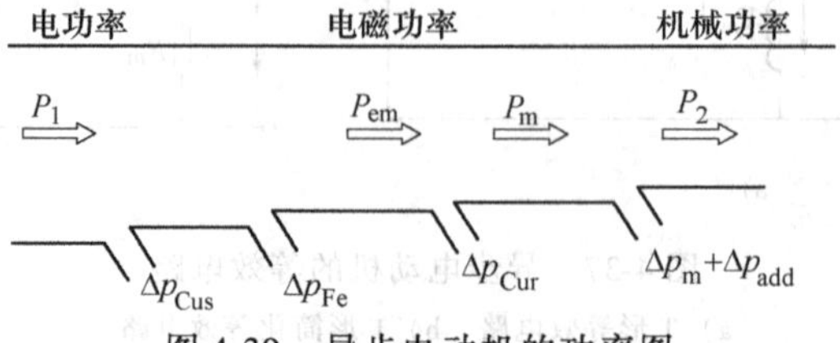

电功率　电磁功率　机械功率

P_1　P_{em}　P_m　P_2

Δp_{Cus}　Δp_{Fe}　Δp_{Cur}　$\Delta p_m + \Delta p_{add}$

图 4-39　异步电动机的功率图

为了进一步分析上式的功率和损耗，可以利用等效电路，将其用电动机的参数来表示。

因为 T 形等效电路是对于每相定子而言的，所以，总的定子铜损耗为 $p_{Cus}=m_1I_s^2R_s$，电动机铁损耗（即定子铁损耗）为 $p_{Fe}=m_1I_m^2R_m$。

从电路的观点来看，输入功率 P_1 减去 R_s 和 R_m 上的损耗 p_{Cus} 和 p_{Fe} 后，应等于在电阻 $\frac{R'_r}{s}$ 上所消耗的功率，即 $P_1-p_{Cus}-p_{Fe}=m_1I'^2_r\frac{R'_r}{s}$，显然

$$P_{em}=m_1I'^2_r\frac{R'_r}{s} \tag{4-76}$$

转子铜损耗为 $p_{Cur}=m_1I'^2_rR'_r$，所以由式 $P_m=P_{em}-p_{Cur}$，得

$$P_m=m_1I'^2_r\left(\frac{R'_r}{s}-R'_r\right)=m_1I'^2_r\frac{1-s}{s}R'_r \tag{4-77}$$

由式（4-77）更说明进行频率折算后，必须引入电阻 $\frac{1-s}{s}R'_r$ 的物理意义。

异步电动机的特性中两个重要的公式如下：

$$p_{Cur}=sP_{em} \tag{4-78}$$

$$P_m=(1-s)P_{em} \tag{4-79}$$

式（4-78）和式（4-79）表明，转差 s 越大，电磁功率消耗在转子铜损耗中的比重就越大，电动机效率就越低，所以异步电动机一般都运行在 $s=0.02\sim0.06$ 的范围内。同时，只要知道了异步电动机的转子铜损耗和转速，就可求出电磁功率 P_{em} 和总机械功率 P_m。

4.7.2　转矩平衡方程式

电动机稳定运行时，作用在电动机转子上有 3 个转矩：

1）电磁转矩 T_e。使电动机旋转。

2）空载制动转矩 T_0。由机械损耗和附加损耗所引起。

3）反作用转矩 T_2。电动机所拖动的负载。

电动机的转矩平衡方程式为

$$T_e=T_2+T_0 \tag{4-80}$$

式（4-80）也可由式（4-74）两边各除以转子的机械角速度 Ω 而得到，即

$$T_e=\frac{P_m}{\Omega} \tag{4-81}$$

$$T_0=\frac{P_m+p_0}{\Omega} \tag{4-82}$$

$$T_2=\frac{P_2}{\Omega} \tag{4-83}$$

将式（4-79）代入式（4-81），得

$$T_e=\frac{P_m}{\Omega}=\frac{(1-s)P_{em}}{\Omega}=\frac{P_{em}}{\Omega/(1-s)}=\frac{P_{em}}{\Omega_1} \tag{4-84}$$

因此，异步电动机的电磁转矩等于电磁功率除以同步角速度，也等于总机械功率除以转子的机械角速度。

例 4-2　设有一台额定容量 $P_N=5.5\text{kW}$，频率 $f_1=50\text{Hz}$ 的三相 4 极异步电动机，在额定

负载运行情况下，由电源输入的功率为 6.32kW，定子铜损耗为 341W，转子铜损耗为 237.5W，铁损耗为 167.5W，机械损耗为 45W，附加损耗为 29W。在额定运行的情况下，求电动机的效率、转差率、转速，以及电磁转矩与转轴上的输出转矩？

解：已知 $P_N = 5500W$，$P_1 = 6320W$，$p_{Cus} = 341W$，$p_{Cur} = 237.5W$，$p_{Fe} = 167.5kW$，$P_m = 45kW$，$p_{add} = 29kW$。所以

电磁功率为 $P_{em} = P_1 - p_{Cus} - p_{Fe} = (6320 - 341 - 167.5)W = 5811.5W$

电动机的效率为 $\eta = \dfrac{P_N}{P_1} \times 100\% = \dfrac{5500}{6320} \times 100\% = 87.0\%$

因为 $p_{Cur} = s_N P_{em}$ 所以转差率为 $s_N = \dfrac{p_{Cur}}{P_{em}} = \dfrac{237.5}{5811.5} = 0.041$

因为 $n_1 = \dfrac{60f_1}{n_p} = \dfrac{60 \times 50}{2} r/min = 1500r/min$

所以转速为 $n_N = (1 - s_N)n_1 = (1 - 0.041) \times 1500r/min = 1438.5r/min$

电磁转矩为 $T_e = \dfrac{P_{em}}{\Omega_1} = \dfrac{P_{em}}{\dfrac{2\pi n_1}{60}} = \dfrac{60 \times 5811.5}{2 \times 3.14 \times 1500} N \cdot m = 37.0N \cdot m$

转轴上的输出转矩为 $T_2 = \dfrac{P_N}{\Omega} = \dfrac{P_N}{\dfrac{2\pi n_N}{60}} = \dfrac{60 \times 5500}{2 \times 3.14 \times 1438.5} N \cdot m = 36.5N \cdot m$

例 4-3 一台三相 6 极异步电动机，额定数据为：$P_N = 28kW$，$U_N = 380V$，$f_1 = 50Hz$，$n_N = 950r/min$，额定负载时定子侧的功率因数 $\cos\varphi_{1N} = 0.88$，定子铜损耗、铁损耗共为 $p_{Cus} + p_{Fe} = 2.2kW$，机械损耗为 $p_m = 1.1kW$，忽略附加损耗。在额定负载时，求：

（1）转差率；（2）转子铜损耗；（3）效率；（4）定子电流；（5）转子电流的频率。

解：（1）转差率为 $s = (n_1 - n_N)/n_1 = (1000 - 950)/1000 = 0.05$

（2）机械功率为 $P_m = P_N + p_m = (28000 + 1100)W = 29100W$

因为机械功率为 $P_m = (1 - s)P_{em}$，转子铜损耗为 $p_{Cur} = sP_{em}$，所以

$$p_{Cur} = \frac{s}{1 - s}P_m = \frac{0.05}{1 - 0.05} \times 29100W = 1531.6W$$

（3）电动机的输入功率为

$$P_1 = P_N + p_m + p_{Cur} + (p_{Cus+}p_{Fe}) = (28000 + 1100 + 2200 + 1531.6)W = 3284.6W$$

效率为 $\eta = \dfrac{P_N}{P_1} = \dfrac{2800}{28000 + 1100 + 2200 + 1531.6} = 0.85$

（4）输入功率为 $P_1 = \sqrt{3}U_s I_s \cos\varphi_1$，所以定子电流为

$$I_s = \frac{P_1}{\sqrt{3}U_s \cos\varphi_1} = \frac{32831.6}{\sqrt{3} \times 380 \times 0.88}A = 56.6A$$

（5）转子电流的频率为 $f_2 = sf_1 = 0.05 \times 50Hz = 2.5Hz$

4.7.3 电磁转矩公式

1. 电磁转矩的物理表达式

由式（4-84）知，电磁转矩等于电磁功率 P_{em} 除以同步机械角速度 Ω_1，即

$$T_e = \frac{P_{em}}{\Omega_1} = \frac{m_1 I'^2_r R'_r/s}{\Omega_1} = \frac{m_1 E'_r I'_r \cos\varphi_2}{2\pi f_1/n_p} = \frac{m_1(\sqrt{2}\pi f_1 N_1 K_{w1}\Phi_m)I'_r\cos\varphi_2}{2\pi f_1/n_p}$$
$$= \frac{m_1}{\sqrt{2}} n_p N_1 K_{w1}\Phi_m I'_r\cos\varphi_2 = C_m \Phi_m I'_r \cos\varphi_2 \tag{4-85}$$

式中，C_m 是转矩常数，对已制成的电动机为一常数，$C_m = \frac{n_p m_1 N_1 K_{w1}}{\sqrt{2}}$。

当取 I_r' 的单位为 A、Φ_m 的单位为 Wb 时，转矩 T_e 的单位为 N · m。

只有电流的有功分量才能产生有功功率，所以在磁通一定时，异步电动机的电磁转矩不是与电流 I_r' 成正比，而是与电流的有功分量 $I_r'\cos\varphi_2$ 成正比。这是异步电动机电磁转矩的一个重要性质。

2. 电磁转矩的参数表达式

根据图 4-37b 所示异步电动机的简化等效电路，将

$$I'_r = \frac{U_s}{\sqrt{(R_s + R'_r/s)^2 + (X_s + X'_{r0})^2}}$$

和

$$\cos\varphi_2 = \frac{R'_r}{\sqrt{R'^2_r + (sX'_{r0})^2}}$$

代入式（4-85），得电磁转矩的参数表达式

$$T_e = \frac{m_1 n_p U_s^2 R'_r/s}{2\pi f_1[(R_s + R'_r/s)^2 + (X_s + X'_{r0})^2]} \tag{4-86}$$

式中，T_e 的单位为 N · m。

式（4-86）表示了转矩 T_e 与转差率 s 的关系，所以又称为 $T_e - s$ 曲线方程。

4.8 三相异步电动机的工作特性

三相异步电动机的工作特性是指在额定电压、额定频率下，电动机的转速 n、定子电流 I_s、功率因数 $\cos\varphi_1$、电磁转矩 T_e、效率 η 与输出功率 P_2 的关系曲线，这些关系曲线可以通过直接给异步电动机带负载测得，也可以利用等效电路参数计算得出。三相异步电动机的工作特性如图 4-40 所示。

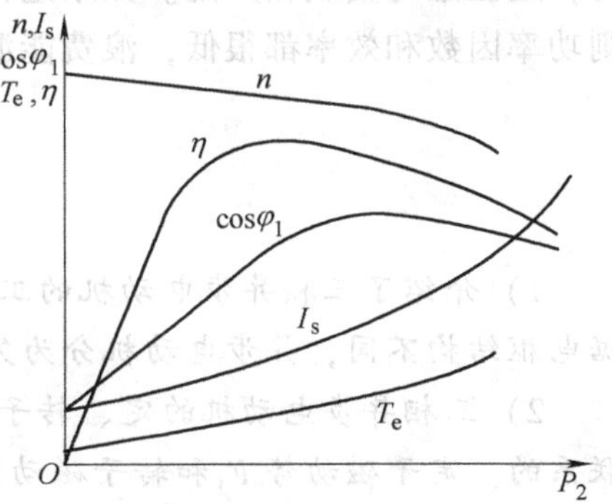

图 4-40　异步电动机的工作特性

1. 转速特性 $n = f(P_2)$

三相异步电动机空载时，转子的转速 n 接近于同步转速 n_1。随着负载的增加，转速 n 要略微降低，这时转子电动势 $E_r = sE_{r0}$ 增大，从而使转子电流 I_r 增大，以产生较大的电磁转矩来平衡负载转矩。因此，随着 P_2 的增加，转子转速 n 下降，转差率 s 增大，转速特性是一条“硬”特性。

2. 转矩特性 $T_{em}=f(P_2)$

空载时 $P_2=0$，电磁转矩 T_{em} 等于空载制动转矩 T_0。随着 P_2 的增加，已知 $T_2=9550P_2/n$，如果 n 基本不变，则 T_2 为过原点的直线。考虑到 P_2 增加时，n 稍有降低，故 $T_2=f(P_2)$ 随着 P_2 增加略向上偏离直线。T_0 的值很小，而且认为它是与 P_2 无关的常数，所以 $T_e=f(P_2)$ 将比 T_2 平行上移 T_0 数值。

3. 定子电流特性 $I_1=f(P_2)$

当电动机空载时，转子电流 I_2 近似为零，定子电流等于励磁电流 I_0。随着负载的增加，转速下降（s 增大），转子电流增大，定子电流也增大。当 $P_2>P_N$ 时，由于此时 $\cos\varphi_2$ 降低，I_1 增长更快些。

4. 功率因数特性 $\cos\varphi_1=f(P_2)$

三相异步电动机运行时，必须从电网中吸取感性无功功率，它的功率因数总是滞后的，且小于1。电动机空载时，定子电流基本上只有励磁电流，功率因数很低，为0.1～0.2；当负载增加时，定子电流中的有功电流增加，使功率因数提高；接近额定负载时，功率因数也达到最高；超过额定负载时，由于转速降低较多，转差率增大，使转子电流与电动势之间的相位角 φ_2 增大，转子的功率因数下降较多，引起定子电流中的无功电流分量也增大，因而电动机的功率因数 $\cos\varphi_2$ 趋于下降。小型异步电动机的额定功率因数在0.76～0.90之间，因此如果电动机选择不当，长期处于轻载或空载运行是很不经济的。

5. 效率特性 $\eta=f(P_2)$

根据 $\eta=\dfrac{P_2}{P_1}=1-\dfrac{\sum p}{P_2+\sum p}$ 可知，电动机空载时 $P_2=0$，$\eta=0$；随着输出功率的增加，效率 η 也增加。在正常运行范围内，因主磁通变化很小，所以铁损耗变化不大，机械损耗变化也很小，合起来称不变损耗。定、转子铜损耗与电流二次方成正比，随着负载而变化，称可变损耗。当不变损耗等于可变损耗时，电动机的效率达最大。对于中、小型异步电动机，大约 $P_2=(0.75\sim1)P_N$ 时，效率最高。如果负载继续增大，可变损耗增加得较快，效率反而降低。

由此可见，效率曲线和功率因数曲线都是在额定负载附近达到最高，选用电动机容量时，应注意与负载相匹配。如果选得过小，电动机长期过载运行影响寿命；如果选得过大，则功率因数和效率都很低，浪费能源。

本章小结

1）介绍了三相异步电动机的工作原理和结构，讨论了三相异步电动机的定子绕组。根据电枢结构不同，异步电动机分为笼型异步电动机和绕线转子异步电动机。

2）三相异步电动机的定、转子电路间没有直接的电的联系，它们是通过电磁感应实现联系的。定子磁动势 F_1 和转子磁动势 F_2 在空间相对静止，合并为一个合成磁动势 F_m，在空间旋转，旋转磁场的方向由三相电流的相序决定，转速 n_1 由电源频率 f_1、电机极对数 n_p 决定，即 $n_1=60f_1/n_p$。

3）异步电动机由定子侧励磁从而产生旋转磁场，由转子侧感应的电动势产生电流，并与气隙磁场作用产生电磁转矩，从而实现电机旋转，但电机转速不等于同步转速。标志异步电动机运行方式的重要物理量是转差率 s。

4）通过分析内部的电磁关系，建立电机电动势、磁动势平衡方程式，通过频率和绕组折算，导出三相异步电动机等效电路和相量图，以便于进行分析和计算。

5）建立了异步电动机运行时的电压平衡方程、转矩平衡方程和功率平衡方程，利用这些方程可分析电动机的运行特性，进而获得电动机的工作特性。

习　题

4-1 简述异步电动机的工作原理。

4-2 什么叫同步转速？它与哪些因素有关？一台三相4极交流电动机，试写出电源频率分别为50Hz和60Hz时的同步转速。

4-3 什么叫转差率？通常异步电动机的转差率是多少？

4-4 一台三相4极异步电动机，已知电源频率为50Hz，额定转速为1450r/min，求额定转差率。

4-5 异步电动机转子铁心不用铸钢铸造或钢板叠成，而用硅钢片叠成，这是为什么？

4-6 三相异步电动机主磁通和漏磁通是如何定义的？主磁通在定子、转子绕组中感应电动势的频率一样吗？两个频率之间数量关系如何？

4-7 三相异步电动机接三相电源，转子绕组开路和短路时定子电流为什么不一样？

4-8 三相异步电动机转子不转时，转子每相感应电动势为 E_{r0}、漏电抗为 X_{r0}，旋转时转子每相电动势和漏电抗值为多大？为什么？

4-9 在分析异步电动机时，为什么要用一静止的转子代替实际转动的转子？这时转子要进行哪些折算？如何折算？

4-10 说明异步电动机工作时的能量传递过程，为什么负载增加时，定子电流和输入功率会自动增加？从空载到额定负载，电动机的主磁通有无变化？为什么？

4-11 三相异步电动机运行时，转子向定子折算的原则是什么？折算的具体内容有哪些？

4-12 三相异步电动机转子电流的数值在起动时和运行时一样大吗？为什么？

4-13 一台三相异步电动机的额定电压为380V/220V，定子绕组为Y/△联结，试问：

（1）如果将定子绕组接成△联结，接三相380V电压，能否空载运行？能否负载运行？会发生什么现象？

（2）如果将定子绕组接成Y联结，接于三相220V电压，能否空载运行？能否负载运行？会发生什么现象？

4-14 一台三相异步电动机的输入功率为8.6kW，定子铜损耗为425W，铁损耗为210W，转差率 $s=0.034$，试计算电动机的电磁功率，转子铜损耗及机械功率。

4-15 一台异步电动机，额定数据如下：$U_N=380V$，$f_1=50Hz$，$P_N=7.5kW$，$n_N=962r/min$，定子绕组为△联结。额定负载时 $\cos\varphi_N=0.827$，定子铜损耗 $p_{Cus}=470W$、铁损耗 $p_{Fe}=234W$，机械损耗 $p_m=45W$，附加损耗 $p_s=80W$。计算在额定负载时：

（1）电动机极数；（2）额定负载时转差率和转子电流的频率；（3）转子铜损耗 p_{Cus}；（4）效率 η；（5）定子电流。

4-16 一台绕线转子异步电动机，额定数据如下：$U_N = 380V$，$f_1 = 50Hz$，$n_N = 1440r/min$，定子绕组为星形联结。已知 $R_s = R'_r = 0.4\Omega$，$X_s = X_r' = 1\Omega$，$X_m = 40\Omega$，R_m略去不计，定、转子有效匝数比为4，求：

(1) 满载时的转差率；(2) 由等效电路求出I_s、I_r和I_m；(3) 满载时转子每相电动势E_r的大小和频率；(4) 总机械功率P_m；(5) 额定电磁转矩。

第 5 章　三相异步电动机的电力拖动基础

5.1　三相异步电动机的机械特性

三相异步电动机的机械特性是指在一定条件下，电动机的转速 n 与转矩 T_e 之间的关系 $n=f(T_e)$。三相异步电动机的转速 n 与转差率 s 之间存在一定关系，即 $s=(n_1-n)/n_1$，三相异步电动机的机械特性也常用 $T_e=f(s)$ 的形式表示。

5.1.1　三相异步电动机的机械特性表达式

机械特性有 3 种表达式：电磁转矩的物理表达式、参数表达式、实用表达式。这里，画出异步电动机的等效电路如图 5-1a 所示，其简化等效电路如图 5-1b 所示。其中，R_s、X_s 分别为定子每相电阻和漏磁电抗，R_r'、X_{r0}' 分别为折算后转子每相电阻和漏磁电抗，U_s、I_s 分别为定子每相电压和电流，I_r' 为折算后转子每相电流，R_m、X_m 分别为励磁电阻和电抗，I_m 为励磁电流，E_s、E_r' 分别为定子每相感应电动势和折算后转子每相感应电动势。

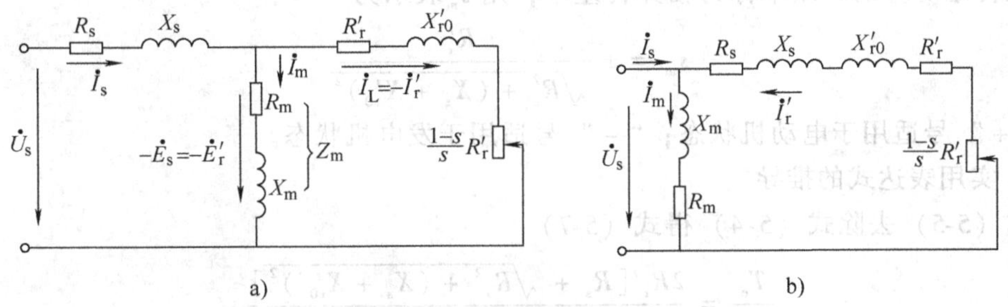

图 5-1　异步电动机的等效电路

a) T 形等效电路　b) Γ 形简化等效电路

1. 电磁转矩的物理表达式

将 $m_1=3$ 代入第 4 章异步电动机的电磁转矩的物理表达式（4-85），得

$$T_e=\frac{3}{\sqrt{2}}n_pN_rK_{w1}\Phi_mI_r'\cos\varphi_2=C_m\Phi_mI_r'\cos\varphi_2 \tag{5-1}$$

其中

$$I_r'=\frac{U_s}{\sqrt{(R_s+R_r'/s)^2+(X_s+X_{r0}')^2}} \tag{5-2}$$

$$\cos\varphi_2=\frac{R_r'}{\sqrt{R_r'^2+(sX_{r0}')^2}} \tag{5-3}$$

式（5-1）表明，电动机的电磁转矩与主磁通成正比，与转子电流的有功分量成正比，从物理概念上反映 T_e、I_r'、Φ_m 三者的关系，并符合左手定则。

2. 电磁转矩的参数表达式

将 $m_1=3$ 代入第 4 章异步电动机的电磁转矩的参数表达式（4-86），三相异步电动机的电磁转矩还可以写为

$$T_e=\frac{3n_p U_s^2 \dfrac{R'_r}{s}}{2\pi f_1\left[\left(R_s+\dfrac{R'_r}{s}\right)^2+(X_s+X'_{r0})^2\right]} \tag{5-4}$$

式（5-4）表示了异步电动机电磁转矩、转差率与电动机各参数之间的关系，电磁转矩方程以异步电动机参数的形式表示，便于根据电动机参数进行计算，由 $n=f(T_e)$ 便可画出 T_e-s 曲线。

3. 实用表达式

实际应用时，三相异步电动机的参数不易得到，所以参数表达式使用不便。若能利用异步电动机产品目录中给出的数据，找出异步电动机的机械特性公式，会很实用方便，这就是实用公式。下面来分析推导实用表达式。

（1）最大电磁转矩的确定

在参数表达式（5-4）中令 $\mathrm{d}T_e/\mathrm{d}t=0$，可得到最大电磁转矩 T_{em}

$$T_{em}=\pm\frac{1}{2}\frac{3n_p U_s^2}{2\pi f_1\left[\pm R_s+\sqrt{R_s^2+(X_s+X'_{r0})^2}\right]} \tag{5-5}$$

最大转矩对应的转差率称为临界转差率，用 s_m 表示为

$$s_m=\pm\frac{R'_r}{\sqrt{R_s^2+(X_s+X'_{r0})^2}} \tag{5-6}$$

式中，“+”号适用于电动机状态；“-”号适用于发电机状态。

（2）实用表达式的推导

用式（5-5）去除式（5-4）得式（5-7）

$$\frac{T_e}{T_{em}}=\frac{2R_r'\left[R_s+\sqrt{R_s{}^2+(X_s+X_{r0}')^2}\right]}{s\left[(R_s+R_r'/s)^2+(X_s+X_{r0}')^2\right]} \tag{5-7}$$

由式（5-6）知 $\sqrt{R_s{}^2+(X_s+X_{r0}')^2}=R_r'/s_m$，代入式（5-7）得

$$\frac{T_e}{T_{em}}=\frac{2R'_r\left(R_s+\dfrac{R'_r}{s_m}\right)}{\dfrac{s\,(R'_r)^2}{s_m^2}+\dfrac{(R'_r)^2}{s}+2R_sR'_r}=\frac{2\left(1+\dfrac{R_s}{R'_r}s_m\right)}{\dfrac{s}{s_m}+\dfrac{s_m}{s}+2\dfrac{R_s}{R'_r}s_m}=\frac{2+q}{\dfrac{s}{s_m}+\dfrac{s_m}{s}+q} \tag{5-8}$$

$$q=\frac{2R_s}{R_r'}\frac{R_r'}{\sqrt{R_s{}^2+(X_s+X_{r0}')^2}}=\frac{2}{\sqrt{1+\left(\dfrac{X_s+X_{r0}'}{R_s}\right)^2}} \tag{5-9}$$

当定子电阻的范围为 $0<R_s<\infty$ 时，q 的范围为 $0<q<2$。若定子电阻满足 $R_s \ll X_s+X_{r0}'$，就有 $q\to 0$。所以只要满足定子电阻很小的条件，式（5-8）就可简化为

$$\frac{T_e}{T_{em}}=\frac{2}{\dfrac{s}{s_m}+\dfrac{s_m}{s}} \tag{5-10}$$

这就是三相异步电动机机械特性的实用公式。

(3) 实用公式的使用

从实用公式可知，只要知道最大转矩 T_{em} 和临界转差率 s_m，就可以求出 T_e 和 s 的关系。

当 $s=s_N$ 时，$T_e=T_N$，额定输出转矩 T_N 可以通过额定功率 P_N 和额定转速 n_N 计算，在实际应用中，忽略空载转矩，近似认为 $T_N=9550(P_N/n_N)$。另外，过载能力 λ_m 可以从产品目录中查到，这样，$T_{em}=\lambda_m T_N$。再将额定工作点的 s_N 和 T_N 代入式 (5-10)，得

$$\frac{1}{\lambda_m}=\frac{2}{s_N/s_m+s_m/s_N} \tag{5-11}$$

$$s_m=s_N(\lambda_m+\sqrt{\lambda_m^2-1}) \tag{5-12}$$

这样，在实用表达式中，在按产品目录求出 T_{em} 与 s_m 后，只剩下 T_e 与 s 两个未知数了。只要给定一系列的 s 值，按实用表达式求出相应的 T_e 值即可绘制出机械特性曲线。

当电动机在额定负载以下运行时，转差率 s 很小，$s/s_m \ll s_m/s$，实用表达式可进一步近似写为

$$T_e=\frac{2T_{em}}{s_m}s \tag{5-13}$$

可见，当 $s<s_N$ 时，T_e 与 s 成正比，机械特性是一条直线，式 (5-13) 称为机械特性的近似计算公式。

5.1.2　三相异步电动机的固有机械特性和人为机械特性

1. 固有机械特性

固有机械特性是指电动机工作在额定电压和额定频率下，按规定方法接线，定子、转子外接电阻为零时，n (或 s) 与 T_e 的关系。

对于某一台确定的电动机而言，机械特性方程式表明，此时只有 n (或 s) 与 T_e 是变量，其余均为确定值，因为机械特性方程式是一个二次方程，故 T_e 存在最大值。以 T_e 为横轴，n (或 s) 为纵轴，做出三相异步电动机的固有机械特性曲线，如图 5-2 所示。

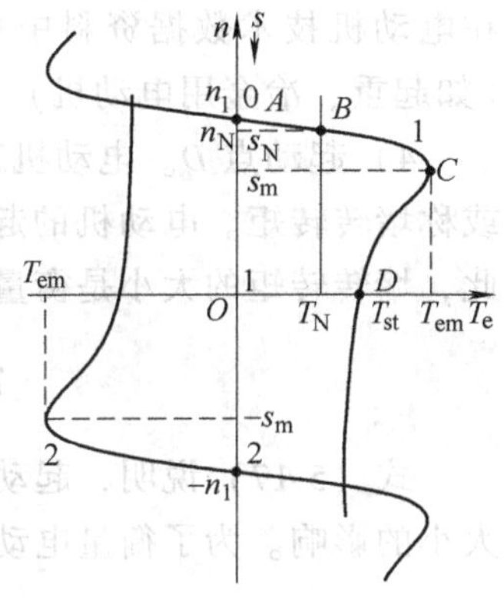

图 5-2　三相异步电动机的固有机械特性曲线

整个机械特性可以分成以下两个部分：

(1) A-C 部分。即 $0<s<s_m$ 范围内。在这一部分，随着电磁转矩 T_e 的增加，转速降低。根据电力系统稳定运行的条件，这部分为稳定运行工作部分，电动机应工作于这一范围内。此时机械特性曲线近似为一条直线。

(2) C-D 部分。即 $s_m<s<1$ 范围内。这一部分随着转矩的减小，转速也减小，此区域称为不稳定运行区域，三相异步电动机一般不能稳定地工作于这一范围。因此，有时也将称这一部分为非工作部分。

下面重点研究几个反映电动机工作的特殊点：

1) 理想空载点 A。此时 $n=n_1$，$s=0$。因转子电流 $I_r=0$，定子电流 $I_s=I_0$，所以电磁转矩 $T_e=0$。

2) 额定点 B。电动机工作在额定点时，$n=n_N$，$s=s_N=(n_1-n)/n_1$，$T_e\approx T_N=9550P_N/n_N$，

n_N、P_N由铭牌参数可知。因此，通过计算得到T_N，额定工作点是希望的工作点。

3）最大转矩点C。在最大电磁转矩T_{em}和临界转差率s_m表达式（5-5）和式（5-6）中，由于$X_s+X_{r0}'\gg R_s$，因此可以忽略R_s的影响。这样就有

$$T_{em}\approx\pm\frac{3n_pU_s^2}{4\pi f_1(X_s+X'_{r0})} \tag{5-14}$$

$$s_m\approx\pm\frac{R'_r}{(X_s+X'_{r0})} \tag{5-15}$$

也就是说，异步发电机状态和电动机状态的最大电磁转矩的绝对值可近似认为相等，临界转差率也近似认为相等，机械特征具有对称性。式（5-14）、式（5-15）说明，最大电磁转矩与定子相电压的二次方成正比，与漏电抗成反比；临界转差率与转子电阻成正比，与电压大小无关。

最大电磁转矩与额定电磁转矩的比值即最大转矩倍数，又称为过载能力，用λ_m表示为

$$\lambda_m=\frac{T_{em}}{T_N} \tag{5-16}$$

通过上述分析总结如下：

①三相异步电动机的临界转差率s_m与电源电压U_s无关，只与电动机自身的参数有关，且与转子电阻R_r'成正比，所以改变转子电阻R_r'的大小（如在绕线转子异步电动机转子电路中串接变阻器）即可改变临界转差率s_m；

②三相异步电动机的最大电磁转矩T_{em}与转子电阻R_r'无关。因此，电动机转子电阻的大小不会影响电动机的最大转矩，只会影响产生最大转矩时的转差率；

③最大电磁转矩T_{em}的大小与电源电压U_s的二次方成正比，而临界转差率s_m却与电源电压无关；

④过载系数λ_m是异步电动机的一个重要参数，反映电动机承受负载波动的能力，其值在电动机技术数据资料中可查到：一般异步电动机在1.6～2.5之间，特殊用途的电动机（如起重、冶金用电动机）在3.3～3.4之间。

4）起动点D。电动机工作在起动点D时$n=0$，$s=1$，$T_e=T_{st}$。T_{st}为电动机的起动转矩或称堵转转矩。电动机的起动转矩必须大于电动机所带负载的转矩，电动机才能起动，因此，堵转转矩的大小是衡量电动机起动性能好坏的技术指标。起动转矩为

$$T_{st}=\frac{m_1n_pU_s{}^2R'_r}{2\pi f_1[(R_s+R'_r)^2+(X_s+X'_{r0})^2]} \tag{5-17}$$

式（5-17）说明，起动转矩T_{st}的大小与电源电压的二次方成正比，同时也受转子电阻大小的影响。为了衡量电动机的起动性能，用电动机的起动转矩倍数来表示，即

$$K_T=T_{st}/T_N \tag{5-18}$$

式（5-18）说明，起动转矩倍数K_T反映电动机的起动能力。电动机起动时，起动转矩T_{st}大于1.1～1.2倍的负载转矩就可以顺利起动，一般异步电动机起动转矩倍数$K_T=0.8$～1.2，而要求满载起动时，则K_T必须大于1。一般笼型异步电动机起动转矩倍数$K_T=1.0$～2.0，起重和冶金专用的笼型异步电动机$K_T=2.8$～4.0。

2. 人为机械特性

三相异步电动机的人为机械特性是指：人为地改变电动机的某些参数或改变电源电压大小、频率而得到的机械特性。人为机械特性的目的是为了获得所需的拖动性能。下面讨论几

种常用的人为机械特性：

1）降低电源电压时的人为机械特性。在电磁转矩的参数表达式中，保持其他量都不变，只改变定子电压 U_s 的大小。由于异步电动机的磁路在额定电压下工作于近饱和点，故不宜再升高电压，所以只讨论降低定子电压 U_s 时的人为机械特性，如图 5-3 所示。

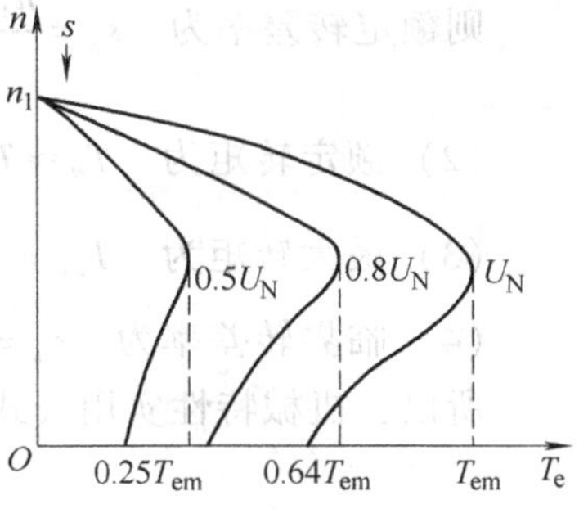

图 5-3　降低电源电压时的人为机械特性

降低电源电压时，电动机的转矩按电压的二次方降低，但临界转差率不变，降压后的机械特性变“软”，起动能力和过载能力都下降。如果此时的负载转矩大于电磁转矩则将停止运转；如果此时的负载转矩小于电磁转矩可继续运转，但转速 n 下降，转差率 s 增大，转子电动势 E_r 增大导致转子电流 I_r' 增大，定子电流 I_s 也增大，使电动机过载，这样长期过载会使电动机的温升将超过允许值，影响电动机的使用寿命，甚至烧毁绕组。

2）定子回路串三相对称电阻（或电抗）的人为机械特性。图 5-4 所示为定子回路串三相对称电阻的人为机械特性曲线。定子回路串入电阻并不影响同步转速 n_1，但是最大电磁转矩 T_{em}、起动转矩 T_{st} 和临界转差率 s_m 都随着定子回路电阻值的增大而减小。定子回路串入三相对称电抗的人为机械特性与串电阻的相似，只是这种情况下电抗不消耗有功功率，而串电阻时电阻消耗有功功率。

3）转子回路串三相对称电阻的人为机械特性。绕线转子三相异步电动机通过集电环，可以把三相对称电阻串入转子回路后再将三相短路。转子回路串入电阻并不影响同步转速 n_1，又因为最大电磁转矩与转子回路电阻无关，即转子串入电阻后，T_{em} 不变。由于临界转差率与转子回路电阻成正比，当转子串入电阻后 s_m 增大。在一定范围内增加转子电阻，可以增加电动机的起动转矩 T_{st}，所以起重机械上大多采用绕线转子异步电动机。但若是串接某一数值的电阻使 $T_{st}=T_{em}$ 后，再继续增大转子电阻，起动转矩将开始减小。转子回路串三相对称电阻的人为机械特性如图 5-5 所示。

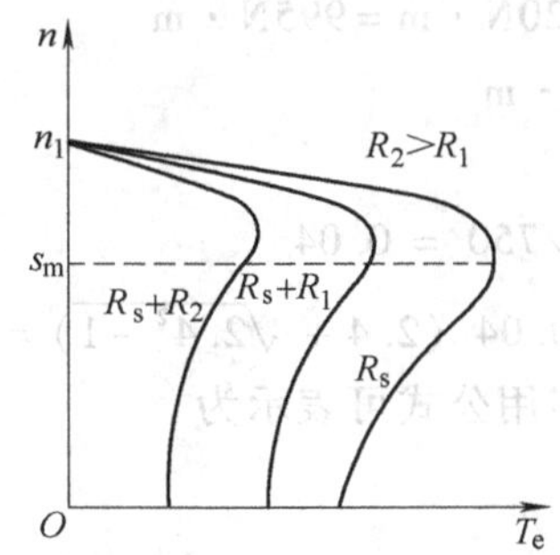

图 5-4　定子回路串电阻的人为机械特性

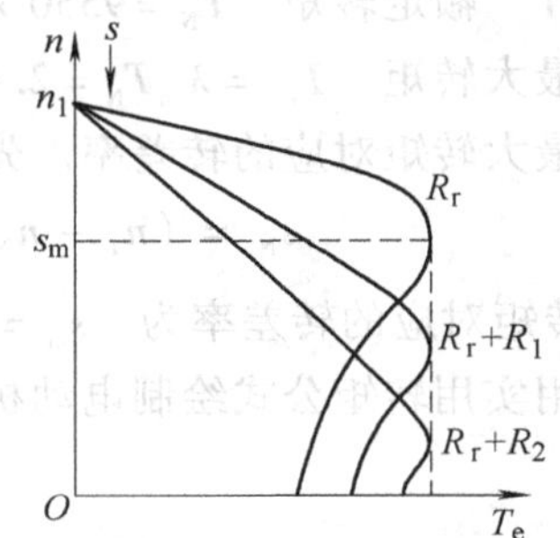

图 5-5　转子回路串电阻的人为机械特性

例 5-1　一台三相 8 极异步电动机数据为：额定容量 $P_N=260\text{kW}$，额定电压 $U_N=380\text{V}$，额定频率 $f_1=50\text{Hz}$，额定转速 $n_N=722\text{r/min}$，过载能力 $\lambda_m=2.13$。

求：（1）额定转差率；（2）额定转矩；（3）最大转矩；（4）最大转矩对应的转差率（临界转差率）；（5）$s=0.02$ 时的电磁转矩。

解：(1) 同步转速为 $n_1=\dfrac{60f_1}{n_p}=\dfrac{60\times50}{4}\ \text{r/min}=750\text{r/min}$

则额定转差率为 $s_N=\dfrac{n_1-n_N}{n_1}=\dfrac{750-722}{750}=0.037$

(2) 额定转矩为 $T_N\approx T_{2N}=9550\times\dfrac{P_N}{n_N}=9550\times\dfrac{260}{722}\text{N}\cdot\text{m}=3439.1\text{N}\cdot\text{m}$

(3) 最大转矩为 $T_{em}=\lambda_m T_N=2.13\times3439.1\text{N}\cdot\text{m}=7325.2\text{N}\cdot\text{m}$

(4) 临界转差率为 $s_m=s_N(\lambda_m+\sqrt{\lambda_m^2-1})=0.037\times(2.13+\sqrt{2.13^2-1})=0.15$

所以，机械特性实用公式为

$$\frac{T_e}{T_{em}}=\frac{2}{\dfrac{s}{s_m}+\dfrac{s_m}{s}}$$

即

$$\frac{T_e}{7325.2}=\frac{2}{\dfrac{s}{0.15}+\dfrac{0.15}{s}}$$

(5) 当 $s=0.02$ 时转矩为

$$T_e=\frac{2\times7325.2}{\dfrac{0.02}{0.15}+\dfrac{0.15}{0.02}}\text{N}\cdot\text{m}=\frac{14650.4}{\dfrac{2}{15}+\dfrac{15}{2}}\text{N}\cdot\text{m}=1919.3\text{N}\cdot\text{m}$$

例 5-2 一台三相绕线转子异步电动机数据为：额定容量 $P_N=75\text{kW}$，额定转速 $n_N=720\text{r/min}$，定子额定电流 $I_{sN}=148\text{A}$，额定效率 $\eta_N=90.5\%$，额定功率因数 $\cos\varphi_{1N}=0.85$，过载倍数 $\lambda_m=2.4$，转子额定电动势 $E_{rN}=213\text{V}$（转子不转时转子绕组开路电动势），转子额定电流 $I_{rN}=220\text{A}$。

求：(1) 额定转矩；(2) 最大转矩；(3) 最大转矩对应的转差率；(4) 用实用转矩公式绘制电动机的固有机械特性。

解：(1) 额定转矩 $T_N=9550\times P_N/n_N=9550\times75/720\text{N}\cdot\text{m}=995\text{N}\cdot\text{m}$

(2) 最大转矩 $T_{em}=\lambda_m T_N=2.4\times995\text{N}\cdot\text{m}=2388\text{N}\cdot\text{m}$

(3) 最大转矩对应的转差率。先求额定转差率

$$s_N=(n_1-n_N)/n_1=(750-720)/750=0.04$$

最大转矩对应的转差率为 $s_m=s_N(\lambda_m+\sqrt{\lambda_m^2-1})=0.04\ (2.4+\sqrt{2.4^2-1})=0.183$

(4) 用实用转矩公式绘制电动机的固有机械特性。实用公式可表示为

$$\frac{T_e}{T_{em}}=\frac{2}{\dfrac{s}{s_m}+\dfrac{s_m}{s}}$$

即

$$\frac{T_e}{2388}=\frac{2}{\dfrac{s}{0.183}+\dfrac{0.183}{s}}$$

对应于不同的 s，求取 T_e 的值，见表 5-1。机械特性曲线如图 5-6 所示。

表5-1　例5-2的对应数取值

s	0	0.04	0.1	0.15	0.183	0.30	0.50	0.80	1
$T/(\text{N}\cdot\text{m})$	0	995	2009.6	2341.5	2388	2123.6	1540.6	1038.3	846.4

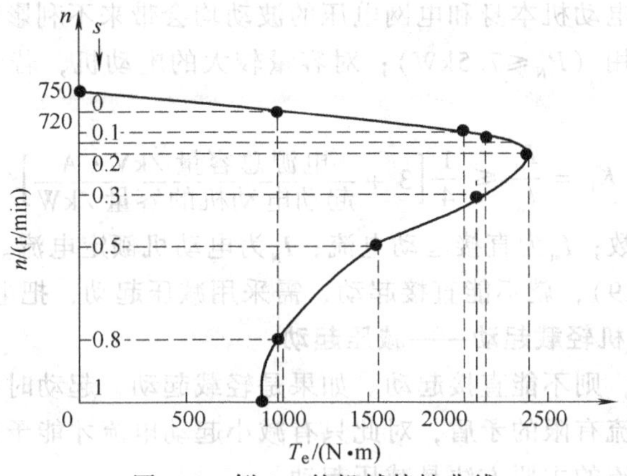

图5-6　例5-2的机械特性曲线

5.2　三相异步电动机的起动

异步电动机定子绕组接入电网后，转子从静止状态到稳定运行状态的过程，称为异步电动机的起动。在电力拖动系统中，通常要求电动机应具有足够大的起动转矩，以拖动负载较快地达到稳定运行状态，而起动电流又不要太大，以免引起电网电压波动过大，影响电网上其他负载的正常工作。因此，衡量异步电动机起动性能的主要指标是起动转矩倍数 $K_T = T_{st}/T_N$ 和起动电流倍数 $K_I = I_{st}/I_N$。

5.2.1　三相异步电动机的起动性能分析

当普通的异步电动机如果不采取任何措施就直接接入电网起动时，往往起动电流 I_{st} 很大，而起动转矩 T_{st} 不足，其原因可以根据异步电动机电磁转矩的物理表达式来分析。在起动初始，异步电动机转速为 $n=0$，转差率 $s=1$，转子电流的频率 $f_2=sf_1$，转子绕组的电动势 $sE_r=E_{r0}$，比正常运行时（$s=0.01\sim0.05$）的电动势值大20倍以上，此时转子电流 I_r 很大，定子电流的负载分量也随之急剧增大，使得定子电流（即起动电流）很大；但是，由于转子频率很高（$f_2=sf_1\approx50\text{Hz}$），转子漏磁 $sX_{r0}\gg R_r$，使得转子内的功率因数 $\cos\varphi_2$ 很小，所以尽管起动时转子电流 I_r 很大，但其有功分量 $I_r\cos\varphi_2$ 并不大，而且，由于起动电流很大，定子绕组的漏阻抗压降增大，使得感应电势 E_s 和与之成正比的主磁通 Φ_m 减小，因此起动转矩 T_{st} 并不大。

总之，异步电动机在起动时存在以下两种矛盾：①起动电流大，而电网承受冲击电流的能力有限；②起动转矩小，而负载又要求有足够的转矩才能起动。下面分别讨论不同情况下的异步电动机的常用起动方法。

5.2.2　三相异步电动机的起动方法

1. 小容量电动机的轻载起动——直接起动

直接起动就是利用开关或接触器将电动机的定子绕组直接接到具有额定电压的电网上，

也称为全压起动。这种起动方法的优点是操作简便、起动设备简单；缺点是起动电流大，会引起电网电压波动。现代设计的笼型异步电动机，本身都允许直接起动。因此对于笼型异步电动机而言，直接起动方法的应用主要受电网容量的限制。

过大的起动电流对电动机本身和电网电压的波动均会带来不利影响，一般直接起动只允许在小功率电动机中使用（$P_N \leqslant 7.5\text{kW}$）；对容量较大的电动机，若能满足下式要求，可允许直接起动：

$$K_I = \frac{I_{st}}{I_N} \leqslant \frac{1}{4}\left[3 + \frac{\text{电源总容量}/\text{kV}\cdot\text{A}}{\text{起动电动机的容量}/\text{kW}}\right] \tag{5-19}$$

式中，K_I为起动电流倍数；I_{st}为直接起动电流；I_N为电动机额定电流。

如果不满足式（5-19），就不能直接起动，需采用减压起动，把电流限制到允许值。

2. 中、大容量电动机轻载起动——减压起动

若电动机容量较大，则不能直接起动。如果是轻载起动，起动时的主要矛盾就是起动电流大而电网允许冲击电流有限的矛盾，对此只有减小起动电流才能予以解决。而对于笼型异步电动机，减小起动电流的主要方法是减压起动。

（1）定子电路串电阻（抗）起动方法

1）电路原理图。如图 5-7 所示，笼型异步电动机串电阻减压起动时，开关 Q_1闭合，开关 Q_2打到下边的起动位，这样就实现了在电动机定子电路中串接电阻或电抗起动。待电动机转速基本稳定时，开关 Q_2打到上边的运行位，将串接的电阻或电抗从定子电路中切除，电动机接入电源运行。由于起动时，在串接的电阻或电抗上降掉了一部分电压，所以加在电动机定子绕组上的电压就降低了，相应地起动电流也减小了。该起动方法的优点是起动电流冲击小，运行可靠，起动设备构造简单；缺点是起动时电能损耗较多。

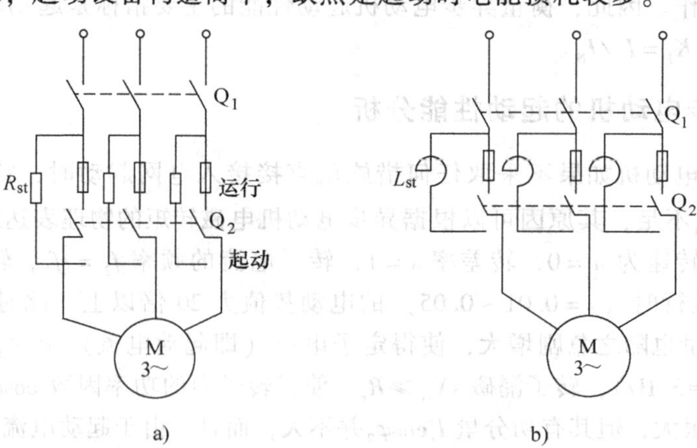

图 5-7　笼型异步电动机串电阻（电抗）减压起动的电路原理图

a）定子串电阻减压起动　b）定子串电抗减压起动

2）起动电流和起动转矩的分析与计算。下面以定子回路串电抗为例进行分析，如图5-8所示，绕组每相阻抗为 z_k。如果直接起动时，电动机的每相电压为 U_1、起动电流为 I_{st}、起动转矩为 T_{st}，定子回路串电抗 X 后，电动机的每相电压为 U_1'、起动电流为 I_{st}'、起动转矩为 T_{st}'。那么可以分析如下：

$$\frac{U_1'}{U_1} = \frac{1}{k} = \frac{z_k}{z_k + X} \tag{5-20}$$

$$\frac{I'_{st}}{I_{st}} = \frac{I'_{st}z_k}{I_{st}z_k} = \frac{U'_1}{U_1} = \frac{1}{k} = \frac{z_k}{z_k + X} \tag{5-21}$$

$$\frac{T'_{st}}{T_{st}} = \left(\frac{U'_1}{U_1}\right)^2 = \frac{1}{k^2} = \left(\frac{z_k}{z_k + X}\right)^2 \tag{5-22}$$

式（5-20）~式（5-22）说明，定子回路串电阻或电抗时，假设电动机起动电流需要降低到直接起动时的 $1/k$ 倍，那么每相绕组的电压就降低到直接起动时的 $1/k$ 倍，则起动转矩就降低到直接起动时的 $1/k^2$ 倍。因此这种方法只能用于空载或轻载起动。

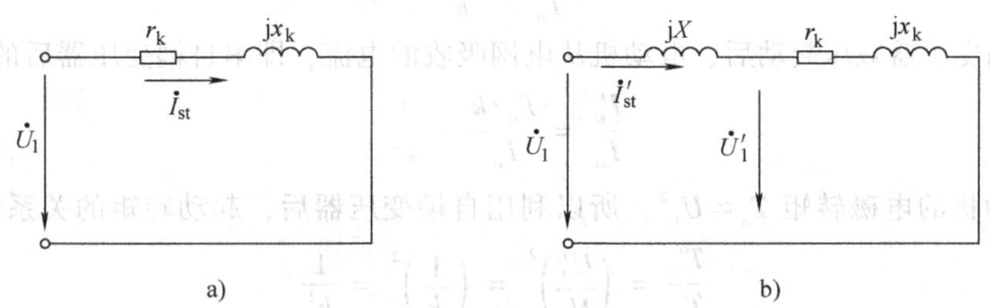

图 5-8　定子串电抗减压起动的简化等效电路

a）直接起动　b）定子串电抗起动

（2）自耦减压起动

1）电路原理图。自耦减压起动方法就是利用三相自耦变压器降低加到电动机定子绕组的电压，以减小起动电流的起动方法，如图 5-9a 所示。采用自耦变压器减压起动时，开关 Q_1 闭合，自耦变压器的一次侧（高压侧）接电网，二次侧（低压测）接到电动机的定子绕组上。待其转速基本稳定时，开关 Q_2 闭合，开关 Q_1 断开，把电动机直接接到电网上，同时将自耦变压器从电网上切除。

2）起动电流和起动转矩的分析与计算。如图 5-9b 和图 5-9c 所示，绕组每相阻抗为 z_k。如果直接起动，电网电流为 I_{st}，电动机的每相绕组电压为 U_1，每相绕组的起动电流也就是 I_{st}，起动转矩为 T_{st}；利用自耦变压器减压起动，电网电流为 I_{st}'，电动机的每相电压为 U_1'，起动电流为 I_{st}''，起动转矩为 T_{st}'。

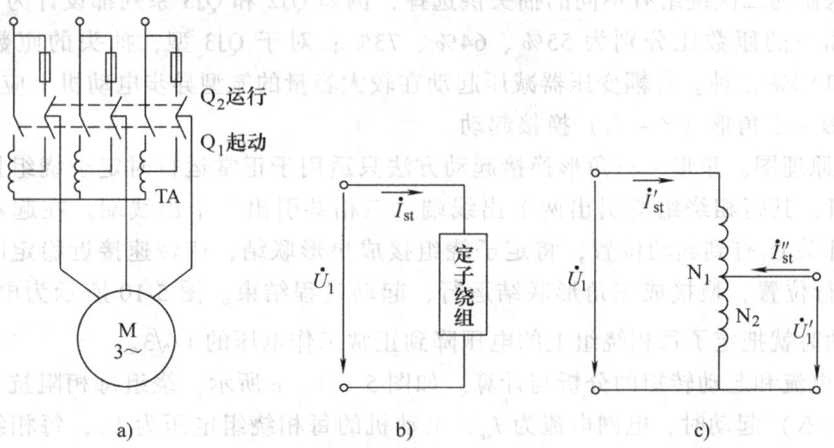

图 5-9　自耦变压器减压起动的电路原理图

a）电路　b）直接起动　c）减压起动

根据变压器原理，有以下关系：

$$\frac{U_1'}{U_1}=\frac{I_{st}'}{I_{st}''}=\frac{N_2}{N_1}=\frac{1}{k} \tag{5-23}$$

由式（5-23）可知，采用自耦变压器减压起动后，电动机定子端电压则为 $U_1'=\frac{U_1}{k}$，由于电流与电压成正比，即 $I\propto U$，所以减压起动时电动机定子绕组电流为

$$\frac{I_{st}''}{I_{st}}=\frac{1}{k} \tag{5-24}$$

采用自耦变压器减压起动后，电动机从电网吸收的电流，即串自耦变压器后的起动电流为

$$\frac{I_{st}'}{I_{st}}=\frac{I_{st}''/k}{I_{st}}=\frac{1}{k^2} \tag{5-25}$$

异步电动机的电磁转矩 $T_e\propto U_1^2$，所以利用自耦变压器后，起动转矩的关系为

$$\frac{T_{st}'}{T_{st}}=\left(\frac{U_1'}{U_1}\right)^2=\left(\frac{1}{k}\right)^2=\frac{1}{k^2} \tag{5-26}$$

因此，定子串电阻减压起动时，电动机的起动电流就是电网电流；而自耦变压器减压起动时，电动机的起动电流与电网电流的关系则是自耦变压器一、二次电流的关系。

这表明利用自耦变压器后，电动机定子端电压为 U_1'，降到$\frac{U_1}{k}$，定子电流为 I_{st}''，也降到$\frac{I_{st}}{k^2}$；通过自耦变压器，还使电动机从电网上吸取的电流 I_{st}'降低为全电压起动电流 I_{st}的$\frac{1}{k^2}$。而异步电动机的起动转矩 T_{st}'也降到$\frac{T_{st}}{k^2}$（T_{st}为全电压 U_1时的起动转矩），即起动转矩与起动电流降低同样的倍数。

所以，自耦变压器减压起动的一大优点是，在电动机得到同样的起动电流和起动转矩的情况下，采用自耦变压器减压起动的电网电流将小于定子串电阻（或串电抗）减压起动时的电网电流。自耦变压器减压起动可以用于空载和轻载，也可用于较大些的负载。

自耦变压器的二次绕组有不同的抽头供选择，例如 QJ2 和 QJ3 系列都设计为 3 抽头，对于 QJ2 型，抽头的匝数比分别为 55%、64%、73%；对于 QJ3 型，抽头的匝数比分别为 40%、60% 和 80% 三种。自耦变压器减压起动在较大容量的笼型异步电动机上应用较广泛。

（3）星形－三角形（Y－△）换接起动

1）接线原理图。星形－三角形换接起动方法只适用于正常运行时定子绕组接成三角形联结的电动机，其每相绕组均引出两个出线端，三相共引出六个出线端。在起动时，开关 Q_1先闭合，开关 Q_2打到起动位置，将定子绕组接成星形联结，待转速接近稳定时，再将开关 Q_2打到运行位置，换接成三角形联结运行，起动过程结束。图 5-10 所示为电路原理图。这样，在起动时就把定子每相绕组上的电压降到正常工作电压的 $1/\sqrt{3}$。

2）起动电流和起动转矩的分析与计算。如图 5-10b、c 所示，绕组每相阻抗为 z_k，如果直接三角形（△）起动时，电网电流为 I_{st}，电动机的每相绕组电压为 U_1，每相绕组的起动电流为 $I_\triangle$，起动转矩为 T_{st}；利用星形（Y）起动后，电网电流为 I_{st}'，电动机的每相电压为 U_1'，起动电流为 I_Y，起动转矩为 T_{st}'。就有以下关系：

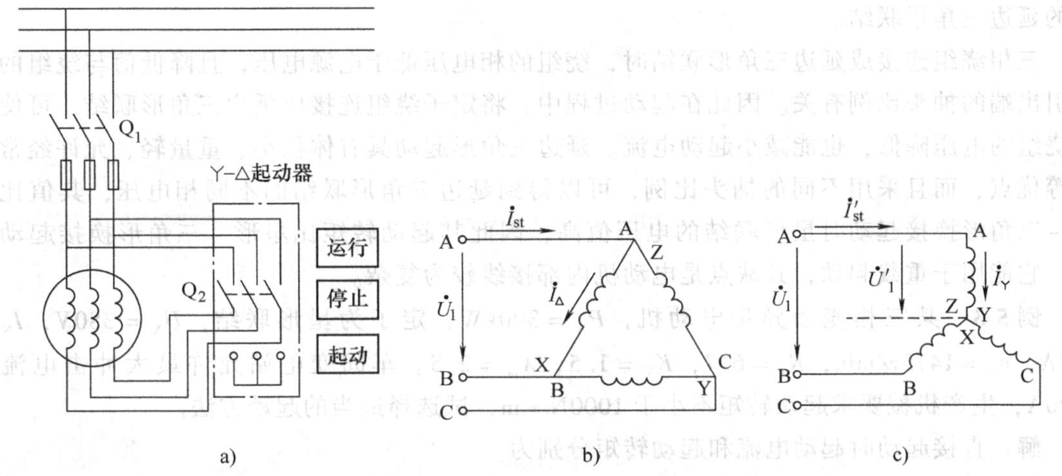

图 5-10　Y－△减压起动电路原理图

a）电路图　b）△联结　c）Y联结

$$\frac{U'_1}{U_1}=\frac{U_1/\sqrt{3}}{U_1}=\frac{1}{\sqrt{3}} \tag{5-27}$$

$$\frac{I'_{st}}{I_{st}}=\frac{I_Y z_k}{\sqrt{3}I_\triangle z_k}=\frac{U'_1}{\sqrt{3}U_1}=\frac{1}{3} \tag{5-28}$$

$$\frac{T'_{st}}{T_{st}}=\left(\frac{U'_1}{U_1}\right)^2=\left(\frac{1}{\sqrt{3}}\right)^2=\frac{1}{3} \tag{5-29}$$

式（5-29）说明，接成星形起动时，定子绕组的相电压降低为三角形起动时的 $1/\sqrt{3}$，每相电流也降低为三角形起动时的 $1/\sqrt{3}$，但是电网电流降低到三角形起动时的 1/3，起动转矩降低到三角形起动时的 1/3。所以这种起动方法只能用于空载和轻载。

星形－三角形换接起动的特点：操作方便，起动设备简单，应用较广泛，适用于正常运转时定子绕组接成三角形联结的电动机。对于一般用途的小型异步电动机，当容量大于 4kW 时，定子绕组的正常接法都采用三角形联结。

（4）延边三角形起动方法

图 5-11a 所示为正常运行时三角形联结的电动机定子三相绕组，每相绕组的中间引出一个出线端，故定子三相绕组共有 9 个出线端。如起动时将绕组的 1、2、3 三个出线端接电源；4、5、6 三个出线端分别与三个中间出线端 8、9、7 相连，如图 5-11b 所示，即成了所

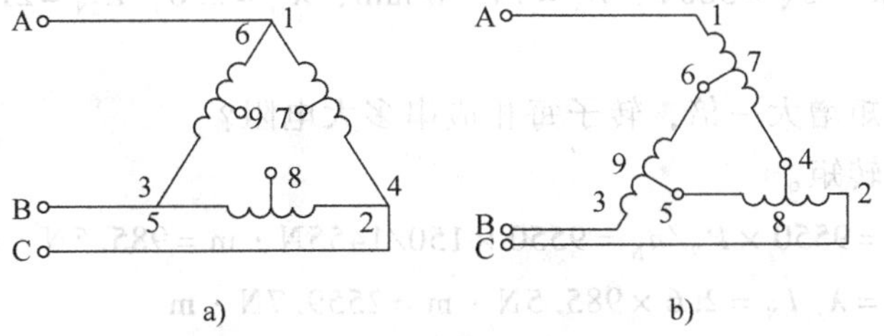

图 5-11　延边三角形起动方法

a）正常运行时的三角形联结　b）延边三角形联结

谓的延边三角形联结。

三相绕组连接成延边三角形联结时，绕组的相电压低于电源电压，且降低值与绕组的中间引出端的抽头比例有关。因此在起动过程中，将定子绕组连接成延边三角形联结，可使定子绕组的电压降低，也能减小起动电流。延边三角形起动具有体积小、重量轻、允许经常起动等优点，而且采用不同的抽头比例，可以得到延边三角形联结的不同相电压，其值比星形－三角形换接起动时星形联结的电压值高，因此其起动转矩比星形－三角形换接起动时大，它能用于重载起动；其缺点是电动机内部接线较为复杂。

例 5-3 某三相笼型异步电动机，$P_N = 300kW$，定子为星形联结，$U_N = 380V$，$I_N = 527A$，$n_N = 1475r/min$，$K_I = 6.7$，$K_T = 1.5$，$\lambda_m = 2.5$。车间变电站允许最大冲击电流为1800A，生产机械要求起动转矩不小于1000N · m，试选择适当的起动方法。

解：直接起动时起动电流和起动转矩分别为

$$I_{st} = K_I I_N = 6.7 \times 527A = 3531A$$

$$T_{st} = K_T T_N = 1.5 \times 9550 \times 300/1475N \cdot m = 2914N \cdot m$$

（1）定子串电抗起动时

$$1/k = 1800/3531 = 0.51$$

$$T_{st}' = (1/k^2) T_{st} = 0.51^2 \times 2914N \cdot m = 757.2N \cdot m < 1000N \cdot m$$

T_{st}'达不到要求，不能采用定子串电抗起动。

（2）不能用星形－三角形换接起动，因为绕组不是三角形联结。

（3）对于自耦变压器起动时

$$1/k^2 = 1800/3531 = 0.51$$

$$T_{st}' = (1/k^2) T_{st} = 0.51 \times 2914N \cdot m = 1486N \cdot m$$

$$T_{st}' > 1000N \cdot m$$

所以，可以采用自耦变压器起动。

由于 $1/k = \sqrt{0.51} = 0.714$，试选 64% 抽头验算。64% 抽头实际起动电流为

$$I_{st}' = 0.64^2 I_{st} = 1446A < 1800A$$

64% 抽头实际起动转矩为

$$T_{st}' = 0.64^2 T_{st} = 1194N \cdot m > 1000N \cdot m$$

所以方案可行，即可选用 QJ2 型自耦变压器用 64% 抽头起动。

例 5-4 一台绕线转子三相异步电动机，定子绕组星形联结，四极，其额定数据如下：$f_1 = 50Hz$，$P_N = 150kW$，$U_N = 380V$，$n_N = 1455r/min$，$\lambda_m = 2.6$，$E_{2N} = 213V$，$I_{2N} = 420A$。求：

（1）起动转矩；

（2）欲使起动转矩增大一倍，转子每相应串多大电阻？

解：（1）求起动转矩。

额定转矩为 $T_N = 9550 \times P_N / n_N = 9550 \times 150/1455N \cdot m = 985.5N \cdot m$

最大转矩为 $T_m = \lambda_m T_N = 2.6 \times 985.5N \cdot m = 2559.7N \cdot m$

额定转差率为 $s_N = (n_1 - n_N)/n_1 = (1500 - 1455)/1500 = 0.03$

临界转差率为 $s_m = s_N(\lambda_m + \sqrt{\lambda_m^2 - 1}) = 0.03(2.6 + \sqrt{2.6^2 - 1}) = 0.15$

由转矩实用公式 $T_e=\dfrac{2T_{em}}{\dfrac{s}{s_m}+\dfrac{s_m}{s}}$，起动时的转差率为 $s=1$，因此起动转矩为

$$T_{st}=\frac{2T_{em}}{\dfrac{1}{s_m}+\dfrac{s_m}{1}}=\frac{2\times984.5}{\dfrac{1}{0.15}+\dfrac{0.15}{1}}\text{N}\cdot\text{m}=751\text{N}\cdot\text{m}$$

（2）增大起动转矩，转子每相串电阻计算。串入电阻后起动转矩为 $T_{st}'=2T_{st}$，临界转差率为 s_m'，因此

$$T_{st}'=\frac{2T_{em}}{\dfrac{1}{s_m'}+\dfrac{s_m'}{1}}=\frac{2\times984.5}{\dfrac{1}{s_m'}+\dfrac{s_m'}{1}}\text{N}\cdot\text{m}=2\times751\text{N}\cdot\text{m}$$

所以串入电阻后机械特性临界转差率为 $s_m'=0.325$（或3.09舍去）。

转子每相电阻为

$$R_r=\frac{s_N E_{2N}}{\sqrt{3}I_{2N}}=\frac{0.03\times213}{\sqrt{3}\times420}\Omega=0.0088\Omega$$

转子每相应串入电阻为 R_{pa}，则

$$\frac{R_2+R_r}{R_r}=\frac{s_m'}{s_m}$$

即

$$\frac{0.0088+R_{pa}}{0.0088}=\frac{0.325}{0.15}$$

解得 $R_{pa}=0.01\Omega$。

3. 小容量电动机重载起动——笼型异步电动机的特殊形式

小容量电动机重载起动时的主要矛盾是起动转矩不足，解决这一矛盾的方法有两个：一是按起动要求选择容量大一号或更大些的电动机；二是选用起动转矩较高的特殊形式的笼型异步电动机。通过改进其内部的结构，获得较好起动性能的特殊形式的笼型异步电动机主要有高转差率笼型异步电动机、深槽式异步电动机、双笼型异步电动机等。这些特殊形式的笼型异步电动机的共同特点是起动转矩较大。

（1）高转差率笼型异步电动机

这种电动机的转子导条不是采用普通的铝条，而是采用电阻率较高的ZL－14铝合金，通过适当地加大转子导条的电阻来改善起动性能，这样既可限制起动电流，又可增大起动转矩。其机械特性如图5-12所示。但这种电动机在稳定运行时转差率比普通的笼型异步电动机的转差率高，故称之为高转差率笼型异步电动机。为了适应起动频繁的要求，除适当增大了转子导条的电阻改善其起动性能外，该电动机的结构也比较坚固，与普通笼型异步电动机相比，定子和转子间的气隙较大，过载能力也高。但也正因为这种电动机的气隙大，使得励磁电流也大，功率因数降低，再加上转子电阻

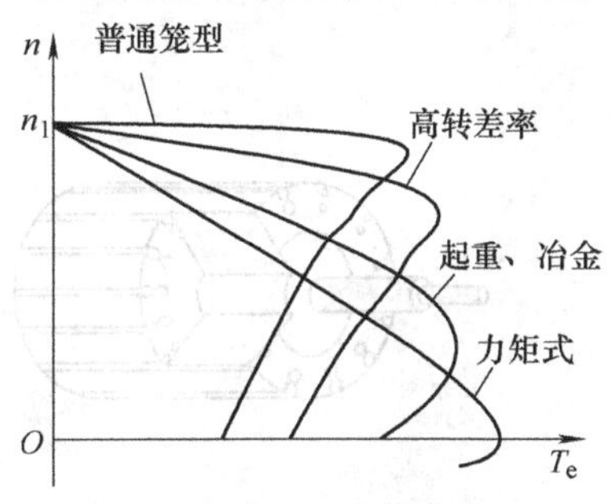

图5-12　转子电阻较大的异步电动机的机械特性

大而引起的正常运行时的损耗较大，效率比较低。所以不是频繁起动的生产机械一般不采用这种电动机。

高转差率异步电动机适用于要求起动转矩较大或带冲击性负载的机械，如剪床、冲床、锻压机。起重冶金用异步电动机用于频繁起动、制动的起重、冶金设备。力矩式异步电动机适应于恒张力恒线速度传动的设备中，如卷取机。

(2) 深槽式异步电动机

这种电动机是靠适当改变转子的槽形（转子槽形深而窄，深度与宽度之比为 10～20，充分利用电动机起动过程中转子导条内的“趋肤效应”），以达到既改善起动性能又不降低正常运行效率的目的，如图 5-13 所示。所谓趋肤效应，即是转子槽漏磁通引起转子导条的电流集聚在导条表层的效应。起动时，转子电流频率最高（$f_2=f_1$），导条中的电流密度由于趋肤效应由槽口至轴方向逐渐减小，相当于减小了导体的有效面积，使转子电阻增大，限制了起动电流，增大了起动转矩。当正常运行时，由于$f_2=1\sim3\text{Hz}$，趋肤效应基本消失，转子导条内的电流均匀分布，导体有效面积增大，转子电阻减小，这时就和普通笼型异步电动机差不多了。

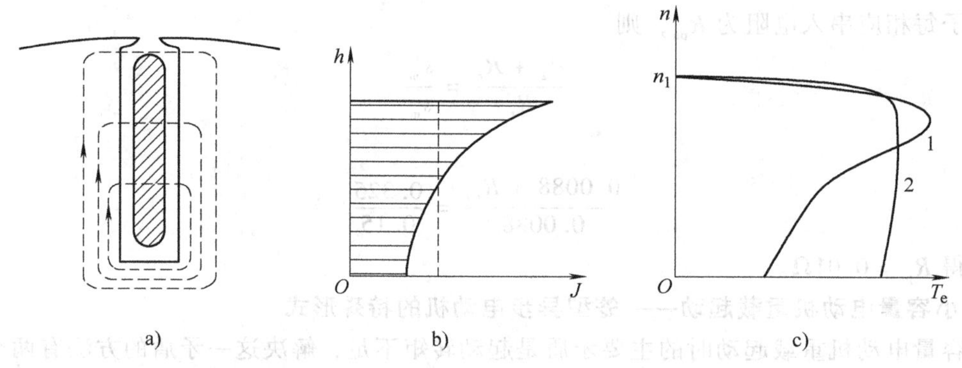

图 5-13　深槽转子导条中电流的趋肤效应及机械特性

a）槽漏磁通的分布　b）导条中的电流密度分布　c）深槽式机械特性

(3) 双笼型异步电动机

这种异步电动机的转子上安装了两套笼，如图 5-14 所示，两个笼间由狭长的缝隙隔开，显然里面的笼相连的漏磁通比外面的笼的大得多。外面的笼导条较细，采用电阻率较大的黄

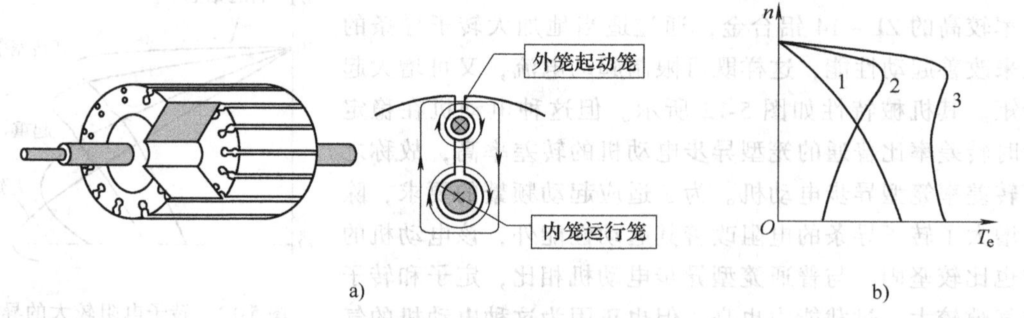

图 5-14　双笼型电动机的转子槽型槽漏磁通分布

a）电动机转子　b）机械特性

铜或铝青铜等材料制成，故电阻较大，称为起动笼；里面的笼截面较大，采用电阻率较小的纯铜等材料制成，故电阻较小，称为运行笼。

4. 中、大容量电动机重载起动——绕线转子异步电动机的起动

中、大容量电动机重载起动时，起动的两种矛盾同时起作用，问题最尖锐。如果上述特殊形式的笼型电动机还不能适应，则只能采用绕线转子异步电动机了。在绕线转子异步电动机的转子上串接电阻时，如果阻值选择合适，可以既增大起动转矩，又减小起动电流，两种矛盾都能得到解决。绕线转子异步电动机的起动方法通常有转子串接电阻起动和转子串接频敏变阻器起动两种方法。

（1）转子串接电阻起动方法

绕线转子异步电动机的转子是三相绕组，它通过集电环与电刷可以串接附加电阻，如图 5-15a 所示。在起动时，在转子绕组中串接适当的起动电阻，以减小起动电流，增加起动转矩，待转速基本稳定时，将起动电阻从转子电路中切除，进入正常运行。

1）起动过程。转子串接电阻起动过程的机械特性曲线如图 5-15b 所示。曲线 1 是转子电阻为 $R_3=R_r+R_{st3}+R_{st2}+R_{st1}$ 时的人为机械特性，曲线 2 是转子电阻为 $R_2=R_r+R_{st1}+R_{st2}$ 的人为机械特性，曲线 3 是转子电阻为 $R_1=R_r+R_{st1}$ 的人为机械特性，曲线 4 则为固有机械特性。

开始起动时 $n=0$，全部电阻接入，这时起动转矩为 T_{st1}，随着转速上升，转矩沿曲线 1 变化，逐渐减小，当减小到 T_{st2} 时，接触器触头 KM_3 闭合，R_{st3} 被切除，电动机的运行点由曲线 1（*b* 点）移到曲线 2（*c* 点）上，转矩跃升为 T_{st1}；电动机的转速和转矩沿曲线 2 变化，待转矩又减小到 T_{st2} 时，接触器触头 KM_2 闭合，电阻 R_{st2} 被切除，电动机的运行由曲线 2（*d* 点）移到曲线 3（*e* 点）上；电动机的转速和转矩沿曲线 3 变化，最后接触器触头 KM_1 闭合，R_{st1} 被切除，这时起动电阻全部切除，转子绕组直接短路，电动机的运行由曲线 3（*f* 点）移到曲线 4（*g* 点）上，电动机运行点沿固有机械特性 4 变化，直到电磁转矩与负载转矩平衡，电动机稳定工作于 *w* 点。

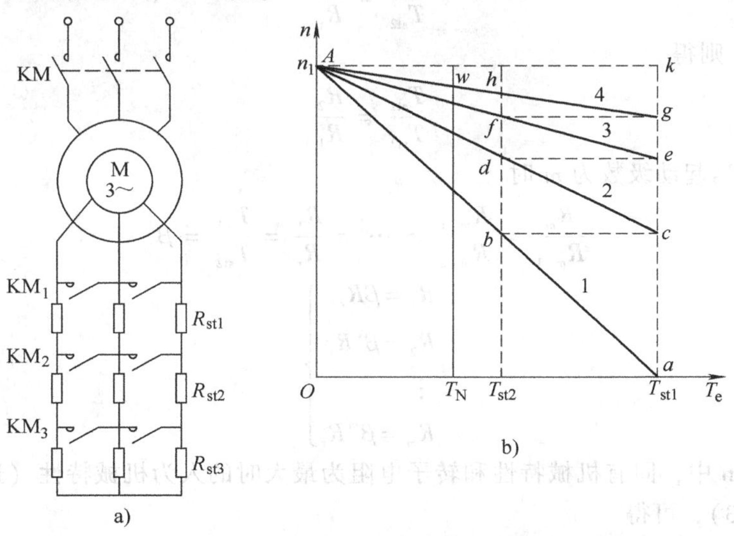

5-15　绕线转子异步电动机转子串电阻起动电路原理图和机械特性曲线

a）电路原理图　b）机械特性曲线

在起动过程中，一般取起动转矩的最大值 T_{st1} 为 $(0.7 \sim 0.85)T_{em}$，最小值 T_{st2} 为 $(1.1 \sim 1.2)T_L$。起动电阻通常用高电阻系数合金或铸铁电阻片制成，在大容量电动机中，也用水电阻。

2）起动电阻的计算。可以采用图解法或解析法进行起动电阻的计算。异步电动机固有机械特性的工作部分接近于一条直线，只在 s 接近于临界转差率 s_m、T_e 接近于最大电磁转矩 T_{em} 时，弯曲较大。为了简化计算，在 $s < s_m$ 范围内，可以认为特性曲线的工作部分为一直线，通常称之为机械特性的线性化。

机械特性的实用表达式近似为 $T_e = \dfrac{2T_{em}}{s_m}s$，由此可知，在同一条机械特性曲线上（转子总电阻 R_{rn} = 定值时），s_m、T_{em} 一定，因此就有

$$T_e \propto s \tag{5-30}$$

而当转速一定时（s = 定值时）

$$T_e \propto \frac{1}{s_m} \tag{5-31}$$

因为 $s_m \propto R_2$，所以

$$T_e \propto \frac{1}{R_{rn}} \tag{5-32}$$

由电磁转矩的参数表达式（5-4）可知，对于某一电动机，在电源一定时，若转矩不变，则 R_{rn}'/s 为一常数，也就是说，当转矩一定时，转子总电阻与转差率成正比，即

$$R_{rn} \propto s \tag{5-33}$$

下面依据式（5-30）、式（5-32）和式（5-33），用解析法计算起动电阻（此方法也适用于某些制动电阻或调速电阻的计算）。

在图 5-15b 中，对于 f、g 两点，特性 Ahg 和 Afe 分别对应的转子电阻为 R_r 和 R_1，因为 f、g 两点的转速相等，由式（5-32）得

$$\frac{T_{st1}}{T_{st2}} = \frac{R_1}{R_r}$$

对于 d、e 两点，则得

$$\frac{T_{st1}}{T_{st2}} = \frac{R_2}{R_1}$$

一般情况，当起动级数为 m 时

$$\frac{R_m}{R_{m-1}} = \frac{R_{m-1}}{R_{m-2}} = \cdots = \frac{R_1}{R_r} = \frac{T_{st1}}{T_{st2}} = \beta$$

即

$$\left.\begin{aligned} R_1 &= \beta R_r \\ R_2 &= \beta^2 R_r \\ &\vdots \\ R_m &= \beta^m R_r \end{aligned}\right\} \tag{5-34}$$

比较图 5-15b 中，固有机械特性和转子电阻为最大时的人为机械特性（这时转子电阻为 R_3），由式（5-33），可得

$$\frac{R_3}{R_r} = \frac{s_a}{s_g} = \frac{1}{s_g} \tag{5-35}$$

再由固有机械特性，应用式（5-30）得

$$\frac{T_{st1}}{T_N}=\frac{s_g}{s_N} \tag{5-36}$$

所以

$$s_g=\frac{s_N T_{st1}}{T_N} \tag{5-37}$$

代入式（5-35），得

$$\frac{R_3}{R_r}=\frac{T_N}{s_N T_{st1}} \tag{5-38}$$

推广到一般情况，则为

$$\frac{R_m}{R_r}=\frac{T_N}{s_N T_{st1}} \tag{5-39}$$

代入式（5-34），得

$$\beta=\sqrt[m]{\frac{T_N}{s_N T_{st1}}} \tag{5-40}$$

归纳起来，计算起动电阻的步骤如下：

①根据电动机的额定数据和起动级数，选定 T_{st1} 值，求出 β；

②由 $\frac{T_{st1}}{\beta}=T_{st2}$ 求出 T_{st2}，判断能否满足起动要求，否则需作调整；若起动级数未定，则可选定 T_{st1} 和 T_{st2} 求出 β 值；

③由式 $\beta=\sqrt[m]{\frac{T_N}{s_N T_{st1}}}$ 求出 m（m 必须取为整数）；

④用式（5-34）计算每级起动总电阻，每段的电阻值可由相邻两级的总电阻相减求得，即

$$\left.\begin{aligned}R_{stm}&=R_m-R_{m-1}\\R_{st(m-1)}&=R_{m-1}-R_{m-2}\\&\vdots\\R_{st2}&=R_2-R_1\\R_{st1}&=R_1-R_r\end{aligned}\right\} \tag{5-41}$$

例 5-5　一台绕线转子异步电动机：$P_N=30\text{kW}$，$U_{1N}=380\text{V}$，$I_{1N}=71.6\text{A}$，$n_N=725\text{r/min}$，$E_{2N}=257\text{V}$，$I_{2N}=75.3\text{A}$，$\lambda_m=2.2$。拖动负载起动，$T_L=0.75T_N$。若用转子串电阻 4 级起动，$T_{st1}/T_N=1.7$，求各级起动电阻多大？

解：额定转差率为　$s_N=(n_1-n_N)/n_1=(750-725)/750=0.033$

起动转矩比为　$\beta=\sqrt[4]{\frac{T_N}{s_N T_{st1}}}=\sqrt[4]{\frac{T_N}{0.033\times1.8T_N}}=2.02$

切换转矩为　$T_{st2}=\frac{T_{st1}}{\beta}=\frac{1.8T_N}{2.02}=0.891T_N$

校验 T_{st2}：$1.1T_L=1.1\times0.75T_N=0.825T_N$，因为 $T_{st2}>1.1T_L$，所以是合适的。

转子每相电阻为　$R_r = \dfrac{s_N E_{2N}}{\sqrt{3} I_{2N}} = \dfrac{0.033 \times 257}{\sqrt{3} \times 74.3} \Omega = 0.067\Omega$

各级起动时转子回路总电阻为

$$R_1 = \beta R_r = 2.02 \times 0.067\Omega = 0.135\Omega$$
$$R_2 = \beta^2 R_r = 2.02^2 \times 0.067\Omega = 0.273\Omega$$
$$R_3 = \beta^3 R_r = 2.02^3 \times 0.067\Omega = 0.552\Omega$$
$$R_4 = \beta^4 R_r = 2.02^4 \times 0.067\Omega = 1.116\Omega$$

各级起动时转子回路串入电阻为

$$R_{st1} = R_1 - R_r = (0.135 - 0.067)\Omega = 0.068\Omega$$
$$R_{st2} = R_2 - R_1 = (0.273 - 0.135)\Omega = 0.138\Omega$$
$$R_{st3} = R_3 - R_2 = (0.552 - 0.273)\Omega = 0.279\Omega$$
$$R_{st4} = R_4 - R_3 = (1.116 - 0.552)\Omega = 0.564\Omega$$

（2）转子串接频敏变阻器起动方法

转子串接电阻起动的绕线转子异步电动机，当功率较大时，转子电流很大；若起动电阻逐段变化，则转矩变化也较大，对机械负载冲击较大；此外，大功率电动机的控制设备较庞大，操作维护也不方便，如果采用频敏变阻器代替起动电阻，则可克服上述缺点。

图 5-16a 所示为绕线转子异步电动机转子串频敏变阻器的电路原理图。频敏变阻器实质上就是一个铁损耗很大的三相电抗器，其电阻值随转速的上升而自动减小。当电动机起动时，转子频率较高，$f_2 = f_1$，频敏变阻器的铁损耗大，因此等效电阻 R_m 也较大。在起动过程中，随着转子转速的上升，转子频率逐步降低，频敏变阻器的铁损耗和相应的等效电阻 R_m 也随之减小，这就相当于在起动过程中逐渐切除转子电路串入的电阻。起动结束后，转子频率很低，频敏变阻器的等效电阻和电抗都很小，于是可将频敏变阻器切除。

在起动过程中，频敏变阻器能够自动、无级地减小电阻，如果频敏变阻器的参数选择恰当，可以在起动过程中保持起动转矩不变，这时的机械特性如图 5-16b 中曲线 2 所示。曲线 1 为固有机械特性。

频敏变阻器结构简单，运行可靠，使用维护方便，因此应用广泛。但与转子串电阻起动方法相比，由于频敏变阻器还具有一定的电抗，在同样的起动电流下，起动转矩要小一些。

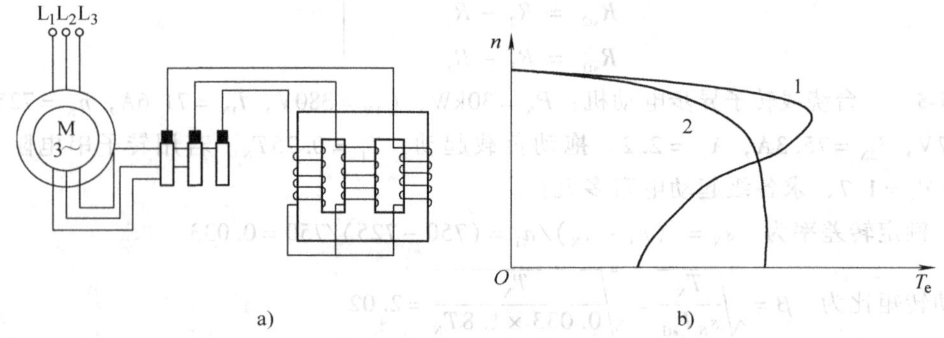

图 5-16　绕线转子异步电动机转子串频敏变阻器起动

a）电路原理图　b）机械特性曲线

5.3　三相异步电动机的制动

与直流电动机一样，三相异步电动机也可以工作在制动运转状态。制动状态时，电动机的电磁转矩方向与转子转动方向相反，起着制止转子转动的作用，电动机由轴上吸收机械能，并转换成电能。制动的方法主要有能耗制动、反接制动和回馈制动3种。

5.3.1　三相异步电动机的能耗制动

1. 能耗制动的原理

三相异步电动机的能耗制动电路如图5-17a所示，其工作原理是将转子的动能转换成电能，消耗在转子回路中，所以称为能耗制动。制动时，KM_1断开，电动机脱离电网，同时KM_2闭合，在定子绕组中通入直流励磁电流。直流励磁电流产生一个恒定的磁场，因惯性继续旋转的转子切割恒定磁场，导体中感应电动势和电流，如图5-17b所示。感应电流与磁场作用产生的电磁转矩为制动性质，转速迅速下降，当转速为零时，感应电动势和电流为零，制动过程结束。制动过程中，转子的动能转变为电能消耗在转子回路电阻上，所以称为能耗制动。

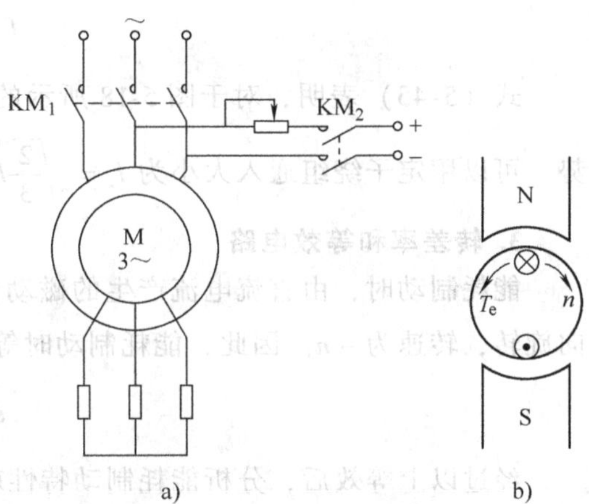

图5-17　异步电动机能耗制动原理

a）电路　b）工作原理

2. 能耗制动时的机械特性

异步电动机能耗制动时的机械特性表达式的推导比较繁杂，读者可以参考电力拖动方面的书籍，这里只介绍它的特性。

为了分析异步电动机能耗制动的特性，可将直流电流产生的不对称励磁系统用磁动势幅值与它等效的对称三相交流电流系统来代替。定子绕组为星形联结，如图5-18a所示。在定子绕组中通入直流电流I_d所产生的磁动势为F_d，如图5-18b所示，此磁动势相当于C相电流为零的瞬间，三相电流通入定子绕组所产生的磁动势。所不同的是，通入直流电所产生的磁场在空间是静止的，而通入三相交流电所产生的磁场在空间是旋转的。

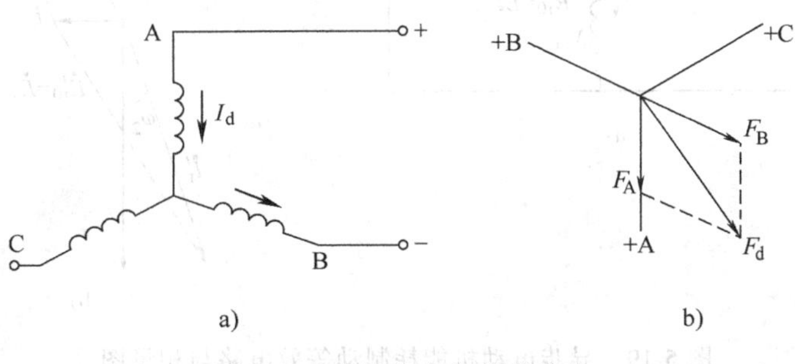

图5-18　直流电产生的磁动势

a）星形联结　b）磁动势关系

设定子绕组星形联结时，通入定子电流为 I_d，在 A 相和 B 相绕组产生的磁动势分别 F_A 和 F_B，其合成磁动势为 F_d，则

$$F_A = F_B = \frac{4}{\pi}\frac{N_1 K_{N1}}{2n_p}I_d \tag{5-42}$$

$$F_d = \sqrt{3}\,\frac{4}{\pi}\frac{N_1 K_{N1}}{2n_p}I_d \tag{5-43}$$

假如通入三相交流电时，每相交流电流的有效值为 I_s，所产生的定子磁动势 F_s 大小为

$$F_s = \frac{6}{\pi}\frac{\sqrt{2}N_1 K_{N1}}{2n_p}I_s \tag{5-44}$$

按等效原则，应有 $F_s = F_d$，所以

$$I_s = \sqrt{\frac{2}{3}}I_d \tag{5-45}$$

式（5-45）表明，对于图 5-18 所示的定子绕组星形联结时通入直流电 I_d 所产生的磁动势，可以用定子绕组通入大小为 $I_s = \sqrt{\frac{2}{3}}I_d$ 的三相交流电产生的磁动势等效。

3. 转差率和等效电路

能耗制动时，由直流电流产生的磁动势 F_d 相对于定子是静止的，而相对于转子是反方向旋转，转速为 $-n$。因此，能耗制动时等效异步电动机的转差率 s_d 为

$$s_d = -\frac{n}{n_1} \tag{5-46}$$

经过以上等效后，分析能耗制动特性就可以应用分析异步电动机的方法来进行。对应于转速 n，转子绕组的感应电动势、转子频率及转子电抗分别为

$$E_r = s_d E_{r0} \qquad f_2 = s_d f_1 \qquad X_r = s_d X_{r0}$$

再把转子绕组折算到定子侧，则可得到三相异步电动机能耗制动的等效电路及相量图，如图 5-19 所示。

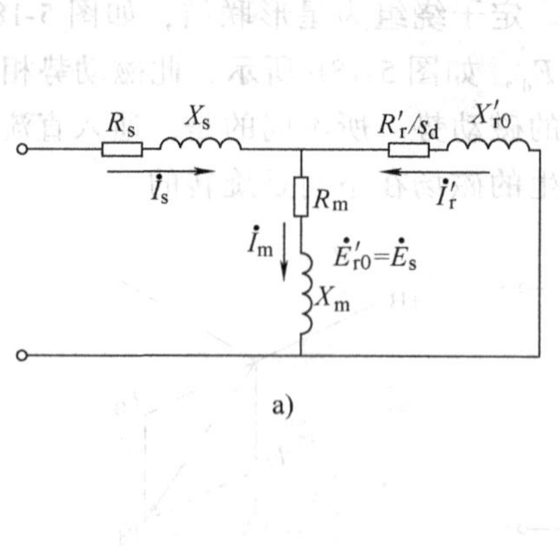

a)

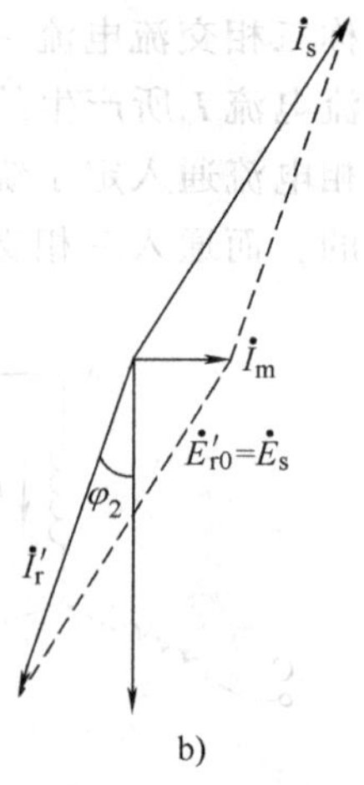

b)

图 5-19　异步电动机能耗制动等效电路与相量图

a）等效电路　b）相量图

4. 能耗制动的机械特性

根据等效电路，能耗制动时异步电动机的磁动势关系可表示为

$$F_m = F_s + F_r$$

若用电流表示则为

$$\dot{I}_m = \dot{I}_s + \dot{I}'_r$$

根据相量图，各电流大小关系为

$$I_s^2 = I'^2_r + I_m^2 + 2I'_r I_m \sin\varphi_2 \tag{5-47}$$

若忽略铁损耗，则有

$$I_m = \frac{E_s}{X_m} = \frac{E'_{r0}}{X_m} = \frac{I'_r Z'_r}{X_m} = \frac{I'_r}{X_m}\sqrt{(R'_r/s_d)^2 + X'^2_{r0}} \tag{5-48}$$

$$\sin\varphi_2 = \frac{X'_{r0}}{\sqrt{(R'_r/s_d)^2 + X'^2_{r0}}} \tag{5-49}$$

将式（5-48）、式（5-49）代入式（5-47）并整理后可得

$$I'^2_r = \frac{I_s^2 X_m^2}{(R'_r/s_d)^2 + (X_m + X'_{r0})^2} \tag{5-50}$$

根据电磁转矩与电磁功率的关系可得

$$T_e = \frac{P_{em}}{\Omega_1} = \frac{3n_p I_s^2 X_m^2 R'_r/s}{2\pi f_1[(R'_r/s_d)^2 + (X_m + X'_{r0})^2]} \tag{5-51}$$

式（5-51）表明，异步电动机能耗制动时的转矩取决于等效电流 I_s，并且是转子相对转速 s_d 与转子电路电阻 R_r' 的函数。异步电动机能耗制动时的机械特性如图 5-20 所示。其特点如下：

1）$n=0$，$T_e=0$，特性曲线过原点。由于是制动状态，曲线在第二象限；逆向电动状态转入能耗制动时，特性曲线在第四象限。采用能耗制动使电动机转速下降为零时，其制动转矩也降为零，因此，能耗制动可用于反抗性负载准确停机，也可使位能负载匀速下放。

2）当直流励磁一定，而转子电阻增加时，产生最大制动转矩时的转速也增大，但最大转矩值不变。图 5-20 中曲线 1、3 的直流励磁相同，但曲线 3 的转子电阻大于曲线 1。因此对于笼型异步电动机，可以增大直流励磁电流来增大初始制动转矩。

3）当转子电路电阻不变，增大直流励磁时，产生最大制动转矩时的转速不变，但产生的最大制动转矩增大，制动较强烈。图 5-20 中曲线 1、2 的转子电阻相同，但曲线 2 的直流励磁大于曲线 1。对绕线转子异步电动机，可以增大转子回路电阻来增大初始制动转矩。

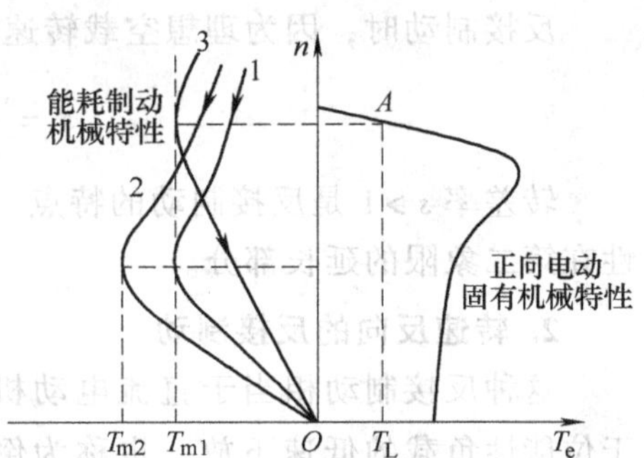

图 5-20　异步电动机能耗制动的机械特性

5.3.2　三相异步电动机的反接制动

实现异步电动机的反接制动有转速反向与定子两相对调两种方法。

1. 电源两相反接的反接制动

异步电动机定子两相反接制动也称为电压反接制动，其电路和机械特性如图 5-21 所示。反接制动前，KM_F 闭合，KM_R 断开，电动机正向运转，稳定工作在固有机械特性上的 A 点。反接制动时，将 KM_F 断开，KM_R 闭合。

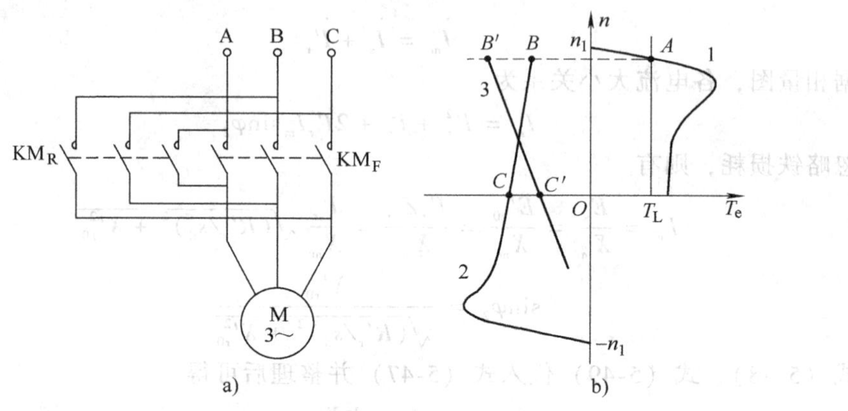

图 5-21 异步电动机定子两相对调的反接制动

a）电路 b）机械特性

由于定子绕组两相定子相序改变，旋转磁场的转向也随之改变，从而得到理想空载转速与原转向相反的机械特性，如图 5-21b 所示。工作点由 A 移到人为机械特性的 B 点，此时转子切割磁场的方向与电动状态时相反，转子电动势 E_r、转子电流 I_r 和电磁转矩 T_{em} 的方向也随之改变，电动机进入反接制动状态。在负的电磁转矩和负载转矩的共同作用下，转速很快下降，当到达 C 点时，$n=0$，制动过程结束。如要停车，应立即切断电源，否则电动机将反方向起动。

对于绕线转子异步电动机，反接制动时在转子电路中串入电阻，那么工作点由 A 移到人为机械特性的 B' 点，显然转子串入电阻后，在制动开始时可以得到比较大的制动转矩。改变制动电阻的数值可以调节制动转矩的大小，以适合生产机械的要求。

反接制动时，因为理想空载转速由原来的 n_1 变为 $-n_1$，所以转差率

$$s=\frac{-n_1-n}{-n_1}=\frac{n_1+n}{n_1}>1 \tag{5-52}$$

转差率 $s>1$ 是反接制动的特点，两相反接制动的特性就是逆向电动工作状态时机械特性在第二象限的延长部分。

2. 转速反向的反接制动

这种反接制动相当于直流电动机的电动势反向反接制动，适用于位能性负载的低速下放，也称为倒拉反接制动。绕线转子异步电动机带位能性负载，转子串电阻的机械特性如图 5-22 所示。电动机工作点由 $A \to B \to C$，$n=0$，制动过程开始，电动机反转，直到 D 点。在第四象限才是制动状态。由于电动机反向旋转，$n<0$，所以 $s>1$。

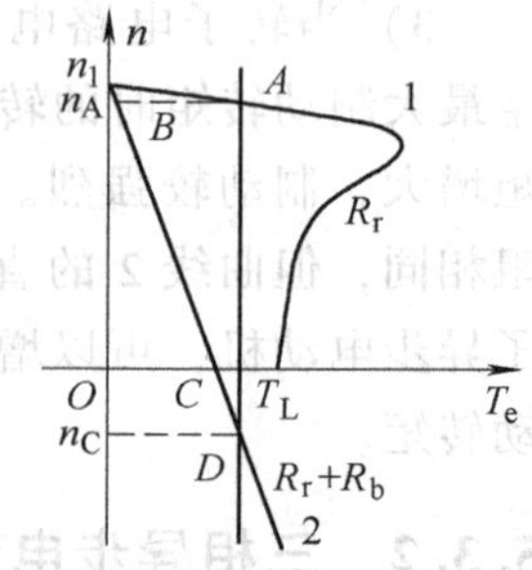

图 5-22 异步电动机转速反向的反接制动机械特性

对于转速反向反接制动和定子两相对调反接制动，虽然它们实现制动的方法不同，但在能量传递关系上是相同的。由于电动机的

转差率都大于1，因此机械功率和电磁功率分别为

$$P_2 = 3I_r'^2 \frac{1-s}{s} R_r' < 0 \tag{5-53}$$

$$P_{em} = 3I_r'^2 \frac{R_r'}{s} > 0 \tag{5-54}$$

式（5-53）和式（5-54）表明，与电动机电动状态相比，反接制动时机械功率的传递方向相反，此时电动机实际上是输入机械功率，所以异步电动机反接制动时，一方面从电网吸收电能，另一方面从旋转系统获得动能或势能转化为电能，这些能量都消耗在转子回路中。因此，从能量损失来看，异步电动机的反接制动是很不经济的。

例5-6　某绕线转子异步电动机的数据为：$P_N = 5\text{kW}$，$n_N = 960\text{r/min}$，$U_{1N} = 380\text{V}$，$I_{1N} = 15.9\text{A}$，$E_{2N} = 164\text{V}$，$I_{2N} = 20.6\text{A}$，定子绕组星形联结，$\lambda_m = 2.3$。拖动 $T_L = 0.75T_N$ 恒转矩负载，要求制动停车时最大转矩为 $1.7T_N$。现采用反接制动，求每相串入的制动电阻值。

解：额定转差率为　$s_N = (n_1 - n_N)/n_1 = (1000 - 960)/1000 = 0.04$

临界转差率为　$s_m = s_N(\lambda_m + \sqrt{\lambda_m^2 - 1}) = 0.04(2.3 + \sqrt{2.3^2 - 1}) = 0.1748$

转子每相电阻为　$R_r = \dfrac{s_N E_{2N}}{\sqrt{3} I_{2N}} = \dfrac{0.04 \times 164}{\sqrt{3} \times 20.6}\Omega = 0.184\Omega$

负载运行时的转差率 s 计算，由 $T_e = T_L = \dfrac{2T_{em}}{s/s_m + s_m/s}$，得

$$0.75T_N = \frac{2 \times 2.3T_N}{s/0.1748 + 0.1748/s}$$

解得　$s = 0.0293$。

反接制动时转差率为 $s' = 2 - s = 1.9707$。

电动机工作在人为机械特性曲线上，已知工作点的负载转矩 T_L 和转差率 s'，可以求出反接制动转子串电阻时的临界转差率 s_m' 为

$$s_m' = s'\left[\lambda_m \frac{T_N}{T_L} + \sqrt{\lambda_m^2 \left(\frac{T_N}{T_L}\right)^2 - 1}\right]$$
$$= 1.9707 \times \left[2.3 \times \frac{T_N}{1.8T_N} + \sqrt{2.3^2 \times \left(\frac{T_N}{1.8T_N}\right)^2 - 1}\right] = 4.086$$

反接制动每相转子串入的电阻为

$$R_{pa} = R_r\left(\frac{s_m'}{s_m} - 1\right) = 0.184 \times \left(\frac{4.086}{0.1748} - 1\right)\Omega = 4.12\Omega$$

5.3.3　三相异步电动机的回馈制动

若异步电动机工作在正向电动状态时，由于某种原因，在转向不变的条件下，使转速 n 大于同步转速 n_1，即形成回馈制动。图5-23a所示为回馈制动时电动机的机械特性，是电动工作状态的机械特性在第二象限的延长部分。回馈制动时，转子回路串入的电阻越大，稳定的转速也越高，因此转子电路中不宜串入较大电阻。

回馈制动时，转差率 $s = (n_1 - n)/n_1 < 0$。转子感应电动势 $E_r = sE_{r0}$ 为负值，转子电流有功分量为 $I_{ra}' = I_r'\cos\varphi_2$，即

$$I'_{ra} = \frac{E'_r R'_r / s}{(R'_r/s)^2 + X'^2_{r0}}$$

转子电流的无功分量为 $I'_{rr} = I'_r \sin\varphi_2$，即

$$I'_{rr} = \frac{E'_r X'_{r0}}{(R'_r/s)^2 + X'^2_{r0}}$$

可以看出，当转差率变负时，转子电流的有功分量反向为负值，而无功分量的方向不变。异步电动机在回馈制动状态下的相量图如图 5-23b 所示，定子电压和定子电流的相位差 $\varphi_1 > 90°$，说明输入电动机的功率为负值，即实际上电动机是向电网输出电能量，好像一台发电机，因此回馈制动又称为发电制动。

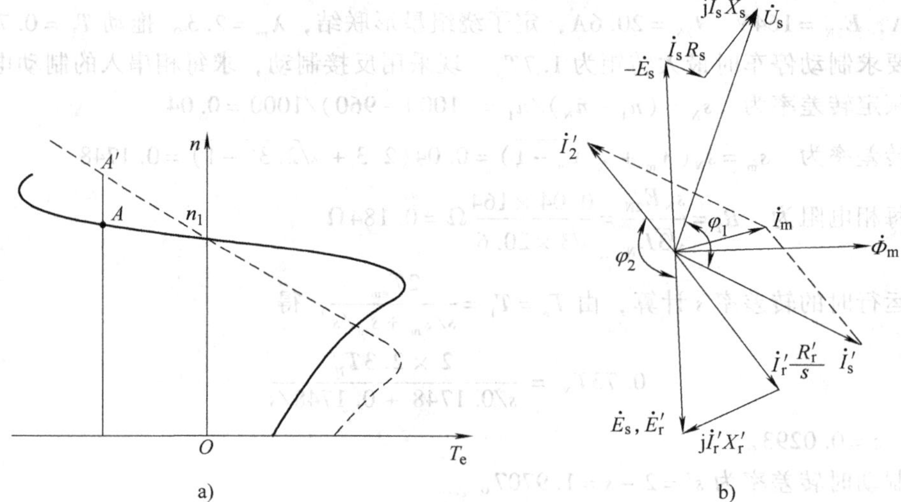

图 5-23　异步电动机回馈制动

a）机械特性　b）相量图

与直流电动机相似，异步电动机还可用于正向回馈制动运行（例如电车下坡），如图 5-24a所示，或反向回馈制动运行（位能性负载）的拖动系统中，如图 5-24b 所示，以获得稳定的转速。这时，负载的势能转化为回馈给电网的电能。

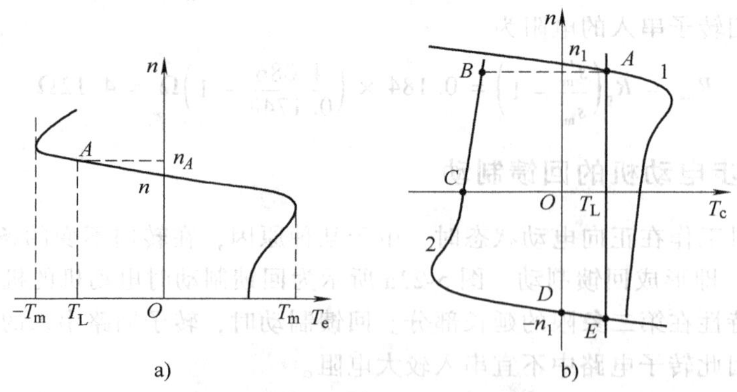

图 5-24　异步电动机回馈制动机械特性

a）正向回馈制动　b）反向回馈制动

5.4　三相异步电动机的调速

与直流拖动系统相似，在实际应用中往往也要求拖动生产机械的交流电动机的转速能够调节，但是要实现交流调速要比直流调速复杂和困难得多。本节仅讨论异步电动机调速的基本原理和方法，调速系统的控制及其特性将在第 6 章详细介绍。

由异步电动机的转速公式

$$n = n_1(1 - s) = \frac{60f_1}{n_p}(1 - s) \tag{5-55}$$

可知，异步电动机有下列 3 种基本调速方法：

1）变极调速。改变定子极对数 n_p 调速。

2）变频调速。改变定子电源频率 f_1 调速。

3）变转差率调速。改变转差率 s 调速又包括：改变定子绕组的端电压；改变定子绕组的外加电阻或电抗；转子回路加电阻或电抗；转子回路引进 $f_2 = sf_1$ 的外加电动势（串级调速）。

按照异步电动机的基本原理，从定子传入转子的电磁功率 P_{em} 可分成两部分：一部分为拖动负载的有效功率 $P_2 = (1 - s)P_{em}$；另一部分是转差功率 $P_s = sP_{em}$，与转差率成正比。从能量转换的角度看，转差功率是否增大，是消耗掉还是回收，显然是评价调速系统效率的一个指标。据此可把异步电动机的调速方法分为 3 类：

1）转差功率消耗型——全部转差功率都转换成热能消耗掉。它是以增加转差功率的消耗来换取转速的降低（恒转矩负载时），越向下调效率越低，这类调速方法的效率最低。

2）转差功率回馈型——转差功率的一部分消耗掉，大部分则通过变流装置回馈电网或转化成机械能予以利用，转速越低时回收的功率越多，其效率比前者高。

3）转差功率不变型——转差功率中转子铜损耗部分的消耗是不可避免的，但由于这类调速方法无论转速高低，转差率保持不变，所以转差功率的消耗也基本不变，因此效率最高。

下面就以这种分类方法介绍几种异步电动机主要调速方法的工作原理及其特性。

5.4.1　转差功率消耗型异步电动机调速方法

这类方法的共同特点是在调速过程中均产生大量的转差功率，并消耗在转子电路中。转差功率消耗型调速方法主要有：改变定子电压调速法、转子电路串接电阻调速法等。

1. 改变定子电压调速

异步电动机在同步转速 n_1 和临界转差率 s_m 保持不变的情况下，输出转矩与所加定子电压二次方成正比。因此，改变定子电压就可以改变其机械特性，从而改变电动机在一定输出转矩下的转速，如图 5-25 所示。对于恒转矩负载，其调速范围很窄，适合通风机泵类负载。

对于恒转矩调速，如能增加异步电动机的转子电阻（如绕线转子异步电动机或高转差率笼型异步电动机），则改变电动机定子电压可获得较大的调速范围，如图 5-26 所示。但此时电动机的机械特性太软，往往不能满足生产机械的要求，且低压时的过载能力较低，负载的波动稍大，电动机就有可能停转。对于恒转矩性质的负载，如果要求调速范围较大，往往采用带转速反馈控制的交流调压器，以改善低速时电动机的机械特性。

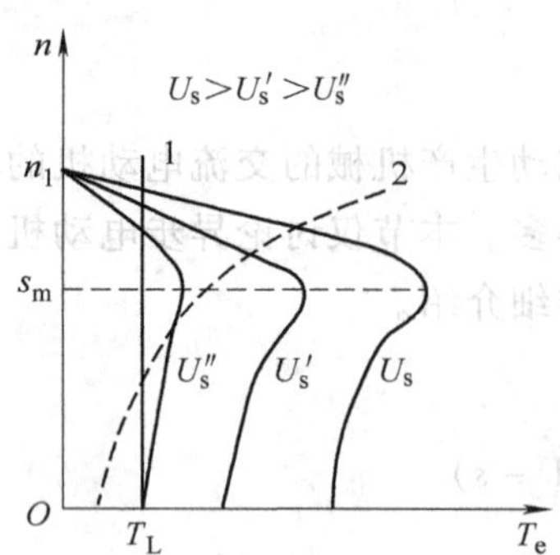

图 5-25 改变定子电压调速的机械特性

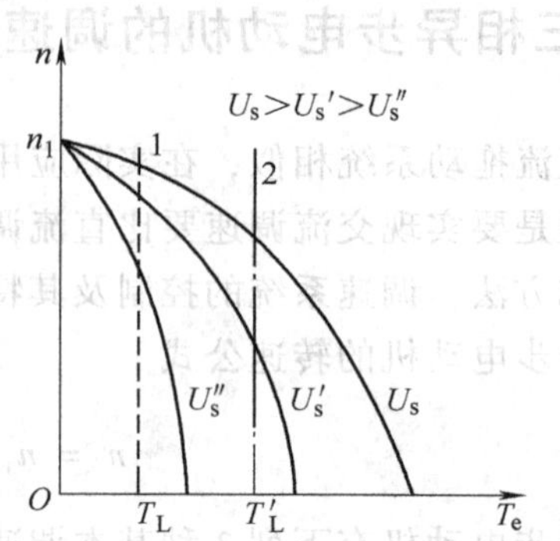

图 5-26 高转差率电动机调压调速特性

2. 转子电路串接电阻调速

图 5-27a 所示为在转子回路串接对称电阻实现调速的电路，这种方法只适用于绕线转子异步电动机。电动机的固有机械特性和转子电路串接 R_{pa} 和 R'_{pa} 时的人为机械特性如图 5-27b 所示。串入电阻后，电动机的工作点便由原来的 a 点移到人为机械特性的 b 点或 c 点，调速过程与直流电动机电枢串电阻调速相同。

从机械特性看，转子串电阻时，同步转速和最大转矩不变，但临界转差率增大。当恒转矩负载时，电动机的转速随转子串联电阻的增大而减小。

设 s_m、s、T_e 分别是转子串联电阻 R_{pa} 前的临界转差率、转差率、电磁转矩，s'_m、s'、T_e' 分别是串联电阻后的临界转差率、转差率、电磁转矩，则转子串接的电阻为

$$R_{pa} = \left(\frac{s'T_e}{sT_e'} - 1\right)R_r \tag{5-56}$$

对于恒转矩负载 $T_e = T_e'$，则转子串接的电阻为

$$R_{pa} = \left(\frac{s'}{s} - 1\right)R_r \tag{5-57}$$

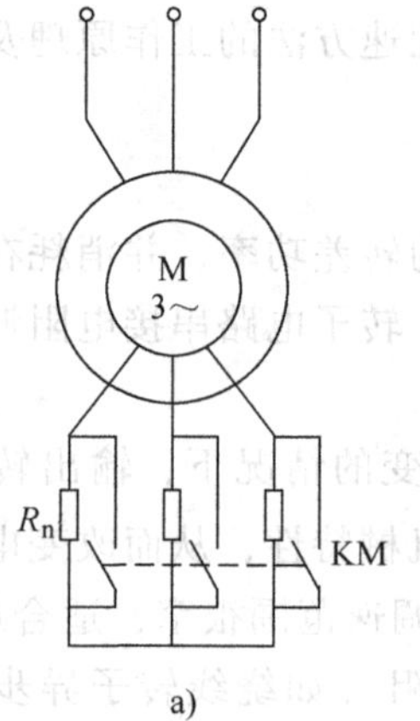

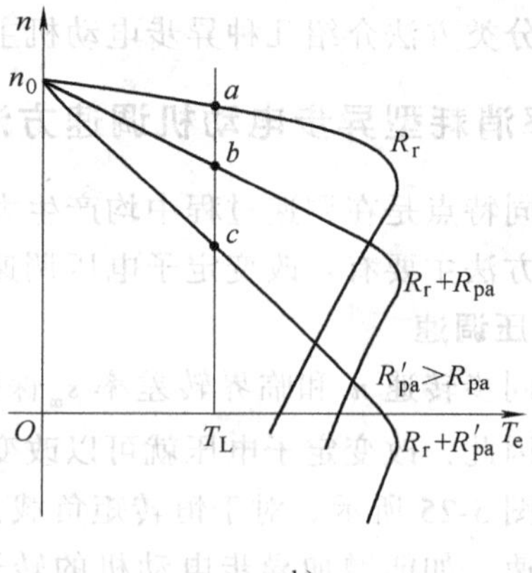

图 5-27 转子电路串电阻调速

a）电路 b）机械特性

转子电路串接电阻调速特点如下：①只适用于线绕转子异步电动机；②调速范围不大，仅为 2～3；③从调速性质来看，转子串电阻属于恒转矩调速；④转子串接电阻后，增加了转子铜损耗，调速的经济性欠佳；⑤转子串电阻调速方法简单，设备投资不高；⑥中小容量的绕线转子异步电动机中得到广泛应用，如桥式起重机上的绕线转子异步电动机几乎都采用这种调速方法。

5.4.2　转差功率回馈型异步电动机调速方法——串级调速

针对上述串电阻调速存在的低效问题，设想如果在绕线转子异步电动机转子电路中串入附加电动势 E_{add} 来取代电阻，通过电动势这样一种电源装置吸收转子上的转差功率，并回馈给电网，以实现高效平滑调速——这就是串级调速的思想。

根据电机的可逆性原理，异步电动机既可以从定子输入或输出功率，也可以从转子输入或输出转差功率，因此同时从定子和转子向电动机馈送功率也能达到调速的目的，所以串级调速又称为双馈调速。

1. 串级调速的基本原理

如图 5-28 所示，在绕线转子异步电动机的三相转子电路中串入一个电压和频率可控的交流附加电动势 E_{add}，通过控制使 E_{add} 与转子电动势 E_r 具有相同的频率，其相位与 E_r 相同或相反。

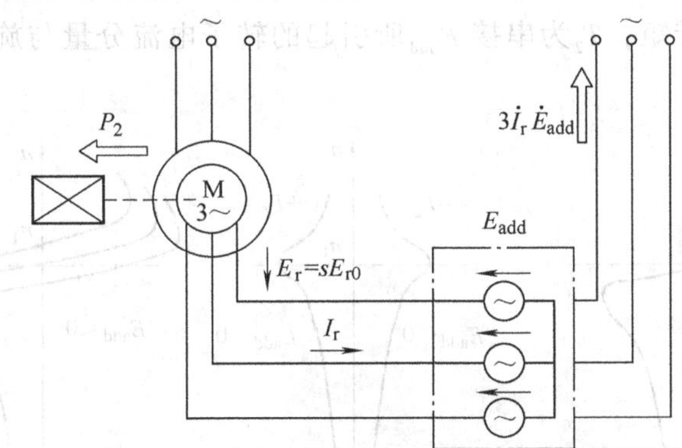

5-28　转子串附加电动势的串级调速电路原理图

当电动机转子没有串接附加电动势，即 $E_{add}=0$ 时，异步电动机处在固有机械特性上运行。若电动机转子串接附加电动势，即 $E_{add}\neq 0$，这时转子电流 I_r 为

$$I_r = \frac{sE_{r0} \pm E_{add}}{\sqrt{R_r^2 + (sX_{r0})^2}} \tag{5-58}$$

由式（5-58）可见，可以通过调节 E_{add} 的大小来改变转子电流 I_r 的数值，而电动机产生的电磁转矩 T_e 也将随着 I_r 的变化而变化，使电力拖动系统原有的稳定运行条件 $T_e=T_L$ 被打破，迫使电动机变速。这就是绕线转子异步电动机串级调速的基本原理。在串级调速过程中，电动机转子上的转差功率 $P_s=sP_{em}$ 只有一小部分消耗在转子电阻上，而大部分被 E_{add} 吸收，再设法通过电力电子装置回馈给电网，因此串级调速与串电阻调速相比，具有较高的效率。

2. 串级调速的控制方式

1）次同步调速方式。使 E_{add} 的相位与 E_r 相差 180°，这时转子电流的表达式为

$$I_r = \frac{sE_{r0} - E_{add}}{\sqrt{R_r^2 + (sX_{r0})^2}} \tag{5-59}$$

由式（5-59）可知，增加附加电动势 E_{add} 的幅值，将减少转子电流 I_r，也就是减少转矩 T_e，从而降低电动机的转速 n。在这种控制方式中，转速是由同步转速向下调节的，始终有 $n < n_1$。

2）超同步调速方式。如果使串接的附加电动势 E_{add} 与 E_r 同相，转子电流 I_r 变为

$$I_r = \frac{sE_{r0} + E_{add}}{\sqrt{R_r^2 + (sX_{r0})^2}} \tag{5-60}$$

这时，随着 E_{add} 的增加，转子电流 I_r 增大，电动机输出转矩 T_e 也增大，使电动机加速。与此同时，转差率 s 将减小，而且随着 s 的减小，I_r 也减小，最终达到转矩平衡 $T_e = T_L$。

3. 串级调速的机械特性

串入 E_{add} 后，电动机的电磁转矩为

$$T_{ed} = \frac{2T_m}{(s/s_m) + (s_m/s)} + \frac{2T_m}{(s/s_m) + (s_m/s)} \frac{E'_{add}}{sE'_{r0}} = T_1 + T_2 \tag{5-61}$$

式（5-61）表明，串级调速异步电动机的转矩是由两部分合成的，如图 5-29 所示，T_1 为未串接 E_{add} 时的固有转矩，T_2 为串接 E_{add} 所引起的转子电流分量与旋转磁场相互作用所产生的转矩分量。

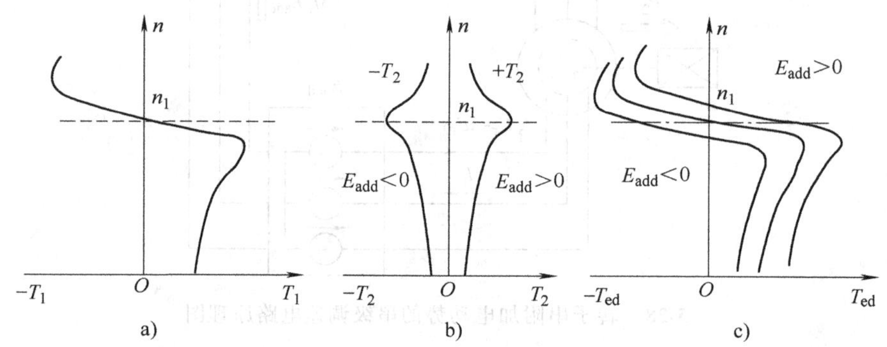

图 5-29 串级调速时异步电动机的机械特性

a) $n = f(T_1)$ 曲线 b) $n = f(T_2)$ 曲线 c) $n = f(T_{ed})$ 曲线

4. 串级调速的实现

串级调速系统的核心环节是产生交流附加电动势 E_{add} 的装置，由于异步电动机转子中感应电动势 sE_{r0} 的频率是随着转速而变化的，在任何转速下串入转子的 E_{add} 必须与 sE_{r0} 保持相同的频率，这就要求交流附加电动势 E_{add} 的频率可以调节，且在电动机调速时 E_{add} 的频率必须随着 sE_{r0} 频率的改变而同步变化。图 5-30 所示是晶闸管串级调速系统的结构。

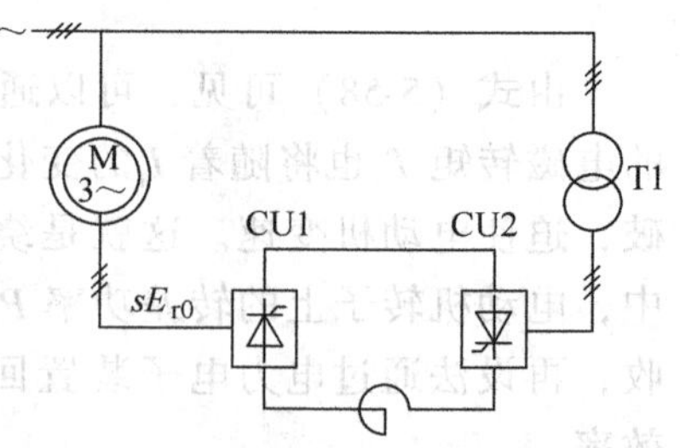

图 5-30 晶闸管串级调速系统的结构

5.4.3　转差功率不变型异步电动机调速方法

在转差功率不变型异步电动机调速系统中，转差功率只有转子铜损耗，而且无论转速高低，转差功率基本不变。这类调速方法主要有变极调速和变频调速两种。

1. 变极调速

由于一般异步电动机正常运行时的转差率很小，电动机的转速 $n=n_1(1-s)$ 主要取决于同步转速。从 $n_1=60f_1/n_p$ 可知，在电源频率保持不变的情况下，改变定子绕组的极对数 n_p，即可改变电动机的同步转速 n_1，从而使电动机的转速 n 也随之改变，这就是变极调速的基本原理。

改变定子绕组的极对数，通常用改变定子绕组的连接方式来实现，如图 5-31 所示。变极可以采用多种方式方法，下面仅以“倍极比反向变极法”为例说明其原理。

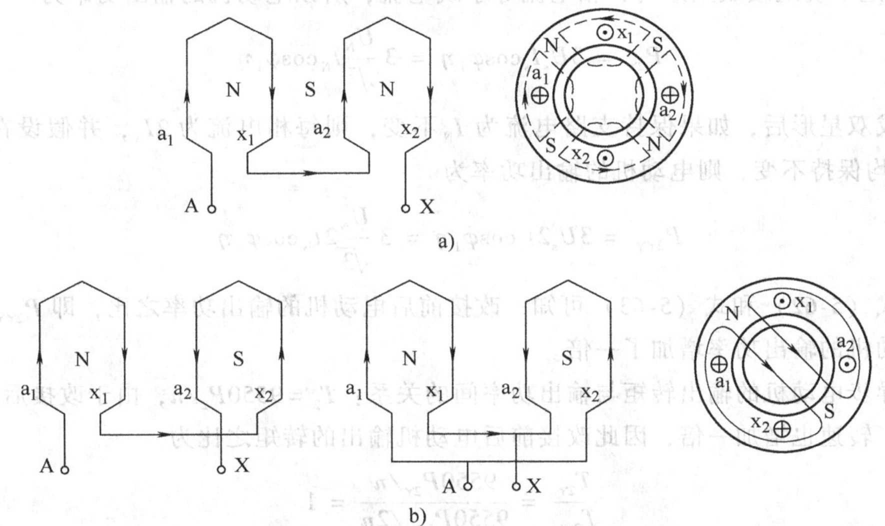

图 5-31　定子绕组改接以改变定子极对数
a) 4 极磁场　b) 2 极磁场

由图 5-31 可知，要使定子绕组的极对数改变一倍，只要改变定子绕组的连接方式，即将每相绕组分成两个“半相绕组”，通过改变其引出端的连接方式，使其中任一“半相绕组”中的电流反向，即可使定子绕组的极对数增大（或减少）一倍。常用的改变定子绕组极对数的连接方法有两种，如图 5-32 所示。注意：当改变定子绕组接线时，必须同时改变定子绕组的相序。

上述两种变极连接方法，虽然都能使定子绕组的极对数减少一半，转速增大一倍，但电动机的负载能力的变化却不同。调速过程中电动机负载能力的变化，是指在保持定子电流为额定值的条件下，调速前后电动机轴上输出的转矩和功率的变化。现在分析以上两种变极调速方法改接前后电动机的输出转矩和功率的变化情况。设电源线电压为 U_N，定子绕组每相的电压和电流分别为 U_s 和 I_s，绕组每相额定电流为 I_N。

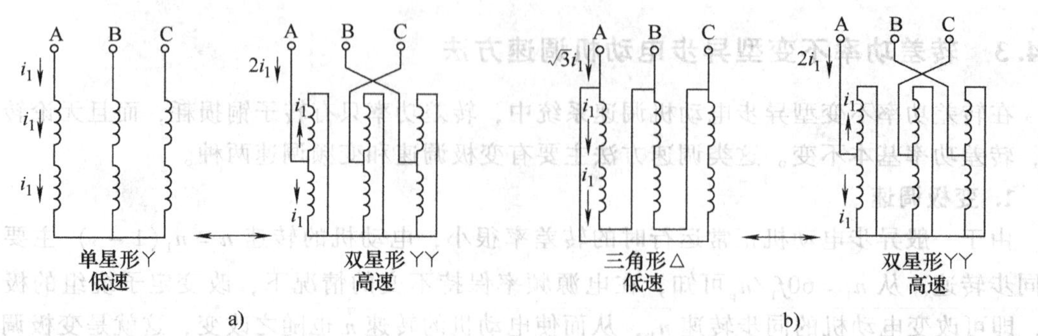

图 5-32　双速电动机定子绕组改接的方法

a) Y/YY联结　b) △/YY联结

1）当定子绕组接成星形时，相电流等于线电流，所以电动机的输出功率为

$$P_{2Y} = 3U_s I_s \cos\varphi_1 \eta = 3\frac{U_N}{\sqrt{3}} I_N \cos\varphi_1 \eta \tag{5-62}$$

改接成双星形后，如果保持支路电流为 I_N 不变，则每相电流为 $2I_N$，并假设在改接后，η 和 $\cos\varphi_1$ 均保持不变，则电动机的输出功率为

$$P_{2YY} = 3U_s 2I_s \cos\varphi_1 \eta = 3\frac{U_N}{\sqrt{3}} 2I_N \cos\varphi_1 \eta \tag{5-63}$$

比较式（5-62）和式（5-63）可知，改接前后电动机的输出功率之比，即 $P_{2YY}/P_{2Y}=2$，改接后电动机的输出功率增加了一倍。

根据异步电动机的输出转矩与输出功率间的关系：$T_2=9550P_2/n$，由于改接后输出功率增加一倍，转速也增加一倍，因此改接前后电动机输出的转矩之比为

$$\frac{T_{2Y}}{T_{2YY}} = \frac{9550P_{2Y}/n}{9550P_{2YY}/2n} = 1 \tag{5-64}$$

式（5-64）说明，Y/YY变极调速属于恒转矩性质，其机械特性如图 5-33 所示。这种变极调速方法适用于恒转矩负载的拖动系统，如起重机、传输带等机械。

2）当定子绕组由三角形改接成双星形时，改接前电动机的输出功率为

$$P_{2\triangle} = 3U_s I_s \cos\varphi_1 \eta = 3U_N I_N \cos\varphi_1 \eta \tag{5-65}$$

改接成双星形后，如果保持支路电流为 I_N 不变，则每相电流为 $2I_N$，并假设在改接后，η 和 $\cos\varphi_1$ 均保持不变，则电动机的输出功率为

$$P_{2YY} = 3U_s 2I_s \cos\varphi_1 \eta = 3\frac{U_N}{\sqrt{3}} 2I_N \cos\varphi_1 \eta \tag{5-66}$$

比较式（5-65）和式（5-66）可得改接前后电动机的输出功率之比为

$$P_{2YY}/P_{2\triangle} = \frac{2}{\sqrt{3}} = 1.15 \tag{5-67}$$

即采用△/YY改接方法，电动机的输出功率在改接前后基本保持不变，所以△/YY变极调速属于恒功率性质。根据转矩关系式可知，采用△/YY改接方法，当转速增加一倍时，转矩则减小一半。其机械特性如图 5-34 所示。

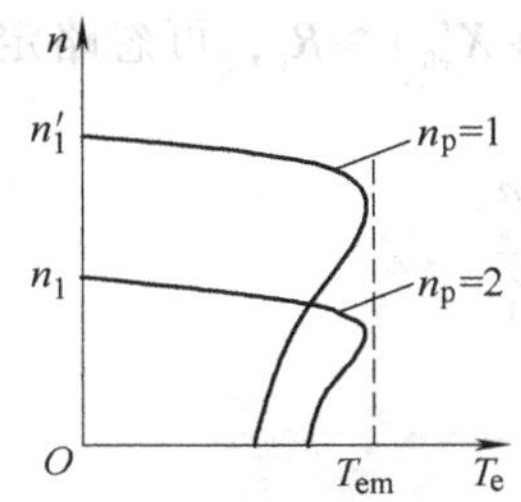

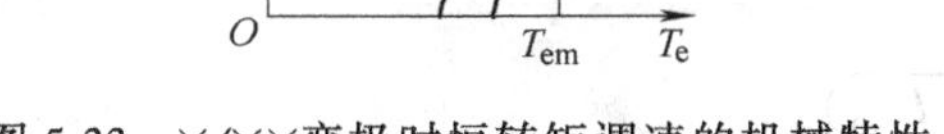
图 5-33　Y/YY变极时恒转矩调速的机械特性

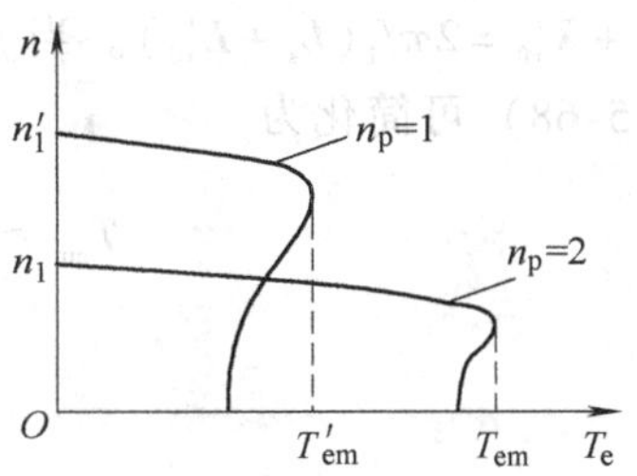

图 5-34　△/YY变极时恒转矩调速的机械特性

从以上分析可以看出，异步电动机的变极调速简单可靠、成本低、效率高、机械特性硬，且既可适用于恒转矩调速也可适用于恒功率调速，属于转差功率不变型调速方法。但变极调速是有级调速，不能实现均匀平滑的无级调速，且能实现的速度档也不可能太多。此外，多速电动机的尺寸一般比同容量的普通电动机稍大，运行性能也稍差一些，且接线头较多，并需要专门的换接开关。但总体上，变极调速还是一种比较经济的调速方法。

2. 变频调速

变频调速属于转差功率不变型调速类型，具有调速范围宽、平滑性好等特点，是异步电动机调速最有发展前途的一种方法。随着电力电子技术的发展，许多简单可靠、性能优异、价格便宜的变频调速装置已得到广泛应用。这里仅介绍变频调速的原理、性能及特性，具体的控制系统将在第 6 章深入讨论。

（1）变频调速的基本原理

从异步电动机转速公式 $n=n_1(1-s)$ 可知，若改变电源频率 f_1，则可平滑地改变异步电动机的同步转速 $n_1=60f_1/n_p$，异步电动机的转速 n 也随之改变，所以改变电源频率可以调节异步电动机的转速。

（2）变频调速的基本方式

在异步电动机调速时，总是希望主磁通 Φ_m 保持为额定值。如果磁通太弱，电动机的铁心得不到充分利用，是一种浪费；如果磁通太强，又会使铁心饱和，导致过大的励磁电流，严重时甚至会因绕组过热而损坏电动机。对于直流电动机，其励磁系统是独立的，只要对电枢反应的补偿合适，容易保持 Φ_m 不变，而在异步电动机中，磁通是定子和转子磁动势共同作用的结果，所以保持 Φ_m 不变的方法与直流电动机的情况不同。根据异步电动机定子每相电动势有效值的公式 $E_s=4.44f_1N_1K_{w1}\Phi_m$，如果略去定子阻抗压降，则定子端电压 $U_s\approx E_s$，即有 $U_s\approx E_s=4.44f_1N_1K_{w1}\Phi_m$。因此，这里在基频以下和基频以上的情况分别讨论变频调速。

1）基频 f_{1N} 以下调速。在基频 f_{1N} 以下，若要使 Φ_m 为定值，则 U_s 必须与频率成正比地变化，即 $U_s/f_1=$ 常值，这时 $U_s'/U_s=f_1'/f_1$ 为定值，上标为“′”的是变频后的量。

另一方面，为了保证电动机运行的稳定性，希望变频调速时，电动机的过载能力不变，即 $\lambda_m=T_e/T_N$ 为常值。由最大转矩公式

$$T_{em}=\frac{3n_p}{2\pi f_1}\frac{U_s^2}{2\left(\sqrt{R_s^2+(X_s+X'_{r0})^2}+R_s\right)} \tag{5-68}$$

其中，$X_s + X'_{r0} = 2\pi f_1(L_s + L'_{r0})$。当$f_1$相对较高时，因（$X_s + X'_{r0}$）$\gg R_s$，可忽略定子电阻$R_s$，这样式（5-68）可简化为

$$T_{em} \approx \frac{3n_p U_s^2}{8\pi f_1^2(L_s + L'_{r0})} = C\frac{U_s^2}{f_1^2} \tag{5-69}$$

式中

$$C = \frac{3n_p}{8\pi(L_s + L'_{r0})}$$

而过载系数为

$$\lambda_m = \frac{T_m}{T_N} = \frac{3n_p U_s^2}{8\pi f_1^2(L_s + L'_{r0})T_N} = C\frac{U_s^2}{f_1^2 T_N} \tag{5-70}$$

为了保证变频前后λ_m不变，则

$$\frac{U_s^2}{f_1^2 T_N} = \frac{U_s'^2}{f_1'^2 T'_N} \tag{5-71}$$

即

$$\frac{U'_s}{U_s} = \frac{f'_1}{f_1}\sqrt{\frac{T'_N}{T_N}} \tag{5-72}$$

对于恒转矩负载，因为$T_N = T_N'$，由式（5-72）可得$\frac{U'_s}{U_s} = \frac{f'_1}{f_1}$ = 定值，这时既保证了电动机的过载能力λ_m不变，同时又满足Φ_m为定值的要求，这说明变频调速适用于恒转矩负载。

下面分析恒压频比控制变频调速时，异步电动机的人为机械特性。因为U_s/f_1 = 常数，故磁通Φ_m基本保持不变，近似为常数，此时异步电动机的电磁转矩可表示为

$$T_e = \frac{3n_p}{2\pi}\left(\frac{U_s}{f_1}\right)^2 \frac{sf_1 R'_r}{(sR_s + R'_r)^2 + s^2(X_s + X'_{r0})^2} \tag{5-73}$$

由于U_s/f_1 = 常数，且当f_1相对较高时，从式（5-69）可看出，不同频率时的最大转矩T_{em}保持不变，所对应的最大转差率为

$$s_m = \frac{R'_r}{\sqrt{R_s^2 + (X_s + X'_{r0})^2}} \approx \frac{R'_r}{X_s + X'_{r0}} \propto \frac{1}{f_1} \tag{5-74}$$

不同频率时最大转矩所对应的转速降落为

$$\Delta n_m = s_m n_1 = \frac{R'_r}{\sqrt{R_s^2 + (X_s + X'_{r0})^2}}\frac{60f_1}{n_p} \approx \frac{60R'_r}{2\pi n_p(L_s + L'_{r0})} \tag{5-75}$$

因此，恒压频比控制变频调速时，由于最大转矩和最大转矩所对应的转速降落均为常数，因此异步电动机的机械特性是一组相互平行且硬度相同的曲线，如图 5-35 所示。

但在f_1变到很低时，$X_s + X_{r0}'$也很小，R_s不能被忽略，且由于U_s和E_s都较小，定子阻抗压降所占的份额比较大。此时，最大转矩和最大转矩对应的转速降落不再是常数，而是变小了。为保持低频时电动机有足够大的转矩，可以人为地抬高一些定子电压U_s，来近似地补偿定子压降。恒压频比控制特性如图 5-36 所示。

对于恒功率调速，由于$P_N = T_N'n' = T_N n$ = 定值，即$\frac{T'_N}{T_N} = \frac{n}{n'} = \frac{f_1}{f'_1}$，代入式（5-72），得

$$\frac{U'_s}{U_s} = \sqrt{\frac{f'_1}{f_1}} \tag{5-76}$$

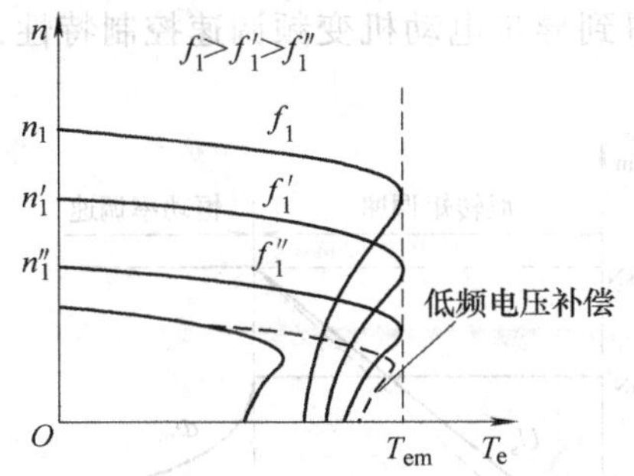

图 5-35　恒压频比控制的变频调速机械特性

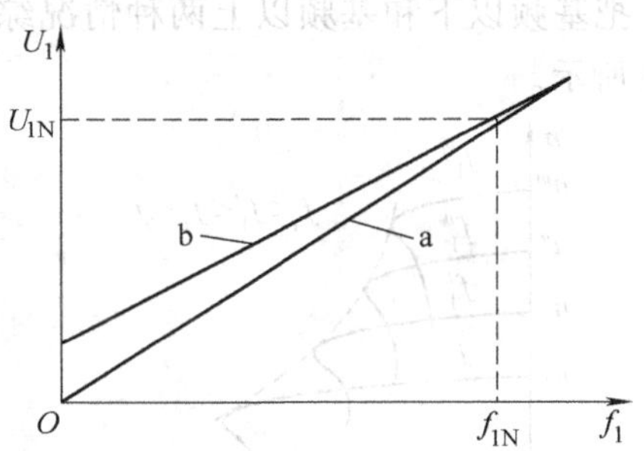

图 5-36　恒压频比控制特性
a—无补偿　b—带定子压降补偿

由此可见，在恒功率调速时，若按 $U_s/\sqrt{f_1}$ = 常数，控制定子电压的变化，则能使电动机的过载能力保持不变，但磁通将发生变化；若按 U_s/f_1 = 常数，控制定子电压的变化，则磁通 Φ_m将基本保持不变，但电动机的过载能力将在调速过程中发生变化。

2）基频 f_{1N}以上调速。频率 f_1从额定频率 f_{1N}往上增加，若仍保持 U_s/f_1 = 常数，势必使定子电压 U_s超过额定电压 U_N，这是不允许的。这样，基频以上调速应采取保持定子电压不变的控制策略，通过增加频率 f_1，使磁通 Φ_m与 f_1成反比地降低，这是一种类似于直流电动机弱磁升速的调速方法。保持定子电压 $U_s=U_N$不变，改变频率，这时异步电动机的电磁转矩为

$$T_e=\frac{3n_pU_N^2R_r'/s}{2\pi f_1\left((R_s+R_r'/s)^2+(X_s+X_{r0}')^2\right)} \tag{5-77}$$

由于 f_1较高，可忽略定子电阻 R_s，故最大转矩为

$$T_{em}=\frac{1}{2}\frac{3n_pU_N^2}{2\pi f_1\left(R_s+\sqrt{R_s^2+(X_s+X_{r0}')^2}\right)}\approx\frac{3n_pU_N^2}{4\pi f_1(X_s+X_{r0}')}=C\frac{1}{f_1^2} \tag{5-78}$$

这样，保持定子电压 U_s不变，升高频率调速时，最大转矩随频率的升高而减小，而最大转矩对应的转速降落是常数，因此对应的机械特性是平行的，硬度也是相同的。但频率越高，最大转矩越小，如图 5-37 所示。

基频以上变频调速过程中，异步电动机的电磁功率为

$$\begin{aligned}P_{em}=\Omega_1T_e&=\frac{2\pi f_1}{n_p}\frac{3n_pU_N^2R_r'/s}{2\pi f_1\left((R_s+R_r'/s)^2+(X_s+X_{r0}')^2\right)}\\&=\frac{3U_N^2R_r'/s}{(R_s+R_r'/s)^2+(X_s+X_{r0}')^2}\end{aligned} \tag{5-79}$$

在异步电动机的转差率 s 很小时，由于 $R_r'/s\gg R_s$，$R_r'/s\gg(X_s+X_{r0}')$，式（5-79）中的 R_s、X_s+X_{r0}'均可忽略，即基频以上变频调速时，异步电动机的电磁功率可近似为

$$P_{em}=\frac{3U_N^2s}{R_r'} \tag{5-80}$$

由于变频调速过程中，若保持 U_s为额定值 U_N不变，转差率 s 变化也很小，故可近似认为调速过程中 P_{em}是不变的，即在基频以上的变频调速，可近似为恒功率调速。

把基频以下和基频以上两种情况综合起来，可得到异步电动机变频调速控制特性，如图5-38所示。

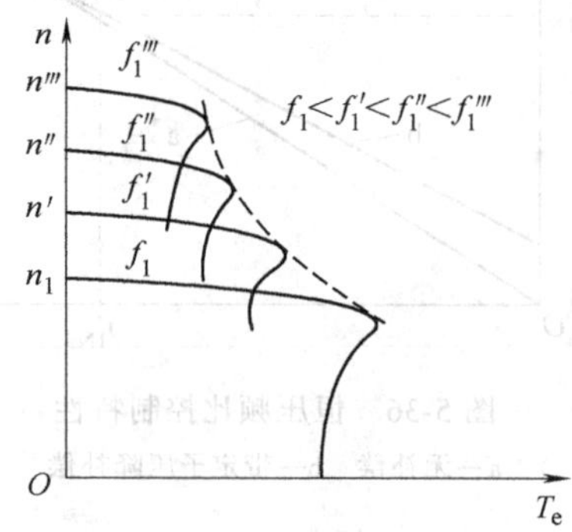

5-37 基频以上变频调速的机械特性

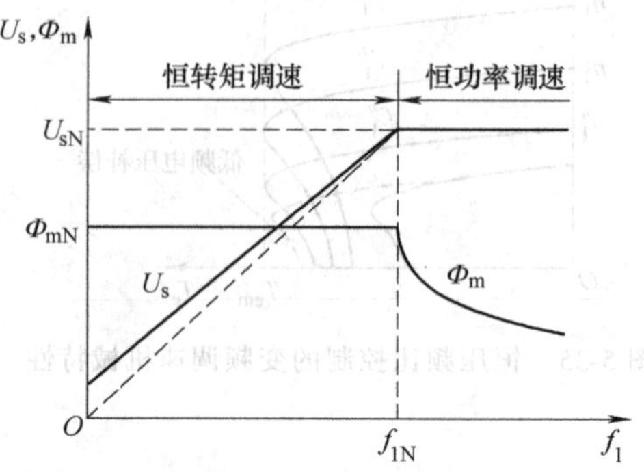

图 5-38 异步电动机变频调速的控制特性

3. 变频调速的实现

综上所述，三相异步电动机变频调速具有优异的性能，调速范围大，调速的平滑性好，可实现无级调速；调速时异步电动机的机械特性硬度不变，稳定性好；变频时 U_s 按不同规律变化可实现恒转矩或恒功率调速，以适应不同负载的要求。但是，要实现变频调速必须有专用的变频电源。随着新型电力电子器件和半导体变流技术、自动控制技术等的不断发展，变频电源目前都是应用电力电子器件构成的变频装置。图5-39所示为采用电力电子变频器供电的异步电动机变频调速系统。关于变频电源及变频调速的具体控制将在第6章详细讨论。

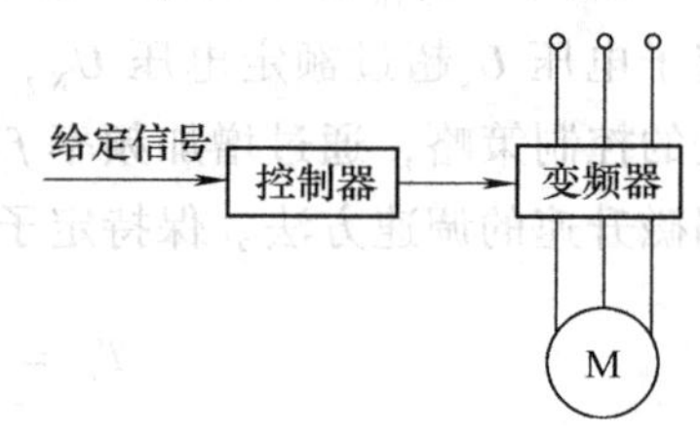

图 5-39 异步电动机变频调速系统

本章小结

1）异步电动机的机械特性有三种表达形式：物理表达式、参数表达式和实用表达式，分析问题时根据具体情况来使用。掌握参数变化对异步电动机机械特性的影响，利用机械特性曲线分析电动机的运行特性。

2）异步电动机由于起动时感抗较大，功率因数较低，虽然起动电流很大，但是起动转矩却不大。一般异步电动机的起动分为直接起动和间接起动。直接起动一般适合小容量场合，而间接起动适合大、中容量场合。

3）异步电动机的制动方法主要有能耗制动、反接制动和回馈制动，可实现四个象限的运行。

4）异步电动机的调速是当前电机发展的重要内容，调速性能可以从调速范围、平滑性、可靠性等方面来衡量，其中变频调速方法性能优良应用广泛。

习　题

5-1　什么是三相异步电动机的固有机械特性和人为机械特性？

5-2　三相异步电动机机械特性的三种表达式是什么？各有什么用途？

5-3　三相异步电动机的起动电流一般为额定电流的4～7倍，为什么起动转矩只有额定转矩的0.8～1.2倍？

5-4　为什么把三相异步电动机机械特性的直线段称为稳定运行区，而把机械特性的曲线段称为不稳定运行区？

5-5　三相异步电动机能够在低于额定电压的情况下运行吗？为什么？

5-6　绕线转子异步电动机在起动时转子电路串入起动电阻，为什么能够减小起动电流，增大起动转矩？

5-7　三相异步电动机有哪几种制动运行状态？每种状态下的转差率及能量转换关系有何不同？

5-8　深槽式异步电动机和双笼型异步电动机为什么能够改善起动性能？

5-9　笼型异步电动机有哪些起动方法？各有何优点？各适用于什么条件？

5-10　异步电动机有哪几种制动运行状态？每种状态下转差率及能量转换关系有何不同？

5-11　三相异步电动机有哪几种调速方法？各有何特点？

5-12　在基频以下和基频以上变频调速时，应按照什么规律来控制定子电压？

5-13　变频调速有何优点？变频调速时异步电动机的机械特性有何变化？

5-14　一台笼型异步电动机，已知 $U_N=380V$，$I_N=20A$，△联结，$\cos\varphi=0.87$，$\eta_N=87.5\%$，$n_N=1450n/min$，$I_{st}/I_N=7$，$T_{st}/T_N=1.4$，$\lambda_m=2.4$。试求：

（1）电动机轴上输出的额定功率 T_N；

（2）若要保证满载起动，电网电压不能低于多少伏？

（3）若采用Y－△换接起动，I_{st}等于多少？能否半载起动？

5-15　一台三相笼型异步电动机技术数据为：$P_N=40kW$，$U_N=380V$，$n_N=2930r/min$，$\cos\varphi_N=0.85$，$\eta_N=0.90$，$K_T=1.2$，$K_I=5.5$，定子绕组为△联结。供电变压器允许起动电流为150A时，能否在下面情况下用Y－△起动方法起动：

（1）负载转矩为 $0.25T_N$；（2）负载转矩为 $0.4T_N$。

5-16　一台绕线转子异步电动机，已知 $P_N=11kW$，$n_N=715r/min$，$E_{rN}=163V$，$I_{rN}=47.2A$，$T_{st}/T_N=1.7$，负载转矩 $T_L=98N\cdot m$。求4级起动时每级起动电阻。

5-17　一台三相四极绕线转子异步电动机，$f_1=50Hz$，转子每相电阻 $R_r=0.02\Omega$，$n_N=1485r/min$，负载转矩为额定值不变，串入 0.04Ω 的电阻，问此时电动机的转速是多少？

5-18　三相异步电动机，$P_N=100kW$，$n_N=725r/min$，$\lambda_m=2.8$，$E_{rN}=304V$，$I_{rN}=206A$。

（1）试绘制固有机械特性；

（2）设负载转矩 $T_L=0.8T_N$，求转速 $n=0.3n_1$ 时转子电路中的附加电阻。

5-19　一绕线转子异步电动机，其技术数据为：$P_N=75kW$，$n_N=720r/min$，$I_{sN}=148A$，$\eta_N=90.5\%$，$\cos\varphi=0.85$，$\lambda_m=2.4$，$E_{rN}=213V$，$I_{rN}=220A$。

（1）用实用表达式绘制电动机的固有机械特性；

（2）用该电动机带动位能负载，如下放负载时要求转速 $n=300r/min$，负载转矩 $T_L=T_N$ 时，转子每相应串接多大电阻？

(3) 电动机在额定状态下运转，为了停车采用反接制动，如要求制动转矩在起始时为 $2T_N$，求转子每相串接的电阻值。

5-20 一台三相四极绕线转子异步电动机，$P_N = 40\text{kW}$，$n_N = 1470\text{r/min}$，$R_r = 0.08\Omega$，$\lambda_m = 2.6$，带动位能性负载（考虑机械特性为直线）。

(1) 将该电动机用来提升重物，要求起动初始具有 $2T_N$ 的起动转矩，转子每相应串入多大电阻？

(2) 若起动电阻不切除，当负载转矩为 $0.8T_N$ 时，电动机转速为多少？若负载转矩不变（仍为 $0.8T_N$），要求电动机进入倒拉反接制动状态，此时转子总电阻至少应大于什么数值？

(3) 负载转矩仍为 $0.8T_N$，电动机在固有机械特性上利用回馈制动下放重物时，电动机的转速为多少？

第6章 异步电动机调速控制系统

变频调速系统调速范围宽，平滑性好，具有优良的动、静态特性，是一种理想的高效率、高性能的调速方式，因此应用广泛。本章在介绍异步电动机变压变频调速基本控制方式的基础上，重点分析基于异步电动机稳态模型的变频调速系统、基于动态模型的矢量控制系统和直接转矩控制系统。

6.1 变压变频调速的基础知识

6.1.1 电压频率协调控制时的机械特性

在第5章异步电动机的调速方法里，介绍了变频调速的方法，这里将详细讨论异步电动机在电压频率协调控制时的机械特性。

1. 基频以下采用恒压频比控制

我们知道，异步电动机定子每相电动势的有效值是 $U_s \approx E_g = 4.44 f_1 N_1 K_{w1} \Phi_m$，那么只要控制好 E_g 和 f_1，就可以达到控制磁通 Φ_m 的目的。

当定子电压 U_s 和电源角频率 ω_1 恒定时，$\omega_1 = 2\pi f_1$，而漏电抗 $X=\omega L = 2\pi f_1 L_l$，所以异步电动机的机械特性方程式可以改写为

$$T_e = 3n_p \left(\frac{U_s}{\omega_1}\right)^2 \frac{s\omega_1 R'_r}{(sR_s + R'_r)^2 + s^2\omega_1^2 (L_{ls} + L'_{lr})^2} \tag{6-1}$$

当 s 很小时，忽略分母中含 s 各项，则

$$T_e \approx 3n_p \left(\frac{U_s}{\omega_1}\right)^2 \frac{s\omega_1}{R'_r} \propto s \tag{6-2}$$

或

$$s\omega_1 \approx \frac{R'_r T_e}{3n_p \left(\frac{U_s}{\omega_1}\right)^2} \tag{6-3}$$

带负载时的转速降落为

$$\Delta n = sn_1 = \frac{60}{2\pi n_p} s\omega_1 \approx \frac{10R'_r T_e}{\pi n_p^2}\left(\frac{\omega_1}{U_s}\right)^2 \propto T_e \tag{6-4}$$

可见，当 U_s/ω_1 为恒值时，对于同一转矩 T_e，转速降落 Δn 基本不变。就是说，在恒压频比条件下把频率 f_1 向下调节时，机械特性基本上是平行下移的。

临界转矩 T_{em} 改写为

$$T_{em} = \frac{3n_p}{2}\left(\frac{U_s}{\omega_1}\right)^2 \frac{1}{\frac{R_s}{\omega_1} + \sqrt{\left(\frac{R_s}{\omega_1}\right)^2 + (L_{ls} + L'_{lr})^2}} \tag{6-5}$$

可见，临界转矩 T_{em} 随着频率 ω_1 的降低而减小。当频率较低时，T_{em} 减小，电动机带载

能力减弱，采用低频定子压降补偿，适当地提高电压 U_s，可以增强带载能力。

基频以下变压变频调速时，转差功率为

$$P_s = sP_{em} = \frac{s\omega_1 T_e}{n_p} \approx \frac{R'_r T_e^2}{3n_p \left(\frac{U_s}{\omega_1}\right)^2} \tag{6-6}$$

与转速无关，所以称为转差功率不变型调速方法。

2. 基频以下电压补偿控制

在基频以下运行时，采用恒压频比的控制方法具有控制简便的优点，但负载的变化使定子压降不同，将导致磁通改变，需采用定子电压补偿控制，根据定子电流的大小改变定子电压，以保持磁通恒定。这里，再来看异步电动机等效电路，如图 6-1 所示。图中，E_g为气隙磁通在定子每相绕组中的感应电动势；E_s为定子全磁通在定子每相绕组中的感应电动势；E_r'为转子全磁通在转子绕组中的感应电动势（折算到定子侧）。

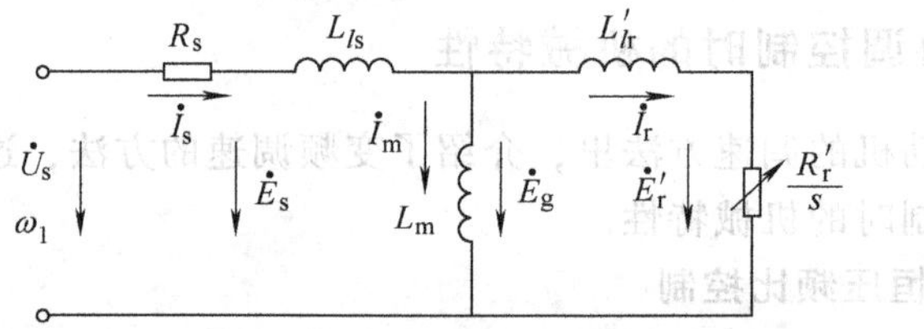

图 6-1　异步电动机等效电路和感应电动势

下面讨论异步电动机的三种磁通，即气隙磁通 Φ_m、定子全磁通 Φ_{ms}和转子全磁通 Φ_{mr}，分别保持恒定时的控制方法及机械特性。

气隙磁通 Φ_m在定子每相绕组中的感应电动势为

$$E_g = 4.44 f_1 N_1 K_{w1} \Phi_m \tag{6-7}$$

与此对应的定子全磁通 Φ_{ms}在定子每相绕组中的感应电动势为

$$E_s = 4.44 f_1 N_1 K_{w1} \Phi_{ms} \tag{6-8}$$

转子全磁通 Φ_{mr}在转子每相绕组中的感应电动势（折算到定子侧）为

$$E_r' = 4.44 f_1 N_1 K_{w1} \Phi_{mr} \tag{6-9}$$

（1）恒定子磁通 Φ_{ms}控制

从式（6-8）可知，只要使 E_s/f_1 = 常值，就可保持定子磁通恒定。但定子电动势不容易直接控制，能够直接控制的只有定子电压 U_s，由于 $\dot{U}_s = R_s\dot{I}_s + \dot{E}_s$，由此补偿定子电阻压降以保持 E_s/f_1 = 常值，就能够得到恒定子磁通。

忽略励磁电流时，可得转子电流幅值为

$$I'_r = \frac{E_s}{\sqrt{\left(\frac{R'_r}{s}\right)^2 + \omega_1^2 (L_{ls} + L'_{lr})^2}} \tag{6-10}$$

代入电磁转矩关系式，得

$$T_e = \frac{3n_p}{\omega_1} \frac{E_s^2}{\left(\frac{R'_r}{s}\right)^2 + \omega_1^2 (L_{ls} + L'_{lr})^2} \frac{R'_r}{s} = 3n_p \left(\frac{E_s}{\omega_1}\right)^2 \frac{s\omega_1 R'_r}{R'^2_r + s^2\omega_1^2 (L_{ls} + L'_{lr})^2} \tag{6-11}$$

比较式（6-11）和式（6-1）两个转矩表达式可知，恒定子磁通 Φ_{ms} 控制时表达式的分母小于恒压频比 U_s/ω_1 控制特性中的同类项。因此，当转差率 s 相同时，采用恒定子磁通 Φ_{ms} 控制方式的电磁转矩大于恒压频比 U_s/ω_1 控制方式。或者说，当负载转矩相同时，恒定子磁通 Φ_{ms} 控制方式的转速降落小于恒压频比 U_s/ω_1 控制。

将式（6-11）对 s 求导，并令 $\mathrm{d}T_e/\mathrm{d}s=0$，则求得临界转差率为

$$s_m=\frac{R'_r}{\omega_1(L_{ls}+L'_{lr})} \tag{6-12}$$

临界转矩为

$$T_{em}=\frac{3n_p}{2}\left(\frac{E_s}{\omega_1}\right)^2\frac{1}{(L_{ls}+L'_{lr})} \tag{6-13}$$

可见，频率变化时，恒定子磁通控制的临界转矩恒定不变，机械特性如图 6-2 中曲线 b 所示。

比较可知，恒定子磁通控制的临界转差率大于恒压频比控制方式，恒定子磁通控制的临界转矩也大于恒压频比控制方式（见图 6-2 中的曲线 a）。

（2）恒气隙磁通控制

由 $E_g=4.44f_1N_1K_{w1}\Phi_m$ 可知，只要使 E_g/ω_1 = 常值，就能保持气隙磁通 Φ_m 恒定。由于定子电压 $\dot{U}_s=(R_s+\mathrm{j}\omega_1L_{ls})\dot{I}_s+\dot{E}_g$，所以要维持 E_g/ω_1 = 常值，除了补偿定子电阻压降外，还应补偿定子漏抗压降。这时转子电流为

$$I'_r=\frac{E_g}{\sqrt{(R'_r/s)^2+\omega_1^2L'^2_{lr}}} \tag{6-14}$$

代入电磁转矩基本关系式，得

$$T_e=\frac{3n_p}{\omega_1}\frac{E_g^2}{(R'_r/s)^2+\omega_1^2L'^2_{lr}}\frac{R'_r}{s}=3n_p\left(\frac{E_g}{\omega_1}\right)^2\frac{s\omega_1R'_r}{R'^2_r+s^2\omega_1^2L'^2_{lr}} \tag{6-15}$$

这就是恒 E_g/ω_1 时的机械特性方程式。

将式（6-15）对 s 求导，并令 $\mathrm{d}T_e/\mathrm{d}s=0$，则求得临界转差率

$$s_m=\frac{R'_r}{\omega_1L'_{lr}} \tag{6-16}$$

临界转矩为

$$T_{em}=\frac{3n_p}{2}\left(\frac{E_s}{\omega_1}\right)^2\frac{1}{L'_{lr}} \tag{6-17}$$

机械特性曲线如图 6-2 中曲线 c。与恒定子磁通 Φ_{ms} 控制方式相比较，恒气隙磁通 Φ_m 控制方式的临界转差率和临界转矩更大，机械特性更硬。

（3）恒转子磁通控制

由式 $E_r'=4.44f_1N_1K_{w1}\Phi_{mr}$ 可知，只要使 E_r/ω_1 = 常值，就能保持转子磁通 Φ_{mr} 恒定。由于定子电压为 $\dot{U}_s=[R_s+\mathrm{j}\omega_1(L_{ls}+L'_{lr})]\dot{I}_s+\dot{E}_r$，而转子电流

$$I'_r=\frac{E_r}{R'_r/s} \tag{6-18}$$

代入电磁转矩基本关系式，得

$$T_e=\frac{3n_p}{\omega_1}\frac{E_r^2}{(R'_r/s)^2}\frac{R'_r}{s}=3n_p\left(\frac{E_r}{\omega_1}\right)^2\frac{s\omega_1}{R'_r} \tag{6-19}$$

这时机械特性完全是一条直线，如图 6-2 中曲线 d。显然，恒转子磁通 Φ_{mr} 控制的稳态性能最好，可以获得和直流电动机一样的线性机械特性，这正是高性能交流变频调速所要求的稳态性能。

（4）不同控制方式下的机械特性

不同控制方式的比较如下：

1）恒压频比控制最容易实现，它的机械特性基本上是平行下移，硬度也较好，能够满足一般的调速要求，低速时需适当提高定子电压，以近似补偿定子阻抗压降。

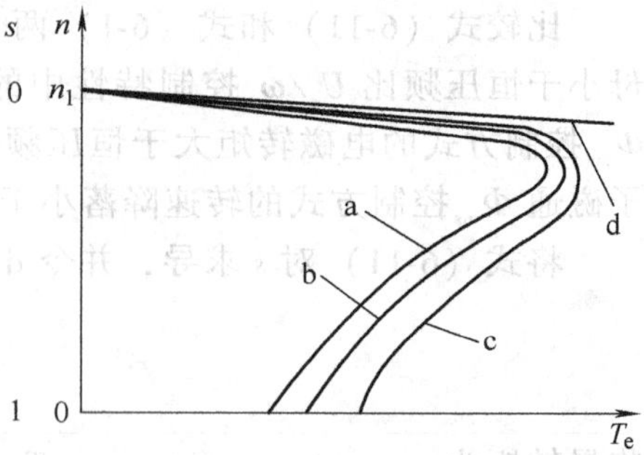

图 6-2　不同控制方式下的机械特性
a—恒压频比控制　b—恒定子磁通控制
c—恒气隙磁通控制　d—恒转子磁通控制

2）恒定子磁通、恒气隙磁通和恒转子磁通的控制方式均需要定子电压补偿，控制要复杂一些。恒定子磁通和恒气隙磁通的控制方式虽然改善了低速性能，但机械特性还是非线性的，仍受到临界转矩的限制。

3）恒转子磁通控制方式可以获得和直流他励电动机一样的线性机械特性，性能最佳。

6.1.2　交－直－交变压变频器

1. 交－直－交变压变频器的分类

现代交流电动机变压变频调速系统主要由交流电动机、电力电子变频器两大部分组成。变流器的拓扑结构分两种：一种是交－直－交（AC－DC－AC）结构形式，也称间接变频，如图 6-3 所示；另一种是交－交（AC－AC）结构形式，也称直接变频。下面讨论交－直－交变压变频器。

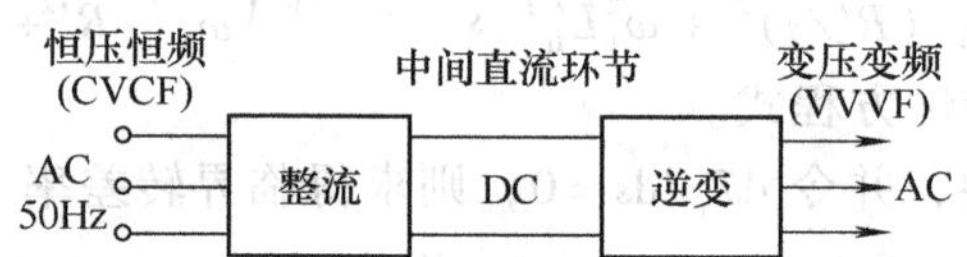

图 6-3　交－直－交（间接）变压变频器

对于交－直－交变压变频器，由于整流电路输出的直流电压或直流电流中含纹波，必须在整流器与逆变器之间设置中间直流滤波环节，以减少直流电压或电流的波动。根据中间直流环节的直流电源性质不同，交－直－交变频器分为电压源型和电流源型两类，其实际区别在于中间直流环节所采用的滤波器不同。图 6-4a 所示为电压源型逆变器（Voltage Source Inverter，VSI），直流环节采用大电容滤波，因而直流电压波形比较平直，在理想情况下是一

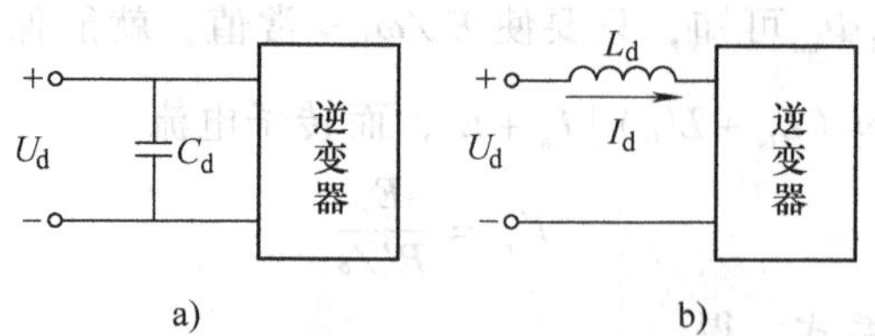

图 6-4　电压源型和电流源型逆变器
a）电压源逆变器　b）电流源逆变器

个内阻为零的恒压源，输出交流电压是矩形波或阶梯波，也称电压型逆变器。图 6-4b 所示为电流源型逆变器（Current Source Inverter，CSI），直流环节采用大电感滤波，直流电流波形比较平直，相当于一个恒流源，输出交流电流是矩形波或阶梯波，也称电流型逆变器。

交－直－交变压变频器中的逆变器一般接成三相桥式电路，以便输出三相交流变频电源，图 6-5 所示为六个电力电子开关器件 VT_1 ~ VT_6 组成的三相逆变器主电路，图中用开关符号代表电力电子开关器件。控制各开关器件轮流导通和关断，可使输出端得到三相交流电压。在某一瞬间，控制一个开关器件关断，同时使另一个器件导通，就实现了两个器件之间的换流。根据开关器件的导通时间分为 180°导电型和 120°导电型。

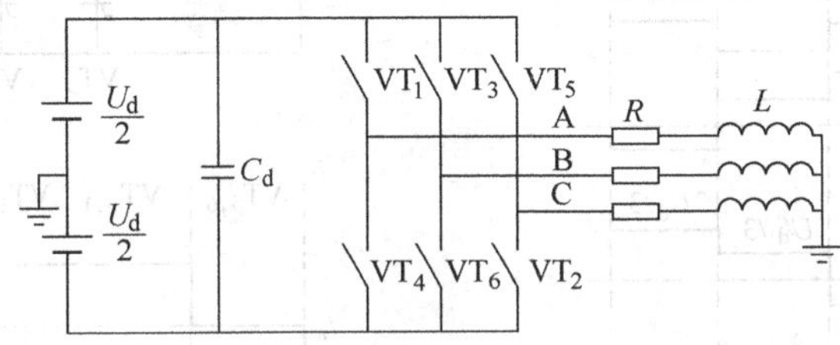

图 6-5　三相桥式逆变器主电路

2. 电压源型逆变器

图 6-6 所示为 180°导电型电压源型逆变器的主电路及电压和电流波形。逆变器中晶闸管的导通顺序是：$VT_1 \to VT_2 \to VT_3 \to VT_4 \to VT_5 \to VT_6 \to VT_1$……，各触发信号相隔 60°电角度，每一时刻有三个开关器件同时导通，每个开关器件在一个周期内导通的区间是 180°，同一桥臂上、下两管之间互相换流。例如，当 VT_1关断后，使 VT_4导通，而当 VT_4关断后，又使 VT_1导通。电动机星形联结，中性点为 n，三相电压波形相位相差 120°，三相是对称的。需要注意的是，必须防止同一桥臂的上、下两管同时导通，否则将造成直流电源短路，称为“直通”。为此，在换流时，必须采取“先断后通”的方法，即先给应关断的器件发出关断信号，待其关断后留一定的时间裕量，叫做“死区时间”，再给应导通的器件发出开通信号。死区时间的长短视器件的开关速度而定，器件的开关速度越快时，所留的死区时间可以越短，但设置死区时间又会造成输出电压波形的畸变。

3. 电流源型逆变器

图 6-7 所示为一个 120°导电型电流源型逆变器的主电路及电压和电流波形。这种主电路拓扑称为串联二极管式，六个电容起强迫换流的作用。电动机正转时，逆变器中晶闸管的触发顺序是：$VT_1 \to VT_2 \to VT_3 \to VT_4 \to VT_5 \to VT_6 \to VT_1$……，各触发信号相隔 60°电角度，每一时刻有两个开关器件同时导通，每个开关器件在一个周期内导通的区间是 120°，换流发生在共阳极组或共阴极组内。例如，VT_1关断后使 VT_3导通，VT_3关断后使 VT_5导通，VT_4关断后使 VT_6导通等。如果负载电动机绕组是星形联结，则只有两相导电，另一相悬空。

4. 两类逆变器的比较

1）无功能量的缓冲。在调速系统中，逆变器的负载是异步电动机，属感性负载。在中间直流环节与负载电动机之间，除了有功功率的传送外，还存在无功功率的交换。滤波器除滤波外还起着对无功功率的缓冲作用，使它不至影响到交流电网。因此，两类逆变器的区别还表现在采用什么储能元件（电容器或电感器）来缓冲无功能量。

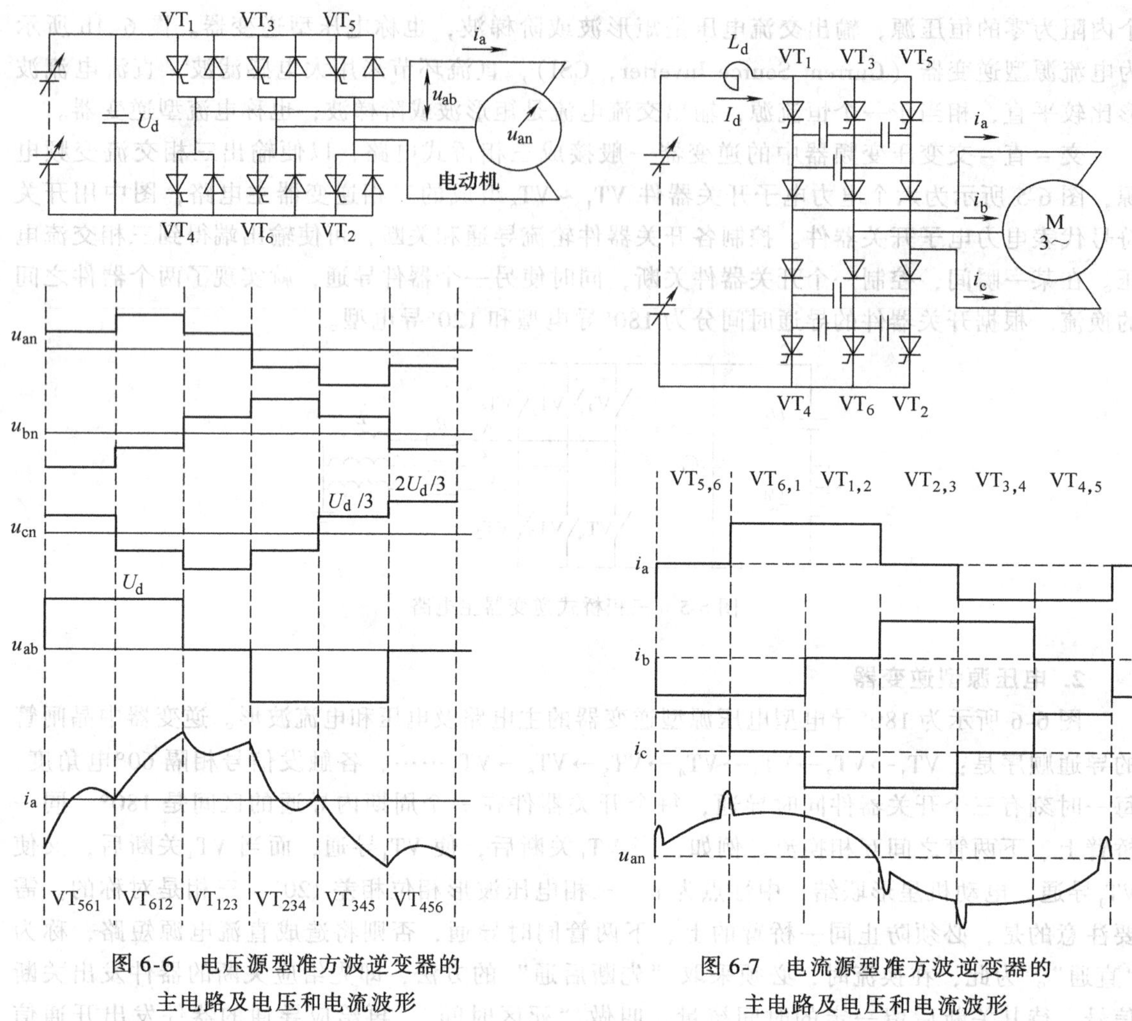

图 6-6 电压源型准方波逆变器的主电路及电压和电流波形

图 6-7 电流源型准方波逆变器的主电路及电压和电流波形

2）能量的回馈。用电流源型逆变器给异步电动机供电的电流源型变压变频调速系统有一个显著特征，就是容易实现能量的回馈，从而便于四象限运行，适用于需要回馈制动和经常正、反转的生产机械。

采用电压源型的交－直－交变压变频调速系统要实现回馈制动和四象限运行却很困难，因为其中间直流环节有大电容钳制着电压的极性，不可能迅速反向，而电流受到器件单向导电性的制约也不能反向，所以在原装置上无法实现回馈制动。必须制动时，只有在直流环节中并联电阻实现能耗制动，或者与整流器反并联一组反向的可控整流器，来通过反向的制动电流，而保持电压极性不变，实现回馈制动。这样做，设备就复杂多了。

3）动态响应。正由于交－直－交电流源型变压变频调速系统的直流电压可以迅速改变，所以动态响应比较快，而电压源型变压变频调速系统的动态响应就慢得多。

4）应用场合。电压源型逆变器属恒压源，电压控制响应慢，不易波动，所以适于做多台电动机同步运行时的供电电源，或单台电动机调速但不要求快速起制动和快速减速的场合。采用电流源型逆变器的系统则相反，不适用于多电动机传动，但可以满足快速起制动和可逆运行的要求。

6.2　变压变频脉宽调制（PWM）技术

在早期的交－直－交变压变频器中，由于只能采用半控式的晶闸管，其关断的不可控性和较低的开关频率导致逆变器的输出波形不可能近似按正弦波变化，会有较大的低次谐波，使电动机输出转矩存在脉动分量，影响其稳态工作性能，在低速运行时更为明显。后来，应用全控型器件，既可使其开通又可使其关断，其开关速度高于普通晶闸管，在20世纪80年代开发了PWM技术的逆变器，改善了交流电动机变压变频调速系统的性能。由于性能优良，因此PWM技术在国内外的变压变频器得到广泛采用。目前，PWM变压变频器常用的功率开关器件有P－MOSFET（小容量）、IGBT（中小容量）、GTO（大中容量）和IGCT等。受到开关器件额定电压和电流的限制，对于特大容量电机的变压变频调速还是采用半控型的晶闸管（SCR），即用可控整流器调压和六拍逆变器调频的交－直－交变压变频器。

图6-8所示为两类电压型变压变频器的主电路和输出电压波形。其中，图6-8a为晶闸管变压变频器输出电压波形，为六阶梯波，图6-8b为PWM逆变器输出线电压波形。

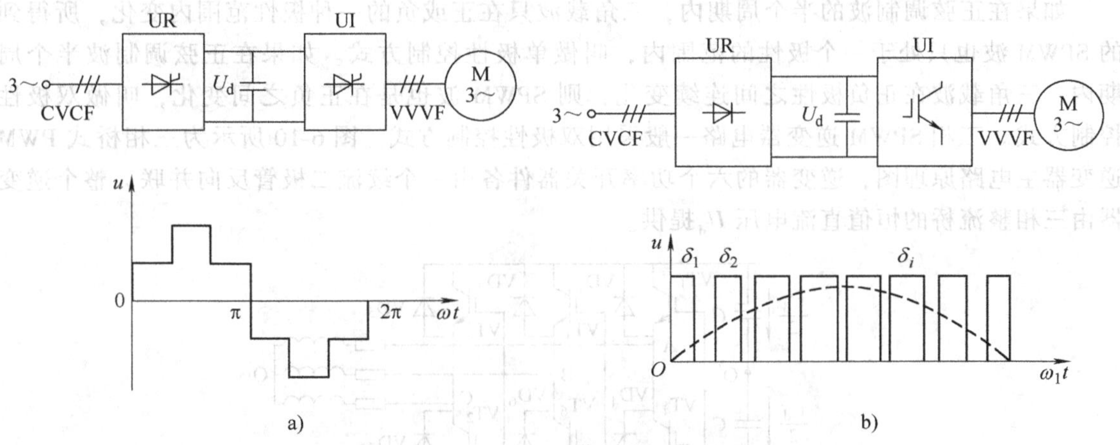

图6-8　电压型变压变频器的主电路和输出电压波形
a）晶闸管变压变频器　b）PWM逆变器

可见，PWM变压变频器具有一系列优点，因此广泛应用：

1）在主电路整流和逆变两个单元中，只有逆变单元可控，通过它同时调节电压和频率，结构简单。采用全控型的功率开关器件，只通过驱动电压脉冲进行控制，电路简单，效率高。

2）输出电压波形虽是一系列的PWM波，但由于采用了恰当的PWM控制技术，正弦基波的比重较大，影响电动机运行的低次谐波受到很大的抑制，因而转矩脉动小，提高了系统的调速范围和稳态性能。

3）逆变器同时实现调压和调频，动态响应不受中间直流环节滤波器参数的影响，系统的动态性能也得以提高。

4）采用不可控的二极管整流器，电源侧功率因数较高，且不受逆变输出电压大小的影响。

6.2.1 正弦波脉宽调制（SPWM）控制技术

1. PWM 调制原理

以正弦波作为逆变器输出的期望波形，以频率比期望波高得多的等腰三角波作为载波（Carrier wave），并用频率和期望波相同的正弦波作为调制波（Modulation wave），当调制波与载波相交时，由它们的交点确定逆变器开关器件的通断时刻，从而获得在正弦调制波的半个周期内呈两边窄中间宽的一系列等幅不等宽的矩形波，如图 6-9 所示。按照波形面积相等的原则，每一个矩形波的面积与相应位置的正弦波面积相等，因而这个序列的矩形波与期望的正弦波等效。这种调制方法称为正弦波脉宽调制（Sinusoidal Pulse Width Modulation，SPWM），这种序列的矩形波称为 SPWM 波。

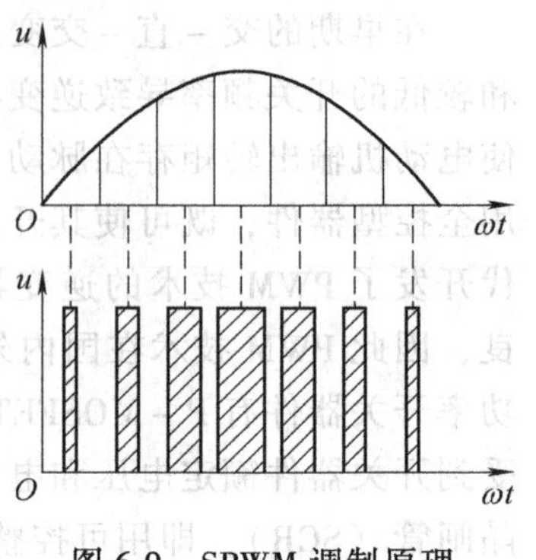

图 6-9　SPWM 调制原理

2. SPWM 控制方式

如果在正弦调制波的半个周期内，三角载波只在正或负的一种极性范围内变化，所得到的 SPWM 波也只处于一个极性的范围内，叫做单极性控制方式。如果在正弦调制波半个周期内，三角载波在正负极性之间连续变化，则 SPWM 波也是在正负之间变化，叫做双极性控制方式。三相 SPWM 逆变器电路一般采用双极性控制方式。图 6-10 所示为三相桥式 PWM 逆变器主电路原理图，逆变器的六个功率开关器件各由一个续流二极管反向并联，整个逆变器由三相整流桥的恒值直流电压 U_d 提供。

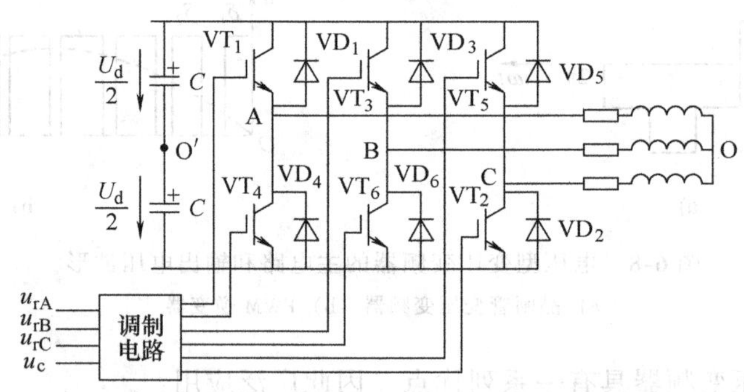

图 6-10　三相桥式 PWM 逆变器主电路原理图

调制电路中，控制（调制）信号是一组三相对称的正弦参考电压信号 u_{rA}、u_{rB}、u_{rC}，由参考信号发生器提供，其频率决定逆变器输出的基波频率，应在所要求的频率范围内可调。参考信号的幅值也应在一定范围内变化，以决定输出电压的大小。载波为三角波信号，分别与每相参考信号比较后，给出“正”或“零”的输出，产生 SPWM 脉冲序列波，作为逆变器开关器件的驱动控制信号，如图 6-11 所示。

图 6-12 所示为三相 SPWM 逆变器工作在双极性控制方式时的电压输出波形，输出基波电压的大小和频率是通过改变正弦参考信号的幅值和频率而改变的，逆变器同一桥臂上下两个功率开关管工作于交替导通状态。其中，u_{rA}、u_{rB}、u_{rC} 为 A、B、C 三相的正弦调制波，u_c 为双极性三角载波；$u_{AO'}$、$u_{BO'}$、$u_{CO'}$ 为 A、B、C 三相输出与电源中性点 O′之间的相电压矩

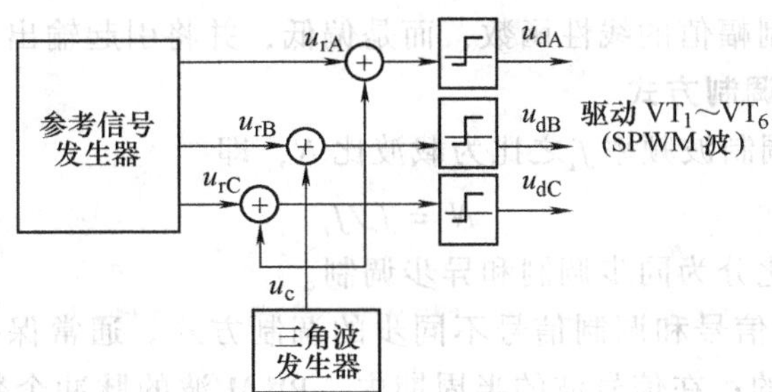

图 6-11　三相 SPWM 控制电路

形波形；u_{AB} 为输出线电压矩形波形，其脉冲幅值为 $+U_d$ 和 $-U_d$；u_{AO}、u_{BO}、u_{CO} 为三相输出与电机中性点 O 之间的相电压，其波形与 $u_{AO'}$、$u_{BO'}$、$u_{CO'}$ 是不同的。

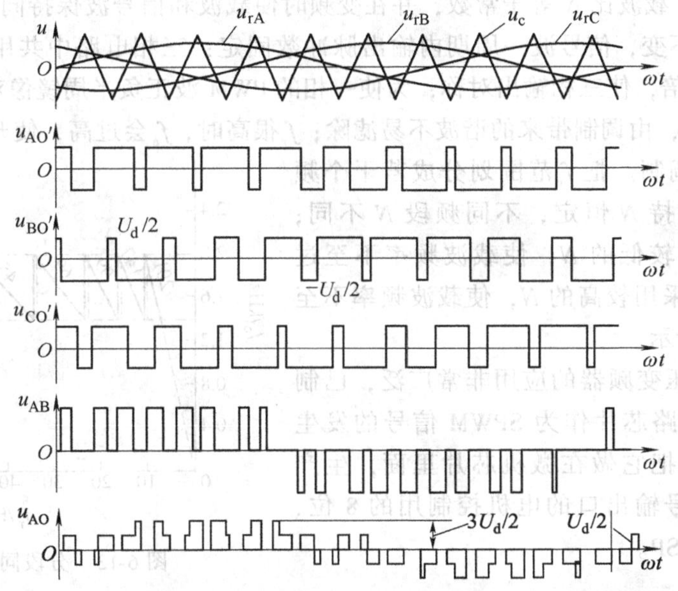

图 6-12　三相 SPWM 逆变器工作在双极式控制方式时的电压输出波形

3. SPWM 的制约

根据脉宽调制的特点，主电路开关器件的开关能力与主电路的结构及换流能力有关，所以 SPWM 调制技术应用于交流调速系统必然受一定条件的制约，主要有两点：

1）开关频率。逆变器各功率开关器件的开关损耗限制了脉宽调制逆变器的每秒脉冲数（即每个开关器件的每秒动作次数）。从电动机角度出发，开关频率越高越好，但是开关频率过高，将导致开关管的功率损耗增加，只能在这两者之间折中。

2）调制度。为保证主电路开关器件安全工作，必须使所调制的脉冲波有最小脉宽与最小间隙的限制，以保证脉冲宽度大于开关器件的导通时间与关断时间，这就要求参考正弦信号的幅值不能超过三角载波峰值的某一百分数（称为临界百分数）。一般定义调制度为

$$M = U_{rm}/U_{cm} \tag{6-20}$$

式中，U_{rm} 和 U_{cm} 分别为正弦调制波参考信号与三角载波信号的峰值。

在理想情况下 M 可在 0 ~ 1 之间变化，以调节输出电压幅值，实际上 M 值总是小于 1 的。当调制超过最小脉宽的限制时，可以改为按固定的最小脉宽工作，但这样会使逆变器输

出电压的幅值不再是调制幅值的线性函数，而是偏低，并将引起输出电压谐波的增大。

4. SPWM 逆变器的调制方式

定义载波频率f_c和调制波频率f_r之比为载波比N，即

$$N = f_c/f_r \tag{6-21}$$

根据载波比是否变化分为同步调制和异步调制。

1）异步调制。载波信号和调制信号不同步的调制方式。通常保持f_c固定不变，当f_r变化时，载波比N是变化的；在信号波的半周期内，PWM 波的脉冲个数不固定，相位也不固定，正负半周期的脉冲不对称，半周期内前后 1/4 周期的脉冲也不对称；当f_r较低时，N较大，一周期内脉冲数较多，脉冲不对称产生的不利影响较小；当f_r增高时，N减小，一周期内的脉冲数减少，PWM 脉冲不对称的影响就变大。

2）同步调制。载波比N等于常数，并在变频时使载波和信号波保持同步。基本同步调制方式，f_r变化时N不变，信号波一周期内输出脉冲数固定；三相电路中共用一个三角波载波，且取N为 3 的整数倍，使三相输出对称；为使一相的 PWM 波正负半周镜像对称，N应取奇数；f_r很低时，f_c也很低，由调制带来的谐波不易滤除；f_r很高时，f_c会过高，使开关器件难以承受。

3）分段同步调制。把f_r范围划分成若干个频段，每个频段内保持N恒定，不同频段N不同；在f_r高的频段采用较低的N，使载波频率不至过高；在f_r低的频段采用较高的N，使载波频率不至过低，如图 6-13 所示。

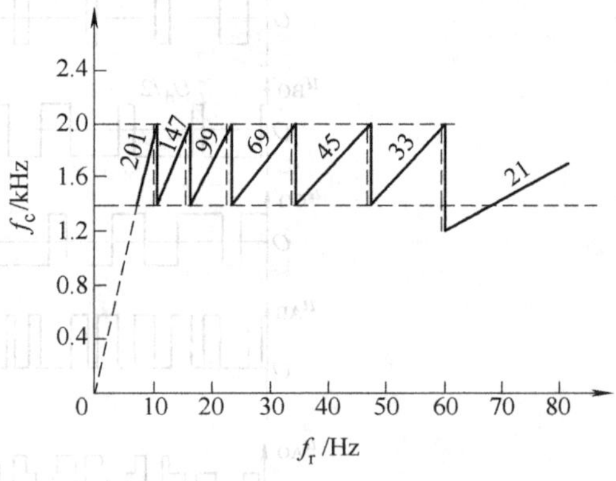

图 6-13　分段同步调制方式

由于 PWM 变压变频器的应用非常广泛，已制成多种专用集成电路芯片作为 SPWM 信号的发生器，后来更进一步把它做在微机芯片里面，生产出多种带 PWM 信号输出口的电机控制用的 8 位、16 位微机芯片和 DSP。

6.2.2　电流跟踪 PWM（CFPWM）控制技术

SPWM 方法着眼于对电压进行控制。实际上，对电机电流的控制更重要，因为旋转磁场是由电流产生的，转矩的产生也直接与电流有关，而高性能的拖动系统都要求对电流进行直接控制。

在电流跟踪型 PWM 方法中，把希望输出的电流波形作为指令信号，把实际电流作为反馈信号，通过比较两者的瞬时值来决定逆变电路相应功率开关器件的通断，使实际的输出跟踪指令信号变化。图 6-14 所示是具有电流滞环跟踪 PWM 控制的变压变频器的 A 相原理图，电流控制器是带滞环的比较器，环宽为 $2HB$。B、C 两相与此相同。采用电流滞环跟踪控制时，变压变频器的电流波形与 PWM 电压波形如图 6-15 所示。

图 6-15 中，在t_0时刻，$i_A < i_A^*$，且$\Delta i_A = i_A^* - i_A \geqslant HB$，滞环控制器 HBC 输出正电平，驱动上桥臂功率开关器件VT_1导通，变压变频器输出正电压，使i_A增大。当i_A增长到与i_A^*相等时，虽然$\Delta i_A = 0$，但 HBC 仍保持正电平输出，保持VT_1导通，使i_A继续增大，直到t_1时刻。$i_A = i_A^* + HB$，$\Delta i_A = -HB$，使滞环翻转，HBC 输出负电平，关断VT_1，并经延时后驱动VT_4。

但此时 VT_4未必能够导通，由于电动机绕组的电感作用，电流不会反向，而是通过二极管 VD_4续流，使 VT_4受到反向钳位而不能导通。此后，i_A逐渐减小，直到 t_2时刻，$i_A=i_A^*-HB$，到达滞环偏差的下限值，使 HBC 再翻转，又重复使 VT_1导通。这样，VT_1与 VD_4交替工作，使输出电流 i_A快速跟随给定值 i_A^*，两者的偏差始终保持在 $\pm HB$ 范围内，i_A在正弦波 i_A^*上下作锯齿状变化，输出电流十分接近正弦波。与此类似，负半周波形是 VT_4与 VD_1交替工作。

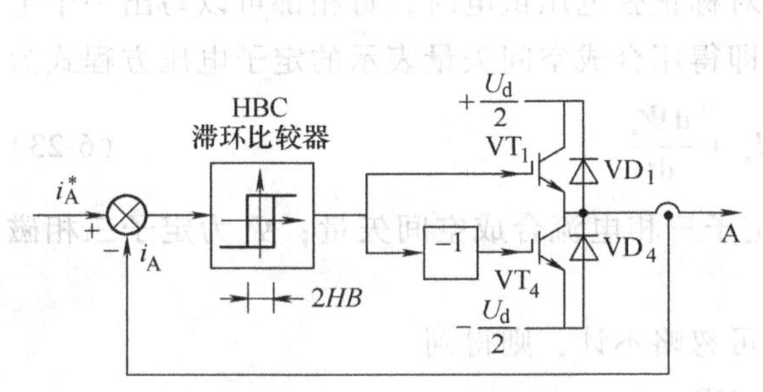

图 6-14　滞环电流跟踪控制的 A 相原理图

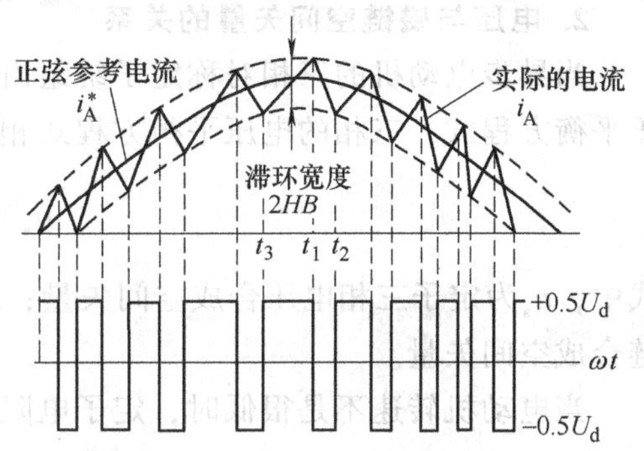

图 6-15　滞环电流跟踪的电压与电流波形

电流跟踪控制的精度与滞环的环宽有关，同时还受到功率开关器件允许开关频率的制约。当环宽选得较大时，可降低开关频率，但电流波形失真较多，谐波分量高；如果环宽太小，电流波形虽然较好，却使开关频率增大了。这是一对矛盾的因素，实用中，应在充分利用器件开关频率的前提下，正确地选择尽可能小的环宽。

6.2.3　电压空间矢量 PWM（SVPWM）控制技术

SPWM 控制主要着眼于使变压变频器的输出电压尽量接近正弦波，并未顾及输出电流的波形，而电流滞环跟踪控制则直接控制输出电流，使之在正弦波附近变化，这比只要求正弦电压前进了一步。然而交流电动机需要输入三相正弦电流的最终目的是在电动机空间形成圆形旋转磁场，从而产生恒定的电磁转矩。把逆变器和交流电动机视为一体，以圆形旋转磁场为目标来控制逆变器的工作，这种控制方法称为“磁链跟踪控制”。因为磁链轨迹的控制是通过交替使用不同的电压空间矢量实现的，所以这种控制方法又称为“电压空间矢量 PWM（SVPWM）控制”。

1. 空间矢量的定义

交流电动机绕组的电压、电流、磁链等物理量都是随时间变化的，分析时常用时间相量来表示，如果考虑到它们所在绕组的空间位置，可以定义为空间矢量。在图 6-16 中，A、B、C 分别表示在空间静止的电动机定子三相绕组的轴线，它们在空间互差 $2\pi/3$，三相定子相电压 $\boldsymbol{u}_{AO}$、$\boldsymbol{u}_{BO}$、$\boldsymbol{u}_{CO}$分别加在三相绕组上。定义三个定子电压空间矢量 $\boldsymbol{u}_{AO}$、$\boldsymbol{u}_{BO}$、$\boldsymbol{u}_{CO}$的方向始终处于各相绕组的轴线上，而大小则随时间按正弦规律脉动，时间相位互相错开的角度也是 $2\pi/3$。根据电机原理可知，同样由三相定子电压空间矢量相加合成的空间矢量 $\boldsymbol{u}_s$是一个旋转的空间矢

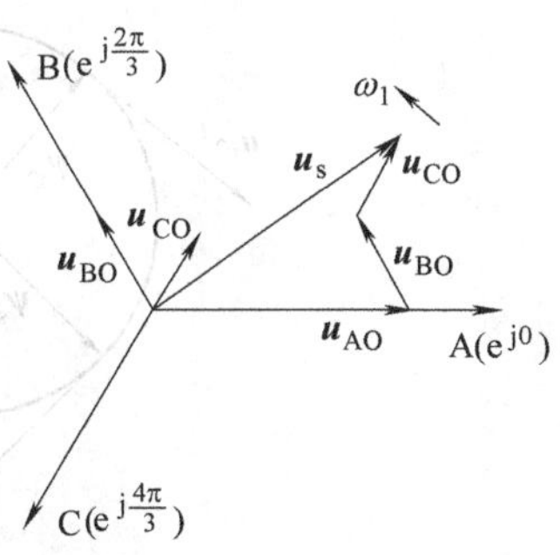

图 6-16　电压空间矢量

量，它的幅值不变，是每相电压值的3/2倍。当电源频率不变时，合成空间矢量$\boldsymbol{u}_s$以电源角频率ω_1为电气角速度作恒速旋转。当某一相电压为最大值时，合成电压矢量$\boldsymbol{u}_s$就落在该相的轴线上。用公式表示，则有

$$\boldsymbol{u}_s = \boldsymbol{u}_{AO} + \boldsymbol{u}_{BO} + \boldsymbol{u}_{CO} \tag{6-22}$$

与定子电压空间矢量相仿，可以定义定子电流和磁链的空间矢量$\boldsymbol{I}_s$和$\boldsymbol{\Psi}_s$。

2. 电压与磁链空间矢量的关系

当异步电动机的三相对称定子绕组由三相对称正弦电压供电时，每相都可以写出一个电压平衡方程式，三相的电压平衡方程式相加，即得用合成空间矢量表示的定子电压方程式为

$$\boldsymbol{u}_s = R_s\boldsymbol{I}_s + \frac{d\boldsymbol{\Psi}_s}{dt} \tag{6-23}$$

式中，$\boldsymbol{u}_s$为定子三相电压合成空间矢量；$\boldsymbol{I}_s$为定子三相电流合成空间矢量；$\boldsymbol{\Psi}_s$为定子三相磁链合成空间矢量。

当电动机转速不是很低时，定子电阻压降可忽略不计，则得到

$$\boldsymbol{u}_s \approx \frac{d\boldsymbol{\Psi}_s}{dt} \tag{6-24}$$

或

$$\boldsymbol{\Psi}_s \approx \int \boldsymbol{u}_s dt \tag{6-25}$$

当电动机由三相平衡正弦电压供电时，电动机定子磁链幅值恒定，其空间矢量以恒速旋转，磁链矢量顶端的运动轨迹呈圆形（简称为磁链圆）。定子磁链旋转矢量可表示为

$$\boldsymbol{\Psi}_s = \boldsymbol{\Psi}_m e^{j\omega_1 t} \tag{6-26}$$

式中，$\boldsymbol{\Psi}_m$是磁链$\boldsymbol{\Psi}_s$的幅值；ω_1为其旋转角速度。

由式（6-24）和式（6-26）可得

$$\boldsymbol{u}_s \approx \frac{d}{dt}(\boldsymbol{\Psi}_m e^{j\omega_1 t}) = j\omega_1\boldsymbol{\Psi}_m e^{j\omega_1 t} = \omega_1\boldsymbol{\Psi}_m e^{j(\omega_1 t+\frac{\pi}{2})} \tag{6-27}$$

式（6-27）表明，当磁链幅值$\boldsymbol{\Psi}_m$一定时，$\boldsymbol{u}_s$的大小与ω_1成正比，其方向则与磁链矢量正交，即磁链圆的切线方向，如图6-17所示。当磁链矢量在空间旋转一周时，电压矢量也连续地按磁链圆的切线方向运动2π弧度，其轨迹与磁链圆重合，如图6-18所示。这样，电动机旋转磁场的轨迹问题就可转化为电压空间矢量的运动轨迹问题。

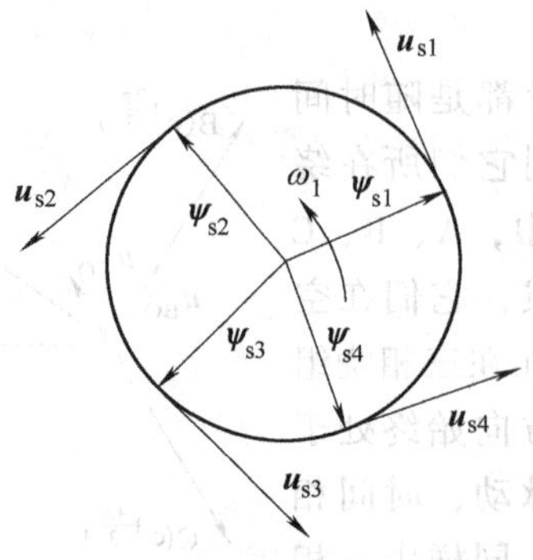

图6-17 旋转磁场与电压空间矢量的运动轨迹

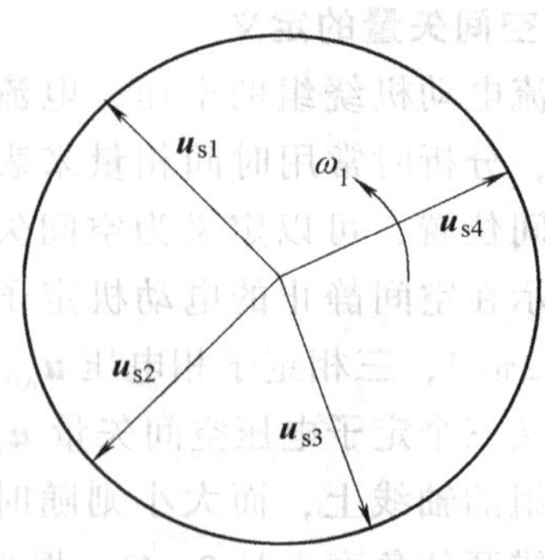

图6-18 电压矢量圆轨迹

3. 六阶梯波逆变器与正六边形空间旋转磁场

(1) 电压空间矢量

在常规的 PWM 变压变频调速系统中，异步电动机由六拍阶梯波逆变器供电，下面先讨论这时的电压空间矢量运动轨迹。在图 6-19 所示的三相逆变器—异步电动机调速系统主电路中，开关符号代表六个功率开关器件。

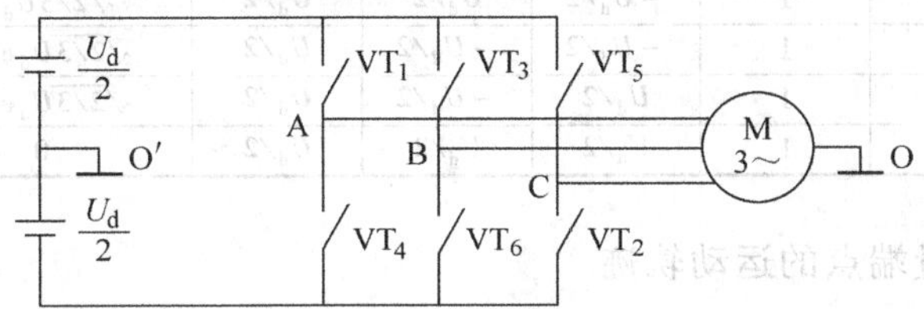

图 6-19　三相逆变器—异步电动机调速系统主电路

逆变器采用 180°导通型，即上、下管换流。如果把上桥臂器件导通表示为"1"，下桥臂器件导通表示为"0"，那么功率开关器件共有八种工作状态，见表 6-1。其中，六种有效开关状态，两种无效状态（上桥臂开关 VT_1、VT_3、VT_5 全部导通，下桥臂开关 VT_2、VT_4、VT_6 全部导通，逆变器这时并没有输出电压）。对于六拍阶梯波的逆变器，在其输出的每个周期中六种有效的工作状态各出现一次，逆变器每隔$\pi/3$ 时刻就切换一次工作状态（即换相），而在这$\pi/3$ 时刻内则保持不变。

设工作周期从 100 状态开始，这时 VT_6、VT_1、VT_2 导通，各相对直流电源中点的电压幅值为：$U_{AO'}=U_d/2$，$U_{BO'}=U_{CO'}=-U_d/2$。图 6-20 及表 6-1 表示出了六拍供电时三相异步电动机的电压空间矢量。

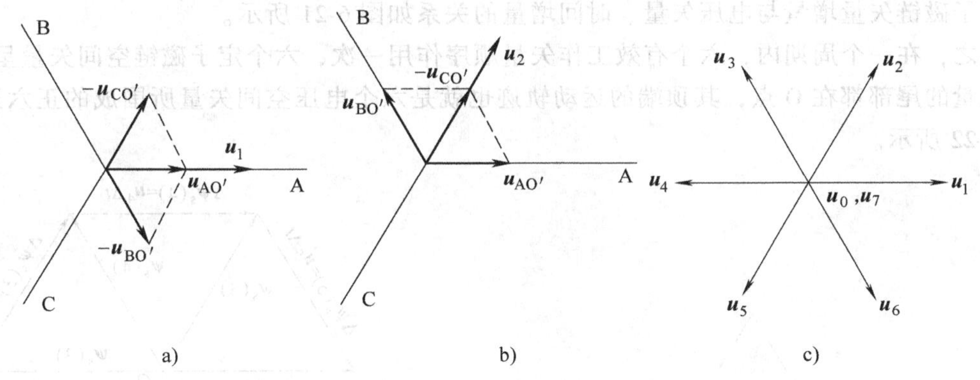

图 6-20　六拍供电时三相电动机的电压空间矢量

a）工作状态 100 的合成电压空间矢量　b）工作状态 110 的合成电压空间矢量

c）每个周期的六边形合成电压空间矢量

由图 6-20a 可知，工作状态 100 的合成电压空间矢量为 $\boldsymbol{u}_1$，其幅值等于 U_d，方向沿 A 轴（即 X 轴）。$\boldsymbol{u}_1$存在的时间为$\pi/3$，在这段时间以后，工作状态转为 110，这时合成空间矢量变成图 6-20b 中的 $\boldsymbol{u}_2$，它在空间上滞后于 $\boldsymbol{u}_1$ 的相位为$\pi/3$ 弧度，存在的时间也是$\pi/3$。依次类推，随着逆变器工作状态的切换，电压空间矢量的幅值不变，而相位每次旋转$\pi/3$，直到一个周期结束。图 6-20c 所示为基本电压空间矢量图，两个零矢量为 $\boldsymbol{u}_0$和 $\boldsymbol{u}_7$。

表 6-1 基本电压空间矢量

	S_A	S_B	S_C	u_A	u_B	u_C	$\boldsymbol{u}_s$	开关状态
$\boldsymbol{u}_0$	0	0	0	$-U_d/2$	$-U_d/2$	$-U_d/2$	0	$VT_2VT_4VT_6$
$\boldsymbol{u}_1$	1	0	0	$U_d/2$	$-U_d/2$	$-U_d/2$	$\sqrt{2/3}U_d$	$VT_6VT_1VT_2$
$\boldsymbol{u}_2$	1	1	0	$U_d/2$	$U_d/2$	$-U_d/2$	$\sqrt{2/3}U_d e^{j\pi/3}$	$VT_1VT_2VT_3$
$\boldsymbol{u}_3$	0	1	0	$-U_d/2$	$U_d/2$	$-U_d/2$	$\sqrt{2/3}U_d e^{j2\pi/3}$	$VT_2VT_3VT_4$
$\boldsymbol{u}_4$	0	1	1	$-U_d/2$	$U_d/2$	$U_d/2$	$\sqrt{2/3}U_d e^{j\pi}$	$VT_3VT_4VT_5$
$\boldsymbol{u}_5$	0	0	1	$-U_d/2$	$-U_d/2$	$U_d/2$	$\sqrt{2/3}U_d e^{j4\pi/3}$	$VT_4VT_5VT_6$
$\boldsymbol{u}_6$	1	0	1	$U_d/2$	$-U_d/2$	$U_d/2$	$\sqrt{2/3}U_d e^{j5\pi/3}$	$VT_5VT_6VT_1$
$\boldsymbol{u}_7$	1	1	1	$U_d/2$	$U_d/2$	$U_d/2$	0	$VT_1VT_3VT_5$

（2）定子磁链矢量端点的运动轨迹

一个由电压空间矢量运动所形成的正六边形轨迹也可以看做是异步电动机定子磁链矢量端点的运动轨迹。设在逆变器工作开始时定子磁链空间矢量为 $\boldsymbol{\psi}_1$，在第一个$\pi/3$ 期间，电动机上施加的电压空间矢量为图 6-20a 中的 $\boldsymbol{u}_1$，按照式（6-25）可以写成

$$\boldsymbol{u}_1\Delta t = \Delta\boldsymbol{\Psi}_s(1) \tag{6-28}$$

也就是说，在$\pi/3$ 所对应的时间Δt 内，施加 $\boldsymbol{u}_1$的结果是使定子磁链 $\boldsymbol{\psi}_s$（1）产生一个增量$\Delta\boldsymbol{\psi}_s$，其幅值与 $|\boldsymbol{u}_1|$ 成正比，方向与 $\boldsymbol{u}_1$一致，因此

$$\boldsymbol{\psi}_s(2) = \boldsymbol{\psi}_s(1) + \Delta\boldsymbol{\psi}_s(1) \tag{6-29}$$

依次类推，可以写成$\Delta\boldsymbol{\psi}_s$的通式

$$\boldsymbol{u}_i\Delta t = \Delta\boldsymbol{\Psi}_s(i) \quad (i = 1,2,\cdots,6) \tag{6-30}$$

磁链矢量的运动轨迹为

$$\boldsymbol{\psi}_s(i+1) = \boldsymbol{\psi}_s(i) + \Delta\boldsymbol{\psi}_s(i) = \boldsymbol{\psi}_s(i) + \boldsymbol{u}_s(i)\Delta t \tag{6-31}$$

定子磁链矢量增量与电压矢量、时间增量的关系如图 6-21 所示。

总之，在一个周期内，六个有效工作矢量顺序作用一次，六个定子磁链空间矢量呈放射状，矢量的尾部都在 O 点，其顶端的运动轨迹也就是六个电压空间矢量所围成的正六边形，如图 6-22 所示。

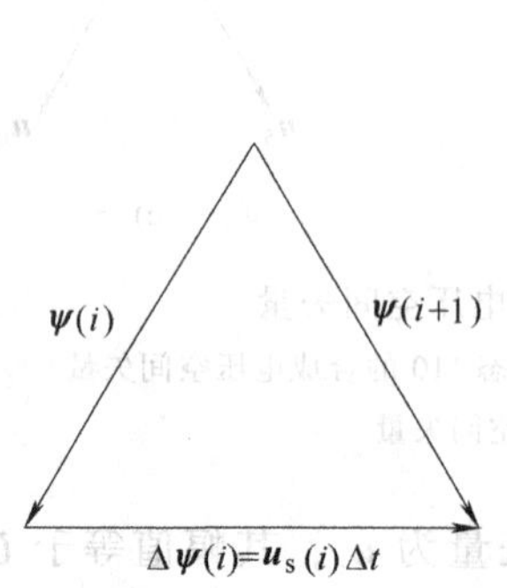

图 6-21 磁链矢量增量与电压矢量、时间增量的关系

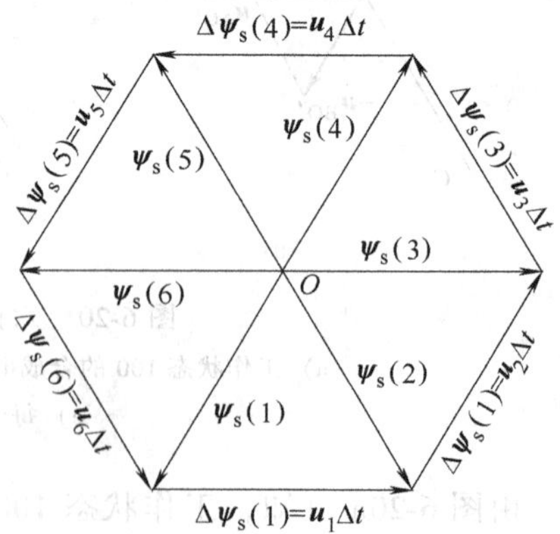

图 6-22 正六边形定子磁链

4. 电压空间矢量的线性组合与 SVPWM 控制

如果交流电动机仅由常规的六拍阶梯波逆变器供电，即每个有效电压矢量在一个周期内

只作用一次，只能生成六边形的旋转磁场，则与正弦波供电时所产生的圆形旋转磁场相差甚远。即六边形旋转磁场带有较大的谐波分量，这将导致转矩与转速的脉动，使电动机不能匀速运行。要想获得更多边形或逼近圆形的旋转磁场，就必须在每一个 π/3 期间内出现多个工作状态，以形成更多的相位不同的电压空间矢量，因此必须对逆变器的控制模式进行改造。

（1）基本思路

虽然只有八个基本电压矢量，但是可以用矢量合成的方法得到多种不同的矢量，增加切换次数，控制 PWM 的开关时间，使定子旋转磁场逼近圆形。可以按空间矢量的平行四边形合成法则，利用相邻的两个有效工作矢量合成期望的输出矢量。

设想磁链增量由图 6-23 中的$\Delta\boldsymbol{\psi}_{11}$，$\Delta\boldsymbol{\psi}_{12}$，$\Delta\boldsymbol{\psi}_{13}$，$\Delta\boldsymbol{\psi}_{14}$这 4 段组成。这时每段施加的电压空间矢量的相位都不一样，可以用基本电压矢量线性组合的方法获得。

（2）线性组合的方法

图 6-24 表示由电压空间矢量$\boldsymbol{u}_1$和$\boldsymbol{u}_2$的线性组合构成新的电压矢量$\boldsymbol{u}_s$。设在一段换相周期时间T_0中，$\boldsymbol{u}_1$的作用时间为t_1，$\boldsymbol{u}_2$的作用时间为t_2。由于t_1和t_2较短，因此所产生的磁链变化也较小，分别用$\dfrac{t_1}{T_0}\boldsymbol{u}_1$和$\dfrac{t_2}{T_0}\boldsymbol{u}_2$来表示。可以用两个矢量之和表示由两个矢量线性组合后的电压矢量$\boldsymbol{u}_s$，新矢量的相位为θ。

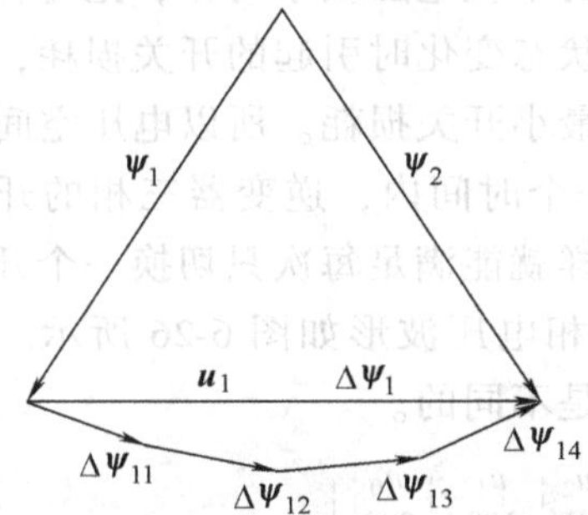

6-23 逼近圆形时的磁链增量轨迹

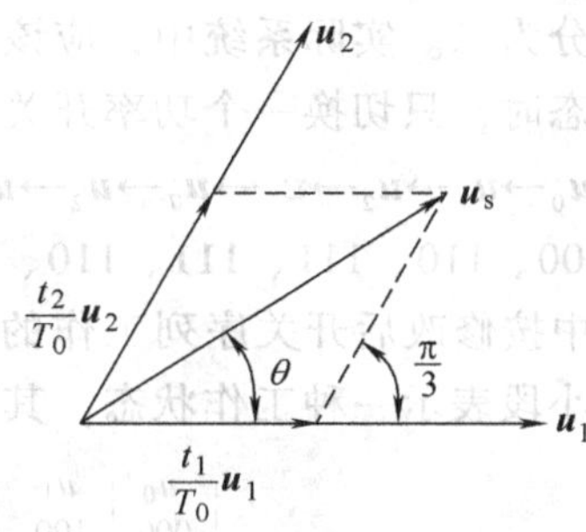

图 6-24 电压空间矢量的线性组合

（3）作用时间的确定

可根据各段磁链增量的相位求出所需的作用时间t_1和t_2。在图 6-24 中，有

$$\boldsymbol{u}_s=\frac{t_1}{T_0}\boldsymbol{u}_1+\frac{t_2}{T_0}\boldsymbol{u}_2=\frac{t_1}{T_0}\sqrt{\frac{2}{3}}u_d+\frac{t_2}{T_0}\sqrt{\frac{2}{3}}u_d\mathrm{e}^{\mathrm{j}\frac{\pi}{3}} \tag{6-32}$$

由正弦定理可得

$$\frac{\dfrac{t_1}{T_0}\sqrt{\dfrac{2}{3}}u_d}{\sin\left(\dfrac{\pi}{3}-\theta\right)}=\frac{\dfrac{t_2}{T_0}\sqrt{\dfrac{2}{3}}u_d}{\sin\theta}=\frac{u_s}{\sin\dfrac{2\pi}{3}} \tag{6-33}$$

解得

$$t_1=\frac{\sqrt{2}u_sT_0}{u_d}\sin\left(\frac{\pi}{3}-\theta\right)\qquad t_2=\frac{\sqrt{2}u_sT_0}{u_d}\sin\theta \tag{6-34}$$

(4) 零矢量的使用

换相周期 $T_0 = 1/f_s$，f_s为开关频率，T_0与 $t_1 + t_2$未必相等，其间隙时间由零矢量 $\boldsymbol{u}_0$或 $\boldsymbol{u}_7$来填补。为了减少功率器件的开关次数，一般使 $\boldsymbol{u}_0$和 $\boldsymbol{u}_7$各占一半时间，因此

$$t_0 = t_7 = \frac{1}{2}(T_0 - t_1 - t_2) \geqslant 0 \tag{6-35}$$

(5) 电压空间矢量的扇区划分

为了讨论方便，可把逆变器的一个工作周期用 6 个电压空间矢量划分成 6 个区域，称为扇区（Sector），如图 6-25 所示的Ⅰ、Ⅱ、…、Ⅵ，每个扇区对应的时间均为π/3。由于逆变器在各扇区的工作状态都是对称的，因此分析一个扇区的方法可以推广到其他扇区。电压空间矢量的 6 个扇区：在常规六拍逆变器中一个扇区仅包含两个开关工作状态。实现 SVPWM 控制就是要把每一扇区再分成若干个对应于时间 T_0的小区间。按照上述方法插入若干个线性组合的新电压空间矢量 $\boldsymbol{u}_s$，以获得优于正六边形的多边形（逼近圆形）旋转磁场。

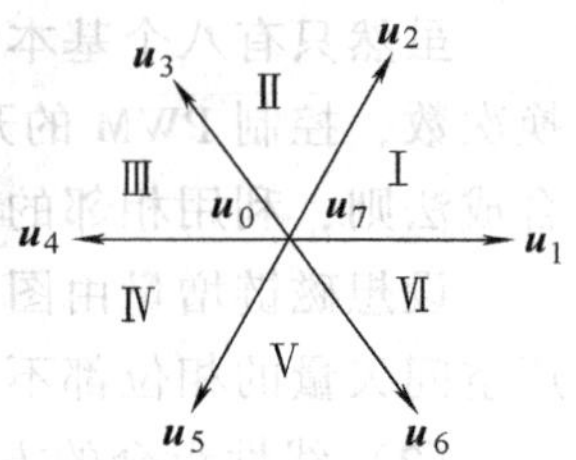

图 6-25　电压空间矢量的放射形式和 6 个扇区

(6) 开关状态顺序原则

图 6-26 所示扇区内的区间包含 t_1、t_2、t_7和 t_0共 4 段，相应的电压空间矢量为 $\boldsymbol{u}_1$、$\boldsymbol{u}_2$、$\boldsymbol{u}_7$和 $\boldsymbol{u}_0$，即 100、110、111 和 000 共四种开关状态。为了使电压波形对称，把每种状态的作用时间都一分为二。实际系统中，应该尽量减少开关状态变化时引起的开关损耗，因此每次切换开关状态时，只切换一个功率开关器件，以满足最小开关损耗。所以电压空间矢量的作用顺序为：$\boldsymbol{u}_0 \to \boldsymbol{u}_1 \to \boldsymbol{u}_2 \to \boldsymbol{u}_7 \to \boldsymbol{u}_7 \to \boldsymbol{u}_2 \to \boldsymbol{u}_1 \to \boldsymbol{u}_0$，在这一个时间内，逆变器三相的开关状态序列为 000、100、110、111、111、110、100、000，这样就能满足每次只切换一个开关的要求了。T_0区间中按修改后开关序列工作的逆变器输出三相电压波形如图 6-26 所示。其中，虚线间的每一小段表示一种工作状态，其时间长短可以是不同的。

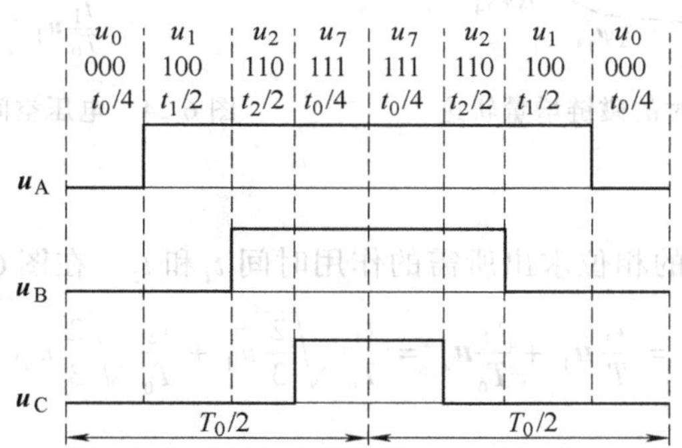

图 6-26　第Ⅰ扇区内一段区间的开关序列与逆变器三相电压波形

施加非零电压矢量时，磁场矢量的轨迹沿电压矢量的方向旋转；施加零电压矢量时，磁场停止旋转，磁场转转停停，其平均速度才得以调节。实际上调频和调压都是借助于零电压矢量的反复插入来实现的，只要期望的电压矢量的轨迹都限定在基本电压矢量围成的正六边形的内切圆内，SVPWM 就工作在线性调制区，需要反复插入零矢量限制电压的大小和旋转磁场的转速。

如上所述，如果一个扇区分成 4 个小区间，则一个周期中将出现 24 个脉冲波，而功率器件的开关次数还更多，需选用高开关频率的功率器件。磁链矢量轨迹如图 6-27 所示。当然，一个扇区内所分的小区间越多，就越能逼近圆形旋转磁场。

若将占据 π/3 的定子磁链矢量轨迹等分为 N 个小区间，每个小区间所占的时间为 $T_0=\frac{\pi}{3\omega_1 N}$，则定子磁链矢量轨迹为正 $6N$ 边形，轨迹接近于圆，谐波分量小，能有效减小转矩脉动。N 越大，磁链轨迹越接近于圆，但开关频率随之增大。由于 N 是有限的，所以磁链轨迹只能接近于圆，而不可能等于圆，实际的定子磁链矢量轨迹在期望的磁链圆周围波动。

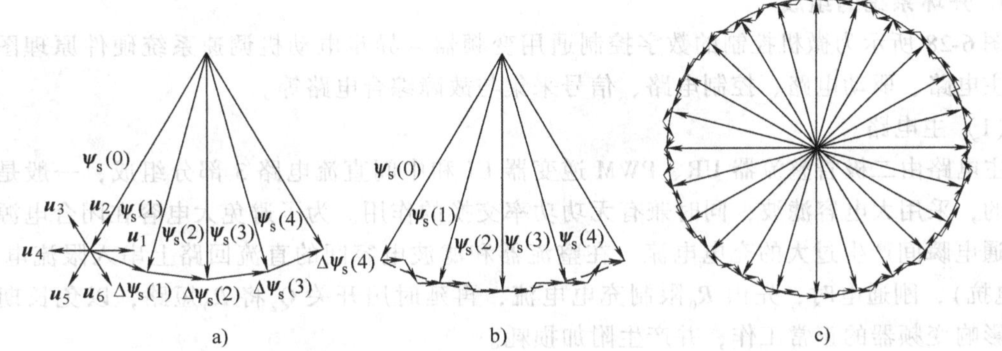

图 6-27　一个扇区分成 4 个小区间时定子磁链矢量轨迹

a）期望的定子磁链轨迹　b）实际定子磁链轨迹　c）定子旋转磁链轨迹

归纳起来，SVPWM 控制模式有以下特点：

1）逆变器的一个工作周期分成 6 个扇区，每个扇区相当于常规六拍逆变器的一拍。为了使电动机旋转磁场逼近圆形，每个扇区再分成若干个小区间 T_0，T_0越短，旋转磁场越接近圆形，但 T_0的缩短受到功率开关器件允许开关频率的制约。

2）在每个小区间内虽有多次开关状态的切换，但每次切换都只涉及一个功率开关器件，因而开关损耗较小。

3）每个小区间均以零电压矢量开始，又以零矢量结束。

4）利用电压空间矢量直接生成三相 PWM 波，计算简便。

5）采用 SVPWM 控制时，逆变器输出线电压基波最大值为直流侧电压，这比一般的 SPWM逆变器输出电压提高了 15%。

6.3　基于异步电动机稳态模型的变压变频调速

直流电动机的主磁通和电枢电流分布的空间位置是确定的，是可以独立进行控制，而交流异步电动机的磁通则由定子与转子电流合成产生，它的空间位置相对于定子和转子都是运动的，此外，笼型异步电动机的转子电流还是不可测和不可控的，因此异步电动机的动态数学模型要比直流电动机模型复杂得多。但是对于风机和水泵等机械负载，并不需要很高的动态性能，只要在一定范围内能实现高效率的调速就行，那么就可以根据电机的稳态模型，采用转速开环电压频率协调控制方案，这就是常用的通用变频器控制系统。如果要求更高一些的调速范围和起、制动性能，则可以采用转速闭环转差频率控制的方案。本节中将分别介绍这两类基于稳态数学模型的变压变频调速系统。

6.3.1　转速开环变压变频调速系统

对于转速开环电压频率协调控制——通用变频器控制系统，现代通用变频器大都是采用二极管整流和由快速全控开关器件 IGBT 或功率模块 IPM 组成的 PWM 逆变器，构成交 - 直 - 交电压源型变压变频器。所谓“通用”，包含着两方面的含义：①可以和通用的笼型异步电动机配套使用；②具有多种可供选择的功能，适用于各种不同性质的负载。

1. 开环系统的组成

图 6-28 所示为微机控制的数字控制通用变频器 - 异步电动机调速系统硬件原理图。它包括主电路、驱动电路、控制电路、信号采集与故障综合电路等。

（1）主电路

主电路由二极管整流器 UR、PWM 逆变器 UI 和中间直流电路 3 部分组成，一般是电压源型的，采用大电容滤波，同时兼有无功功率交换的作用。为了避免大电容在闭合电源开关 Q_1后通电瞬间产生过大的充电电流，在整流器和滤波电容间的直流回路上串入限流电阻 R_0（或电抗），刚通电时，先由 R_0限制充电电流，再延时用开关 Q_2将 R_0短路，以免长期接入 R_0时影响变频器的正常工作，并产生附加损耗。

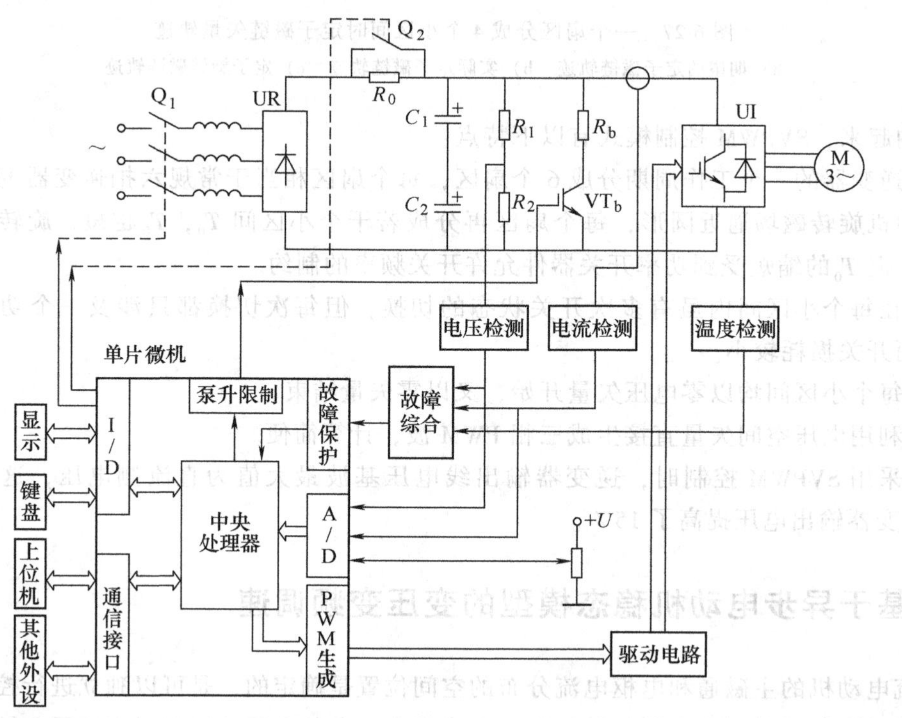

图 6-28　数字控制通用变频器 - 异步电动机调速系统硬件原理图

VT_b和 R_b组成泵升电压限制电路。减速制动时，异步电动机进入发电状态，首先通过逆变器的续流二极管向电容充电，当中间直流回路的电压（通称泵升电压）升高到一定的限制值时，通过泵升限制电路使开关器件 VT_b导通，将电动机释放的动能消耗在制动电阻 R_b

上。为了便于散热，制动电阻器常作为附件单独装在变频器机箱外边。

二极管整流器虽然是全波整流装置，但由于其输出端有滤波电容存在，因此输入电流呈脉冲波形，含有较大的谐波分量会污染电源。为了抑制谐波电流，对于容量较大的PWM变频器，应在输入端设有进线电抗器，有时也可以在整流器和电容器之间串接直流电抗器。

(2) 控制电路

现代PWM变频器的控制电路大都是以微处理器为核心的数字电路，其功能主要是接受各种设定信息和指令，再根据它们的要求形成驱动逆变器工作的PWM信号。微机芯片主要采用8位或16位的单片机，或用32位的DSP，现在已有应用RISC的产品。PWM信号可以由微机本身的软件产生，由PWM端口输出，也可采用专用的PWM生成电路芯片。

(3) 驱动电路

微机控制电路产生的PWM信号经驱动电路将功率放大后，控制电力电子器件的开通或关断，起动弱电控制强电的作用。

(4) 信号采集与故障综合电路

各种故障的保护由电压、电流、温度等检测信号经信号处理电路进行分压、光电隔离、滤波、放大等综合处理，再进入A/D转换器，输入给CPU作为控制算法的依据，或者作为开关电平产生保护信号和显示信号。

(5) 控制软件

控制软件是系统的核心，除了PWM生成、给定积分和压频控制等主要功能软件外，还包括信号采集、故障综合及分析、键盘及给定电位器输入、显示和通信等辅助功能软件。

2. PWM变压变频器的控制

转速开环变压变频调速系统的结构图如图6-29所示，PWM控制可以采用SPWM和SVPWM。

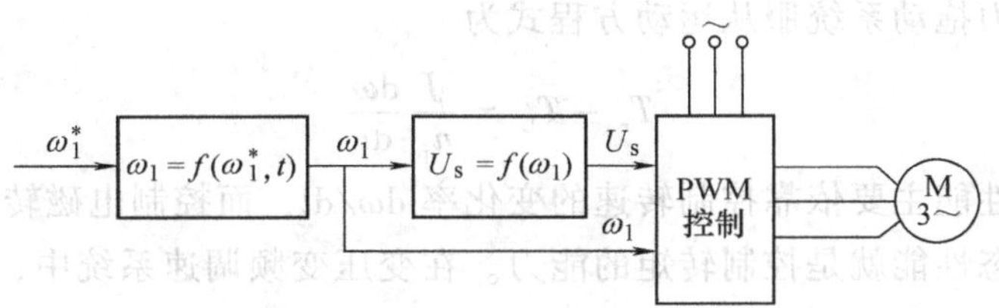

图6-29 转速开环变压变频调速系统的结构图

(1) 给定积分

由于系统本身没有自动限制起制动电流的作用，因此，频率设定必须通过给定积分算法产生平缓的升速或降速信号。即

$$\omega_1(t)=\begin{cases}\omega_1^* & (\omega_1=\omega_1^*)\\ \omega_1(t_0)+\int_{t_0}^{t}\dfrac{\omega_{1N}}{\tau_{up}}dt & (\omega_1<\omega_1^*)\\ \omega_1(t_0)-\int_{t_0}^{t}\dfrac{\omega_{1N}}{\tau_{down}}dt & (\omega_1>\omega_1^*)\end{cases} \tag{6-36}$$

式(6-36)中，τ_{up}为上升时间，τ_{down}为下降时间，可根据负载需要分别进行选择。

（2）电压/频率特性

$$U_s = f(\omega_1) = \begin{cases} U_N & (\omega_1 \geqslant \omega_{1N}) \\ f'(\omega_1) & (\omega_1 < \omega_{1N}) \end{cases} \tag{6-37}$$

当实际频率 ω_1 大于或等于额定频率 ω_{1N} 时，只能保持额定电压 U_N 不变，而当实际频率小于额定频率时，$U_s = f'(\omega_1)$ 一般是带低频补偿的恒压频比控制。实现补偿的方法有两种：①微机中存储多条不同斜率和折线段的 U_s/ω_1 函数，由用户根据需要选择最佳特性；②采用霍尔电流传感器检测定子电流或直流回路电流，按电流大小自动补偿定子电压。但是都会存在过补偿或欠补偿的可能，这是开环控制系统的不足之处。

（3）PWM 变压变频器的基本控制作用

PWM 变压变频器的基本控制作用如图 6-30 所示。

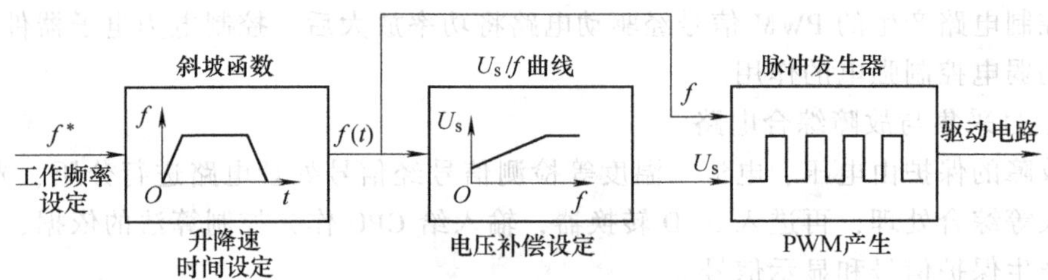

图 6-30　PWM 变压变频器的基本控制作用

6.3.2　转速闭环转差频率控制的变压变频调速系统

转速开环变频调速系统可以满足平滑调速的要求，但静、动态性能都有限，要提高静、动态性能，需要转速反馈闭环控制。转速闭环系统的静特性显然比开环系统强，下面讨论其动态性能。已知电力拖动系统服从运动方程式为

$$T_e - T_L = \frac{J}{n_p}\frac{d\omega}{dt} \tag{6-38}$$

提高调速系统动态性能主要依靠控制转速的变化率 $d\omega/dt$，而控制电磁转矩就能控制 $d\omega/dt$，所以调速系统的动态性能就是控制转矩的能力。在变压变频调速系统中，需要控制的是电压（或电流）和频率，怎样通过控制电压（电流）和频率来控制电磁转矩，这是提高动态性能需要解决的问题。

1. 转差频率控制的基本概念

直流电动机的转矩与电枢电流成正比，控制电流就能控制转矩，因此，把双闭环直流调速系统转速调节器的输出信号当作电流给定信号，也就是转矩给定信号。在交流异步电动机中，影响转矩的因素较多，控制异步电动机转矩的问题也比较复杂。按照恒 E_g/ω_1 控制（即恒 Φ_m 控制）时的电磁转矩公式重写为

$$T_e = 3n_p\left(\frac{E_g}{\omega_1}\right)^2 \frac{s\omega_1 R'_r}{R'^2_r + s^2\omega_1^2 L'^2_{lr}} \tag{6-39}$$

将 $E_g = 4.44 f_1 N_1 K_{w1}\Phi_m = \frac{1}{\sqrt{2}}\omega_1 N_1 K_{w1}\Phi_m$ 代入式（6-39），得

$$T_e = \frac{3}{2}n_p N_1^2 K_{w1}^2 \Phi_m{}^2 \frac{s\omega_1 R'_r}{R'^2_r + s^2\omega_1^2 L'^2_{lr}} \tag{6-40}$$

令 $\omega_s = s\omega_1$，并定义为转差角频率，$K_m = \frac{3}{2}n_p N_1^2 K_{w1}^2$是电机的结构常数，则

$$T_e = K_m \Phi_m{}^2 \frac{\omega_s R'_r}{R'^2_r + (\omega_s L'_{lr})^2} \tag{6-41}$$

当电机稳态运行时，s 很小，因而 ω_s 也很小，只有 ω_1 的百分之几，可以认为 $\omega_s L_{lr}' << R_r'$，则转矩可近似表示为

$$T_e \approx K_m \Phi_m{}^2 \frac{\omega_s}{R'_r} \tag{6-42}$$

式（6-42）表明，在 s 值很小的稳态运行范围内，如果能够保持气隙磁通 Φ_m 不变，异步电动机的转矩就近似与转差角频率 ω_s 成正比。这就是说，在异步电动机中控制 ω_s，就和直流电动机中控制电流一样，能够达到间接控制转矩的目的。控制转差频率就代表控制转矩，这就是转差频率控制的基本概念。

2. 转差频率控制的基本规律

上面的转差频率控制概念是在转矩近似公式基础上得到的，当 ω_s 较大时，就得采用精确转矩公式。图 6-31 所示为恒 Φ_m 控制的转矩特性 $T_e = f(\omega_s)$。由图 6-31 可以看出，在 ω_s 较小的稳态运行段上，转矩 T_e 基本上与 ω_s 成正比，当 T_e 达到其最大值 T_{em} 时，ω_s 达到临界值 ω_{sm} 值。当 ω_s 继续增大，转矩反而减小，这段特性对于恒转矩负载为不稳定工作区。

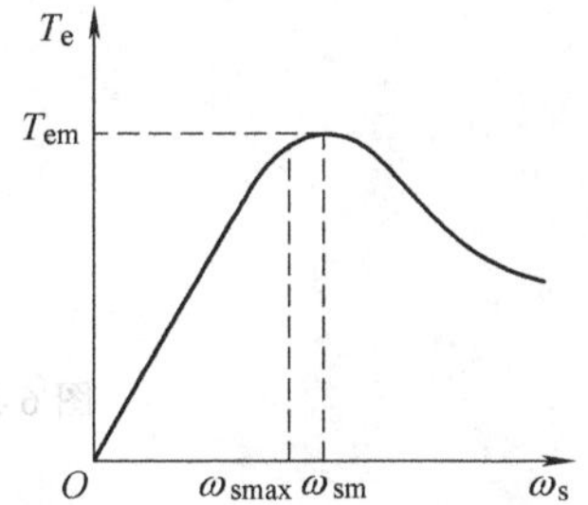

图 6-31　恒 Φ_m 控制的转矩特性

对于式（6-41）取 $dT_e/d\omega_s = 0$，可得临界转差频率为

$$\omega_{sm} = \frac{R'_r}{L'_{lr}} = \frac{R_r}{L_{lr}} \tag{6-43}$$

对应的最大转矩为

$$T_{em} = \frac{K_m \Phi_m{}^2}{2L'_{lr}} \tag{6-44}$$

要保证系统稳定运行，必须使系统最大的允许转差频率小于临界转差频率

$$\omega_{smax} < \omega_{sm} = \frac{R_r}{L_{lr}} \tag{6-45}$$

这样就可以基本保持 T_e 与 ω_s 的正比关系，也就可以用转差频率控制来代表转矩控制。这是转差频率控制的基本规律之一。

上述规律在保持 Φ_m 恒定的前提下才成立，我们知道，按恒 E_g/ω_1 控制时就可以保持 Φ_m 恒定，由异步电动机等效电路可得定子电压为

$$\dot{U}_s = \dot{I}_s(R_s + j\omega_1 L_{ls}) + \dot{E}_g = \dot{I}_s(R_s + j\omega_1 L_{ls}) + \left(\frac{\dot{E}_g}{\omega_1}\right)\omega_1 \tag{6-46}$$

因此，要实现恒 E_g/ω_1 控制，需采用定子电压补偿控制，来抵消定子电阻和漏抗的压降。定子电压补偿应该是幅值和相位的补偿，但控制系统复杂。如果忽略电流相量相位变化

的影响，仅采用幅值补偿，则电压－频率特性为

$$U_s = f(\omega_1, I_s) = \sqrt{R_s^2 + (\omega_1 L_{ls})^2} I_s + E_g = Z_s(\omega_1) I_s + \left(\frac{E_{gN}}{\omega_{1N}}\right)\omega_1 = Z_s(\omega_1) I_s + C_g \omega_1 \tag{6-47}$$

式中，$C_g = \frac{E_{gN}}{\omega_{1N}}$ = 常数；ω_{1N}为额定角频率；E_{gN}为额定气隙在额定角频率下定子每相绕组中的感应电动势。

采用定子电压补偿恒 E_g/ω_1 控制的电压—频率特性 $U_s = f(\omega_1, I_s)$ 如图 6-32 所示。高频时，定子漏抗压降占主导地位，可忽略定子电阻，式（6-47）简化为

$$U_s = f(\omega_1, I_s) \approx \omega_1 L_{ls} I_s + E_g = \omega_1 L_{ls} I_s + C_g \omega_1 \tag{6-48}$$

电压－频率特性近似呈线性；低频时，定子电阻的影响不可忽略，曲线呈现非线性性质。

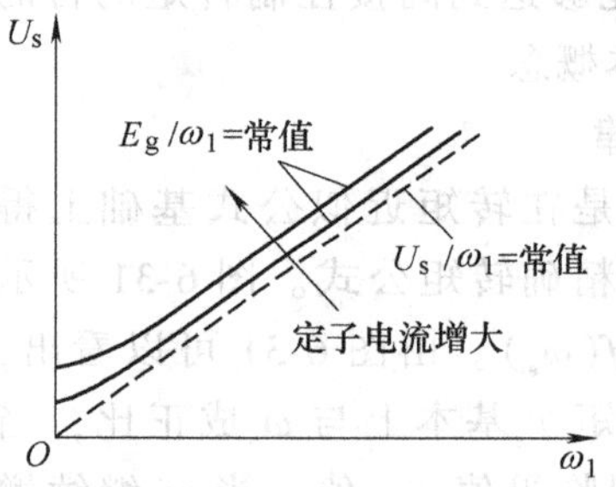

图 6-32　定子电压补偿恒 E_g/ω_1 控制电压－频率特性

可见，只要 U_s和 ω_1及 I_s的关系符合图 6-32 所示特性，就能保持 E_g/ω_1恒定，也就是保持 Φ_m恒定。这是转差频率控制的基本规律之二。

总结转差频率控制的规律如下：①在 $\omega_s \leqslant \omega_{sm}$的范围内，转矩 T_e基本上与 ω_s成正比，条件是气隙磁通不变；②在不同的定子电流值时，按图 6-32 所示的函数关系 $U_s = f(\omega_1, I_s)$ 控制定子电压和频率，就能保持气隙磁通 Φ_m恒定。

3. 转差频率控制的变压变频调速系统

实现上述转差频率控制的转速闭环变压变频调速系统结构原理图如图 6-33 所示。

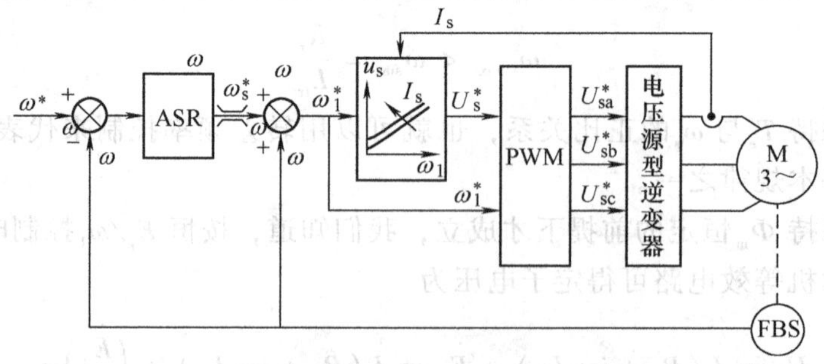

图 6-33　转差频率控制的转速闭环变压变频调速系统结构原理图

转速调节器（ASR）的输出信号是转差频率给定 ω_s^*，与实测转速信号 ω 相加，得到定

子频率给定信号 ω_1^*，即

$$\omega_s^* + \omega = \omega_1^* \tag{6-49}$$

由 ω_1 和定子电流反馈信号 I_s 从微机存储的 $U_s = f(\omega_1, I_s)$ 函数中查得定子电压给定信号 U_s^*，用 U_s^* 和 ω_1^* 控制PWM电压型逆变器，即得异步电动机调速所需的变压变频电源。式(6-49)所示关系是转差频率控制系统突出的特点。这表明，在调速过程中，实际频率 ω_1 随着实际转速 ω 同步地上升或下降，因此加、减速平滑而且稳定。同时，由于在动态过程中转速调节器饱和，系统能用对应于 ω_{sm} 的限幅转矩 T_{em} 进行控制，保证了在允许条件下的快速性。

可见，转速闭环转差频率控制的交流变压变频调速系统能够像直流电动机双闭环控制系统那样具有较好的静、动态性能，是一个比较优越的控制策略，结构也不复杂。然而，它的静、动态性能还不能完全达到直流双闭环系统的水平，原因如下：

1）在分析转差频率控制规律时，是从异步电动机稳态等效电路和稳态转矩公式出发的，所谓的"保持磁通 Φ_m 恒定"的结论也只在稳态情况下才能成立。在动态中 Φ_m 难以保持恒定，这必然影响系统的实际动态性能。

2）$U_s = f(\omega_1, I_s)$ 函数关系中只控制了定子电流的幅值，没有控制电流的相位，而在动态中，电流的相位也是影响转矩变化的因素。

3）在频率控制环节中，取 $\omega_1 = \omega_s + \omega$，使频率能够与转速同步升降，这是转差频率控制的优点。但是，如果转速检测信号不准确或存在干扰，也就会直接给频率造成误差，因为这些偏差和干扰都以正反馈的形式毫无衰减地传递到频率控制信号上来了。

要进一步提高异步电动机调速性能，必须从异步电动机动态模型出发，研究其控制规律，高动态性能的异步电动机调速系统将在下面详细讨论。

6.4　异步电动机的动态数学模型和坐标变换

基于稳态数学模型的异步电动机调速系统虽然能够在一定范围内实现平滑调速，但它不能完全适应高动态性能要求的调速系统或伺服系统。要实现高动态性能的系统，必须首先研究异步电动机的动态数学模型。

6.4.1　异步电动机的动态数学模型

1. 异步电动机的动态数学模型的性质

直流电动机的磁通由励磁绕组产生，可以在电枢合上电源以前建立起来而不参与系统的动态过程，它的动态数学模型只有一个输入变量——电枢电压 U_d 和一个输出变量——转速 n，可以描述成单变量（单输入单输出）的线性系统，完全可以应用经典的线性控制理论和由其发展出来的工程设计方法进行分析与设计。但是，交流电机的数学模型和直流电机模型相比有着本质上的区别，不能用同样方法来分析与设计交流调速系统，原因有以下几方面：

1）多变量、强耦合的模型结构。异步电动机变压变频调速时需要进行电压（或电流）和频率的协调控制，有电压（电流）和频率两种独立的输入变量。在输出变量中，除转速外，磁通也是一个独立的输出变量。因为异步电动机只有一个三相输入电源，磁通的建立和转速的变化是同时进行的，为了获得良好的动态性能，也希望对磁通施加某种控制，使它在

动态过程中尽量保持恒定，才能产生较大的动态转矩。因此，异步电动机是一个多变量（多输入多输出）系统，而电压（电流）、频率、磁通、转速之间又互相都有影响，所以是强耦合的多变量系统。

2）模型的非线性。在异步电动机中，无法单独对磁通进行控制，电流乘磁通产生转矩，转速乘磁通得到感应电动势，由于它们都是同时变化的，在数学模型中就含有两个变量的乘积项，即使不考虑磁饱和等因素，数学模型也是非线性的。

3）模型的高阶性。三相异步电动机定子有三相绕组，转子也可等效为三相绕组，各绕组间存在严重的交叉耦合。此外，每个绕组都有各自的电磁惯性，再考虑运动系统的机电惯性，以及转速与转角的积分关系等，动态模型是一个高阶系统。

总之，异步电动机的动态数学模型是一个高阶、非线性、强耦合的多变量系统。

2. 异步电动机的三相数学模型

在研究异步电动机的数学模型时作以下假设：①忽略空间谐波，设三相绕组对称，在空间互差120°电角度，所产生的磁动势沿气隙周围按正弦规律分布；②忽略磁路饱和，各绕组的自感和互感都是恒定的；③忽略铁心损耗；④不考虑频率变化和温度变化对绕组电阻的影响。

无论异步电动机转子是绕线型还是笼型，都可等效成为三相绕线转子，并折算到定子侧，折算后的定子和转子绕组匝数相等。等效后的三相异步电动机的物理模型如图6-34所示。其中，定子三相绕组轴线A、B、C在空间是固定的，以A轴为参考坐标轴；转子绕组轴线a、b、c随转子旋转，转子a轴和定子A轴间的电角度θ为空间角位移变量。异步电动机的数学模型由电压方程、磁链方程、转矩方程和运动方程组成。

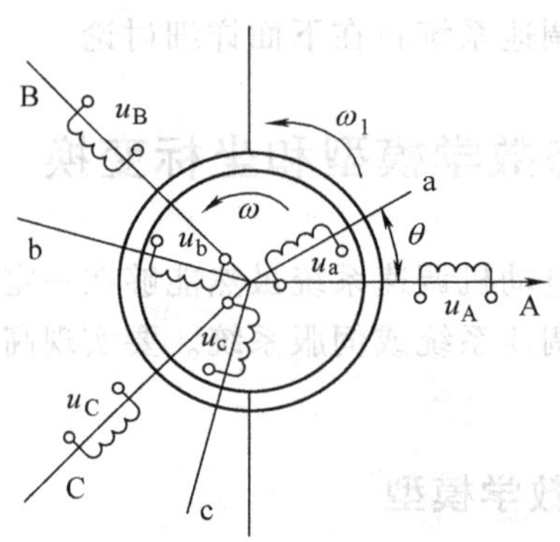

图6-34 三相异步电动机的物理模型

(1) 电压方程

三相定子绕组的电压平衡方程为

$$u_A = i_A R_s + \frac{d\psi_A}{dt} \qquad u_B = i_B R_s + \frac{d\psi_B}{dt} \qquad u_C = i_C R_s + \frac{d\psi_C}{dt} \tag{6-50}$$

与此相应，三相转子绕组折算到定子侧后的电压方程为

$$u_a = i_a R_r + \frac{d\Psi_a}{dt} \qquad u_b = i_b R_r + \frac{d\Psi_b}{dt} \qquad u_c = i_c R_r + \frac{d\Psi_c}{dt} \tag{6-51}$$

式中，u_A、u_B、u_C、u_a、u_b、u_c分别为定子和转子相电压的瞬时值；i_A、i_B、i_C、i_a、i_b、i_c分

别为定子和转子相电流的瞬时值；Ψ_A、Ψ_B、Ψ_C、Ψ_a、Ψ_b、Ψ_c分别为各相绕组的全磁链；R_s、R_r分别为定子和转子绕组电阻。上述各量都已折算到定子侧，为简单起见，均省略表示折算的上角标“′”。将电压方程写成矩阵形式，并以微分算子 p 代替微分符号 d/dt，即

$$\begin{pmatrix} u_A \\ u_B \\ u_C \\ u_a \\ u_b \\ u_c \end{pmatrix} = \begin{pmatrix} R_s & 0 & 0 & 0 & 0 & 0 \\ 0 & R_s & 0 & 0 & 0 & 0 \\ 0 & 0 & R_s & 0 & 0 & 0 \\ 0 & 0 & 0 & R_r & 0 & 0 \\ 0 & 0 & 0 & 0 & R_r & 0 \\ 0 & 0 & 0 & 0 & 0 & R_r \end{pmatrix} \begin{pmatrix} i_A \\ i_B \\ i_C \\ i_a \\ i_b \\ i_c \end{pmatrix} + p \begin{pmatrix} \psi_A \\ \psi_B \\ \psi_C \\ \psi_a \\ \psi_b \\ \psi_c \end{pmatrix} \tag{6-52}$$

或写成

$$\boldsymbol{u} = \boldsymbol{R}\boldsymbol{i} + p\boldsymbol{\Psi} \tag{6-52a}$$

(2) 磁链方程

每个绕组的磁链是它本身的自感磁链和其他绕组对它的互感磁链之和，因此，6个绕组的磁链可表达为

$$\begin{pmatrix} \psi_A \\ \psi_B \\ \psi_C \\ \psi_a \\ \psi_b \\ \psi_c \end{pmatrix} = \begin{pmatrix} L_{AA} & L_{AB} & L_{AC} & L_{Aa} & L_{Ab} & L_{Ac} \\ L_{BA} & L_{BB} & L_{BC} & L_{Ba} & L_{Bb} & L_{Bc} \\ L_{CA} & L_{CB} & L_{CC} & L_{Ca} & L_{Cb} & L_{Cc} \\ L_{aA} & L_{aB} & L_{aC} & L_{aa} & L_{ab} & L_{ac} \\ L_{bA} & L_{bB} & L_{bC} & L_{ba} & L_{bb} & L_{bc} \\ L_{cA} & L_{cB} & L_{cC} & L_{ca} & L_{cb} & L_{cC} \end{pmatrix} \begin{pmatrix} i_A \\ i_B \\ i_C \\ i_a \\ i_b \\ i_c \end{pmatrix} \tag{6-53}$$

或写成

$$\boldsymbol{\Psi} = \boldsymbol{L}\boldsymbol{i} \tag{6-53a}$$

式中，$\boldsymbol{L}$是6×6电感矩阵，其中对角线元素L_{AA}、L_{BB}、L_{CC}、L_{aa}、L_{bb}、L_{cc}是各有关绕组的自感，其余各项则是绕组间的互感。

实际上，与电机绕组交链的磁通主要有两类：一类是穿过气隙的相间互感磁通；另一类是只与一相绕组交链而不穿过气隙的漏磁通。前者是主要的。电感的种类有：定子各相漏磁通所对应的电感，称为定子漏感L_{1s}，由于绕组的对称性，因此各相漏感值均相等；同样，转子各相漏磁通则对应于转子漏感L_{1r}；与定子一相绕组交链的最大互感磁通，对应于定子互感L_{ms}；与转子一相绕组交链的最大互感磁通，对应于转子互感L_{mr}。由于折算后定、转子绕组匝数相等，且各绕组间互感磁通都通过气隙，磁阻相同，因此可认为$L_{ms}=L_{mr}$。

1）自感。对于每一相绕组来说，它所交链的磁通是互感磁通与漏感磁通之和，因此，定子和转子各相自感为

$$\left.\begin{aligned} L_{AA} = L_{BB} = L_{CC} = L_{ms} + L_{ls} \\ L_{aa} = L_{bb} = L_{cc} = L_{mr} + L_{lr} \end{aligned}\right\} \tag{6-54}$$

2）互感。两相绕组之间只有互感，互感又分为两类。第一类：定子三相彼此之间和转子三相彼此之间位置都是固定的，故互感为常值；第二类：定子任一相与转子任一相之间的位置是变化的，互感是角位移θ的函数。

先讨论第一类固定位置绕组的互感，三相绕组轴线彼此在空间的相位差是$\pm120°$，假定气隙磁通为正弦分布，互感值应为$L_{ms}\cos120° = L_{ms}\cos(-120°) = -\frac{1}{2}L_{ms}$，于是

$$\left.\begin{aligned}&L_{AB}=L_{BC}=L_{CA}=L_{BA}=L_{CB}=L_{AC}=-\frac{1}{2}L_{ms}\\&L_{ab}=L_{bc}=L_{ca}=L_{ba}=L_{cb}=L_{ac}=-\frac{1}{2}L_{mr}=-\frac{1}{2}L_{ms}\end{aligned}\right\}\tag{6-55}$$

第二类变化位置绕组的互感，定、转子绕组间的互感，由于相互间位置的变化，可分别表示为

$$\left.\begin{aligned}&L_{Aa}=L_{aA}=L_{Bb}=L_{bB}=L_{Cc}=L_{cC}=L_{ms}\cos\theta\\&L_{Ab}=L_{bA}=L_{Bc}=L_{cB}=L_{Ca}=L_{aC}=L_{ms}\cos(\theta+120°)\\&L_{Ac}=L_{cA}=L_{Ba}=L_{aB}=L_{Cb}=L_{bC}=L_{ms}\cos(\theta-120°)\end{aligned}\right\}\tag{6-56}$$

当定、转子两相绕组轴线一致时，两者之间的互感值最大，就是每相最大互感 L_{ms}。

将式（6-54）~式（6-56）都代入式（6-53），即得完整的磁链方程，用分块矩阵表示为

$$\begin{pmatrix}\boldsymbol{\Psi}_s\\\boldsymbol{\Psi}_r\end{pmatrix}=\begin{pmatrix}\boldsymbol{L}_{ss}&\boldsymbol{L}_{sr}\\\boldsymbol{L}_{rs}&\boldsymbol{L}_{rr}\end{pmatrix}\begin{pmatrix}\boldsymbol{i}_s\\\boldsymbol{i}_r\end{pmatrix}\tag{6-57}$$

式中

$$\boldsymbol{\Psi}_s=[\psi_A\quad\psi_B\quad\psi_C]^T,\boldsymbol{i}_r=[i_a\quad i_b\quad i_c]^T,\boldsymbol{i}_s=[i_A\quad i_B\quad i_C]^T,\boldsymbol{\Psi}_r=[\psi_a\quad\psi_b\quad\psi_c]^T$$

$$\boldsymbol{L}_{rr}=\begin{pmatrix}L_{ms}+L_{lr}&-\frac{1}{2}L_{ms}&-\frac{1}{2}L_{ms}\\-\frac{1}{2}L_{ms}&L_{ms}+L_{lr}&-\frac{1}{2}L_{ms}\\-\frac{1}{2}L_{ms}&-\frac{1}{2}L_{ms}&L_{ms}+L_{lr}\end{pmatrix}\tag{6-58}$$

$$\boldsymbol{L}_{ss}=\begin{pmatrix}L_{ms}+L_{ls}&-\frac{1}{2}L_{ms}&-\frac{1}{2}L_{ms}\\-\frac{1}{2}L_{ms}&L_{ms}+L_{ls}&-\frac{1}{2}L_{ms}\\-\frac{1}{2}L_{ms}&-\frac{1}{2}L_{ms}&L_{ms}+L_{ls}\end{pmatrix}\tag{6-59}$$

$$\boldsymbol{L}_{rs}=\boldsymbol{L}_{sr}^{\ T}=L_{ms}\begin{pmatrix}\cos\theta&\cos(\theta-120°)&\cos(\theta+120°)\\\cos(\theta+120°)&\cos\theta&\cos(\theta-120°)\\\cos(\theta-120°)&\cos(\theta+120°)&\cos\theta\end{pmatrix}\tag{6-60}$$

注意，$\boldsymbol{L}_{sr}$和$\boldsymbol{L}_{rs}$两个分块矩阵互为转置，且均与转子位置 θ 有关，它们的元素都是变参数，这是系统非线性的一个根源。把变参数转换成常参数需利用坐标变换，后面讨论这个问题。

把磁链方程式（6-53a）代入电压方程式（6-52a），得展开后的电压方程

$$\boldsymbol{u}=\boldsymbol{Ri}+p(\boldsymbol{Li})=\boldsymbol{Ri}+\boldsymbol{L}\frac{\mathrm{d}\boldsymbol{i}}{\mathrm{d}t}+\frac{\mathrm{d}\boldsymbol{L}}{\mathrm{d}t}\boldsymbol{i}=\boldsymbol{Ri}+\boldsymbol{L}\frac{\mathrm{d}\boldsymbol{i}}{\mathrm{d}t}+\frac{\mathrm{d}\boldsymbol{L}}{\mathrm{d}\theta}\omega\boldsymbol{i}\tag{6-61}$$

式中，$\boldsymbol{L}\mathrm{d}\boldsymbol{i}/\mathrm{d}t$ 项属于电磁感应电动势中的脉变电动势；$(\mathrm{d}\boldsymbol{L}/\mathrm{d}\theta)\omega\boldsymbol{i}$ 项属于电磁感应电动势

中与转速成正比的旋转电动势。

(3) 转矩方程

根据机电能量转换原理，多绕组电机在线性电感的条件下，磁场的储能和磁共能为

$$W_m = W'_m = \frac{1}{2}\boldsymbol{i}^T\boldsymbol{\psi} = \frac{1}{2}\boldsymbol{i}^T\boldsymbol{L}\boldsymbol{i} \tag{6-62}$$

而电磁转矩等于机械角位移变化时磁共能的变化率 $\partial W_m'/\partial\theta_m$（电流约束为常值），且机械角位移 $\theta_m = \theta/n_p$，于是

$$T_e = \left.\frac{\partial W'_m}{\partial\theta_m}\right|_{i=常值} = n_p\left.\frac{\partial W'_m}{\partial\theta}\right|_{i=常值} \tag{6-63}$$

将式（6-62）代入式（6-63），并考虑到电感的分块矩阵关系式（6-58）~式（6-60），得

$$T_e = \frac{1}{2}n_p\boldsymbol{i}^T\frac{\partial\boldsymbol{L}}{\partial\theta}\boldsymbol{i} = \frac{1}{2}n_p\boldsymbol{i}^T\begin{pmatrix} 0 & \dfrac{\partial\boldsymbol{L}_{sr}}{\partial\theta} \\ \dfrac{\partial\boldsymbol{L}_{rs}}{\partial\theta} & 0\end{pmatrix}\boldsymbol{i} \tag{6-64}$$

由于 $\boldsymbol{i}^T = [\boldsymbol{i}_s^T \quad \boldsymbol{i}_r^T] = [i_A \quad i_B \quad i_C \quad i_a \quad i_b \quad i_c]$，代入式（6-64）得

$$T_e = \frac{1}{2}n_p\left[\boldsymbol{i}_r^T\frac{\partial\boldsymbol{L}_{rs}}{\partial\theta}\boldsymbol{i}_s + \boldsymbol{i}_s^T\frac{\partial\boldsymbol{L}_{sr}}{\partial\theta}\boldsymbol{i}_r\right] \tag{6-65}$$

将式（6-60）代入式（6-65）并展开，舍去负号，电磁转矩的正方向即为使 θ 减小的方向，则

$$\begin{aligned} T_e = n_pL_{ms}[&(i_Ai_a + i_Bi_b + i_Ci_c)\sin\theta + (i_Ai_b + i_Bi_c + i_Ci_a)\sin(\theta + 120°) \\ &+ (i_Ai_c + i_Bi_a + i_Ci_b)\sin(\theta - 120°)]\end{aligned} \tag{6-66}$$

注意，式（6-66）是在线性磁路、磁动势在空间按正弦分布的假定条件下得出来的，但对定、转子电流对时间的波形未作任何假定，式中的 i 都是瞬时值。因此，此公式完全适用于变压变频器供电的含有电流谐波的三相异步电动机调速系统。

(4) 运动方程

电力拖动系统的运动方程是

$$T_e = T_L + \frac{J}{n_p}\frac{d\omega}{dt} \tag{6-67}$$

式中，T_L 为负载阻转矩；J 为机组的转动惯量。

转角方程为

$$\frac{d\theta}{dt} = \omega \tag{6-68}$$

(5) 三相异步电动机的数学模型

将磁链方程式（6-57）、电压方程式（6-61）、转矩方程式（6-66）、运动方程式（6-67）和转角方程式（6-68）综合起来，便构成在恒转矩负载下三相异步电动机的多变量非线性数学模型。分析和求解这组方程是很困难的，为使异步电动机数学模型具有可控性、可观性，必须借鉴直流电动机转矩产生的机理，对其进行变换、解耦，使其成为一个线性、解耦的系统。

6.4.2 坐标变换和变换矩阵

1. 坐标变换的基本思路

(1) 直流电机的物理模型

直流电机的数学模型比较简单，这里先来分析直流电机的磁链关系。图 6-35 所示为二极直流电机的物理模型。图中，F 为励磁绕组，A 为电枢绕组，C 为补偿绕组。F 和 C 都在定子上，只有 A 是在转子上。把 F 的轴线称为直轴或 d 轴，主磁通 Φ 的方向就是沿着 d 轴的；A 和 C 的轴线则称为交轴或 q 轴。虽然电枢本身是旋转的，但其绕组通过换向器电刷接到端接板上，电刷将闭合的电枢绕组分成两条支路。当一条支路中的导线经过正电刷归入另一条支路中时，在负电刷下又有一根导线补回来。这样，电刷两侧每条支路中导线的电流方向总是相同的，因此，当电刷位于磁极的中性线上时，电枢磁动势的轴线始终被电刷限定在 q 轴位置上，其效果就好像一个在 q 轴上静止的绕组。但它实际上是旋转的，会切割 d 轴的磁通而产生旋转电动势，这又和真正静止的绕组不同，通常把这种等效的静止绕组称为“伪静止绕组”。电枢磁动势的作用可以用补偿绕组磁动势抵消，或者由于其作用方向与 d 轴垂直而对主磁通影响甚微，所以直流电机的主磁通基本上唯一地由励磁绕组的励磁电流决定，这是直流电机的数学模型及其控制系统比较简单的根本原因。

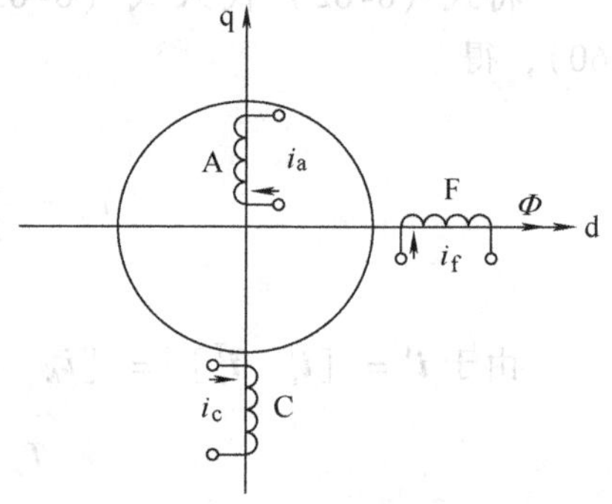

图 6-35 二极直流电机的物理模型

(2) 交流电机的物理模型

如果能将交流电机的物理模型等效地变换成类似直流电机的模式，分析和控制就可以大大简化，坐标变换正是按照这条思路进行的。不同电机模型彼此等效的原则是，在不同坐标下所产生的磁动势完全一致。

在第 5 章三相异步电动机的电力拖动基础中，已经知道，交流电机三相对称的静止绕组 A、B、C 通以三相平衡的正弦电流时，所产生的合成磁动势是旋转磁动势 F，它在空间呈正弦分布，以同步转速 ω_1（即电流的角频率）顺着 A－B－C 的相序旋转，其物理模型如图 6-36a 所示。根据电机原理，两相以上对称的多相绕组，通以平衡的多相电流，都能产生旋转磁动势，当然以两相最简单。此外，三相变量中只有两相为独立变量，完全可以消去一相。所以，三相绕组可以用相互独立的两相正交对称绕组等效代替，等效原则是产生的磁动势相等。图 6-36b 中绘出了两相静止绕组 α 和 β，它们在空间互差 90°，通以时间上互差 90°的两相平衡交流电流，也产生旋转磁动势 F。当图 6-36a、b 的两个旋转磁动势大小和转速都相等时，即认为图 6-36b 的两相绕组与图 6-36a 三相绕组等效。

图 6-36c 中的两个匝数相等且互相垂直的绕组 d 和 q，分别通以直流电流 i_d 和 i_q，产生合成磁动势 F，其位置相对于绕组来说是固定的。如果让包含两个绕组在内的整个铁心以同步转速旋转，则磁动势 F 自然也随之旋转起来，成为旋转磁动势。把这个旋转磁动势的大小和转速也控制成与图 6-36a、b 中的磁动势一样，那么这套旋转的直流绕组也就和前面两套固定的交流绕组都等效了。当观察者也站到铁心上和绕组一起旋转时，在他看来，d 和 q 是两个通以直流而相互垂直的静止绕组。如果控制磁通的位置在 d 轴上，就和直流电

机物理模型没有本质上的区别了。这时绕组 d 相当于励磁绕组，q 相当于伪静止的电枢绕组。

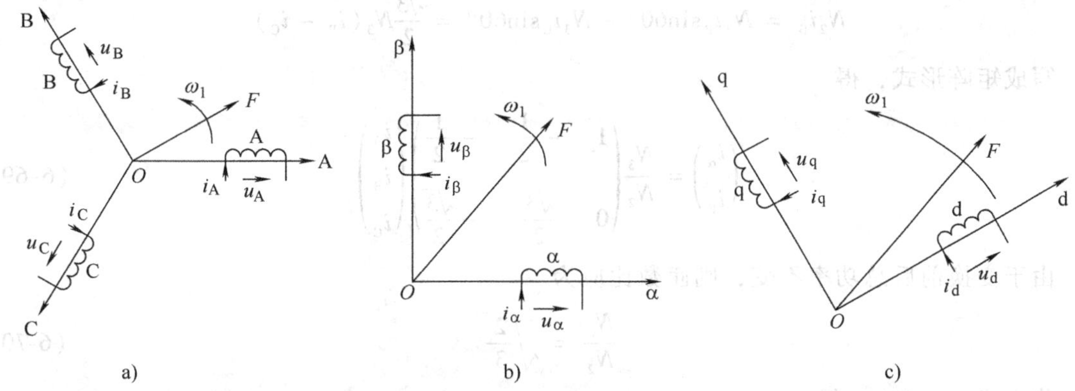

图 6-36　等效的交流电动机绕组和直流电动机绕组物理模型
a）三相交流绕组　b）二相直流绕组　c）旋转的直流绕组

而对于图 6-36c 的 d、q 两个绕组而言，当观察者站在地面看上去，它们是与三相交流绕组等效的旋转直流绕组；如果站在旋转着的铁心上看，它们就是一个直流电机模型了。这样，通过坐标系的变换，可以找到与交流三相绕组等效的直流电机模型。那么，如何求出 i_A、i_B、i_C与 i_α、i_β 和 i_d、i_q之间准确的等效关系呢？这就需要进行坐标变换了。

2. 坐标变换

（1）三相—两相坐标变换（3/2 变换）

三相静止绕组 A、B、C 和两相静止绕组 α、β 之间的变换，称为三相坐标系和两相静止坐标系间的变换，简称 3/2 变换，如图 6-36a 到图 6-36b 的变换。

图 6-37 所示 ABC 和 αβ 两个坐标系，将两个坐标系原点重合，并使 A 轴和 α 轴重合。设三相绕组每相有效匝数为 N_3，两相绕组每相有效匝数为 N_2，各相磁动势为有效匝数与电流的乘积，其空间矢量均位于相关的坐标轴上。

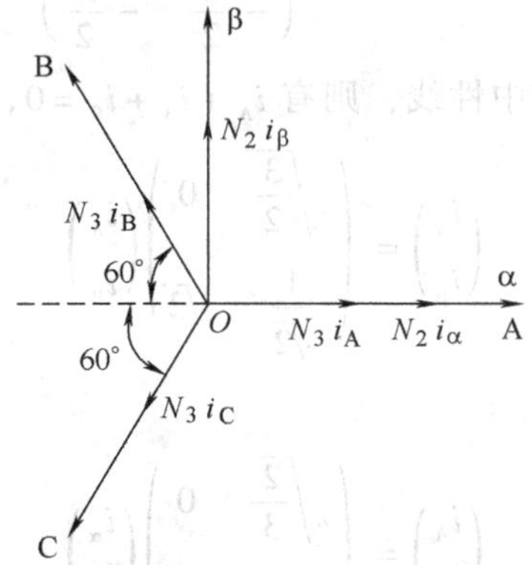

图 6-37　三相坐标系和两相正交坐标系中的磁动势空间矢量

设磁动势波形为正弦分布，按照磁动势相等的等效原则，三相总磁动势与两相总磁动势相等，所以两套绕组瞬时磁动势在 α、β 轴上的投影都应相等，因此

$$N_2 i_\alpha = N_3 i_A - N_3 i_B \cos 60^\circ - N_3 i_C \cos 60^\circ = N_3 \left(i_A - \frac{1}{2} i_B - \frac{1}{2} i_C \right)$$

$$N_2 i_\beta = N_3 i_B \sin 60^\circ - N_3 i_C \sin 60^\circ = \frac{\sqrt{3}}{2} N_3 (i_B - i_C)$$

写成矩阵形式，得

$$\begin{pmatrix} i_\alpha \\ i_\beta \end{pmatrix} = \frac{N_3}{N_2} \begin{pmatrix} 1 & -\frac{1}{2} & -\frac{1}{2} \\ 0 & \frac{\sqrt{3}}{2} & -\frac{\sqrt{3}}{2} \end{pmatrix} \begin{pmatrix} i_A \\ i_B \\ i_C \end{pmatrix} \tag{6-69}$$

由于变换前后总功率不变，则匝数比应为

$$\frac{N_3}{N_2} = \sqrt{\frac{2}{3}} \tag{6-70}$$

代入式（6-69），得

$$\begin{pmatrix} i_\alpha \\ i_\beta \end{pmatrix} = \sqrt{\frac{2}{3}} \begin{pmatrix} 1 & -\frac{1}{2} & -\frac{1}{2} \\ 0 & \frac{\sqrt{3}}{2} & -\frac{\sqrt{3}}{2} \end{pmatrix} \begin{pmatrix} i_A \\ i_B \\ i_C \end{pmatrix} \tag{6-71}$$

令 $\boldsymbol{C}_{3/2}$ 表示从三相坐标系变换到两相坐标系的变换矩阵，则

$$\boldsymbol{C}_{3/2} = \sqrt{\frac{2}{3}} \begin{pmatrix} 1 & -\frac{1}{2} & -\frac{1}{2} \\ 0 & \frac{\sqrt{3}}{2} & -\frac{\sqrt{3}}{2} \end{pmatrix} \tag{6-72}$$

而两相坐标系变换到三相坐标系（简称 2/3 变换）的变换矩阵为

$$\boldsymbol{C}_{2/3} = \sqrt{\frac{2}{3}} \begin{pmatrix} 1 & 0 \\ -\frac{1}{2} & \frac{\sqrt{3}}{2} \\ -\frac{1}{2} & -\frac{\sqrt{3}}{2} \end{pmatrix} \tag{6-73}$$

若三相绕组是星形联结不带中性线，则有 $i_A + i_B + i_C = 0$，代入式（6-71）得

$$\begin{pmatrix} i_\alpha \\ i_\beta \end{pmatrix} = \begin{pmatrix} \sqrt{\frac{3}{2}} & 0 \\ \frac{1}{\sqrt{2}} & \sqrt{2} \end{pmatrix} \begin{pmatrix} i_A \\ i_B \end{pmatrix} \tag{6-74}$$

相应的逆变换为

$$\begin{pmatrix} i_A \\ i_B \end{pmatrix} = \begin{pmatrix} \sqrt{\frac{2}{3}} & 0 \\ -\frac{1}{\sqrt{6}} & \frac{1}{\sqrt{2}} \end{pmatrix} \begin{pmatrix} i_\alpha \\ i_\beta \end{pmatrix} \tag{6-75}$$

按照所采用的条件，电流变换阵也就是电压变换阵，同时也是磁链的变换阵。

(2) 静止两相—旋转正交变换 (2s/2r 变换)

从静止两相正交坐标系 αβ 到旋转正交坐标系 dq 的变换，称为静止两相—旋转正交变换，简称 2s/2r 变换，如图 6-36b 到图 6-36c 的变换。其中 s 表示静止，r 表示旋转，把两个坐标系画在一起，得到图 6-38。

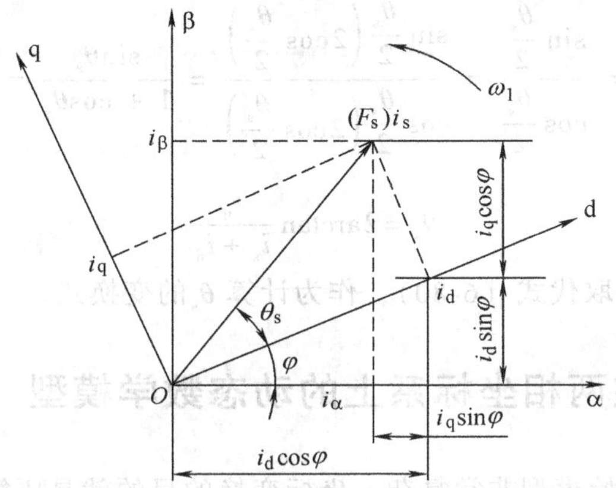

图 6-38 静止两相正交和旋转正交坐标系中的磁动势空间矢量

图 6-38 中，两相交流电流 i_α、i_β 和两个直流电流 i_d、i_q，产生同样的以同步转速 ω_1 旋转的合成磁动势 F_s。由于各绕组匝数都相等，可以消去磁动势中的匝数，直接用电流表示。但要注意，这里的电流都是空间矢量，而不是时间相量。d、q 轴和矢量 F_s (i_s) 都以转速 ω_1 旋转，但 α、β 轴是静止的，α 轴与 d 轴的夹角 φ 随时间而变化，因此 i_s 在 α、β 轴上的分量的长短也随时间变化，相当于绕组交流磁动势的瞬时值。由图 6-38 可见，i_α、i_β 和 i_d、i_q 之间存在下列关系：

$$i_\alpha = i_d\cos\varphi - i_q\sin\varphi \quad i_\beta = i_d\sin\varphi + i_q\cos\varphi$$

写成矩阵形式，得

$$\begin{pmatrix} i_\alpha \\ i_\beta \end{pmatrix} = \begin{pmatrix} \cos\varphi & -\sin\varphi \\ \sin\varphi & \cos\varphi \end{pmatrix}\begin{pmatrix} i_d \\ i_q \end{pmatrix} = C_{2r/2s}\begin{pmatrix} i_d \\ i_q \end{pmatrix} \tag{6-76}$$

其中

$$C_{2r/2s} = \begin{pmatrix} \cos\varphi & -\sin\varphi \\ \sin\varphi & \cos\varphi \end{pmatrix} \tag{6-77}$$

是两相旋转坐标系到两相静止坐标系的变换阵，又称矢量反变换 (VR^{-1})。

式 (6-76) 两边都乘以上述变换阵的逆阵，即得

$$\begin{pmatrix} i_d \\ i_q \end{pmatrix} = \begin{pmatrix} \cos\varphi & \sin\varphi \\ -\sin\varphi & \cos\varphi \end{pmatrix}\begin{pmatrix} i_\alpha \\ i_\beta \end{pmatrix} = C_{2s/2r}\begin{pmatrix} i_\alpha \\ i_\beta \end{pmatrix} \tag{6-78}$$

其中

$$C_{2s/2r} = \begin{pmatrix} \cos\varphi & \sin\varphi \\ -\sin\varphi & \cos\varphi \end{pmatrix} \tag{6-79}$$

是两相静止坐标系到两相旋转坐标系的变换阵，又称矢量变换 (VR)。

电压和磁链的旋转变换阵也与电流 (磁动势) 旋转变换阵相同。

(3) 直角坐标/极坐标变换 (K/P 变换)

在图 6-38 中，令 i_s 与 d 轴的夹角为 θ_s，已知 i_d、i_q，求 i_s、θ_s，这就是直角坐标—极坐标变换，简称 K/P 变换。显然，其变换式应为

$$i_s = \sqrt{i_d^2 + i_q^2} \qquad \theta_s = \arctan \frac{i_q}{i_d} \tag{6-80}$$

当 θ_s 在 0° ~ 90° 之间变化时，$\tan\theta_s$ 的变化范围是 0 ~ ∞，这个变化幅度太大，不适合计算机运算，因此常改用下列方式计算 θ_s 的值：

$$\tan\frac{\theta_s}{2} = \frac{\sin\frac{\theta_s}{2}}{\cos\frac{\theta_s}{2}} = \frac{\sin\frac{\theta_s}{2}\left(2\cos\frac{\theta_s}{2}\right)}{\cos\frac{\theta_s}{2}\left(2\cos\frac{\theta_s}{2}\right)} = \frac{\sin\theta_s}{1+\cos\theta_s} = \frac{i_q}{i_s + i_d}$$

则

$$\theta_s = 2\arctan\frac{i_q}{i_s + i_d} \tag{6-81}$$

式（6-81）可以用来取代式（6-80），作为计算 θ_s 的变换式。

6.5 异步电动机在两相坐标系上的动态数学模型

异步电动机的三相原始模型非常复杂，坐标变换的目的就是要简化数学模型。通过坐标变换将三相静止的 ABC 坐标系变换到两相正交坐标系，这样两绕组之间没有磁的耦合，数学模型就简单多了。

6.5.1 异步电动机在两相任意旋转坐标系（dq 坐标系）上的数学模型

两相坐标系可以是静止的，也可以是旋转的，其中以任意转速旋转的坐标系为最一般的情况，有了这种情况下的数学模型，就容易求出某一具体两相坐标系上的模型了。

设两相坐标 d 轴与三相坐标 A 轴的夹角为 δ_s，而 $p\delta_s = \omega_{dqs}$ 为 dq 坐标系相对于定子的角转速，ω_{dqr} 为 dq 坐标系相对于转子的角转速，如图 6-39 所示。要把三相静止坐标系上的电压方程、磁链方程和转矩方程都变换到两相旋转坐标系上来，可以先利用 3/2 变换将方程式中定子和转子的电压、电流、磁链和转矩都变换到两相静止坐标系 αβ 上，然后再用旋转变换阵 $\boldsymbol{C}_{2s/2r}$ 将这些变量变换到两相旋转坐标系 dq 上。

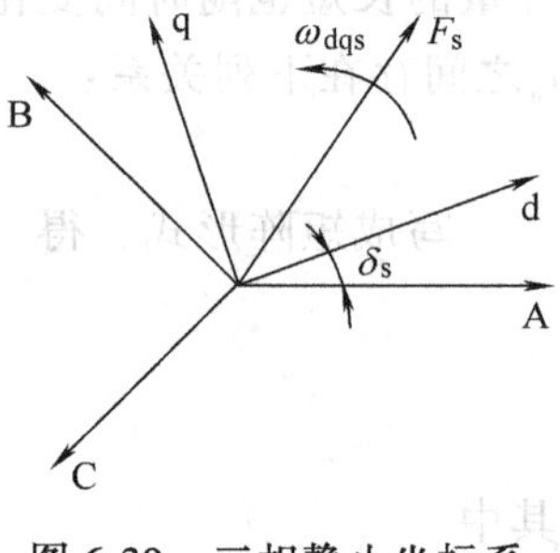

图 6-39 三相静止坐标系和两相旋转坐标系

1. 磁链方程

$$\begin{pmatrix} \psi_{sd} \\ \psi_{sq} \\ \psi_{rd} \\ \psi_{rq} \end{pmatrix} = \begin{pmatrix} L_s & 0 & L_m & 0 \\ 0 & L_s & 0 & L_m \\ L_m & 0 & L_r & 0 \\ 0 & L_m & 0 & L_r \end{pmatrix} \begin{pmatrix} i_{sd} \\ i_{sq} \\ i_{rd} \\ i_{rq} \end{pmatrix} \tag{6-82a}$$

或

$$\left.\begin{aligned} \psi_{sd} &= L_s i_{sd} + L_m i_{rd} \\ \psi_{sq} &= L_s i_{sq} + L_m i_{rq} \\ \psi_{rd} &= L_m i_{sd} + L_r i_{rd} \\ \psi_{rq} &= L_m i_{sq} + L_r i_{rq} \end{aligned}\right\} \tag{6-82b}$$

式中，L_m 为 dq 坐标系定子与转子同轴等效绕组间的互感，$L_m=\frac{3}{2}L_{ms}$；L_s 为 dq 坐标系定子等效两相绕组的自感，$L_s=\frac{3}{2}L_{ms}+L_{ls}=L_m+L_{ls}$；$L_r$ 为 dq 坐标系转子等效两相绕组的自感，$L_r=\frac{3}{2}L_{ms}+L_{lr}=L_m+L_{lr}$。

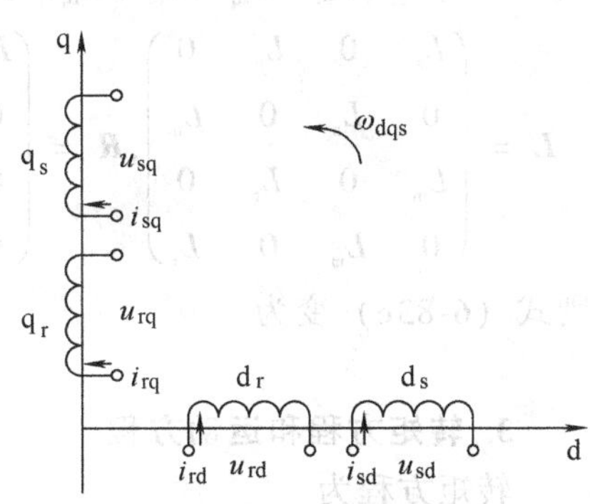

图 6-40　异步电动机在两相旋转坐标系 dq 上的物理模型

注意，由于用两相绕组等效地取代了三相绕组，两相绕组互感 L_m 是原三相绕组中任意两相间最大互感 L_{ms}（当轴线重合时）的 3/2 倍。

异步电动机变换到 dq 坐标系上的物理模型如图 6-40 所示，这时，定子和转子的等效绕组都落在轴 d 和 q 上，而且两轴互相垂直，它们之间没有耦合关系，互感磁链只在同轴绕组间存在，所以式中每个磁链分量只剩下两项，电感矩阵比 ABC 坐标系的 6×6 矩阵简单多了。

2. 电压方程

$$\left.\begin{aligned} u_{sd}&=R_si_{sd}+p\psi_{sd}-\omega_{dqs}\psi_{sq}\\ u_{sq}&=R_si_{sq}+p\psi_{sq}+\omega_{dqs}\psi_{sd}\\ u_{rd}&=R_ri_{rd}+p\psi_{rd}-\omega_{dqr}\psi_{rq}\\ u_{rq}&=R_ri_{rq}+p\psi_{rq}+\omega_{dqr}\psi_{rd}\end{aligned}\right\}\tag{6-83a}$$

将磁链方程式（6-82b）代入式（6-83a）中，得到 dq 坐标系上的电压－电流方程式如下：

$$\begin{pmatrix}u_{sd}\\u_{sq}\\u_{rd}\\u_{rq}\end{pmatrix}=\begin{pmatrix}R_s+L_sp & -\omega_{dqs}L_s & L_mp & -\omega_{dqs}L_m\\ \omega_{dqs}L_s & R_s+L_sp & \omega_{dqs}L_m & L_mp\\ L_mp & -\omega_{dqr}L_m & R_r+L_rp & -\omega_{dqr}L_r\\ \omega_{dqr}L_m & L_mp & \omega_{dqr}L_r & R_r+L_rp\end{pmatrix}\begin{pmatrix}i_{sd}\\i_{sq}\\i_{rd}\\i_{rq}\end{pmatrix}\tag{6-83b}$$

可见，两相坐标系上的电压方程是 4 维的，比三相坐标系上的 6 维电压方程降低了 2 维。

在电压方程式（6-83b）等号右侧的系数矩阵中，含 R 项表示电阻压降，含 Lp 项表示电感压降，含 ω 项表示旋转电动势。为了使物理概念更清楚，把它们分开写，得到

$$\begin{aligned}\begin{pmatrix}u_{sd}\\u_{sq}\\u_{rd}\\u_{rq}\end{pmatrix}=&\begin{pmatrix}R_s&0&0&0\\0&R_s&0&0\\0&0&R_r&0\\0&0&0&R_r\end{pmatrix}\begin{pmatrix}i_{sd}\\i_{sq}\\i_{rd}\\i_{rq}\end{pmatrix}+\begin{pmatrix}L_sp&0&L_mp&0\\0&L_sp&0&L_mp\\L_mp&0&L_rp&0\\0&L_mp&0&L_rp\end{pmatrix}\begin{pmatrix}i_{sd}\\i_{sq}\\i_{rd}\\i_{rq}\end{pmatrix}\\ &+\begin{pmatrix}0&-\omega_{dqs}&0&0\\ \omega_{dqs}&0&0&0\\0&0&0&-\omega_{dqr}\\0&0&\omega_{dqr}&0\end{pmatrix}\begin{pmatrix}\psi_{sd}\\\psi_{sq}\\\psi_{rd}\\\psi_{rq}\end{pmatrix}\end{aligned}\tag{6-83c}$$

令

$$\boldsymbol{u}=(u_{sd}\quad u_{sq}\quad u_{rd}\quad u_{rq})^{T},\boldsymbol{i}=(i_{sd}\quad i_{sq}\quad i_{rd}\quad i_{rq})^{T},\boldsymbol{\psi}=(\psi_{sd}\quad \psi_{sq}\quad \psi_{rd}\quad \psi_{rq})^{T}$$

$$\boldsymbol{L}=\begin{pmatrix} L_s & 0 & L_m & 0 \\ 0 & L_s & 0 & L_m \\ L_m & 0 & L_r & 0 \\ 0 & L_m & 0 & L_r \end{pmatrix},\boldsymbol{R}=\begin{pmatrix} R_s & 0 & 0 & 0 \\ 0 & R_s & 0 & 0 \\ 0 & 0 & R_r & 0 \\ 0 & 0 & 0 & R_r \end{pmatrix},\boldsymbol{e}_r=\begin{pmatrix} 0 & -\omega_{dqs} & 0 & 0 \\ \omega_{dqs} & 0 & 0 & 0 \\ 0 & 0 & 0 & -\omega_{dqr} \\ 0 & 0 & \omega_{dqr} & 0 \end{pmatrix}\begin{pmatrix} \psi_{sd} \\ \psi_{sq} \\ \psi_{rd} \\ \psi_{rq} \end{pmatrix}$$

则式（6-83c）变为

$$\boldsymbol{u}=\boldsymbol{Ri}+\boldsymbol{Lpi}+\boldsymbol{e}_r \tag{6-83d}$$

3. 转矩方程和运动方程

转矩方程为

$$T_e=n_pL_m(i_{sq}i_{rd}-i_{sd}i_{rq}) \tag{6-84}$$

运动方程与坐标变换无关，仍为 $T_e=T_L+\dfrac{J}{n_p}\dfrac{d\omega}{dt}$，其中 $\omega=\omega_{dqs}-\omega_{dqr}$，为电机转子角速度。

式（6-82）~式（6-84）和运动方程就构成了异步电动机在两相以任意转速旋转的dq坐标系上的数学模型，它比ABC坐标系上的数学模型简单得多，阶次也降低了，但其非线性、多变量、强耦合的性质并未改变。

将式（6-83a）的dq轴电压方程绘成如图6-41所示的动态等效电路。其中，图6-41a是d轴电路，图6-41b是q轴电路，它们之间靠4个旋转电动势互相耦合。图中所有表示电压或电动势的箭头都是按电压降的方向画的。

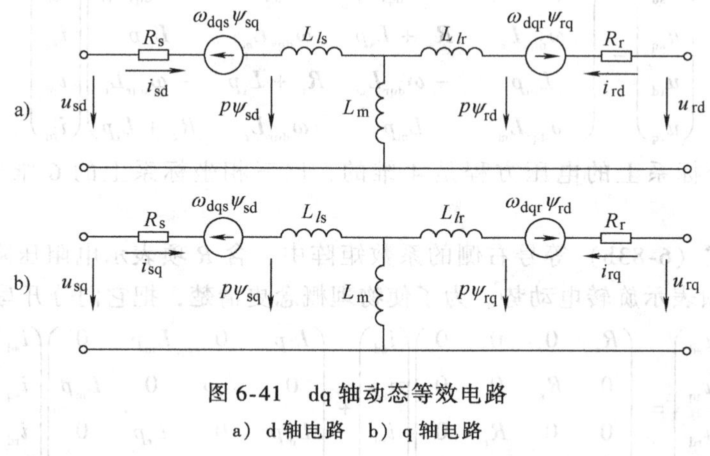

图6-41 dq轴动态等效电路

a）d轴电路 b）q轴电路

6.5.2 异步电动机在两相静止坐标系（αβ坐标系）上的数学模型

在静止坐标系αβ上的数学模型是任意旋转坐标系的数学模型当坐标转速等于零时的特例。当 $\omega_{dqs}=0$ 时，$\omega_{dqr}=-\omega$，即转子角转速的负值，并将下角标d、q改成α、β，则式（6-83b）的电压矩阵方程变成

$$\begin{pmatrix} u_{s\alpha} \\ u_{s\beta} \\ u_{r\alpha} \\ u_{r\beta} \end{pmatrix} = \begin{pmatrix} R_s + L_s p & 0 & L_m p & 0 \\ 0 & R_s + L_s p & 0 & L_m p \\ L_m p & \omega L_m & R_r + L_r p & \omega L_r \\ -\omega L_m & L_m p & -\omega L_r & R_r + L_r p \end{pmatrix} \begin{pmatrix} i_{s\alpha} \\ i_{s\beta} \\ i_{r\alpha} \\ i_{r\beta} \end{pmatrix} \tag{6-85}$$

而式（6-82a）的磁链方程改为

$$\begin{pmatrix} \psi_{s\alpha} \\ \psi_{s\beta} \\ \psi_{r\alpha} \\ \psi_{r\beta} \end{pmatrix} = \begin{pmatrix} L_s & 0 & L_m & 0 \\ 0 & L_s & 0 & L_m \\ L_m & 0 & L_r & 0 \\ 0 & L_m & 0 & L_r \end{pmatrix} \begin{pmatrix} i_{s\alpha} \\ i_{s\beta} \\ i_{r\alpha} \\ i_{r\beta} \end{pmatrix} \tag{6-86}$$

利用两相旋转变换阵 $\boldsymbol{C}_{2s/2r}$，可得

$$\begin{aligned} i_{sd} &= i_{s\alpha}\cos\theta + i_{s\beta}\sin\theta \\ i_{sq} &= -i_{s\alpha}\sin\theta + i_{s\beta}\cos\theta \\ i_{rd} &= i_{r\alpha}\cos\theta + i_{r\beta}\sin\theta \\ i_{rq} &= -i_{r\alpha}\sin\theta + i_{r\beta}\cos\theta \end{aligned} \tag{6-87}$$

代入式（6-84）并整理后，即得到 αβ 坐标系上的电磁转矩

$$T_e = n_p L_m (i_{s\beta} i_{r\alpha} - i_{s\alpha} i_{r\beta}) \tag{6-88}$$

式（6-85）~式（6-87）再加上运动方程便成为αβ 坐标系上的异步电动机的数学模型。

6.5.3　异步电动机在两相同步旋转坐标系上的数学模型

两相同步旋转坐标系，其坐标轴仍用 d、q 表示，只是坐标轴的旋转速度 ω_{dqs} 等于定子频率的同步角转速 ω_1，而转子的转速为 ω，因此 dq 轴相对于转子的角转速 $\omega_{dqr} = \omega_1 - \omega = \omega_s$，即转差，代入式（6-83b），得同步旋转坐标系上的电压方程

$$\begin{pmatrix} u_{sd} \\ u_{sq} \\ u_{rd} \\ u_{rq} \end{pmatrix} = \begin{pmatrix} R_s + L_s p & -\omega_1 L_s & L_m p & -\omega_1 L_m \\ \omega_1 L_s & R_s + L_s p & \omega_1 L_m & L_m p \\ L_m p & -\omega_s L_m & R_r + L_r p & -\omega_s L_r \\ \omega_s L_m & L_m p & \omega_s L_r & R_r + L_r p \end{pmatrix} \begin{pmatrix} i_{sd} \\ i_{sq} \\ i_{rd} \\ i_{rq} \end{pmatrix} \tag{6-89}$$

磁链方程、转矩方程和运动方程均不变。两相同步旋转坐标系的突出特点是，当三相 ABC 坐标系中的电压和电流是交流正弦波时，变换到 dq 坐标系上就成为直流。

6.5.4　异步电动机在两相坐标系上的状态方程

以上讨论了用矩阵方程表示的异步电动机动态数学模型，近年来越来越多采用状态方程的形式，为简单起见，这里只讨论两相同步旋转 dq 坐标系上的状态方程，如果需要其他类型的两相坐标，只需稍加变换就可以得到。

1. 状态变量的选取

从前面的分析我们知道，在两相坐标系上的异步电动机具有 4 阶电压方程和 1 阶运动方程，因此其状态方程也应该是 5 阶的，需选取五个状态变量，而可选的变量共有 9 个，即转速 ω、4 个电流变量 i_{sd}、i_{sq}、i_{rd}、i_{rq} 和四个磁链变量 ψ_{sd}、ψ_{sq}、ψ_{rd}、ψ_{rq}。转子电流 i_{rd} 和 i_{rq} 是

不可测的，不宜用作状态变量，因此只能选定子电流 i_{sd}、i_{sq} 和转子磁链 ψ_{rd}、ψ_{rq}；定子电流 i_{sd}、i_{sq} 和定子磁链 ψ_{sd}、ψ_{sq}，这样可以有下列两组状态方程。

2. $\omega-\psi_r-i_s$ 状态方程

式（6-82b）表示dq坐标系上的磁链方程

$$\begin{aligned}\psi_{sd} &= L_s i_{sd} + L_m i_{rd}\\ \psi_{sq} &= L_s i_{sq} + L_m i_{rq}\\ \psi_{rd} &= L_m i_{sd} + L_r i_{rd}\\ \psi_{rq} &= L_m i_{sq} + L_r i_{rq}\end{aligned}$$

式（6-83a）为任意旋转坐标系上的电压方程

$$\begin{aligned}u_{sd} &= R_s i_{sd} + p\psi_{sd} - \omega_{dqs}\psi_{sq}\\ u_{sq} &= R_s i_{sq} + p\psi_{sq} + \omega_{dqs}\psi_{sd}\\ u_{rd} &= R_r i_{rd} + p\psi_{rd} - \omega_{dqr}\psi_{rq}\\ u_{rq} &= R_r i_{rq} + p\psi_{rq} + \omega_{dqr}\psi_{rd}\end{aligned}$$

对于同步旋转坐标系，$\omega_{dqs}=\omega_1$，$\omega_{dqr}=\omega_1-\omega=\omega_s$，考虑到笼型转子内部是短路的，则 $u_{rd}=u_{rq}=0$，于是，电压方程可写成

$$\left.\begin{aligned}u_{sd} &= R_s i_{sd} + p\psi_{sd} - \omega_1\psi_{sq}\\ u_{sq} &= R_s i_{sq} + p\psi_{sq} + \omega_1\psi_{sd}\\ 0 &= R_r i_{rd} + p\psi_{rd} - (\omega_1-\omega)\psi_{rq}\\ 0 &= R_r i_{rq} + p\psi_{rq} + (\omega_1-\omega)\psi_{rd}\end{aligned}\right\} \tag{6-90}$$

由式（6-82b）中第3、4两式可解出

$$i_{rd} = \frac{1}{L_r}(\psi_{rd} - L_m i_{sd}) \quad i_{rq} = \frac{1}{L_r}(\psi_{rq} - L_m i_{sq}) \tag{6-91}$$

代入式（6-84）的转矩公式，得

$$T_e = \frac{n_p L_m}{L_r}(i_{sq}\psi_{rd} - L_m i_{sd} i_{sq} - i_{sd}\psi_{rq} + L_m i_{sd} i_{sq}) = \frac{n_p L_m}{L_r}(i_{sq}\psi_{rd} - i_{sd}\psi_{rq}) \tag{6-92}$$

将式（6-82b）代入式（6-90），消去 i_{rd}、i_{rq}、ψ_{sd}、ψ_{sq}，同时将式（6-92）代入运动方程式（6-67），整理后得状态方程 $\omega-\psi_r-i_s$ 为

$$\left.\begin{aligned}\frac{d\omega}{dt} &= \frac{n_p^2 L_m}{JL_r}(i_{sq}\psi_{rd} - i_{sd}\psi_{rq}) - \frac{n_p}{J}T_L\\ \frac{d\psi_{rd}}{dt} &= -\frac{1}{T_r}\psi_{rd} + (\omega_1-\omega)\psi_{rq} + \frac{L_m}{T_r}i_{sd}\\ \frac{d\psi_{rq}}{dt} &= -\frac{1}{T_r}\psi_{rq} - (\omega_1-\omega)\psi_{rd} + \frac{L_m}{T_r}i_{sq}\\ \frac{di_{sd}}{dt} &= \frac{L_m}{\sigma L_s L_r T_r}\psi_{rd} + \frac{L_m}{\sigma L_s L_r}\omega\psi_{rq} - \frac{R_s L_r^2 + R_r L_m^2}{\sigma L_s L_r^2}i_{sd} + \omega_1 i_{sq} + \frac{u_{sd}}{\sigma L_s}\\ \frac{di_{sq}}{dt} &= \frac{L_m}{\sigma L_s L_r T_r}\psi_{rq} - \frac{L_m}{\sigma L_s L_r}\omega\psi_{rd} - \frac{R_s L_r^2 + R_r L_m^2}{\sigma L_s L_r^2}i_{sq} - \omega_1 i_{sd} + \frac{u_{sq}}{\sigma L_s}\end{aligned}\right\} \tag{6-93}$$

式中，σ 为电机漏磁系数，$\sigma = 1-\dfrac{L_m^2}{L_s L_r}$；$T_r$ 为转子电磁时间常数，$T_r=\dfrac{L_r}{R_r}$。

在状态方程中，状态变量为

$$X = (\omega \quad \psi_{rd} \quad \psi_{rq} \quad i_{sd} \quad i_{sq})^T \tag{6-94}$$

输入变量为

$$U = (u_{sd} \quad u_{sq} \quad \omega_1 \quad T_L)^T \tag{6-95}$$

输出变量为

$$Y = (\omega \quad \psi_r)^T = \left(\omega \quad \sqrt{\psi_{rd}^2+\psi_{rq}^2}\right)^T \tag{6-96}$$

异步电动机在dq坐标系中，以 $\omega-\psi_r-i_s$ 为状态变量的动态结构图如图6-42所示。

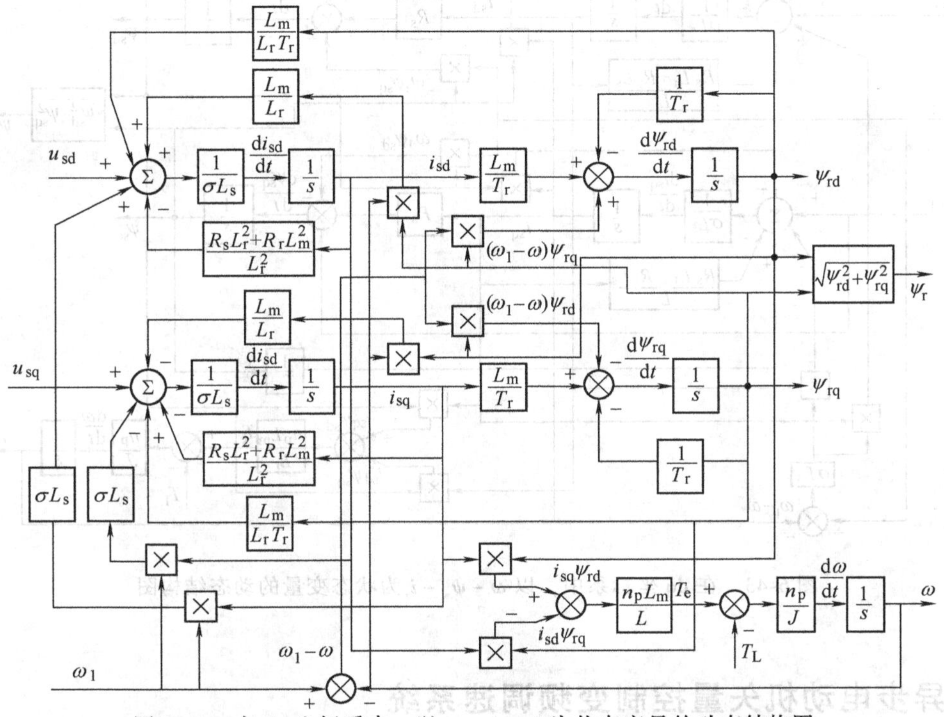

图6-42 在dq坐标系中，以 $\omega-\psi_r-i_s$ 为状态变量的动态结构图

3. $\omega-\psi_s-i_s$ 状态方程

同上，只是在把式（6-82b）代入式（6-90）时，消去的变量是 i_{rd}、i_{rq}、ψ_{rd}、ψ_{rq}，整理后得状态方程为

$$\left.\begin{aligned}
\frac{d\omega}{dt} &= \frac{n_p^2}{J}(i_{sq}\psi_{sd}-i_{sd}\psi_{sq})-\frac{n_p}{J}T_L\\
\frac{d\psi_{sd}}{dt} &= -R_s i_{sd}+\omega_1\psi_{sq}+u_{sd}\\
\frac{d\psi_{sq}}{dt} &= -R_s i_{sq}-\omega_1\psi_{sd}+u_{sq}\\
\frac{di_{sd}}{dt} &= \frac{1}{\sigma L_s T_r}\psi_{sd}+\frac{1}{\sigma L_s}\omega\psi_{sq}-\frac{R_s L_r+R_r L_s}{\sigma L_s L_r}i_{sd}+(\omega_1-\omega)i_{sq}+\frac{u_{sd}}{\sigma L_s}\\
\frac{di_{sq}}{dt} &= \frac{1}{\sigma L_s T_r}\psi_{sq}-\frac{1}{\sigma L_s}\omega\psi_{sd}-\frac{R_s L_r+R_r L_s}{\sigma L_s L_r}i_{sq}-(\omega_1-\omega)i_{sd}+\frac{u_{sq}}{\sigma L_s}
\end{aligned}\right\} \tag{6-97}$$

状态变量为
$$X = (\omega \quad \psi_{sd} \quad \psi_{sq} \quad i_{sd} \quad i_{sq})^{T} \tag{6-98}$$
输入变量为
$$U = (u_{sd} \quad u_{sq} \quad \omega_1 \quad T_L)^{T} \tag{6-99}$$
输出变量为
$$Y = \left(\omega \quad \sqrt{\psi_{sd}^2 + \psi_{sq}^2}\right)^{T} \tag{6-100}$$

异步电动机在 dq 坐标系中，以 $\omega - \psi_s - i_s$ 为状态变量的动态结构图如图 6-43 所示。

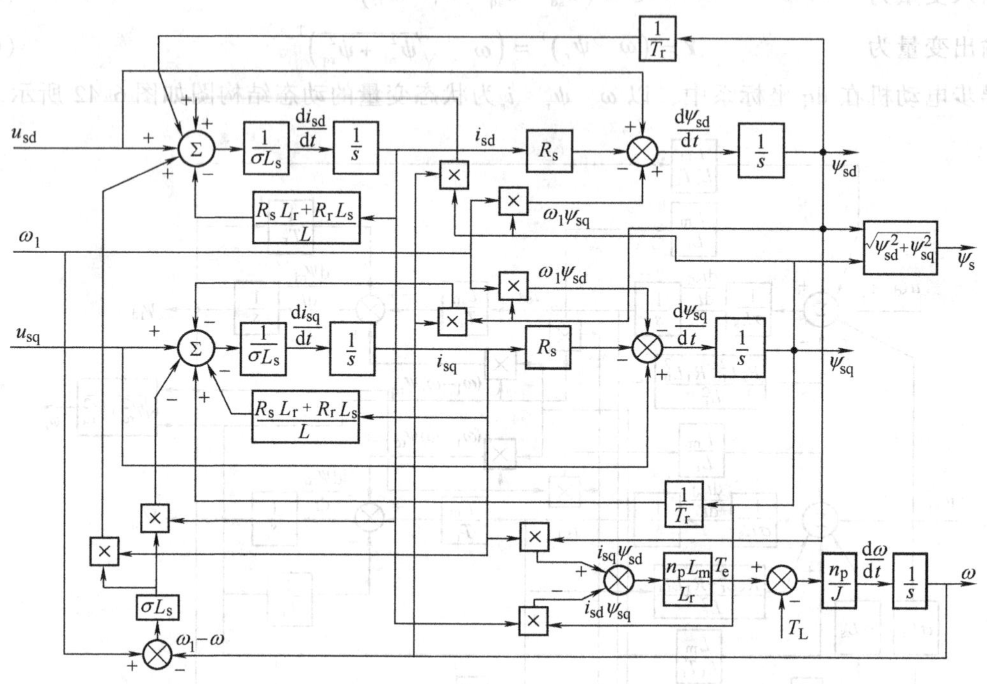

图 6-43　在 dq 坐标系中，以 $\omega - \psi_s - i_s$ 为状态变量的动态结构图

6.6 异步电动机矢量控制变频调速系统

恒压频比控制或转差频率控制的异步电动机变压变频调速系统，其基本控制关系及转矩控制原则是建立在异步电动机稳态数学模型的基础上的，它的被控制变量（定子电压、定子电流）都是在幅值意义上的标量控制，而忽略了幅角（相位）控制，因而异步电动机的电磁转矩未能得到精确的、实时的控制，也就不能获得优良的动态性能。例如，对于轧钢机、数控机床、机器人、载客电梯等动态性能要求高的系统，就需要建立在动态模型基础上的高性能的调速系统来实现。我们主要讨论矢量控制和直接转矩控制系统。

矢量控制系统通过矢量变换和按转子磁链定向，得到等效直流电动机模型，然后按照直流电动机模型设计控制系统；直接转矩控制系统利用转矩偏差和定子磁链幅值偏差的符号，根据当前定子磁链矢量所在的位置，直接选取合适的定子电压矢量，实施电磁转矩和定子磁链的控制。

6.6.1 矢量控制系统的基本思路和转子磁链模型

20 世纪 70 年代初发明的磁场定向矢量控制是通过坐标变换和按转子磁链定向，可以得到等效的直流电动机模型，在按转子磁链定向坐标系中，用直流电动机的方法控制电磁转矩与磁链，然后将转子磁链定向坐标系中的控制量，经逆变换得到三相坐标系的对应量，以实施控制。由于变换的是矢量，所以坐标变换也可称为矢量变换，相应的控制系统称为矢量控制（Vector Control，VC）系统。直流电动机的励磁电流和转矩电流（电枢电流）是解耦的，因此矢量控制也称为“解耦控制”。

1. 矢量控制系统的基本思路

从坐标变换一节可知，以产生同样的旋转磁动势为准则，在三相坐标系上的定子交流电流 i_A、i_B、i_C，通过三相/两相（3/2）变换可以等效成两相静止坐标系上的交流电流 i_α、i_β，再通过同步旋转变换（2s/2r），可以等效成同步旋转坐标系上的直流电流 i_d 和 i_q。如果观察者站到铁心上与坐标系一起旋转，他看到的便是一台直流电机，通过控制，可以使交流电机的转子总磁通 Φ_r 等效于直流电机的磁通。如果把 d 轴定位于 Φ_r 的方向上，称为 m(Magnetization）轴，把 q 轴称为 t(Torque）轴，则 m 绕组相当于直流电机的励磁绕组，i_m 相当于励磁电流，t 绕组相当于伪静止的电枢绕组，i_t 相当于与转矩成正比的电枢电流。这种等效关系可以用图 6-44 来表示，那么从整体上看，输入为 A、B、C 三相电压，输出为转速 ω，是一台异步电动机。从内部看，经过 3/2 变换和同步旋转变换，变成一台由 i_m 和 i_t 输入，由 ω 输出的直流电动机。图中，VR 为同步旋转变换，φ 为 m 轴与 α 轴（A 轴）夹角。

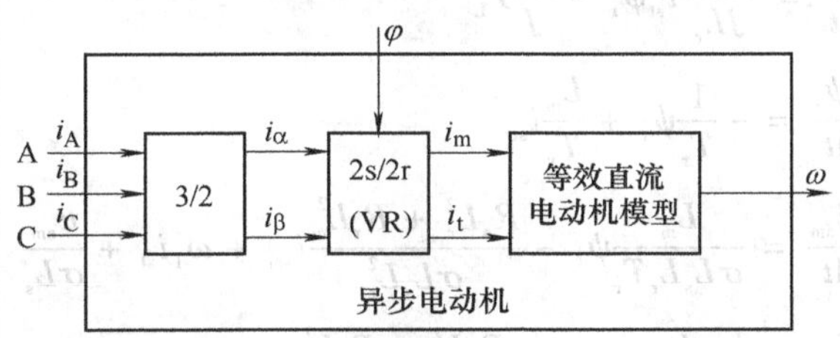

图 6-44　异步电动机的坐标变换结构图

既然异步电动机可以经过坐标变换等效成直流电动机，那么就可以模仿直流电动机的控制策略，得到直流电动机的控制量，经过相应的坐标反变换，来控制异步电动机了。因为进行坐标变换的是电流（代表磁动势）的空间矢量，所以通过坐标变换实现的控制系统就叫做矢量控制系统（VC 系统），其原理结构图如图 6-45 所示。图中，给定和反馈信号经过控制器，产生励磁电流给定信号 i_m^* 和电枢电流给定信号 i_t^*，经过反旋转变换得到 i_α^* 和 i_β^*，再经过 2/3 变换得到 i_A^*、i_B^*、i_C^*。把这三个电流给定信号和由控制器得到的频率给定信号 ω_1 一起施加到电流控制变频器上，输出异步电动机调速所需的三相变频电流。

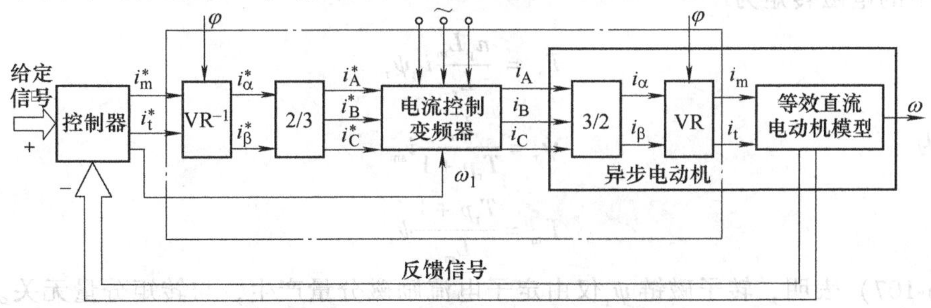

图 6-45　矢量控制系统原理结构图

设计矢量控制系统时，可以认为，控制器后面引入的反旋转变换器 VR^{-1} 与电机内部的旋转变换环节 VR 抵消，2/3 变换器与电机内部的 3/2 变换环节抵消，如果再忽略变频器中可能产生的滞后，则图 6-45 中点划线框内的部分可以完全删去，剩下的就是直流调速系统了。因此，这样的矢量控制交流变压变频调速系统在静、动态性能上完全能够与直流调速系统相媲美。

2. 按转子磁链定向的矢量控制方程及其解耦作用

为了与一般的同步旋转 dq 坐标系相区别，取 d 轴沿转子磁链 Ψ_r 的方向，称之为 m 轴；q 轴逆时针旋转 90°，称之为 t 轴，这样就得到了按转子磁链定向的两相同步旋转 mt 坐标系。

由于 m 轴与转子磁链矢量重合，因此

$$\psi_{rd} = \psi_{rm} = \psi_r,\quad \psi_{rq} = \psi_{rt} = 0 \tag{6-101}$$

为了保证 m 轴与转子磁链矢量始终重合，必须使

$$\frac{d\psi_{rt}}{dt} = \frac{d\psi_{rq}}{dt} = 0 \tag{6-102}$$

代入转矩方程式（6-92）和状态方程式（6-93）并用 m、t 替代 d、q，即得

$$\left.\begin{aligned}
\frac{d\omega}{dt} &= \frac{n_p^2 L_m}{JL_r} i_{st}\psi_r - \frac{n_p}{J}T_L \\
\frac{d\psi_r}{dt} &= -\frac{1}{T_r}\psi_r + \frac{L_m}{T_r}i_{sm} \\
\frac{di_{sm}}{dt} &= \frac{L_m}{\sigma L_s L_r T_r}\psi_r - \frac{R_s L_r^2 + R_r L_m^2}{\sigma L_s L_r^2} i_{sm} + \omega_1 i_{st} + \frac{u_{sm}}{\sigma L_s} \\
\frac{di_{st}}{dt} &= -\frac{L_m}{\sigma L_s L_r}\omega\psi_r - \frac{R_s L_r^2 + R_r L_m^2}{\sigma L_s L_r^2} i_{st} - \omega_1 i_{sm} + \frac{u_{st}}{\sigma L_s}
\end{aligned}\right\} \tag{6-103}$$

由 $\frac{d\psi_{rt}}{dt} = -(\omega_1 - \omega)\psi_r + \frac{L_m}{T_r}i_{st} = 0$，导出 mt 坐标系的旋转角速度为

$$\omega_1 = \omega + \frac{L_m}{T_r\psi_r}i_{st} \tag{6-104}$$

将 mt 坐标系旋转角速度与转子转速之差定义为转差角频率

$$\omega_s = \omega_1 - \omega = \frac{L_m}{T_r\psi_r}i_{st} \tag{6-105}$$

mt 坐标系中的电磁转矩为

$$T_e = \frac{n_p L_m}{L_r}i_{st}\psi_r \tag{6-106}$$

转子磁链为

$$\psi_r = \frac{L_m}{T_r p + 1}i_{sm} \tag{6-107}$$

或

$$i_{sm} = \frac{T_r p + 1}{L_m}\psi_r \tag{6-108}$$

式（6-107）表明，转子磁链 ψ_r 仅由定子电流励磁分量产生，与转矩分量无关。

通过按转子磁链定向，将定子电流分解为励磁分量 i_{sm} 和转矩分量 i_{st}，使转子磁链仅由定子电流励磁分量产生，而电磁转矩正比于转子磁链和定子电流转矩分量的乘积，实现了定子电流两个分量的解耦。式（6-107）还表明，Ψ_r 与 i_{sm} 之间的传递函数是一阶惯性环节，时间常数 T_r 为转子磁链励磁时间常数，当励磁电流分量 i_{sm} 突变时，Ψ_r 的变化要受到励磁惯性的阻挠，这和直流电动机励磁绕组的惯性作用是一致的。因此按转子磁链定向同步旋转坐标系中的异步电动机数学模型与直流电动机动态模型相当。

式（6-106）和式（6-107）、式（6-105）构成矢量控制基本方程式，按照这些关系可将异步电动机的数学模型绘成图6-46的形式，图中，等效直流电动机模型被分解成 ω 和 ψ_r 两个子系统。可以看出，虽然通过矢量变换，将定子电流解耦成 i_{sm} 和 i_{st} 两个分量，但是，从 ω 和 ψ_r 两个子系统来看，由于 T_e 同时受到 i_{st} 和 ψ_r 的影响，两个子系统仍旧耦合着。

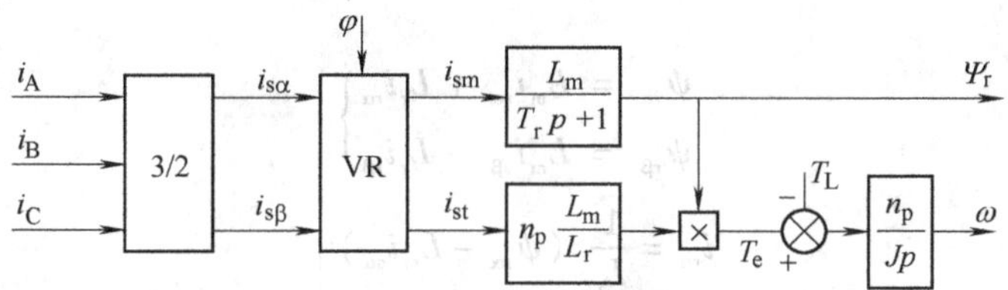

图6-46 异步电动机矢量变换与电流解耦数学模型

按照图6-46模仿直流调速系统进行控制时，可设置磁链调节器（AψR）和转速调节器（ASR）分别控制 ψ_r 和 ω，如图6-47所示。为了使两个子系统完全解耦，除了坐标变换以外，还应设法抵消转子磁链 ψ_r 对电磁转矩 T_e 的影响。

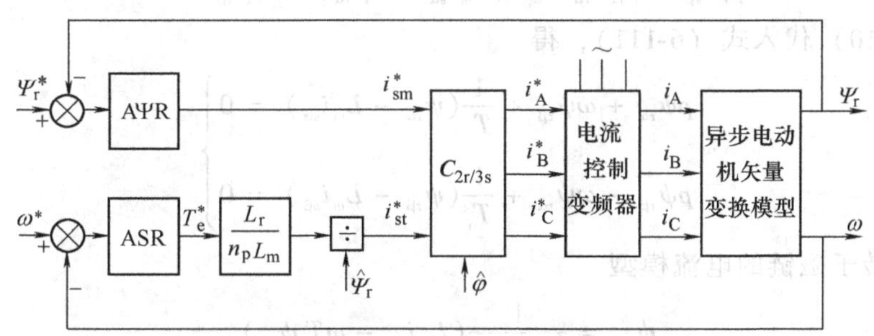

图6-47 带除法环节的解耦矢量控制系统

比较直观的办法是把ASR的输出信号除以 ψ_r，当控制器的坐标反变换与电机中的坐标变换对消，且变频器的滞后作用可以忽略时，此处的（$\div\psi_r$）便可与电机模型中的（$\times\psi_r$）对消，两个子系统就完全解耦了。这时，带除法环节的矢量控制系统可以看成是两个独立的线性子系统，可以采用经典控制理论的单变量线性系统综合方法或相应的工程设计方法来设计两个调节器AψR和ASR。

应该注意，在异步电动机矢量变换模型中的转子磁链 ψ_r 和它的定向相位角 φ 都是实际存在的，但用于控制器的这两个量都难以直接检测，只能采用观测值或模型计算值，在图6-47中以符号“^”以示区别。因此，两个子系统完全解耦只有在下述3个假定条件下才能成立：①转子磁链的计算值 $\hat{\psi}_r$ 等于其实际值 ψ_r；②转子磁场定向角的计算值 $\hat{\varphi}$ 等于其实际值 φ；③忽略电流控制变频器的滞后作用。

3. 转子磁链模型

要实现按转子磁链定向的矢量控制系统，关键是要获得转子磁链信号，以供磁链反馈和除法环节的需要。由于磁链的直接检测比较困难，现在实用的系统中多采用间接计算的方法，即利用容易测得的电压、电流或转速等信号，借助转子磁链模型，实时计算磁链的幅值与相位。在计算模型中，由于主要实测信号不同，又分电流模型和电压模型两种。

（1）计算转子磁链的电流模型

根据描述磁链与电流关系的磁链方程来计算转子磁链，所得出的模型叫做电流模型。电流模型可以在不同的坐标系上获得。

1）在两相静止坐标系 αβ 上。由实测的三相定子电流通过 3/2 变换很容易得到两相静止坐标系上的电流 $i_{s\alpha}$ 和 $i_{s\beta}$，再利用磁链方程式（6-86）第 3、4 行计算转子磁链在 α、β 轴上的分量为

$$\left.\begin{aligned}\psi_{r\alpha} &= L_m i_{s\alpha} + L_r i_{r\alpha}\\ \psi_{r\beta} &= L_m i_{s\beta} + L_r i_{r\beta}\end{aligned}\right\} \tag{6-109}$$

则

$$\left.\begin{aligned}i_{r\alpha} &= \frac{1}{L_r}(\psi_{r\alpha} - L_m i_{s\alpha})\\ i_{r\beta} &= \frac{1}{L_r}(\psi_{r\beta} - L_m i_{s\beta})\end{aligned}\right\} \tag{6-110}$$

在电压矩阵方程式（6-85）的第 3、4 行中，并令 $u_{r\alpha} = u_{r\beta} = 0$，得

$$\left.\begin{aligned}L_m p i_{s\alpha} + L_r p i_{r\alpha} + \omega(L_m i_{s\beta} + L_r i_{r\beta}) + R_r i_{r\alpha} &= 0\\ L_m p i_{s\beta} + L_r p i_{r\beta} - \omega(L_m i_{s\alpha} + L_r i_{r\alpha}) + R_r i_{r\beta} &= 0\end{aligned}\right\} \tag{6-111}$$

将式（6-110）代入式（6-111），得

$$\left.\begin{aligned}p\psi_{r\alpha} + \omega\psi_{r\beta} + \frac{1}{T_r}(\psi_{r\alpha} - L_m i_{s\alpha}) &= 0\\ p\psi_{r\beta} - \omega\psi_{r\alpha} + \frac{1}{T_r}(\psi_{r\beta} - L_m i_{s\beta}) &= 0\end{aligned}\right\} \tag{6-112}$$

整理后得转子磁链的电流模型

$$\psi_{r\alpha} = \frac{1}{T_r p + 1}(L_m i_{s\alpha} - \omega T_r \psi_{r\beta}) \tag{6-113a}$$

$$\psi_{r\beta} = \frac{1}{T_r p + 1}(L_m i_{s\beta} + \omega T_r \psi_{r\alpha}) \tag{6-113b}$$

按式（6-113a）和式（6-113b）构成转子磁链分量的运算框图，如图 6-48 所示，有了 $\psi_{r\alpha}$ 和 $\psi_{r\beta}$，要计算 ψ_r 的幅值和相位就很容易了。

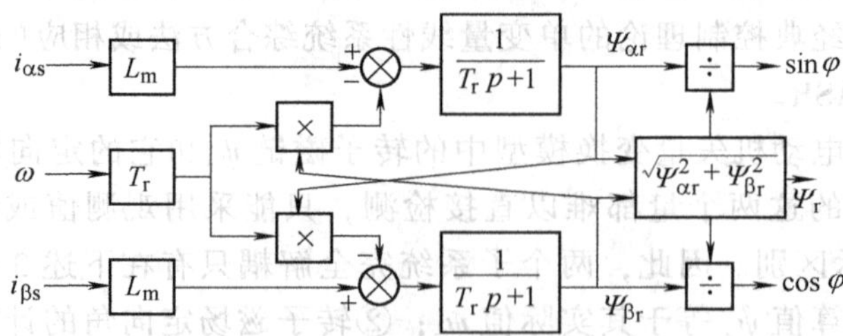

图 6-48 在两相静止坐标系 αβ 上计算转子磁链的运算框图

这个转子磁链电流模型除了需要定子电流信号外，还需要转速信号。电流模型的优点是适用转速范围可以向下扩展到零转速；缺点是运算精度受电机参数变化（特别是转子电阻受温度和趋肤效应的影响可能有高达 50% 的变化）的影响大，况且转子（笼型转子）电阻不可直接测量，对转子电阻的变化进行补偿也很困难。

2）在两相同步旋转 mt 坐标系上。另一种转子磁链模型的运算框图如图 6-49 所示。三相定子电流 i_A、i_B、i_C 经 3/2 变换变成两相静止坐标系电流 $i_{s\alpha}$、$i_{s\beta}$，再经同步旋转 2s/2r 变换并按转子磁链定向，得到 mt 坐标系上的电流 i_{sm}、i_{st}，利用矢量控制方程式（6-106）和式（6-105）可以获得 ψ_r 和 ω_s 信号，由 ω_s 与实测转速 ω 相加得到定子频率信号 ω_1，再经积分即为转子磁链的相位角 φ，它也就是同步旋转变换的旋转相位角。和前一种模型相比，这种模型更适合于微机实时计算，容易收敛，也比较准确。

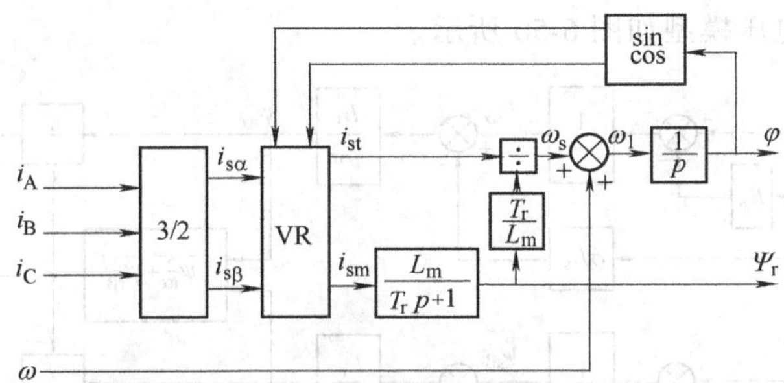

图 6-49　在按转子磁链定向两相旋转坐标系 mt 上计算转子磁链的运算框图

上述两种计算转子磁链的电流模型都需要实测的电流与转速信号，其共同优点是：无论转速高低都能适用，但共同缺点是都受电动机参数变化的影响。除了转子电阻受温度和频率的影响有较大的变化外，磁路的饱和程度也将影响电感 L_m、L_r 和 L_s，这些影响最终将导致计算出的转子磁链的幅值和相位角偏离正确值，使磁场定向不准，使磁链闭环控制性能降低。

（2）计算转子磁链的电压模型

根据电压方程中感应电动势等于磁链变化率的关系，对电动势积分即可得到磁链，这种模型叫做电压模型。

αβ 坐标系上定子电压方程为

$$\left.\begin{aligned}\frac{d\psi_{s\alpha}}{dt} &= -R_s i_{s\alpha} + u_{s\alpha}\\ \frac{d\psi_{s\beta}}{dt} &= -R_s i_{s\beta} + u_{s\beta}\end{aligned}\right\} \tag{6-114}$$

磁链方程为

$$\left.\begin{aligned}\psi_{s\alpha} &= L_s i_{s\alpha} + L_m i_{r\alpha}\\ \psi_{s\beta} &= L_s i_{s\beta} + L_m i_{r\beta}\\ \psi_{r\alpha} &= L_m i_{s\alpha} + L_r i_{r\alpha}\\ \psi_{r\beta} &= L_m i_{s\beta} + L_r i_{r\beta}\end{aligned}\right\} \tag{6-115}$$

由式（6-115）前两行解得

$$\left.\begin{aligned}i_{r\alpha} &= \frac{\psi_{s\alpha} - L_s i_{s\alpha}}{L_m}\\ i_{r\beta} &= \frac{\psi_{s\beta} - L_s i_{s\beta}}{L_m}\end{aligned}\right\} \tag{6-116}$$

代入式（6-115）后两行得

$$\left.\begin{aligned}\psi_{r\alpha} &= \frac{L_r}{L_m}(\psi_{s\alpha} - \sigma L_s i_{s\alpha})\\ \psi_{r\beta} &= \frac{L_r}{L_m}(\psi_{s\beta} - \sigma L_s i_{s\beta})\end{aligned}\right\} \tag{6-117}$$

由式（6-117）、式（6-116）得计算转子磁链的电压模型为

$$\left.\begin{aligned}\psi_{r\alpha} &= \frac{L_r}{L_m}\left[\int(u_{s\alpha} - R_s i_{s\alpha})\mathrm{d}t - \sigma L_s i_{s\alpha}\right]\\ \psi_{r\beta} &= \frac{L_r}{L_m}\left[\int(u_{s\beta} - R_s i_{s\beta})\mathrm{d}t - \sigma L_s i_{s\beta}\right]\end{aligned}\right\} \tag{6-118}$$

计算转子磁链的电压模型如图 6-50 所示。

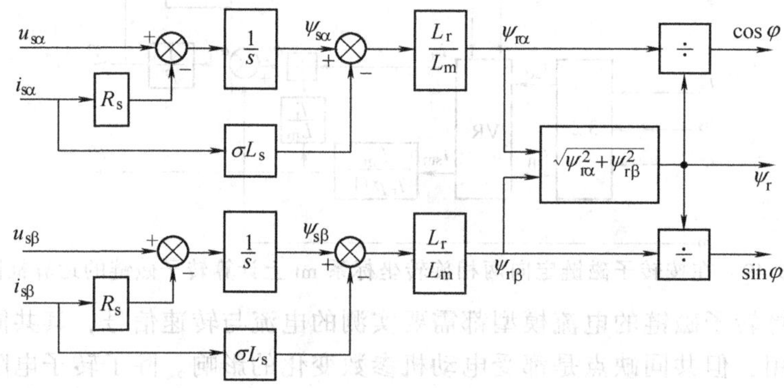

图 6-50 计算转子磁链的电压模型

电压模型的优点是：算法简单，便于应用；不需要转速信号，算法与转子电阻无关（转子电阻受温度、频率的影响变化大）；模型受参数变化的影响较小。但缺点是：由于频率低时电压低，对小信号积分造成误差大；低速下，定子电阻、漏感、励磁电感等参数变化对计算误差的影响加大。

比较起来，电压模型更适合于中、高范围，而电流模型能适应低速。有时为了提高准确度，把两者结合起来，在低速（例如 $n \leqslant 15\% n_N$）时采用电流模型，在中高速时采用电压模型，解决好了过渡问题，就可以提高整个运行范围中计算转子磁链的准确度。

6.6.2 转速磁链闭环的矢量控制系统——直接矢量控制系统

实际应用的交流电动机矢量控制系统，根据磁链是否为闭环控制可分为两种类型：一是直接矢量控制，这是一种转速、磁链闭环的矢量控制系统；二是间接矢量控制，这是一种磁链开环的矢量控制系统，通常称为转差型矢量控制系统，也称磁链前馈型矢量控制系统。

图 6-47 所示是一种典型的转速磁链闭环控制的矢量控制系统，利用转速调节器输出带“$\div \psi_r$”的除法环节实现 ψ_r 与 ω 的解耦，两个调节器的设计方法和直流调速系统相似，调节器和坐标变换都包含在微机数字控制器中。

图 6-51 所示是另外一种提高转速和磁链闭环控制系统解耦性能的直接矢量控制系统，在转速调节器（ASR）和电流转矩分量调节器间增设了转矩调节器（ATR）。该系统的主要

特点如下：

1）转子磁链的实际幅值 Ψ_r 和相位角 φ 通过电流模型在两相同步旋转 mt 坐标系上计算得到，查三角函数表得到相应的 $\cos\varphi$ 和 $\sin\varphi$，i_{st} 作为磁链推算的中间变量一并得到。由于转子磁链是通过磁链模型直接推算出来的，所以该系统又称直接矢量控制系统。

2）对转子磁链的幅值实行闭环控制，在基速以下恒磁通恒转矩，在基速以上弱磁恒功率。

3）在速度环内设转矩内环，有助于解耦。当转子磁链发生波动时，通过转矩调节器及时调整电流转矩分量给定值，以抵消磁链变化的影响，尽可能不影响或少影响电动机转速。转子磁链扰动的作用点是包含在转矩环内的，可以通过转矩反馈来抑制扰动。若没有转矩闭环，就只能通过转速外环来抑制转子磁链扰动，控制作用相对比较滞后。

4）将定子电流励磁分量给定值 i_{sm}^* 和转矩分量给定值 i_{st}^* 进行 VR^{-1} 和 2/3 变换，得到三相定子电流给定值 i_A^*、i_B^*、i_C^*，对电流滞环控制 PWM 变频器实行瞬时值控制，于是变频器的三相电流在幅值、频率、相位上均得到控制，这是它和 V/F 控制的不同之处。

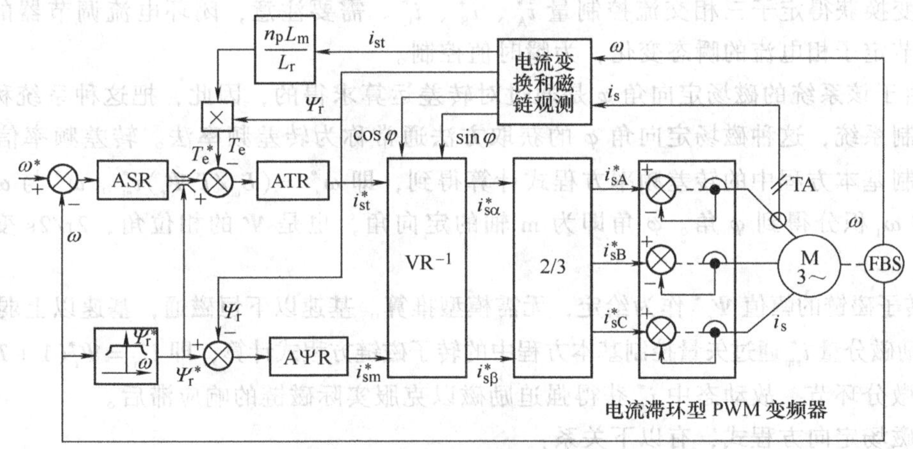

图 6-51　转速磁链闭环的矢量控制系统

6.6.3　磁链开环转差型矢量控制系统——间接矢量控制系统

在磁链闭环控制的矢量控制系统中，转子磁链反馈信号是由磁链模型获得的，其幅值和相位都受到电机参数 T_r 和 L_m 变化的影响，造成控制的不准确性。如果采用磁链开环的控制方式，则可简化系统结构，利用矢量控制方程中的转差公式，通过给定值间接计算转子磁链的位置，构成转差型的矢量控制系统，又称间接矢量控制系统。这种方法继承了基于稳态模型转差频率控制系统的优点，同时用基于动态模型的矢量控制规律克服了它的大部分不足。

1. 电压源型转差型矢量控制系统

图 6-52 所示为电压源型转差型矢量控制系统，在中、小容量装置中多采用。图 6-52 中，主电路采用交－直－交电压源型变频器结构，使用滞环控制电流跟踪 PWM 技术。其控制结构的特点如下：

1）转速闭环控制建立在定向于转子磁链轴的同步旋转 mt 坐标系上，通过矢量旋转变换，将直流控制量 i_{st}^*、i_{sm}^* 变换到定子静止坐标系 αβ 上，得到定子两相交流控制量 $i_{s\alpha}^*$、$i_{s\beta}^*$，

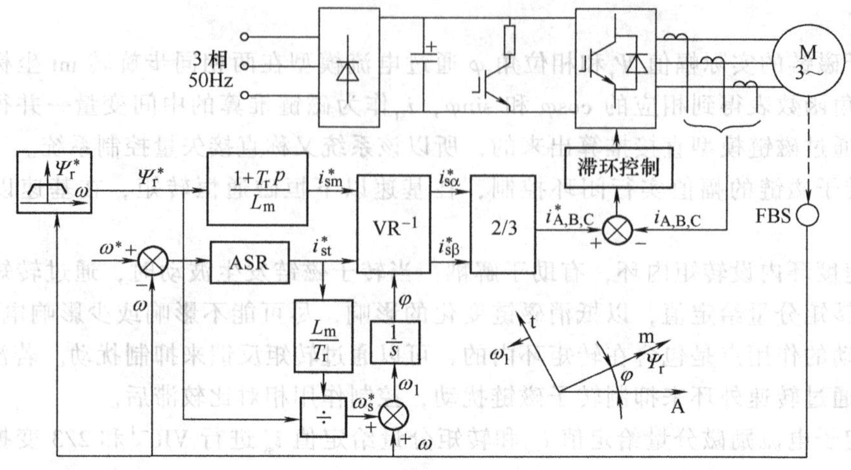

图 6-52 电压源型转差型矢量控制系统

再经 2/3 变换获得定子三相交流控制量 i_A^*、i_B^*、i_C^*。需要注意，闭环电流调节器的作用是控制和调节定子相电流的瞬态变化，为瞬时值控制。

2）由于该系统的磁场定向角 φ 是通过对转差运算求得的，因此，把这种系统称为转差型矢量控制系统，这种磁场定向角 φ 的获取方法通常称为转差频率法。转差频率信号 ω_s 通过矢量控制基本方程中的转差频率方程式计算得到，即 $\omega_s^* = (L_m/T_r\Psi_r)i_{st}^*$。$\omega_s^*$ 与 ω 相加得到 ω_1，对 ω_1 积分得到 φ 角。φ 角即为 m 轴的定向角，也是 Ψ_r 的相位角，2r/2s 变换中需要它。

3）转子磁链的幅值 Ψ_r^* 作为给定，无需模型推算。基速以下恒磁通，基速以上弱磁升速。定子电流励磁分量 i_{sm}^* 通过矢量控制基本方程中的转子磁链方程式计算，即 $i_{sm}^* = \Psi_r^*(1+T_r p)/L_m$，为比例－微分环节，故动态中 i_{sm}^* 获得强迫励磁以克服实际磁链的响应滞后。

根据磁场定向方程式，有以下关系：

$$\Psi_r^* = \frac{L_m}{T_r p+1}i_{sm}^*,\quad i_{st}^* = \frac{T_r\omega_s^*}{L_m}\Psi_r^*,\quad \omega_s^* = \frac{L_m}{T_r\Psi_r^*}i_{st}^*,\quad \omega_s^* + \omega = \omega_1$$

$$\int(\omega_s^* + \omega)\mathrm{d}t = \int\omega_1\mathrm{d}t = \varphi$$

2. 电流源型转差型间接矢量控制系统

图 6-53 所示为电流源型转差型间接矢量控制系统。图中，主电路采用了交－直－交电流源型变频器，其主要优点是可以实现四象限运行，适用于数兆瓦的大容量变频调速装置。要注意的是，定子电流幅值控制是通过整流桥完成，而定子电流的相位控制是通过逆变桥完成，因此定子电流的相位是否得到及时控制对于动态转矩的形成非常重要。

上述两类转差型矢量控制系统的共同特点如下：

1）磁场定向由给定信号确定，靠矢量控制方程来保证，不需要实际计算转子磁链矢量值，省去了转子磁链观测器，因此系统结构简单，实现容易。

2）磁链控制采用了开环控制方式，有一定的优越性，即磁链控制过程不受电机参数变化的影响。

3）由于运行中转子参数的变化及磁路饱和等因素的影响会不可避免地造成实际定向轴

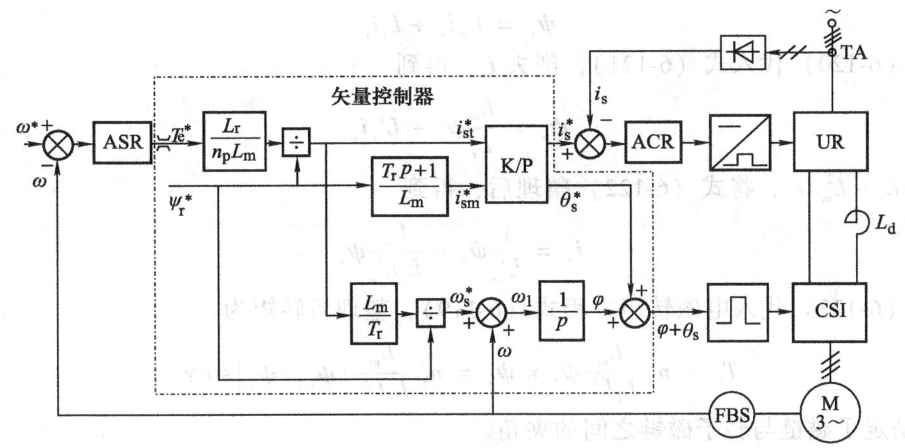

图 6-53 电流源型转差型间接矢量控制系统

ASR—转速调节器 ACR—电流调节器 K/P—直角坐标 - 极坐标变换器

偏离设定的定向轴，因此转差型矢量控制系统的磁场定向仍然摆脱不了参数（T_r、L_m）变化对系统性能的影响。

6.6.4 矢量控制系统的特点与存在的问题

矢量控制系统的特点：①按转子磁链定向，实现了定子电流励磁分量和转矩分量的解耦，需要电流闭环控制；②转子磁链系统的控制对象是稳定的惯性环节，可以闭环控制，也可以开环控制；③采用连续的 PI 控制，转矩与磁链变化平稳，电流闭环控制可有效地限制起、制动电流。

矢量控制系统存在的问题：①转子磁链计算精度受易于变化的转子电阻的影响，转子磁链的角度精度影响定向的准确性；②需要进行矢量变换，系统结构复杂，运算量大。

6.7 异步电动机直接转矩控制变频调速系统

直接转矩控制（Direct Torque Control，DTC）系统，是20世纪继矢量控制系统之后，在80年代中期提出并发展起来的另一种高动态性能的交流电动机变压变频调速系统。在它的转速环里面，利用转矩反馈直接控制电机的电磁转矩，且因而得名。借助于逆变器提供的电压空间矢量，直接对异步电动机的转矩和定子磁链进行二位控制，也称为砰 - 砰（Bang-Bang）控制。

6.7.1 直接转矩控制的实质

以 $\omega-\psi_s-i_s$为状态变量，在 αβ 坐标系中电磁转矩方程为

$$T_e = n_p(\psi_{s\alpha}i_{s\beta} - \psi_{s\beta}i_{s\alpha}) = n_p|\boldsymbol{\psi}_s \times \boldsymbol{i}_s| \tag{6-119}$$

式中，$\boldsymbol{\psi}_s = \psi_{s\alpha} + j\psi_{s\beta}$，$\boldsymbol{i}_s = i_{s\alpha} + ji_{s\beta}$。

用 $\boldsymbol{\Psi}_r$取代上式中的 $\boldsymbol{i}_s$，为此写出复数形式的磁链方程

$$\boldsymbol{\psi}_s = L_s\boldsymbol{i}_s + L_m\boldsymbol{i}_r \tag{6-120}$$

$$\boldsymbol{\psi}_r = L_m \boldsymbol{i}_s + L_r \boldsymbol{i}_r \tag{6-121}$$

将式（6-120）代入式（6-121），削去 $\boldsymbol{i}_r$，得到

$$\boldsymbol{\psi}_s = \frac{L_m}{L_r}\boldsymbol{\psi}_r + L'_s \boldsymbol{i}_s \tag{6-122}$$

这里 $L'_s = L_s - L_m^2/L_r$，将式（6-122）整理后，得到

$$\boldsymbol{i}_s = \frac{1}{L'_s}\boldsymbol{\psi}_s - \frac{L_m}{L_r L'_s}\boldsymbol{\psi}_r \tag{6-123}$$

将式（6-123）代入电磁转矩方程式（6-119），整理后转矩为

$$T_e = n_p \frac{L_m}{L_r L'_s}\boldsymbol{\psi}_r \times \boldsymbol{\psi}_s = n_p \frac{L_m}{L_r L'_s}|\boldsymbol{\psi}_r||\boldsymbol{\psi}_s|\sin\gamma \tag{6-124}$$

式中，γ 是定子磁链与转子磁链之间的夹角。

图 6-54 所示为式（6-124）所表示的矢量关系，图中所示矢量关系产生正转矩（电动）。如果转子磁链保持恒定不动，定子磁链在定子电压的作用下产生一个幅值增量 $\Delta\Psi$，相应的 γ 角也有一个增量 $\Delta\gamma$，则转矩的增量由下式求出：

$$\Delta T_e = n_p \frac{L_m}{L_r L'_s}|\boldsymbol{\psi}_r||\boldsymbol{\psi}_s + \Delta\boldsymbol{\psi}_s|\sin\Delta\gamma \tag{6-125}$$

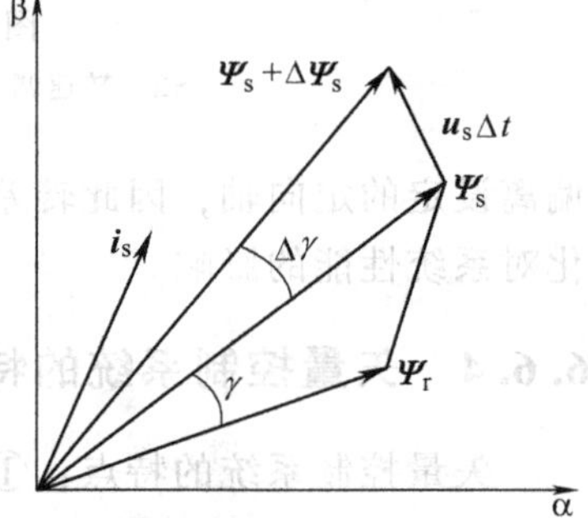

图 6-54　αβ 坐标系上的定子磁链、转子磁链和定子电流的矢量关系

由于磁链大小与电动机的运行性能密切相关，从电动机合理运行角度出发，希望在电动机运行中保持磁链幅值恒定不变，需要设置磁链闭环控制系统，实现控制磁链幅值恒定的目的。在直接转矩控制技术中，是通过电压空间矢量 $\boldsymbol{u}_s(t)$ 来控制定子磁链的旋转速度，实现改变定、转子磁链矢量之间的夹角，达到控制电动机转矩的目的。可见只要通过控制定子磁链 ψ_s 的幅值不变，就可以通过调节 γ 来改变和控制电磁转矩，这是直接转矩控制的实质。

6.7.2　定子电压矢量对磁链和转矩的调节作用

三相逆变器可以提供六个基本的非零电压空间矢量 $\boldsymbol{u}_1$、$\boldsymbol{u}_2$、$\boldsymbol{u}_3$、$\boldsymbol{u}_4$、$\boldsymbol{u}_5$、$\boldsymbol{u}_6$ 和两个零电压空间矢量 $\boldsymbol{u}_0$、$\boldsymbol{u}_7$，如图 6-55a 所示，图中还给出了在六个非零电压矢量的作用下产生的磁链增量 $\Delta\boldsymbol{\Psi}_1$、$\Delta\boldsymbol{\Psi}_2$、$\Delta\boldsymbol{\Psi}_3$、$\Delta\boldsymbol{\Psi}_4$、$\Delta\boldsymbol{\Psi}_5$、$\Delta\boldsymbol{\Psi}_6$。定子磁链初始状态的建立依靠在定子绕组上施加直流电压，此时磁场不旋转，幅值沿半径轨迹 OA 连续增加，如图 6-55b 所示。在达到给定的额定磁链 $\boldsymbol{\Psi}_s^*$ 后，开始施加非零电压空间矢量，于是磁链沿着“之”字形轨迹 $A-B-C-D-E\cdots$ 在磁链误差带宽 $2HB_\Psi$ 限制的范围内旋转。图中，AB 段施加电压空间矢量 $\boldsymbol{u}_3$，BC 段施加 $\boldsymbol{u}_4$，CD 段施加 $\boldsymbol{u}_3$，DE 段施加 $\boldsymbol{u}_4\cdots$。

在非零电压矢量的作用下，定子磁链 $\boldsymbol{\Psi}_s$ 旋转得很快，跳跃前进；而转子磁链 $\boldsymbol{\Psi}_r$ 遵循转矩方程式变化缓慢。转子磁链受大的转子回路时间常数 T_r 的制约基本匀速旋转。而后借助施加零电压矢量，定子磁链停止旋转，定子磁链走走停停，其平均旋转速度与转子磁链相同。于是 $\boldsymbol{\Psi}_s$ 和 $\boldsymbol{\Psi}_r$ 之间的夹角 γ 时大时小，转矩也时增时减。

表 6-2 总结了对图 6-55a 中所示位置的 $\boldsymbol{\Psi}_s$ 分别施加基本电压空间矢量时磁链和转矩的变化趋势。可见，施加电压矢量 $\boldsymbol{u}_1$、$\boldsymbol{u}_2$、$\boldsymbol{u}_6$ 时磁链幅值增加，而施加 $\boldsymbol{u}_3$、$\boldsymbol{u}_4$、$\boldsymbol{u}_5$ 时减小；施

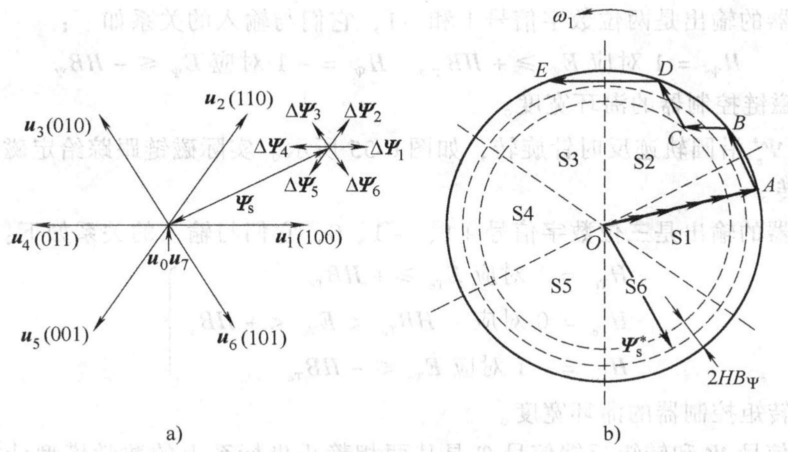

图 6-55　DTC 控制中定子磁链轨迹

a）定子电压矢量　b）定子磁链

加 u_2、u_3、u_4 时转矩增加，而施加 u_5、u_6、u_1 时转矩减小。施加零电压矢量时，定子磁链停止旋转、幅值不变，γ 角随时间变小，转矩下降。

表 6-2　磁链和转矩的变化趋势

电压矢量	u_1	u_2	u_3	u_4	u_5	u_6	u_7 或 u_0
Ψ_s	↑	↑	↓	↓	↓	↑	0
T_e	↓	↑	↑	↑	↓	↓	↓

6.7.3　异步电动机直接转矩控制系统

1. 直接转矩控制的原理

图 6-56 所示为直接转矩控制的原理。

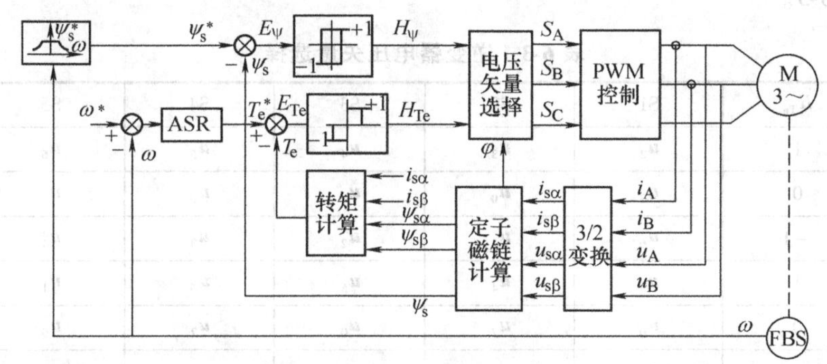

图 6-56　直接转矩控制的原理

转速控制环、磁链与转速的函数关系前面已讨论，转矩给定 T_e^* 与计算得到的实际转矩 T_e 相比较，误差 E_{Te} 送到转矩滞环控制器处理；定子磁链给定 Ψ_s^* 与计算得到的实际磁链 Ψ_s 比较，误差送到磁链滞环控制器处理。

磁链控制器的输出是两位数字信号 1 和 -1，它们与输入的关系如下：

$$H_{\Psi} = 1 \text{ 对应 } E_{\Psi} \geqslant +HB_{\Psi}, \quad H_{\Psi} = -1 \text{ 对应 } E_{\Psi} \leqslant -HB_{\Psi} \tag{6-126}$$

式中，HB_{Ψ}为磁链控制器的滞环宽度。

给定磁链 Ψ_s^*沿圆轨迹反时针旋转，如图 6-55 所示。实际磁链跟踪给定磁链在滞环内沿“之”路径旋转。

转矩控制器的输出是三位数字信号 +1、-1、0，它们与输入的关系如下：

$$\left.\begin{aligned} H_{Te} &= 1 \text{ 对应 } E_{Te} \geqslant +HB_{Te} \\ H_{Te} &= 0 \text{ 对应 } -HB_{Te} < E_{Te} < +HB_{Te} \\ H_{Te} &= -1 \text{ 对应 } E_{Te} \leqslant -HB_{Te} \end{aligned}\right\} \tag{6-127}$$

式中，HB_{Te}为转矩控制器的滞环宽度。

磁链反馈信号 Ψ_s和转矩反馈信号 T_e是从两相静止坐标系上的数学模型计算得到，计算过程显示在图 6-56 中。三相电压和三相电流经 3/2 变换，得到静止两相 αβ 坐标系上的电压 $u_{s\alpha}$、$u_{s\beta}$和电流 $i_{s\alpha}$、$i_{s\beta}$，利用 αβ 坐标系上的磁链模型和转矩模型，从 $u_{s\alpha}$、$u_{s\beta}$和 $i_{s\alpha}$、$i_{s\beta}$计算得到实际的磁链和转矩。整个计算过程在两相静止坐标系上完成，不需要 2s/2r 旋转坐标变换，与矢量控制相比简化了不少。

转矩的计算使用两相静止坐标系上的转矩

$$T_e = n_p(\psi_{s\alpha} i_{s\beta} - \psi_{s\beta} i_{s\alpha}) \tag{6-128}$$

对磁链的计算不仅包括幅值，还包括相位角，有以下关系：

$$\psi_s = \sqrt{\psi_{s\alpha}^2 + \psi_{s\beta}^2} \quad \varphi = \arcsin \frac{\psi_{s\beta}}{\psi_s} \tag{6-129}$$

使用相位角判断磁链所在的扇区，并将结果送到电压矢量选择（查表）模块。360°被划分成 6 个扇区 S1、S2、S3、S4、S5、S6，每个扇区宽度为 60°，如图 6-55 所示。图 6-56 中的电压矢量选择模块接收来自磁链滞环控制器和转矩滞环控制器送来的信号和扇区信号，经过查表输出适当的电压空间矢量 S_A、S_B、S_C（逆变桥开关状态）到逆变器。逆变器电压矢量选择见表 6-3。

表 6-3　逆变器电压矢量选择

H_ψ	H_{Te}	S1	S2	S3	S4	S5	S6
1	1	$\boldsymbol{u}_2$	$\boldsymbol{u}_3$	$\boldsymbol{u}_4$	$\boldsymbol{u}_5$	$\boldsymbol{u}_6$	$\boldsymbol{u}_1$
	0	$\boldsymbol{u}_7$	$\boldsymbol{u}_0$	$\boldsymbol{u}_7$	$\boldsymbol{u}_0$	$\boldsymbol{u}_7$	$\boldsymbol{u}_0$
	-1	$\boldsymbol{u}_6$	$\boldsymbol{u}_1$	$\boldsymbol{u}_2$	$\boldsymbol{u}_3$	$\boldsymbol{u}_4$	$\boldsymbol{u}_5$
-1	1	$\boldsymbol{u}_3$	$\boldsymbol{u}_4$	$\boldsymbol{u}_5$	$\boldsymbol{u}_6$	$\boldsymbol{u}_1$	$\boldsymbol{u}_2$
	0	$\boldsymbol{u}_0$	$\boldsymbol{u}_7$	$\boldsymbol{u}_0$	$\boldsymbol{u}_7$	$\boldsymbol{u}_0$	$\boldsymbol{u}_7$
	-1	$\boldsymbol{u}_5$	$\boldsymbol{u}_6$	$\boldsymbol{u}_1$	$\boldsymbol{u}_2$	$\boldsymbol{u}_3$	$\boldsymbol{u}_4$

下面用一个实例说明。假定磁链矢量 Ψ_s旋转到第二扇区 S2 的 B 点，如图 6-55 所示，此时实际磁链太高，误差负超限（$H_{\Psi} = -1$），转矩合适（$H_{Te} = 0$），查表为 $\boldsymbol{u}_7$。施加零电压矢量，定子磁链静止不动，转子磁链逐渐赶上来，转矩角 γ 变小，转矩变小，导致转矩误差上超限（$H_{Te} = 1$），查表为 $\boldsymbol{u}_4$。在 $\boldsymbol{u}_4$作用下，磁链幅值减小但是快速旋转，转矩角增加，

导致转矩增加，到达 C 点，磁链太低，误差正超限（$H_{\Psi}=1$），转矩尚在允许范围内（$H_{\mathrm{Te}}=0$），查表为 $\boldsymbol{u}_0$。又一次施加零电压矢量等待，此时磁链不变，转矩变小，直到转矩误差上超限，又一次 $H_{\mathrm{Te}}=1$，查表为 $\boldsymbol{u}_3$。在 $\boldsymbol{u}_3$ 的作用下，定子磁链快速旋转，幅值增加，转矩角增加，转矩增加，直到 D 点。此时磁链达到上限，误差为负（$H_{\Psi}=-1$），但转矩尚在误差允许的范围内（$H_{\mathrm{Te}}=0$），查表为 $\boldsymbol{u}_7$。施加零电压矢量，磁链停止旋转，幅值不变；转矩角逐渐变小，转矩随之变小，直到转矩达到允许的下限，误差上超限（$H_{\mathrm{Te}}=1$），查表为 $\boldsymbol{u}_4$。在 $\boldsymbol{u}_4$ 的作用下，定子磁链快速旋转……。定子磁链走走停停，其平均转速与转子磁链相等。

本例中使用了磁链电压模型，也可以使用电流模型，或混合使用两者。在中高速使用磁链电压模型，或在低速使用磁链电流模型，直接转矩控制系统可以实现四象限运行。

2. 定子磁链和转矩计算模型

1）定子磁链计算模型。两相静止坐标系上定子电压方程为

$$\frac{\mathrm{d}\psi_{s\alpha}}{\mathrm{d}t}=-R_s i_{s\alpha}+u_{s\alpha}\qquad \frac{\mathrm{d}\psi_{s\beta}}{\mathrm{d}t}=-R_s i_{s\beta}+u_{s\beta} \tag{6-130}$$

移项并积分后得磁链计算模型是

$$\psi_{s\alpha}=\int(u_{s\alpha}-R_s i_{s\alpha})\mathrm{d}t\quad \psi_{s\beta}=\int(u_{s\beta}-R_s i_{s\beta})\mathrm{d}t \tag{6-131}$$

其结构如图6-57所示。显然这是一个电压模型，适合于以中、高速运行的系统，在低速时误差较大，甚至无法应用，必要时，只好在低速时切换到电流模型，这时不得不舍弃能够提高鲁棒性的优点。

2）转矩计算模型。两相静止坐标系中电磁转矩计算模型为

$$T_e=n_p(i_{s\beta}\psi_{s\alpha}-i_{s\alpha}\psi_{s\beta}) \tag{6-132}$$

其结构如图6-58所示。

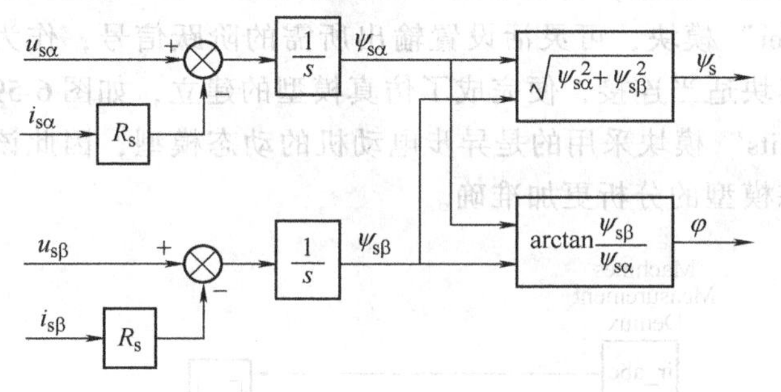

图6-57　定子磁链计算模型的结构

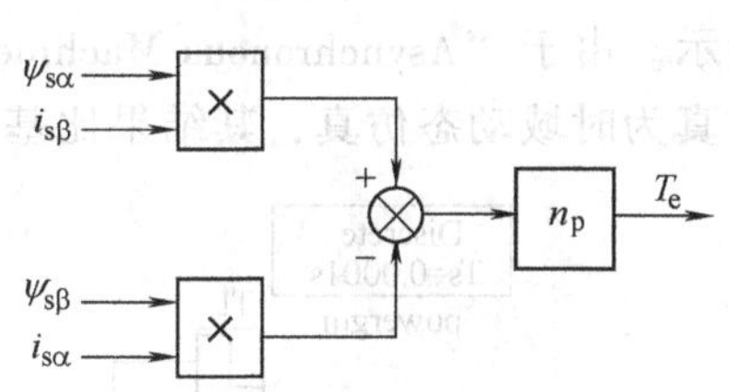

图6-58　电磁转矩计算模型的结构

3. 直接转矩控制系统的特点与存在的问题

（1）直接转矩控制系统的特点

1）转矩和磁链的控制采用双位式控制器，并在PWM逆变器中直接用这两个控制信号产生输出电压，省去了旋转变换和电流控制，简化了控制器的结构。

2）选择定子磁链作为被控量，计算磁链的模型可以不受转子参数变化的影响，提高了控制系统的鲁棒性。

3）由于采用了直接转矩控制，在加减速或负载变化的动态过程中，可以获得快速的转矩响应，但必须注意限制过大的冲击电流，以免损坏功率开关器件，因此实际的转矩响应也

是有限的。

(2) 直接转矩控制系统存在的问题

1) 由于采用双位式控制，实际转矩必然在上下限内脉动。

2) 由于磁链计算采用了带积分环节的电压模型，积分初值、累积误差和定子电阻的变化都会影响磁链计算的准确度。

6.8 三相异步电动机调速系统的仿真

6.8.1 三相异步电动机直接起动情况下的仿真

利用 MATLAB/Simulink 完成三相异步电动机接额定电压直接起动情况下的动态仿真。某三相异步电动机参数如下：额定功率为 2.2kW，额定线电压为 380V，额定频率为 50Hz，额定转速为 1423r/min，定子电阻为 3.478Ω，定子漏感为 0.01254H，转子电阻为 2.546Ω，转子漏感为 0.01226H，励磁电感为 0.3329H，转动惯量为 0.0131，极对数为 2。

1. 建立仿真模型

在 Simpowersystems 的 "Electrical Sources" 库中选择电源模块，在对话框中设置线电压有效值为 380V，频率为 50Hz，复制后分别设置三相电压相位依次相差 120°。在 "Machines" 库中选择 "Asynchronous Machine SI Units" 模块，即异步电动机的有名值模型。在其对话框中的 "Configuration" 中选择机械输入接口形式为转矩 (Torque T_m)，转子类型为笼型 (Squirrel-cage)，在 "Parameters" 中根据给定值设置好电机参数。在 "Machines" 库中选择 "Machines Measurement Demux" 模块用于测量电机状态，首先选择电机类型为异步电动机，然后在下面的列表中选择需要输出的变量，并在后面接示波器观察。在 "Extra Library" 的 "Control Blocks" 中选择 "Timer" 模块，可灵活设置输出所需的阶跃信号，作为异步电动机的负载转矩输入。将以上各模块适当连接，便完成了仿真模型的建立，如图 6-59 所示。由于 "Asynchronous Machine SI Units" 模块采用的是异步电动机的动态模型，因此该仿真为时域动态仿真，其结果比基于稳态模型的分析更加准确。

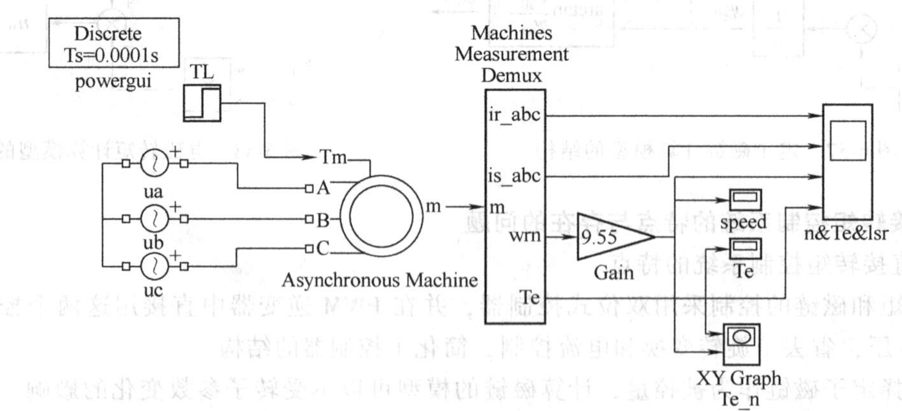

图 6-59 异步电动机直接起动仿真模型

2. 仿真结果分析

根据电机参数计算可得额定转矩为 14.7N · m，利用 “Timer” 设置当 0 ~ 0.5s 时空载，即负载转矩为 0，当 1 ~ 2s 时电机带额定负载。选择并用示波器观察电机的定子电流、转速和电磁转矩，注意 “Machines Measurement Demux” 模块中的转速为电角频率，需转换成常用的 r/min 单位。将仿真时间设为 1.5s，选择 ode23tb 的仿真算法，运行后的仿真结果如图 6-60 所示。

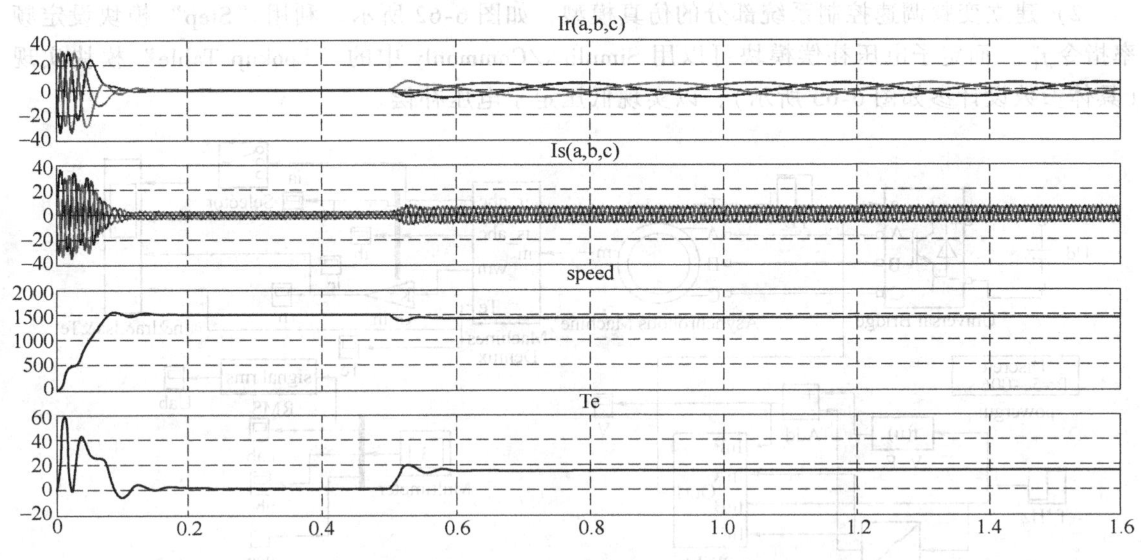

图 6-60 异步电动机直接起动仿真结果

图 6-60 中自上而下为电机的转子电流、定子电流、转速和转矩。可以看到，当异步电动机直接接额定电压起动时，起动电流较大，最大电流峰值为额定情况的 6 ~ 7 倍。由于 0.5s 之前电机空载，所以当电机转速稳定时，空载转速为 1496r/min，接近同步转速 1500r/min，电磁转矩近似为 0，主要原因是有一定的空载损耗。空载定子电流有效值为 2A，基本上为励磁电流，空载转子电流近似为 0。当 0.5s 时突加额定转矩后，电流增大，电机转速降落为额定转速，在稳定时电磁转矩与负载转矩相等。

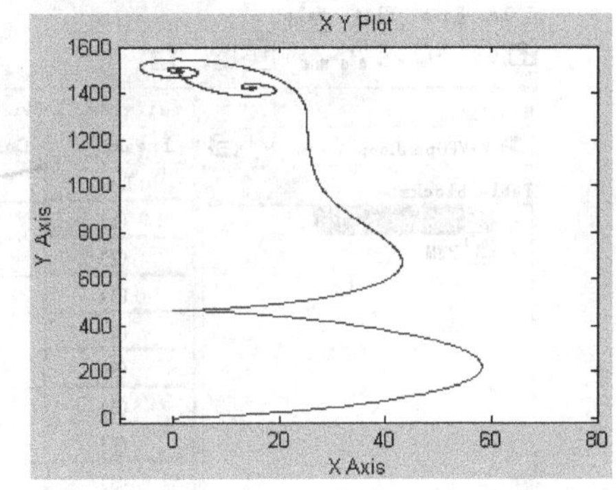

图 6-61 异步电动机额定负载时转矩—转速特性曲线

图 6-61 所示为该异步电动机在额定负载下的转矩—转速特性曲线，可以看出，直接起动时起动转矩很大，空载转矩近似为 0，加入额定负载后，转矩增加，但是转速降落较小。

6.8.2 三相异步电动机开环 VVVF 系统的仿真

本小节选择与 6.8.1 小节中相同的异步电动机，完成基于 IGBT 逆变电路的异步电动机 VVVF 变频调速系统仿真。

1. 建立仿真模型

1）先建立主电路的仿真模型。在 Simpowersystems 的“Electrical Sources”库中选择直流电压源模块，在对话框中将直流电压设置为 520V；然后在“Power Electronics”库中选择“Universal Bridge”模块，设置为 IGBT 的三相半桥逆变器；在“Machines”库中选择异步电动机模块并设置好电机参数；将直流电压源、逆变器和电机依次相连，便完成了仿真模型的主电路部分。

2）建立变频调速控制系统部分的仿真模型，如图 6-62 所示。利用“Step”模块设定频率指令 f_1^*，而定子电压补偿模块可以用 Simulink/Commonly 中的“Lookup Table”模块实现（具体参数设计参如图 6-63 所示），以实现低压定子电压补偿。

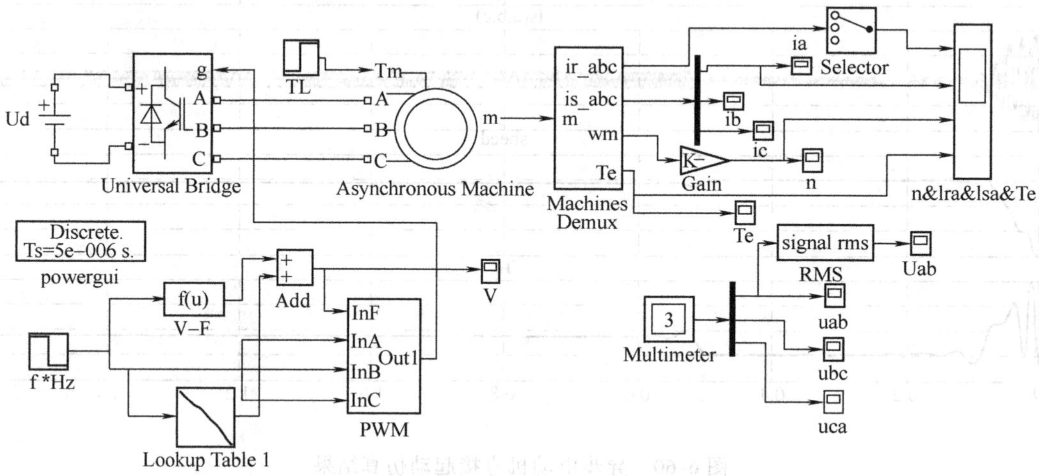

图 6-62 异步电动机 VVVF 开环控制模式的系统仿真模型

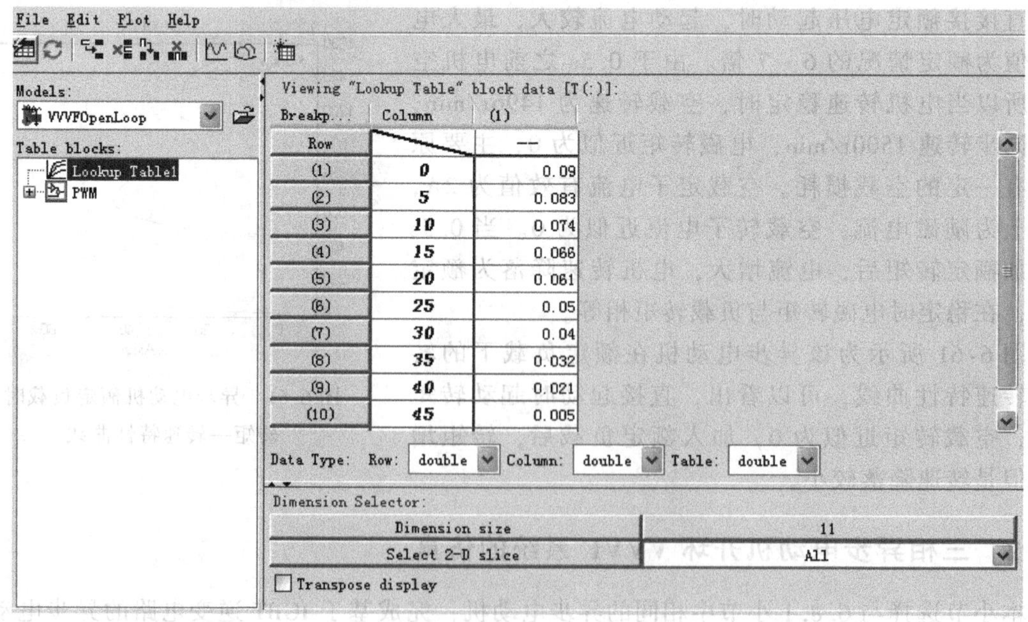

File Edit Plot Help

Models: VVVFOpenLoop

Table blocks: Lookup Table1, PWM

Viewing "Lookup Table" block data [T(:)]:

Row	Breakp... Column	(1)
(1)	0	0.09
(2)	5	0.083
(3)	10	0.074
(4)	15	0.066
(5)	20	0.061
(6)	25	0.05
(7)	30	0.04
(8)	35	0.032
(9)	40	0.021
(10)	45	0.005

Data Type: Row: double Column: double Table: double

Dimension Selector:

Dimension size	11
Select 2-D slice	All

Transpose display

图 6-63 低压补偿曲线各区段参数设置

V/F 曲线采用低压调制比补偿与函数计算相加的方式完成。计算调制比函数 Fun 为 u(1)/50*380/50/8，保证调制比最高在 0.95，最低 5Hz 对应为 0.083，得到的频率和调制度送入自行编制的 PWM 模块。该模块内部结构框图如图 6-64 所示。PWM 模块的输出连接到三相逆变器的驱动信号输入端，此处载波频率设置为 2000Hz。

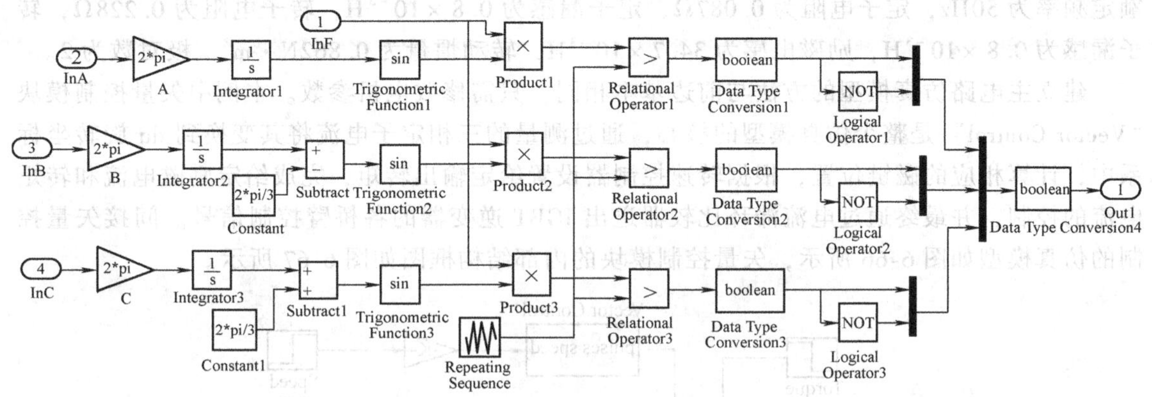

图 6-64 PWM 模块内部结构框图

2. 仿真结果分析

利用“Timer”设置 0～0.5s 时电机空载，0.5s 之后电机带额定负载。利用“Step”设置 0～1s 时频率指令为 50Hz，1s 之后为 30Hz。将仿真设为离散仿真模式，周期为 $5e^{-6}$s，运行后仿真结果如图 6-65 所示。图中，自上而下依次为转子 a 相电流 i_{ra}、定子 a 相电流 i_{sa}、电机转速 n 和电机转矩 T_e。在 0～0.15s 时，电机处于加速过程，0.15s 之后进入稳态。由于是空载，所以转速稳定在同步转速 1500r/min 附近，定子电流为空载电流，频率为 50Hz，转子电流基本为 0。在 0.5s 时突加额定负载，定、转子电流迅速增加，输出转矩也相应增加，电机转速振荡下降，最后稳定在 1425r/min 附近，转速降落为 75r/min。在 1s 时，电机频率指令变为 30Hz，电机开始减速并最终稳定于 825r/min 附近，相对于 30Hz 下的同步转速900r/min，转速降落同样为 75r/min，这与前面对变频调速特性的分析一致。由于转子电流频率即为转差频率，因此在同一负载下，无论定子频率是否变化，转子电流频率基本不变。另外，还可以看到，由于采用了逆变器，定、转子电流谐波含量明显加大，转矩和转速波动也较大。

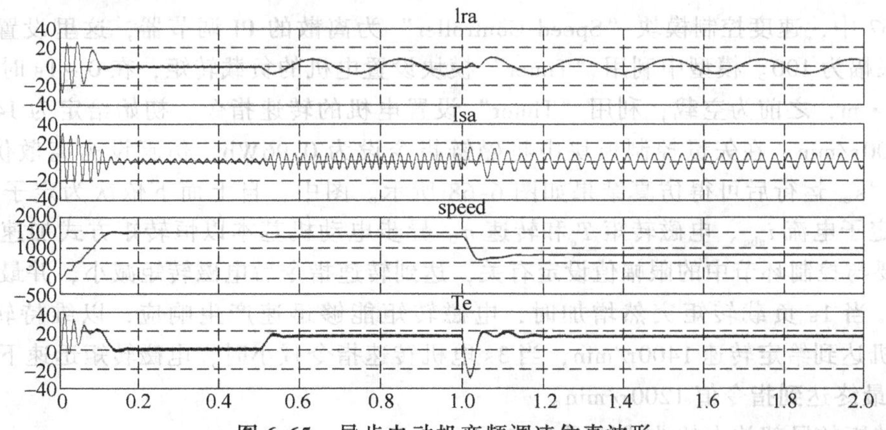

图 6-65 异步电动机变频调速仿真波形

6.8.3　矢量控制系统的仿真

1. 间接矢量控制系统的仿真

下面完成三相异步电动机直接矢量控制的仿真。电机参数如下：额定线电压为380V，额定频率为50Hz，定子电阻为0.087Ω，定子漏感为0.8×10^{-3}H，转子电阻为0.228Ω，转子漏感为0.8×10^{-3}H，励磁电感为34.7×10^{-3}H，转动惯量为$0.862\mathrm{N\cdot m^2}$，极对数为2。

建立主电路仿真模型的方法与前边基本相同，只需修改电机参数。本例中矢量控制模块"Vector Control"是整个仿真模型的核心，通过测量的三相定子电流将其变换到dq旋转坐标系中，计算相应的磁链位置，根据转速控制器设置给定输出转矩，完成给定励磁电流和转矩电流的控制，并最终通过电流滞环比较器送出IGBT逆变器的各桥臂控制信号。间接矢量控制的仿真模型如图6-66所示，矢量控制模块的内部结构框图如图6-67所示。

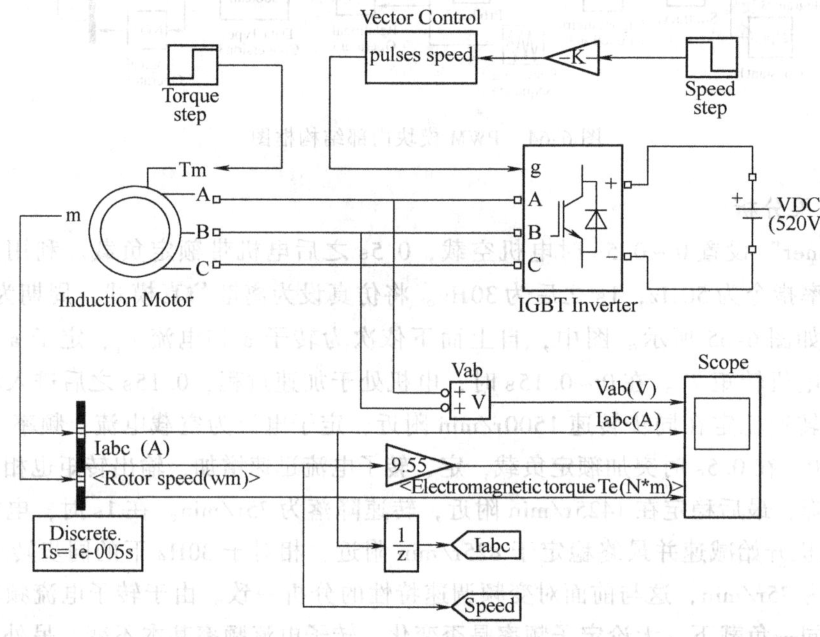

图6-66　间接矢量控制的仿真模型

图6-67中，速度控制模块"Speed Controller"为离散的PI调节器，这里设置$K_p=13$，$K_i=26$，限幅为100。模型中利用"Timer"模块设置电机的负载转矩，在0～1s时电机负载为14.97N·m，之前为空载；利用"Timer"设置电机的转速指令，初始给定为1400r/min，3s后为1200r/min。在矢量控制模块中将磁链指令设为0.96Wb，仿真设为离散仿真模式，周期为$1\mathrm{e}^{-5}$s。运行后可得仿真结果如图6-68所示。图中，自上而下依次为定子两相电压u_{ab}、三相定子电流i_{abc}、电磁转矩T_e和转速n。异步电动机基本以恒转矩方式加速起动，转矩大小主要与控制环节中的限幅值设定有关，达到转速指令后电磁转矩减小，并最终与负载转矩一致。当1s负载转矩突然增加时，电磁转矩能够迅速产生响应，以维持转速不变。1.5s后电机达到给定转速1400r/min，当3s电机转速指令减小时，电磁转矩迅速下降，电机经0.4s后最终达到指令值1200r/min。

转速转矩的局部放大的曲线如图6-69所示。

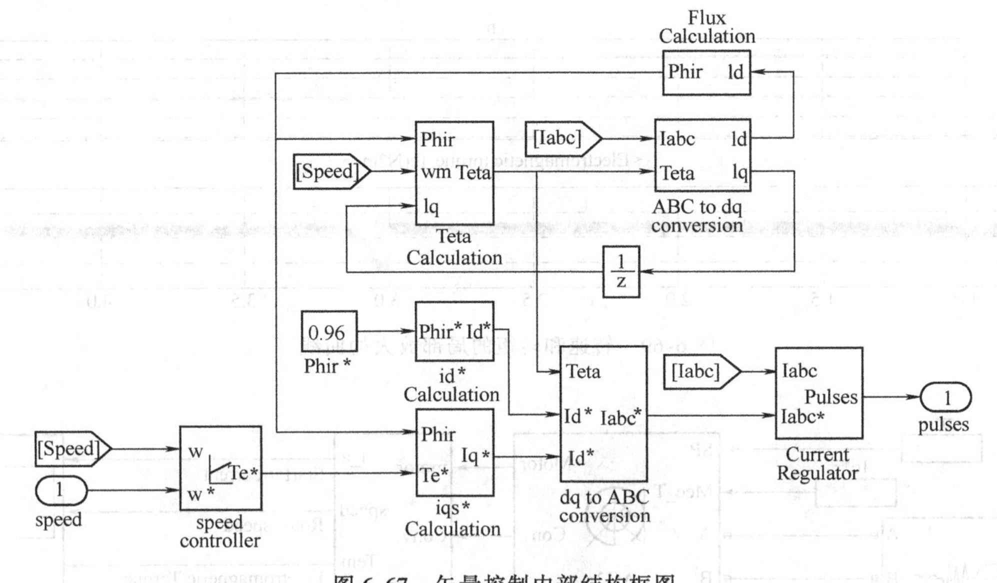

图 6-67　矢量控制内部结构框图

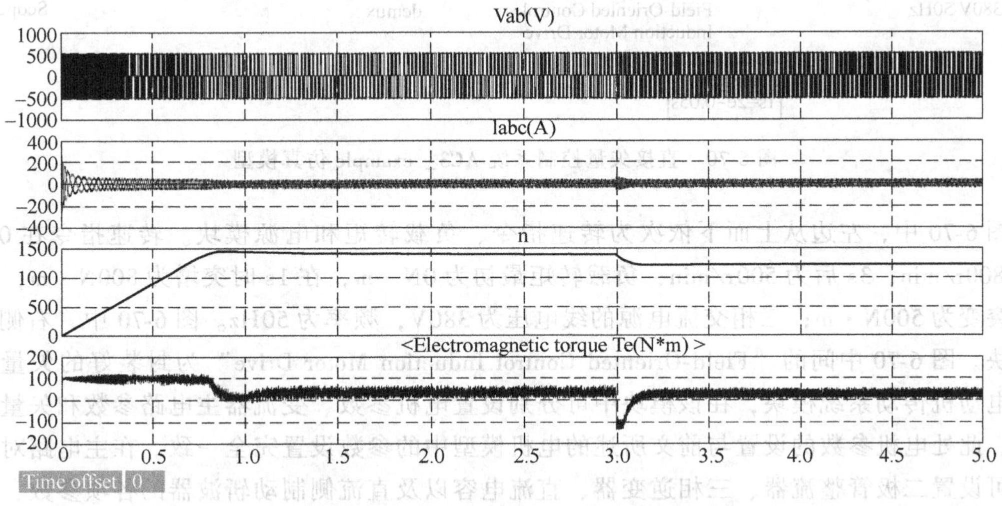

图 6-68　矢量控制仿真结果

由图 6-69 可以看出，在起始阶段，电机按照转速调节器的限幅给定最大 100N · m 的转矩起动，在 0.9s 的时候达到 1450r/min，随后到 1s 的时候加上了额定负载，此时调节器开始起作用，到 2.6s 的时候基本上稳定在给定转速 1400r/min，在 3s 时，改变给定转速为 1200r/min，此时控制器再次调节转速，到 4.2s 时稳定在给定转速上。可以看出间接矢量控制方式动态响应过程还是比较长的。

2. 直接矢量控制系统仿真

MATLAB/Simpowersystems 中附带了异步电动机电流滞环矢量控制的示例，这里略加修改后作简要介绍。在 MATLAB 的命令窗口中输入“ac3_ example”命令，可打开如图 6-70 所示的仿真模型。

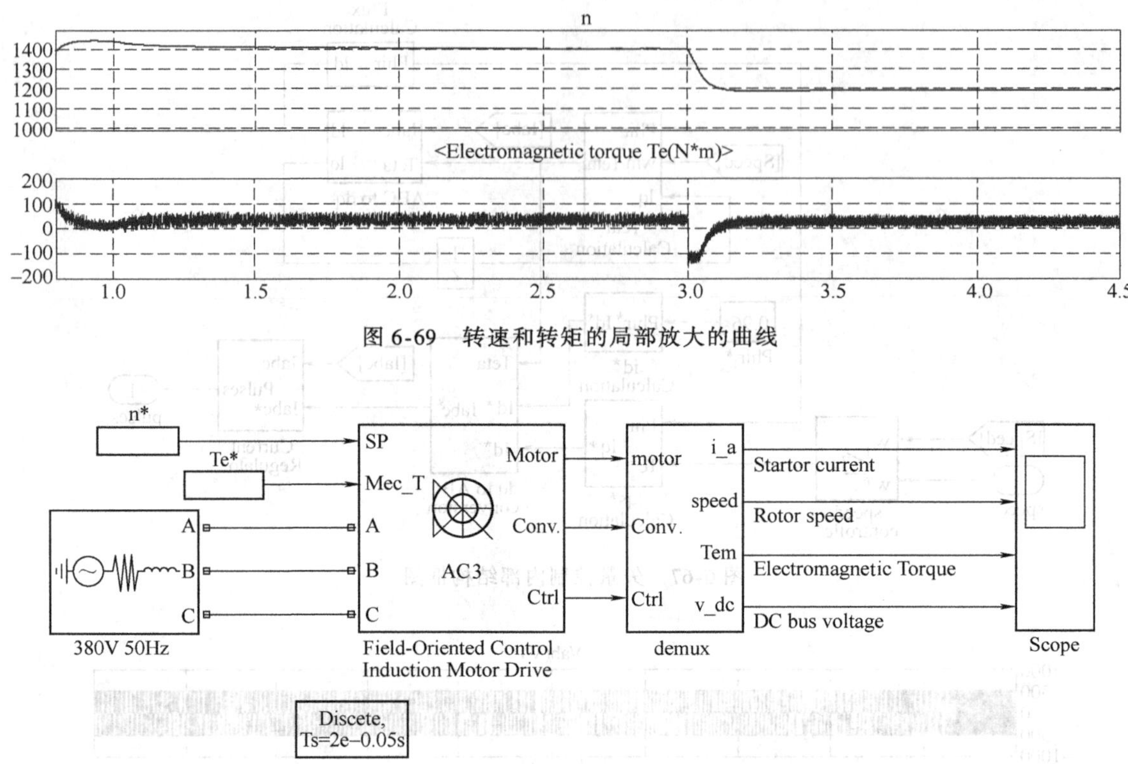

图 6-69 转速和转矩的局部放大的曲线

图 6-70 直接矢量控制系统 AC3_ example 仿真模型

图 6-70 中，左边从上而下依次为转速指令、负载转矩和电源模块。转速指令在 0 ~ 3s 时为 800r/min，3s 后为 500r/min；负载转矩最初为 0N · m，在 1s 时突增为 800N · m，在 2s 时又突变为 500N · m；三相交流电源的线电压为 380V，频率为 50Hz。图 6-70 中，右侧为测量模块。图 6-70 中间的 “Field-Oriented Control Induction Motor Drive” 为封装好的矢量控制异步电动机传动系统模块，在该模块中可分别设置电机参数、变流器主电路参数和矢量控制参数。此处电机参数的设置与前文所述的电机模型中的参数设置完全一致。在主电路对话框中，可设置二极管整流器、三相逆变器、直流电容以及直流侧制动斩波器的各项参数，其中制动电阻为 8Ω，斩波器频率为 4000Hz，高于 700V 时起动、低于 660V 时不工作。在矢量控制对话框中，可设置加减速曲线斜率、速度环 PI 参数、额定转子磁链、磁链环 PI 参数、电流滞环宽度、滤波器、采样时间参数，并可选择速度控制模式或转矩控制模式。本例中，速度控制环和电流控制换采用了不同的控制周期，速度控制为 100μs，而电流控制为 20μs。

矢量控制异步电动机传动系统模块内部结构框图如图 6-71 所示。图中，上方两个模块分别为速度控制器和矢量控制模块，下方为传动系统的主电路部分。主电路为 “交 – 直 – 交” 结构，前端为二极管整流器，与电机相连的为三相电压源型逆变器，中间为制动斩波器模块。

制动斩波器模块内部结构框图如图 6-72 所示。

制动斩波器主要由一个开关与制动电阻串联组成。当电机制动时，制动能量回馈到直流侧，由于前端二极管整流器不能回馈能量，因此会造成直流电压升高。当直流电压高过某阈值时开关闭合，制动能量消耗在制动电阻上，当直流电压低于阈值时开关断开。制动斩波器

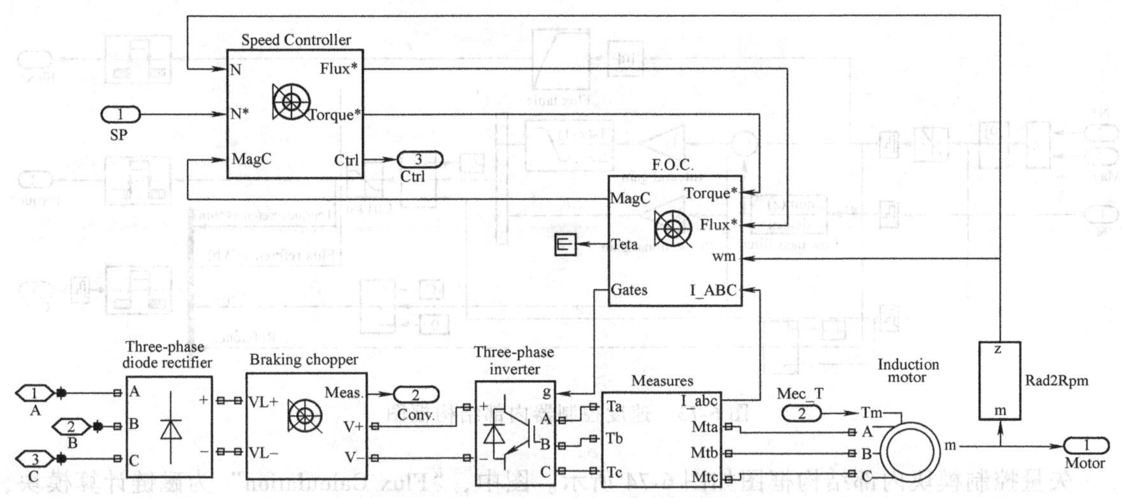

图6-71　矢量控制异步电动机传动系统模块内部结构框图

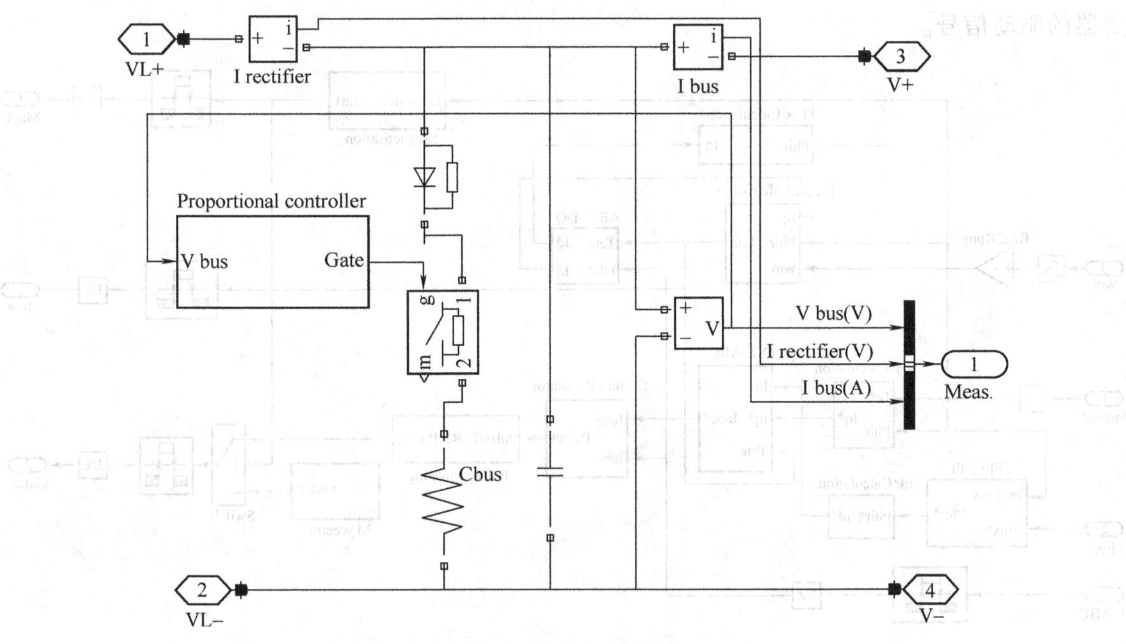

图6-72　制动斩波器模块内部结构框图

的主要作用在电机有制动能量回馈直流侧时，保证直流电压不会过高。在本例中，制动斩波器的控制采用比例控制方式。

速度控制器内部结构框图如图6-73所示。速度控制器同样使用PI控制，PI调节器输出的为转矩指令，其实测的速度信号先经过低通滤波器进行滤波处理。图中，最上方为弱磁模块，电机转速低于额定值时，磁链指令为额定值，而电机转速高于额定转速后，磁链指令与转速成反比。“MagC”为一个使能信号，本例中先建立电机磁场，当转子磁链大于某阈值后，“MagC”信号才触发速度控制器工作。

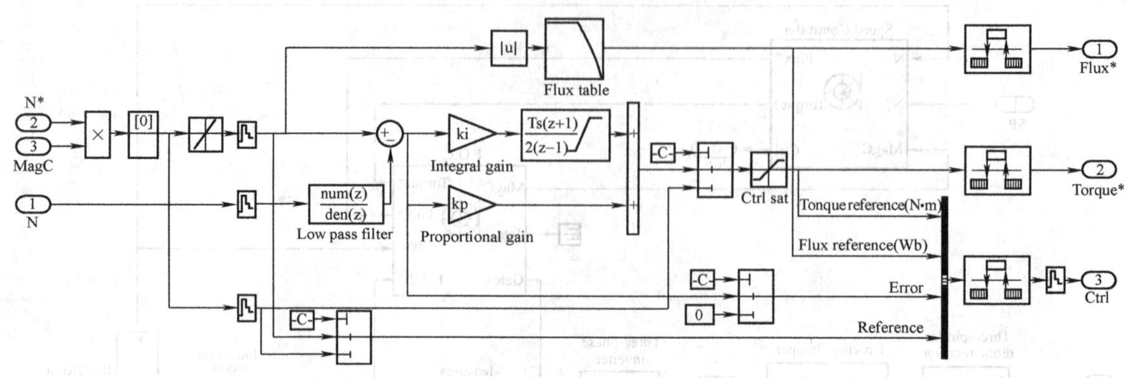

图 6-73　速度控制器内部结构框图

矢量控制模块内部结构框图如图 6-74 所示。图中，“Flux Calculation” 为磁链计算模块，根据励磁电流计算转子磁链；“Teta Calculation” 为磁链角度计算模块；“i_{qs}^* Calculation” 为转矩电流计算模块；“Current Regulator” 为电流调节模块，采用电流滞环控制，直接得到逆变器的驱动信号。

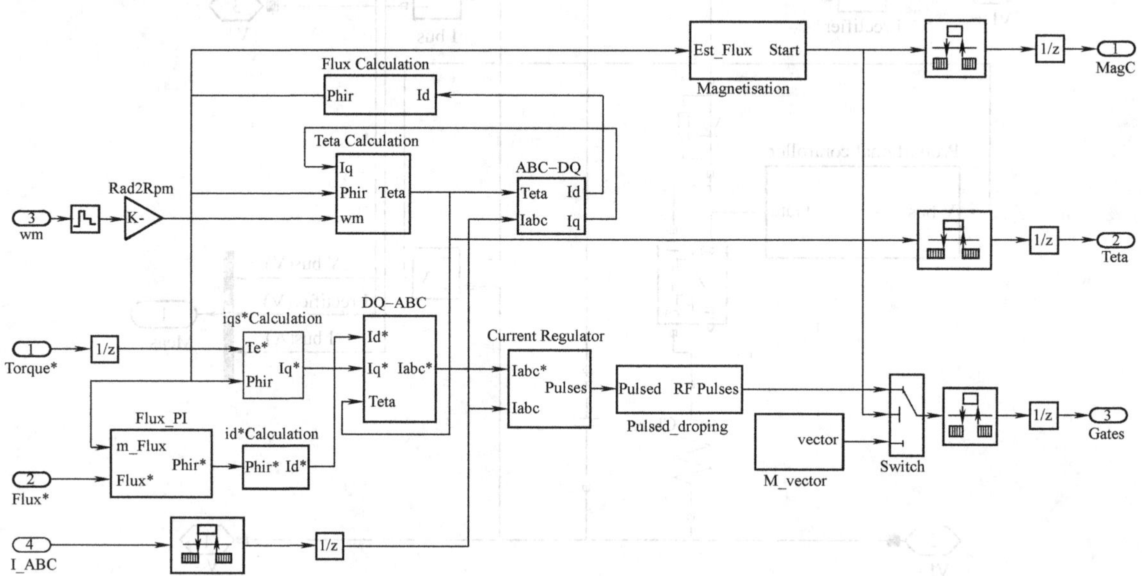

图 6-74　矢量控制模块内部结构框图

运行该示例程序，得到的仿真结果如图 6-75 所示。图中，自上而下依次为定子 a 相电流、电机转速、电磁转矩和直流电压。由图可见，电机电磁转矩动态响应快，转速能够迅速跟踪其指令值；起动电流不到额定电流的 3 倍，起动过程按照转矩调节器给定的最大限幅起动，过程最优，起动后 1s 加入 800N · m 的负载转矩，该转矩的加入对转速几乎没有影响，2s 将转矩降低到 500N · m 时也是如此，3s 改变转速给定到新值——500r/min，此时过渡过程只有 0. 35s，表现出比间接控制更好的动态特性。

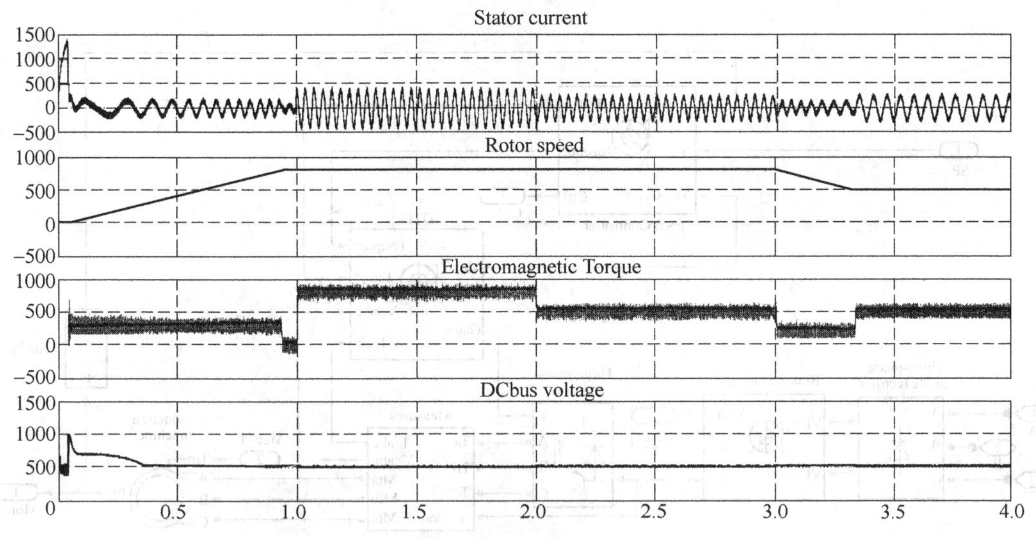

图 6-75 直接矢量控制仿真结果

6.8.4 直接转矩控制仿真分析

MATLAB/Simpowersystems 中附带异步电动机直接转矩控制的示例，在 MATLAB 的命令窗口中输入“ac4_example”命令，可打开如图 6-76 所示的仿真模型。图中间的“DTC Induction Motor Drive”为封装好的直接转矩控制异步电动机传动系统模块，该模块中电机、变流器主电路参数设置部分与前述直接矢量控制的完全相同，只是第三部分为直接转矩控制参数的设置，可设定加减速曲线斜率、速度环 PI 参数、转矩和定子磁链幅值滞环宽度等。

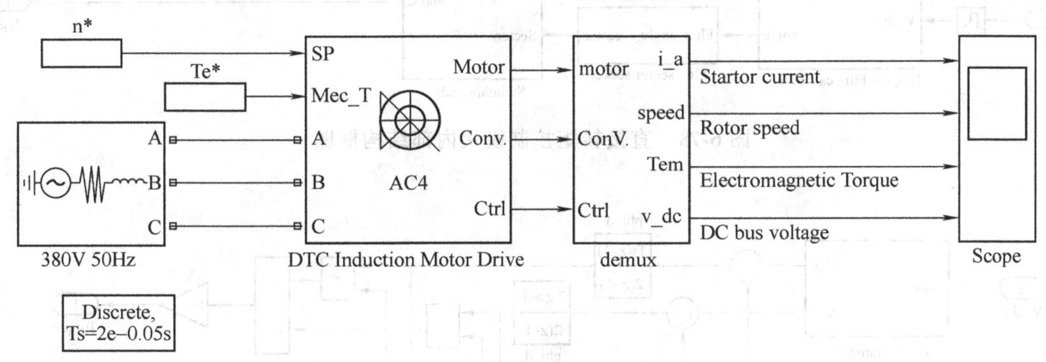

图 6-76 直接转矩控制仿真模型

直接转矩控制异步电动机传动系统模块内部结构框图如图 6-77 所示，其主电路及速度控制部分与前述直接矢量控制相同，只是将矢量控制模块替换为直接转矩控制模块，该模块内部结构框图如图 6-78 所示。图中，“Torque&Flux Calculator”为转矩和定子磁链估计模块，其内部结构框图如图 6-79 所示，利用式（6-131）、式（6-132）和式（6-129）的计算方法，在 αβ 静止坐标系下进行估算，最后得到转矩、定子磁链幅值和角度。“Flux sector seeker”模块可根据定子磁链角度判断其所在区域。

图 6-78 中，“Flux & Torque hysteresis”为磁链和转矩滞环比较模块，其内部结构框图如

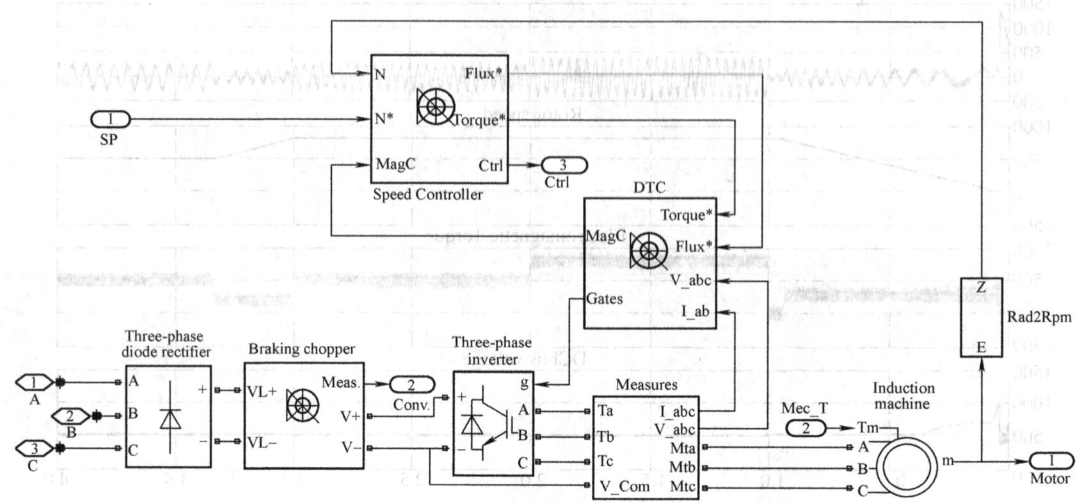

图 6-77 直接转矩控制异步电动机传动系统模块内部结构框图

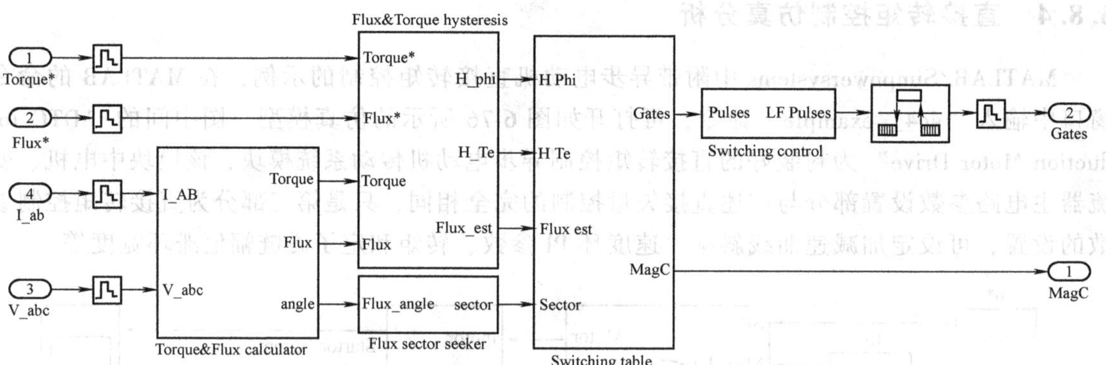

图 6-78 直接转矩控制模块内部结构框图

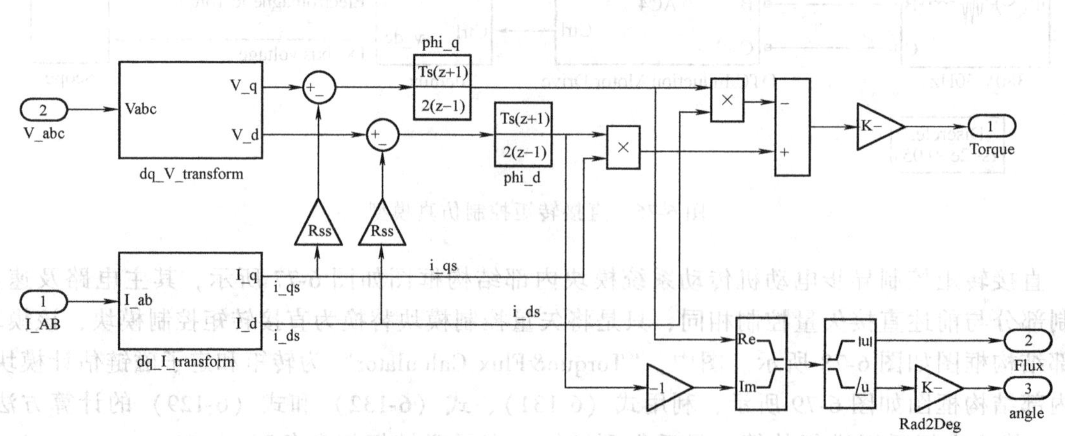

图 6-79 转矩与定子磁链估计模块内部结构框图

图6-80所示，根据滞环比较结果及定子磁链区域，对照表6-3，即逆变器电压矢量的选择表，由“Switching table”模块就可选择合适的电压开关矢量，其内部结构框图如图6-81所示。注意：图6-81中所示的电压矢量v0～v7与表6-3中的电压矢量$\boldsymbol{u}_0$～$\boldsymbol{u}_7$是一致的。

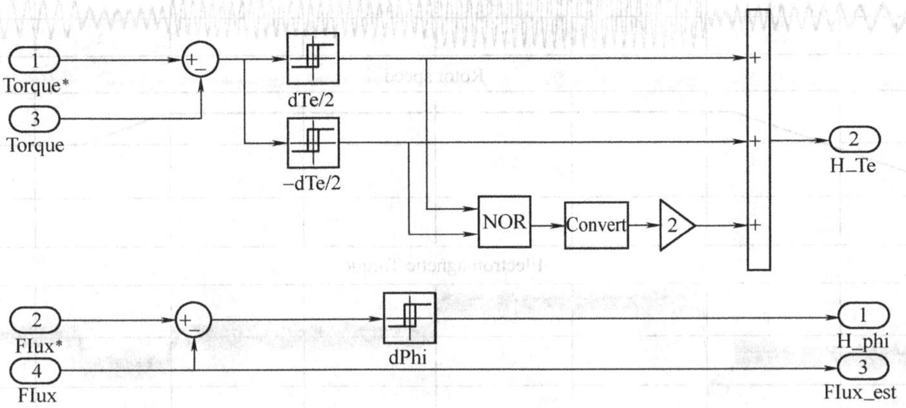

图6-80 磁链与转矩滞环模块内部结构框图

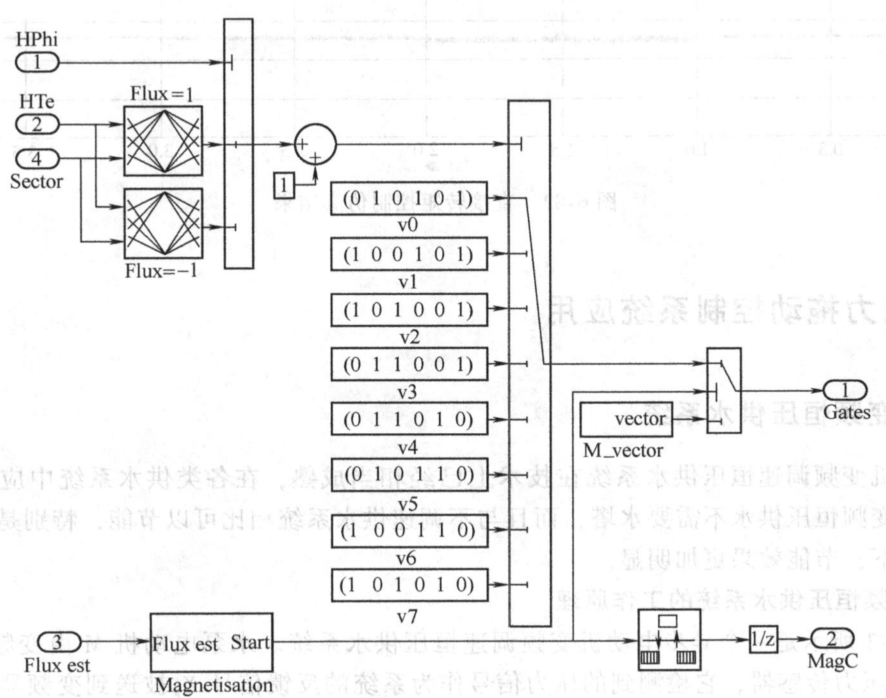

图6-81 电压开关矢量选择模块内部结构框图

与前述直接矢量控制仿真设置的转矩参数和转速参数一样，运行直接转矩控制仿真程序，可得仿真结果，如图6-82所示。图6-82中，自上至下分别为定子a相电流、电机转速、电磁转矩和直流电压。与图6-75相比，控制性能基本相当，但在负载转矩突变时，转速波动较大。

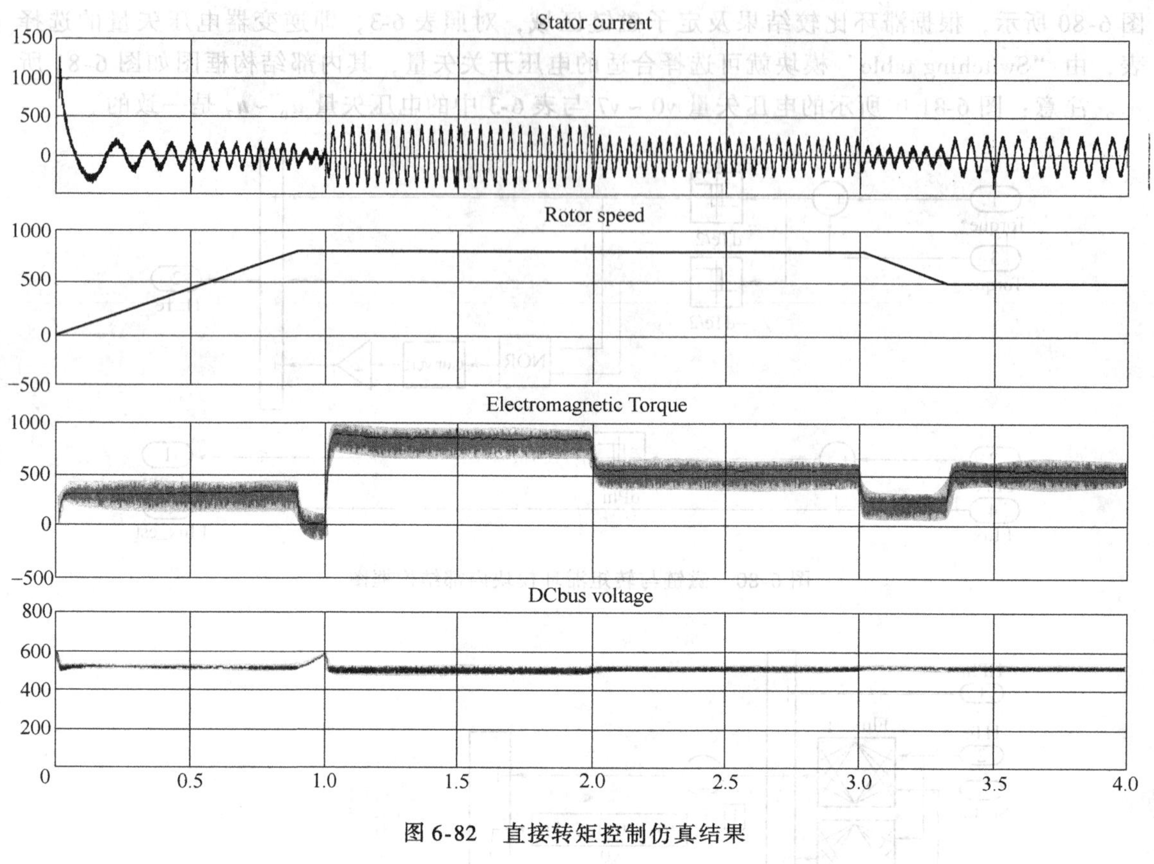

图 6-82　直接转矩控制仿真结果

6.9　电力拖动控制系统应用

6.9.1　变频恒压供水系统

电动机变频调速恒压供水系统在技术上已经相当成熟，在各类供水系统中应用十分普遍。采用变频恒压供水不需要水塔，而且与不调速供水系统相比可以节能，特别是流量比较小的情况下，节能效果更加明显。

1. 变频恒压供水系统的工作原理

图 6-83 所示是一个异步电动机变频调速恒压供水系统。水泵电动机 M 由变频器 VF 供电，SP 是压力传感器，它检测到的压力信号作为系统的反馈信号 X_F 被送到变频器的反馈信号输入端（VPF）。压力给定信号 X_T 从外接电位器 RP 上取出，接到变频器的给定信号输入端（VRF）。

假设 Q_1 是水泵输出的“供水流量”，而 Q_2 是用户所需要的“用水流量”，显然：如果 $Q_2 > Q_1$，则压力必减小，反馈信号 X_F 也随之减小；反之，如果 $Q_2 < Q_1$，则压力必增大，反馈信号 X_F 也随之增大；如果 $Q_1 = Q_2$，则压力保持不变，反馈信号 X_F 也保持不变，水泵的“供水流量”和用户的“用水流量”之间处于平衡状态。变频器通过内部的 PID 调节功能，不断地根据给定信号 X_T 与来自 SP 的反馈信号 X_F 之间的比较结果调整变频器的频率，从而调

整电动机的转速，达到供需平衡，使水压保持恒定。

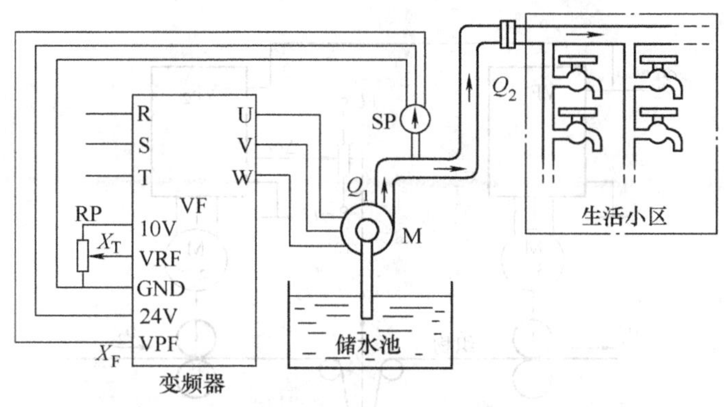

图 6-83　异步电动机变频调速恒压供水系统

2. 恒压供水系统的 PID 调节过程

恒压供水系统的 PID 调节过程如图 6-84 所示。$0 \sim t_1$段：流量 Q 无变化，压力 p 也无变化，PID 的调节量 ΔPID 为 0，变频器的输出频率 f_X 也无变化；$t_1 \sim t_2$段：流量 Q 增加，压力 p 有所下降，PID 调节器产生正的调节量（ΔPID 为正），变频器的输出频率 f_X 上升；$t_2 \sim t_3$段：流量 Q 稳定在一个较大的数值，压力 p 已经恢复到给定值，PID 调节量为 $\Delta PID = 0$，变频器的输出频率 f_X 停止上升；$t_3 \sim t_4$段：流量 Q 减小，压力 p 有所增加，PID 产生负的调节量（ΔPID 为负），变频器的输出频率 f_X 下降；t_4 以后：流量 Q 停止减小，压力 p 又恢复到给定值，PID 调节量为 0，变频器的输出频率 f_X 停止下降。

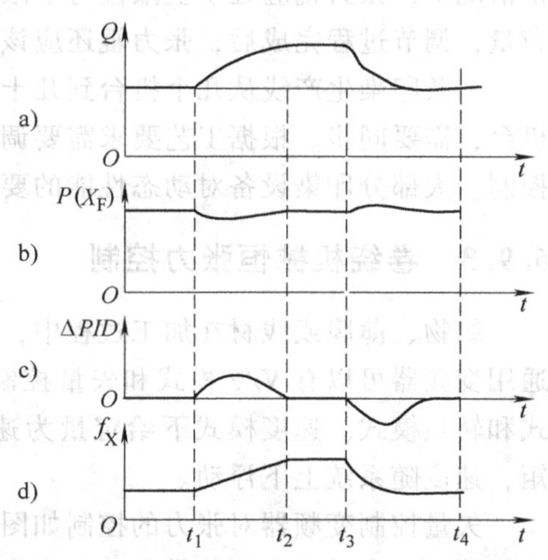

图 6-84　恒压供水系统的 PID 调节过程
a) 流量　b) 压力　c) 调节量　d) 频率

由于采用变频调速，该恒压供水系统可以节能，特别是在流量小的情况下节能效果明显。多数品牌通用变频器支持恒压供水功能，无须增加任何硬件，也无须修改软件，只要适当设定变频器的工作模式与有关参数（PID 参数等）就可以了，这是通用变频器的功能之一。

6.9.2　多电动机同步调速系统

在冶金、印染、造纸、薄膜加工等连续生产线上，机台很多，需要多台电动机同步调速完成加工任务。图 6-85 所示为印染设备上广泛使用的具有张力辊的多电动机同步调速系统。为了简单，这里只给出两台变频器 VF_1 和 VF_2。其中，VF_1 为主变频器，VF_2 为从变频器。张力辊的上下运动在从变频器上产生一个附加频率给定 $\pm\Delta\omega$，附加频率给定与主频率给定 ω^* 相加（在变频器内相加）形成从变频器的频率给定，从变频器跟随主变频器，保证 $v_1 = v_2$（忽略织物的伸长）。如果 $v_1 > v_2$，张力辊上升，如果 $v_1 < v_2$，张力辊下降，张力辊的上下运动引起调整附加频率给定 $\pm\Delta\omega$ 的大小和极性，使 v_2 的速度得到调

整，最终使 $v_1 = v_2$。

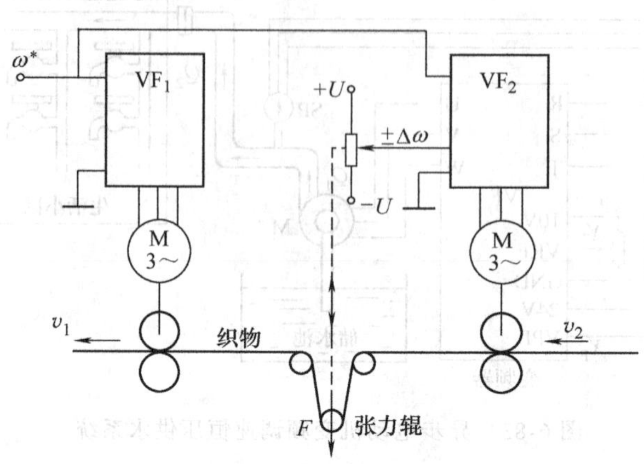

图 6-85　具有张力辊的多电动机同步调速系统

张力辊还受到气缸施加的力 F 的作用，使织物张紧，在织物上形成所需要的张力。正常情况下，张力辊应处于上限位与下限位之间的中间位置，为上下调节过程保留了相等的储布量，调节过程完成后，张力辊还应该回到中间位置，为下一次调整做好准备。

一条印染生产线从几个机台到几十个机台不等，其中只有一台是主令机台，其余为从动机台，需要同步。根据工艺要求需要调速，但对速度的精度要求不高，常常不需要速度闭环控制。大部分印染设备对动态性能的要求也不高，普通的 V/F 控制就能满足要求。

6.9.3　卷绕机械恒张力控制

织物、薄膜或线材在加工过程中，需要放卷和上卷运行，常常要求恒张力或者变张力。通用变频器可以有 V/F 模式和矢量控制模式，在矢量控制模式下还可以继续细分为速度模式和转矩模式。速度模式下给定量为速度，转矩随负载自动变化；转矩模式下给定量为转矩，速度随系统上下浮动。

矢量控制变频器对张力的控制如图 6-86 所示。图中，变频器设定为矢量控制转矩模式，变频器给一台异步电动机供电，异步电动机拖动卷绕辊将薄膜打卷。变频器的给定为转矩，在薄膜没有张紧以前，由于给定转矩大于负载转矩，电动机一直处于加速状态，直到将速度升到某一稳态值，此时薄膜被适当张紧，电动机的输出转矩与薄膜张力决定的负载转矩相平衡。此时电动机的速度稳定在整个系统的运行速度（由主令机台决定的系统速度）。如果系统速度上升，则卷绕速度上升，如果系统速度下降，则卷绕速度随之下降，速度随系统浮动，转矩总等于给定转矩。

这种张力控制方法不需要张力辊，不需要张力传感器，只需要一台高性能的变频器。它的张力控制的精度取决于变频器的转矩控制精度。如果为了卷绕整齐和密实，需要内紧外松，张力给定 F 可以根据卷径 D 的变化而不断修正，如图 6-87 所示，随着卷径 D 的变大张力 F 越来越小。

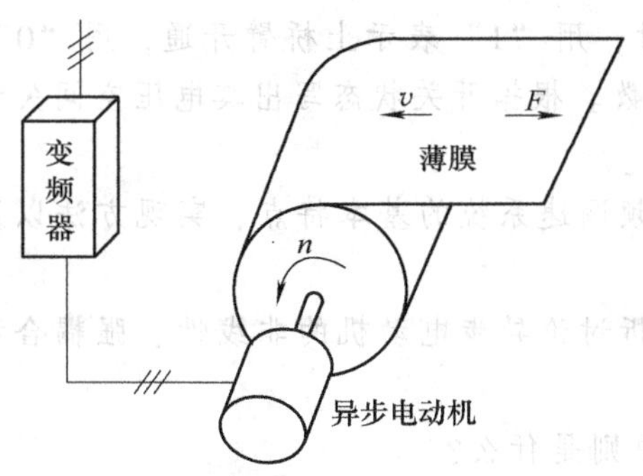

图 6-86　矢量控制变频器对张力的控制

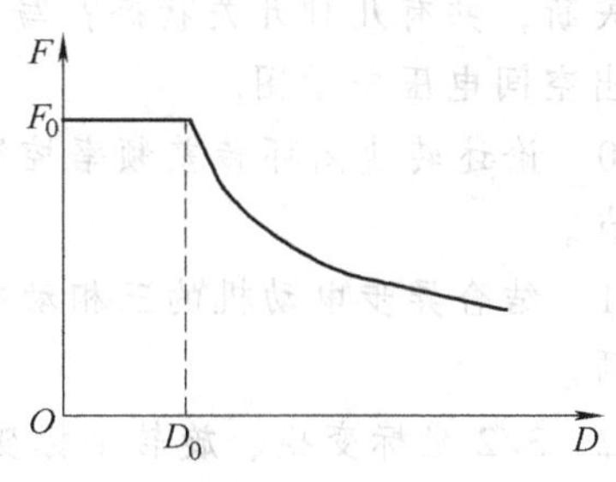

图 6-87　张力锥度曲线

本章小结

1）异步电动机变频调速是目前主要的电力传动系统方案。重点介绍了变频调速的基本原理、调速方法、系统结构和控制策略。

2）掌握异步电动机变压变频调速的基本控制方式。在基频以下，保持磁通不变，同时协调控制电压和频率，并在低频时进行定子压降补偿控制，属于恒转矩调速；基频以上，保持电压恒定，提高频率时迫使磁通减弱，属于恒功率调速。

3）变压变频器是变压变频调速系统的主要设备，理解交－直－交变频器的特点，掌握脉宽调制（PWM）控制技术。

4）异步电动机基于稳态模型的调速系统结构简单，控制方便，适用于软起动和节能控制的低成本场合。基于动态模型的矢量控制和直接转矩控制具有优良的系统动、静态特性，适用于高性能场合。

5）对交流调速控制系统进行了建模和仿真，实验结果验证了理论分析。

习　题

6-1　异步电动机在进行变频调速时，为何电压要协调控制？在整个调速过程中，能否一直保持电压不变？

6-2　简述恒压频比控制。

6-3　简述异步电动机在以下情况下的机械特性并进行比较：

（1）恒压恒频正弦波供电时的机械特性；

（2）基频以下电压—频率协调控制时的机械特性；

（3）基频以上恒压变频控制时的机械特性。

6-4　何为交－交变频器？何为交－直－交变频器？

6-5　什么是电压源型变频器？什么是电流源型变频器？各有何特点？

6-6　简述正弦脉宽调制（SPWM）原理，说明在调速系统中采用 SPWM 技术的优点。

6-7　什么是同步调制？什么是异步调制？分段同步调制的优点是什么？

6-8　什么是电压空间矢量 PWM（SVPWM）控制，有何特点？

6-9　两电平逆变器主电路采用双极性调制时，用“1”表示上桥臂开通，用“0”表示上桥臂关断，共有几种开关状态？写出其开关函数。根据开关状态写出其电压空间矢量表达式，画出空间电压矢量图。

6-10　论述转速闭环转差频率控制的变压变频调速系统的基本特点、实现方法以及系统的优缺点。

6-11　结合异步电动机的三相动态模型，分析讨论异步电动机的非线性、强耦合和多变量的性质。

6-12　3/2 坐标变换、旋转坐标变换的等效原则是什么？

6-13　坐标变换（2/3 变换、旋转变换）的优点是什么？

6-14　叙述矢量控制的基本思想，并分析矢量控制方法的优缺点。

6-15　分析零电压矢量在直接转矩控制中的作用，直接转矩控制如何实现频率和电压的调节？

6-16　试比较转子磁链的电压模型和电流模型的运算方法及其优缺点。

6-17　按定子磁链控制的直接转矩控制（DTC）系统和磁链闭环控制的矢量控制（VC）系统在控制方法上有何异同？

6-18　试分析并解释矢量控制系统与直接转矩控制系统的特点与性能。

第7章　电力拖动系统电动机的选择

7.1　拖动系统选择电动机的原则

电力拖动系统中电动机的选择，主要是确定电动机的功率和工作方式，同时还要确定电动机的种类、型式、额定电压、额定转速。

额定功率选择的原则是，既能满足生产机械的要求，又能做到经济合理。因此，正确选择电动机的容量很重要：如果电动机容量选得太小，电动机将过载，发热加剧，造成过早损坏，同时还可能出现起动困难，经不起冲击性负载等故障；反之，如果电动机容量选得太大，又会造成浪费，不仅要增加设备投资，而且使电动机经常轻载运行，使效率及功率因数降低（对异步电动机而言），对电能的利用也很不经济。

额定功率选择的方法是，根据生产机械工作时负载（转矩、功率、电流）大小变化的特点，预选电动机的额定功率，再根据所选电动机额定功率校验过载能力和起动能力。电动机额定功率大小是根据电动机工作发热时其温升不超过绝缘材料的允许温升来确定的，其温升变化规律与工作特点有关，同一台电动机在不同工作状态时的额定功率大小也是不相同的。所以，在选择电动机功率时，要考虑电动机的发热、过载能力和起动能力三方面的因素，其中一般以发热问题最为重要。

7.2　电动机的发热与冷却

7.2.1　电动机的发热

电动机工作时，其内部主要存在铁损耗、铜损耗及机械损耗，这些损耗是以发热的形式表现出来的。当电动机的负载和转速一定时，其内部的发热量在单位时间内是恒定的。电动机工作时，其内部产生的热量有两方面的作用，一方面由电动机吸收使其本身的温度升高，另一方面向周围环境散热。可以用以下公式表示这一热平衡关系：

$$Q = Q_1 + Q_2 \tag{7-1}$$

式中，Q 为电动机损耗产生的热量；Q_1为电动机吸收的热量；Q_2为向周围介质散发的热量。

由于电动机温度的升高，就产生了与周围环境的温度差。电动机本身的温度与标准环境温度（40°C）的差值称为温升，用τ表示。当电动机的温度升高到某一数值时，电动机内部所增加的发热量全部向周围环境散发，电动机本身的温度不再升高，即温度达到了稳定值。电动机的温度达到稳定值时的状态称为热稳定状态，对应的温度值称为稳态温度，对应的温升称为稳态温升τ_w。

电动机的温升变化过程可以用以下方程式表示：

$$\tau = \tau_w + (\tau_0 - \tau_w)e^{-t/T} \tag{7-2}$$

式中，τ_w为稳态温升；τ_0为初始温升，即温升开始变化时的数值；t 为温升变化时间；T 为发热时间常数。

发热时间常数 T 只与电动机的体积和本身结构有关，其大小反映了电动机达到热稳定状态前的温升变化速度。T 越小，温升变化越快；T 越大，温升变化越慢。

根据式（7-2）可以做出电动机发热过程的温升变化曲线，如图 7-1 所示。由图可知，电动机的温升是按指数规律变化的。图 7-1 中，曲线 1 对应于电动机初始温升为零的情况，即温升从电动机起动时开始升高；曲线 2 对应于电动机初始温升不为零的情况，即温升从电动机的负载增加时开始升高。由图 7-1 看出，发热过程开始时，初始温升较小，即电动机与周围环境的温度差较小，向周围环境散发的热量较少，电动机内部产生的热量大部分被电动机吸收，使电动机的温升增加较快。初始温升越小，温升增加得越快。随着温升的增加，电动机与周围环境的温度差逐步增大，向周围环境散发的热量随之逐步增加，使电动机的温升增加速度逐步减慢。如此一直到使电动机的温升达到稳定值。

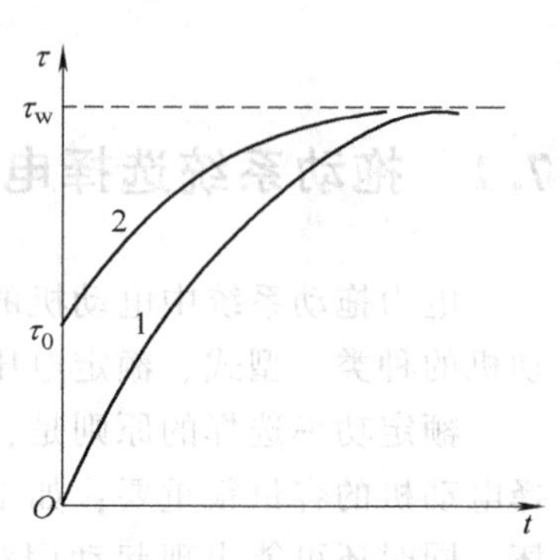

图 7-1　电动机发热过程的温升变化曲线

对应于一定的负载，电动机的损耗所产生的热量是一定的，因此电动机的稳定温升也是一定的，与起始温升无关。若电动机在额定负载时，对应于损耗而产生的热量为 Q_N，此时的稳定温升为τ_N，则当电动机在小于额定负载运行时，其稳定温升τ_w就不会超过τ_N。

在构成电动机的所有材料中，绝缘材料的耐热性能是最差的，而绝缘材料又是电动机中最重要的材料之一。电动机工作时，如果绝缘材料因温度过高而损坏，那么电动机的绕组中将出现匝间或相间短路现象，使电动机不能正常运行，甚至被烧毁。各种绝缘材料的耐热性能不尽相同。为使电动机能达到正常的使用年限（约为 20 年），规定了各种绝缘材料的工作温度不能超过某一数值，即不能超过允许的最高工作温度值。通常将各种绝缘材料对应的允许最高工作温度值用绝缘材料等级来表示，电动机有 A、E、B、F、H 等五级，见表 7-1。

电动机工作时，如果其内部温度超过绝缘材料允许的最高工作温度值，绝缘材料的老化速度将加快。超过的温度差值越大，绝缘材料的老化速度越快。当电动机的温度太高，绝缘材料将被烧坏。

表 7-1　电动机绝缘材料等级

等　　级	绝缘材料	允许最高温度/℃
A	用普通绝缘漆浸渍处理的棉纱、丝、纸及普通漆包线的绝缘漆	105
E	环氧树脂、聚酯薄膜、青壳纸、三醋酸纤维薄膜、高强度漆包线的绝缘漆	120
B	云母、玻璃纤维、石棉(用有机胶粘合或浸渍)	130
F	云母、玻璃纤维、石棉(用合成胶粘合或浸渍)	155
H	云母、玻璃纤维、石棉(用硅有机树脂粘合或浸渍)	180

7.2.2　电动机的冷却

初始温升大于稳态温升的温升变化过程就是电动机的冷却过程。电动机的冷却过程有两种情况：

1）当负载减小时，电动机产生的热量为 Q'，相应的温升由原来的温升 τ_w，降低到新的稳定温升 τ_w'，与发热过程对温升的曲线方程相似，可得冷却过程的温升方程

$$\tau = \tau'_w(1 - e^{-t/T'}) + \tau'_0 e^{-t/T'} \tag{7-3}$$

式中，τ_w' 为电动机新的稳态温升；τ_0' 为冷却过程开始时电动机的温升；T' 为冷却时间常数。

2）电动机自电网断开（停机或断能）时，电动机产生的热量为零，则式（7-3）就变为

$$\tau = \tau'_0 e^{-t/T'} \tag{7-4}$$

根据式（7-3）可以做出电动机冷却过程的温升变化曲线，如图 7-2 所示。由图可见，冷却过程的温升曲线也是一条指数曲线。曲线 1 对应于电动机稳态温升为零的情况，即温升从电动机脱离电源时开始降低，直至降到零；曲线 2 对应于电动机稳态温升下降到某一稳态温升值的情况，即温升从电动机负载减小时开始降低，直至降到负载减小后所对应的稳态温升值。

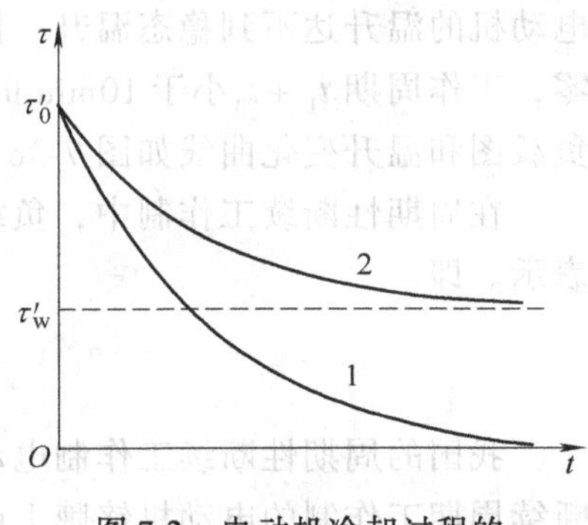

图 7-2　电动机冷却过程的温升变化曲线

由图 7-2 看出，冷却开始时，初始温升较大，即电动机与周围环境的温度差较大，向周围环境散发的热量较多，使电动机的温升降低较快。随着温升的降低，电动机与周围环境的温度差逐步减小，向周围环境散发的热量随之逐步减少，使电动机的温升下降速度逐步减慢。如此一直到使电动机的温升达到稳态值。

7.3　电动机的工作制

电动机工作时，负载持续时间的长短对其发热情况影响较大，对正确选择电动机的功率也有影响。电动机的工作制就是对电动机承受负载情况的说明。为了在不同情况下方便用户选择电动机功率并使所选的电动机得到充分利用，根据电动机工作时的发热特点，国家标准将电动机工作制分成连续、短时、周期性断续三种工作方式制或工作制，用 S_1、S_2、S_3 表示。

1. 连续工作制（S_1）

连续工作制是指电动机在恒定负载下持续运行，其工作时间很长，$t_L > (3 \sim 4)T$，可达几小时甚至几十小时，因此电动机的温升可以达到稳定温升。其典型负载图和温升变化曲线如图 7-3a 所示。对于连续工作制的电动机，取使其稳定温升 τ_w 恰好等于容许最高温升时的输出功率作为额定功率。

连续工作制电动机在铭牌上标注 S_1 或一般不在铭牌上标明工作制，连续工作制的电动机在生产实际中的使用很广泛。水泵、通风机、纺织机、造纸机、机床主轴等很多连续工作的生产机械都选用连续工作制电动机。

2. 短时工作制（S_2）

短时工作制是指电动机带额定负载运行时，运行时间 t_L 很短，$t_L < (3 \sim 4)T$，在工作时间内电动机的温升达不到稳态温升；停机时间 t_0 很长，$t_0 > (3 \sim 4)T$，使电动机的温升可以降到零的工作方式。短时工作制的电动机铭牌上的标注为 S_2。我国的短时工作制电动机的运行时间有 15min、30min、60min、90min 共 4 种定额。车床夹紧机构、拖动闸门的电动机常采用短时工作制电动机。

为了充分利用电动机，用于短时工作制的电动机在规定的运行时间内应达到容许温升，并按照这个原则规定电动机的额定功率。即按照电动机拖动恒定负载运行，取在规定的运行时间内实际达到的最高温升恰好等于容许最高温升时的输出功率，作为电动机的额定功率。其典型负载图和温升变化曲线如图 7-3b 所示。

3. 周期性断续工作制（S_3）

周期性断续工作制是指电动机带额定负载运行时，运行时间 t_L 很短，$t_L < (3 \sim 4)T$，使电动机的温升达不到稳态温升；停止时间 t_0 也很短，$t_0 < (3 \sim 4)T$，使电动机的温升降不到零，工作周期 $t_L + t_0$ 小于 10min 的工作方式，电动机的温升在一个稳定的小范围内波动。其负载图和温升变化曲线如图 7-3c 所示。

在周期性断续工作制中，负载工作时间占工作周期的百分比称为负载持续率，用 $FC\%$ 表示。即

$$FC\% = \frac{t_L}{t_L + t_0} \times 100\% \tag{7-5}$$

我国的周期性断续工作制电动机的负载持续率有 15%、25%、40%、60% 共 4 种定额。断续周期工作制的电动机铭牌上的标注为 S_3。

周期性断续工作方式的电动机频繁起动、制动，其过载倍数强，GD^2 值小，机械强度好。

起重机械、电梯、自动机床等具有周期性断续工作方式的生产机械，应采用周期性断续工作制电动机，但许多生产机械周期断续工作的周期并不很严格，这时负载持续率只具有统计性质。

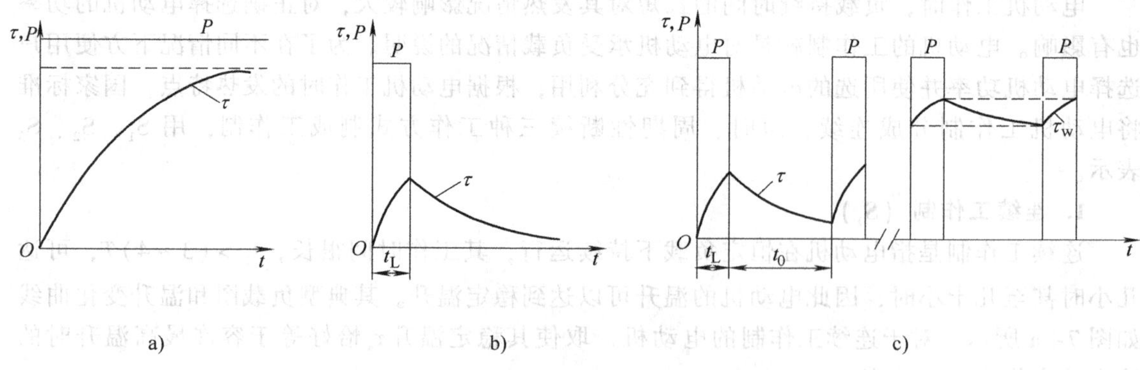

图 7-3　电动机三种工作制的温升变化曲线
a）连续工作制　b）短时工作制　c）周期性断续工作制

7.4 电动机负载功率的计算和额定功率的选择

电动机额定功率的选择是一个很重要又复杂的问题。拖动生产机械时，电动机额定功率过大，经常处于轻载运行，变成“大马拉小车”，使电动机运行效率低，性能不好（异步电动机的功率因数也低了）。反之，电动机额定功率过小，就变成了“小马拉大车”，电动机电流超过额定电流，电动机内耗加大，效率降低，重要的是影响电动机的寿命，即使过载不多，也会减少电动机的寿命，过载较多时，可能烧毁电动机。

7.4.1 电动机额定功率选择的步骤

电动机额定功率的选择一般分为3步：

1）计算负载功率 P_L，若为周期性负载，还要做出实际的生产机械负载图 $P_L=f(t)$ 或者 $T_L=f(t)$。

2）根据负载功率 P_L，预选电动机的额定功率及其他参数。

3）校核预选电动机。一般先校核温升，再校核过载能力，必要时校核起动能力。

三者都通过，预选的电动机便选定；通不过，从第2）步重新开始，直到通过。在满足生产机械要求的前提下，电动机额定功率越小越经济。

7.4.2 负载功率的计算

负载功率的计算是选择电动机的前提，必须根据负载工作实际情况进行计算。各类生产机械负载功率的计算公式不同，可参阅有关设计手册。以下是几种常用生产机械负载功率（单位为kW）的计算公式，供参考。

由于实际的生产机械负载大多是随时间周期变化的负载，现以此类负载为例说明。

1）直线运动的生产机械

$$P_L=\frac{F_L v}{\eta}\times10^{-3} \tag{7-6}$$

式中，F_L为生产机械的静负载力（N）；v为生产机械的线速度（m/s）；η为传动机构的效率，直接连接时 $\eta=0.95\sim1$，带传动时 $\eta=0.9$。

2）旋转运动的生产机械

$$P_L=\frac{T_L n}{9550\eta} \tag{7-7}$$

式中，T_L为静负载转矩（N·m）；n为转速（r/min）。

3）泵类生产机械

$$P_L=\frac{Q\rho H}{0.102\eta\eta_b}\times10^{-3} \tag{7-8}$$

式中，Q为泵的流量（m^3/s）；H为馈送高度（m）；ρ为液体密度（kg/m^3）；η_b为泵的效率，低压离心泵 $\eta_b=0.3\sim0.6$，高压离心泵 $\eta_b=0.5\sim0.8$，活塞泵 $\eta_b=0.8\sim0.9$；η为传动机构的效率。

4）鼓风机类生产机械

$$P_{\mathrm{L}}=\frac{Qp}{\eta\eta_1}\times 10^{-3} \tag{7-9}$$

式中，Q 为每秒吸入或压出的气体量（m^3/s）；p 为鼓风机的压强（N/m^2）；η_1 为鼓风机的效率，大型鼓风机 $\eta_1=0.5\sim0.6$，中型鼓风机 $\eta_1=0.3\sim0.5$，小型叶轮鼓风机 $\eta_1=0.2\sim0.5$；η 为传动机构的效率。

5）周期变化负载的平均功率。图 7-4 所示是一个周期内变动的生产机械负载图，据此图得出变化负载的平均功率 P_{Lpj} 为

$$P_{\mathrm{LPj}}=\frac{P_1t_1+P_2t_2+\cdots+P_nt_n}{t_1+t_2+\cdots+t_n} \tag{7-10}$$

式中，P_1、P_2、…、P_n 为各段静负载功率；t_1、t_2、…、t_n 为各段负载的持续时间。

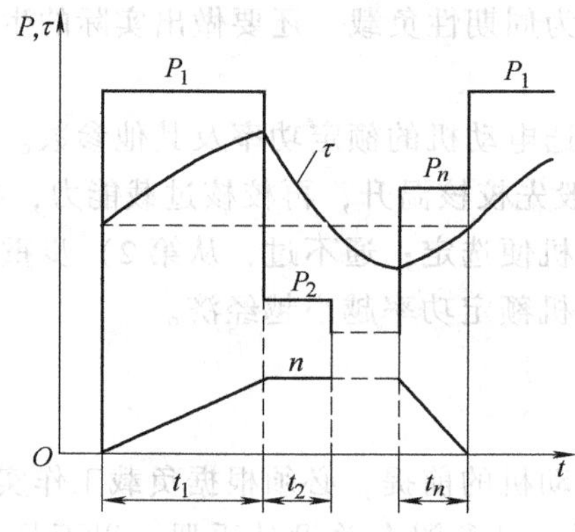

图 7-4　一个周期内变动的生产机械负载图

7.4.3　电动机额定功率的选择

1. 常值负载下电动机额定功率的选择

常值负载是指工作时间内负载大小不变，包括连续、短时两种工作方式。

（1）标准工作时间的电动机额定功率的选择

拖动系统的负载与电动机的工作方式和工作时间是同一概念，是指电动机 3 种工作方式中所规定的有关时间。例如，连续工作方式标准时间是 3～4 倍以上发热时间常数，短时工作方式的标准工作时间是 15min、30min、60min、90min。

在环境温度为 40℃，电动机不调速的前提下，按照工作方式及工作时间选择电动机，则电动机的额定功率应满足

$$P_{\mathrm{N}}\geqslant P_{\mathrm{L}} \tag{7-11}$$

在此基础上校核过载能力，必要时校核起动能力。

（2）非标准工作时间的电动机额定功率的选择

预选短时工作电动机额定功率时，按照发热和温升等效的观点，先把负载功率由非标准工作时间折算为标准工作时间，然后按照该标准工作时间预选额定功率。折算的原则是电动机内部损耗相等。

若短时工作方式负载工作时间为 t_L，最接近的标准工作时间为 t_{Lb}，则预选电动机的额定功率应满足

$$P_N \geqslant P_L \sqrt{t_L/t_{Lb}} \tag{7-12}$$

由于折算过程以发热和温升等效为基础，以此预选的电动机可以不经过温升校核。

(3) 连续工作方式电动机带短时工作负载时的额定功率选择

连续工作方式的电动机也可以短时工作，此时电动机连续工作方式下的额定功率 P_N 偏大，需要针对实际情况进行折算。折算原则是短时工作时间 t_L 内达到的温升等于连续工作方式下的稳态温升，即电动机的允许温升，给出折算结果

$$P_N \geqslant P_L \sqrt{(1-e^{-t_L/T})/(1+ke^{-t_L/T})} \tag{7-13}$$

式中，t_L 为短时工作时间 (s)；T 为发热时间常数 (s)；k 为电动机不变损耗与可变损耗之比，$k=p_0/p_{Cu}$，k 的大小因电动机而不同。对于具体电机，k 和 T 可以从技术数据中查到或估算。

若实际工作时间极短，$t_L<(3\sim4)T$，则只需考虑电动机的过载和起动能力确定电动机的额定功率，发热温升的矛盾已不是主要问题。

(4) 过载能力校核

过载能力指电动机负载运行时，可以在短时间内出现的电流或转矩过载的倍数 λ_m。对于直流电动机为 2；对于绕线转子异步电动机为 2 ~ 2.5；对于笼型异步电动机为 1.7 ~ 3；对于同步电动机为 2 ~ 2.5。

在选择异步电动机时，考虑到电网电压下降时会使转矩成二次方的下降，应对异步电动机的最大转矩进行修正。交流电网电压可能向下波动 10% ~ 15%，所以最大转矩就要按照 $(0.9^2\sim0.85^2)\lambda_m T_N$ 进行过载校验，即

$$(0.9^2\sim0.85^2)\lambda_m T_N > T_{Lm} \tag{7-14}$$

若预选的电动机过载能力通不过，需要重选电动机及额定功率。

(5) 起动能力校核

当所选的电动机为笼型异步电动机时，还需要校验其起动能力是否满足要求。由机械特性知道异步电动机的起动转矩一般不是很大，当生产机械的静负载转矩较大时，造成起动太慢或不能起动，可能损坏电动机。一般要求起动转矩应大于 1.1 倍静负载转矩，即

$$T_{st} > K_{st}T_N > 1.1T_L \tag{7-15}$$

(6) 温度修正

以上关于额定功率的选择都是在国家标准环境温度 40℃ 的前提下进行的。如果环境温度常年都比较高或比较低，需要对电动机的额定功率进行修正。例如，常年温度偏低，电动机实际额定功率应比标准规定的 P_N 高；反之，常年温度偏高，应降低电动机额定功率使用。电动机允许输出功率为

$$P'_N \approx P_N \sqrt{1+\frac{40-\theta}{\tau_N}(k+1)} \tag{7-16}$$

式中，τ_N 为电动机环境温度为 40℃ 时的额定温升；θ 为电动机工作的实际环境温度；k 为损耗比，即不变损耗与可变损耗之比。

通过式 (7-16) 即可计算电动机在实际环境温度 θ 时的额定功率 P'_N，显然 $\theta>40$℃ 时，

$P_N' < P_N$；$\theta < 40$℃时，$P_N' > P_N$。

根据理论计算和实践，在周围环境温度不同时，电动机的额定功率可按表 7-2 相应增减。

表 7-2 不同环境温度下电动机额定功率的修正

环境温度/℃	30	35	40	45	50	55
电动机增减的百分数(%)	+8	+5	0	−5	−12.5	−25

考虑到散热介质空气密度的影响，国家标准规定一般电动机的工作环境海拔不超过1000m。

例 7-1 一台与电动机直接连接的离心式水泵，流量为 $0.018\text{m}^3/\text{s}$，扬程为 15m，吸程为 3m，转速为 1440r/min，泵的效率为 0.48，试为其选择一台合适的电动机。

解：将题中的条件代入式（7-8），可得

$$P_L = \frac{Q\rho H}{0.102\eta\eta_b} \times 10^{-3} = \frac{0.018 \times 1000 \times (15 + 3)}{0.102 \times 0.95 \times 0.48} \times 10^{-3}\text{kW} = 6.97\text{kW}$$

其中，水的密度为 1000kg/m^3，负载与电动机直接连接，传动机构效率取 0.95。

对于水泵，应选用封闭扇冷式 Y 系列三相异步电动机。按照 $P_N > P_L$ 原则，选取 Y123M—4 型三相异步电动机，其 $P_N = 7.5\text{kW}$，$n_N = 1440\text{r/min}$，泵的起动与过载均不会有问题，不必校验。

例 7-2 一台额定功率是 200kW 的连续工作制冶金工业用的绕线转子异步电动机，若常年在 80℃环境下运行，电机绝缘等级是 B 级，额定负载时不变损耗与可变损耗之比为 0.6，计算电动机在高温环境下的实际额定功率应为多少？

解：电动机的实际额定功率为

$$P_N' = P_N\sqrt{1 + \frac{40 - \theta}{\tau_N}(k+1)} = 200\sqrt{1 + \frac{40 - 80}{90}(0.6 + 1)}\text{kW} = 107.5\text{kW}$$

例 7-3 一台直流电动机，额定功率 $P_N = 20\text{kW}$，过载能力 $\lambda_m = 2.4$，发热时间常数 $T = 30\text{min}$，额定负载时不变损耗与可变损耗之比 $k = 1$。请校验下列两种情况下是否能使用此台电动机。

（1）短期负载，$P_L = 40\text{kW}$，$t_L = 20\text{min}$；

（2）短期负载，$P_L = 44\text{kW}$，$t_L = 10\text{min}$。

解：（1）将负载 $P_L = 40\text{kW}$、$t_L = 20\text{min}$ 折算成连续工作方式下的负载功率

$$\begin{aligned} P_L' &= P_L\sqrt{(1 - e^{-t_L/T})/(1 + ke^{-t_L/T})} \\ &= 40 \times \sqrt{(1 - e^{-20/30})/(1 + e^{-20/30})}\ \text{kW} = 22.68\text{kW} \end{aligned}$$

因为 $P_N = 20\text{kW} < P_L'$，所以发热校验通不过，不能使用此台电动机。

（2）将负载 $P_L = 44\text{kW}$、$t_L = 10\text{min}$ 折算成连续工作方式下的负载功率

$$\begin{aligned} P_L' &= P_L\sqrt{(1 - e^{-t_L/T})/(1 + ke^{-t_L/T})} \\ &= 44 \times \sqrt{(1 - e^{-10/30})/(1 + e^{-10/30})}\ \text{kW} = 17.88\text{kW} \end{aligned}$$

因为 $P_N = 20\text{kW} > P_L'$，所以发热校验通过，实际的过载倍数为

$$\lambda_m' = P_L/P_N = 44/20 = 2.2$$

过载能力校验通过，可以使用此台电动机。

2. 负载变化时电动机额定功率的选择

电动机在变化负载下长期运行时，其输出功率也是不断变化的，温升也随之不断波动。经过一段时间后，温升达到一种稳定的波动状态。

(1) 拖动长期变化负载的电动机额定功率的选择

在变化负载的情况下，可以先根据负载情况预选电动机，然后进行发热校验。具体步骤如下：

1) 做出负载图。做出折算到电动机轴上的负载图 $P_L = f(t)$ 或 $T_L = f(t)$，利用负载图求出平均输出功率 P_{LPj}或平均转矩 T_{LPj}，分别为

$$P_{LPj} = \frac{P_1 t_1 + P_2 t_2 + \cdots + P_n t_n}{t_1 + t_2 + \cdots + t_n} \tag{7-17}$$

$$T_{LPj} = \frac{T_1 t_1 + T_2 t_2 + \cdots + T_n t_n}{t_1 + t_2 + \cdots + t_n} \tag{7-18}$$

式中，P_i为各工作段的负载功率（W）；T_i为各工作段的负载转矩（N·m）；t_i为各工作段的工作时间（s）。

2) 预选电动机。根据经验公式预选电动机的额定功率。电动机吸收电源的功率既要转换为机械功率供给负载，又要消耗在电动机内部，电动机内部有不变损耗和可变损耗。不变损耗不随负载电流的变化而变化，可变损耗与负载电流有关、与负载电流二次方成正比。负载电流增大时，可变损耗要增大，电动机的额定功率也要相应地选大些。式（7-17）和式（7-18）没有反映出起动、制动时因负载电流增加而要求预选电动机额定功率增大的问题。实际预选电动机额定功率时，应先将 P_{LPj}扩大 1.1～1.6 倍，再行预选。即

$$P_N \geqslant (1.1 \sim 1.6) P_{LPj} \tag{7-19}$$

$$P_N \geqslant (1.1 \sim 1.6) T_{LPj} n_N / 9550 \tag{7-20}$$

式中，系数 1.1～1.6 的取值要根据负载变化的情况而定，当负载变化剧烈时，系数应适当取得大一些，这是因为公式没有反映过渡过程的发热情况，而过渡过程中，电动机的可变损耗部分比较大，发热严重。

3) 进行发热校验。校核电动机发热的方法有很多，主要有平均损耗法、等效电流法、等效转矩法、等效功率法。

①平均损耗法：首先，根据预选电动机的效率曲线，计算出电动机带各段负载时对应的损耗功率 p_1、p_2、…、p_n，然后计算平均损耗功率 p_{LPj}。即

$$p_{LPj} = \frac{p_1 t_1 + p_2 t_2 + \cdots + p_n t_n}{t_1 + t_2 + \cdots + t_n} \tag{7-21}$$

只要电动机带负载时的实际平均损耗功率 P_{LPj}小于或等于其额定损耗 p_N，即 $p_{LPj} \leqslant p_N$，则电动机运行时实际达到的稳态温升τ_w不会超过其额定温升τ_N，即$\tau_w \leqslant \tau_N$，电动机的发热条件得到满足，则电动机的发热校验通过。

②等效电流法：假定不变损耗和电阻均为常数，则电动机带各段负载时的损耗与其对应的电动机电流平方成正比，由式（7-21）得等效电流

$$I_{dx} = \sqrt{\frac{I_1^2 t_1 + I_2^2 t_2 + \cdots + I_n^2 t_n}{t_1 + t_2 + \cdots + t_n}} \tag{7-22}$$

只要 $I_{dx} \leqslant I_N$，则电动机的发热校验通过。

注意，深槽和双笼型异步电动机不能采用等效电流法进行发热校验，因为其不变损耗和电阻在起动、制动期间不是常数。

③等效转矩法：假定不变损耗、电阻、主磁通及异步电动机的功率因数为常数，则电动机带各段负载时的电动机电流与其对应的电磁转矩 T_1、T_2、…、T_n成正比，由式（7-22）得等效转矩

$$T_{dx} = \sqrt{\frac{T_1^2 t_1 + T_2^2 t_2 + \cdots + T_n^2 t_n}{t_1 + t_2 + \cdots + t_n}} \tag{7-23}$$

只要 $T_{dx} \leqslant T_N$，则电动机的发热校验通过。

注意，串励直流电动机、复励直流电动机不能用等效转矩法进行发热校验，因为其负载变化时的主磁通不为常数。经常起动、制动的异步电动机也不能用等效转矩法进行发热校验，因为其起、制动时的功率因数不为常数。

④等效功率法：假定不变损耗、电阻、主磁通、异步电动机的功率因数、转速为常数，则电动机带各段负载时的转矩与其对应的输出功率 P_1、P_2、…、P_n成正比，由式（7-23）得等效功率

$$P_{dx} = \sqrt{\frac{P_1^2 t_1 + P_2^2 t_2 + \cdots + P_n^2 t_n}{t_1 + t_2 + \cdots + t_n}} \tag{7-24}$$

只要 $P_{dx} \leqslant P_N$，则电动机的发热校验通过。

注意，需要频繁起动、制动时，一般不用等效功率法进行发热校验；只有次数很少的起、制动时，应先把起、制动各段对应的功率修正为 $P'_i = \frac{n_N}{n} P_i$，再进行发热校验，其中，n 为各起、制动阶段平均转速，且 $n < n_N$。

对自冷式连续工作制电动机，因为起动、制动及停车时的速度变化而使散热条件变差，以致电动机的发热量增加。应将式（7-21）~式（7-24）的分母中的起动、制动时间乘以起动、制动冷却恶化系数 α，停车时间乘以停车冷却恶化系数 β，然后再进行发热校验。对直流电动机，取 $\alpha = 0.75$、$\beta = 0.5$，对交流电动机，取 $\alpha = 0.5$、$\beta = 0.25$。

（2）周期性断续工作方式电动机额定功率的选择

周期性断续工作的电动机，若负载持续率为国家规定的标准值，则按照上述负载变化时的方法选择电动机额定功率即可，若负载持续率为非标准值，则需要向最近的标准负载持续率折算。以式（7-24）为例，折算后的公式为

$$P_N = (1.1 \sim 1.6) P_{Lpj} \sqrt{\frac{FC_L\%}{FC_N\%}} \tag{7-25}$$

对于周期性断续工作方式，以上方法适用于 $10\% \leqslant FC\% \leqslant 70\%$ 的范围，若持续率 $FC\% \leqslant 10\%$，则可按照短时工作方式处理；若 $FC\% \geqslant 70\%$，则按照连续工作方式处理，选择连续工作方式电动机。

需要说明的是，若电动机采用自扇冷式散热，而每个工作周期内有起动、制动、停机运行状态，则电动机的散热条件变坏，在相同负载下，电动机的温升要比强迫通风时高一些。这时，必须考虑起动、制动和停机状态下冷却条件恶化对电动机温升的影响，常用的方法是增加小于 1 的冷却恶化系数，具体数值请参考相关手册。

3. 统计法和类比法

等效法计算量较大，电动机的负载图也难以精确绘出，实际中选择电动机功率往往采用统计法和类比法。

（1）统计法

统计法是对各种生产机械的拖动电动机进行统计分析，找出电动机容量与生产机械主要参数之间的关系，用数学式表示，作为类似生产机械在选择拖动电动机容量时的主要依据。以机床为例，主拖动电动机容量与机床主要参数之间的关系如下：

1）卧式车床

$$P = 36.5D^{1.54} \tag{7-26}$$

式中，P 为电动机功率（kW）；D 为加工工件的最大直径（m）。

2）立式车床

$$P = 20D^{0.83} \tag{7-27}$$

式中，D 为加工工件的最大直径（m）。

3）摇臂钻床

$$P = 0.0646D^{1.19} \tag{7-28}$$

式中，D 为最大钻孔直径（mm）。

4）外圆磨床

$$P = 0.1KB \tag{7-29}$$

式中，B 为砂轮宽度（mm）；K 为考虑砂轮主轴采用不同轴承时的系数，对滚动轴承 $K=0.8\sim1.1$，对滑动轴承 $K=1.0\sim1.3$。

5）卧式铣镗床

$$P = 0.004D^{1.7} \tag{7-30}$$

式中，D 为镗杆直径（mm）。

6）龙门刨床

$$P = \frac{B^{1.15}}{166} \tag{7-31}$$

式中，B 为工作台宽度（mm）。

根据计算所得功率后，应使所选择的电动机的额定容量 $P_N > P$。

例 7-4　我国 C660 型车床的工件最大直径为 1250mm，由式（7-26）计算主拖动电动机的功率为

$$P = 36.5D^{1.54} = 36.5 \times (1250/1000)^{1.54}\text{kW} = 52\text{kW}$$

实际选用的电动机的额定功率为 $P_N = 60\text{kW}$。实际证明，所选电动机是合适的。

（2）类比法

类比法是通过对经过长期运行考验的同类生产机械所采用的电动机容量进行调查，然后对主要参数和工作条件进行类比，从而确定新的生产机械拖动电动机的容量。

例如设计一台 3t 转炉的倾炉设备，用类比法选择该设备电动机的功率。为此，查阅同类设备的资料，得知 1.5t 转炉的倾炉设备采用 11kW 的电动机，6t 转炉的倾炉设备采用 22～30kW 的电动机。通过比较，3t 转炉的倾炉设备可以采用 16kW 的电动机。

7.5 电动机种类、结构的选择

7.5.1 电动机种类的选择

选择电动机种类应在满足生产机械对拖动性能的要求下，优先选用结构简单、运行可靠、维护方便、价格便宜的电动机。电动机种类选择时应考虑的主要内容如下：

1）电动机的机械特性应与所拖动生产机械的机械特性相匹配。

2）电动机的调速性能（调速范围，调速的平滑性、经济性）应该满足生产机械的要求。对调速性能的要求在很大程度上决定了电动机的种类、调速方法以及相应的控制方法。

3）电动机的起动性能应满足生产机械对电动机起动性能的要求，电动机的起动性能主要是起动转矩的大小，同时还应注意电网容量对电动机起动电流的限制。

4）电源种类。在满足性能的前提下应优先采用交流电动机。

5）经济性。一是电动机及其相关设备（如起动设备、调速设备等）的经济性；二是电动机拖动系统运行的经济性，主要是要效率高、节省电能。

目前，各种型式的异步电动机在我国应用非常广泛，用电量约占总发电量的60%，因此提高异步电动机运行效率所产生的经济效益和社会效益是巨大的。在选用电动机时，以上几个方面都应考虑到，并应进行综合分析，以确定出最终方案。

表7-3中给出了电动机的主要种类、性能特点及典型生产机械应用实例。需要指出的是，表7-3中的电动机主要性能及相应的典型应用基本上是指电动机本身而言的。随着电动机的控制技术的发展，交流电动机拖动系统的运行性能越来越高，使得电动机的一些传统应用领域发生了很大变化，例如原来使用直流电动机调速的一些生产机械，现在则改用可调速的交流电动机系统并具有同样的调速性能。

表7-3　电动机的主要种类、性能特点及典型生产机械应用实例

电动机种类				主要性能特点	典型生产机械举例
交流电动机	三相异步电动机	笼型	普通笼型	机械特性硬、起动转矩不大、调速时需要调速设备	调速性能要求不高的各种机床、水泵、通风机等
			高起动转矩	起动转矩大	带冲击性负载的机械，如剪床、冲床、锻压机等；静止负载或惯性负载较大的机械，如压缩机、粉碎机、小型起重机等
			多速	有几档转速（2～4速）	要求有级调速的机床、电梯、冷却塔等
		绕线转子		机械特性硬（转子串电阻后变软）、起动转矩大、调速方法多、调速性能及起动性能较好	要求有一定调速范围、调速性能较好的生产机械，如桥式起重机等；起动、制动频繁且对起动、制动转矩要求高的生产机械，如起重机、矿井提升机、压缩机、不可逆轧钢机等
	同步电动机			转速不随负载变化，功率因数可调节	转速恒定的大功率生产机械，如大中型鼓风及排风机、泵、压缩机、连续式轧钢机、球磨机等

（续）

电动机种类		主要性能特点	典型生产机械举例
直流电动机	他励、并励	机械特性硬、起动转矩大、调速范围宽、平滑性好	调速性能要求高的生产机械，如大型机床（车、铣、刨、磨、镗）、高精度车床、可逆轧钢机、造纸机、印刷机等
	串励	机械特性软、起动转矩大、过载能力强、调速方便	要求起动转矩大、机械特性软的机械，如电车、电气机车、起重机、吊车、卷扬机、电梯等
	复励	机械特性硬度适中、起动转矩大、调速方便	

7.5.2 电动机结构型式的选择

电动机的安装方式有卧式和立式两种。卧式安装时电动机的转轴处于水平位置，立式安装时转轴则为垂直地面的位置。两种安装方式的电动机使用的轴承不同，一般情况下采用卧式安装。

电动机的工作环境是由生产机械的工作环境决定的。在很多情况下，电动机工作场所的空气中含有灰尘和水分，有的还含有腐蚀性气体甚至含有易燃易爆气体，有的电动机则要在水中或其他液体中工作。例如，灰尘会使电动机绕组黏结上污垢而妨碍散热；水分、瓦斯、腐蚀性气体等会使电动机的绝缘材料性能退化，甚至会完全丧失绝缘能力；易燃、易爆气体与电动机内产生的电火花接触时将有发生燃烧、爆炸的危险；水中或其他液时的环境更是对电动机提出了严苛的要求。因此，为了保证电动机能够在其工作环境中长期安全运行，必须根据实际环境条件合理地选择电动机的防护方式。电动机的外壳防护方式有开启式、防护式、封闭式和防爆式几种。

本章小结

1）电动机的选择包括电流种类、结构型式、额定电压、额定转速和额定功率的选择等，其中以额定功率的选择为主要内容。

2）根据电动机负载和发热情况的不同，电动机的工作方式分为连续工作方式、短时工作方式和周期性断续工作方式3种。

3）电动机铭牌上标明的工作方式应和电动机实际运行的工作方式相一致，但有时也可不同。应根据电动机的不同工作方式，按不同的变化负载的生产机械负载图，预选电动机功率，在绘制电动机负载图的基础上进行发热、过载能力及起动能力（笼型异步电动机）的校验。发热校验的方法有多种，但计算公式都是根据变化负载下电动机达到发热稳定循环时的平均温升等于或接近但小于绝缘材料所允许最高温升为条件推导出来的。

习　　题

7-1　电力拖动系统中电动机的选择主要包括哪些内容？

7-2 电动机的温升、温度以及环境温度三者之间有什么关系？电动机铭牌上的温升含义是什么？

7-3 电动机运行时温升按什么规律变化？两台同样的电动机，在下列条件下拖动负载运行时；它们的起始温升、稳定温升是否相同？发热时间常数是否相同？

（1）相同的负载，但一台环境温度为一般室温，另一台为高温环境；

（2）相同的负载，相同的环境，一台原来没运行，一台是运行刚停下后又接着运行；

（3）同一个环境下，一台半载，另一台满载；

（4）同一个房间内，一台自然冷却，一台用冷风吹，都是满载运行。

7-4 同一台电动机，如果不考虑机械强度问题或换向问题等，在下列条件下拖动负载运行时，为充分利用电动机，它的输出功率是否一样？哪个大？哪个小？

（1）自然冷却，环境温度为40℃；

（2）强迫通风，环境温度为40℃；

（3）自然冷却，高温环境。

7-5 一台连续工作方式的电动机，额定功率为 P_N，如果在短时工作方式下运行时额定功率该怎样变化？

7-6 选择电动机额定功率时，应该考虑哪些因素？

7-7 试比较普通三相笼型异步电动机 $FC\% = 15\%$，$P_N = 30\text{kW}$ 与 $FC\% = 40\%$，$P_N = 20\text{kW}$ 的电动机，哪一台实际功率大？

7-8 变动负载时，等效转矩法应用于连续工作方式和周期性断续工作方式下，怎样计算等效转矩？为什么对停歇段时间 t_0 处理不一样？

7-9 在最高气温不超过30℃的河边建立一个抽水站，需将河水送到22m高的渠道中去，泵的流量是600m^3/h，效率为0.6，泵与电动机用联轴节直接联接。水的密度 $\rho = 1000\text{kg/m}^3$。选用额定温升为80℃的E级绝缘电机，产品目录中给出的容量等级有：20kW、28kW、40kW、55kW、75kW、100kW等，不变损耗与额定可变损耗之比为0.6，试选择一台合适的电动机。若此抽水站建设在气温高达43℃的地方，电动机容量应该是多少？

7-10 一台35kW、30min的短时工作的电动机突然发生故障。现有一台20kW连续工作制电动机，已知其发热时间常数 $T = 90\text{min}$，不变损耗与额定可变损耗比 $k = 0.7$，短时过载能力 $\lambda_m = 2$。这台电动机能否临时代用？

7-11 需要用一台电动机来拖动 $t_L = 5\text{min}$ 的短时工作的负载，负载功率 $P_L = 18\text{kW}$，空载起动。现有两台笼型异步电动机可供选用，它们是：

（1）$P_N = 20\text{kW}$，$n_N = 1460\text{r/min}$，$\lambda_m = 2.1$，$K_T = 1.2$，连续工作方式；

（2）$P_N = 14\text{kW}$，$n_N = 1460\text{r/min}$，$\lambda_m = 1.7$，$K_T = 1.2$，连续工作方式。

请确定哪一台能用。

7-12 用发热校验方法选择电动机额定功率的主要缺点是什么？为什么在生产实践中大都采用统计分析法与类比法？

参考文献

[1] 周定颐．电机及电力拖动［M］．北京：机械工业出版社，2006.

[2] 阮毅，陈伯时．电力拖动自动控制系统——运动控制系统［M］．4版．北京：机械工业出版社，2010.

[3] 陈伯时．电力拖动自动控制系统——运动控制系统［M］．3版．北京：机械工业出版社，2006.

[4] 丁学文．电力拖动运动控制系统［M］．北京：机械工业出版社，2007.

[5] 汤天浩．电机与拖动基础［M］．北京：机械工业出版社，2011.

[6] 尔桂花，窦曰轩．运动控制系统［M］．北京：清华大学出版社，2004.

[7] 林飞，杜欣．电力电子应用技术的MATLAB仿真［M］．北京：中国电力出版社，2009.

[8] 吴玉香，李艳，刘华，等．电机及拖动［M］．北京：化学工业出版社，2008.

[9] 顾绳谷．电机及拖动基础［M］．北京：机械工业出版社，2007.

[10] 顾春雷，陈中．电力拖动自动控制系统与MATLAB仿真［M］．北京：清华大学出版社，2011.

[11] 周渊深．交直流调速控制系统与MATLAB仿真［M］．北京：机械工业出版社，2006.

[12] 李华德，李擎，白晶．电力拖动自动控制系统［M］．北京：机械工业出版社，2009.

[13] 阮毅，陈维钧．运动控制系统［M］．北京：清华大学出版社，2006.

[14] 洪乃刚．电力电子和电力拖动控制系统的MATLAB仿真［M］．北京：机械工业出版社，2006.

[15] 杨耕，罗应立．电机与运动控制系统［M］．北京：清华大学出版社，2006.

[16] 王忠礼，段慧达，高玉峰．MATLAB在电气工程与自动化专业中的应用［M］．北京：清华大学出版社，2007.

[17] 童福尧．电力拖动自动控制系统习题集［M］．北京：机械工业出版社，1993.

[18] 王兆安，黄俊．电力电子技术［M］．4版．北京：机械工业出版社，2000.

[19] 牛秀岩．电机学［M］．北京：冶金工业出版社，1990.

[20] 周绍英．电力拖动［M］．北京：冶金工业出版社，2000.

[21] 李发海，王岩．电机与拖动基础［M］．北京：清华大学出版社，2005.

[22] 钱平．交直流调速控制系统［M］．北京：高等教育出版社，2006.

[23] 李宁，白晶，陈桂．电力拖动与运动控制系统［M］．北京：高等教育出版社，2009.

[24] 刘景林，罗玲，付朝阳．电机及电力拖动［M］．北京：化学工业出版社，2011.

[25] 周扬忠，胡育文．交流电动机直接转矩控制［M］．北京：机械工业出版社，2010.

[26] 李夙．异步电动机直接转矩控制［M］．北京：机械工业出版社，1994.

[27] 李永东．交流电机数字控制技术［M］．北京：机械工业出版社，2002.

[28] 李发海，朱东起．电机学［M］．北京：科学出版社，2001.

[29] 杨长能．电力拖动基础［M］．重庆：重庆大学出版社，2000.

[30] 许实章．电机学［M］．北京：机械工业出版社，1983.

[17] 冯垛生. 电力拖动自动控制系统习题集 [M]. 北京：机械工业出版社，1993.